高等教育安全工程系列“十一五”规划教材

# 火灾爆炸预防控制工程学

霍 然 杨振宏 柳静献 编著

冯长根 主审

U0883691

机械工业出版社

本书结合我国当前安全生产的实际需要，简要而系统地讨论了火灾爆炸的规律特点，对加强火灾爆炸的预防控制具有重要的参考价值。

本书运用安全工程学的观点，介绍了燃烧与爆炸的基本理论和易燃易爆物品的性质，并结合典型的建筑物和生产场所，讨论了火灾爆炸的预防控制途径，并对相关的预防控制原理及技术和危险分析的技术与计算进行了较为详细的阐述。本书在编写上注重加强对火灾爆炸防控的新思想、新观念和新方法的介绍，并实用性地编入了典型火灾爆炸的案例分析及一些与火灾爆炸相关的重要参数。

本书主要作为高等院校安全工程及相关专业的本科教材使用，同时可作为从事火灾爆炸预防控制研究的科研人员的工具书，还可供政府主管部门的安全科研人员与安全管理人员参考查阅。

**图书在版编目(CIP)数据**

火灾爆炸预防控制工程学/霍然，杨振宏，柳静献编著. —北京：机械工业出版社，2007.8(2023.1重印)
(高等教育安全工程系列“十一五”规划教材)
ISBN 978-7-111-21828-9

Ⅰ.火… Ⅱ.①霍…②杨…③柳… Ⅲ.①防火—高等学校—教材 ②防爆—高等学校—教材 Ⅳ.X932

中国版本图书馆CIP数据核字(2007)第100710号

机械工业出版社(北京市百万庄大街22号 邮政编码100037)
责任编辑：冷 彬 版式设计：冉晓华 责任校对：刘志文
封面设计：张 静 责任印制：刘 媛
涿州市般润文化传播有限公司印刷
2023年1月第1版第9次印刷
169mm×239mm ·30.75印张·582千字
标准书号：ISBN 978-7-111-21828-9
定价：69.00元

电话服务 网络服务
客服电话：010-88361066 机 工 官 网：www.cmpbook.com
010-88379833 机 工 官 博：weibo.com/cmp1952
010-68326294 金 书 网：www.golden-book.com
封面无防伪标均为盗版 机工教育服务网：www.cmpedu.com

# 安全工程专业教材
# 编审委员会

**主任委员：** 冯长根

**副主任委员：** 王新泉　吴　超　蒋军成

**秘书长：** 冷　彬

**委　员：**（排名不分先后）

冯长根　王新泉　吴　超　蒋军成　沈斐敏　钮英建

霍　然　孙　熙　金龙哲　王述洋　刘英学　王保国

张俭让　司　鹄　王凯全　董文庚　景国勋　柴建设

周长春　冷　彬

# 序

“安全工程”本科专业是在1958年建立的“工业安全技术”、“工业卫生技术”和1983年建立的“矿山通风与安全”本科专业基础上发展起来的。1984年，国家教委将“安全工程”专业作为试办专业列入普通高等学校本科专业目录之中。1998年7月6日，教育部发文颁布《普通高等学校本科专业目录》，“安全工程”本科专业（代号:081002）属于工学门类的“环境与安全类”（代号:0810）学科下的两个专业之一㊀。据“安全工程专业教学指导委员会”1997年的调查结果显示，自1958～1996年底，全国各高校累计培养安全工程专业本科生8130人。近年，安全工程本科专业得到快速发展，到2005年底，在教育部备案的设有安全工程本科专业的高校已达75所，2005年全国安全工程专业本科招生人数近3900名㊁。

按照《普通高等学校本科专业目录》（1998）的要求，原来已设有与“安全工程专业”相近但专业名称有所差异的高校，现也大都更名为“安全工程”专业。专业名称统一后的“安全工程”专业，专业覆盖面大大拓宽。同时，随着经济社会发展对安全工程专业人才要求的更新，安全工程专业的内涵也发生很大变化，相应的专业培养目标、培养要求、主干学科、主要课程、主要实践性教学环节等都有了不同程度的变化，学生毕业后的执业身份是注册安全工程师。但是，安全工程专业的教材建设与专业的发展出现尚不适应的新情况，无法满足和适应高等教育培养人才的需要。为此，组织编写、出版一套新的安全工程专业系列教材已成为众多院校的翘首之盼。

机械工业出版社是有着50多年历史的国家级优秀出版社，在高等学校安全工程学科教学指导委员会的指导和支持下，根据当前安全工程专业教育的发展现状，本着“大安全”的教育思想，进行了大量的调查研究工作，聘请了安全科学与工程领域一批学术造诣深、实践经验丰富的教授、

㊀ 按《普通高等学校本科专业目录》（2012版），“安全工程”本科专业（专业代码:082901）属于工学学科的“安全科学与工程类”（专业代码:0829）下的专业。

㊁ 各高校安全工程本科每年的招生数量可以通过高等学校安全工程学科教学指导分员会主办的“全国高等院校安全工程学科教育数据和信息系统”查询（www. cosha. org. cn）。

专家，组织成立了“安全工程专业教材编审委员会”（以下简称“编审委”），决定组织编写“高等教育安全工程系列‘十一五’规划教材”[1]。并先后于2004.8（衡阳）、2005.8（葫芦岛）、2005.12（北京）、2006.4（福州）组织召开了一系列安全工程专业本科教材建设研讨会，就安全工程专业本科教育的课程体系、课程教学内容、教材建设等问题反复进行了研讨，在总结以往教学改革、教材编写经验的基础上，以推动安全工程专业教学改革和教材建设为宗旨，进行顶层设计，制订总体规划、出版进度和编写原则，计划分期分批出版近30余门课程的教材，以尽快满足全国众多院校的教学需要，以后再根据专业方向的需要逐步增补。

由安全学原理、安全系统工程、安全人机工程学、安全管理学等课程构成学科基础平台课程，已被安全科学与工程领域学者认可并达成共识。本套系列教材编写、出版的基本思路是，在学科基础平台上，构建支撑安全工程专业的工程学原理与由关键性的主体技术组成的专业技术平台课程体系，编写、出版系列教材来支撑这个体系。

本系列教材体系设计的原则是，重基本理论，重学科发展，理论联系实际，结合学生现状，体现人才培养要求。为保证教材的编写质量，本着“主编负责，主审把关”的原则，编审委组织专家分别对各门课程教材的编写大纲进行认真仔细的评审，教材初稿完成后又组织同行专家对书稿进行研讨，编者数易其稿，经反复推敲定稿后才最终进入出版流程。

作为一套全新的安全工程专业系列教材，其“新”主要体现在以下几点：

**体系新**。本套系列教材从“大安全”的专业要求出发，从整体上考虑各门课程的内容安排，构建支撑安全工程学科专业技术平台的课程体系，按照教学改革方向要求的学时，统一协调与整合，形成一个完整的、各门课程之间有机联系的系列教材体系。

**内容新**。本套系列教材的突出特点是内容体系上的创新。它既注重知识的系统性、完整性，又特别注意各门学科基础平台课之间的关联，更注意后续的各门专业技术课与先修的学科基础平台课的衔接，充分考虑了安全工程学科知识体系的连贯性和各门课程教材间知识点的衔接、交叉和融合问题，努力消除相互关联课程中内容重复的现象，突出安全工程学科的工程学原理与关键性的主体技术，有利于学生的知识和技能的发展，有利于教学改革。

---

[1] 自2012年更名为“高等教育安全科学与工程类系列规划教材”。

知识新。本套系列教材的主编大多由长期从事安全工程专业本科教学的教授担任，他们一直处于教学和科研的第一线，学术造诣深厚，教学经验丰富。在编写教材时，他们十分重视理论联系实际，注重引入新理论、新知识、新技术、新方法、新材料、新装备、新法规等理论研究、工程技术实践成果和各校教学改革的阶段性成果，充实与更新了知识点，增加部分学科前沿方面的内容，充分体现了教材的先进性和前瞻性，以适应时代对安全工程高级专业技术人才的培育要求。本套教材中凡涉及安全生产的法律法规、技术标准、行业规范，全部采用最新颁布的版本。

安全是人类最重要和最基本的需求，是人民生命与健康的基本保障。一切生活、生产活动都源于生命的存在。如果人们失去了生命，生存也就无从谈起，生活也就失去了意义。全世界平均每天发生约68.5万起事故，造成约2200人死亡的事实，使我们确认，安全不是别的什么，安全就是生命。安全生产是社会文明和进步的重要标志，是经济社会发展的综合反映，是落实以人为本的科学发展观的重要实践，是构建和谐社会的有力保障，是全面建设小康社会、统筹经济社会全面发展的重要内容，是实施可持续发展战略的组成部分，是各级政府履行市场监管和社会管理职能的基本任务，是企业生存、发展的基本要求。国内外实践证明，安全生产具有全局性、社会性、长期性、复杂性、科学性和规律性的特点，随着社会的不断进步，工业化进程的加快，安全生产工作的内涵发生了重大变化，它突破了时间和空间的限制，存在于人们日常生活和生产活动的全过程中，成为一个复杂多变的社会问题在安全领域的集中反映。安全问题不仅对生命个体非常重要，而且对社会稳定和经济发展产生重要影响。党的十六届五中全会首次提出“安全发展”的重要战略理念。安全发展是科学发展观理论体系的重要组成部分，安全发展与构建和谐社会有着密切的内在联系，以人为本，首先就是要以人的生命为本。“安全·生命·稳定·发展”是一个良性循环。安全科技工作者在促进、保证这一良性循环中起着重要作用。安全科技人才匮乏是我国安全生产形势严峻的重要原因之一。加快培养安全科技人才也是解开安全难题的钥匙之一。

高等院校安全工程专业是培养现代安全科学技术人才的基地。我深信，本套系列教材的出版，将对我国安全工程本科教育的发展和高级安全工程专业人才的培养起到十分积极的推进作用，同时，也为安全生产领域众多实际工作者提高专业理论水平提供了学习资料。当然，由于这是第一套基于专业技术平台课程体系的教材，尽管我们的编审者、出版者夙兴夜寐，尽心竭力，但由于安全学科具有在理论上的综合性与应用上的广泛性相交叉的特性，开办安全工程专业的高等院校所依托的行业类型又涉及军工、航空、化工、石油、矿业、土木、交通、能源、环境、经济等诸多领域，安全科学与工程的应用也涉及到人类生产、生活和生存的各个方面，因此，本套系列教材依然会存在这样和那样的缺点、不足，难免挂一漏万，诚恳地希望得到有关专家、学者的关心与支持，希望选用本套教材的广大师生在使用过程中给我们多提意见和建议。谨祝本系列教材在编者、出版者、授课教师和学生的共同努力下，通过教学实践，获得进一步的完善和提高。

“嘤其鸣矣，求其友声”，高等院校安全工程专业正面临着前所未有的发展机遇，在此我们祝愿各个高校的安全工程专业越办越好，办出特色，为我国安全生产战线输送更多的优秀人才。让我们共同努力，为我国安全工程教育事业的发展作出贡献。

**中国科学技术协会书记处书记**㊀
中国职业安全健康协会副理事长
中国灾害防御协会副会长
亚洲安全工程学会主席
高等学校安全工程学科教学指导委员会副主任
安全工程专业教材编审委员会主任
北京理工大学教授、博士生导师

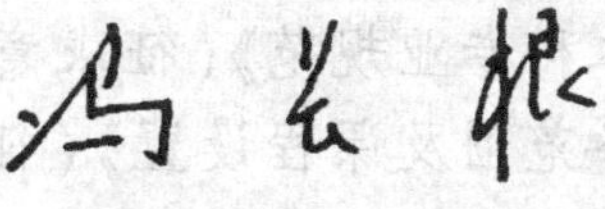

2006年5月

㊀ 曾任中国科协副主席。

# 前　言

火灾与爆炸是人类社会生产、生活中两类最常见的灾害性事故。随着经济的发展和社会的进步，大型、特殊的建筑迅速涌现，生产的规模与复杂程度大大增加，易燃易爆危险物品的使用逐渐增多，与此相应，火灾爆炸的危险也越来越大。

近年来，我国就连续发生了多起严重的火灾爆炸事故，对人们的生命财产和生产过程均造成重大损失。迅速采取有效措施，减小火灾爆炸灾害的影响，已成为人们普遍关心的问题，加强以火灾爆炸为中心的灾害事故的预防控制研究具有十分重要的现实意义。

火灾爆炸预防控制工程学强调从系统安全的角度研究火灾爆炸问题。本书运用安全工程学的观点，根据火灾爆炸现象的特点，简要介绍了燃烧与爆炸的基本理论，讨论了典型易燃易爆物品的性质，结合典型建筑物和生产场所，分析了火灾爆炸的预防控制原理与方法，并对如何使用相关的防治技术、如何分析火灾爆炸危险进行了讨论，以便从总体上把握火灾爆炸预防控制的方向，达到灾害防治的科学性、合理性和有效性的统一。

本书依据全国高等学校安全工程学科教学指导委员会的《安全工程本科专业规范》(征求意见稿)和《安全工程专业(本科)培养目标、业务范围及课程设置》(征求意见稿)的要求而编写。在系统论述火灾爆炸预防控制基础时，注意加强对火灾爆炸预防控制的新思想、新观念和新方法的介绍，并编入了典型的火灾爆炸案例分析及与火灾爆炸相关的重要参数，目的是希望增强人们对“利用科技、防灾减灾”的认识，提高火灾爆炸预防与控制的水平。

本书的第1、2、5章由中国科学技术大学霍然教授执笔，第3、6、7章由西安建筑科技大学杨振宏教授执笔，第4、8章由东北大学柳静献副教授执笔，全书由霍然教授统稿。

本书邀请安全工程专业教材编审委员会主任、北京理工大学冯长根教授担任主审，该校钱新明教授也参与了本书的审阅工作。本书的编写还得到了中国工程院院士、中国科学技术大学火灾科学国家重点实验室主任范维澄教授的指导和帮助。中原工学院的王新泉教授、北京理工大学的王保国教授对本书的编写大纲和内容提出了许多宝贵意见。在此，特对上述专家、学者表示衷心的感谢。

在本书的编写过程中，安全工程专业教材编审委员会积极组织专家对本书的编写大纲和书稿进行了数次审纲和审稿工作，在此，对编审委和有关专家表示诚挚的谢意。

本书中所引用的文献资料，为了体现原作者的研究贡献，在参考文献中均尽力给予客观全面的说明，以示作者感谢之意。

由于作者水平有限，书中难免存在一些疏漏和不足之处，恳请读者和有关专家批评指正。

编著者

# 目 录

# 第 1 章

# 绪 论

## 1.1 火灾与爆炸问题的提出

### 1.1.1 火的使用与火灾

火的使用是人类文明发展的重要标志。据研究，人类用火的历史可以追溯到200 万年以前。起初，人类主要是利用火来烧烤食物、御寒取暖、防御野兽，逐渐发展到利用火来制作生活用具、生产工具和武器。这不仅改善了当时人类的生活质量，结束了茹毛饮血的原始生活方式，更重要的是促进社会生产力的发展。从青铜器、铁器的出现，到现代的冶金、化工、机械制造、航空、航天、汽车等事业的发展均与火的使用密切相关。显然，没有火的使用，人类就没有今天高度的物质和文化文明，用火已成为人类生活中的重要方面。

从本质上说，火是一种燃烧现象。燃烧是指可燃物与氧化剂之间发生的化学反应，通常会发出大量的热，有时还会伴随一定的光，这就是通常所说的火。

然而应当清楚，世界上的任何事物都是一分为二的，火也是如此。正确、合理地用火可以为人类造福；如果对火的使用不当，便可能引发火灾，给人类带来灾难。

火灾是在时间和空间上失去控制的燃烧现象。如果用火不当，或者由于某种因素的影响，造成了人们对燃烧反应无法控制，以致在人们根本不希望燃烧的地方或时间发生了燃烧，就必然造成不必要的损失。例如，当在人们生活、工作的建筑物内，在运行的机器、设备、装置、车辆内，出现无法控制的火，就不仅会造成大量财物或财产的毁坏，而且会危及人们的生命。

多少年来，火灾一直是人们所遭遇的最主要灾害之一，曾对人类的文明造成了重大破坏，许多著名的建筑大都毁于火灾。例如，我国的南宋在杭州建都后，先后发生火灾 20 次，其中 5 次使全城为之一空。公元 1201 年 3 月(农历)

的一场大火烧了数天，蔓延到城内外10余里，烧毁宫室、军营、仓库、民宅等58000余间，受灾达186300余人，成为我国城市火灾之最。

世界上其他国家的火灾问题也同样十分严重。例如1666年9月2日，英国伦敦失火，大火整整烧了5天，市内83.26%的面积成为瓦砾，其中包括古老的圣保罗大教堂，财产损失达1200多万英镑，20多万人无家可归。又如1871年10月8日美国芝加哥市西区发生了火灾，大火27个小时后才被雨浇灭，致使250人死亡，10万人无家可归，1.7万多间房屋被毁。

现在，火灾仍然不断对人类社会造成巨大损害。根据世界火灾统计中心的统计，近年来全球范围内，每年发生的火灾有600~700万起，死亡人数为65000~75000人。大多数国家的火灾直接损失都占国民经济总值的0.2%以上。

实际上，发生火灾后，除了直接损失之外，还有相当大的间接经济损失、灭火费用及社会影响，而且有的损失和后果在短期内是看不出来的。根据有关研究，如果火灾的直接经济损失占国民经济总值的0.2%，那么整个火灾损失将达到国民经济总值的1%。

不同火灾造成的损失和影响是不同的。2007年，国务院颁布的《生产安全事故报告和调查处理条例》，将火灾分为四个等级，即特别重大火灾、重大火灾、较大火灾(见表1-1)。只要达到其中一项就认为达到该级火灾。

**表1-1 火灾等级的划分标准**

| 火灾等级 | 死亡人数 | 重伤人数 | 直接财产损失/亿元 |
|---|---|---|---|
| 特别重大火灾 | ≥30 | ≥100 | ≥1 |
| 重大火灾 | ≥10 | ≥50 | ≥0.5 |
| 较大火灾 | ≥3 | ≥10 | ≥0.1 |
| 一般火灾 | <3 | <10 | <0.1 |

按照火灾发生的场合，火灾大体可分为野外火灾、城镇火灾和厂矿火灾等。野外火灾包括森林火灾、草原火灾等，这类火灾虽然也有人为因素的影响，但主要与自然条件有关，一般将其按自然灾害对待。城镇火灾包括民用建筑火灾、工厂仓库火灾、交通工具火灾等。各类建筑物是人们生产生活的场所，也是财产极为集中的地方，因此建筑火灾造成的损失十分严重，且直接影响人们的各种活动。厂矿火灾有着与具体生产过程相关的特殊性，与普通民用建筑火灾有较大的差别。由于使用或存储的易燃易爆物质较多，这些场合的火灾往往会造成十分严重的后果。

为了有效地保护人类的生命及财产安全，必须认真对待火灾问题，预防控制火灾是人类社会的一项长期、永恒的任务。

### 1.1.2 爆炸的类型与其危害

在人类的生产、生活中，还会经常遇到爆炸问题。爆炸是物质由一种状态迅速转变为另一种状态、在瞬间造成大量能量突然释放并对外做功的现象。爆炸是由于限定空间的压力急剧升高的结果。如果该空间具有固体壁面，则当壁面无法承受压力的增大时，就可造成空间壁面及相邻物品的损坏。

按照爆炸灾害的形式，爆炸分为自然界爆炸、人为爆炸中的失控爆炸和非人为受控爆炸。

火山爆发、雷电、地震等是自然界的爆炸，它们均可能对人类生命财产造成危害。对这类爆炸，人类没有多少直接控制的能力，主要是进行预防。

在人们进行的有目的的爆破中，可能出现早爆、迟爆等失控爆炸。在处理拒爆时有时也会发生事故。大规模的爆破还可能发生飞石、冲击波等，这些都可能对人员和物品造成危害。

在不少生产场合，则可能发生非人为受控的爆炸，如矿井的瓦斯爆炸、车间的粉尘爆炸、压力容器爆炸等。

火灾爆炸预防控制工程学的研究主要涉及非人为受控爆炸和人为爆炸中的失控爆炸。

利用爆炸突然释放大量能量的特点可以完成许多一般方法无法完成的工作。例如开山挖石、矿井掘进、修建隧道、修筑水库时，通过人为控制的爆破能够大大加快工程进度。

与燃烧一样，爆炸既有正面作用，也有负面作用。如果使用错误或操作不当，爆炸也会对人类的生命财产造成极其严重的破坏。尤其是爆炸品的失控爆炸，可以造成巨大的财产损失和大量的人员伤亡。据记载，我国的明朝天启六年(公元1626年)5月6日，北京城内王恭厂(兵工厂)起火爆炸，方圆四五里之内的1万多间房屋被炸塌烧毁，3000余人烧死、炸死、坠死。

国外也曾发生多起后果严重的爆炸事件。1913年10月14日，英国威尔士森亨尼特通用煤矿发生了英国采矿史上最惨重的一次大爆炸，煤矿粉尘过多导致整个矿井燃烧，439名在井下工作的矿工被烧死；1918年10月4日，美国莫干普因当时世界上最大的炮弹生产厂的炮弹装药车间发生特大爆炸事故，64人死亡，100人受伤，325栋建筑物被炸毁或遭到严重破坏；1984年11月19日，墨西哥的墨西哥城国营炼油厂发生液化石油气蒸气云爆炸，造成452人死亡，4248人受伤，附近的建筑物也受到严重破坏。

随着科学技术的发展，爆炸性物品的种类越来越多，而且使用的场合亦越来越广，造成的爆炸事故不断发生。还应指出，现代爆炸性物品的能量大大增加了，但体积却大大减小了。由于便于携带、运输和存放，致使有些爆炸性物品容易流散。这样，在一些通常认为没有爆炸危险的场所也可能会发生爆炸。因此，对于爆炸的预防与控制应当给予足够的重视。

### 1.1.3 火灾与爆炸的关系

火灾与爆炸这两种常见灾害之间存在着紧密联系，它们经常是相伴发生的，明确这一点对于有效防灾是有帮助的。

某些物质的火灾和爆炸具有相同的本质，都是可燃物与氧化剂的化学反应。两者的主要区别在于：燃烧是稳定的和连续进行的，能量的释放比较缓慢，而爆炸则是瞬时完成的，可以在瞬间突然释放大量能量。同一物质在一种条件下可以燃烧，在另一种条件下可以爆炸。例如，在通常的环境条件下，煤块只能缓慢地燃烧；但如果将其磨成煤粉，再与空气混合后就可能发生爆炸。

在存放易燃易爆物品较多的场合和某些生产过程中，还可发生火灾爆炸的连锁反应。例如在一些化工生产中，由于某个事故可导致油罐、反应釜或乙炔发生器等爆炸，随着容器的破坏和可燃物的泄漏，接下来往往会发生大火。在另外一些情况下，则可以先发生火灾而后发生爆炸，例如当抽空的油罐在着火时，可燃蒸气将不断消耗，因而其浓度不断下降，当蒸气浓度下降到爆炸极限之内时，就可能发生爆炸。

现在，在人们的生产、生活中，特别是在一些工矿企业中，火灾与爆炸的预防控制通常是结合在一起考虑的。

## 1.2 我国目前的火灾爆炸安全形势

### 1.2.1 火灾爆炸灾害的基本情况

近一二十年来，我国的经济得到了迅速发展，人民的生活水平大大改善。然而火灾爆炸发生的次数和损失都呈上升趋势，特别是发生了多起特大和重大的火灾爆炸事故。例如，1993 年 8 月 5 日，广东深圳清水河危险品仓库发生火灾进而引发爆炸，造成的直接经济损失达 2.5 亿元；1994 年 12 月 8 日，新疆克拉玛依友谊馆火灾造成了 323 人死亡、130 人受伤；1997 年 6 月 27 日，北京东方化工厂发生火灾爆炸，死亡 8 人，直接经济损失高达 1.17 亿元，且造成重大的社会影响；2000 年 12 月 25 日，河南洛阳东都商厦火灾造成 309 人死亡、7 人受伤；2004 年 11 月 28 日，陕西铜川陈家山煤矿发生瓦斯爆炸，被困井下的 166 名矿工全部遇难。

图 1-1 给出了建国 50 多年以来我国历年的火灾造成的损失概况。20 世纪 50 年代，即新中国成立不久，社会和经济还没有得到全面发展，火灾损失相

应也比较低，火灾直接损失平均每年约0.6亿元(其中不包括香港、澳门和台湾的火灾数据,也不包括森林、草原、军队和矿井地下火灾,以下同)。随着社会和经济的发展，火灾损失也相应增加，60年代年均火灾直接损失为1.4亿元，70年代为近2.4亿元，80年代为3.2亿元。到了20世纪90年代，改革开放的成效逐渐显现出来，我国的社会财富不断增加，火灾损失也大幅度的上升，20世纪90年代火灾直接损失平均每年为10.6亿元，21世纪前5年间的年均火灾直接损失达15.5亿元，为20世纪80年代年均火灾直接损失的4.84倍。

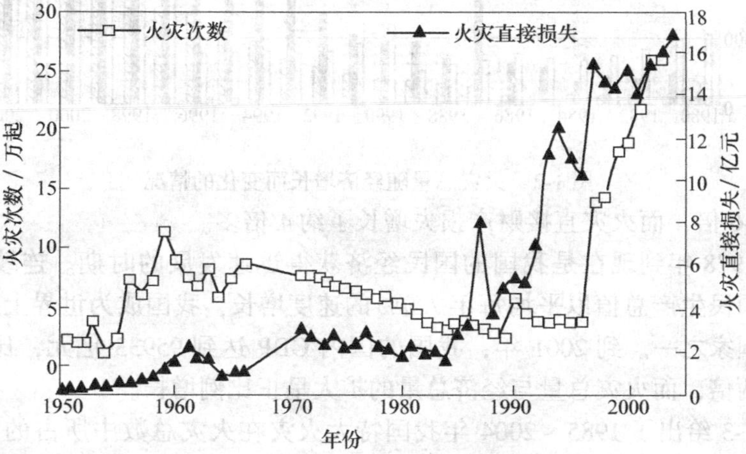


图1-1 建国50多年来我国的火灾直接损失概况

## 1.2.2 当前火灾和爆炸事故状况的主要特点

通过总结火灾和爆炸事故的状况，尤其是深入分析最近30年来的火灾爆炸特点，对于我们正确认识当前的火灾爆炸形势、有针对性地做好安全工作具有重要意义。

### 1.2.2.1 火灾状况

图1-2给出了我国1980～2004年间的火灾直接损失情况，并与我国的经济发展状况作了比较。可以看出，1990年火灾的总次数超过了5万起。1993年火灾损失的绝对值达到11.2亿元，1999年以后大都在15亿元以上。这反映出火灾状况与经济发展状况存在密切联系，随着经济的快速发展，火灾损失也在不断增加。

实际上，这种情况在其他国家同样存在。例如根据美国消防协会的资料，从1880～2000年的120年里，美国的GDP增长了约880倍，而火灾损失则增长了近150倍，由1880年的7500万美元增长为2000年的112亿美元。日本的火灾损失变化趋势也同美国类似，从1956～1991年的35年里，其GDP增

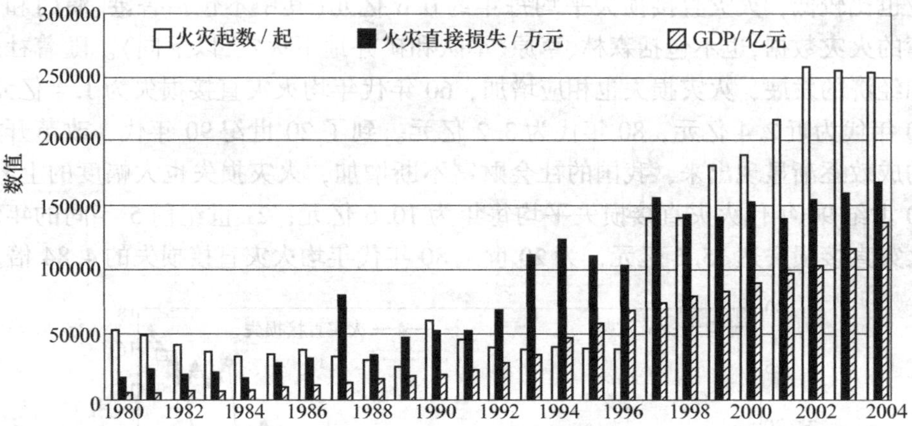


图 1-2 火灾总量随经济增长而变化的情况

长了约46倍，而火灾直接财产损失增长了约4倍多。

从1978年到现在是我国的国民经济获得迅速发展的时期。连续多年来，我国的国民生产总值以平均每年7.9%的速度增长，我国成为世界上经济增长最快的国家之一。到2001年，我国的国内GDP达到95933亿元，比1990年增长近两倍，而火灾总量与经济总量的扩大呈正比例增长。

图1-3给出了1985~2004年我国特大火灾在火灾总数中所占的比例。可看出，这些年中我国的特大火灾曾三度出现较大的增长。1987~1989年是一次高峰，1993~1995年又是一次高峰，且后一次的损失均比前一次的损失要大得多。经过一段时间的下降后，2004年以来火灾损失又有一定的反弹。这也反映出经济发展达到一定的程度，就是说已经有足够多且比较集中的财产积

图 1-3 1985~2004年来我国特大火灾情况

累后，容易酿成特大与重大火灾。但相关防治措施的加强可以对有效控制这类特大火灾发挥重要作用。

图1-4给出了2000~2004年间按火灾原因分类的火灾次数及损失情况。可看出电气火灾在火灾总数中所占比例一般都在20%以上，在损失中所占比例一般在30%以上，是引发火灾的最主要的原因，且它的比例还有增长的趋势。实际上这与生产的发展和人民生活的改善密切相关。现代化的工厂与企业的用电规模都相当大，普通家庭中的电器设备也大量增加，而安装不合理或使用不当就会引起火灾。

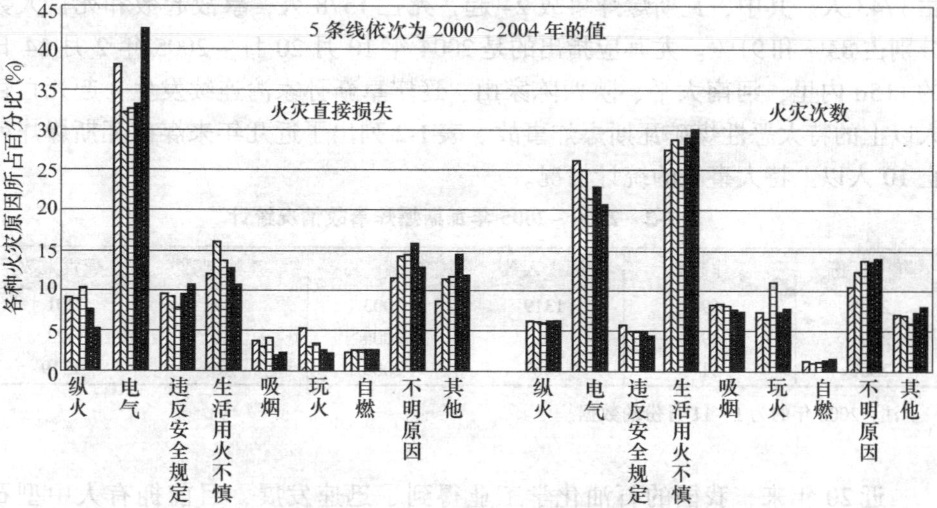


图1-4 近年来我国火灾原因的变化情况

按火灾场合统计，可以发现近年来商场、歌舞厅、宾馆、饭店等公共活动场所的火灾有较大幅度的增加，约有50%的特大火灾发生在这类场所。在部分新兴城镇的集贸市场火灾问题也比较突出，仅1997年，全国集贸市场共发生火灾540起，死亡28人，伤55人，直接经济损失5076.9万元，至2004年，此数字更是达到了21939.0万元。

另外，交通运输工具火灾也呈增多的趋势，这与交通运输事业快速发展有关。近年来，我国的汽车数量比10年前增加几倍，大型的船舶运输、民航运输也有很大发展。它们使用、运送的可燃、易燃物品的种类和数量都大大增加，这便为火灾的发生创造了条件。车船火灾还往往与石油基物品有关，这种火灾蔓延迅速，燃烧猛烈，容易造成严重损失。

#### 1.2.2.2 爆炸事故状况

近年来，我国安全生产的基本情况是趋向好转的，但形势依然严峻。例如，2004年全国共发生各类事故803571起，死亡136755人。全国平均每天发生7起一次死亡3人以上的重大事故，每3天发生1起一次死亡10人以上的特大事故，每个月发生1起一次死亡30人以上的特别重大事故。每年因事故造成70多万人伤残，经济损失达2500亿元。

在这些事故中，与火灾爆炸密切相关的主要为煤矿瓦斯事故、石油化工事故和烟花爆竹事故。

建国以来，全国煤矿共发生19起一次死亡百人以上的矿难，死亡3162人。其中，15起是瓦斯爆炸事故，死亡2140人，事故起数和死亡人数分别占79%和68%。2002年至2005年8月，全国煤矿发生29起特别重大事故，死亡1743人。其中，瓦斯爆炸事故24起，死亡1578人，事故起数和死亡人数分别占83%和91%。尤其应指出的是2004年10月20日~2005年2月14日的115d内里，河南大平、陕西陈家山、辽宁阜新孙家湾连续发生3起死亡百人以上的特大恶性煤矿瓦斯爆炸事故。表1-2列出了近几年来煤矿瓦斯爆炸死亡10人以上特大事故的统计情况。

**表1-2　2000~2005年瓦斯爆炸事故情况统计**

| 年　份 | 爆炸起数 | 死亡人数 | 年　份 | 爆炸起数 | 死亡人数 |
|---|---|---|---|---|---|
| 2000 | 69 | 1319 | 2003 | 44 | 701 |
| 2001 | 49 | 1015 | 2004 | 26 | 423 |
| 2002 | 51 | 1067 | 2005 | 40 | 1319 |

注：2002年的为1~11月份的数据。

近20年来，我国的石油化学工业得到了迅速发展，目前拥有大中型石油化工企业100多家，几乎遍布全国。每年为国家提供大量的石油化工产品，但石化工业的火灾和爆炸事故也频频发生。据中国石油化工总公司1983~1993年的统计资料，在1143起各类事故中，火灾爆炸占23.64%，损失却占40%。例如，1989年8月12日，青岛的黄岛油库储油罐因雷击发生爆炸引发罐区大火，燃烧了5天4夜才被扑灭，不仅造成了惨重的经济损失，而且导致80多名消防队员伤亡，12辆消防车被毁。2005年11月13日，吉林石化公司双苯厂发生连续的火灾爆炸，共造成5人死亡、1人失踪、70多人受伤。不仅导致该厂多套设施报废或停产，而且造成了大范围的环境污染。

这些年我国的烟花爆竹伤亡事故也十分突出。从1985~2003年，烟花爆竹行业累计发生爆炸事故8448起，平均每年发生445起。从1997年开始，每年平均每起事故伤亡程度均高于以往历年，例如，2003年一次死亡3人以上的重特大烟花爆竹爆炸事故只有22起，占事故总起数的16.2%，但死亡人数达249人，伤404人，分别占总死亡数与总伤亡数的77.3%和68.6%。

### 1.2.3 主要原因分析

现在，火灾爆炸问题已在我国社会上引起很大的震动。迅速采取有效措施，预防控制这类灾害的上升势头，已成为人们普遍关心的问题。首先应当科学、客观地的分析火灾爆炸的发生原因及规律，以便制订有针对性的预防控制对策。研究认为，造成当前我国的火灾和爆炸事故频繁有着深刻的客观原因和主观原因。

客观原因主要是现在的可燃物形式与点火源状况均发生了巨大改变。例如，随着经济的快速发展，建筑物的结构形式和可燃物的组成方式与30年前相比已大不一样。在我国各地，尤其是在人口集中的城市，高层建筑、地下建筑和其他大型复杂建筑大量涌现，多种高聚合物材料制造的建筑构件及生活用品的广泛使用，大大增加了人们居住场合的燃料载荷，从而大大增加这些区域的火灾严重性。同时，多种电力和热力系统纷纷直接接入建筑物内，它们不仅量大，而且分散，这就大大增加了起火的可能性。现在电气火灾迅速增多，所反映的正是这种问题。

随着生产规模的发展，许多影响安全的矛盾更加突现出来了。对能源的需求越来越迫切就是一个重要问题。煤炭是我国的主要能源，占一次性能源构成的75%以上。能源的急需导致许多煤矿超常开采，很多小型煤矿纷纷加入煤矿开采的队伍。然而我国煤矿开采松软的透气性高的瓦斯煤层约占60%，属极难抽放瓦斯煤层，60%~70%的矿井是在复杂或者极其复杂条件下开采，而且全国有50%的矿井开采方式还很落后。这都为煤矿火灾爆炸的预防控制带来许多新困难。在相关安全技术措施不到位及安全生产责任制不落实的情况下难免会发生事故。

另一方面，石油化学工业生产规模和储存设备越来越大，这种生产过程中使用的原材料、半成品、成品以及各种辅助材料大都是易燃易爆物质，生产中经常采用高温、高压或深冷、负压等工艺条件。在操作条件发生变化、工艺受到干扰而产生异常，或由于人为因素等原因造成误操作时，极易引发火灾和爆炸事故，且着火时火势凶猛，不易被扑灭。因此特别需要设置配套的安全措施。

现在石化产品的应用范围越来越广，几乎在许多行业都大量使用多种易燃易爆的石化产品，爆炸品的使用也逐渐增多，而运输、存储与使用这些物品的过程中的安全措施则普遍不够完善，存在大量潜在的危险因素。

主观原因则主要与我国当前的火灾爆炸的安全保障体系不完善及人们的安全观念不强密切相关。现在不少建筑的防火防爆设计方案不够合理，并普遍存在消防设施不足、消防水源缺乏的问题；有些建筑虽然有消防设施，但人造可燃物。

在热能工程中，主要通过燃烧天然可燃物获得热能并加以利用，因此主要使用天然气、煤、石油及其制品等。在火灾爆炸中遇到的可燃物则更加繁多，除了上述物质之外，还包括木材、多种化工产品及人们生活的必需品。因此，从灾害预防控制的角度与从工程燃烧角度研究可燃物特性的重点存在较大的差异。一般将专用于通过燃烧而获得热能的可燃物质称为燃料。

可燃物之所以能够燃烧是因为它包含有一定的可燃元素。自然界的可燃元素很多，主要是碳(C)、氢(H)、硫(S)、磷(P)等。碳是大多数可燃物的主要可燃成分，它的多少基本上决定了可燃物发热量的大小。碳的发热量为 $3.35\times10^7$J/kg；氢的发热量为 $1.42\times10^8$J/kg，是碳的4倍多。硫和磷燃烧时也能放出少量热量，不过其燃烧产物($SO_2$、$P_2O_5$ 等)具有较大的危害。许多金属也很容易发生燃烧，如锂(Li)、钠(Na)、钾(K)、铍(Be)、铝(Al)等。此外，在讨论火灾爆炸的可燃物时，还需要注意某些添加元素的含量，如氯(Cl)、氟(F)、氮(N)等，它们在火灾爆炸过程中往往会产生毒性与腐蚀性很强的物质。

为了定量计算燃烧过程中的物质转换和能量转换，需要了解可燃元素及由其构成的各类可燃化合物的燃烧特性。有些元素发生燃烧后可以生成完全燃烧产物，也可生成不完全燃烧产物，不完全燃烧产物还可进一步燃烧生成完全燃烧产物。例如，碳燃烧可生成一氧化碳，也可生成二氧化碳，而一氧化碳可进一步燃烧生成二氧化碳；又如硫化氢的燃烧可以生成二氧化硫($SO_2$)，也可以生成三氧化硫($SO_3$)。

严格地讲，可燃物与不燃物之间并没有明显的界限。如在常温、常压下，铁和铜都不能燃烧，但在纯氧中炽热的铁或铜就可发生剧烈燃烧反应。不过一般不把铁和铜作为可燃物对待。又如聚氯乙烯、酚醛塑料等高分子聚合物，在强烈的火焰中能够燃烧，一旦离开火焰便不能燃烧，这类物质一般称为难燃物。

### 2.1.2 可燃物的组成分析

了解可燃物的基本组成是掌握其燃烧性能的重要条件。对可燃物的组成主要有工业分析、元素分析和成分分析等三种组成表示法。

可燃固体的组成主要使用工业分析组成和元素分析组成来表示。工业分析法将可燃固体划分为水分(M)、灰分(A)、可燃挥发分(V)和固定碳(FC)等四种组分，它们在可燃物中的含量用各种组分的质量分数(百分数)表示，即：

$$M + A + V + FC = 100(\%) \tag{2-1}$$

元素分析法将可燃固体分为基本可燃化学元素和两种不可燃组分，基本可燃化学元素为碳（C）、氢（H）、氧（O）、硫（S）、氮（N），两种不可燃组分为水分（M）和灰分（A）。可燃物中还含有多种其他微量元素，不过一般不将其作为元素组成对待。元素分析组成也用质量分数（百分数）表示，即：

$$C + H + O + N + S + M + A = 100(\%) \tag{2-2}$$

可燃固体的工业分析组成和元素分析组成的关系可用图2-1说明。

- 可燃固体
  - 无机物（不可燃组分）
    - 水分（包括外在水分和内在水分）
    - 灰分（主要由Ca、Al、Si、Fe等元素组成的无机矿物质）
  - 有机物（可燃组分）
    - 挥发分（由C、H、O、N、S等元素组成的气态物质）
    - 固定碳（由碳组成的固体）

图2-1　固体可燃物的工业分析与元素分析组成的关系

工业分析给出的水分代表可燃固体中各种水分的总含量，包括以结晶水和化学吸附形式存在的内在水分及物理吸附或浸润的外在水分；灰分代表无机矿物质的含量，主要有碳酸盐、粘土矿物质等。水分和灰分为不可燃组分。挥发分和固定碳为可燃组分，其中挥发分代表可燃物中易挥发（因而容易着火）可燃组分的含量，而固定碳代表可燃物中不挥发性可燃组分的含量。

应当指出，工业分析所得到的组成并不是可燃固体的原始组成，而是在一定条件下通过加热使可燃固体中原有的极为复杂的组成分解转化，而得到的可以用普通化学分析方法研究的组成，例如，煤的灰分是煤加热到规定温度（国家标准规定为815℃）时燃烧后的残留物，挥发分是可燃物加热到规定温度（国家标准规定为900℃）时在隔绝空气的条件下分解出来的气态有机物质。因而工业分析组成具有很强的规范性。

在许多情况下，仅仅知道可燃固体的工业分析组成尚不能满足研究和计算的需要，还需要使用可燃物的元素分析组成。例如在计算可燃物燃烧的所需空气量、烟气生成量时都需要了解某些元素的含量。元素分析则可给出C、H、O、S、N五种元素在可燃物中的质量百分比，它们的含量可通过一定的化学分析方法测定，但元素分析的结果并不反映它们结合成的有机体的具体形式。

与可燃固体相比，可燃液体的组成较为简单。例如，石油基可燃液体是由多种芳香烃、烷烃、环烷烃以及含氧和含硫的化合物组成的，这些可燃物质受热时容易转化为气态，因而进行可燃液体的工业分析时，一般仅测定其水分和灰分组成。在不同的可燃液体中，各种烃的含量差别很大，精确测定它们的含但随着温度的升高，其反应速率亦逐渐加快；与此同时，可燃气会通过系统的壁面向外散热。若系统的放热速率大于散热速率，则到一定时间就会达到该可燃物的着火温度，进而发生着火。为了便于分析，还要作以下主要假设：

(1) 密闭空间中的可燃混合气的温度与浓度分布均匀。空间的壁温在反应前与环境温度 $T_0$ 相同，在反应过程中与混合气的温度相同。

(2) 开始时刻混合气之初温与环境温度相同，为 $T_0$，反应过程中混合气的瞬时温度为 $T$，假定密闭空间内各点的温度、浓度相同。其中既无自然对流，又无强迫对流。

(3) 环境与密闭空间之间有对流换热，其表面传热系数为 $h$，它不随温度变化。

(4) 着火前反应物浓度的变化很小，即 $Y_i = Y_{i0} =$ 常数，或 $\rho = \rho_0 =$ 常数。

于是系统的能量守恒方程可写为：

$$\rho_\infty c_p \frac{dT}{dt} = Q_i w_i - \frac{hF}{V}(T - T_0) = \dot{Q}_g - \dot{Q}_l \tag{2-15}$$

式中，$\dot{Q}_g$ 为密闭空间内单位体积内混合气在单位时间内反应放出的热量，通称放热速率；而$\dot{Q}_l$ 是按单位体积内混合气在单位时间内向外界散发的热量，通称散热速率。

现结合图 2-4 来讨论$\dot{Q}_g$ 和$\dot{Q}_l$ 随温度的变化状况。设可燃混合气由 A、B 两种组分组成，且反应形式为 2 级，根据阿累尼乌斯公式，其化学反应速率可表示为：

$$R_c = k_0 c_A c_B \exp(-E/RT) \tag{2-16}$$

式中，$R_c$ 为反应速率(mol/(m$^3$·s))；$k_0$ 为频率因子(m$^3$/(mol·s))；$c_A$、$c_B$ 为反应物 A 和 B 的浓度(mol/m$^3$)；$E$为反应的活化能(kJ/m$^3$)；$R$ 为普适气体常数(kJ/(mol·K))；$T$ 为气体的热力学温度(K)。

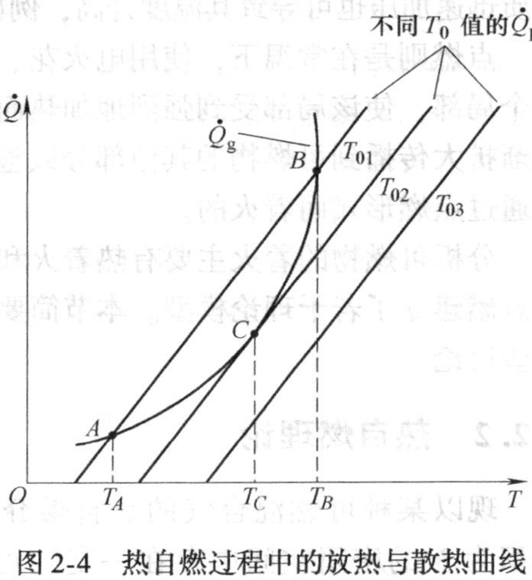

图 2-4 热自燃过程中的放热与散热曲线

根据上式，可认为放热速率与温度成指数曲线关系。而系统的散热速率可认为与其内外温差呈线性关系。随着环境温度 $T_0$ 的不同，可得到图中所示的一组平行的散热曲线。若环境温度较高，散热速率较慢，于是$\dot{Q}_g$ 与

$\dot{Q}_1$有$A$和$B$两个交点。

反应开始时，可燃混合气的温度等于环境温度$T_0$，因此散热损失$Q_1=0$。在缓慢化学反应的影响下，混合气的温度上升。随着混合气与环境的温差逐渐增大，散热速率也逐渐增大，逐渐接近放热速率，并最终使系统的放热速率等于散热速率，即达到$A$点。故$A$点是个稳定工况点，就是说，即使系统发生微小的温度扰动，结果都能使混合气的温度回到$T_a$，反应不会自动加速而着火。

从$A$点到$B$点的过程中，散热速率一直大于放热速率。对此，如果仅依靠系统自身的反应，其温度不可能继续升高。只有由外界向系统补充能量，才可能使系统从$A$点过渡到$B$点。

$B$点则是不稳定工况点。当系统到达该点时，如果某些原因致使系统的温度略有增加，则由于系统的放热速率总是大于散热速率，从而使系统达到着火温度，即自动加速至着火。相反，若对系统提供一个温度略低的扰动，则由于散热速率总是大于放热速率，使系统的温度不断下降，直至返回$A$点。

根据式2-15如果使$hF/V$减小，或$T_0$增加，则系统的散热曲线将会向右平移。最终可出现放热曲线和散热曲线在$C$点相切的情况。$C$点的物理意义是系统的放热速率与散热速率达到平衡，它也是一个不稳定工况点。若在某些因素影响下，系统的温度出现下降，则系统返回$A$点；若由于某些原因使系统的温度继续增高，则将使系统的反应自动加速直至发生着火。因此$C$点标志着系统由低温缓慢反应到自动加速反应的过渡。根据着火的定义，$C$点便代表热自燃点，$T_C$是该可燃混合气的热自燃温度。

## 2.2.3 链反应自燃理论

对大多数碳氢化合物与空气的反应过程来说，根据热着火理论可以进行合理地解释，但也有很多现象不能解释，例如氢与氧反应的三个爆炸极限。而链反应理论却能给出合理的解释。这种理论认为，在体系的反应过程中，可出现某些不稳定的活性中间物质，通常称之为链载体。只要这种链载体不消失，反应就一直进行下去，直到反应结束。

### 2.2.3.1 链反应的基本阶段

链反应一般包括链引发、链传递、链终止三个阶段。

在反应过程中产生活性基团的过程称为链引发。要使反应物分子原来的较稳定的化学链断裂需要很大的能量，因此链引发是比较困难的。

为了使反应延续下去，在活性基团与反应物分子发生反应的同时，还需要继续生成新的活性基团，这一过程称为链传递。链传递是链反应的主体阶段。

当活性基团与某种性质的器壁碰撞，或与其他类型的基团或分子碰撞后，可以失去能量，从而成为稳定分子，其结果是反应停止，称为链终止。

根据链反应理论，反应的自动加速并不一定单纯依靠热量的积累，通过链反应逐渐积累活性基团的方式也能使反应自动加速，直至着火。

**2.2.3.2 链反应的分类**

链反应可分为直链反应和支链反应。

在直链反应中，每消耗一个活性基团同时又生成一个活性基团，直到链终止。就是说在链传递过程中，活性基团的数目保持不变。氢与氯的反应是一种直链反应，其总体反应过程可写为：

$$H_2 + Cl_2 \Longrightarrow 2HCl \tag{2-17}$$

式(2-17)只是对反应过程的宏观描述，实际上其中存在多个分步骤，主要包括：

$$Cl_2 + M \Longrightarrow 2Cl^- + M(\text{链引发}) \tag{2-18}$$

$$\left.\begin{aligned} Cl^- + H_2 &\Longrightarrow HCl + H^+ \\ H^+ + Cl_2 &\Longrightarrow HCl + Cl^- \end{aligned}\right\}(\text{链传递}) \tag{2-19}$$

$$\vdots$$

$$2Cl^- + M \Longrightarrow Cl_2 + M(\text{链终止}) \tag{2-20}$$

在上述反应中，一旦形成 $Cl^-$，就会按链传递的步骤持续进行下去。在链传递中，$Cl^-$ 的数目保持不变。

支链反应是指一个活性基团在链传递过程中，除了生成最终产物外，还将产生 2 个或 2 个以上的活性基团，即活性基团的数目在反应过程中是逐渐增加的。

氢与氧的反应就是一种支链反应，其总体反应过程可写为：

$$2H_2 + O_2 \Longrightarrow 2H_2O(\text{总反应}) \tag{2-21}$$

这一支链反应可以分解为以下一些步骤：

$$H_2 \overset{hv}{\Longrightarrow} 2H^+(\text{链引发}) \tag{2-22}$$

$$\left.\begin{aligned} H^+ + O_2 &\Longrightarrow OH^- + O^- \\ O^- + H_2 &\Longrightarrow H^+ + OH^- \\ OH^- + H_2 &\Longrightarrow H^+ + H_2O \end{aligned}\right\}(\text{链传递}) \tag{2-23}$$

$$\left.\begin{aligned} H^+ &\Longrightarrow \text{器壁破坏} \\ OH^- &\Longrightarrow \text{器壁破坏} \end{aligned}\right\}(\text{链终止}) \tag{2-24}$$

将链传递的几个步骤相加得：

$$H^+ + 3H_2 + O_2 \Longrightarrow 2H_2O + 3H^+ \tag{2-25}$$

这就是说，1 个活性基团(在这里是 $H^+$ 离子)参加反应后，经过一个链传递，在形成 $H_2O$ 的同时还产生 3 个 $H^+$ 离子，这 3 个 $H^+$ 离子又继续参与反应。随着反应的进行，$H^+$ 离子的数目不断增多，因此支链反应是不断加速的。

#### 2.2.3.3　链反应的着火条件分析

设在链引发阶段，活性基团的生成速率为 $W_1$，在链传递阶段，活性基团增长速度为 $W_2$，在链终止阶段，活性基团的销毁速度为 $W_3$。活性基团浓度 $n$ 越大，发生反应的机会越多，可认为 $W_2$ 正比于 $n$，并写为 $W_2 = fn$，$f$ 为活性基团的生成速率常数。同时，$n$ 越大，发生碰撞机会也越多，销毁速度 $W_3$ 增加，即 $W_3$ 正比于 $n$，写为 $W_3 = gn$，$g$ 为链终止过程中活性基团销毁速度常数。

由于分支过程是由稳定分子分解成活性基团的过程，需要吸收能量，因此温度对 $f$ 影响很大，温度升高，$f$ 值增大，$W_2$ 也随着增大。链传递过程中因分支链引起的活性基团增长速度 $W_2$ 在活性基团数目增长中起决定作用。由于链终止反应是合成反应，不需吸收能量，因此系统温度增高，反而可加速活性基团的销毁，即令 $g$ 下降。

在整个链锁反应中，活性基团数目随时间的变化率为：

$$\frac{dn}{dt} = W_1 + W_2 - W_3 = W_1 + fn - gn = W_1 + (f - g)n \tag{2-26}$$

令 $\varphi = f - g$，则上式可写成：

$$\frac{dn}{dt} = W_1 + \varphi n \tag{2-27}$$

当系统的温度较低时，$W_2$ 很小，$W_3$ 很大，可能出现 $\varphi = f - g < 0$ 的情况，反应速度不会自动加速至着火。

随着系统温度的升高，$W_2$ 进一步增加。当温度升高到一定温度时，$W_2 > W_3$，即 $\varphi > 0$，活性基团数目将随时间加速增加，从而使系统发生着火。$\varphi = 0$ 是着火的临界条件，与此对应的温度可近似取为自燃温度。

### 2.2.4　热点燃理论

绝大部分可燃物的着火是通过点燃实现的，而着火首先是从气相物质着火开始的。点火源的性质对着火过程有着重要影响。若点火源提供的是热能，则通过升高可燃混合气的温度来实现着火；若点火源能够提供一些活性基团，也有利于促成着火，不过生成活性基团通常需要有足够高的温度为基础。

下面结合图2-5简要讨论热点燃理论。设某系统中起初存在某种温度为 $T_0$ 的可燃混合气，这种可燃混合气具有一定的临界着火温度 $T_c$。然后将一温度为 $T_w$ 的灼热质点送入混合气中。由于两者存在温差，质点的热量便以导热的形式传给邻近的气体。质点的温度与气体的临界着火温度可能有以下三种关系：

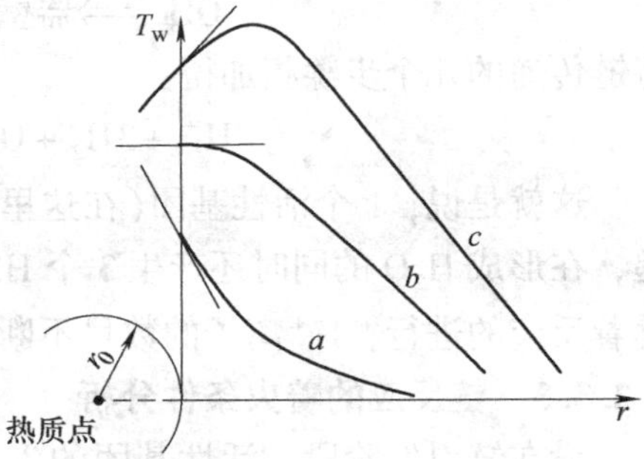


图2-5 热质点附近的温度分布

（1）质点的温度低于混合气的临界着火温度，即 $T_w < T_c$。这时系统的化学反应速率很低，不能发生燃烧反应，因此只存在普通的向外导热，其温度分布如 a 线所示。这种状况可以表示为：$\left.\frac{dT}{dr}\right|_{r=r_0}<0$。

（2）质点的温度等于该混合气的临界着火温度，即 $T_w = T_c$。这时在质点的导热影响下，其边界层内的化学反应速度已变得足够大，因而能放出一定的热量，使边界层内的温度近似等于 $T_c$。但是边界层外的气相温度较低，反应速率仍很慢，仍不能引发可燃混合气着火。随着离开质点的距离增加，温度将逐渐降低，总的温度分布如 b 线所示，这种状况可以表示为：$\left.\frac{dT}{dr}\right|_{r=r_0}=0$。

（3）质点的温度高于该混合气的临界着火温度，即 $T_w > T_c$。在这种情况下，可燃混合物的反应速率进一步增大，结果使在离开质点表面一定距离的区域内化学反应速率变得足够大，从而出现了火焰。该区域的温度将迅速提高，乃至超过质点的温度。化学反应产生的热量除传向周围气体外，还可能有一小部分传给热质点。于是总的温度分布如 c 线所示。这种状况可以表示为：$\left.\frac{dT}{dr}\right|_{r=r_0}>0$，它表明点火成功。

对于这种点火理论需要作几点讨论：

（1）如果送入点火区域的热质点是个孤立质点，即它除了本身携带的能量外而无其他能量补充，它将会由于散热损失使其温度逐渐降低。同时在刚刚达到临界着火温度时，化学反应速率还不够大。因而为使点火成功，热质点的温度应当高于混合气的临界着火温度。

（2）在反应区的气体中存在可燃气组分的浓度梯度，只要发生化学反应，质点附近的反应物就会有所消耗，即可燃组分的浓度降低。这样就造成该混合气的着火临界温度有所升高，因而讨论点火温度时还应考虑反应物浓度的变化。

(3) 当热质点与环境气流间存在相对速度时，其周围的边界层将变薄，层内的温度梯度将变大，热损失亦增多，从而使点燃难度增大。就是说，当两者的相对速度增大时，临界着火温度也会相应升高。

表2-3列出了一个大气压及室温(25℃)条件下，若干可燃物在空气中的最低着火温度值。

**表2-3　若干物质在空气中的最低着火温度**

| 物质名称 | 最低着火温度/℃ | 物质名称 | 最低着火温度/℃ | 物质名称 | 最低着火温度/℃ |
|---|---|---|---|---|---|
| 甲烷 | 537 | 乙烯 | 450 | 氢气 | 500 |
| 乙烷 | 472 | 丙烯 | 455 | 一氧化碳 | 609 |
| 丙烷 | 432 | 环己烷 | 245 | 氧化乙烯 | 429 |
| 丁烷 | 287 | 苯 | 498 | 醋酸 | 463 |
| 戊烷 | 260 | 甲苯 | 480 | 甲醛 | 424 |
| 己烷 | 223 | 甲醇 | 385 | 氨 | 651 |
| 庚烷 | 204 | 乙醇 | 363 | 聚乙烯 | 350 |
| 辛烷 | 260 | 1-醇 | 412 | 聚苯乙烯 | 495 |
| 异辛烷 | 415 | 1-丁醇 | 343 | | |

## 2.2.5　电火花点火

电火花点火是一些燃烧设备的常用点火方式，也是造成火灾的重要原因。当将两个电极放入可燃混合气中，通过放电可使两极之间释放出高能量的电火花，从而将可燃混合气点燃。

电火花点火可以大体分为两个阶段。首先是电火花使局部气体着火，形成初始火焰中心；然后火焰由初始中心向未燃混合气中传播。如果能够形成初始火焰中心并出现稳定的火焰传播，则表明点燃成功。

电火花离开电极后，便依靠本身所具有的能量来点燃可燃混合气。对于含有某些可燃组分的混合气，在一定的温度和压力下，只有当电火花的能量大于某一极限值才能点燃成功，这一极限值称为最小点火能 $E_{min}$。点火能与电极间距之间的关系如图2-6所示。

可看出，当电极间距 $d$ 很小时，点火比较困难。其主要原因是电极将从初始火焰中心吸收过量的热能以致火焰难于传播。在此情况下，要使点火成功电火花必须具有很大的能量。当电极距离小到一定程度，混合气便不能用电火花点燃。这一距离称为熄灭距离($d_q$)。随着 $d$ 的增加，点火能逐渐减小，并达

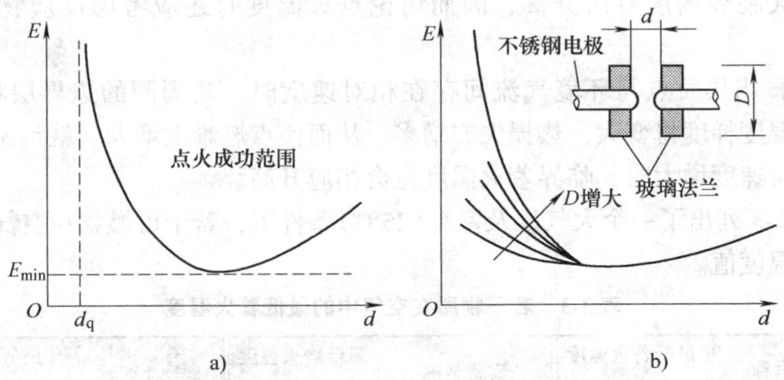


图 2-6 点火能与电极间距的关系曲线

a) $E_{min}$ 随 $d_q$ 的变化 b) 电极法兰直径的影响

到一最小值，而后随着 $d$ 的继续增大而又有所增大。这种增大主要是由于电火花在较长距离的运动中向混合气中散失了过多的能量造成的。在可燃混合气中能够引发火焰的最小能量称为最小点火能 $E_{min}$。最小点火能和熄灭距离常用来表示各种可燃混合气的点燃性能。

$d_q$ 和 $E_{min}$ 两者之间具有如下关系：

$$E_{min} = Kd_q^2 \tag{2-28}$$

式中的 $K$ 为比例常数。对于大多数碳氢化合物，$K$ 值约为 $7.12 \times 10^{-3} J/cm^2$。

可燃混合气的最小点火能和电极熄火距离主要受以下因素影响：

(1) 混合气的比热容 $c_p$ 越大，最小点火能越大。因为比热容大，混合气升温时吸收的热量多，难以很快达到着火温度。

(2) 混合气的导热系数 $\lambda$ 越大，最小点火能越大。因为电火花发出的能量被迅速传导出去，而与火花接触的混合气的温度却不易升高。

(3) 混合气的活化能大，最小点火能亦大。因为反应物不宜裂解，难以生成活性基团。

(4) 混合气的压力大、初温高，最小点火能小。

(5) 可燃气的燃烧热 $Q_i$ 大，最小点火能小，混合气容易点燃。

### 2.2.6 灭火分析

灭火是着火的反问题，也是火灾预防控制中最关心的方面。实际上，着火的基本原理也为分析灭火提供了理论依据，如果采取某种工程措施，去除燃烧所需条件中的任何一个，火灾就会终止。基本的灭火方法有以下几种。

#### 2.2.6.1 降低系统内的可燃物或氧气浓度

燃烧是可燃物与氧化剂之间的的化学反应，缺少其中任何一种都会导致火的熄灭。在反应区内减少与消除可燃物可以使系统灭火，当反应区的可燃气浓度降低到一定限度，燃烧过程便无法维持。将未燃物与已燃物分隔开来是中断了可燃物向燃烧区的供应，将可燃气体和液体阀门关闭，或将可燃、易燃物移走等，都是中断可燃物的方法。通常将这种方法称为隔离灭火。

降低反应区的氧气浓度，限制氧气的供应也是灭火的基本手段。当反应区的氧浓度约低于15%后，火灾燃烧一般就很难进行。用不燃或难燃的物质盖住燃烧物，就可断绝空气向反应区的供应。通常将这种方法称为窒息灭火。

#### 2.2.6.2 基于热着火理论的灭火分析

降低反应区的温度是达到灭火的重要手段，这可以依据反应体系的热平衡做出定量分析。当反应区的温度为 $T_{01}$ 时，反应体系的放热曲线和散热曲线可出现交点 $A$ 和切点 $D$；当反应区的温度为 $T_{02}$，体系的放热曲线与散热曲线可出现 $A_2$、$B$、$E_2$ 三个交点，这时的稳定燃烧状态对应于 $E_2$ 点；当反应区的温度为 $T_{03}$ 时，体系的放热曲线与散热曲线将出现切点 $C$ 与交点 $E_3$（见图2-7）。

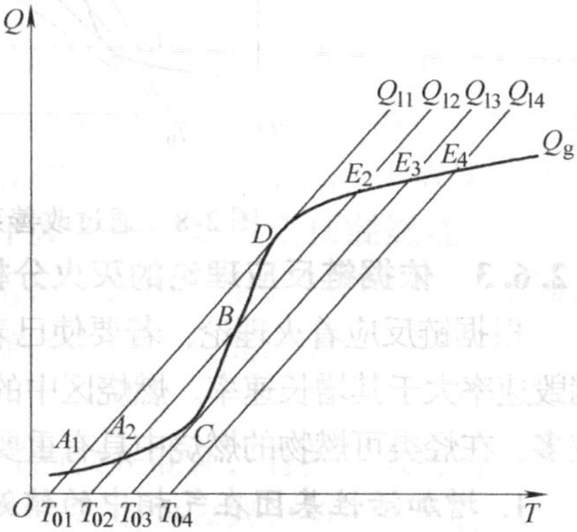


图2-7 通过降低环境温度使系统灭火

对于已经着火的体系，当环境温度降低至 $T_{02}$ 时，稳定燃烧点由 $E_3$ 移到 $E_2$。而因 $E_2$ 是稳定点，系统则在进行稳定燃烧。这表明，系统环境温度降到着火时的环境温度，系统仍不能灭火。

当环境温度降低到 $T_{01}$ 时，放热曲线与散热曲线相切于 $D$ 点。但 $D$ 是个不稳定点，系统一旦出现降温扰动，就会使散热速率大于放热速率，系统的工作点便会迅速移到 $A_1$，而 $A_1$ 代表缓慢氧化状态，其物理意义是系统灭火。

因此，系统的临界灭火条件是放热曲线与散热曲线在 $D$ 点相切。这与着火临界条件为在 $C$ 点不同。系统灭火的临界条件可写成：

$$\begin{cases} Q_g = Q_1 \\ \left.\dfrac{\partial Q_g}{\partial T}\right|_E = \left.\dfrac{\partial Q_1}{\partial T}\right|_E \end{cases} \tag{2-29}$$

通过改变系统的散热条件也能达到灭火的目的。设环境温度 $T_0$ 保持不变，在某种散热条件下，可得到系统在 $E_3$ 点进行稳定燃烧（见图2-8）。系统散热状态改善，散热曲线的斜率逐渐增大。以致使散热曲线与放热曲线相切于 $C$ 点，相应的燃烧状态由 $E_3$ 点移向 $E_2$，由于 $E_2$ 仍是稳定燃烧态，系统不能灭火。继续增大散热曲线的斜率，最终使散热曲线与放热曲线相切于 $D$ 点，因 $D$

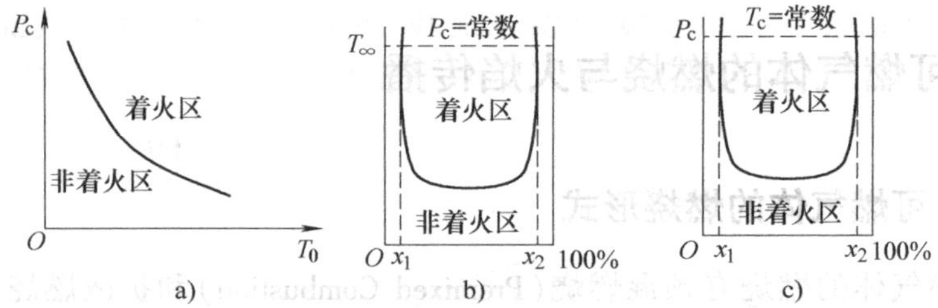


图 2-9 可燃混合气着火极限的影响因素

某一局部加热时，该局部的气体就会着火，并形成火焰。实际上，这种火焰是在点火源周围形成的一种发光的高温反应区，其厚度有限，一般为毫米的量级。当该局部区域的燃烧反应结束后，其火焰将会消失，但如果其外侧还有可燃混合气，则由于导热作用，燃烧产生的热量会输送给周围的混合气，使其温度升高到能够发生反应的程度，并形成新的火焰。于是连续出现的火焰便像一个锋面一样向可燃混合气中传播，如图 2-10 所示。这层薄薄的化学反应发光区一般称为火焰前锋。火焰前锋的移动速度称为火焰传播速度，混合气体的燃烧速度通常用火焰传播速度表示。

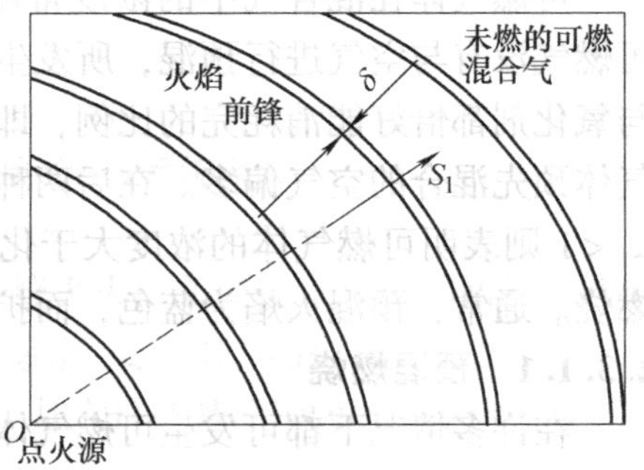


图 2-10 预混火焰的传播

混合气体的流动状态对火焰传播速度具有重要影响。火焰锋面的位置将依据火焰传播速度与气流速度的相对大小而变动。混合气体的流动可以呈层流状况，也可呈湍流状况，与此相应，预混火焰速度可分为层流火焰速度和湍流火焰速度。

**表 2-4 若干可燃气体的可燃浓度极限**

| 气体名称 | 可燃浓度极限(%) | | 气体名称 | 可燃浓度极限(%) | |
|---|---|---|---|---|---|
| | 下限 | 上限 | | 下限 | 上限 |
| 氢气 | 4.0 | 75.0 | 一氧化碳 | 12.5 | 74.0 |
| 甲烷 | 5.0 | 15.0 | 氨 | 15.0 | 28.0 |
| 乙烷 | 3.0 | 12.5 | 硫化氢 | 4.3 | 46.0 |
| 丙烷 | 2.1 | 9.5 | 苯 | 1.5 | 9.5 |
| 丁烷 | 1.6 | 8.4 | 甲苯 | 1.2 | 7.1 |
| 戊烷 | 1.5 | 7.8 | 甲醇 | 6.0 | 36.0 |
| 乙烯 | 2.75 | 36.0 | 乙醇 | 3.3 | 18.0 |
| 丙烯 | 2.0 | 11.1 | 1-丙醇 | 2.2 | 13.7 |
| 乙炔 | 2.5 | 82.0 | 乙醚 | 1.85 | 40.0 |
| 丙酮 | 2.0 | 13.0 | 甲醛 | 7.0 | 73.0 |

混合气体的层流火焰速度是由可燃气体的物性决定的，在通常的温度、压力条件下，其量级为1～3m/s。湍流火焰速度不仅与气体的物性有关，而且主要与气体的湍流状态(包括湍流强度、湍流尺度)有关。在火灾中遇到的气体流动大部分处于湍流状况，因此了解湍流火焰传播速度是很有必要的。不过层流火焰传播是研究预混燃烧机理的基础，因此简要介绍层流火焰传播速度的表示方法。

设某种可燃混合气从图2-11所示的管道内流过，其速度为$u$，这种情况可作为一维问题处理。若在管中某位置点火成功，则形成的火焰面将向可燃混合气的来流方向传播。又设在此情况下的火焰为层流火焰，其传播速度为$S_1$，则火焰的绝对速度为两者之差，即：

$$\Delta u = u - S_1 \tag{2-32}$$

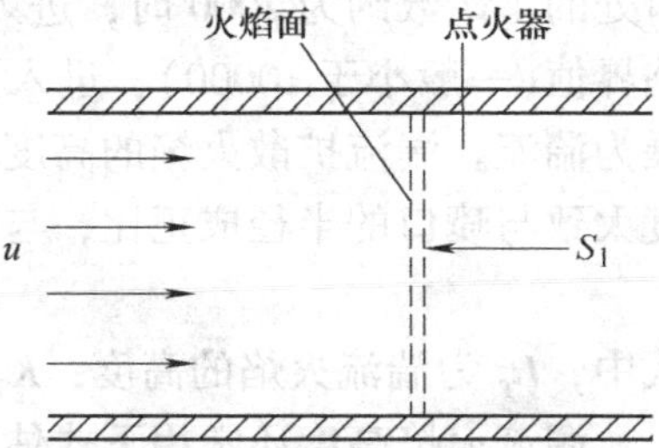


图2-11　预混火焰在长管内的驻定

若气流速度小于火焰传播速度，火焰面将向混合气来流方向传播；若气流速度大于火焰传播速度，火焰面将被气体吹向下游；若两者的大小相等，火焰可在一定位置驻定下来。于是通过确定混合气体的来流速度就可以算出火焰传播速度，这是测量预混火焰传播速度的一种方法。

### 2.3.1.2　气相扩散燃烧

若可燃气体从存储容器或输送管道中喷泄出来，且当即被点燃，则将呈现射流扩散燃烧。这种燃烧也有层流和湍流两种情况。若燃料气喷出的速度较低，形成层流火焰，图2-12为这种扩散火焰的示意图。可看出，这种火焰大体可分为4个区域，即外围的纯空气区、中央的纯可燃气区、空气与燃烧产物的混合区(Ⅰ区)、燃烧产物与可燃气的混合区(Ⅱ区)。在火焰面上，空气与可燃气发生化学当量比燃烧。

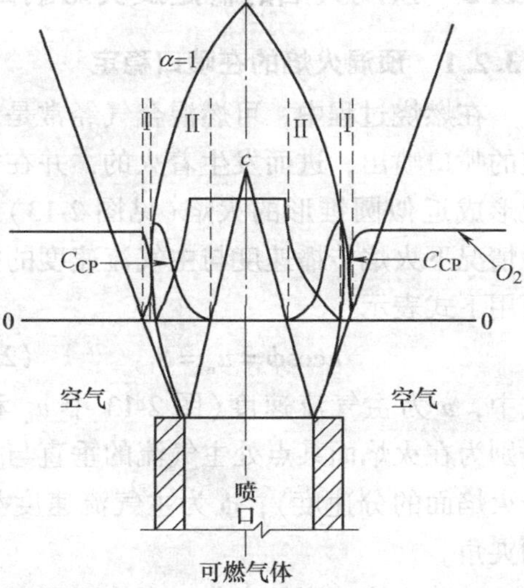


图2-12　可燃气体层流扩散火焰结构示意图

层流扩散火焰高度是一个表示燃烧状况的重要参数，它是指从可燃气喷口平面算起，沿喷口轴线向上，可燃气体最先遇到新鲜空气的位置。简化分析可得，层流火焰高度与燃料气的体积流量成正比，与其扩散系数成反比，即：

$$L_c = K'_c V/D = K_c u R^2/D \tag{2-33}$$

式中，$V$ 为可燃气的体积流量，$D$ 为气体的扩散系数，$u$ 为可燃气的平均流速，$R$ 为喷口的当量半径，$K_c$ 为修正系数。

随着可燃气流速的增大，火焰将逐渐由层流转变为湍流。试验表明，当喷口处的雷诺数约为2000时，进入由层流向湍流的转变区；当雷诺数达到某一临界值(一般小于10000)，进入了完全湍流燃烧，这时整个火焰面几乎完全发展为湍流。湍流扩散火焰的高度也是重要的物理量。试验表明，湍流火焰的高度大致与喷口的半径成正比，与可燃气的流速无关，通常表示为：

$$L_T = K_T R \tag{2-34}$$

式中，$L_T$ 为湍流火焰的高度；$K_T$ 为修正系数。

湍流火焰高度还常用下式估算：

$$L_T = \frac{R}{\beta}[0.7(1+n)-0.29] \tag{2-35}$$

式中，$\beta$ 为湍流结构系数；$n$ 是可燃气在空气中发生化学当量比燃烧时的燃料-空气比。

如果发生燃烧所需的空气供应不足，则可燃气体在高温下容易发生热解，特别是分子较大的碳氢化合物的热解比较严重，如丁烷、乙烯、乙炔。热解生成的碳烟难以燃烧，容易对环境造成污染。

## 2.3.2 预混火焰的稳定及其影响因素

### 2.3.2.1 预混火焰的在喷口稳定

在燃烧过程中，可燃混合气经常是从一定的喷口喷出，进而发生着火的，并在管口处形成近似圆锥形的火焰(见图2-13)。这种情况下火焰传播速度与主气流速度的关系可用下式表示：

$$u\cos\phi = u_n = S_l \tag{2-36}$$

式中，$u$ 为主气流速度(图2-13中 $u_n$ 和 $u_p$ 分别为在火焰面某点处主气流的垂直与平行于火焰面的分速度)；$\phi$ 为主气流速度与 $u_n$ 的夹角。

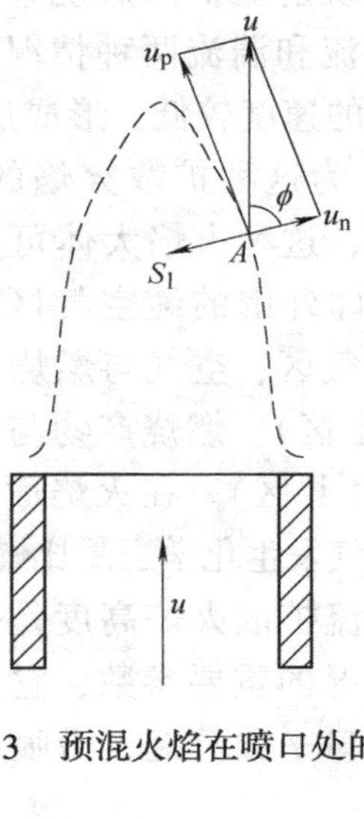


图2-13 预混火焰在喷口处的稳定

随着主流速度的变化，火焰面可通过改变 $\phi$ 角的大小维持在喷口。当 $u$ 减少时，$\phi$

角亦减少，但如果 $\phi$ 角接近 0 时仍无法满足上式，则火焰会窜入喷口之内，这种现象称为回火。相反，当 $u$ 增大时，$\phi$ 角亦增大，但如果 $\phi$ 角接近 90°尚无法满足上式要求时，火焰将被吹离喷口，这种现象称为脱火。

回火则容易引起输送与储存可燃气体的容器发生爆炸，将会造成严重的设备事故或人员伤亡。脱火会造成可燃气体在喷口周围的积累，一旦再遇到明火便会使大量燃气迅速着火，造成大规模的爆燃。

#### 2.3.2.2　影响预混火焰稳定的因素

预混火焰能够稳定在管口要受到多种因素的影响，其中最主要的因素是可燃气体在混合气中的浓度。下面用 $\alpha_1$ 来表示可燃气体在混合气中的浓度大小来进行分析。由于这种因素影响的根本原因是预混火焰的传播速度发生了变化。研究表明，在 $\alpha_1=1$ 附近时，火焰传播速度最大；当 $\alpha_1$ 过大或过小时，其火焰传播速度都要减小。当达到一定值时，火焰便无法传播了，而这反映出已经到了该可燃气的着火浓度极限。

图 2-14 为某种天然气与空气形成的混合气的预混火焰稳定范围的示意图。可见对于直径为 3.1cm 的管口，当 $\alpha_1<0.3$ 时，除了存在预混火焰外，还出现黄色的扩散火焰；随着 $\alpha_1$ 的燃气浓度增大，尽管气流速度变化很大，火焰仍不会被吹脱，即火焰的稳定范围较宽；而当气流速度不太高但 $\alpha_1$ 在 1 左右时出现回火现象，回火界限呈倒 U 字形。可燃气体浓度较大或较小都不容易回火。可燃气体与空气的混合越接近化学当量比，就越容易回火。

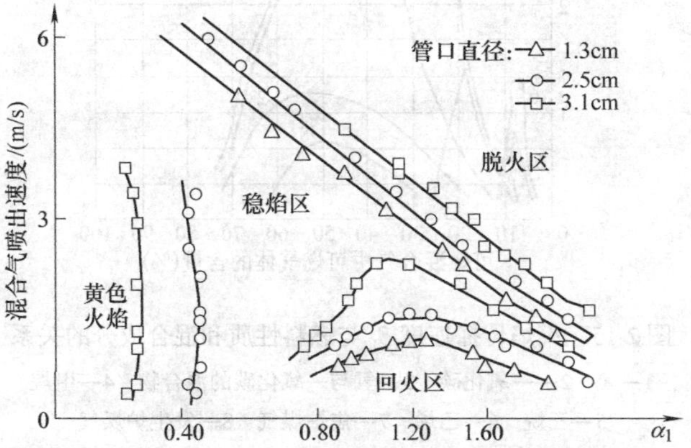


图 2-14　预混气体燃烧时的火焰稳定范围

由图 2-14 还可看出，喷口的直径对火焰稳定范围存在一定影响。随着喷口面积增大，火焰稳定范围有所减小，更容易发生回火，其主要原因是大口径喷口处的气流流场不均匀，且容易发生湍动，而这可导致火焰传播速度发生变化。

在通常的燃烧状况下，燃烧区的压力变化不太大，故压力的影响变化不明显。但燃烧区温度的变化经常显示出重要作用，火焰的稳定范围随温度升高而加宽，基本原因是温度升高有助于使可燃气的燃烧反应速率增大，从而使其着火浓度极限加宽。

#### 2.3.2.3 可燃气体的层流火焰传播速度

不同可燃气体的火焰传播速度存在较大差别，这主要取决于气体的燃烧性能，同时也造成了它们的火焰稳定范围不一样。

图 2-15 列出了几种常见可燃气体在常温、常压条件下与空气混合时的层流火焰传播速度。可见 $H_2$ 的最大火焰传播速度可接近 5m/s，其火焰稳定范围也比较宽；着火浓度上、下限分别为(体积分数)75.0% 和 4.0%；而甲烷的火焰传播速度则总小于 1m/s，其火焰稳定范围较窄，着火浓度上、下限分别为(体积分数)15.0% 和 5.0%。

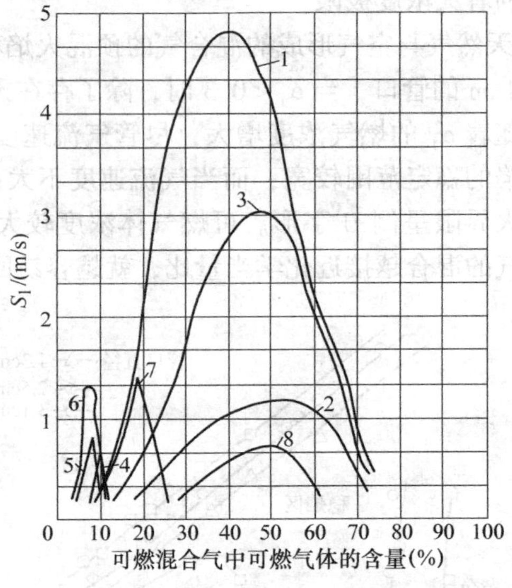


图 2-15 火焰传播速度 $S_l$ 与燃料性质和混合成分的关系

1—氢 2—一氧化碳 3—氢与一氧化碳的混合物 4—甲烷 5—乙烷 6—乙烯 7—焦炉煤气 8—发生炉煤气

## 2.4 可燃液体的燃烧

### 2.4.1 可燃液体燃烧的基本形式

液体燃烧主要包括蒸发和气相燃烧两大阶段，而液体蒸发是其发生燃烧的先决条件。如果在室温条件下，液体周围的蒸气浓度已经达到着火浓度，则这种蒸气与空气混合物遇到合适的点火源就会被点燃；如果在室温条件下，液体周围的蒸气浓度没有达到着火浓度，则需要对液体加热，使蒸发加快，一直达到着火浓度。通常一旦形成了持续燃烧后，液体周围的火焰可向液体传递相当多能量，从而使液体具有足够大的蒸发速率。这种燃烧的特点是液体边蒸发、边与空气混合，进而发生持续燃烧。

可燃液体也会因受热而发生裂解，其裂解程度比气体燃料还要严重。若燃烧过程中缺乏足够的氧气供应，或者虽然空气供给较充分，但混合状况不好，可燃液体也容易裂解，生成轻质的碳氢化合物和重质的碳黑。轻质碳氢化合物以气态形态燃烧，而碳黑则在燃烧过程的后期以固相燃烧形式燃烧。液体遇到的温度超过400℃时，热解就相当严重了。重质可燃液体的粘度越大，蒸发慢，裂解更严重。

**2.4.1.1 液体的燃烧形式**

根据燃烧状况，可燃液体燃烧可采取蒸发燃烧、液雾燃烧、液面燃烧和沸溢燃烧等形式。

蒸发燃烧是令可燃液体通过一定的管道，利用燃烧时所放出的一部分热量(如高温烟气的热量)加热管中的燃料，使其蒸发，然后再像可燃气体那样组织燃烧。蒸发燃烧适宜于粘度不太大、沸点不太高的轻质可燃液体。

雾化燃烧是通过一定方式把可燃液体破碎成许多直径从几微米到几百微米的小液滴，然后令其悬浮在空气中边蒸发、边燃烧。由于燃料的表面积大大增加，因而这时的燃烧速度相当快，且燃烧反应比较完全。

液面燃烧是在可燃液体表面直接发生的燃烧。在液面燃烧过程中，可燃蒸气与空气的靠扩散方式混合，两者很难实现均匀掺混。因而在燃烧过程中，高温火焰贴近液面，容易导致可燃液体严重热解，冒出大量黑烟，可对环境造成严重污染。

此外，重质可燃液体(如重油)还可以发生一种称为沸溢(Boiling Over)的燃烧。在各种油品中大都含有一定的水分，而水的密度一般都比油的密度大。随着储存时间的延长，水分会沉降到容器的底部。这种油品着火时，其表面的温度将会升高。在导热的作用下，其内层的温度也会随之升高，以致使容器底部的水分达到沸点，发生汽化。当生成的水蒸气量很大时，会产生很高的压力，以致可发生一种沸腾式喷发，这就是沸溢。便可以将水分上面的油层抛向空中，使大量的油分散在空中并发生燃烧。这种燃烧的强度大，影响范围广，具有极大的火灾危险性。

**2.4.1.2 液体着火前的吸热**

液体由常温到着火是一个吸热过程，此过程大体可分为三个阶段。首先是燃料液滴需加热到它的汽化温度；其次是吸收汽化潜热，发生相变，成为可燃蒸气；再次是可燃蒸气被加热到着火温度，而后才能发生燃烧。将1kg可燃液体预热到着火温度所需要的热量可表示为：

$$q = c_{p1}(T_1 - T_0) + L + c_{p2}(T_2 - T_1) + K\alpha L_0 c_{p3}(T_2 - T_3) \tag{2-37}$$

式中，$c_{p1}$为液体的平均比热容，约为2.8kJ/kg·K；$T_1$为液体的汽化温度(℃)；$T_0$为液体的初始温度(℃)；$L$为液体的汽化潜热(kJ/kg)；$c_{p2}$为可燃蒸气的平均比热容，约为1.254kJ/kg·K；$T_2$为液体的着火温度(℃)；$\alpha$为过量空气系数；$L_0$为液体燃烧的理论空气量，kg；$T_3$为空气的初始温度；$K$为着火前空气参加化学反应所必须的份额，一般取0.3；$c_{p3}$为燃烧所需空气的比热容。以燃油为例，按上式计算，其着火前所吸收的热量为2508~3762kJ/kg，占燃油发热量的10%左右。

#### 2.4.1.3 液滴的燃烧

液雾是由大量小液滴组成的，研究单个液滴(如油珠)的燃烧过程有助于加深对液雾燃烧特点的理解。现结合图2-16分析液滴的燃烧速率及燃尽时间。

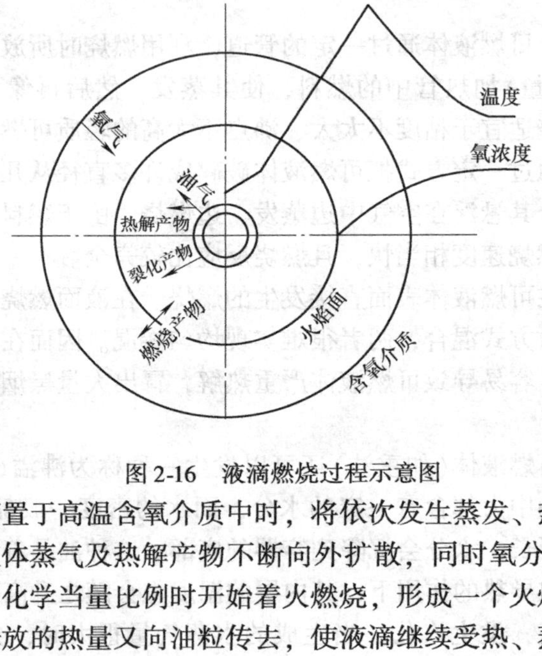


图2-16 液滴燃烧过程示意图

当一个液滴置于高温含氧介质中时，将依次发生蒸发、热解、着火及正常燃烧等变化。液体蒸气及热解产物不断向外扩散，同时氧分子不断向内扩散，在两者混合达到化学当量比例时开始着火燃烧，形成一个火焰面。火焰面处的温度最高，所释放的热量又向油粒传去，使液滴继续受热、蒸发，而燃烧过程亦得以维持。

因此，液滴燃烧存在着两个互相依存的过程，一方面需要靠油的蒸发提供可燃物，另一方面又要靠燃烧反应提供油蒸发的热量。在稳态过程中，蒸发速度和燃烧速度是相等的。因此可认为液滴的燃烧速率就取决于油的蒸发速度。

设液滴的初始半径为$r_0$，经过d$\tau$的时间燃烧后变成$r$，在此时间内火焰对液滴的传热速率为：

$$dQ = 4\pi r^2 \alpha (T_1 - T_0) d\tau \tag{2-38}$$

式中，$T_1$ 为周围介质的温度，$T_0$ 为液滴的温度，$\alpha$ 为换热系数。

由这种传热速率引起的液体的汽化的蒸发速率为：

$$dG = \frac{dQ}{L_v} \tag{2-39}$$

式中，$L_v$ 为液体的蒸发潜热。

设在此时间内液滴的半径减少 d$r$，于是有：

$$dG = -4\pi r^2 \rho_0 dr \tag{2-40}$$

式中，$\rho_0$ 为液体在沸点状态时的密度。

将式(2-38)和式(2-40)代入式(2-39)得：

$$-\rho_0 \frac{dr}{d\tau} = \alpha \frac{T_1 - T_0}{L_v} \tag{2-41}$$

将该式积分，即得液滴燃烧完毕(即半径由 $r_0$ 变为0)所需的时间：

$$\tau = \rho_0 L \int_0^{r_0} \frac{dr}{\alpha (T_1 - T_0)} \tag{2-42}$$

传热系数 $\alpha$ 与介质(或液滴)的运动状态有关，通常由试验方法得出，并将其用 $Nu$ 表示，即：

$$\alpha = \frac{\lambda}{d} Nu \tag{2-43}$$

式中，$\lambda$ 为气体介质的导热系数，$d$ 为液滴的直径。当液滴很小或相对运动速度很小时，$Nu \cong 2$，则 $\alpha = \lambda / r$。又设油的沸点为 $T_K$，则 $T_0 = T_K$，对式(2-42)进行积分可得：

$$\tau = \frac{\rho_0 \dfrac{L}{\lambda}}{2(T_1 - T_K)} r_0^2 = \frac{r_0^2}{K} \tag{2-44}$$

式中，$K$ 为描述液滴燃烧的比例常数。该式表明，液滴全部烧掉所需的时间与液滴半径的平方成正比。同时，液滴的燃烧速率与周围介质的温度有关，周围介质的温度越高，越有利于液体的燃烧。

### 2.4.2 雾化燃烧

液雾是由大量微小的液滴悬浮在空气中形成的，液滴的大小是影响燃烧的主要因素。一定量的可燃液体雾化得越细，产生的小液滴越多，则液体的总的表面积越大，于是蒸发的越快，也就越有利于与氧化剂掺混及发生气相燃烧。例如，1kg 汽油呈单个球状时，其直径为 135mm，表面积为 0.0752$m^2$。如果将它雾化成 30μm 左右的油雾时，油滴数可达 $9.2 \times 10^{11}$ 个，其总表面积为

$260m^2$，比呈单球时的表面积增大了4500倍，显然其蒸发条件比单个大油滴优越得多。

在工程燃烧中，一直将保证燃料燃烧完全作为基本目标，因而经常采用液雾燃烧形式。多年来，人们围绕着如何实现液体的良好雾化开展了大量研究，并发展出了不少强化雾化的方法。根据雾化原理，这些方法大体可规纳为压力雾化、介质雾化和机械雾化等类型。压力雾化是使可燃液体在一定的压力下，高速喷到空气中，由于流束失稳而碎裂成微小液滴；介质雾化是令某些气体介质(如空气、蒸汽)与可燃液体共同喷出，由于两者在流动中发生剧烈的相互作用，更有利于液体的分散；旋转机械式雾化是将可燃液体喷到高速旋转的转体或转盘上，借助强大的离心力喷洒出来，以致实现雾化。

液雾的燃烧强度要比池火燃烧大得多，一旦失去控制造成后果也很严重。因而在火灾预防控制中应当对液雾燃烧给予足够的重视。在现实生活中是存在这种危险的。例如，由于某种事故导致可燃液体的高压储罐或管道发生泄漏，则喷出的液体就会形成液雾。这种液雾波及的范围较大，一旦被点燃，可能发生猛烈的爆炸，能够造成巨大的破坏。在可燃液体的生产和储存场合，需要特别注意防止发生液雾着火。

表2-5给出了若干可燃液体在常温常压下的爆炸浓度极限和及其当量比浓度时的爆炸温度极限。

**表2-5 若干可燃液体爆炸的浓度极限和爆炸温度极限**

| 液体名称 | 爆炸浓度极限(%) | | 爆炸温度极限/℃ | |
|---|---|---|---|---|
| | 下限 | 上限 | 下限 | 上限 |
| 酒精 | 3.3 | 18.0 | +11 | +40 |
| 甲苯 | 1.5 | 7.0 | +5.5 | +31 |
| 松节油 | 0.8 | 62.0 | +33.5 | +53 |
| 车用汽油 | 1.7 | 7.2 | -38 | -8 |
| 灯用煤油 | 1.4 | 7.5 | +40 | +86 |
| 乙醚 | 1.85 | 40 | -45 | +13 |
| 苯 | 1.5 | 9.5 | -14 | +19 |

## 2.4.3 池火燃烧

液体是可流动的，在固体壁面的阻挡下，可形成不同形状的液池，故液面燃烧有时也称为池火(Pool Fire)。敞口的罐、桶或积坑等均可视为某种具有固定边界的液池。可燃液体容易燃烧，一旦着火，火焰就会迅速蔓延到液池的整个表面。若液体从容器中一流出来就被点燃，则可能形成边流动、边燃烧的流淌火。由于其燃烧表面积不断扩大，且发展方向不易确定，因此会造成极大的破坏。

2.4.3.1 池火中燃烧速率的变化特点

液池的表面面积是决定池火特性的重要参数。对于油罐、油盘等容器的火灾，在燃烧过程中，其表面面积的变化一般不大。在这种情况下，液体的质量燃烧速率可用液面的下降速率 $R$(mm/min)表示。

图2-17给出了若干油品的燃烧速率随油池直径的变化情况。可以看出，池火的液面下降速率及火焰高度随直径的变化可分为3个区域：当液池直径 $D$ 小于0.03m，火焰处于层流状况，液面下降速率 $R$ 随 $D$ 的增大而下降；当 $D>1.0$m时，火焰变为充分湍流状况，即使 $D$ 增大，$R$ 也基本不变；而在 $0.03\text{m}<D<1.0\text{m}$ 的范围内，火焰处于层流与湍流的过渡区，$R$ 由缓慢的下降转变为上升。

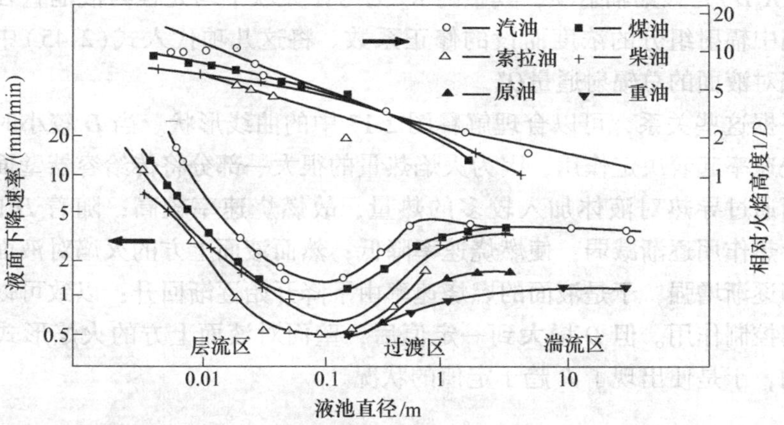


图2-17 池火中液面下降速率和火焰高度随池径的变化

液体的质量燃烧速率 $\dot{m}$ 的变化可根据下式进行分析：

$$\dot{m}''=(\dot{Q}_F''+\dot{Q}_E''-\dot{Q}_L'')/L_v \tag{2-45}$$

式中，$\dot{Q}_F''$ 是火焰供给液面的热通量，$\dot{Q}_E''$ 是其他热源供给液面的热通量，$\dot{Q}_L''$ 代表通过燃料表面的热损失速率，$L_v$ 为该液体的蒸发潜热。在自然燃烧情况下，$\dot{Q}_F''$ 是液体所获得的热量的主要来源。液面的下降速率便由下式给出：

$$R=\frac{1}{\rho L_v}(\dot{Q}_F''+\dot{Q}_E''-\dot{Q}_L'') \tag{2-46}$$

式中，$\rho$ 为液体的密度。

2.4.3.2 池火中火焰对液体的加热分析

$\dot{Q}_F''$ 是决定池火燃烧状况的主要因素，实际上它为导热、对流和辐射三部分之和，即：

$$\dot{Q}''_{F}=\dot{Q}''_{cd}+\dot{Q}''_{cv}+\dot{Q}''_{rd} \tag{2-47}$$

导热项指的是通过容器边缘对液面传递的热量，可写为：

$$\dot{Q}''_{cd}=K_1\pi D(T_F-T_L) \tag{2-48}$$

式中，$T_F$ 和 $T_L$ 分别为火焰和液体的温度，$K_1$ 为综合考虑各种导热项而引入的系数。$\dot{Q}''_{cv}$是对液面的对流传热，可写为：

$$\dot{Q}''_{cv}=K_2\pi\frac{D^2}{4}(T_F-T_L) \tag{2-49}$$

式中，$K_2$ 为对流传热系数(表面传热系数)。辐射传热可由下式给出：

$$\dot{Q}''_{rd}=K_3\pi\frac{D^2}{4}(T_F^4-T_L^4)[1-\exp(-K_4D)] \tag{2-50}$$

式中，$K_3$ 包括斯蒂芬-波尔茨曼常数和由火焰对液面传热的形状因子；而 $1-\exp(-K_4D)$ 是火焰辐射项，其中的 $K_4$ 为考虑关联平均光程与液池直径的比例及火焰中辐射组分的浓度而设的修正系数。将这几项代入式(2-45)中，可求出火焰对液面的总辐射通量$\dot{Q}''_F$。

根据这些关系，可以合理解释图 2-17 中的曲线形状。当 $D$ 较小时，导热对燃烧速率起着决定作用，因为火焰热量的很大一部分将传给容器壁面，而容器壁面通过导热对液体加入较多的热量，故燃烧速率较高；随着 $D$ 的增大，这种导热作用逐渐减弱，使燃烧速率降低；然而液面上方的火焰对液面的辐射作用却逐渐增强，于是液面的燃烧速率由下降开始逐渐回升；以致可以对燃烧速率起控制作用。但 $D$ 增大到一定值后，壁面对液面上方的火焰形式已无大的影响，于是便出现了 $R$ 趋于定值的状况。

## 2.5 可燃固体的燃烧

### 2.5.1 固体燃烧的主要特点

在火灾燃烧中遇到的可燃固体种类繁多，除了工程燃烧中常见的煤外，还包括多种其他的建筑材料和构件、工业原材料与产品、室内生活与办公用品等，它们大多是由人工聚合物或木材制造的。

#### 2.5.1.1 固体燃烧的基本过程

大部分可燃固体的燃烧都可分为预热、干燥、挥发分的析出与燃烧、固相燃烧等阶段，现结合图 2-18 所示的固体颗粒分析这一历程。在一定的外部热量作用下，颗粒在常温下所含的水分逐渐析出；当温度达到几百度时，便开始发生热分解，生成可燃挥发分和固定炭；若挥发分达到自燃点或受到点火源的作用，即可发生明火燃烧。而稳定明火的建立，又可向固体的燃烧面反馈热量，从而又加强了其热分解过程，于是撤掉点火源，燃烧仍能持续进行；当固体本身的温度达到较高值后，固定炭也开始发生燃烧。一般当固定炭开始正常燃烧后，挥发分的燃烧便基本上结束。挥发分和焦炭的燃烧在时间上有些交叉，或者说在一段不长的时间内，它们是并行进行的。不过为了分析的方便，一般认为这两个阶段是前后连续的。

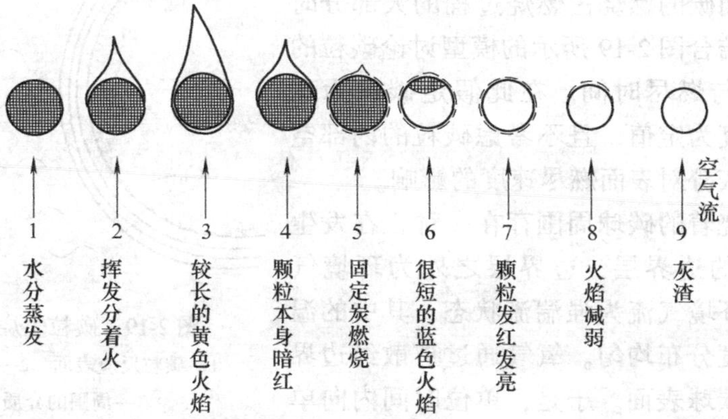


图 2-18　固体颗粒的燃烧历程

随着可燃物的不同，上述各个阶段所占的时间存在较大差别。例如木材热解生成的挥发分多，固定炭较少，挥发分燃烧占的时间比例相对较大；而煤中的挥发分相对少得多，通常在煤的燃烧过程中，从开始干燥到大部分挥发分烧完所需的时间约占煤的总燃烧时间的十分之一，其余的为固定炭的燃烧时间。由于这些基本组成的不同，从而使得木材的燃烧时间要比煤短得多。还有一些固体材料的质地致密，不容易吸附水分，例如一些人工合成的橡胶、塑料，因而其干燥阶段的时间很短。

### 2.5.1.2　固体燃烧的形式

由于可燃固体的特殊状态，可以实现多方位的燃烧，就是说固体的燃烧表面可以是竖直的，例如树木、可燃墙壁、悬挂的帘布等；也可以水平朝上的，例如桌子、床铺、台架的上表面；甚至可以是水平朝下的，如平放木板和塑料板的下表面。这是可燃固体与可燃液体燃烧的主要不同之一。

这种状况导致可燃固体可以形成空间燃烧。当将多种固体构件或部件按一定方式搭建起来，而构件之间又存在许多缝隙，则一旦一个构件着火，就会很快引燃其他构件，从而出现强度很大的燃烧。不少建筑物内就存在这种情况，例如许多房间内都有大量的橱柜、窗帘、衣架、货架等，讨论这类燃烧时应当重视不同可燃构件之间的相互影响。

也有一些可燃固体受热后，先熔化为液体，再由液体蒸发生成蒸气，然后再以可燃气体的形式发生燃烧。有些热塑料燃烧熔化为液体后，能够不断向外流动，使其燃烧表面不断变化。熔化的塑料温度相当高，如果滴落到其他可燃物上往往会将其点燃，这时固体燃烧表面的形式将更为复杂。

#### 2.5.1.3 碳粒的燃烧时间

固体颗粒的大小是影响其燃烧速率的重要因素。而碳的燃烧占燃烧过程的大部分时间。下面结合图2-19所示的模型讨论碳粒的燃烧速率与燃尽时间。在此假定碳粒为球形，其密度为定值，且不考虑碳粒的内部空隙反应和灰分对表面燃尽速度的影响。

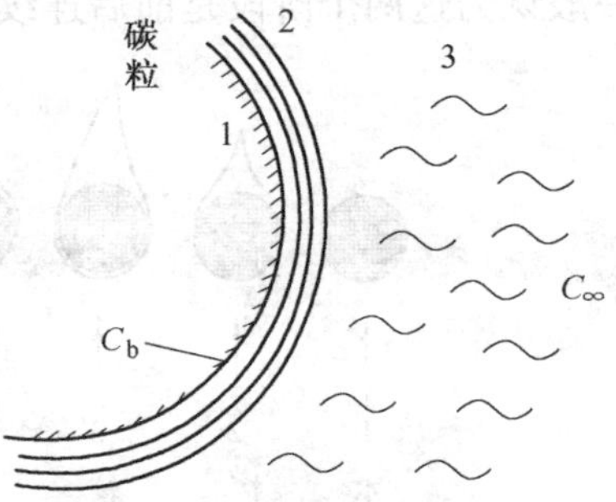


图2-19 碳粒燃烧模型
1—碳粒反应表面 2—边界层
3—周围的介质

设燃烧着的碳球周围存在一种正在发生燃烧反应的边界层，边界层之外为环境气流。认为环境气流为强湍流状态，其中的温度和氧浓度分布均匀。氧气通过扩散经边界层输送到碳球表面。于是，单位时间内向单位碳球表面积的氧气流率为：

$$\dot{m} = \alpha_{zl}(C_\infty - C_b) \tag{2-51}$$

式中，$\alpha_{zl}$为传质系数；$C_\infty$为环境气流中氧浓度；$C_b$为碳球表面的氧浓度。

如果认为扩散来的氧全部都在碳球表面上参加燃烧反应，那么化学反应速度可用氧的消耗量来表示，即

$$\dot{m} = K_b^{O_2} = kC_b \tag{2-52}$$

式中，$K_b^{O_2}$为单位时间单位碳球表面上消耗掉的氧量；$k$为化学反应速度常数。在碳球表面上参加化学反应的氧量应该等于经边界层扩散进来的氧量，因此碳球表面燃烧速率为：

$$K_b^{O_2} = \frac{C_\infty}{\dfrac{1}{\alpha_{zl}} + \dfrac{1}{k}} \tag{2-53}$$

若假定碳球表面的温度较高，该处的化学反应很快，从环境气流扩散来的氧量可很快消耗掉，即碳球表面上的氧浓度$C_b$几乎为零，于是：

$$K_b^{O_2} = \alpha_{zl} C_\infty \tag{2-54}$$

即碳粒的燃烧速度决定于氧气的扩散速率。

比拟传热学中放热系数，传质系数$\alpha_{zl}$可用$Nu_{zl}$表示：

$$\alpha_{zl} = \frac{Nu_{zl} D}{\delta} \tag{2-55}$$

式中，$Nu_{zl}$为质量交换努赛尔准则数；$\delta$为碳球直径；$D$为氧的扩散系数。假

设碳球与周围气体之间没有相对运动，可认为$Nu_{zl}\approx2$。

假设碳球表面上的化学反应仅为$C+O_2=CO_2$，因此碳的消耗量与氧的消耗量之比为$\beta$，故：

$$K_b^C=\beta K_b^{O_2}=\beta\alpha_{zl}C_\infty=2\beta\frac{DC_\infty}{\delta} \tag{2-56}$$

式中，$\beta=\frac{12}{32}=0.375$kg 碳/kg 氧。碳球的表面燃烧率定义为单位时间内碳的燃烧量为$K_b^C\pi\delta^2$(kg/s)。

由于碳球直径随着表面燃烧而逐渐变小，因而碳球的燃烧率也可写成：

$$K_b^C=-\rho_r\frac{\pi\delta^2}{2}\frac{d\delta}{d\tau} \tag{2-57}$$

式中，$-\frac{1}{2}\frac{d\delta}{d\tau}$为半径减小率。令式(2-56)和式(2-57)相等，约去$\pi\delta^2$，得：

$$\frac{d\delta}{d\tau}=-\frac{2K_b^C}{\rho_r}=-\frac{4\beta DC_\infty}{\rho_r}\frac{1}{\delta} \tag{2-58}$$

积分，得：

$$\int_{\delta_0}^{\delta}\delta d\delta=-\int_0^{\tau}\frac{4\beta DC_\infty}{\rho_r}d\tau \tag{2-59}$$

式中，$\rho_r$为碳的密度；$\delta_0$为碳球的初始直径；$\delta$为经过燃烧时间$\tau$之后碳球的直径。

设$C_\infty$等均不变，于是：

$$\frac{\delta^2-\delta_0^2}{2}=-\frac{4\beta DC_\infty}{\rho_r}\tau \tag{2-60}$$

最后得到：

$$\delta^2=\delta_0^2-K\tau \tag{2-61}$$

式中，$K$燃烧常数，它由固体的密度、该物质当量燃烧所需的空气量等参数决定。式(2-61)称为碳球燃烧的直径平方-时间定律。由于$\delta=0$便表示碳球的燃尽时间，于是：

$$\tau_r=\frac{\delta_0^2}{K} \tag{2-62}$$

由此可见，碳球的燃尽时间与其直径平方成正比例。固体颗粒越小，燃尽的时间越短。

### 2.5.2 煤的燃烧

#### 2.5.2.1 煤的主要物理化学性质

煤是工程燃烧中使用的最主要的燃料，在火灾爆炸防控中一般不将煤作为研究重点。但也有一些特殊问题需要引起重视，例如煤堆的自燃、煤粉的爆炸等。

煤是古代植物与动物的残骸在地下长期堆积、埋藏，通过复杂的地质变化作用而形成的。在地下隔绝空气的条件下，堆积的动植物体将会在厌氧细菌作用下发生缓慢分解，有机质被分解为腐植酸，其中一部分变成 $CO$、$CO_2$、$O_2$ 等气体析出，一部分被地下水分带走，一部分难分解的组分(如木质素、纤维素等)则被保存下来。残留体中的氢、氧元素的含量相对减少，而碳元素的含量相对增大，形成了所谓的腐泥和泥炭。

在地下高压和地热的共同作用下，泥炭逐渐坚实，即开始了煤化转变。根据煤生成的地质年代，可将其分为褐煤、烟煤和无烟煤三大类。

褐煤的煤化程度不太高，其挥发分含量较大，吸水性较强，粘结性弱。新开采出来的褐煤接触空气后极易破碎，并易氧化和自燃，因而不适宜远途运输和长期储存。褐煤的密度为 750~800kg/m$^3$。

烟煤的炭化程度比褐煤高，其挥发分比褐煤少，吸水性较小。烟煤具有合适的粘结性，是良好的工业燃料和化工原料。为适应不同的使用需要，工业上还依据烟煤的粘结性强弱及挥发分产生速率的大小等，进一步将烟煤分为长焰煤、气煤、肥煤、焦煤、瘦煤等品种。

无烟煤的炭化程度最高，挥发分极少，含碳量可达 90% 以上，结构致密而坚硬。这种特性也就造成无烟煤的着火性差，吸水性小，受热时容易爆裂。无烟煤的热值较高，有的超过 25000kJ/kg。

在点火源的作用下，煤首先将粘附在其表面和缝隙中的水分逐渐蒸发出来，接着有机质开始热分解，析出挥发分，并出现气相火焰。在受热后的不太长的时间内，便可析出总挥发分的 80%~90%。

煤的挥发分析出后的剩余物质称为焦炭。焦炭的燃烧比挥发分的燃烧困难得多，但所占的燃烧时间长，是煤燃烧的主要阶段，且放出的热量占煤总发热量的大部分，如无烟煤为 90% 左右，烟煤为 60%~80%，而褐煤为 45%~55%。

#### 2.5.2.2 煤的基本燃烧方式

根据煤投入燃烧前的形态，可将其燃烧分成块状燃烧和粉状燃烧两种基本形式。

通常煤块指的是直径在几厘米以上的煤。将适当大小煤块堆放在某个空间内，便形成某种厚度的煤层。若空气能够以一定的速度从煤块的缝隙中流过，就可发生足够强烈的燃烧。煤层燃烧通常是从某个局部开始的。在点火源的作用下，某处先引着火，然后再扩展到煤层的其他区域。随着新加入的煤与空气的供应和燃烧产物的输出状况的变化，煤层内不同区域的燃烧状况一般并不均匀。

在工程燃烧中，为了实现煤的充分燃烧，并有利于热量的利用，需要设计专门的燃烧炉膛，并配备特殊的加煤、送风和除渣机构。煤的灾害性燃烧主要是煤堆自燃，在这种情况下，没有特定的炉膛，燃烧在通常的环境条件下进行，其附近可能会有多种可燃物，因而容易造成重大破坏。

若将煤破碎成几百微米到毫米量级的细粉，它们就能够悬浮在空气中，并随空气在燃烧空间内运动。由于煤粉的表面积大大增加，且与空气混合良好，因而煤粉的燃烧强度比煤块燃烧大得多。

在工程燃烧中，为了得到细微的煤颗粒，需要使用磨粉机等设备制粉，并设计了专用的煤粉与空气的混合系统，将气、粉混合物送入煤粉炉中燃烧。煤粉也可伴随一些其他工艺过程生成，例如在采煤、运煤过程。一旦在该过程的某个区域形成了煤粉与空气的混合物，遇到合适的火源便可发生爆燃或爆炸。

#### 2.5.2.3 煤的自燃

煤在长期堆积状况下容易发生自燃，基本原因是煤堆内部的温度逐渐升高。造成煤堆的温度升高主要有以下几种因素：

（1）煤本身的自燃性。一般来说，煤的炭化程度越低，挥发分越高，自燃性就越强。煤自燃性强弱的顺序为：褐煤 > 烟煤 > 泥炭 > 无烟煤。各种煤的自燃危险温度和自燃点见表2-6。

**表2-6 各种煤的自燃点和自燃危险温度**

| 名称 | 含量/% | | | 自燃点/℃ | 自燃危险温度/℃ |
|---|---|---|---|---|---|
| | 挥发物 | 不饱和化合物 | 硫化物 | | |
| 褐煤 | 41～60 | 20～25 | 8～10 | 250～450 | 60～65 |
| 烟煤 | 12～44 | 5～15 | 0.5～6.3 | 400～500 | 65 |
| 泥炭 | — | 50 | — | 205～230 | 70～80 |
| 无烟煤 | 3.5 | — | — | 500以上 | |

（2）黄铁矿的氧化作用。黄铁矿（$FeS_2$）是煤中的一种常见杂质，它可在水分和空气的作用下发生如下氧化反应，并放出热量：

$$FeS_2 + O_2 \Longrightarrow FeS + SO_2 + 222kJ \tag{2-63}$$

$$2FeS_2 + 7O_2 + 2H_2O \Longrightarrow 2FeSO_4 + 2H_2SO_4 + 2525kJ \tag{2-64}$$

在后一个反应中生成的 $FeSO_4$ 可引起体积膨胀，从而使煤块破碎，增大煤的表面积，而这又可加快煤的吸附作用和氧化反应速率。

（3）煤的脆性。当煤的变质程度相同时，脆性越大的煤越易破碎，因而也越易自燃。

（4）煤的吸附作用。煤是由碳、氢、氧、氮和硫等元素的有机聚合物组成。空气中的氧气容易被煤表面的碳、氢原子吸附，发生氧化反应，同时放出热量。若氧化反应的时间较长，煤堆内的热量便可积累下来，从而煤的温度升高。

（5）部分煤中含有一些有机质，它们有利于微生物的繁殖，而这些微生物的活动能够产生热量。

（6）若煤堆过大，堆放时间过久，且通风不好，则会造成热量散发不出去。直到使煤堆温度升高到自燃点。

防止煤堆自燃的基本方法是改善煤堆的散热条件。通常当发现煤堆内的温度超过60℃时，就应当采取相应的散热措施，例如倒堆，将其移走，并尽快用掉。

### 2.5.3 高分子聚合物的燃烧

高分子聚合物简称高聚物，可分为塑料、橡胶和合成纤维三大类，它们大多数为可燃或易燃品。

#### 2.5.3.1 高聚物的燃烧过程

高聚物的燃烧大体包括受热熔融、热分解、着火和稳定燃烧等步骤。

多数高聚物的机械性能很强，绝缘性、耐腐蚀性等也很好，但耐热性较差，温度不太高即发生软化，乃至熔融，变成粘稠的胶状物。

随着温度继续升高，高聚物的大分子键将发生断裂，分解成分子量较小的物质。塑料与合成纤维的热分解温度一般为200～400℃，合成橡胶在400～800℃之间。

当高聚物热分解放出的可燃气体浓度达到着火下限时，与空气混合后即可发生燃烧。即使没有明火，只要达到足够高的温度，高聚物也会发生自燃。

#### 2.5.3.2 高聚物的燃烧特点

（1）发热量高。由于大多数高聚物的组成较单纯，杂质含量较低，其热值比木材、煤的都大，因而燃烧时发出的热量较高。

（2）燃烧速度快。一般，热值高、比热小、导热系数大的高聚物的燃烧速度较快，反之则较慢。

（3）火焰温度高。高聚物燃烧时的放热速率高，故火焰温度也高。多数高聚物的火焰温度可达1500℃以上。

（4）发烟量大。所有高聚物在热分解过程中均可析出多种碳氢化合物，它们在高温中能够聚合生成芳香族或多环高分子化合物，进而缩聚而生成微小的炭粒，这样就形成了大量浓烟。

（5）燃烧产物的毒性大。高聚物燃烧时，除了生成二氧化碳、一氧化碳和水之外，还可生成氧化氮、氯化氢、氟化氢、氰化氢、二氧化硫和光气（$COCl_2$）等一系列有害气体。一般来说，其生成量比天然木材燃烧时要多得多。这些有毒有害组分会对人员的生命安全构成极大的威胁。

#### 2.5.3.3 影响高聚物燃烧速率的因素

影响其燃烧速率的因素也可根据下式确定，即：

$$\dot{m}'' = (\dot{Q}''_F + \dot{Q}''_E - \dot{Q}''_L)/L_v \tag{2-65}$$

不过，此时该式中的 $L_v$ 应理解为固体的分解热。固体的分解热 $L_v$ 一般要比液体的蒸发潜热高得多。例如，固体聚苯乙烯的 $L_v$ 为1.76kJ/g，而液体苯乙烯单体的 $L_v$ 仅为0.64kJ/g。应当指出，此式只适于描述高聚物的前期有焰燃烧阶段。

高聚物燃烧时，其表面温度一般都在350℃以上，因而由表面辐射出去的热损失亦较大。研究表明，某些高聚物(例如聚碳酸酯、异氰酸酯泡沫)燃烧时，其 $\dot{Q}''_F$ 比 $\dot{Q}''_L$ 小，就是说，除非提供一定的附加热通量。否则这种材料的燃烧不能自我维持。

此外，还有不少固体受热后会结焦，例如聚苯乙烯、某些热加工树脂等。就是说随着燃烧的进行，在燃烧表面上将形成一层焦壳。这层焦壳可以阻挡热量向材料内部传输，使材料的内部不受外表面的影响。在这种情况下，固体的燃烧特性要相应发生一定的变化。

高聚物的热释放速率可用下式求出：

$$\dot{Q}_c = X\,\dot{m}''\Delta H A_F \tag{2-66}$$

式中，$A_F$ 为可燃物表面积；$\Delta H$ 为材料的燃烧热；$X$ 为燃烧效率因子，其变化范围一般为0.4~0.7。

若把进入可燃物表面的纯热通量写为 $\dot{Q}_{net}$，则上式可改写为：

$$\dot{Q} = X\frac{\dot{Q}_{net}}{L_v}\Delta H A_F \tag{2-67}$$

由此可见，高聚物燃烧时的热释放速率强烈依赖于 $\Delta H/L_v$，通常称其为材料的燃烧特性比(Combustibility Ratio)。根据该值的大小可对高聚物材料的燃烧性能作出比较。表2-7列出了若干高聚物材料的燃烧特性比。

**表2-7 若干高聚物的燃烧特性比**

| 可燃物 | $\Delta H/L_v$ | 可燃物 | $\Delta H/L_v$ |
|---|---|---|---|
| 硬质聚氨酯泡沫塑料(43) | 5.14 | 软酯聚氨酯泡沫塑料(21) | 13.34 |
| 聚氧化甲烯(粒状) | 6.37 | 环氧乙烷/纤维增强/玻璃纤维 | 13.38 |
| 硬质聚氨酯泡沫塑料(37) | 6.54 | 聚甲基丙烯酸甲酯(粒状) | 15.46 |
| 软质聚氨酯泡沫塑料(1—A) | 6.63 | 软质聚氨酯泡沫塑料(25) | 20.03 |
| 聚氯乙烯(粒状) | 6.66 | 硬质聚苯乙烯泡沫塑料(47) | 20.51 |
| 含氯48%的聚氯乙烯(粒状) | 6.72 | 聚丙烯(粒状) | 21.37 |
| 硬质聚氨酯泡沫塑料(29) | 8.37 | 聚苯乙烯(粒状) | 23.04 |
| 软质聚氨酯泡沫塑料(27) | 12.26 | 硬质聚乙烯泡沫塑料(4) | 27.23 |
| 尼龙(粒状) | 13.10 | 硬质聚苯乙烯泡沫塑料(53) | 30.02 |

## 2.5.4 木材的燃烧

### 2.5.4.1 木材的组成特点

木材是天然高分子物质的混合物，其主要组分是纤维素(约50%)、半纤维素(约25%)和木质素(约25%)，三者的比例随木材种类的不同而有较大区别。

纤维素是所有高杆植物的主要组分，主要是己糖、D葡萄糖的聚合物。图2-20a为典型的β-D葡萄糖的基本结构，并结合为图2-20b的线性结构。这样便使其分子排列成束状；半纤维素的结构与纤维素类似，主要由戊糖组成；木质素的结构却复杂得多。在植物木质化的过程中，微纤维素被约束在一起，而半纤维素和木质素则在它们之间存积下来。

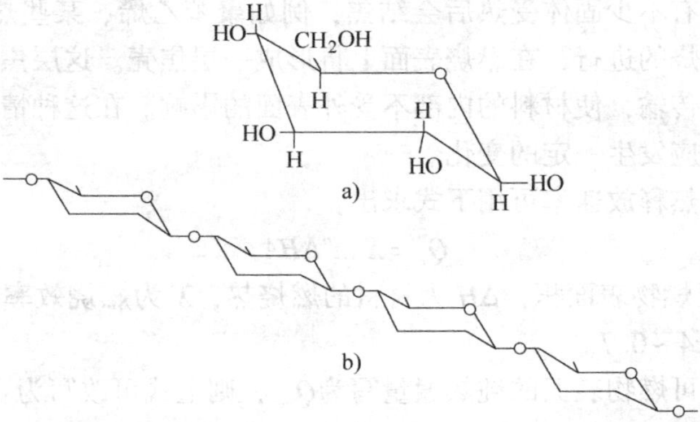


图2-20　β-D葡萄糖的稳定结构及纤维排列

半纤维素、纤维素和木质素析出挥发分的温度有所不同，它们各自的代表性析出温度为200~260℃、240~350℃与280~500℃。一般，木质素加热到400~450℃的温度，只能得到约50%的挥发分，其他的将成为炭渣。纤维素的炭渣就少得多。例如从棉花中选出的α-纤维，当经过清洗并滤去无机杂质后，在300℃温度下长时间加热，剩下的炭渣只有5%左右。

木材为条纹结构，其性质呈各向异性。例如平行于条纹的导热系数约为垂直于条纹的2倍，透气性的量级差别可达$10^3$。在燃烧表面之下的木材热分解产生的挥发分，顺着条纹冒出比垂直于条纹冒出要快得多。例如，当木棒燃烧时经常可发现其端部或节疤处出现射流火焰，这就是挥发分沿条纹冒出造成的。

木材中一般还含有不少水分，其含量与当地的相对湿度和木材暴露状况有关。含水量对木材的燃烧性能有较大影响。

### 2.5.4.2 木材的燃烧特征

当温度超过200~250℃时，木材就会改变颜色并开始发生热解。随着可燃气体析出量的增加，遇到点火源便可发生闪火现象，这一温度称为木材的闪点；当温度进一步升高，可形成稳定的气相火焰，该温度称为木材的燃点。表2-8列出了部分木材的闪点与燃点。

表 2-8 部分木材的闪火温度和着火温度

| 树　种 | 杨树 | 红松 | 夷松 | 榉木 | 桂树 |
|---|---|---|---|---|---|
| 闪火温度/℃ | 253 | 263 | 262 | 264 | 270 |
| 着火温度/℃ | 445 | 430 | 437 | 426 | 455 |

通常当温度超过300℃时，木材的物理结构开始被快速破坏，尤其是其表面表现得最为明显，如图2-21所示。这时在炭渣上出现了若干垂直于条纹方向的裂纹，它允许从热解层中析出的挥发分比较容易地由表面逸出。随着炭渣的增厚，裂纹逐渐变宽，形成较大的裂缝。同时裂缝内的燃烧反应也有所加强。

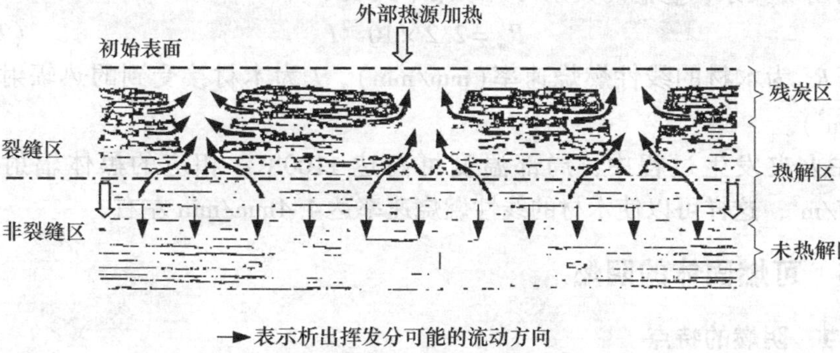


图 2-21 木板燃烧或热解时的表面形状

木材的燃烧过程比人工聚合物复杂得多，虽然仍可根据式(2-65)来分析有关因素的影响，但由于炭渣层的存在，这些因素的作用都变复杂了，而且要考虑热炭渣内部的作用。由于有一定的氧气扩散到炭层表面，炭渣仍可发生氧化反应，这也是放热过程，可将一定的热量供给正在发生热分解的木材，它可减少由外界加入的使木材热解的显热。

目前测得的木材的 $L_v$ 的值尚存在一定差别，一般在 1800 ~ 7000J/g 的范围内，见表2-9。

表 2-9 若干木材的 $L_v$ 值 (单位:J/g)

| 试　样 | $L_v$ | 试　样 | $L_v$ | 试　样 | $L_v$ |
|---|---|---|---|---|---|
| 松木 | 2790 | 雪松 | 2260 | 橡树 | 1410 |
| 红橡 | 1740 | 核桃 | 3230 | 花旗松 | 1820 |
| 黑樱桃 | 3010 | 红木 | 2790 | 枫树 | 2020 |

由生活常识可知，细木棒或较薄的木板是比较容易着火的，而对于较厚的木块，除非由其他热源提供较多的热量，否则很难着火。在通常情况下质地致密的木材不容易燃烧，主要是挥发分的析出速度有限，气相火焰不强，故$\dot{Q}''_F$不足。甚至有些木材燃烧时，$\dot{Q}''_F < \dot{Q}''_L$，要使它们继续燃烧必须外加热通量。

#### 2.5.4.3 木材的燃烧速率

木材的燃烧速率主要有质量燃烧速率和线燃烧速率两种表示法。前者指的是单位质量木材在单位时间内燃烧所消耗的质量，它适合于能够对试样进行整体称重的场合，例如在实验室内；后者指的是单位时间内木材表面炭化厚度的增长速率，这种表示法在工程燃烧中用得较多。

根据木梁或木柱在标准火灾试验中生成的焦炭层厚度得知，常见建筑用木材的线性燃烧速率为0.6mm/min左右。但木材的燃烧速率并不是常数，试验条件不同所得到的结果亦有较大差别。木材的线性燃烧速率与所接受到的辐射通量有密切关系，它们的关系可大致用下式表示：

$$R_w = 2.2 \times 10^{-2} I \tag{2-68}$$

式中，$R_w$为木材的线性燃烧速率(mm/min)，$I$为木材接受到的热辐射通量(kW/m$^2$)。

在火灾发生过程中，局部温度可高达1100℃，相应的黑体辐射可达200kW/m$^2$，这样可以使木材的线性燃烧速率达4.4mm/min左右。

### 2.5.5 可燃固体的阴燃

#### 2.5.5.1 阴燃的特点

阴燃是某些固体可燃物发生的一种没有气相火焰的燃烧现象。有些物质长期堆积后，在内部的某个局部可首先发生自燃，进而燃烧区便会以阴燃方式传播，如纸张、锯末、柴草、棉花及其他纤维织物等；有些物质也可在明火或热源的作用下发生阴燃，例如香烟、蚊香等。一般质地松软、杂质少、透气性好的材料容易发生阴燃。阴燃的传播速度较慢，温度较低，不容易发现，但通常会出现烟气析出和温度升高的迹象。

可燃物受热分解后能产生刚性结构的多孔碳是固体物质发生阴燃的内部条件。如果燃烧产物为流动的焦油状，就不能发生阴燃；提供强度适当的热源是发生阴燃的重要外部条件。只有这样才能使材料达到发生阴燃的温度；阴燃区周围的氧气浓度对阴燃的蔓延也具有重要影响。氧气浓度增大，有助于阴燃的蔓延。在一定条件下阴燃可以转换成明火，固体可燃物的种类、状态、尺寸和环境条件对阴燃向明火转变有显著影响。例如，供热强度过小则材料无法发生燃烧反应；而供热强度过大，则可能发生有焰燃烧。

又如氧气浓度增大到一定值时，也可促使发生有焰燃烧。若空气的流动方向与燃烧产物流动方向相同，则有助于提高燃烧反应速率，并对阴燃向有焰燃烧转变有利，由阴燃转变为明火的氧气浓度可低一些。

材料的某个部分的阴燃反应结束后，往往要形成一种松散的灰层，它可以阻止氧气进入反应区。如果灰分层脱落，将有利于氧气进入反应区，从而有利于阴燃向明火燃烧转变。

### 2.5.5.2 阴燃的传播过程

现结合图2-22所示的圆纤维棒阴燃讨论阴燃的传播过程。可以看出，燃烧部分可分为3个明显的区域：前部为热解区域(区域1)，在此区中温度上升很陡，有可见烟气析出来；中部为燃烧区域(区域2)，在这里不再析出可见烟气，温度达到最大值，并开始发光；后部为残炭区域(区域3)，此区不再发光，形成疏松的多孔灰层，温度开始慢慢下降。

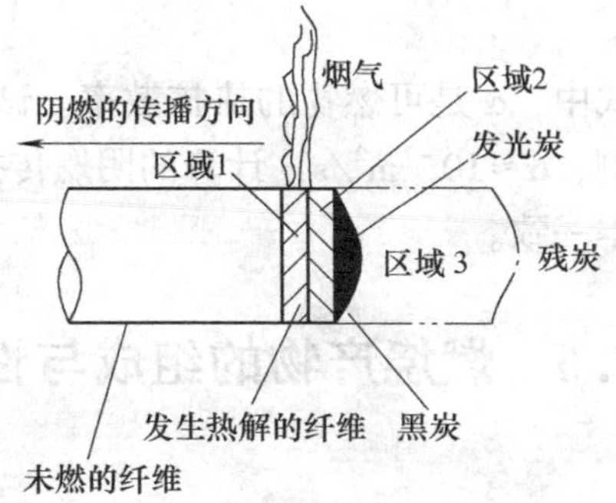


图2-22 纤维棒阴燃的传播过程

区域2是材料发生较强的氧化反应的区域。当纤维物质在静止空气中阴燃时，此区的温度一般为600～750℃。热量从区域2传入未燃区域，使区域1的温度升高，引起材料的热解，导致热解产物的析出。对于大多数有机可燃物，只有温度高于250～300℃才能完成这种热解。

若热解产物能够迅速离开区域1，就不能被充分氧化，它们可形成结构很复杂的络合物，包括高沸点的液体和焦油，其性质与有焰燃烧中产生的烟气大不相同。但是这些产物都是可燃的。

如果未受加热影响的材料有产生凝聚而离开燃烧区(即区域2)的趋势，则会显著减少向未燃区的传热。若这种热损失足够大，阴燃将不可能传播。

### 2.5.5.3 阴燃传播的简化模型

这里使用“着火起始面”概念简要分析阴燃的传播。根据正常燃烧区向未燃区部的传热机制，阴燃的传播速度可写为：

$$V=\frac{\dot{q}''}{\rho\Delta h} \tag{2-69}$$

式中，$V$是阴燃的传播速度，$\dot{q}''$是通过“着火起始面”的净热通量，$\rho$是可燃物的密度，$\Delta h$是单位质量可燃物从环境温度升到着火温度时的热焓变化。假设可燃物的着火温度与区域2的最大温度$T_{\max}$相差不大，则：

$$\Delta h=c(T_{\max}-T_0) \tag{2-70}$$

式中，$c$是可燃物的比热容，$T_0$是环境温度。假设从区域2向区域1的传热方式是导热，并达到准稳态，则：

$$\dot{q}'' = \frac{\kappa(T_{\max} - T_0)}{x} \tag{2-71}$$

式中，$\kappa$ 为可燃物的导热系数(W/m℃)，$x$ 为热量传播的距离，于是：

$$V \approx \frac{\kappa(T_{\max} - T_0)}{x} \frac{1}{\rho c(T_{\max} - T_0)} \tag{2-72}$$

$$V \approx \frac{\kappa}{\rho c}\frac{1}{x} = \frac{\alpha}{x} \tag{2-73}$$

式中，$\alpha$ 是可燃物的热扩散率。试验发现，$x$ 的数量级为0.01m。以纤维板为例，$\alpha \approx 10^{-7}\mathrm{m^2/s}$，计算的阴燃传播速度的量级是$10^{-2}$mm/s，这与试验结果基本一致。

## 2.6 燃烧产物的组成与性质

### 2.6.1 燃烧产物的生成

通常可燃物的燃烧产物包括气相部分和固体残渣部分。可燃固体生成的固体残渣较多，可燃液体的残渣就少得多，而大部分可燃气体则几乎没有残渣。在研究燃烧产物时主要关心其气相产物。其中不仅包括反应生成的气体组分，还包括热解产物、未燃烧的组分、卷吸而进入的空气及多种微小的固体颗粒和液滴通常将其称为烟气。在计算烟气的体积生成量时，一般只考虑其中的气体组分；只是在一些特殊情况下，才考虑其中所含颗粒的特性，例如计算烟气浓度时。

烟气中的气体组分主要是由C、H和S燃烧生成的，主要有$CO_2$、CO、$H_2O$、$CH_4$、$SO_2$等。如果燃烧反应不够完全，烟气中的CO、$CH_4$等可燃组分将较多，这种烟气是可以继续发生燃烧的。在某些烟气中还常会有一定量的氮与磷的氧化物及氯化氢等。

燃烧形式不同，燃烧中产生颗粒或液滴的组分将含有很大的不同。材料阴燃生成的烟气中含有较多的可燃挥发分产物。这种产物与冷空气混合时可浓缩成较重的高分子组分，形成高沸点液体的薄雾或碳烟。在静止空气条件下，颗粒的中间直径$D_{50}$(反映颗粒的大小的参数)约为1μm，并可缓慢地沉积在物体表面，形成油污。

有焰燃烧产生的烟气颗粒几乎全部是固体颗粒，其中一小部分是在高热通量作用下脱离固体的灰分，大部分则是在氧浓度较低的情况下，由于不完全燃烧和高温分解而在气相中形成的碳颗粒。即使原始燃料是气体或液体，也能产生固体颗粒。

可燃物自身的化学性质对烟气的产生具有重要的影响。少数纯可燃物(例如一氧化碳、甲醛、乙醚、甲酸、甲醇等)燃烧时基本上不产生烟。而在相同的环境条件下，大分子可燃物在燃烧时就会发生很浓的烟气。燃料的化学组成是决定烟气产生量的主要因素。常见碳氢化合物的发烟趋势按表2-10中所列的顺序增大。一般经过部分氧化的可燃物(例如乙醇、丙酮及部分固体可燃物)发出的烟量比生成这些物质的碳氢化合物的发烟量少。例如在自由燃烧情况下，木材和PMMA之类的部分氧化可燃物燃烧产生的烟量比聚乙烯和聚苯乙烯之类的碳氢聚合物的烟量要少得多。而聚苯乙烯发出的烟量比聚乙烯更大，因为这种聚合物中含有大量的苯基及其衍生物。

**表2-10 碳氢化合物发烟的增大趋势**

| 碳氢化合物类型 | 代表物质 | 分子式 |
|---|---|---|
| 正烷烃 | 正己烷 | $CH_3(CH_2)_4CH_3$ |
| 异烷烃 | 2,3 甲基丁烷 | $(CH_3)_2CH\cdot CH(CH_3)_3$ |
| 烯烃 | 丙烯 | $CH_3\cdot CH=CH_2$ |
| 炔烃 | 丙炔 | $CH_3\cdot C\equiv CH$ |
| 芳香烃 | 聚苯乙烯 | $R-CH=CH_2$ |
| 多环芳香烃 | 萘 | |

## 2.6.2 烟气主要组分的性质

在烟气的各种组分中除水蒸气外，大多数都对人体有害，下面简要说明这些主要组分的特性。

(1) 二氧化碳($CO_2$)。$CO_2$是碳的完全燃烧的产物，为无色、无嗅气体，密度为1.52kg/m$^3$。当其在空气中的浓度达到3%~4%时对人体健康有害；浓度达7%~10%时，可使人昏迷不醒，以致窒息死亡。

(2) 一氧化碳(CO)。CO是碳的不完全燃烧的产物，为无色、无嗅、剧毒可燃性气体，密度为0.97。当空气中含CO 12%~74%时，能形成爆炸性混合气体，遇火会发生爆炸。CO的毒性较大，当其在空气中的浓度达到0.5mg/L时，能使人中毒；浓度达2~3mg/L时，可使人致死。CO能从血液的氧血红素里取代氧而与血红素结合形成一氧化碳血红素，从而使人感到严重缺氧。

(3) 二氧化硫($SO_2$)。$SO_2$是硫的燃烧产物，无色，但有刺激性臭味，密度为2.26kg/m$^3$，易溶于水，易液化。$SO_2$有毒，是污染大气的主要气体。

$SO_2$ 严重伤害植物，刺激人的眼睛和呼吸道，并腐蚀金属和建筑物。在空气中的浓度达到0.05%时就可危及人的生命。在工矿企业的空气中 $SO_2$ 允许含量不得超过0.02mg/L。

(4) 五氧化二磷($P_2O_5$)。$P_2O_5$ 为磷的完全燃烧产物。在常温常压下为白色固体粉末，燃烧时生成的 $P_2O_5$ 为气体，尔后因降温而凝固。它能溶于水生成偏磷酸($HPO_3$)或(正)磷酸($H_3PO_4$)，纯 $P_2O_5$ 无特殊气味，但磷燃烧时伴生的 $P_2O_3$(或 $P_4O_6$)具有蒜味，因此磷燃烧时会闻到蒜味。$P_2O_5$ 有一定毒性，能刺激呼吸器官，引起咳嗽和呕吐。

(5) 氮的氧化物。在特定条件下，氮与氧反应可生成一氧化氮(NO)和二氧化氮($NO_2$)。NO 为无色气体，$NO_2$ 为棕红色气体，具有难闻气味，且有毒。NO 和 $NO_2$ 是刺激性有毒气体，人体吸入后，在肺部遇水分形成硝酸或亚硝酸，对呼吸系统有强烈的刺激和腐蚀作用。硝酸纤维素与其他含氮有机化合物燃烧时，或含硝酸盐及亚硝酸盐炸药爆炸时，均会产生 NO 或 $NO_2$。

(6) 氯化氢(HCl)。HCl 是一种有毒、有刺激性气体，可吸收空气中的水分而形成酸雾，会强烈刺激人的眼睛和呼吸系统，并可对金属材料造成严重腐蚀。PVC 之类的含氯材料燃烧时容易生成氯化氢。

(7) 烟灰。烟灰由悬浮在空气中未燃尽的固体颗粒及热解产物构成。烟灰的颗粒大小与性质随不同的可燃物而异。如木材燃烧的烟灰呈灰色；石油类物质燃烧的烟灰呈黑色等。烟灰能刺激人的呼吸道粘膜，引起咳嗽和流泪。

(8) 液雾。液雾由悬浮在空气中的微小液滴形成，包括水滴及不完全燃烧产物(如醛类、酮类等)的液滴。

以上组分为普通可燃物的燃烧产物。在实际火灾中遇到的可燃物种类很多，有些物质燃烧可生成一些复杂的有害产物，例如含卤素的物质燃烧时会释放出腐蚀性和毒性很强的气体。

## 2.6.3 燃烧空气量与烟气生成量的计算

在计算燃烧产物的生成量时，一般以单位数量的可燃物为基准来考虑。如可燃液体与可燃固体用质量表示，单位为kg，可燃气体用体积表示，单位为 $m^3$。

### 2.6.3.1 燃烧的总体反应方程

在讨论烟气的生成量时，人们主要关心燃烧的宏观结果，即消耗了多少可燃物，生成了什么产物，放出了多少热量等，因此尽管实际燃烧过程中存在多个中间步骤，但如无特别需要一般只考虑其总体反应。

根据物质守恒定律，燃烧反应前后的物质总量不变，且参与反应的各种元素的原子数不变。于是碳、氢和硫的完全反应方程可写为：

$$C + O_2 \longrightarrow CO_2 \tag{2-74}$$

$$4H+O_2 \longrightarrow 2H_2O \tag{2-75}$$

$$S+O_2 \longrightarrow SO_2 \tag{2-76}$$

碳发生不完全燃烧时将生成 CO，其反应方程式可写为：

$$2C+O_2 \longrightarrow 2CO \tag{2-77}$$

对于普通的工程燃烧及火灾燃烧场合中，通常假定参加反应的气体为等温、等压下的气体。根据理想气体的性质，上述反应中有关气体的相应摩尔数可看成是相应气体的体积数。于是式(2-75)可认为：

$$(2m^3)H_2+(1m^3)O_2 \longrightarrow (2m^3)H_2O(\text{蒸汽}) \tag{2-78}$$

若把上述物质的千摩尔数乘上它们各自的分子量，则可写出用质量表示的关系式。例如式(2-75)可写成：

$$(4kg)H_2+(32kg)O_2 \longrightarrow (36kg)H_2O \tag{2-79}$$

或：

$$(1kg)H_2+(8kg)O_2 \longrightarrow (9kg)H_2O \tag{2-80}$$

碳在空气中燃烧的总体燃烧反应方程可写成：

$$C+O_2+3.76N_2 \longrightarrow CO_2+3.76N_2 \tag{2-81}$$

$$2C+O_2+3.76N_2 \longrightarrow 2CO+3.76N_2 \tag{2-82}$$

在此将正常空气视为氧气($O_2$)和氮气($N_2$)的混合物，并认为它们的体积分数分别为 0.21 和 0.79。这样为了供给 1mol 的 $O_2$ 还必须附带加入 0.79/0.21 = 3.76(mol)的 $N_2$。

上式表明，$N_2$ 虽然进入燃烧区，但是并未参加氧化反应，就是说反应前后的 $N_2$ 的摩尔数不变。在温度不太高的情形下，这种简化是合理的。当燃烧温度高于1300℃时，部分 $N_2$ 将会分解，生成 N 离子，继而与 O 原子结合 NO 或 $NO_2$。

如果空气供应量不足，则会发生不完全燃烧，为此应在上式的右侧增加 CO、$H_2$ 或 $CH_4$ 等生成物的项。

设可燃气体中的碳氢化合物用通式 $C_nH_m$ 表示，则它在正常空气中燃烧时的反应方程可写成：

$$C_nH_m+\left(n+\frac{m}{4}\right)O_2+3.76\left(n+\frac{m}{4}\right)N_2 \longrightarrow nCO_2+\frac{m}{2}H_2O+3.76\left(n+\frac{m}{4}\right)N_2 \tag{2-83}$$

#### 2.6.3.2 燃烧所需的空气量

燃烧所需的空气量一般不等于化学当量比燃烧所需的空气量。为了反映这种情况，引入过量空气系数 $\alpha$：

$$\alpha=V/V_0 \tag{2-84}$$

式中，$V_0$ 为单位量可燃物发生化学当量比燃烧所需的空气量，$V$ 为其燃烧时实际供应的空气量。故 $\alpha=1$ 表示可燃物与氧化剂的配比符合化学反应式的当量关系；$\alpha<1$ 表明实际供应的空气量少于理论空气量；$\alpha>1$ 表明实际供应的空气量多于理论空气量。原则上说，在 $\alpha>1$ 的情况下，可燃物能够发生完全燃烧。不过由于可燃物与氧化剂的混合不均匀，或燃烧区的温度过低、速度过大等因素的影响，却经常发生不完全燃烧，火灾燃烧大多是这种情形。在预混燃烧中，曾引入 $\alpha_1$ 表示可燃气体与空气的预先混合状况，显然，$\alpha_1$ 是 $\alpha$ 中的一部分。

如果知道了某种可燃物的元素组成，则根据反应前后的物质平衡关系，可以得到单位质量的该可燃物发生化学当量比燃烧所需的空气体积。例如，1kmol 的 C 完全燃烧需要 1kmol $O_2$，同时生成 1kmol 的 $CO_2$。而 1kmol C 的质量为 12kg，故 1kg 的 C 完全燃烧就需要 1/12kmol 的 $O_2$。对于 1kg 的 H 和 S，可类似求出它们完全燃烧所需的理论 $O_2$ 量分别为 1/4kmol 和 1/32kmol。

考虑到可燃物本身还含有 $\frac{1}{32}\times\frac{O}{100}$kmol 的 O，在计算 $O_2$ 需要量时应当把这部分 O 的含量扣除。于是，1kg 可燃物完全燃烧所需要 $O_2$ 量(kmol 数)为：

$$V_0^{\circ}=\frac{1}{12}\times\frac{C}{100}+\frac{1}{4}\times\frac{H}{100}+\frac{1}{32}\times\frac{S}{100}-\frac{1}{32}\times\frac{O}{100} \tag{2-85}$$

式中，C、S、H、O 分别为该可燃物所含的碳、硫、氢、氧的元素分析组成。由于 1kmol 的 $O_2$ 重 32kg，而 $O_2$ 在空气中所占的质量分数(百分比)为 23.2%，故燃烧 1kg 可燃物所需要的理论空气量(质量)为：

$$\begin{aligned}L_0&=\frac{V_0^{\circ}\times 32}{0.232}=0.115C+0.342H+0.043S-0.043O\\&=0.115(C+0.375S)+0.342H-0.043O\end{aligned} \tag{2-86}$$

式中，$L_0$ 为相应空气的质量($kg_f/m_a^3$)。上式除以空气的密度 $\rho=1.293kg/m^3$，便可得到用体积表示的理论空气量，即：

$$\begin{aligned}V_0&=\frac{1}{1.293}L_0\\&=0.0889(C+0.375S)+0.266(H-O/8)\end{aligned} \tag{2-87}$$

按照类似的分析，可燃气体发生化学当量比燃烧所需的空气量(体积)为：

$$V_0=\frac{1}{0.21}\left[0.5CO+0.5H_2+1.5H_2S+\sum\left(n+\frac{m}{4}\right)\times C_nH_m-O_2\right] \tag{2-88}$$

#### 2.6.3.3 烟气生成量

同样，根据燃烧前后的物质平衡可以计算烟气的生成量。例如，使用元素分析组成的数据，1kg 的 C 完全燃烧可生成 1/12kmol 的 $CO_2$，于是燃烧 1kg 可燃物产生的 $CO_2$ 为 $\frac{1}{12}\times\frac{C}{100}$kmol。在标准状态下，1kmol 气体的体积为 22.4$m^3$，因而这些 $CO_2$ 的体积为：

$$V_{CO_2}=22.4\times\frac{1}{12}\times\frac{C}{100}=1.886\,\frac{C}{100} \tag{2-89}$$

完全燃烧1kg的S产生1/32kmol的$SO_2$，则消耗1kg燃料烟气中的$SO_2$的体积为：

$$V_{SO_2}=22.4\times\frac{1}{32}\times\frac{S}{100}=0.7\ \frac{S}{100}\tag{2-90}$$

设烟气中的水分仅包括可燃物中的氢完全燃烧所产生的水分和可燃物中含有的水分，于是：

$$\begin{aligned}V_{H_2O}&=\frac{22.4}{2}\times\frac{H}{100}+\frac{22.4}{18}\times\frac{M}{100}\\&=0.112H_{ar}+0.0124M_{ar}\end{aligned}\tag{2-91}$$

烟气中的$N_2$包括燃料含有的氮组分所生成的$N_2$和由助燃空气所带入的$N_2$两部分，即：

$$V_{O,N_2}=\frac{22.4}{28}\times\frac{N}{100}+0.79V_O=0.8\times\frac{N}{100}+0.79V_O\tag{2-92}$$

式中的0.79为$N_2$在干空气中所占的体积分数。

将上述各种成分的体积相加，便得到理论烟气量($m^3/kg_f$)为：

$$V_{O,yq}=1.866\ \frac{C}{100}+0.7\ \frac{S}{100}+\left(0.8\ \frac{N}{100}+0.79V_O\right)+(0.112H+0.0124M)\tag{2-93}$$

如果燃烧过程中的空气过量，并认为可燃物的燃烧是完全的，则所产生的烟气量中还要增加一部分过量的空气以及随过量空气所带入的水蒸气量，即：

$$V_{yq}=V_{O,yq}+(\alpha-1)V_O+0.00161M_k(\alpha-1)V_O\tag{2-94}$$

式中，$M_k$为1kg空气中所含的水蒸气量(g)。如果可燃物的不完全燃烧程度严重，则在烟气中还有多种可燃组分，在此不作详细讨论。

一般可认为，可燃气体中主要含有CO、$H_2$、$H_2S$、$C_nH_m$、$O_2$、$N_2$、$CO_2$。设$\alpha=1$时，这些组分发生完全燃烧，则1mol CO生成1mol $CO_2$，1mol $H_2$生成1mol $H_2O$，1mol $H_2S$生成1mol的$H_2O$和1mol的$SO_2$，1mol $C_nH_m$生成$n$mol的$CO_2$和$m/2$mol的$H_2O$。反应前后，$CO_2$和$N_2$的摩尔数不变，而烟气中将不再存在自由氧。于是可燃气体的理论烟气量为：

$$\begin{aligned}V_{O,yg}&=V_{CO_2}+V_{SO_2}+V_{O,N_2}+V_{O,H_2O}\\&=\frac{1}{100}\left[C_2O+CO+2H_2S+\sum\left(n+\frac{m}{2}\right)C_nH_m+H_2+H_2O+N_2\right]+\\&\quad(0.79+0.00161M_k)V_O\end{aligned}\tag{2-95}$$

同样，当$\alpha>1$时，则在上式中还要加上过量空气量及由这部分空气带入的水蒸气。

如果烟气流动的距离较长，则能够将周围的大量空气卷吸到烟气中来，从而导致烟气量增加。这种情况将结合烟气流动进行讨论。

## 2.7 燃烧温度与火焰温度

### 2.7.1 燃烧温度与火焰温度的定义

燃烧反应是在一定空间内进行的。通常，反应空间内的温度分布不会很均匀，有火焰的区域温度高，因为该处正在发生燃烧反应，而火焰面以外区域的温度将会显著降低。火焰温度指的是在绝热条件下，可燃物与氧化剂的量处于化学当量比，且发生完全燃烧时，火焰面所能达到的最高温度，其高低主要与可燃物的着火特性、热值有关。氧化剂的种类不同，火焰温度也不尽相同。同一种物质在氧气中燃烧所达到的温度比在空气中燃烧达到的温度高，同时环境温度和压力也对火焰温度有一定影响。表2-11列出了若干可燃物在常温常压条件下在空气中完全燃烧时的火焰温度。

表2-11 部分可燃物在空气中充分燃烧时的火焰温度

| 物质名称 | 火焰温度/℃ | 物质名称 | 火焰温度/℃ |
|---|---|---|---|
| 甲醇 | 1100 | 乙炔 | 2127 |
| 乙醇 | 1180 | 氢气 | 2130 |
| 丙酮 | 1000 | 煤气 | 1600～1850 |
| 乙醚 | 2861 | 一氧化碳 | 1680 |
| 原油 | 1100 | 硫化氢 | 2110 |
| 汽油 | 1200 | 天然气 | 2020 |
| 煤油 | 700～1030 | 石油气 | 2120 |
| 重油 | 1000 | 甲烷 | 1800 |
| 木材 | 1000～1177 | 乙烷 | 1895 |
| 二硫化碳 | 2195 | 氨 | 700 |

燃烧温度指的是气相燃烧产物(烟气)的平均温度。由于温度是在一定空间内进行平均的，因而在大多数情况燃烧温度要低于火焰温度。燃烧温度不仅与上面提及的因素有关，而且与可燃物的浓度和氧化剂的掺混状况及散热条件等有关。

在火灾研究中十分重视燃烧温度，因为此参数可对周围的建筑结构造成严重影响。不过当烟气流离燃烧区较远后，则一般直接按烟气温度考虑。

### 2.7.2 燃烧温度的几种表示方式

某种可燃物在一定条件下的燃烧温度可以通过燃烧前后的能量平衡求出，并且根据分析与应用的需要提出了几种表示方式。

在燃烧过程中，热量的来源有可燃物的化学能及可燃物和空气的显焓。这些热量主要用于以下几方面：①加热气相燃烧产物；②传给周围的介质而造成热损失；③若系统对外做功将会消耗一部分能量；④某些燃烧产物在高温下热解所吸收的热量；⑤反应中可能存在不完全燃烧，从而造成化学能未能充分释放。这样燃烧前后的热平衡关系可写为：

$$Q_{DW}+I_r+I_k=Q_{lj}+Q_{sr}+Q_{wr}+I_{yq}+A_w \tag{2-96}$$

式中，$Q_{DW}$为可燃物的低位热值；$I_r$ 和 $I_k$ 分别为可燃物及供燃烧用空气在供给温度时的热焓；$Q_{lj}$为某些燃烧产物离解所吸收的热量；$Q_{sr}$为燃烧过程中向周围介质散发的热量；$Q_{wr}$为不完全燃烧所造成的热量损失；$I_{yq}$为烟气在燃烧温度时所具有的热焓；$A_w$ 为系统对外界所作的功。

于是可燃物的实际燃烧温度可写为：

$$T_{yq}=\frac{(Q_{DW}+I_r+I_k)-(Q_{lj}+Q_{cr}+Q_{wr}+A_w)}{V_{yq}c_{yq}} \tag{2-97}$$

式中，$c_{yq}$为烟气的体积比定容热容，其值取决于烟气的组成；$V_{yq}$为烟气的体积。

然而要精确求得系统的散热损失 $Q_{cr}$是不容易的。若假设燃烧在绝热条件下进行，可认为 $Q_{cr}=0$。如果还不考虑系统与外界的功的交换，并认为燃烧是完全的，即 $A_w=0$ 与 $Q_{wr}=0$，则该式可简化为：

$$T_{yq}^0=\frac{Q_{DW}+I_r+I_k-Q_{lj}}{V_{yq}c_{yq}} \tag{2-98}$$

这样算出的温度通常称为可燃物的理论燃烧温度。如果再不考虑燃烧产物的热解，则可进一步得到：

$$T_{yq}^j=\frac{Q_{DW}+I_r+I_k}{V_{yq}c_{yq}} \tag{2-99}$$

这样表示的温度称为量热计燃烧温度。如果燃烧是在 $\alpha=1$ 的完全燃烧情况下进行的，并认为可燃物和空气的初始温度都为0℃，则：

$$T_{yq}^f=\frac{Q_{DW}}{V_{O,yq}c_{yq}} \tag{2-100}$$

这一温度称为可燃物的理论发热温度。此温度只与可燃物的化学组成有关，而与燃烧条件无关。因此这一参数表示可燃物燃烧所能达到的温度上限。

从理论上说，在 $\alpha=1$ 且完全燃烧情况下，燃烧温度最高。当 $\alpha<1$ 时，由于燃烧不完全，可使可燃物的化学能不能充分放出，从而使燃烧温度降低；当 $\alpha>1$ 时，又由于供给的空气量过多，使总的烟气量增大，也会使燃烧温度降低。

### 2.7.3 燃烧温度的计算

在此主要讨论理论放热温度和实际燃烧温度的计算，且着重说明求解的思路。

#### 2.7.3.1 理论发热温度

可燃物的理论发热温度按式(2-100)计算，一般可用迭代法求解。迭代法的主要步骤有：

(1) 假设可燃物的理论发热温度为 $T'$，由气体的体积比定压热容表查出该温度下烟气中各组分气体的平均比热容，并运用上式计算该温度下燃烧产物的热焓 $I'$。如果此时 $I' = I_{yq}^0$，则认为 $T_{yq}^f = T'$。不过初次假设时，两者一般不相等，于是修正假设，继续计算。

(2) 再假设该温度为 $T''$，按第(1)项所述的步骤又可算出 $I''$，它也未必等于 $I_{yq}^0$，比如说，$I'' > I_{yq}^0$。

(3) 根据上述数值可得出：

$$\frac{I'' - I'}{I_{yq}^0 - I'} \approx \frac{T'' - T'}{T_{yq}^f - T'}$$

于是：

$$T_{yq}^f \approx \frac{(T'' - T')(I_{yq}^0 - I')}{I'' - I'} + T' \tag{2-101}$$

可燃液体和可燃固体的比热容可根据经验数据确定。可燃气体的体积比定压热容为其组分的加权平均，其通式为：

$$C_r = \frac{1}{100}\sum x_i c_{x_i} \tag{2-102}$$

式中，$x_i$ 为可燃物中有关组分的体积分数，$c_{x_i}$ 为该组分相应的体积比定压热容（kJ/(m$^3$·K)）。

烟气体积比定压热容的计算方式与可燃气体类似。表 2-12 列出了若干可燃气体与烟气中的常见组分及空气的体积比定压热容。

**表 2-12 部分气体的平均比定压热容 $c_p$**

（单位：kJ/(m$^3$·K)）

| 温度/℃ | 空气 | $CO_2$ | $H_2O$ | $N_2$ | $O_2$ | $SO_2$ | CO | $H_2$ | $CH_4$ | $C_2H_6$ | 燃烧产物（近似） |
|---|---|---|---|---|---|---|---|---|---|---|---|
| 0 | 1.297 | 1.600 | 1.494 | 1.299 | 1.306 | 1.733 | 1.299 | 1.277 | 1.548 | 2.207 | |
| 100 | 1.300 | 1.700 | 1.505 | 1.300 | 1.318 | 1.813 | 1.302 | 1.291 | 1.640 | 2.492 | 1.424 |
| 200 | 1.307 | 1.787 | 1.522 | 1.304 | 1.335 | 1.888 | 1.307 | 1.297 | 1.757 | 2.771 | |
| 300 | 1.317 | 1.863 | 1.542 | 1.311 | 1.356 | 1.955 | 1.317 | 1.299 | 1.884 | 3.040 | 1.424 |

（续）

| 温度/℃ | 空气 | $CO_2$ | $H_2O$ | $N_2$ | $O_2$ | $SO_2$ | CO | $H_2$ | $CH_4$ | $C_2H_6$ | 燃烧产物（近似） |
|---|---|---|---|---|---|---|---|---|---|---|---|
| 400 | 1.329 | 1.930 | 1.565 | 1.321 | 1.377 | 2.018 | 1.329 | 1.302 | 2.013 | 3.304 | |
| 500 | 1.343 | 1.989 | 1.590 | 1.332 | 1.393 | 2.068 | 1.343 | 1.305 | 2.138 | 3.548 | 1.457 |
| 600 | 1.357 | 2.041 | 1.615 | 1.345 | 1.417 | 2.114 | 1.357 | 1.308 | 2.258 | 3.773 | |
| 700 | 1.371 | 2.088 | 1.641 | 1.359 | 1.434 | 2.152 | 1.372 | 1.312 | 3.374 | 3.981 | 1.491 |
| 800 | 1.384 | 2.131 | 1.668 | 1.372 | 1.465 | 2.181 | 1.386 | 1.317 | 2.491 | 4.176 | |
| 900 | 1.398 | 2.169 | 1.696 | 1.385 | 1.478 | 2.215 | 1.400 | 1.323 | 2.599 | 4.356 | 1.520 |
| 1000 | 1.410 | 2.204 | 1.723 | 1.397 | 1.478 | 2.236 | 1.413 | 1.329 | 2.696 | 4.524 | |
| 1100 | 1.421 | 2.235 | 1.750 | 1.407 | 1.489 | 2.261 | 1.425 | 1.336 | 2.783 | 4.218 | 1.545 |
| 1200 | 1.433 | 2.264 | 1.777 | 1.420 | 1.501 | 2.278 | 1.436 | 1.343 | 2.859 | 4.819 | |
| 1300 | 1.443 | 2.394 | 1.803 | 1.431 | 1.511 | | 1.447 | 1.351 | | | 1.566 |
| 1400 | 1.453 | 2.314 | 1.828 | 1.441 | 1.520 | | 1.457 | 1.359 | | | |
| 1500 | 1.462 | 2.333 | 1.853 | 1.450 | 1.529 | | 1.466 | 1.367 | | | 1.590 |
| 1600 | 1.471 | 2.355 | 1.876 | 1.459 | 1.528 | | 1.475 | 1.375 | | | |
| 1700 | 1.479 | 2.374 | 1.900 | 1.467 | 1.546 | | 1.483 | 1.383 | | | 1.616 |
| 1800 | 1.487 | 2.392 | 1.821 | 1.475 | 1.554 | | 1.490 | 1.392 | | | |
| 1900 | 1.494 | 2.407 | 1.942 | 1.482 | 1.562 | | 1.497 | 1.400 | | | 1.641 |
| 2000 | 1.501 | 2.422 | 1.963 | 1.489 | 1.569 | | 1.504 | 1.408 | | | |
| 2100 | 1.507 | 2.436 | 1.982 | 1.496 | 1.576 | | 1.510 | 1.415 | | | 1.666 |
| 2200 | 1.514 | 2.448 | 2.001 | 1.502 | 1.583 | | 1.516 | 1.432 | | | |
| 2300 | 1.519 | 2.460 | 2.019 | 1.507 | 1.590 | | 1.521 | 1.430 | | | 1.691 |
| 2400 | 1.525 | 2.471 | 2.036 | 1.513 | 1.596 | | 1.527 | 1.437 | | | |
| 2500 | 1.530 | 2.481 | 2.053 | 1.518 | 1.603 | | 1.532 | 1.445 | | | 1.716 |

#### 2.7.3.2　实际燃烧温度的计算

原则上说，实际燃烧温度可以按式(2-97)计算，但由于实际燃烧过程中的热损失和不完全燃烧程度均难以精确计算，因此该温度通常以理论放热温度基础乘上一个经验系数而得到，即：

$$T_{yq} = \varphi T_{yq}^{f} \tag{2-103}$$

式中，$\varphi$ 为燃烧温度的修正系数，一般为0.6～0.9。

## 复　习　题

1. 可燃物的热值是怎样定义的？为什么有高位热值和低位热值的区别？对于可燃固体

和可燃气体，分别说明它们的高位热值和低位热值的换算方法。

2. 热自燃着火理论是怎么解释点火过程的？为了保证点火成功，可采取哪些措施？

3. 简要说明可燃气体的预混燃烧和扩散燃烧的主要特点。可采取哪些措施预防回火？

4. 说明可燃混合气体着火极限的概念，着火极限受哪些因素影响？

5. 可燃液体燃料的燃烧有哪些常见形式？分别说明它们的燃烧特点。为什么池火燃烧容易生成大量黑烟？

6. 简要说明可燃固体阴燃的主要特点，阴燃传播过程受到哪些因素的影响？

7. 说明燃烧温度受到哪些因素的影响？如何确定某反应空间的实际燃烧温度？

8. 已知某种可燃气体的体积分数(百分比)如下：$H_2=56.0\%$，$CO=6.7\%$，$CH_4=22.7\%$，$C_2H_6=2.0\%$，$CO_2=3.0\%$，$N_2=10.0\%$，$O_2=1.0\%$，含湿量 $M_r=12.5g/m^3$，空气的含湿量 $M_k=10g/m^3$，可燃气体和空气的初温均为20℃，试计算：

（1）高位热值 $Q_{GW}^s$ 与低位热值 $Q_{DW}^s$；（2）理论空气量 $V_0$；（3）理论烟气量 $V_{yq}$(设 $\alpha=1$，且完全燃烧)；（4）理论放热温度 $T_{yq}^t$(设 $\alpha=1$，用插值近似法计算)。

第 3 章

# 爆炸理论基础

爆炸是特定系统中巨大能量突然释放的过程，可形成猛烈的机械功，并经常伴有强声、强光现象。如果对爆炸利用得合理，可以对人们有所裨益。但如果意外爆炸发生在人们生产和生活的场所，往往会造成大量的人员伤亡和巨大的财产损失。

随着科学技术的进步和社会发展的需要，现在许多行业都会接触到各种爆炸性物质。如何保证这类物品的使用安全，防止失控，是一个应当引起人们充分重视的问题。本章将重点围绕生产生活中保证安全的需要，介绍一些相关的爆炸基本理论。

## 3.1 爆炸的类别及其破坏作用

### 3.1.1 爆炸的分类

爆炸可以按爆炸能量来源、爆炸波的传播速度和爆炸反应相的类型进行分类，图 3-1 列出了爆炸的基本分类方式。

#### 3.1.1.1 按爆炸的能量来源分类

按照能量来源，可将爆炸分为化学性爆炸、物理性爆炸和核爆炸三大类。

化学爆炸是物质由一种化学结构迅速转变为另一种化学结构，突然放出大量能量的过程，例如炸药的爆炸、可燃气体与空气的混合物的爆炸等。由于在瞬时生成的大量高温气体来不及膨胀和扩散，仍局限在较小的空间内，最终会引起压力急剧升高而导致爆炸。例如可燃气体与空气混合物的爆炸、炸药的爆炸等。

物理爆炸是某些物质的温度、压力迅速发生变化，在瞬间放出大量能量并对外做功的现象，例如高压气体储罐、锅炉和压力容器的超压爆炸。

另外还有一类爆炸为核爆炸。这是某些物质的原子核发生裂变反应（如$U^{235}$的裂变）或聚变反应（如氘、氚、锂）时，释放出巨大能量而发生的爆炸，如

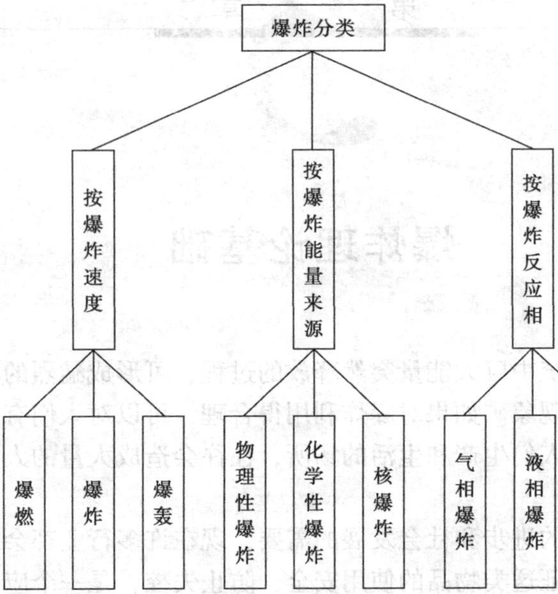


图 3-1 爆炸的分类

原子弹、氢弹的爆炸。

核爆炸具有很多特殊性，对此本书中不作讨论。出于安全工程的需要，本章重点讨论化学性爆炸，其中部分涉及物理爆炸。

**3.1.1.2 按照爆炸反应相分类**

按照参加爆炸反应物的相的状态，可分为气相爆炸、液相爆炸和固相爆炸三类。

气相爆炸是在气体(主要是空气)中发生的爆炸，大部分为化学爆炸。这是可燃性气体发生燃烧反应的一种形态，主要包括单一气体或混合气体爆炸、液雾爆炸、粉尘爆炸、气体分解爆炸等。氢、一氧化碳、甲烷、丙烷、乙炔等可燃气体和助燃气体(通常为空气)的混合气体所发生的爆炸都属于气相爆炸。

液相爆炸是液相和气相间急剧发生相变化时的现象，包括聚合物爆炸、蒸气爆炸以及由不同液体混合所引起的爆炸。例如硝酸和油脂、液氧和煤粉等物质混合时所引起的爆炸。熔融的矿渣与水接触时出现的蒸气爆炸也是一种液相爆炸。

固相爆炸是某些固体物质发生剧烈化学反应所形成的爆炸。这类固体物质很多，包括爆炸性化合物及其他爆炸性物质的爆炸(如乙炔铜的分解爆炸)；导线因电流过载而过热，进而导致金属迅速气化所引起的爆炸等；某些固相物质转化时发生的爆炸(无定形锑转化为结晶锑时，由于放热而形成的爆炸)。

### 3.1.1.3　按照爆炸速度分类

爆炸过程所形成的特征物质的传播速度称为爆炸速度。按照爆炸速度，爆炸可分为爆燃、爆炸和爆轰。

爆炸速度在每秒数米以下的爆炸一般称为爆燃(Deflagration)。这种爆炸的破坏力不大，声响也不太大。例如，无烟火药在空气中的快速燃烧、可燃气体混合物在接近爆炸浓度上限或下限时的爆炸等。

爆炸速度为每秒十几米到数百米的爆炸一般称为爆炸(Explosion)。这种爆炸能在爆炸点引起压力的巨增，有较大的破坏力，有震耳的声响，爆炸产物传播速度很快而且可变。例如可燃气体混合物在多数情况下的爆炸、火药遇到火源所引起的爆炸等。

爆炸速度为每秒数千米的爆炸称为爆轰(Detonation)。发生爆轰时能在爆炸点引起极高压力，并产生超音速的“冲击波”。例如，梯恩梯(TNT)炸药的爆炸速度为6800m/s。表3-1则列出了若干气体混合物的爆轰速度。

表3-1　若干气体混合物的爆轰速度

| 混合气体 | 混合百分比(%) | 爆轰速度/(m/s) | 混合气体 | 混合百分比(%) | 爆轰速度/(m/s) |
|---|---|---|---|---|---|
| 乙醇-空气 | 6.2 | 1690 | 甲烷-氧 | 33.3 | 2146 |
| 乙烯-空气 | 9.1 | 1734 | 苯-氧 | 11.8 | 2206 |
| 一氧化碳-氧 | 66.7 | 1264 | 乙炔-氧 | 40.0 | 2716 |
| 二氧化碳-氧 | 25.0 | 1800 | 氢-氧 | 66.7 | 2821 |

## 3.1.2　爆炸的基本特征

爆炸现象的特征可从内部和外部两方面来说明。

内部特征是发生爆炸时，大量气体和能量在有限的体积内突然释放或急剧转化，造成高温高压等非寻常状态对邻近介质形成急剧的压力突跃和随后的复杂运动，显示出不寻常的移动或机械破坏效应。

外部特征是爆炸将能量以一定的方式转变为原物质或产物的压缩能，随后物质由压缩态膨胀，在膨胀过程中作机械功，进而引起附近介质的变形、破坏和移动。同时由于介质受振动而发生一定的声响效应。热量是爆炸能量的源泉，快速使有限的能量高度积聚，生成或存在的气体则是能量转换、能量释放的工作介质。

例如，乙炔与氧气在储罐内混合进而发生爆炸时，大约在1/100s内完成下列化学反应：

$$2C_2H_2 + 5O_2 = 4CO_2 + 2H_2O + Q \tag{3-1}$$

同时释放出大量热能和二氧化碳、水蒸气等气体，能使罐内压力升高10～13

倍，其爆炸威力可以使罐体升空20~30m。

### 3.1.3 发生化学爆炸的条件

形成化学爆炸的反应过程必须同时具备大量放热、反应高速进行、反应生成大量的气体产物和能自动迅速传播等四个条件。

#### 3.1.3.1 反应过程必须大量放热

这是化学反应能成为化学爆炸的首要条件。如果没有足够的热量放出，化学变化本身不能供给继续变化所需要的能量，爆炸自然也就不能产生。例如：

$$ZnC_2O_4 = Zn + 2CO_2 - 205.4kJ \tag{3-2}$$

此分解反应是吸热的，反应过程很平静，不会发生爆炸。又如：

$$CuC_2O_4 = Cu + 2CO_2 + 23.86kJ \tag{3-3}$$

此分解反应虽属放热反应，但反应热很小，仍不足以使反应自动加速，因此也不是爆炸反应。而：

$$Ag_2C_2O_4 = 2Ag + 2CO_2 + 55.2kJ \tag{3-4}$$

此分解反应在分解时能够放出大量热，使反应得以迅速进行并稳定传播。

#### 3.1.3.2 变化过程必须速度高

只有高速的化学反应，才能忽略能量转换过程中由热传导和热辐射所引起的损失，在极短的时间内将反应形成的大量气体产物加热到数千度，压力猛增到几万乃至几十万个大气压。这种高温、高压气体迅速向四周膨胀作功，便产生了爆炸现象。

#### 3.1.3.3 变化过程应能生成大量的气体产物

爆炸反应所生成的气体产物是做功的工质。由于气体具有很大的可压缩性和膨胀系数，在爆炸的瞬间处于强烈的压缩状态，而形成很高的势能。该势能在气体膨胀过程中，迅速转变为机械功。如果反应产物不是气体而是固体或液体，那么即使是放热反应，也不会形成爆炸现象。例如铝和氧化铁的反应可写为：

$$2Al + Fe_2O_3 = Al_2O_3 + 2Fe + 8290kJ \tag{3-5}$$

这个反应放出的热值很高，可使生成物加热到3000℃左右，但由于反应中没有大量气体生成，因而不会形成爆炸反应。

#### 3.1.3.4 变化过程能自动进行传播

从上述分析可知，在外界能量激发下，化学爆炸可放出大量的热，致使发生爆炸的材料中某一局部发生化学反应后，无需任何其他外界因素其余部分就能自动连续不断地反应下去。

### 3.1.4 爆炸的破坏作用

爆炸引起的破坏作用主要表现是爆炸冲击波(Explosion Wave)、地震波

(Seismic Wave)、碎片或飞石(Flyrock)、有毒气体(Toxic Gas)和二次爆炸(Boulder Explosion)等。

#### 3.1.4.1　爆炸冲击波

爆炸形成的冲击波是一种通过空气传播的压力波，产生的高温、高压、高能量密度的气体产物，以极高的速度向周围膨胀，强烈压缩周围的静止空气，使其压力、密度和温度突然升高，像活塞运动一样向前推进，产生波状气压向四周扩散冲击。这种冲击波能造成附近建筑物的破坏，其破坏程度与冲击波能量的大小有关，并与建筑物的坚固程度及其距离产生冲击波中心的远近有关。

#### 3.1.4.2　地震波

地震波由若干种波组成，根据波传播的途径不同，波可分为体积波和表面波。爆炸引起的地震波，常常会造成在爆源附近的地面及地面一切物体产生颠簸和摇晃，当振动达到一定的强度时，可造成爆炸区周围建筑物和构筑物的破坏。例如，某市的亚麻厂发生粉尘爆炸时，有连续3次爆炸，结果在该市地震局的地震检测仪上，记录了在7s之内的曲线上出现3次高峰。在爆炸波及的范围内，这种地震波会造成建筑物的震荡、开裂、松散倒塌等后果。

#### 3.1.4.3　碎片或飞石

爆炸的机械破坏效应会使容器、设备、装置以及建筑材料等的碎片四处飞散，其距离一般可达100~500m，在相当大的范围内造成伤害。

在工程爆破中，特别是进行抛掷爆破和用裸露药包进行破碎时，个别岩石块可能飞散得很远，常常造成人员、设备和建筑物的破坏。

#### 3.1.4.4　有毒气体

在爆炸反应中会生成一定量的CO、NO、HS、$SO_2$等有毒气体。特别是在有限空间内发生爆炸时，有毒气体会导致人员中毒或死亡。

#### 3.1.4.5　二次爆炸

发生爆炸时，如果车间、库房(如制氢车间、汽油库或其他建筑物)里存放有可燃物资，会造成火灾；高空作业人员受冲击波或震荡作用，会造成高处坠落事故；粉尘作业场所轻微的爆炸冲击波会使积存于地面上的粉尘扬起，造成更大范围的二次爆炸等。

## 3.2　可燃气体的爆炸

### 3.2.1　可燃气体爆炸的典型形式

可燃气体的爆炸可分为可燃气体分解爆炸和可燃混合气爆炸。某些具有分解爆炸特性的物质在温度升高、压力增大或摩擦撞击等外界因素作用下，会发生爆炸性分解。可燃混合气是指由可燃气相物质与助燃物质组成的爆炸物质，所有可燃气体、可燃蒸气与空气(或氧气)组成的混合物均属此类。

#### 3.2.1.1 可燃气体的分解爆炸

常见的具有分解爆炸特性的气体主要有乙炔($C_2H_2$)、乙烯($C_2H_4$)、环氧乙烷($C_2H_4O$)、氮氧化物($NO_x$)等。下面简要说明这几种物质的分解爆炸特点。

**1. 乙炔的分解爆炸**

乙炔受热或受压时可以发生聚合、加成、爆炸性分解等反应。在温度到达200~300℃时，乙炔分子开始发生聚合反应，形成更为复杂的化合物。例如苯($C_6H_6$)、苯乙烯($C_8H_8$)等。形成苯的聚合反应可写为：

$$C_2H_2 \longrightarrow \frac{1}{3}C_6H_6 + 210J/mol \tag{3-6}$$

反应放出的热量使乙炔的温度升高，从而促使聚合反应的速率加快，放出的热量更多，以致形成恶性循环。当温度达到700℃、压力超过0.15MPa时，未聚合的乙炔分子便发生爆炸性分解。乙炔分解的反应方程式可写为：

$$C_2H_2 \longrightarrow 2C(固) + H_2 + 226.4kJ/mol \tag{3-7}$$

假定乙炔分解时没有热损失，火焰可以达3100℃。在容积为1L的容器里测定乙炔分解爆炸压力为初始压力的9~10倍，当初压为196kPa时达到最高压力的时间为0.18s；初压为980kPa时达到最高压力的时间为0.03s。分解爆炸的诱导距离随初压的增大而减小。表3-2为乙炔在直径2.5mm管道中测得的诱导距离。

**表3-2 乙炔的爆炸诱导距离**

| 乙炔的初压/kPa | 355 | 385 | 507 | 2026 |
|---|---|---|---|---|
| 诱导距离/m | 9.1 | 6.7 | 3.7 | 0.9~1.0 |

压缩乙炔存在爆炸危险，不过当压力降到临界压力137kPa以下就不会爆炸。

此外，乙炔类化合物也具有分解爆炸性能。乙烯基乙炔分解爆炸的临界压力为103~131kPa；甲基乙炔20℃时为431kPa，120℃时为304kPa。

**2. 乙烯的分解爆炸**

乙烯分解爆炸按下式进行：

$$C_2H_4 \longrightarrow C(固) + CH_4 + 127.4kJ/mol \tag{3-8}$$

乙烯分解爆炸所需的能量随着压力增高而降低。若有氯化铝存在时，则分解爆炸更易发生。乙烯在0℃下分解爆炸临界压力为4.05MPa。

**3. 氮氧化物的分解爆炸**

氮氧化物主要有$N_2O$、NO、$NO_2$等。在一定压力下，它们都可以产生分解爆炸，相关的反应式为：

$$N_2O \longrightarrow N_2 + \frac{1}{2}O_2 + 81.6kJ/mol \tag{3-9}$$

$$NO \longrightarrow \frac{1}{2}N_2 + \frac{1}{2}O_2 + 90.4kJ/mol \tag{3-10}$$

$$NO_2 \longrightarrow \frac{1}{2}N_2 + O_2 + 33.5kJ/mol \tag{3-11}$$

$N_2O$ 分解爆炸临界压力为 245kPa，NO 的分解爆炸压力为 1470kPa。在这种情况下 90% 以上的氮氧化物可分解为 $N_2$ 和 $O_2$。

**4. 环氧乙烷分解爆炸**

环氧乙烷分解爆炸临界压力为 37.2kPa，其分解反应如下：

$$C_2H_4O \longrightarrow CH_4 + CO + 134.4kJ/mol \tag{3-12}$$

$$C_2H_4O \longrightarrow \frac{1}{2}C_2H_4 + CO + H_2 + 33.4kJ/mol \tag{3-13}$$

当 125℃时，初压由 245kPa 增至 1176kPa，最大爆炸压力与初压之比可由 2 倍增到 5.6 倍，可见初压对终压有很大影响。

### 3.2.1.2 可燃混合气的爆炸

可燃混合气是可燃物质与助燃物质的混合物，大体可分为以下几种混合方式：

**1. 可燃气体与空气的混合气**

将可燃气体或蒸气按一定比例与空气混合均匀，一经点燃，化学反应瞬间完成并形成爆炸。火焰是以一层层同心球面的形式向各方传播的。火焰速度在距着火点 0.5 ~ 1m 处是不变的，为每秒若干米，甚至还小些。此后逐渐加速达每秒数百米乃至数千米。若火焰传播途中有障碍，将由于气体温度上升，压力急剧增加而造成极大的破坏作用。

**2. 可燃气体与氧气的混合气**

用氧气代替空气形成的混合气，和可燃气体与空气混合所形成的爆炸无本质上的区别。与后者相比，前者的爆炸上限明显提高，而爆炸下限变化不大。

**3. 可燃气体与其他助燃气的混合气**

可燃气体或可燃蒸气与其他助燃性气体混合亦可导致爆炸。如氯与氢混合性气体在一定比例时具有爆炸性。当混合气中的氢气浓度为 50% 时，发生的爆炸作用最强烈。在常温常压条件下，其爆炸下限为 5%（体积浓度）、爆炸上限为 85%（体积浓度）、最大爆炸压力为 850kPa。

在工业生产中，可燃混合气的爆炸最为常见，是造成火灾爆炸的重要方面。矿井瓦斯爆炸、化工企业的爆炸是典型的混合性气体爆炸。研究可燃混合气的爆炸具有重要的实际意义。

#### 3.2.1.3 可燃蒸气云爆炸

当大量可燃气体因泄漏而流至大气中，或者大量可燃液体流出后产生蒸气，这些气体或蒸气就能够与空气在很大空间范围内混合形成可燃混合气，如果遇到某种点火源就可发生爆炸。这种爆炸称为蒸气云爆炸(Unconfined Vapor Cloud Explosion,简称为 UVCE)，是一种危害极大的化学性爆炸。

根据可燃物质泄露后的弥散状态及压力和温度的不同，形成可燃蒸气云的物质可分为以下几种。

**1. 常温常压下的液体**

这种物质着火点比常温低，例如汽油，流出的液体必须从地面获得热量才能形成蒸气云，在液面上连续产生的蒸气将不断向周围扩散。

**2. 常温下因加压而液化的物质**

这种物质的沸点低于常温，只是因为加压而被液化，如液化丙烷、液化丁烷。在高压下其气相和液相呈平衡状态，当其处于常压条件下，液体可急剧蒸发汽化。由于蒸发热是从液体中吸取，液温将很快降至沸点。

**3. 常压下因低温而液化的物质**

这种物质是在低温下储藏的，如液化天然气(LNG)。当液化天然气流出时，由于地面和周围的温度比其高而迅速沸腾，在短时间内就可生成大量可燃性蒸气云。如果地面温度降低，其蒸发速度也降低。

而在液化气储备场所，UVCE 事故相对易于发生。导致 UVCE 发生的事故原因也有多种情况，根据统计结果，主要包括阀门泄漏、法兰失效泄漏、管线失效(损坏、破裂、腐蚀)、储罐失效(破裂、裂缝、腐蚀、超压、冲击作用)、阀门开启、满装外溢等。这些因素导致危险物质泄漏，形成气云被引爆。蒸气云着火后，多数先在地面上形成球状火焰(Fire Ball)，进而由于浮力而上升，同时卷吸周围的空气，并构成“蘑菇状火焰”。法国菲斯炼油厂发生丙烷爆炸事故时，据说形成了直径 600m、高 600m 的火球。日本德山石油化工厂的事故，也出现过直径为 60m 的火球。

### 3.2.2 可燃混合气爆燃与爆轰的反应波方程

可燃混合气燃烧和爆炸的反应区是不断运动的，当爆燃波阵面从点火源向外扩展时，可视为一个带化学反应的压缩波锋面的传播过程。反应锋面的厚度有限，其前后两侧的物性参数呈突跃性的变化。

爆燃波可作为间断面处理，其前方的压缩波阵面称为前驱冲击波阵面。在理论上可将爆燃波的传播过程中分为 3 个流场区域，如图 3-2 所示。图中，$E$、$p$、$T$、$\rho$、$u$、$c$、$\gamma$ 分别为波内气体的内能、压力、温度、密度、颗粒速度、音速及等熵指数。$D_f$ 和 $D_s$ 分别为爆燃波及前驱冲击波阵面速度；下标0、1、2分别表示0区、1区、2区，其中0区是初始状态，1区为前驱冲击波阵面过后流场的状态，2区为爆燃波阵面通过后的流场状态。

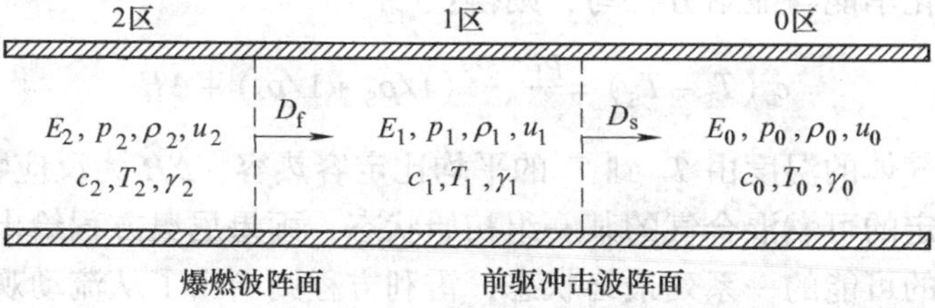


图3-2　爆燃反应波的流场区域示意图

对于一维平面火焰面两侧的状态，气体的质量、动量、能量的守恒方程可以分别写为：

$$\rho_S u_S = \rho_f u_f \tag{3-14}$$

$$p_S + \rho_S u_S^2 = p_f + \rho_f u_f^2 \tag{3-15}$$

$$E_S + \frac{u_S^2}{2} = E_f + \frac{u_f^2}{2} \tag{3-16}$$

带化学反应的理想气体状态方程可以表述为：

$$E = \frac{p}{(\gamma - 1)\rho} - \lambda Q_v \tag{3-17}$$

式中，$Q_v$ 为化学反应热；$\lambda = m/m_0$，为已反应物质的质量分数，即化学反应速率；$m_0$ 为反应物的初始质量；$m$ 为产物质量。

火焰阵面未通过时，产物质量 $m = 0$，$\lambda = \lambda_0 = 0$；火焰阵面通过后，产物质量 $m = m_0$，即反应物全部转化为产物，$\lambda = 1$。

联立求解式(3-14)与式(3-15)，可得到，

$$\rho_S^2 u_S^2 = \rho_f^2 u_f^2 = \frac{p_S - p_f}{1/\rho_f - 1/\rho_S} \tag{3-18}$$

移项并整理得：

$$u_S = \frac{1}{\rho_S}\left(\frac{p_S - p_f}{1/\rho_f - 1/\rho_S}\right)^{\frac{1}{2}} \tag{3-19}$$

$$u_f = \frac{1}{\rho_f}\left(\frac{p_S - p_f}{1/\rho_f - 1/\rho_S}\right)^{\frac{1}{2}} \tag{3-20}$$

式(3-16)可以改写为：

$$E_f - E_S = \frac{\rho_S^2 u_S^2}{2\rho_S^2} - \frac{\rho_f^2 u_f^2}{2\rho_f^2} \tag{3-21}$$

由代数式 $a^2 - b^2 = (a+b)(a-b)$，并根据式(3-18)，可以得到雨果尼奥方程：

$$E_f - E_S = \frac{p_f - p_S}{2}(1/\rho_S + 1/\rho_f) \tag{3-22}$$

若将物品的化学能与显焓分开写，则得：

$$c_v(T_f - T_S) = \frac{p_f - p_S}{2}(1/\rho_S + 1/\rho_f) + \Delta H \tag{3-23}$$

式中，$c_v$ 为气体的温度由 $T_S$ 到 $T_f$ 的平均比定容热容，$\Delta H$ 为反应物的化学能。

对于给定的可燃混合气的某一组初始状态，雨果尼奥方程给出了从能量守恒观点来说的可能的一系列最终状态，雷利方程则给出了从流动观点来说可能的一系列最终状态。对于某个特定问题，既能满足能量守恒又能满足动量守恒的最终状态是在 $p$—$1/\rho$ 平面图上的雷利线和雨果尼奥线的交点，如图 3-3 所示。对于雨果尼奥线下方的任意初始状态($p_S$,$\rho_S$)，存在两个质量流量的区域，反应波在其中传播从物理上将是可能的，上部区域为爆轰波传播区，下部为爆燃波传播区。上部区域由象限线 1($p_S u_S = \infty$)和雷利线 3 所限定，下部区域由象限线 4($p_S u_S = 0$)和雷利线 6 所限定。在物理上，质量流率大于∞或小于0 都是不存在的，因此在线 1 与线 4 构成的象限内的雨果尼奥曲线的部分没有物理意义。

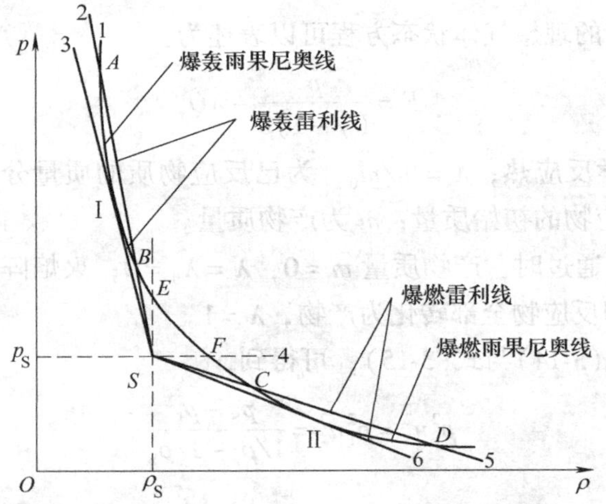


图 3-3　爆轰及爆燃雷利线与雨果尼奥线关系

在爆轰区内，雷利线与雨果尼奥线相交于 A 和 B 两点，即表明存在两种爆轰状态，A 点表示强爆轰，B 点表示弱爆轰。随着雷利线的斜率的减小，A 和 B 点逐渐靠近，最后在线 3 上重合。此重合点称为恰普曼-乔给特(Chapman-Jouget)爆轰状态。这表明，爆轰波后气体的密度和压力大于波前的密度和压力，因此已燃气体的流向与波的传播方向是一致的。如果质量流率小于雷利线3所相应的流率，则所对应特定可燃气体就不可能发生爆轰。

与此类似，在爆燃区内，雷利线与雨果尼奥线相交于 $C$ 和 $D$ 两点，表明存在两种爆燃状态，上面的 $C$ 点表示强爆燃，下面的 $D$ 点表示弱爆燃。随着质量流量的增加，$A$ 和 $B$ 点逐渐靠近，最后在线3上重合为Chapman-Jouget爆燃点。显然对于爆燃波后的密度和压力小于波前的密度和压力，已燃气体的速度大于未燃气体的速度。

## 3.2.3　可燃混合气的爆炸极限

### 3.2.3.1　可燃混合气的爆炸机理

许多可燃混合气的爆炸可以用热着火机理解释。燃烧和爆炸都是可燃物与氧化剂之间的化学反应，当系统的温度升高到一定程度时，反应的速率将迅速加快，于是便引发了燃烧或爆炸。

不过也有一些爆炸现象用热着火理论是无法解释的，而根据着火的链锁反应理论则可给出更合理的说明，例如氢气与氧气混合物的爆炸。在此对这一问题做进一步分析。图3-4给出了氢气与氧气按化学当量比浓度组成的混合气发生爆炸的温度和压力区间。如第2章所述，这种反应是一种支链反应，一个活性基团生成后可引发多个其他活性基团的生成，同时活性基团还存在壁面销毁效应。

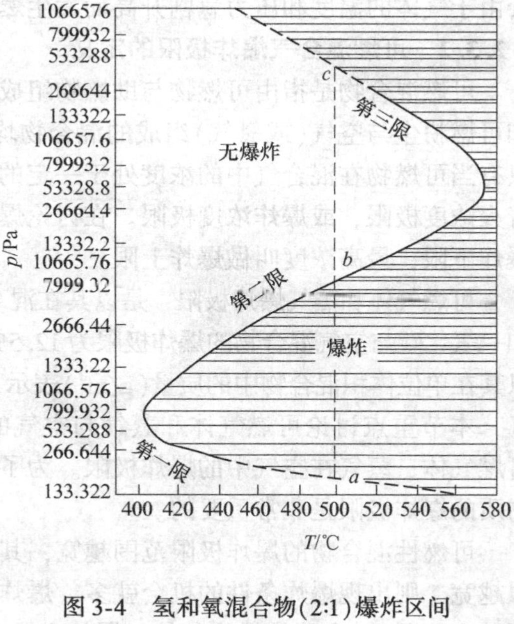


图3-4　氢和氧混合物(2:1)爆炸区间

当混合物的温度不太高(如500℃)时，若系统的压力很低，则活性基团的生成速率很慢，且很容易碰到器壁上销毁，故混合物不会发生爆炸；若压力升到200Pa左右(即到达图中的 $a$ 点)时，活性基团的生成速率开始大于其销毁速度，可以发生爆炸；之后，在相当宽的压力范围内均能发生爆炸；当压力继续升高到6666Pa以上(即超过 $b$ 点)以后，混合物又不会发生爆炸了。这种现象与单位体积内混合物分子数目大大增加有关。分子浓度的增大使分子与其他基团碰撞的几率增大，从而导致活性基团的销毁速度超过了生成速度，于是反应速度趋于缓和。

图 3-4 中 $a$ 和 $b$ 点时的压力分别为氢气与氧气混合物在 500℃时的爆炸下限和爆炸上限。同时应指出，随着混合物温度的增加，爆炸极限会变宽。这是由于发生链反应需要有一定的活化能，温度升高有利于活性基团的生成，却又可减缓其销毁速率。

若仍设混合物的温度为 500℃，当压力再升高大于 666610Pa(即超过 $c$ 点)时，又会发生爆炸。研究表明，在这种情况下混合物开始出现下列反应：

$$H^+ + O_2 \longrightarrow HO_2^+ \tag{3-24}$$

$$HO_2^+ + H_2 \longrightarrow H^+ + H_2O_2^+ \tag{3-25}$$

$$HO_2^+ + H_2O \longrightarrow OH^- + H_2O_2^+ \tag{3-26}$$

其中，产生活性基团 $H^+$ 和 $OH^-$ 的两个反应是放热反应，结果是使反应释放的热量超过由器壁散失的热量，而混合物温度的升高，又将促使反应的加快，进而导致新条件下的热爆炸的发生。

可燃混合气的爆炸和预混燃烧具有相同的反应机理。当燃烧环境的压力、温度不太高，反应物质的流动与输入受到适当控制时，将在一定区域内出现较稳定的预混火焰。若可燃混合气的量相当大，产生的热量又无法迅速散失，将会由于气体的温度和压力急剧升高而发生爆炸。

#### 3.2.3.2 可燃混合气爆炸极限的定义

可燃混合物是指由可燃物与助燃物组成的爆炸物质，所有可燃气体、蒸气和可燃粉尘与空气(或氧气)组成的混合物均属此类。在一定的压力和温度下，只有当可燃物在混合气中的浓度处于一定的范围内才发生燃烧或爆炸，即存在着火浓度极限，或爆炸浓度极限。在讨论爆炸问题时，通常将其最低浓度称做爆炸下限，最高浓度叫做爆炸上限。

可燃气体和蒸气爆炸极限，是以其在混合物中所占体积的百分比来表示的。如一氧化碳与空气混合物的爆炸极限为 12.5%~80%。可燃粉尘的爆炸极限一般以其在单位体积混合物中的质量($g/m^3$)表示，例如铝粉的爆炸极限为 $40g/m^3$。

本节重点讨论可燃气体和蒸气与空气的混合气。本书附录 B 列出了常见可燃气体、蒸气在空气中的爆炸极限。为了有效地预防爆炸的发生，了解某些物质的爆炸极限是非常重要的。

可燃性混合物的爆炸极限范围越宽，其爆炸危险性越大，这是因为爆炸极限越宽，则出现爆炸条件的机会就多。爆炸下限越低，少量可燃物(如可燃气体稍有泄漏)就会形成爆炸条件；爆炸上限越高，则有少量空气渗入容器，就能与容器内的可燃物混合形成爆炸条件。

#### 3.2.3.3 爆炸极限的影响因素

**1. 初始温度**

初始温度越高，引起的反应越容易传播，爆炸极限范围越大，即爆炸下限降低而爆炸上限增高。表3-3列出了初始温度对若干混合物爆炸极限的影响。

**2. 初始压力**

一般爆炸性混合物初始压力增高，会使其分子间距更为接近，碰撞几率增高，因此使燃烧反应更易进行，爆炸极限范围扩大。一般情况下，随着压力增大，爆炸上限明显提高，爆炸极限范围扩大。已知可燃气体中，只有一氧化碳的爆炸极限范围随着压力增加而变小。

**3. 惰性介质**

爆炸性混合物中惰性气体含量增加，则其爆炸极限范围缩小。当惰性气体增加到某一值时，混合物不再发生爆炸。如果在爆炸混合物中掺入不燃烧的惰性气体(如氮、二氧化碳、水蒸气、氩、氦等)，则随着惰性气体浓度的增加，爆炸极限范围则缩小。当惰性气体的浓度增高到某一数值时，将可使混合物不再发生爆炸。一般情况下，惰性气体对混合物爆炸上限的影响比对下限的影响更为显著。表3-3为初始温度对混合物爆炸极限的影响。

**表3-3 初始温度对混合物爆炸极限的影响**

| 可燃物 | 混合物温度/℃ | 爆炸下限/% | 爆炸上限/% | 可燃物 | 混合物温度/℃ | 爆炸下限/% | 爆炸上限/% |
|---|---|---|---|---|---|---|---|
| 丙酮 | 0 | 4.2 | 8.0 | 煤气 | 300 | 4.40 | 14.25 |
| | 60 | 4.0 | 9.8 | | 400 | 4.00 | 14.70 |
| | 100 | 3.2 | 10.0 | | 500 | 3.65 | 15.35 |
| 煤气 | 20 | 6.00 | 13.4 | | 600 | 3.35 | 16.40 |
| | 100 | 5.45 | 13.5 | | 700 | 3.25 | 18.75 |
| | 200 | 5.05 | 13.8 | | | | |

**4. 容器特性**

容器的尺寸和材质对爆炸极限均有影响。容器直径大小对爆炸极限的影响，可用链式反应理论解释。管径减小时，燃烧生成的活性基团与管壁的碰撞几率相应增大，当管径减小到一定程度时，因碰撞造成活性基团的销毁速度大于其产生速度，燃烧反应便不能继续进行。容器直径越小，火焰在其中越难蔓延，混合物的爆炸极限范围则越小。当容器直径或火焰通道小到某一数值时，火焰不能蔓延，可消除爆炸危险，这个直径称为临界直径。如甲烷的临界直径为0.4～0.5mm，氢和乙炔的为0.1～0.2mm等。

**5. 点火能源**

点火能量、热表面面积、火源与混合物接触时间等对爆炸极限均有影响。能源的性质对爆炸极限范围的影响是：能源强度越高，加热面积越大，作用时间越长，则爆炸极限范围越宽。以甲烷为例，100V、1A的电火花不能引起其爆炸；2A的电火花可引起其爆炸，此时的爆炸极限为5.9%～13.6%；3A的电火花，爆炸极限扩大为5.85%~14.8%。

### 3.2.3.4 爆炸极限的计算

可燃气体的爆炸极限通常用专门仪器测定。一般情况下，也可以根据使用一些经验公式近似算出，主要是根据完全反应所需的某种原子数、反应浓度、燃烧放热与散热的关系进行计算。计算值往往与实测值有一定的差别，其原因是在近似计算中只考虑了混合物的组成，对反应环境条件等作了理想的假设。但这种计算仍有一定的参考价值。

**1. 单一气体的爆炸极限**

公式一：根据链烃化合物中含碳原子数计算爆炸极限：

$$\frac{1}{L_x}=0.1347N_C+0.04343 \tag{3-27}$$

$$\frac{1}{L_s}=0.01337N_C+0.05151 \tag{3-28}$$

式中，$L_x$、$L_s$ 分别为该气体的爆炸下限和上限(%)；$N_C$ 为链烃分子中含碳原子数。表3-4列出了按此公式计算出的 $CH_4$、$C_4H_8$、$C_6H_6$ 的爆炸极限。

**表3-4 根据经验公式一计算的爆炸极限值与试验值**

| 物质名称 | 分子式 | 碳原子数 $N_C$/个 | $L_x$(%) | | $L_s$(%) | |
|---|---|---|---|---|---|---|
| | | | 计算值 | 试验值 | 计算值 | 试验值 |
| 甲烷 | $CH_4$ | 1 | 5.6 | 5.0 | 15.4 | 15.0 |
| 丁烯 | $C_4H_8$ | 4 | 1.7 | 1.7 | 9.52 | 9.0 |
| 苯 | $C_6H_6$ | 6 | 1.176 | 1.41 | 7.59 | 6.75 |

公式二：根据完全燃烧所需氧原子数计算爆炸极限(%)：

$$L_x=\frac{100}{4.76(N-1)+1} \tag{3-29}$$

$$L_s=\frac{4\times100}{4.76N+4} \tag{3-30}$$

式中，$N$ 为每摩尔爆炸气体完全燃烧时所需的氧原子数；4.76为空气中氧含量(0.21)的倒数。表3-5列出了按此公式计算 $CH_4$、$C_4H_8$、$C_5H_{12}$ 的爆炸极限。

**表3-5 根据经验公式二计算的爆炸极限值与试验值**

| 物质名称 | 分子式 | 氧原子数/$N$ | $L_x$(%) | | $L_s$(%) | |
|---|---|---|---|---|---|---|
| | | | 计算值 | 试验值 | 计算值 | 试验值 |
| 甲烷 | $CH_4$ | 4 | 6.5445 | 5.0 | 17.3611 | 15.0 |
| 丁烯 | $C_4H_8$ | 12 | 1.87 | 1.7 | 6.54 | 9.0 |
| 戊烷 | $C_5H_{12}$ | 16 | 2.28 | 1.4 | 4.99 | 7.8 |

公式三：根据爆炸气体完全燃烧时的理论浓度确定链烷烃类的爆炸下限 $L_x$(%)，再用爆炸下限与爆炸上限 $L_s$(%)之间的关系计算爆炸上限：

$$L_x = 0.55c_0 \tag{3-31}$$

$$L_s = 4.8\sqrt{c_0} \tag{3-32}$$

式中，$c_0$ 为爆炸气体完全燃烧时的理论浓度(%)，可由式 $c_0 = \dfrac{20.9}{0.209 + n_0}$ 计算，也可查表而得；$n_0$ 为完全燃烧时所需的氧分子数。表3-6列出了按该公式计算 $CH_4$、$C_3H_8$、$C_4H_8$ 的爆炸极限。

**表3-6 根据经验公式三计算的爆炸极限值与试验值**

| 物质名称 | 分子式 | 氧分子数 $n_0$/个 | $L_x$(%) | | $L_s$(%) | |
|---|---|---|---|---|---|---|
| | | | 计算值 | 试验值 | 计算值 | 试验值 |
| 甲烷 | $CH_4$ | 2 | 5.225 | 5.0 | 14.7945 | 15.0 |
| 丙烷 | $C_3H_8$ | 5 | 2.2 | 2.37 | 9.6 | 9.5 |
| 丁烯 | $C_4H_8$ | 5 | 2.2 | 1.7 | 9.6 | 9.0 |

**2. 多种可燃气体组成混合物的爆炸极限**

由多种可燃气体组成爆炸性混合气体的爆炸极限，可根据各组分的爆炸极限进行计算。

$$L_m = \frac{100}{\dfrac{V_1}{L_1} + \dfrac{V_2}{L_2} + \dfrac{V_3}{L_3} + \cdots} \tag{3-33}$$

式中，$L_m$ 为爆炸性混合气的爆炸极限(%)；$L_1$、$L_2$、$L_3$ 分别为组成混合气各组分的爆炸极限(%)；$V_1$、$V_2$、$V_3$ 分别为各组分在混合气中的浓度，$V_1 + V_2 + V_3 + \cdots = 100\%$。

例如某种天然气的组成(体积分数)为：甲烷80%、乙烷15%、丙烷4%和丁烷1%，各组分的爆炸下限分别为5%、3.22%、2.37%和1.86%。将这些条件代入式(3-33)，则可得到该种天然气的爆炸下限为 $L_x = 4.37\%$。

## 3.2.4 描述气体爆炸的其他参数

### 3.2.4.1 爆炸危险度

可燃气体或蒸气的爆炸危险性还可以用爆炸危险度来表示。爆炸危险度是爆炸浓度极限范围与爆炸下限浓度之比值，其计算公式如下：

$$ER = \frac{L_s - L_x}{L_x} \tag{3-34}$$

式中，$ER$ 为爆炸危险度；$L_x$、$L_s$ 分别为该气体的爆炸下限和上限。

爆炸危险度说明，气体或蒸气的爆炸浓度极限范围越宽，爆炸下限浓度越低，爆炸上限浓度越高，其爆炸危险性就越大。

#### 3.2.4.2 传爆能力

传爆能力是爆炸性混合物传播燃烧爆炸能力的一种度量参数，用最小传爆断面表示。当可燃性混合物的火焰经过两个平面间的缝隙或小直径管子时，如果其断面小到某个数值，由于活性基团销毁的数量增加而破坏了燃烧条件，火焰即熄灭。这种阻断火焰传播的原理称为缝隙隔爆。

爆炸性混合物的火焰尚能传播而不熄灭的最小断面称为最小传爆断面。设备内部的可燃混合气被点燃后，通过25mm长的结合面，能阻止将爆炸传至外部的可燃混合气的最大间隙，称为最大试验安全间隙。

#### 3.2.4.3 爆炸压力和威力指数

爆炸压力指的是可燃性混合物爆炸时产生的压力，它是度量可燃性混合物将爆炸时产生的热量用于做功的能力。发生爆炸时，如果爆炸压力大于容器的极限强度，容器便发生破裂。各种可燃气体或蒸气的爆炸性混合物，在正常条件下的爆炸压力，一般都不超过1MPa，但爆炸后压力的增长速度却是相当大的。

爆炸威力指的是气体爆炸的破坏性。爆炸威力是反映爆炸对容器或建筑物冲击度的一个量，它与爆炸形成的最大压力有关，同时还与爆炸压力的上升速度有关。

#### 3.2.4.4 最低引爆能量

各种爆炸性混合物都有一个最低引爆能量，也称最小点火能量，它是指能引起爆炸性混合物发生爆炸的最小火源所具有的能量。它也是混合物爆炸危险性的一项重要的性能参数。爆炸性混合物的点火能量越小，其燃爆危险性就越大。

最小点火能量与物质的化学结构有如下关系：①点火能量按链烷 > 链烯 > 炔烷的顺序降低；②链的长度增加和支链增多将使点火能量增加；③具有共轭键结构一般使点火能量降低；④凡有负的取代基者，点火能量按 SH < OH < Cl < $NH_2$ 的顺序增大；⑤过氧化物能降低点燃能量。

#### 3.2.4.5 自燃点

可燃气体的自燃点不是固定不变的数值，而是受压力、密度、容器直径、催化剂等因素的影响。一般规律为受压越高，自燃点越低；密度越大，自燃点越低；容器直径越小，自燃点越高。

可燃气体在压缩过程中(如在压缩机中)较容易发生爆炸，其原因之一就是自燃点降低的缘故。在氧气中测定时，所得自燃点数值一般较低，而在空气中测定则较高。

同一物质的自燃点随一系列条件而变化，这种情况使得自燃点在表示物质火灾危险性上降低了作用，但在判定火灾原因时，就不能不知道物质的自燃点。所以在利用文献中的自燃点数据时，必须注意它们的测定条件。测定条件与所考虑的条件不符时，应该注意其间的变化关系。

若干可燃气体(蒸气)的自燃点、爆炸危险度、最低引爆能量见表3-7。

**表3-7 若干可燃气体(蒸气)的自燃点、爆炸危险度、最低引爆能量**

| 分 类 | 可燃气体 | 分子式 | 相对分子质量 | 自燃点/℃ | 危险度 | 最低引爆能量/mJ |
|---|---|---|---|---|---|---|
| 无机化合物 | 氢 | $H_2$ | 2.0 | 585 | 17.7 | 0.019 |
| | 二硫化碳 | $CS_2$ | 76.1 | 100 | 34.3 | 0.009 |
| | 硫化氢 | $H_2S$ | 34.1 | 260 | 9.5 | 0.077 |
| | 氰化氢 | HCN | 27.0 | 538 | 5.8 | / |
| | 氨 | $NH_3$ | 17.0 | 651 | 0.9 | 680 |
| | 一氧化碳 | CO | 28.0 | 651 | 4.9 | / |
| 碳氢化合物 不饱和 | 乙炔 | $C_2H_2$ | 26.0 | 335 | 31.4 | 0.019 |
| | 乙烯 | $C_2H_4$ | 28.0 | 450 | 9.3 | 0.016 |
| | 丙烯 | $C_3H_6$ | 42.1 | 498 | 3.3 | 0.282 |
| 碳氢化合物 饱和 | 甲烷 | $CH_4$ | 16.0 | 537 | 1.7 | 0.28 |
| | 乙烷 | $C_2H_6$ | 30.1 | 510 | 3.2 | 0.25 |
| | 丙烷 | $C_3H_8$ | 44.1 | 467 | 3.3 | 0.25 |
| | 丁烷 | $C_4H_{10}$ | 58.1 | 430 | 3.5 | 0.25 |
| | 苯 | $C_6H_6$ | 78.1 | 538 | 4.1 | 0.20 |
| 碳氢化合物 环状 | 甲苯 | $C_7H_8$ | 92.1 | 552 | 3.8 | 2.5 |
| | 二甲苯 | $C_8H_{10}$ | 106.1 | 482 | 5.0 | / |
| | 环己烷 | $C_6H_{12}$ | 82.1 | 268 | 5.1 | 0.22 |
| 碳氢化合物以外的有机化合物 含氧 | 环氧乙烷 | $C_2H_4O$ | 44.1 | 429 | 25.6 | 0.087 |
| | 乙醚 | $(C_2H_5)_2O$ | 74.1 | 180 | 24.2 | 0.19 |
| | 乙醛 | $CH_3CHO$ | 44.0 | 185 | 12.5 | 0.376 |
| | 丙酮 | $(CH_3)_2CO$ | 58.1 | 538 | 2.7 | 1.15 |
| | 甲醇 | $CH_3OH$ | 32.0 | 464 | 3.9 | 0.14 |
| | 醋酸乙酯 | $CH_3CO_2C_2H_5$ | 88.1 | 427 | 2.6 | 0.46 |
| | 醋酸 | $CH_3COOH$ | 60.0 | 427 | / | 0.62 |
| 碳氢化合物以外的有机化合物 含氮 | 甲胺 | $CH_3NH_2$ | 31.1 | 430 | 3.2 | / |
| | 丙烯腈 | $CH_2CHCN$ | 53.0 | 481 | 4.7 | / |
| 碳氢化合物以外的有机化合物 含氯 | 氯乙烯 | $C_2H_3Cl$ | 62.5 | / | 4.5 | / |
| | 氯乙烷 | $C_2H_5Cl$ | 64.5 | 519 | 3.1 | / |
| | 氯甲烷 | $CH_3Cl$ | 50.5 | 632 | 0.6 | / |

#### 3.2.4.6 化学活泼性

(1) 可燃气体的化学活泼性越强，其火灾爆炸的危险性越大。化学活泼性强的可燃气体在通常条件下即能与氯、氧及其他氧化剂起反应，发生火灾和爆炸。

(2) 气态烃类分子结构中的价键越多，化学活泼性越强，火灾爆炸的危险性越大。例如，乙烷、乙烯和乙炔分子结构中的价键分别为单键($H_3C—CH_3$)、双键($H_2C=CH_2$)和三键($HC≡CH$)，则它们的着火和自燃的危险性依次增加。

#### 3.2.4.7 相对密度

(1) 与空气密度相近的可燃气体，容易互相均匀混合，形成爆炸性混合物。

(2) 比空气重的可燃气体沿着地面扩散，并易窜入沟渠、厂房死角处，长时间聚集不散，遇火源则发生燃烧或爆炸。

(3) 比空气轻的可燃气体容易扩散，而且能顺风飘动，会使燃烧火焰蔓延、扩散。

(4) 应当根据可燃气体的密度特点，正确选择通风排气口的位置，确定防火间距值以及采取防止火势蔓延的措施。

#### 3.2.4.8 扩散性

(1) 扩散性是指物质在空气及其他介质中的扩散能力。

(2) 可燃气体(蒸气)在空气中的扩散速度越快，火灾蔓延扩展的危险性就越大。气体的扩散速度取决于扩散系数的大小。

#### 3.2.4.9 可压缩性和受热膨胀性

(1) 气体与液体比较有很大的弹性。气体在压力和温度的作用下，容易改变其体积，受压时体积缩小，受热即体积膨胀。当容积不变时，温度与压力成正比，即气体受热温度越高，它膨胀后形成的压力也越大。

(2) 气体的压力、温度和体积之间的关系，可用理想气体状态方程式表示。

理想气体状态方程式的计算值与真实气体有一定的误差，而且随着提高压力，误差往往加大。盛装压缩气体或液体的容器(钢瓶)若受高温、日晒等作用，气体就会急剧膨胀，产生很大压力，当压力超过容器的极限强度时，就会引起容器的爆炸。

### 3.2.5 可燃气体爆炸效应的计算

#### 3.2.5.1 爆炸温度

可燃气体的爆炸温度指的是该物质爆炸所放出的全部热量用来加热反应

产物，使其达到的最高温度。爆炸温度与燃烧温度实质上是相同的，可以根据反应前后物质的能量守恒关系确定。实际上，反应放出的热量不可能全部用于加热产物，但因为爆炸速度极快，是在近乎绝热的情况下进行的，所以物质的燃烧热可近似地看做全部用于提高产物的温度，一般将反应的理论放热温度作为爆炸温度。现在还根据爆炸的特点发展出了一些适用的计算方法，例如根据反应产物的平均比定容热容计算爆炸温度，本节对此做些简要讨论。

假设爆炸反应为定容绝热过程，爆炸产物的比热容是温度的函数，即：

$$c_v = a + bT \tag{3-35}$$

典型爆炸产物的比热容随温度变化的情况见表3-8。这样爆炸产物所具有的热量为：

$$Q_v = c_v T = (a + bT)T \tag{3-36}$$

$$T = \frac{-a + \sqrt{a^2 + 4bQ}}{2b} \tag{3-37}$$

式中，$T$ 为爆炸温度(℃)；$Q$ 为爆炸物的燃烧热(J/mol)；$c_v$ 每摩尔爆炸物产生产物的比定容热容(J/(mol·℃))。

根据反应产物的平均比热容计算爆炸温度的主要步骤如下：

（1）设反应物质按化学当量比混合，列出其完全反应方程。若反应是在空气中进行的，则需要考虑反应中附加带入的氮气。

（2）根据表3-8确定各种产物的摩尔比定容热容。

**表3-8 气体平均摩尔比定容热容的计算式**

| 气 体 | 热容/(4186.8J/(kmol·℃)) |
|---|---|
| 单原子气体(Ar、He、金属蒸气等) | 4.93 |
| 双原子气体($N_2$、$O_2$、$H_2$、CO、NO 等) | $4.80 + 0.00045T$ |
| $CO_2$、$SO_2$ | $9.0 + 0.00058T$ |
| $H_2O$、$H_2S$ | $4.0 + 0.00215T$ |
| 所有四原子气体($NH_3$ 及其他) | $10.00 + 0.00045T$ |
| 所有五原子气体($CH_4$ 及其他) | $12.00 + 0.00045T$ |

（3）计算每摩尔爆炸物生成产物的比定容热容。

（4）认为燃烧热全部用于加热产物，根据式(3-37)求出爆炸温度。

**例**：求乙醚与空气的混合物的爆炸温度。乙醚在空气中燃烧的反应方程式：

$$C_4H_{10}O + 6O_2 + 22.6N_2 \longrightarrow 4CO_2 + 5H_2O + 22.6N_2$$

式中，氮的摩尔数是按空气中 $N_2:O_2 = 79:21$ 的比例确定的，即 6mol $O_2$ 对

应的 $N_2$ 应为：6mol×79/21=22.6mol。由反应方程式可知，爆炸前的总摩尔数为29.6mol，爆炸后为31.6mol。反应产物各组分的摩尔比定容热容(J/(mol·℃))为：

$$c_{v,N_2}=(4.8+0.00045T)\times4.1868$$
$$c_{v,H_2O}=(4.0+0.00215T)\times4.1868$$
$$c_{v,CO_2}=(9.0+0.00058T)\times4.1868$$

每摩尔爆炸物产生产物的比定容热容(J/(mol·℃))为：

$$c_v=22.6c_{v,N_2}+5c_{v,H_2O}+4c_{v,CO_2}=688.4+0.0967T$$

乙醚的燃烧热 $Q_v=2.7\times10^6$J/mol，于是可得爆炸温度 $T=2811$℃。计算中是将初始温度视为0℃，可能与正常室温有一定差别，但由于爆炸温度很高，初始温度对计算结果的准确性并无显著的影响。

#### 3.2.5.2 爆炸压力

可燃混合气的爆炸压力是造成破坏的基本原因，它与初始压力、初始温度、浓度、组分以及容器的形状、大小等因素有关。爆炸最大压力可按压力与温度及摩尔数成正比的规律确定，即：

$$p=p_0\frac{T}{T_0}\frac{m}{m_0} \tag{3-38}$$

式中，$p$、$T$ 和 $m$ 分别为爆炸后的最大压力、最高温度和气体摩尔数；$p_0$、$T_0$ 和 $m_0$ 分别为爆炸前的初始压力、初始温度和气体摩尔数。

例如，乙醚的爆炸温度为2826℃，带入上式可求出爆炸压力为：

$$p=\left(101.3\times\frac{2826+273}{273}\times\frac{31.6}{29.6}\right)\text{kPa}=1128\text{kPa}$$

#### 3.2.5.3 爆炸所做的功

当压力容器内或外部可燃气体与氧化剂发生化学性爆炸时，对外所做的功可按下式进行计算：

$$F=VH \tag{3-39}$$

式中，$F$ 为化学性爆炸时的爆炸功(kJ)；$V$ 为参与反应的可燃气体的体积($m^3$)；$H$ 为可燃气体的高热值(kJ/$m^3$)。

例如1kg汽油在电火花作用下1s内发生爆炸，试求爆炸所做的功。假设汽油的燃烧完全，那么1kg汽油放出的燃烧热($4.31\times10^7$J)全部转变为功，即：

$$F=(1\times4.31\times10^7)\text{W}=4.31\times10^7\text{W}$$

可以认为爆炸产生的43100kW的功率足以导致压力容器破坏。某些气体的高位热值见表3-9。

表 3-9 某些气体燃烧的高位热值 (单位：kJ/m$^2$)

| 可燃气体 | 高位热值 | 可燃气体 | 高位热值 | 可燃气体 | 高位热值 |
|---|---|---|---|---|---|
| 氢气 | 12767 | 硫化氢 生成 $SO_3$ | 30139 | 丙烷 | 101803 |
| 氨 | 17246 | 甲烷 | 39850 | 丙烯 | 94352 |
| 苯 | 147807 | 乙烷 | 70408 | 正丁烷 | 133993 |
| 一氧化碳 | 17246 | 乙烯 | 64003 | 异丁烷 | 131984 |
| 硫化氢 生成 $SO_2$ | 25702 | 乙炔 | 58980 | 丁烯 | 121854 |

注：物质取标准状态下 1m$^3$ 的体积。

#### 3.2.5.4 火球及其热辐射

低温可燃液化气的容器由于过热而发生爆炸后，其中的可燃物便大量释放出来。若被点燃，可发生剧烈的燃烧，形成巨大的火球，并产生强烈的热辐射。

火球的半径可按下式估算：

$$R = 2.665M^{0.327} \tag{3-40}$$

式中，$R$ 为火球的半径(m)，$M$ 为急剧蒸发的可燃物的质量(kg)。

火球燃烧的持续时间可用下式求得：

$$t = 1.089M^{0.327} \tag{3-41}$$

式中，$t$ 为火球的持续时间(s)。

火球燃烧时释放出的辐射热通量用下式求得：

$$E = \frac{\eta Q_{gw} M}{t} \tag{3-42}$$

式中，$E$ 为火球燃烧时释放的辐射热通量(W)，$Q_{gw}$ 为可燃物的燃烧热(J/kg)，$\eta$ 为效率因子，取决于容器内可燃物的饱和蒸气压，$\eta = 0.27p^{0.32}$。

目标物体接受到的入射辐射热通量为：

$$I = \frac{ET_c}{4\infty x^2} \tag{3-43}$$

式中，$T_c$ 为传导系数，保守取值为 1，$x$ 为目标距火球中心的水平距离(m)。

## 3.3 可燃粉尘爆炸

可燃粉尘涉及的范围很广，虽然经常存在于我们的周围，但它却并非在任何时候、任何地方都会发生爆炸，只有当其满足某些条件以后，才会处于危险状态。在许多工业生产部门，粉尘爆炸(Dust Explosion)危险性是一个比较突出的问题。

具有爆炸性的粉尘大体可分为下述七类：①金属类(如镁粉、铝粉、其他金属等)；②煤炭类(如活性炭、煤、等)；③粮食类(如面粉、淀粉、玉米粉、啤酒麦芽粉、麦糠、大麦粉等)；④合成材料类(如塑料、染料、合成洗剂、合成粘接剂等)；⑤饲料类(如血粉、鱼粉、饲料粉等)；⑥农副产品类(如棉花、烟草、砂糖等)；⑦林产品类(如纸粉、木粉等)。

### 3.3.1 可燃粉尘爆炸条件

在考查粉尘燃烧爆炸的危险性时，可将其分为浮游于空气中的和堆积于构筑物上的两种情况。二者都具有可燃性，都是以和空气中的氧发生反应而放热的物质。粉尘可认为是把可燃、易燃固体粉碎后的物质，颗粒极小，如当其在直径为 $10^{-5}$cm 以下时，以气溶胶分散在空气中呈悬浮状态，它们和液体的微颗粒即烟雾状态大体相同，不发生沉降。若呈这种状态，可以认为具有和可燃性气体相同的危险性。实际上所面临的粉尘其颗粒要更大些，大体在 $10^{-3}$cm 以上，并不永久呈浮游状态。另外，粉尘在生成过程中其粒径并非呈均一状态：从像气溶胶那样的细粒，到相当大以至可以辨认清楚的粗粒，是由粗细不同的颗粒混合而成的，这是一个常识问题。

此类粉尘的爆炸，需要和空气充分混合而呈浮游状态；大颗粒不会简单地浮游，即便一旦浮游很快也会沉降下来，所以爆炸危险性小。因此爆炸发生在某种程度的微颗粒中，从粉尘的外部对粉尘施加机械的移动作用，经过一段时间一定会形成粉尘云，这是由于沉降的粉尘本身不具有像气体和蒸气那样的扩散性，不具有扩散性的粉尘，若放置便会沉降而堆积。堆积粉尘是含大量空气的凝胶，被称为气凝胶，它也具有爆炸危险。

可燃性块状物质的粉碎、输送、筛分、搅拌等过程从外部施加机械作用，是具有此类着火爆炸危险的粉尘的生成条件，在进行粉体物质的干燥、混合、分级、计量等过程中，也存在着发生爆炸的危险。

除去一部分金属类物质本身在常温下能氧化放热以外，粉尘的着火爆炸也需要有着火源。

归纳起来。粉尘着火爆炸必要的条件为：

(1) 粉尘具有可燃性，且能在助燃性气体(空气)中搅拌和流动。

(2) 粉尘呈微粉状态：

1) 粉体堆积层或堆积物：堆积在干燥器或炉中的厚度较大的粉体，在料斗中被加热的物质，或者从大气中长时间大量的落到地面上堆积成山形成的粉体等。

2）高温气体中比较薄的粉体层：例如包括喷雾干燥器在内的干燥器的器壁上的堆积物。

3）较薄的粉体层：其一面暴露在大气温度下，而其他表面和高温面相接触；高温管道、照明器材的接合部以及高温轴承上的堆积物属于这种情况。

（3）着火源：摩擦冲击火花、火焰、电火花、弧光、电焊切割火花、包括无焰燃烧着的粉尘颗粒飞散到堆积粉尘中。

## 3.3.2 可燃粉尘爆炸机理

粉尘爆炸是一种复杂的气-固两相流动力学过程，问题至今尚不十分清楚。从粉尘颗粒着火角度来看，其爆炸机理主要有气相着火机理和表面非均相着火机理两种观点。一般认为，在弱点火源作用下，爆炸初期或小尺寸空间中火焰传播，主要受热辐射和湍流作用机理控制，火焰以爆燃波形式传播；在强点火源作用下，对于大空间或长管道中火焰传播，则主要受对流换热和冲击波(激波)绝热压缩机理控制。由于使火焰传播不断加速，最后甚至有可能从爆燃发展到爆轰。

### 3.3.2.1 气相着火机理

气相着火机理认为，粉尘着火过程分为颗粒在外热源的作用下升温，颗粒热分解析出挥发性气体，挥发性气体与空气混合形成爆炸性混合气体，着火燃烧等阶段，如图3-5所示。可看出，在外热源的作用下，粉尘颗粒从外界获取能量，使其表面温度迅速升高；当温度升高到一定值后，颗粒发生热分解释放出挥发性气体；这些气体与空气混合形成爆炸性气体混合物，进而发生气相反应，形成火焰，释放出化学反应热；这种热量进一步促进相邻的粉尘颗粒发生升温、热分解，不断地放出可燃性气体与空气混合，使火焰扩大。这种着火机

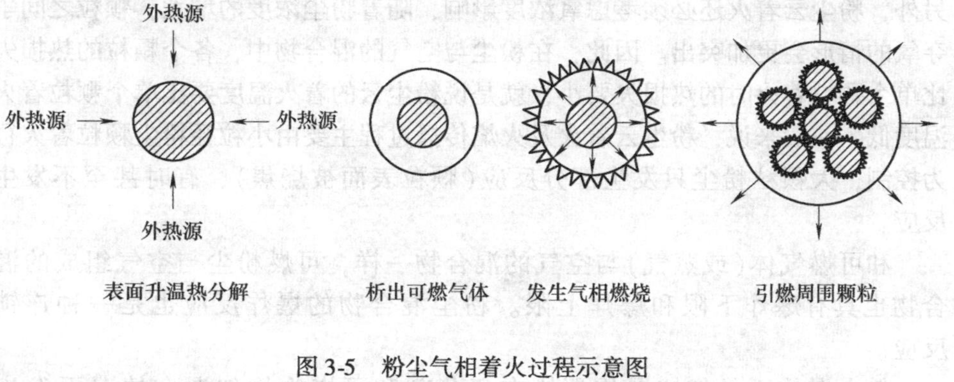


图3-5 粉尘气相着火过程示意图

理与可燃气体和空气的混合物的着火机理基本相同。

#### 3.3.2.2 表面非均相着火机理

表面非均相着火机理认为，粉尘着火首先是氧气与颗粒表面直接发生反应，使颗粒发生表面着火；接着挥发分在粉尘颗粒周围形成气相层，阻止氧气向颗粒表面扩散；最后挥发分着火并促使粉尘颗粒重新燃烧。因此，氧分子必须通过扩散作用到达颗粒表面，并吸附在颗粒表面并发生氧化反应，然后反应产物离开颗粒表面扩散到周围环境中去。对于表面反应产物问题，目前主要存在两种观点，一种认为碳与氧直接反应形成二氧化碳；另一种则认为，在一般燃烧温度范围(1000～2000K)内，碳首先与氧气反应形成一氧化碳，然后扩散到周围环境中再被氧化形成二氧化碳。

对于特定粉尘与空气的混合物的着火过程，究竟是气相着火还是表面非均相着火，目前尚未形成统一的判据。一般认为，对于大颗粒粉尘，由于其加热速率较慢，以气相反应为主；而对于小颗粒粉尘，因其加热速率较快，则以表面非均相反应为主。加热速率快慢以 100℃/s 为界，颗粒大小以 100μm 为界，关于粒径与加热速率对着火机理的影响关系如图 3-6 所示。可以看出，在一定条件下，气相着火和表面非均相着火不仅可以并存，而且还会相互转化。

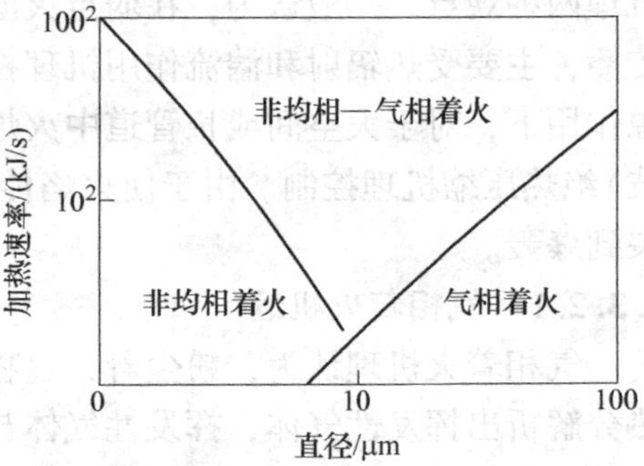

图 3-6 加热速率与着火机理关系

事实上，粉尘云着火过程与颗粒的特征具有密切关系，而粉尘云中的颗粒大小和形状并不完全相同，这种颗粒尺度分布对于粉尘云着火具有一定影响。另外，粉尘云着火还必须考虑氧浓度影响，随着粉尘浓度的增大，颗粒之间争夺氧的情形会更加突出。因此，在粉尘与空气的混合物中，各个颗粒的热损失比单个颗粒着火时的热损失要小，就是说粉尘云的着火温度要比单个颗粒着火温度低。一般来说，粉尘云着火及火焰传播过程主要由小粒径粉尘颗粒着火行为控制，大颗粒粉尘只发生部分反应(颗粒表面被烧焦)，有时甚至不发生反应。

和可燃气体(或蒸气)与空气的混合物一样，可燃粉尘与空气组成的混合物也具有爆炸下限和爆炸上限。粉尘混合物的爆炸反应也是一种连锁反应。

粉尘爆炸不像气体爆炸那样在氧化剂和可燃物均匀混合情况下发生

反应，而是在与氧化剂不均一混合状态下发生反应的，可认为是介于气体爆炸和火药爆炸之间的爆炸现象，其爆炸所放出的能量最高值为气体爆炸的数倍。但是粉尘爆炸与气体爆炸及火药爆炸不同，着火时所需能量颇大。

## 3.3.3　可燃粉尘爆炸特征

与气体混合物的爆炸相比较，粉尘混合物的爆炸有下列特点：

（1）燃烧速度和爆炸压力比气体爆炸小，但因燃烧时间长，产生能量大，所以被破坏力和烧毁程度大。产生能量以最大值进行比较时，是气体爆炸的数倍，温度可上升到2000～3000℃。这是由于单位体积所含碳氢化合物多的缘故。粉尘爆炸时，首先是达到爆炸压力，然后经0.1～0.2s后再出现火焰。火焰传播的速度，在常温常压下开始时为2～3m/s，由于燃烧粉尘的膨胀，随着压力的增高很快加速。同时，由于爆炸火焰的影响，压力传播速度约为300m/s，随着火焰速度的提高，压力传播速度也会增大。总之，压力传播速度比火焰速度快，利用这种特性可以考虑采用抑制爆炸装置的方案。

（2）粉尘混合物爆炸时，其燃烧并不完全（这与气体或蒸气混合物有所不同），例如煤粉爆炸时，发生反应的基本是所分解出来的气体产物，许多小煤渣是来不及燃烧的。

（3）有产生二次爆炸的可能性，因为粉尘初次爆炸的气浪会将沉积的粉尘扬起，在新的空间形成达到爆炸极限的混合物质而产生二次爆炸，这种连续爆炸会造成严重的破坏。

爆炸的感应期较长，粉尘的燃烧过程比气体的燃烧过程复杂，有的要经过尘粒表面的分解或蒸发阶段，有的要有一个由表面向中心延烧的过程，因而感应期较长，可达数十秒，为气体的数十倍。

（4）粉尘着火的起始能量大，达10J数量级，一般为气体的近百倍。

（5）粉尘爆炸通常会产生两种有毒气体，一种是一氧化碳，另一种是爆炸物自身分解的毒性气体。

（6）粉尘爆炸时，颗粒边燃烧、边飞散，受到这种影响的可燃物可发生局部的严重碳化，人体受到这种爆炸影响时则会严重烧伤。

## 3.3.4　评价可燃粉尘爆炸的主要参数

### 3.3.4.1　粉尘自燃点

粉尘爆炸发生在粉尘分散于空气中的情况下，但粉尘颗粒本身的大小和形状是不均匀的，虽然散布在空气中，然而较细的颗粒是慢慢下落的，而大颗粒则是很快就会落下的。因其并不是永远不变地停留于空气中。因此小颗粒的反应情况良好，即使认为燃烧反应已经结束，而其大颗粒也只是表面烧焦并落地熄灭。粉尘的自燃点因粉尘呈云状或层状而有所不同，由于测定方法的不同往往产生大的误差，自燃点又受到粒度、挥发分的含量、气体中氧的浓度等因素的影响极大。

通常粉尘云的自燃点可以看成是粉尘层自燃点的2倍，即假设粉尘层状时为250℃，粉尘云状则看作500℃。

**3.3.4.2　粉尘最小着火能**

在工厂处理粉尘时，粉尘云会大量带电，大多数的粉尘都带有静电荷。这种蓄积的电荷放电时将会发生火花，能引起气体爆炸，但能否引起粉尘本身着火却要视条件而定。

粉尘的着火能可以利用电火花测定。由于测定方法和试验条件不同，一般不能得到绝对值，只能大体上取得相对值。同时，在除电对策上确认被收尘装置所采用的滤布是否着火方面，堆积粉尘是最理想的，所以可以直接利用粉尘层最小着火能的测定结果。

**3.3.4.3　粉尘爆炸极限**

粉尘混合物的爆炸下限不是固定不变的，它的变化与下列因素有关：分散度、湿度、火源的性质、可燃气含量、氧含量、惰性粉尘和灰分、温度等。一般来说，分散度越高，可燃气体和氧的含量越大，火源强度、原始温度越高，湿度越低，惰性粉尘与灰分越少，爆炸范围也就越大。粒度越细的粉尘，其单位体积的表面积越大，越容易飞扬，所需点火能量越小，所以容易发生爆炸。几乎不能得到一定浓度条件下粉尘的爆炸极限，即使是下限浓度也只呈一种不完全的燃烧状态。所以，粉尘的爆炸极限浓度是根据某种试验方法在某一定条件下取得的数据。

粉尘混合物的爆炸危险性是以其爆炸浓度下限(%)来表示的。这是因为粉尘混合物达到爆炸下限时，所含固体物已经相当多了，这样高的浓度通常只有设备内部或直接接近它的发源地的地方才能达到。至于爆炸上限，因为浓度太高，以致大多数场合都不会达到，所以没有实际意义。

**3.3.4.4　粉尘爆炸压力**

粉尘的爆炸压力是由于两种原因产生的：一是生成气态产物，其分子数在多数场合下超过原始混合物中气体的分子数；二是气态产物被加热到高温。粉尘的爆炸压力反映了粉尘燃烧爆炸的激烈程度。由于粉尘的种类、粒度、浓度、着火源的种类、试验容器的大小、吸入压力、初压、空气流的搅动、氧的浓度、挥发分和可燃性气体的浓度、惰性粉尘和灰分含量等有很大的变化，所以需要考虑各个因素确认爆炸的激烈程度。

然而粉尘的燃烧是不均匀的，不能期待完全燃烧，甚至同时还有颗粒附着在器壁上的现象，因此表示最高爆炸压力的浓度要比化学量论浓度高得多，这是粉尘爆炸的一种倾向。从这种观点出发，常用的保护对策就是所谓防止危害的扩大化。即在不可避免的发生装置、管道系统内爆炸时，为了防止由于它们的破坏引起危害扩大，便要进行合适的爆炸压力泄放设备的设计、安装和管理。因此，掌握有关粉尘爆炸压力和压力上升速度的数据，有非常重大的意义。

生产中易燃易爆粉尘和可燃纤维特性见表3-10。

**表3-10 生产中易燃易爆粉尘和可燃纤维特性表**

| 种类 | 粉尘名称 | 高温表面沉积粉尘的引燃温度/℃ | 云状粉尘的引燃温度/℃ | 爆炸下限浓度/(g/m³) | 粉尘平均粒径/μm | 危险性种类 |
|---|---|---|---|---|---|---|
| 金属 | 铝(含油) | 230 | 400 | 37~50 | 10~20 | 爆炸 |
| | 镁 | 340 | 470 | 44~59 | 5~10 | 爆炸 |
| | 碳黑 | 535 | >690 | 36~45 | 10~20 | 易导 |
| | 红磷 | 305 | 360 | 48~64 | 30~50 | 易燃 |
| | 钛 | 290 | 375 | | | 爆炸 |
| 化学药品 | 阿司匹林 | 熔融 | 405 | 31~41 | 2~29 | 易燃 |
| | 萘 | 熔融 | 575 | 28~38 | 80~100 | 易燃 |
| | 硫磺 | 熔融 | 235 | | 30~50 | 易燃 |
| | 肥皂粉 | 熔融 | 575 | | 80~100 | 易燃 |
| 合成树脂 | 聚氯乙烯 | 熔融、炭化 | 595 | 63~8 | 64~5 | 易燃 |
| | 聚苯乙烯 | 熔融 | 475 | 27~37 | 40~60 | 易燃 |
| | 聚丙烯 | 熔融 | 430 | 25~35 | | 易燃 |
| | 聚氨酯(类) | 熔融 | 425 | 46~63 | 50~100 | 易燃 |
| | 粉状聚合物 | 熔融 | 420 | 27~37 | | 易燃 |
| 橡胶天然树脂 | 天然树脂 | 熔融 | 370 | 38~52 | 20~30 | 易燃 |
| | 有机玻璃 | | 485 | | | 易燃 |
| | 硬质橡胶 | 沸腾 | 360 | 36~49 | 20~30 | 易燃 |
| | 松香 | 熔融 | 325 | | 50~80 | 易燃 |
| 沥青蜡类 | 硬蜡 | 熔融 | 400 | 26~36 | 30~50 | 易燃 |
| | 软沥青 | 熔融 | 620 | | 50~80 | 易燃 |
| 农副产品 | 玉米淀粉 | 炭化 | 430 | | 20~30 | 易燃 |
| | 马铃薯淀粉 | 炭化 | 430 | | 20~30 | 易燃 |
| | 砂糖粉 | 熔融 | 360 | 77~99 | 20~40 | 易燃 |
| | 小麦粉 | 炭化 | 410 | | 20~40 | 易燃 |
| | 黑麦面粉 | 325 | 415 | | 30~50 | 易燃 |

（续）

| 种　类 | 粉尘名称 | 高温表面沉积粉尘的引燃温度/℃ | 云状粉尘的引燃温度/℃ | 爆炸下限浓度/(g/$m^3$) | 粉尘平均粒径/μm | 危险性种类 |
|---|---|---|---|---|---|---|
| 纤维鱼粉 | 咖啡粉(精制品) | 收缩 | 600 | | 40～80 | 易燃 |
| | 木质纤维 | 250 | 445 | | 40～80 | 易燃 |
| | 纸纤维 | 360 | | | | 易燃 |
| 燃料 | 有烟煤粉 | 235 | 595 | 41～57 | 5～10 | 导 |
| | 无烟煤煤粉 | >430 | >600 | | 100～50 | 导 |

## 3.3.5　影响可燃粉尘爆炸的因素

粉尘爆炸的容易程度、激烈程度和气体爆炸相同，因各粉尘种类而形成很大差异。特别的，粉尘的爆炸性与它的物理化学性质有着密切的关系。

### 3.3.5.1　化学结构和组成对粉尘爆炸性的影响

1）粉尘本身的化学结构和反应性对于粉尘的爆炸性就有很大的影响，发热量愈大的粉尘爆炸性愈强。

2）粉尘中所含挥发分的大小对爆炸性也有大的影响。挥发分含量越大越容易爆炸。

3）粉尘中含有灰分的多少也影响爆炸性，例如含15%～30%灰分的沥青煤，虽含有40%以上的挥发分，但不发生爆炸。

4）粉尘本体热分解的难易和烃类气体产生的速度也会影响爆炸性。

### 3.3.5.2　粒度及粒度分布对粉尘爆炸性的影响

粉尘爆炸的难易，在很大程度上受粉尘粒度和粒度分布的支配。粉尘的燃烧爆炸机理表明，由于在颗粒表面上发生反应，若相对于颗粒体积其表面积增大时，热的产生速度将超过热传递速度。

对于单一颗粒和云状粉尘而言，其粒度对爆炸参数的影响是不同的。如果颗粒过小，由于粉尘的种类不同，相互吸引而分散不良，有时使爆炸性减弱，这也与颗粒的电性质有关。一般认为粉尘中包含小粒径颗粒越多，爆炸性就越高。

### 3.3.5.3　颗粒形状和表面状态对粉尘爆炸性的影响

尽管粉尘的种类相同，但平均粒度、形状和表面的状态也对其爆炸性有较大影响。例如合成树脂的爆炸性由于其粉尘形状不同而有很大差异。

另外，颗粒表面对于空气(氧)是活性的时，会形成一个新鲜的表面，暴露时间短，爆炸性就高。这种情况对很快生成氧化膜的金属粉尘来说影响很小，但含脂肪酸的粉尘就容易爆炸。煤粉等粉尘也是越新鲜爆炸性越强，因此在研磨和粉碎过程所产生的粉尘，爆炸危险性更大。

#### 3.3.5.4 水分对粉尘爆炸性的影响

粉尘中存在着的水分对爆炸性有一定影响。水分可以抑制粉尘的浮游性(对于疏水性粉尘不太影响它的浮游性)，然而由于水分的蒸发，点火时有效能量会随之减少，蒸发的水蒸气性质活泼，有减少带电性的作用。另外，锰、铝等粉尘和水反应可产生氢气，故有时则反而会增加危险性。

## 3.4 凝聚相爆炸物爆炸

具有爆炸性能的固体物质或凝结状态的液体化合物称为凝聚相爆炸物。

凝聚相爆炸物发生爆炸时，首先是本组分自身反应，放出大部分热量，然后是反应产物互相混合进一步反应生成最终产物。由反应能力相差悬殊的成分组成的混合炸药可能是某些成分(例如氧化剂或炸药)先分解，其分解产物渗透和扩散到其他组分的质点表面，并与之反应，也可能是不同组分的分解产物之间的反应。

凝聚相爆炸物一般是借助于热冲量、机械冲量或者依靠起爆器材爆炸的直接作用来引发爆轰过程。热冲量引发爆轰往往经过一个不稳定的燃烧阶段，然后由燃烧转变为爆轰；机械冲量引发爆轰时可产生“热点”，这是爆炸活化中心。“热点”迅速地进行化学反应，并且以爆轰传播的特有速度向爆炸物深处传播。

固体爆炸物按用途可分为火药、炸药、雷管、导火索、导爆索、导爆管、爆炸装置和军用火工品等，本节主要讨论凝聚相炸药的爆炸特点。

### 3.4.1 凝聚相炸药分类

凝聚相炸药分类的方法很多，根据其主要组成可分为单质炸药和混合炸药两类。

#### 3.4.1.1 单质炸药(Single-Ingredient Explosive)

单质炸药系指碳、氢、氧、氮等元素以一定的化学结构存在于同一分子中，其中含有某种爆炸基团，并能自身发生迅速氧化还原反应的物质。单质炸药是一种均一的相对稳定的化合物。在外界能量作用下，可导致分子内键的断裂，进而发生迅速的爆炸反应，生成稳定的化合物。

多数单质炸药是含氧的有机化合物，能进行分子内的燃烧。例如硝化甘油的爆炸分解反应式为：

$$C_3H_5(ONO_2)_3 = 3CO + 2.5H_2O + 0.25O_2 + 1.5N_2 + 1442.1kJ \tag{3-44}$$

也有少数单质炸药是不含氧的吸热化合物，它们在外界能量作用下，迅速分解为其组成的元素，并放出其生成热。例如叠氮化铅的爆炸反应式为：

$$PbN_6 = Pb + 3N_2 + 447.3kJ 热量 \quad (3\text{-}45)$$

单质炸药的不稳定性与分子内具有特殊爆炸性质的基团有关。单质炸药爆炸性基团的稳定性顺序为：$—NO_2$ 基团 >$=N—NO_2$ 基团 >$—O—NO_2$ 基团；而爆炸性基团的敏感度顺序恰恰相反，即为：$—O—NO_2$ 基团 >$=N—NO_2$ 基团 >$—NO_2$ 基团。表 3-11 列出了一些常见的爆炸性基团。

**表 3-11　单质炸药爆炸性基团表**

| 序号 | 爆炸化合物名称 | 爆炸性基团 | 常见单质炸药 |
|---|---|---|---|
| 1 | 乙炔化合物 | $—C \equiv C—$基团 | 乙炔银($Ag_2C_2$)、乙炔铜($CuC_2$) |
| 2 | 氮的卤化物 | $—NX_2$ 基团 | 氯化氮($NCl_2$)、二碘化氢氮($NHI_2$) |
| 3 | 叠氮化合物 | $—N=N=N—$基团 | 叠氮化铅($Pb(N_3)_2$)、叠氮化银($AgN_3$) |
| 4 | 雷酸盐 | $—N=C$ 基团 | 雷汞($HgC_2O_2N_2$)、雷银($Ag—O—N=C$) |
| 5 | 过氧化物或臭氧化物 | $—O—O—$和$—O—O—O—$基团 | 过氧化苯、臭氧 |
| 6 | 硝基化合物 | $—NO_2$ 基团 | 四硝基甲烷、二硝基甲苯($C_7H_6O_4N_4$) |
| 7 | 硝酸酯 | $—O—NO_2$ 基团 | 硝化甘油($C_{13}H_5O_9N_3$)、硝化棉 |
| 8 | 硝胺 | $=N—NO_2$ 基团 | 黑索金($C_3H_6O_6N_6$)、特屈儿($C_7H_5O_8N_5$) |
| 9 | 氯酸盐及过氯酸盐 | $—O—ClO_2$ 基团 | 氯酸钾($KClO_3$)、过氯酸钾($KClO_4$) |

### 3.4.1.2　混合炸药(mixed explosives)

混合凝聚相炸药系指由 2 种或 2 种以上的成分所组成的混合物，可以含单质炸药，也可以不含单质炸药。但这种炸药应含有氧化剂和可燃剂，二者以一定的比例均匀混合在一起。混合炸药的种类繁多，而且其组成可以根据不同的使用需要加以变化和调整，它们可以由凝聚相炸药与凝聚相炸药混合，凝聚相炸药与非凝聚相炸药混合，或都是由非凝聚相炸药组成。

常见的混合炸药有：

(1) 硝铵类炸药。以硝酸铵为其主要成分，加上适量的可燃剂、敏化剂及附加剂混合而成。

(2) 硝化甘油类炸药。以硝化甘油或硝化甘油与硝化乙二醇混合物为主要爆炸组分的混合类炸药，有粉状类和胶质状类。

(3) 芳香族硝基化合物类炸药。以苯及其同系物，如甲苯、二甲苯的硝基化合物以及苯胺、苯酚和萘的硝基化合物等，梯恩梯(TNT)、二硝基甲苯磺酸钠(DNTS)属于此类。

(4) 液氧炸药。由液氧和多孔性可燃物混合而成。

## 3.4.2 凝聚相炸药的爆炸反应形式

根据凝聚相炸药的性质，化学反应的激发条件及其他因素的不同，可将其化学变化分为热分解、爆燃、爆炸和爆轰。

### 3.4.2.1 热分解

凝聚相炸药在常温下也会发生分解，但分解速度很慢，不会形成爆炸。温度升高，其分解速度加快，当温度升高到一定值(爆发点)时，热分解就能转化为爆炸。

不言而喻，凝聚相炸药储存时必须考虑其热分解性能。库房的温度和药箱堆放数量与方式都会对凝聚相炸药热分解产生影响。因此，在凝聚相炸药库房内，药箱不应过多，堆放不应过紧，要随时注意通风，防止温度升高时热分解加剧而引起爆炸事故。

### 3.4.2.2 爆燃

在一定的条件下，绝大多数凝聚相炸药都能够稳定地爆燃。凝聚相炸药的爆燃过程与爆轰过程是不同的，其基本特点如下：

爆燃时，反应区的能量是通过热传导、气体产物的扩散和辐射而传入原始炸药的。

爆燃速度通常为每秒几毫米至数十厘米，最大也不超过每秒数百米，总是小于原始炸药爆炸的声速。

凝聚相炸药爆燃的化学反应的速度和性质主要决定于外界压力。例如低氮硝化纤维素及其他某些复杂的硝酸酯在相当低的压力($3 \times 10^5 \sim 5 \times 10^3$kPa)下爆燃时，会产生一氧化碳和甲醛，而在较高的压力(大约几万到几十万千帕)下就不会产生上述情况。

人们销毁凝聚相炸药时就是利用了凝聚相炸药的爆燃性质。但随着温度和压力的增加，燃速也显著增加，并且当外界压力、温度超过某一极限数值时，爆燃的稳定性就被破坏，凝聚相炸药很快地由燃烧变成爆轰。

### 3.4.2.3 爆炸

凝聚相炸药爆炸时爆炸点的压力急剧地发生突变，传播速度很快，而且可变，通常每秒达数千米。这种速度与外界条件的关系不大，即使是在敞开容器中也能进行高速度爆炸反应。爆炸过程是不稳定的，可以过渡到爆轰，也可以衰减到爆燃，直至熄灭。

### 3.4.2.4 爆轰

爆轰是凝聚相炸药所特有的一种化学变化形式，它以最大而稳定的爆速进行传爆，并且与外界的压力、温度等条件无关。不同凝聚相炸药爆轰的传播速度一般为每秒数千米直至万米。例如梯恩梯的爆速可达6800m/s。对于任何一种凝聚相炸药来说，在给定的条件下，爆轰速度均为常数。由于速度非常快，爆轰具有最大的破坏作用。

### 3.4.3 凝聚相炸药的起爆

引起凝聚相炸药发生爆炸的过程称为起爆。在正常条件下，凝聚相炸药是一种相对稳定的系统，要使其发生爆炸必须要由外界向其施加一定的能量。通常将外界施加给凝聚相炸药的某一局部而引起其爆炸的能量称为起爆能。

凝聚相炸药的起爆能可以分为三种形式。

**1. 热能**

通过加热可以使凝聚相炸药形成爆炸，能够引起凝聚相炸药爆炸的加热温度称为起爆温度。在工程爆破作业中，使用导火索引爆雷管就是利用热能引爆的典型例子。

**2. 机械能**

通过机械作用使凝聚相炸药爆炸。机械作用引起爆炸的实质是在瞬间将机械能转化为热能，从而使局部凝聚相炸药达到起爆温度而爆炸。机械作用方式主要有撞击、摩擦、针刺、枪击等。在工程爆破中，很少利用机械能进行起爆，但是在凝聚相炸药的生产、储存、运输和使用过程中，应该注意防止因机械作用引起意外的爆炸事故。

**3. 爆炸能**

这是工程爆破中最广泛应用的一种起爆能。利用某些凝聚相炸药的爆炸能来使另外一些凝聚相炸药起爆。例如，利用雷管爆炸、导爆索爆炸和中继起爆药包爆炸来起爆凝聚相炸药包等。

### 3.4.4 凝聚相炸药的爆炸敏感度

凝聚相炸药敏感度(Sensitiveness)是指凝聚相炸药在外界能量(如热能、电能、光能、机械能及起爆能等)的作用下发生爆炸的难易程度，是衡量爆炸稳定性的一个重要标志。通常以引起爆炸变化的最小外界能量来表示，习惯上将此能量称之为引爆冲能。显然所需的引爆冲能越小，其敏感度越高；反之则越低。按照外部作用形式，凝聚相炸药的敏感度分为热感度、机械感度和爆轰感度。

#### 3.4.4.1 热感度

凝聚相炸药在热能的作用下发生爆炸的难易程度称之为热感度(Thermal Sensitiveness)，通常以爆发点和火焰感度等来表示。

**1. 爆发点**

凝聚相炸药的爆发点系指使凝聚相炸药开始爆炸，其周围介质所需加热到的最低温度。这一温度是指凝聚相炸药分解开始自行加速时的环境温度，而并不是凝聚相炸药爆炸时其本身的温度，也不是凝聚相炸药开始分解时本身的温度。几种常见凝聚相炸药的爆发点见表3-12。

**表3-12 几种常见凝聚相炸药的爆发点**

| 凝聚炸药名称 | 爆发点/℃ | 凝聚炸药名称 | 爆发点/℃ | 凝聚炸药名称 | 爆发点/℃ |
|---|---|---|---|---|---|
| EL系列乳化炸药 | 330 | 硝酸铵 | 300 | 特屈儿 | 195~200 |
| 2#岩石硝铵炸药 | 186~230 | 黑火药 | 290~310 | 硝化甘油 | 200 |
| 3#露天硝铵炸药 | 171~170 | 雷汞 | 175~180 | 梯恩梯 | 290~295 |
| 2#煤矿硝铵炸药 | 180~188 | 氮化铅 | 300~340 | 二硝基重氮酚 | 150~151 |
| 3#煤矿硝铵炸药 | 184~189 | 黑索金 | 230 | | |

**2. 火焰感度**

凝聚相炸药在明火(火焰或火星)作用下发生爆炸的能力称为凝聚相炸药的火焰感度。试验表明，在非密闭状态下，黑火药与猛炸药用火焰点燃时通常只能发生不同程度的燃烧变化，而起爆药却往往表现为爆炸。人们可以根据火焰感度的不同选择使用不同炸药，以满足不同的需要。例如选择火焰感度较高的起爆药(如二硝基重氮酚、叠氮化铅等)作为雷管的第一装药，选择黑索金等猛炸药作为第二装药。

### 3.4.4.2 机械感度

凝聚相炸药的机械感度(Mechanical Sensitiveness)系指凝聚相炸药在机械撞击或机械摩擦作用下发生爆炸的难易程度，包括撞击感度和摩擦感度，是凝聚相炸药最重要的感度指标之一。

**1. 撞击感度**

凝聚相炸药的撞击感度系指凝聚相炸药在机械撞击下发生爆炸的难易程度。表3-13分别列出了若干常见凝聚相炸药的撞击感度。

**表3-13 几种常见凝聚相炸药的撞击感度**

| 凝聚相炸药名称 | EL系列乳化炸药 | 2#岩石硝铵炸药 | 硝化甘油 | 黑索金 | 特屈儿 | 黑火药 | 梯恩梯 |
|---|---|---|---|---|---|---|---|
| 撞击感度发生爆炸百分数(%) | ≤8 | 20 | 100 | 70~75 | 50~60 | 50 | 4~8 |

**2. 摩擦感度**

凝聚相炸药的摩擦感度系指在机械摩擦作用下炸药发生爆炸的难易程度。几种常见炸药的摩擦感度如表3-14所示。

表 3-14 几种常见凝聚相炸药的摩擦感度

| 炸药名称 | EL 系列乳化炸药 | 铵铝高威力炸药 | 1#煤矿炸药 | 3#煤矿炸药 | 梯恩梯 | 特屈儿 | 黑索金 |
|---|---|---|---|---|---|---|---|
| 摩擦感度发生爆炸百分数(%) | 0 | 40 | 28 | 36 | 0 | 24 | 90 |

### 3.4.4.3 爆轰感度

凝聚相炸药的爆轰感度(Sensitiveness to Detonation)系指一种炸药在其他炸药的爆炸作用下发生爆炸的难易程度，一般用极限起爆药量表示。所谓极限起爆药量指的是引起炸药完全爆炸的最小起爆药量。表 3-15 列出了几种单质猛炸药的极限起爆药量。

表 3-15 几种单质猛炸药的极限起爆药量

| 起爆药名称 | 受试凝聚相炸药/g | | |
|---|---|---|---|
| | 梯恩梯 | 特屈儿 | 黑索金 |
| 雷汞 | 0.24 | 0.19 | 0.19 |
| 氮化铅 | 0.16 | 0.10 | 0.05 |
| 二硝基重氮酚 | 0.163 | 0.17 | 0.13 |

### 3.4.4.4 影响凝聚相炸药敏感度因素

1. 化学结构

一般地说，分子中各原子间的键能越大，破坏它就越困难，敏感度也越小；凝聚相炸药分子中爆炸基团越活泼，数目越多，其感度越大。

2. 物态

这是指凝聚相炸药所处的“相”状态。在凝聚相炸药生产、存储、运输操作过程中应特别注意安全，同一凝聚相炸药在熔融状态的感度普遍要比固态高得多。这是因为凝聚相炸药从固相转变为液相时要吸收熔化潜热，它的内能较高；另外在液态时具有较高的蒸气压，所以很小的外界能量即可激发凝聚相炸药爆炸。

3. 温度

它能全面地影响凝聚相炸药的感度，随着温度的升高，凝聚相炸药的各种感度指标都升高。这是因为在高温下凝聚相炸药的活化能降低了，极小的外界冲量即可使原子键破裂，引起爆炸变化。

4. 密度

随着凝聚相炸药密度的增大，其敏感度通常是降低的。这是由于密度增加后，孔隙率减少，结构结实，不易于吸收能量，这对热点的形成和火焰的传播是不利的。

5. 粒度

粉碎得很细的凝聚相炸药，其敏感度提高，易于起爆。这是因为凝聚相炸药颗粒越小，比表面越大，接受的冲击波能量越多，容易产生更多的热点，所以易于起爆。

6. 杂质

它对凝聚相炸药的感度有很大的影响，不同的杂质有不同的影响。一般来说，固体杂质，特别是硬度大、有尖锐棱角和高熔点的杂质，如砂子、玻璃屑和某些金属粉末等，能增加凝聚相炸药的感度。因为这种杂质能使外界冲击能量集中在尖棱上，形成强烈的摩擦中心而产生热点。

凝聚相炸药的敏感度是一个很重要的问题，在凝聚相炸药的生产、运输、储存和使用过程中要给予足够的重视。尤其对敏感度高的凝聚相炸药要有针对性地采取预防措施，以保证安全。

## 3.4.5　凝聚相炸药爆炸的热化学参数

凝聚相炸药爆炸的热化学参数主要有爆热、爆温、爆压、爆炸生成气体体积、爆速、殉爆距离等。

### 3.4.5.1　爆热

爆热系指1mol或1kg凝聚相炸药爆轰时所放出的热量。几种常见凝聚相炸药的爆热值如表3-16所示。

表3-16　几种常见凝聚相炸药的爆热值

| 凝聚相炸药名称 | 爆热/(kJ/kg) | 凝聚相炸药名称 | 爆热/(kJ/kg) | 凝聚相炸药名称 | 爆热/(kJ/kg) |
|---|---|---|---|---|---|
| 硝酸铵 | 1440 | 硝化甘油 | 6217 | 爆胶 | 6322 |
| 2#岩石炸药 | 3638 | 黑索金 | 5820 | 泰安 | 5862 |
| 铵萘炸药 | 3956 | 梯恩梯 | 290~295 | | |

### 3.4.5.2　爆温

爆温系指凝聚相炸药爆炸时所放出的热量使爆炸产物受热所达到的最高温度，主要取决于凝聚相炸药的爆热和爆炸产物的组成。由于爆炸过程中温度变化极快，而且相当高，故爆温一般通过理论计算求得。单质凝聚相炸药的爆温值一般为3000~5000℃，矿用炸药的爆温值一般为2000~2500℃。

### 3.4.5.3　爆压

爆压系指凝聚相炸药在密闭容器中爆炸时，其爆炸产物对器壁所施加的压力。凝聚相炸药在密闭容器中爆炸时所产生的压力可以利用理想气体的状态方程式计算：

$$pV = nRT \tag{3-46}$$

式中，$n$ 为气体爆炸产物的物质的量(mol)；$V$ 为密闭容器的容积(L)；$T$ 为爆温(K)。

但是在固体或液体炸药爆炸时，其生成的气体密度很大，通常用阿贝尔方程式(由范德华方程式推导出来)。严格地讲，阿贝尔方程式只能用来计算装药密度不太大的凝聚相炸药在密闭容器中爆炸时的压力：

$$p=\frac{F\Delta}{1-\alpha\Delta} \tag{3-47}$$

式中，$\Delta$ 为凝聚相炸药装填密度，即凝聚相炸药装药质量对药室体积之比(kg/L)；$F$ 为凝聚相炸药爆力，表示乘积 $nRT$；$\alpha$ 为爆炸产物的范德华不可压缩体积，或1kg凝聚相炸药的余容。

#### 3.4.5.4 爆炸生成气体的体积

1kg凝聚相炸药爆炸所产生的气体在标准状况下(温度0℃、760mmHg)的体积，以L/kg表示。爆炸生成气体体积计算的基础是阿佛加德罗定律，在标准条件下，1mol气体所占的体积为22.4L。故1kg凝聚相炸药爆炸后生成气体的体积(L/kg)为：

$$V_C=\frac{(n_1+n_2+n_3+\cdots)}{mM}\times 22.4\times 1000 \tag{3-48}$$

式中，$m$ 为凝聚相炸药的物质量(mol)；M为凝聚相炸药的分子量；$n_1$、$n_2$…为爆炸生成物的物质量(mol)。

例如含80%硝酸铵和20%梯恩梯的凝聚相炸药爆炸的反应式为：

$$11.35NH_4NO_3+C_6H_2CH_3(NO_2)_3 \longrightarrow 7CO_2+25.2H_2O+12.85N_2+0.425O_2$$

此反应所生成的气体体积为：

$$V_C=\left(\frac{7+25.2+12.85+0.425}{11.35\times 80+1\times 227}+22.4\times 1000\right)L/kg=898L/kg$$

#### 3.4.5.5 爆速

凝聚相炸药的爆速系指爆轰波在凝聚相炸药药柱中的传播速度，通常用m/s或km/s表示。爆速与化学反应速率是两个不同的概念，爆速是爆轰波面沿凝聚相炸药柱传播的速度，而爆炸化学反应速率是指单位时间内反应消耗的物质质量，其单位是g/s。几种常见凝聚相炸药的爆速值见表3-17。

**表3-17 几种常见工业凝聚相炸药的爆速值** (单位：m/s)

| 凝聚相炸药名称 | 爆速 | 凝聚相炸药名称 | 爆速 | 凝聚相炸药名称 | 爆速 |
|---|---|---|---|---|---|
| 2#岩石硝铵炸药 | 3600 | 2#铵松蜡炸药 | 3500 | 3#水胶炸药 | 4400 |
| 2#露天硝铵炸药 | 3525 | 5#浆状炸药 | 5600 | EL系列乳化炸药 | 5000 |
| 2#铵油炸药(粉状) | 3800 | 2#煤矿硝铵炸药 | 3600 | RJ系列乳化炸药 | 5400 |

#### 3.4.5.6　殉爆

殉爆系指当一个凝聚相炸药包(卷)爆炸时，可以引起与它不接触的邻近的另一个凝聚相炸药包(卷)也发生爆炸的现象。起始爆炸的药包称为主发药包，受它爆炸影响而爆炸的药包称为被发药包。由于主发药包爆炸而能够引起被发药包爆炸的最大距离，称为殉爆距离。引起殉爆的主要原因是主发药包爆炸所产生的冲击波的作用。离药包的爆炸点越近，冲击波的强度越高。几种常见工业凝聚相炸药的殉爆距离值见表3-18。

表3-18　几种常见工业凝聚相炸药的殉爆距离值　(单位:cm)

| 凝聚相炸药名称 | 殉爆距离 | 凝聚相炸药名称 | 殉爆距离 | 凝聚相炸药名称 | 殉爆距离 |
|---|---|---|---|---|---|
| 2#岩石硝铵炸药 | 5 | 2#铵松蜡炸药 | 9 | 3#水胶炸药 | 25 |
| 2#露天硝铵炸药 | 3 | 2#煤矿铵沥腊炸药 | 1 | EL系列乳化炸药 | 12 |
| 2#铵油炸药(粉状) | 5 | 2#煤矿硝铵炸药 | 5 | RJ系列乳化炸药 | 8 |

## 3.5　蒸气爆炸

蒸气爆炸指的是液体因急剧受热，迅速沸腾而形成的一种爆炸现象。多种液体都会发生这种爆炸，例如，在冶金、铸造、锻造、电炉等高温作业的工厂，因为灼热的熔融金属和水接触之后迅速产生大量水蒸气而发生爆炸；锅炉在运行过程中由炉体损坏或严重缺水引起过热水急剧沸腾而形成的爆炸；液化天然气因泄漏与水接触而发生的爆炸等。

蒸气爆炸属于物理性爆炸，主要是由液体的瞬时汽化形成的。这种爆炸也具有很大的危害性。国内外不少企业都发生过此类事故，需要引起特别的注意。水蒸气的爆炸是最常见的蒸气爆炸，本节重点围绕着水蒸气进行讨论。

### 3.5.1　水的沸腾

#### 3.5.1.1　水沸腾过程

在标准大气压(1atm)下，将水装入容器并加热，若温度达到100℃时水便开始沸腾；若外界压力降低，则水可在温度低于100℃时沸腾。例如当环境压力下降到0.1atm时，水在45.5℃时便开始沸腾。

这种由压力所决定的沸腾温度称为饱和温度，与饱和温度相对应的蒸汽压力叫做饱和蒸汽压，发生沸腾的液体叫做饱和液，与饱和液共存且保持平衡的蒸汽叫做饱和蒸汽。不含水的饱和蒸气叫做“干饱和蒸气”。如果将液体加热到沸点之上、并使之继续保持液体状态，就会出现过热现象。表3-19列出了与水沸腾相关的主要参数。

表3-19 温度、饱和压力、质量体积、比焓和比熵表

| 温度 | 饱和压力 | 质量体积/($m^3$/kg) | | 比焓/(kJ/kg) | | | 比熵/(kJ/(kg·K)) | |
|---|---|---|---|---|---|---|---|---|
| $t$/℃ | $P_s$/kPa | 饱和水 $V_1$ | 干饱和蒸气 $V_2$ | 饱和水 $h_1$ | 干饱和蒸气 $h_2$ | 蒸发热 $r$ | 饱和水 $s_1$ | 干饱和蒸气 $s_2$ |
| 0 | 0.6113 | 0.001000 | 206.14 | 0.01 | 2501.4 | 2501.3 | 0.000 | 9.1562 |
| 10 | 1.2276 | 0.001000 | 106.38 | 42.01 | 2519.8 | 2477.7 | 0.1510 | 8.9008 |
| 20 | 2.339 | 0.001002 | 57.79 | 83.96 | 2538.1 | 2454.1 | 0.2966 | 8.6672 |
| 30 | 4.246 | 0.001004 | 32.89 | 125.79 | 2556.3 | 2430.5 | 0.4369 | 8.4533 |
| 40 | 7.384 | 0.001008 | 19.52 | 167.57 | 2574.3 | 2406.7 | 0.5725 | 8.2570 |
| 50 | 12.349 | 0.001012 | 12.03 | 209.33 | 2592.1 | 2382.7 | 0.7038 | 8.0763 |
| 60 | 19.940 | 0.001017 | 7.671 | 251.13 | 2609.6 | 2358.5 | 0.8312 | 7.9096 |
| 70 | 31.19 | 0.001023 | 5.042 | 292.98 | 2626.8 | 2333.8 | 0.9549 | 7.7553 |
| 80 | 47.39 | 0.001029 | 3.407 | 334.91 | 2643.7 | 2308.8 | 1.0753 | 7.6122 |
| 90 | 70.14 | 0.001036 | 2.361 | 376.92 | 2660.1 | 2283.2 | 1.1925 | 7.4791 |
| 100 | 101.35 | 0.001044 | 1.6729 | 419.04 | 2976.1 | 2257.0 | 1.3069 | 7.3549 |
| 110 | 143.27 | 0.001052 | 1.2102 | 461.30 | 2691.5 | 2230.2 | 1.4185 | 7.2387 |
| 120 | 198.53 | 0.001060 | 0.8919 | 503.71 | 2706.3 | 2202.6 | 1.5276 | 7.1296 |
| 130 | 270.1 | 0.001070 | 0.6685 | 546.31 | 2720.5 | 2174.2 | 1.6344 | 7.0269 |
| 140 | 361.3 | 0.001080 | 0.5089 | 589.13 | 2733.9 | 2144.7 | 1.7391 | 6.9299 |
| 160 | 617.8 | 0.001102 | 0.3071 | 675.55 | 2758.1 | 2082.6 | 1.9427 | 6.7502 |
| 180 | 1002.1 | 0.001127 | 0.19405 | 763.22 | 2778.2 | 2015.0 | 2.1396 | 6.5857 |
| 200 | 1553.8 | 0.001157 | 0.12736 | 852.45 | 2793.2 | 1940.7 | 2.3309 | 6.4323 |
| 220 | 2318 | 0.001190 | 0.08619 | 943.62 | 2802.1 | 1858.5 | 2.5178 | 6.2861 |
| 240 | 3344 | 0.001229 | 0.05976 | 1037.32 | 2803.8 | 1766.5 | 2.7015 | 6.1437 |
| 260 | 4688 | 0.001276 | 0.04221 | 1134.37 | 2796.9 | 1662.5 | 2.8838 | 6.0019 |
| 280 | 6412 | 0.001332 | 0.03017 | 1235.99 | 2779.6 | 1543.6 | 3.0668 | 5.8571 |
| 300 | 8581 | 0.001404 | 0.02167 | 1344.0 | 2749.0 | 1404.9 | 3.2534 | 5.7045 |
| 310 | 9856 | 0.001447 | 0.018350 | 1401.3 | 2727.3 | 1326.0 | 3.3493 | 5.6230 |
| 320 | 11274 | 0.001499 | 0.015488 | 1461.5 | 2700.1 | 1238.6 | 3.4480 | 5.5362 |
| 330 | 12845 | 0.001561 | 0.012996 | 1525.3 | 2665.9 | 1140.6 | 3.5507 | 5.4417 |
| 340 | 14586 | 0.001638 | 0.010797 | 1594.2 | 2622.0 | 1027.9 | 3.6594 | 5.3357 |
| 350 | 16513 | 0.001740 | 0.008813 | 1670.6 | 2563.9 | 893.4 | 3.7777 | 5.2112 |
| 360 | 18651 | 0.001893 | 0.006945 | 1760.5 | 2481.0 | 720.3 | 3.9147 | 5.0526 |
| 370 | 21030 | 0.002213 | 0.004925 | 1890.5 | 2332.1 | 441.6 | 4.1106 | 4.7971 |
| 374.15 | 22090 | 0.003155 | 0.003115 | 2099.3 | 2099.3 | 0 | 4.4298 | 4.4298 |

### 3.5.1.2 水的过热变化现象

通过加热、冷却均可使物质状态发生汽化或液化。如果使物质温度保持一定，则物态变化取决于压力变化。水的压力 $p$ 和容积 $V$ 之间的关系如图3-7所示。图中 $D$ 点代表水蒸气状态，如果温度一定而增加压力，则水蒸气容积会减小，并沿着 $DC$ 线向 $C$ 点移动，$C$ 点称为饱和状态点；如果继续增大压力，则一部分饱和水蒸气会液化成为水，致使容积减小，压力不变，仍保持该温度

下的蒸汽压。也就是说，在该区间内，增加压力只能加速蒸汽的液化，而内压始终保持不变，如水平线 $CB$ 所示。到达状态点 $B$ 表示所有蒸汽均已液化；此后，由于液体压缩比远小于气体，只要液体容积稍有变化，就会导致压力显著上升，如 $BA$ 线所示。温度不同对应的变化曲线亦不同。当温度升高时曲线向上方移动，气、液共存态对应的直线长度 $CB$ 变短，不同温度下所对应的各 $C$、$B$ 点连线如图中虚线 $BKC$ 所示。当温度大于通过临界点 $K$ 的曲线 $A_cKD_c$ 时，无论压力如何增加，气体都不会液化。曲线 $A_cKD_c$ 所对应的温度称为临界温度 $T_c$，临界点 $K$ 处的压力和体积分别称为液体的临界压力和临界体积。

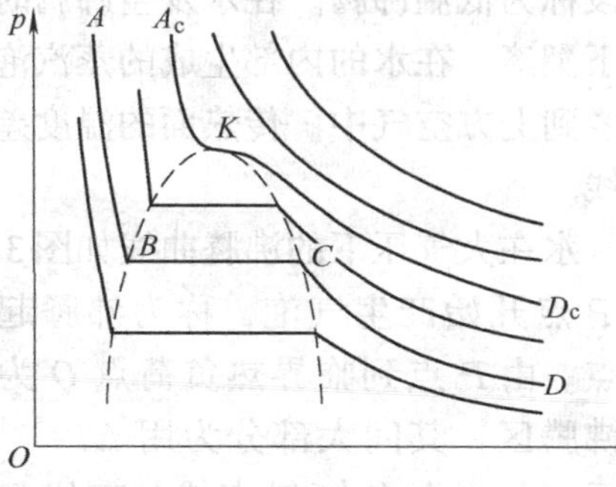

图 3-7　水的气相与液相状态变化

对于 1mol 压力为 $p$、容积为 $V$、温度为 $T$ 的流体，其过热过程的范德瓦斯状态方程可表述为：

$$\left(p+\frac{a}{V^2}\right)(V-b)=RT \tag{3-49}$$

式中，$a$、$b$ 分别为范德瓦斯分子引力常数和分子容积常数。当 $a=b=0$ 时，此式便转化为理想气体的状态方程。

在 $p$—$V$ 平面内，式(3-49)所描述关系可绘成图 3-8 的曲线。图中，将代表气液共存状态的水平段 $BC$ 表示为 $B\to G\to F\to E\to C$ 曲线的一部分。实际上，这一变化过程是在不离开水平段 $BC$ 条件下进行的。如果保持气体温度一定的条件下，对完全处于静止状态的气体进行缓慢压缩，则饱和蒸汽状态并不是沿直线 $CB$ 由 $C$ 点向 $B$ 点移动，而是沿曲线 $DC$ 的延长线由 $C$ 点向 $E$ 点移动。同样，若将处于状态 $A$ 的液体缓慢减压，状态点也不是沿着直线 $BC$ 由 $B$ 点向 $C$ 点移动，而是沿曲线 $AB$ 的延长线从 $B$ 点移向 $G$ 点。这表明，在特定条件下，曲线 $CE$ 和 $BG$ 是可以实现的状态。对于曲线 $GFE$ 上的状态点，压力随体积的减小而下降，实际上这些状态并不存在。曲线 $BG$ 代表液体过热状态，$CE$ 代表过饱和蒸汽状态，这些状态只是一种准稳定状态。

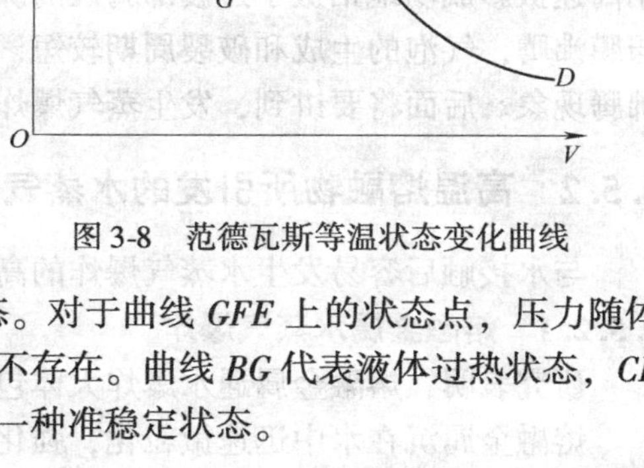

图 3-8　范德瓦斯等温状态变化曲线

#### 3.5.1.3 水的沸腾曲线

当水的温度低于沸点时，则在加热物体的作用下形成自然对流。有时在加热面附近也可出现一些小气泡。不过当气泡一离开加热面便会很快消失。这种阶段称为低温沸腾。在水发生沸腾时，存在着强烈的传热过程。随着水不断的上下翻滚，在水的内部生成的蒸汽泡离开传热面后，仍会直接上升到水面，然后溢到上方空气中。传热面的温度差 $\Delta T$ 和沸腾热流束 $q$ 的关系曲线叫做沸腾曲线。

水在大气压下的沸腾曲线如图 3-9 所示。沸腾曲线的 $OP$ 段为自然对流区，从 $P$ 点开始产生气泡，称为沸腾起始点。由 $P$ 点到临界热负荷点 $Q$ 为核沸腾区，其间大部分为用 $\Delta T^{2.5\sim4}$ 表示 $q$ 的一条急倾斜直线。直线上方的热传导率为 $OP$ 部分的数十倍。$QR$ 部分表示随着 $\Delta T$ 的增加 $q$ 反而减小的特性区，$R$ 点为最小热流束点，此区称为过渡沸腾区。曲线的 $RS$ 部分为膜沸腾区。在过渡沸腾区传热量是受加热方式控制的，因其壁温不稳定，难以停于任意一点，因此沸腾状况一旦越过 $Q$ 点便很快转变为膜沸腾区。假如 $q$ 一定，可以从 $Q$ 点直接移至 $B$ 点。与此相反，当温度差变小时，在膜沸腾区内还有从 $R$ 点直接移至 $A$ 点的情况。

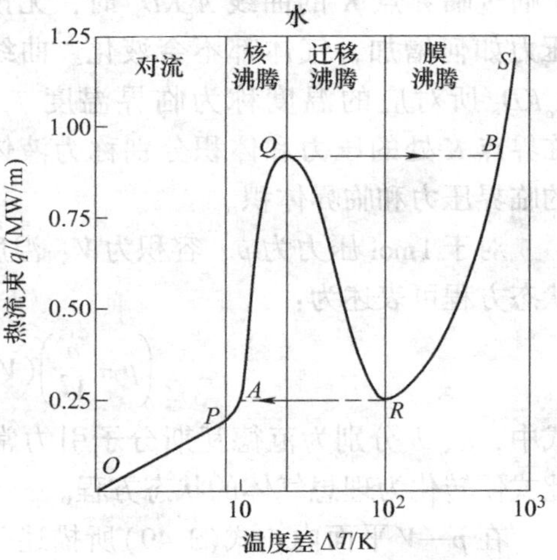


图 3-9　大气压下水的沸腾曲线

$QR$ 部分是在过渡沸腾区里随着 $\Delta T$ 的增大 $Q$ 反而减小的不同于其他区的特性区。对于一般的加热源，当如上所述在温度差增加或减小时从这一区突变到另一区的状态用虚线表示，最近出现了能够控制表面温度的特殊加热源，并用高速摄影成功地拍摄了过渡沸腾区的沸腾现象。该区同时混合存在着核沸腾与膜沸腾，气泡的生成和破裂周期较短，可以看到有比其他沸腾区更为激烈的沸腾现象。后面将要讲到，发生蒸气爆炸时，过渡沸腾占有较大的比例。

### 3.5.2 高温熔融物所引发的水蒸气爆炸

与水接触后容易发生水蒸气爆炸的高温熔融物主要有高温金属和熔融盐。

#### 3.5.2.1 熔融金属水蒸气爆炸

研究表明，熔融金属遇水爆炸大体包括以下几种情况：

熔融金属沉在水中迅速微粒化，强化了对水的传热，促使水的爆沸。水蒸气爆炸是在数毫秒(ms)以内发生的，某些条件下这种时间为0.1ms。发生这样快的爆炸，是需要在极短的时间内产生大量水蒸气的。因此，必须从高温物体向低温物体迅速地传热。设加热物体与水之间的温度差为$\Delta T$，两者的接触面积为$A$，热传导率为$h$，则两者间的传热速率$Q$用下式表示：

$$Q = hA\Delta T \tag{3-50}$$

为了使$Q$增大，必须增大$h$、$A$或$\Delta T$。但$\Delta T$过大时将会导致膜沸腾，根据沸腾曲线，即使让$\Delta T$达到极大，但爆炸是在毫秒级的时间内发生的，$h$也显得太小。这就是说，要保证$Q$值增大必须使金属与水的接触面积增大。

熔融金属水蒸气爆炸中金属的微粒化已被实验所证实，例如将熔融铝投入装水的容器中的实验。图3-10表示不同的水深和熔融铝的温度对蒸气爆炸的影响关系。可见，水愈浅愈易爆炸，如果熔融铝的温度很高，在深水中也会发生爆炸。如果在盛水容器上放置一金属格筛，使熔融铝通过格筛再注入水中，即铝和水接触时熔融铝已变成小块，此时不发生爆炸。将盛水容器底部涂以润滑脂、油及涂料，就可看见这种不能发生爆炸的现象。

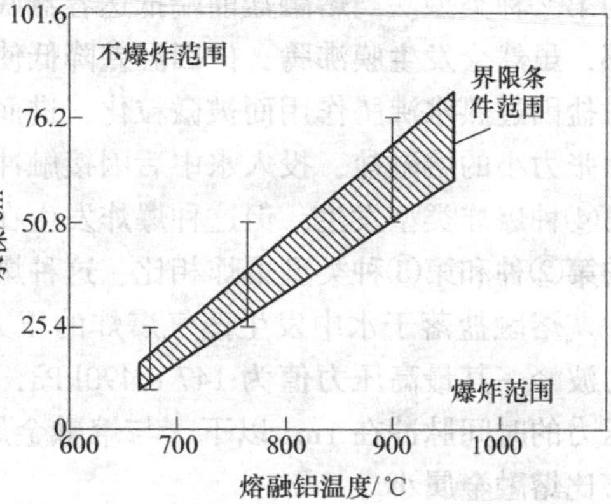

图3-10 熔融铝投入水中的爆炸试验结果

通过对高速摄相机拍摄的熔融金属和水的接触状况的分析，表明熔融状态的金属落入水中后，金属表面是不稳定的，可将周围的水包裹在部分金属内，而这种被包裹的水在高温金属的加热下急骤沸腾，从而使金属破碎成细粒状。

#### 3.5.2.2 熔融盐的水蒸气爆炸

废热回收锅炉中的熔融盐水蒸气爆炸比较突出。这种溶盐的主要组分是$Na_2CO_3$，并含有少量的$Na_2S$、$Na_2SO_4$、NaCl、NaCl等。

实验表明，将其加热至约900℃投入水中后，可出现以下几种情况：①熔融盐沉在容器底部，而不发生爆炸；②在水中发生多次反复爆炸，在某些情况下发生大爆炸；③沉在水底部反复发生小爆炸，在某些情况下发生大爆炸；④接触水后立即发生爆炸。

熔融盐与水接触后的变化究竟属于哪种情况，与熔融盐的成分有关。研究表明，纯碳酸钠熔融盐属于第①种类型；如果在碳酸钠中加入10%~20%的氯化钠熔融盐，则变为第②或者第③种类型；如果碳酸钠中含有20%以上的氯化钠熔融盐，则又成为第④种类型。在碳酸钠中加入氯化钠后，会使熔融盐表面张力很快减小，表面张力大属于第①种类型，表面张力小属于第④种类型，表面张力中等则属于第②种或者第③种类型。

表面张力大的熔融盐投入水中只会产生冲击波，并无微粒化效应。由于熔融盐与水接触时存在温差，热量通过膜沸腾传递不会产生蒸气爆炸，属于第①种类型。表面张力中等的熔融盐投入水中同样也不会产生微粒化效应，与水接触后下沉，下沉前端与容器底之间有水被包裹，产生局部爆炸的熔融盐随气泡从水中上浮而呈悬浮状在水中热传导。由于熔融盐表面张力不大，易吸附或包裹水分，致使发生局部小规模的微粒化效应而形成小爆炸，这种小规模爆炸又会促使其他熔融盐发生微粒化效应，从而逐渐发展为以大规模蒸气爆炸为特征的第②种类型。当熔融盐前端抵达容器底部时，后面不含水的熔融盐也沉入底部，虽然会发生膜沸腾，但因温差降低使处于迁移沸腾状态的水发生过热，熔融盐因过热水沸腾作用而被微粒化，进而又发展成为第③种爆炸类型。至于表面张力小的熔融盐，投入水中后因接触冲击作用易产生微粒化效应，从而引起第④种爆炸类型发生，但这种爆炸发生在水面附近，与在水中或容器底部发生的第②种和第③种类型爆炸相比，这种爆炸排水量相对较小。

熔融盐落于水中发生蒸气爆炸的压力在熔融盐和水接触后约 1s 时产生压力波峰。其最高压力值为 147 ~ 490kPa，与熔融金属的情况相比其压力要低，压力的时间脉冲在 1ms 以下，与熔融金属的情况相同。这种爆炸所造成的危害比熔融金属小。

### 3.5.3 沸腾液体膨胀蒸气爆炸

沸腾液体膨胀蒸气爆炸（BLEVE）是一种在液体沸腾中，蒸气边膨胀边爆炸的现象。主要有以下两种情况：

#### 3.5.3.1 低温液化气的蒸气

这种物质在密闭容器中呈液态。若由于容器破裂，导致其突然流到处于常温常压状态下的流体中，便会发生急剧的沸腾，生成的蒸气发生快速膨胀，从而表现为一种爆炸。若液化气所接触的是水，在爆炸中会扬起大量水雾。

试验表明，低温液化气在空气中爆炸压力较弱，在水中的爆炸力却较大。当低温液化气大量而快速地流入水中，同时这种水必须达到一定温度，才能发生爆炸。一般认为，对于温度差在 100℃ 以上的液化气与水接触，便具备了蒸气爆炸的可能性。

#### 3.5.3.2 高压过热液体的蒸气

装有液体的密闭容器假如在发生火灾时受到外部热量的加热，会使其内部的蒸气压增高，在容器内形成一种高压条件下的液-气相平衡。这时若容器发生破裂，则由于液体处于过热状态，高压蒸气会突然喷出、加剧膨胀而发生蒸气爆炸。

锅炉的罐体可能因腐蚀、疲劳、龟裂、烧损等而使其抗压能力降低，也可由于过热造成内部压力增高，以致发生罐体、水管等的胀裂等事故。特别是当受到锅炉水中的碳酸气体、氧和盐类等的影响，又受到加热和冷却所形成的热应力，往往会导致锅炉破裂。

当过热液体由沸腾转化为蒸气时，汽化率可按照下式估算：

$$\eta = \frac{w}{W} = \frac{H_{T1} - H_{T2}}{Q_L} \tag{3-51}$$

式中，$\eta$ 为汽化率；$w$ 为液化气质量(kg)；$W$ 为液体总量(kg)；$H_{T1}$ 为加压下过热液体的焓值(kJ/kg)；$H_{T2}$ 为大气压下液体的焓值(kJ/kg)；$Q_L$ 为液体的汽化热(kJ/kg)。

部分液体从压力为3MPa下处于气液平衡状态急剧减压至0.1MPa时，利用式(3-51)对产生的蒸气体积倍率估算结果列于表3-20。从表中可以看出，在蒸气压为0.1MPa，温度降至沸点时，产生的蒸气体积为液体时的几百倍。因此，对可燃液体加压时，若容器发生破损引起泄漏，就会产生大量蒸气，这些可燃蒸气扩散到周围环境中去，造成二次爆炸的危险会更大。

**表3-20　部分液体蒸气爆炸常数**

| 名称 | 比热容/[J/(g·K)] | 汽化热/(kJ·mol⁻¹) | 沸点/℃ | 蒸气压3MPa下液温/℃ | 临界温度/℃ | 蒸气爆炸体积倍率 |
|---|---|---|---|---|---|---|
| 液态氨 | 4.6 | 23.4 | -33 | 69 | 132.3 | 240 |
| 液态丙烷 | 2.47 | 18.8 | -45 | 79 | 96.8 | 180 |
| 液态氯气 | 0.96 | 20.5 | -34 | 82 | 144.0 | 150 |
| 液态丁烷 | 2.30 | 21.3 | -0.5 | 141 | 152.0 | 200 |
| 氧乙炔 | 1.84 | 25.5 | 11 | 150 | 192.0 | 210 |
| 氰氢酸 | — | 25.1 | 26 | 154 | 183.5 | 200~370 |
| 氧乙烯 | 2.13 | 21.8 | 34 | 182 | 215.3 | 300 |
| 乙醚 | 2.26 | 26.4 | 35 | 183 | 194.0 | 230 |
| 乙醇 | 2.51 | 38.5 | 78 | 203 | 243.0 | 190 |
| 水 | 4.18 | 40.6 | 100 | 235 | 374.2 | 420 |
| 苯 | 1.76 | 31.8 | 80 | 230 | 289 | 240 |

## 3.5.4　蒸气爆炸的能量

### 3.5.4.1　单纯压缩气体的爆炸能量

当压力容器内介质为压缩气体时，发生爆炸的过程很快，可以认为在气体为绝热膨胀，与周围的介质不发生热交换。气体绝热膨胀所做的功可按下式进行计算：

$$W=\frac{pV}{\kappa-1}\left[1-\left(\frac{9.8\times10^{-4}}{p}\right)^{\frac{\kappa-1}{\kappa}}\right] \tag{3-52}$$

式中，$W$ 为气体绝热膨胀所做的功(J)；$p$ 为气体的绝对压力(Pa)；$V$ 为压力容器的容积($m^3$)；$\kappa$ 为气体的等熵指数，即气体的比定压热容与比定容热容之比，理想气体的 $\kappa$ 值，$1\leqslant\kappa\leqslant\frac{5}{3}$。常用气体的 $\kappa$ 见表3-21。

对于湿饱和蒸气，$\kappa$ 值可用下式估计：

$$\kappa=1.035+0.1x \tag{3-53}$$

式中，$x$ 为干蒸气含量。此式适用范围为压力变化不超过20倍。

**表3-21　若干常用气体的 $\kappa$ 值**

| 气体名称 | $\kappa$ | 气体名称 | $\kappa$ | 气体名称 | $\kappa$ |
|---|---|---|---|---|---|
| 空气 | 1.4 | 一氧化碳 | 1.395 | 氯甲烷 | 1.28 |
| 氮气 | 1.4 | 二氧化碳 | 1.295 | 氟里昂-11 | 1.135 |
| 氧气 | 1.397 | 一氧化氮 | 1.4 | 氟里昂-12 | 1.138 |
| 氢气 | 1.412 | 三氧化二氮 | 1.274 | 氟里昂-13 | 1.15 |
| 甲烷 | 1.315 | 二氧化氮 | 1.31 | 氟里昂-21 | 1.12 |
| 乙烷 | 1.18 | 氰化氢 | 1.31 | 氟里昂-22 | 1.194 |
| 丙烷 | 1.13 | 硫化氢 | 1.32 | 氟里昂-114 | 1.092 |
| 正丁烷 | 1.1 | 二氧化硫 | 1.25 | 氯乙烷 | 1.19 |
| 乙烯 | 1.22 | 氯气 | 1.35 | 过热蒸汽 | 1.3 |
| 丙烯 | 1.15 | 氨 | 1.32 | 干饱和蒸气 | 1.135 |

对于等熵指数 $\kappa$ 为1.4或接近1.4的空气、$N_2$、$O_2$ 和CO等，气体绝热膨胀所做功可用下式计算：

$$W_g=C_gV \tag{3-54}$$

其中，$W_g$ 为气体绝热膨胀所做功(爆炸能量)(J)；$V$ 为气体体积($m^3$)；$C_g$ 为压缩气体的爆炸能量系数($J/m^3$)。表3-22列出了这种情况下的爆炸能量系数。

**表3-22　常压下压缩气体爆炸能量系数($\kappa=1.4$)**　(单位：$J/m^3$)

| 绝对压力/kPa | 爆炸能量系数 | 绝对压力/kPa | 爆炸能量系数 | 绝对压力/kPa | 爆炸能量系数 |
|---|---|---|---|---|---|
| 294 | $1.98\times10^5$ | 1079 | $1.33\times10^6$ | 5002 | $8.43\times10^6$ |
| 490 | $4.52\times10^5$ | 1667 | $2.31\times10^6$ | 6375 | $1.11\times10^7$ |
| 686 | $7.32\times10^5$ | 2550 | $3.86\times10^6$ | 14809 | $2.63\times10^7$ |
| 883 | $1.03\times10^6$ | 4021 | $6.57\times10^6$ | 13480 | $6.35\times10^7$ |

对于过热蒸汽，$\kappa=1.3$；干饱和蒸气，$\kappa=1.135$。水蒸气的爆炸能量为：

$$W_s = C_s V \tag{3-55}$$

式中，$W_s$ 为水蒸气爆炸能量(J)；$V$ 为水蒸气体积($m^3$)；$C_s$ 为干饱和水蒸气的爆炸能量系数 $J/m^3$。表3-23列出了这种情况下的爆炸能量系数。

**表3-23 常压下干饱和水蒸气爆炸能量系数** (单位：$J/m^3$)

| 绝对压力/kPa | 爆炸能量系数 | 绝对压力/kPa | 爆炸能量系数 | 绝对压力/kPa | 爆炸能量系数 |
|---|---|---|---|---|---|
| 392 | $4.4\times10^5$ | 883 | $1.5\times10^6$ | 2550 | $6.1\times10^6$ |
| 588 | $5.7\times10^5$ | 1373 | $2.7\times10^6$ | 3040 | $7.5\times10^6$ |

#### 3.5.4.2 高温饱和水的爆炸能量

压力容器内的介质除了气体(通常为水蒸气)外，通常还有高温饱和水。发生物理性爆炸时的破坏力应等于气体膨胀做的功与高温饱和水的膨胀功之和。高温饱和水绝热膨胀时所做的功可用下式计算：

$$W_w = C_w V \tag{3-56}$$

其中，$W_w$ 为饱和水的爆炸能量(J)；$V$ 为饱和水的体积($m^3$)；$C_w$ 为饱和水的爆炸能量系数($J/m^3$)。表3-24列出了这种情况下的饱和水的爆炸能量系数。

**表3-24 常压下干饱和水爆炸能量系数** (单位：$J/m^3$)

| 绝对压力/kPa | 爆炸能量系数 | 绝对压力/kPa | 爆炸能量系数 | 绝对压力/kPa | 爆炸能量系数 |
|---|---|---|---|---|---|
| 392 | $9.4\times10^6$ | 883 | $2.6\times10^7$ | 2550 | $6.6\times10^7$ |
| 588 | $1.7\times10^7$ | 1373 | $4.0\times10^7$ | 3040 | $7.5\times10^7$ |

**例**：某废热锅炉汽包的直径为2m，长为5m，在表压力为883kgf/cm$^2$ (1kgf/cm$^2$ =9.8×10$^4$Pa)时的运行中发生破裂爆炸，爆炸前汽包内的水位在其中心偏上0.2m，计算汽包破裂时的爆炸能量。容易算出，汽包体积为15.7m$^3$，饱和水体积为9.8m$^3$，饱和蒸汽体积为5.9m$^3$。由表3-22和表3-23可得，$C_s=1.5\times10^6 J/m^3$，$C_w=2.6\times10^7 J/m^3$。故饱和蒸汽爆炸的能量为：

$$W_s = C_s V = (1.5\times10^6\times5.9)J = 8.85\times10^6 J$$

饱和水爆炸能量为：

$$W_w = C_w V = (2.6\times10^7\times9.8)J = 2.55\times10^8 J$$

汽包破裂时的总的爆炸能量为：

$$W = W_s + W_w = 8.85\times10^6 J + 2.55\times10^8 J = 2.64\times10^8 J$$

## 复 习 题

1. 爆炸有哪些主要类型？说明可燃混合气的燃烧与化学爆炸有哪些异同点。
2. 可燃混合气的爆炸分为哪几种类型？它们有什么异同？
3. 利用雨果尼奥方程和雷利方程说明发生爆轰和爆燃的条件。

4. 什么是可燃物的爆炸极限？爆炸极限受到哪些因素的影响？

5. 可燃粉尘爆炸具有哪些特征？并指出其与气体混合物爆炸的差异。

6. 影响可燃粉尘爆炸的因素有哪些？它们是如何影响可燃粉尘爆炸的？

7. 简述可燃粉尘气相着火的机理。

8. 凝聚相炸药的爆炸敏感度可以分为哪几个方面？它们各受到什么因素的影响？

9. 熔融金属产生的水蒸气爆炸主要可能出现哪几种情况？并描述其产生机理。

10. 某种天然气由三种气体 $CH_4$、$C_4H_8$、$C_5H_{12}$ 组成，它们各自的体积分数分别为：$CH_4$ 占 40%、$C_4H_8$ 占 30%、$C_5H_{12}$ 占 30%，计算该混合气体的爆炸极限。

# 第 4 章

# 易燃易爆物品的理化特性

无论是发生火灾还是发生爆炸，都必须存在较大能量的物质。有效地控制与合理地使用这类物质是消除事故的根本途径。不同物质的燃烧爆炸性能存在很大的差别，发生事故的可能性以及发生事故时所造成的危害也有所不同。尤其对那些易爆易燃的物品应当给予足够的重视。在这些物品的生产、存储和运输过程中，要采取有针对性的安全措施。

本章扼要介绍了一些常见的易燃易爆物品的理化性能及其测量方法，以期增强人们对这些典型物品的了解，并掌握一定的分析问题的方法，为综合评价不同场合的火灾爆炸危险奠定基础。

## 4.1 易燃易爆物品的种类

现在通常将具有易燃、易爆、毒害、腐蚀、放射性，在生产、储存和运输容易造成重大事故的物品称为化学危险品，并规定了特殊的使用与管理办法。易燃易爆物品是危险化学品中最主要且发生事故最多的一类。

为了很好地管理危险化学品，便于在出现重大事故时加强紧急救援，联合国及一些其他国际组织相继制定了一些危险品生产、管理和使用公约。我国对危险化学品的管理与使用已制定了一系列的法规、标准和规范，其中最主要的是国家标准《危险货物分类与品名编号》(GB 6944—2005)、《危险货物品名表》(GB 12268—2005)和《常用危险化学品的分类及标志》(GB 13690—1992)。根据国标《危险货物分类与品名编号》，危险化学品分为九类。

### 4.1.1 爆炸品

本类指在外界作用下(如受热、受压、撞击等)，能发生剧烈的化学反应，瞬时产生大量的气体和热量，使周围压力急骤上升，甚至发生爆炸，对周围环境造成破坏的物质和物品。包括：爆炸性物质、爆炸性物品及为产生爆炸或烟火实际效果而制造的上述 2 项中未提及的物质或物品。

本类划分为以下六项：

1）有整体爆炸危险的物质和物品。

2）有迸射危险，但无整体爆炸危险的物质和物品。

3）有燃烧危险并有局部爆炸危险或局部迸射危险或这两种危险都有，但无整体爆炸危险的物质和物品。包括可产生大量辐射热的物质和物品、相继燃烧产生局部爆炸或迸射效应或两种效应兼而有之的物质和物品。

4）不呈现重大危险的物质和物品。包括运输中万一点燃或引发时仅出现小危险的物质和物品；其影响主要限于包件本身，并预计射出的碎片不大、射程也不远，外部火烧不会引起包件内全部内装物的瞬间爆炸。

5）有整体爆炸危险的非常不敏感物质。包括有整体爆炸危险性、但非常不敏感以致在正常运输条件下引发或由燃烧转为爆炸的可能性很小的物质。

6）无整体爆炸危险的极端不敏感物品。包括仅含有极端不敏感起爆物质、并且其意外引发爆炸或传播的概率可忽略不计的物品，该项物品的危险仅限于单个物品的爆炸。

### 4.1.2 气体

本类气体指50℃时，蒸气压力大于300kPa的物质或20℃时在101.3kPa标准压力下完全是气态的物质。包括压缩气体、液化气体、溶解气体和冷冻液化气体、一种或多种气体与一种或多种其他类别物质的蒸气的混合物、充有气体的物品和烟雾剂。根据气体在运输中的主要危险性本类气体分为以下三项：

（1）易燃气体。包括在20℃和101.3kPa条件下，与空气的混合物按体积分数占13%或更少时可点燃的气体，或不论易燃下限如何，与空气混合，燃烧范围的体积分数至少为12%的气体。

（2）非易燃无毒气体。在20℃压力不低于280kPa条件下运输或以冷冻液体状态运输的气体，并且是窒息性气体（会稀释或取代通常在空气中的氧气的气体）、氧化性气体（通过提供氧气比空气更能引起或促进其他材料燃烧的气体）或不属于其他项别的气体。

（3）毒性气体。包括已知对人类具有的毒性或腐蚀性强到对健康造成危害的气体或半数致死浓度LC50值不大于5000mL/$m^3$，因而推定对人类具有毒性或腐蚀性的气体。

### 4.1.3 易燃液体

本类包括易燃液体和液态退敏爆炸品。

易燃液体指在其闪点温度（其闭杯试验闪点不高于60.5℃，或其开杯试验闪点不高于65.6℃）时放出易燃蒸气的液体或液体混合物，或是在溶液或悬浮液中含有固体的液体；本项还包括在温度等于或高于其闪点的条件下提交运输的液体，或以液态在高温条件下运输或提交运输、并在温度等于或低于最高运输温度下放出易燃蒸气的物质。

### 4.1.4 易燃固体、易于自燃的物质、遇水放出易燃气体的物质

易燃固体系指燃点低，对热、撞击、摩擦敏感，易被外部火源点燃，燃烧迅速，并可能散发出有毒烟雾或有毒气体的固体，但不包括已列入爆炸品的物品。包括：①容易燃烧或摩擦可能引燃或助燃的固体；②可能发生强烈放热反应的自反应物质；③不充分稀释可能发生爆炸的固态退敏爆炸品。

自燃物品系指自燃点低，在空气中易发生氧化反应，放出热量，而自行燃烧的物品。包括发火物质和自然物质。

遇水放出易燃气体的物质指与水相互作用易变成自燃物质或能放出危险数量的易燃气体的物质。

### 4.1.5 氧化性物质和有机过氧化物

氧化性物质系指本身不一定可燃，但通常因放出氧或起氧化反应可能引起或促使其他物质燃烧的物质。

有机过氧化物系指分子组成中含有过氧基的有机物质，该物质为热不稳定物质，可能发生放热的自加速分解。该类物质还可能具有以下一种或数种性质：①可能发生爆炸性分解；②迅速燃烧；③对碰撞或摩擦敏感；④与其他物质起危险反应；⑤损害眼睛。

### 4.1.6 毒性物质和感染性物质

毒性物质指经吞食、吸入或皮肤接触后可能造成死亡或严重受伤或健康损害的物质。

毒性物质的毒性分为急性口服毒性、皮肤接触毒性和吸入毒性。分别用口服毒性半数致死量 LD50、皮肤接触毒性半数致死量 LD50，吸入毒性半数致死浓度 LC50 衡量。经口摄取半数致死量：固体 $LD50 \leqslant 200mg/kg$，液体 $LD50 \leqslant 500mg/kg$；经皮肤接触 24h，半数致死量 $LD50 \leqslant 1000mg/kg$；粉尘、烟雾吸入半数致死浓度 $LC50 \leqslant 10mg/L$ 的固体或液体。

感染性物质指含有病原体的物质，包括生物制品、诊断样品、基因突变的微生物、生物体和其他媒介，如病毒蛋白等。

### 4.1.7 放射性物质

放射性物质指含有放射性核素且其放射性活度浓度和总活度都分别超过

《放射性物质安全运输规程》(GB 11806—2004)规定的限值的物质。

### 4.1.8 腐蚀性物质

腐蚀性物质指通过化学作用使生物组织接触时会造成严重损伤、或在渗漏时会严重损害甚至毁坏其他货物或运载工具的物质。包括与完好皮肤组织接触不超过4h，在14d的观察期中发现引起皮肤全厚度损毁，或在温度55℃时，对S235JR+CR型或类似型号钢或无覆盖层铝的表面均匀年腐蚀率超过6.25mm的物质。

### 4.1.9 杂项危险物质和物品

本类物品指具有其他类别未包括的危险的物质和物品，如危害环境物质、高温物质、经过基因修改的微生物或组织。

目前在众多的化学品中，已被列入我国《危险货物品名表》(GB 12268—1990)编号的有近3000种(类)，并且随着化学工业的发展，新物质不断合成出现，危险化学品的种类还会增多。

显然，大部分危险化学品为易燃易爆物品。为了开展安全工程研究，做好安全工作，应当深入了解易燃易爆物品的性质。本书附录B、C中列出了常见危险物质的火灾爆炸性能，本章则对若干代表性物品的性能特点进行分析，并讨论一些主要的测量方法。

为方便使用和管理，做好与原标准(GB 12268—1990)的衔接，原标准中危险货物编号(CN号)允许存在2年，即从标准实施之日(2005年11月1日)起2年内，需要使用CN号的产品或场合在标注联合国编号(UN号)的同时可标注CN号；本标准实施前已印制的有关危险货物的包装、标志和安全数据单等应视为有效，但必须加注或粘贴UN号。

## 4.2 易燃易爆气体

常见的易燃易爆气体可分为如下三类：

(1) 可燃气体。在常温常压下以气态存在的可燃气体，如氢气、甲烷、甲醚、乙烷、乙炔、乙烯、丙烷、一氧化碳等。这些气体具有较小的点火能，火灾危险性很大。

(2) 可燃液化气。在常温常压的自然状态下为气体状态，但经常通过加压、急冷等处理成为液态，并在液态下储存、运输和使用，如液化石油气、液化天然气等。该类物质如果泄漏到大气中，会由于减压而变成气体。

(3) 可燃液体蒸气。在一定的温度、压力下，液体表面会蒸发，使一定量的蒸气进入空气中，蒸气的多少与液体的蒸气压有关。可燃液体的蒸气可以作为可燃性气体处理。汽油、酒精、甲醚、乙醚、苯等可燃液体都容易生成蒸气。

可燃性气体可以通过冷凝变成液体，而液体也能通过蒸发又变成气体。在气相和液相变化中，临界温度($T_c$)是指一个重要的参数，$T_c$ 为某种气体能被液化的最高温度。若气体的温度高于临界温度时，不论有多大压力都不能使之液化，只是随着压力的增加而加大其密度而已，这种状态称为“高压气体”。高压气体具有强大的膨胀压力，应在压力容器中储存。

可燃性气体还有一个临界压力($p_c$)，是指在临界温度下气体被液化的最低压力。如果压力小于它的临界压力，无论温度如何降低，气体都不能被液化。所以要气体以液化状态储存于钢瓶中，其压力至少要高于它的临界压力。

## 4.2.1　若干易燃易爆气体的性质

### 4.2.1.1　氢气

氢气($H_2$)是一种无色、无味的气体。在标准状况下(0℃, $1.013\times10^5$Pa)，气体的密度为0.09kg/m$^3$，与同体积的空气相比，约为空气质量的1/14，在所有气体中其密度最小。在大气压为 $1.013\times10^5$Pa，温度为 -252.8℃时，氢气液化为无色液体；在 -259.14℃，能变为雪状固体。氢气难溶于水，1体积水中能溶解0.0214体积的氢气。

氢气为易燃压缩气体，与空气混合能形成爆炸性混合物，遇明火、高热能引起燃烧爆炸，其燃烧反应热为241.0kJ/mol，闪点低于 -50℃，引燃温度400℃，体积爆炸极限4.1%~74.1%。由于氢气比空气轻，在室内使用和储存时，漏气上升滞留屋顶不易排出，遇火星会引起爆炸。此外，氢与氟、氯等能发生剧烈的化学反应。

氢气主要用于合成氨和甲醇等，并用于石油精制、有机物氢化及作为火箭燃料。

氢气应储存于阴凉、通风的仓库内，仓温不宜超过30℃。储存时应远离火种、热源，防止阳光直射。与氧气、压缩空气、卤素(氟、氯、溴)、氧化剂等分开存放。储存间内的照明、通风等设施应采用防爆型。氢气的浓度很高时，可对人畜等产生麻醉作用，且可因正常氧分压的降低造成窒息。

### 4.2.1.2　甲烷

甲烷($CH_4$)是无色无臭气体，其熔点 -182.5℃，沸点 -161.5℃，气体密度0.7163kg/m$^3$，微溶于水，能溶于酒精和乙醚。甲烷是煤矿瓦斯和天然气的主要成分，其性质非常稳定，到700℃以上才分解成乙烯和乙炔。

甲烷与空气的混合物，遇热源和明火有燃烧爆炸的危险，其燃烧热为889.5kJ/mol，体积爆炸极限为5.3%~15%，空气中的燃点为580℃。甲烷燃烧时发出青白色火焰，生成的产物主要为一氧化碳、二氧化碳。

甲烷常用作燃料和标准气、校正气使用，还可作为太阳能电池、乙烃、氢气、合成氨、炭黑、甲基化合物、二硫化碳、氢氰酸等的生产原料。甲烷与五氧化溴、氯气、次氯酸、三氟化氮、液氧、二氟化氧及其他强氧化剂接触时可发生剧烈反应。

甲烷宜储存于阴凉、通风的库房内，应远离火种、热源，库房的温度不宜超过30℃，且应与氧化剂等分开存放。甲烷储区禁止使用易产生火花的机械设备和工具，并应备有泄漏应急处理设备。夏季应早晚运输，防止日光曝晒。公路运输时要按规定路线行驶，勿在居民区和人口稠密区停留。铁路运输时要禁止溜放。

#### 4.2.1.3 乙炔

乙炔($C_2H_2$)又称电石气，在常温常压下为具有麻醉性的无色可燃气体。纯净乙炔气体无气味，工业制得的乙炔常含有杂质，有大蒜味。熔点为-81.8℃，沸点为-83.8℃。密度为1.1747kg/m$^3$，比空气轻。微溶于水，溶于酒精、丙酮、苯、乙醚等。

乙炔燃烧反应热为1298.4kJ/mol，引燃温度305℃，是一种火灾爆炸危险性很大的可燃气体，比氢气的危险度还要高一个等级。乙炔不仅可用于气焊、气割，还是合成橡胶、合成纤维和塑料的单体。乙炔分解爆炸所需的能量很小，爆炸威力却很大。乙炔与空气混合会形成爆炸性混合物，其体积爆炸界限为2.3%~80.7%。当空气中的乙炔含量在7.7%左右时，所需点火能最小，只需0.02mJ。乙炔与氧气混合物的爆炸浓度范围更广，为2.3%~93%。压力愈高，分解爆炸愈容易发生。乙炔能与空气形成极易燃烧和爆炸的混合物。

乙炔还可与汞、银、铜、钴、钾、碘、氯、氢化钠、硝酸银、硝酸汞等发生反应生成爆炸性化合物，因此不能用使用含铜66%以上的黄铜、含铜银的焊接材料和含汞的压力表。在高压下乙炔很不稳定，火花、热力、磨擦均能引起乙炔的爆炸性分解而产生氢和碳。因此，在乙炔的发生和使用管道中的乙炔的压力一般均保持在1个大气压以下。

储存时通常将乙炔溶解在丙酮等溶剂及多孔物中，装入钢瓶内，钢瓶应存放在阴凉通风干燥之处，库温不宜超过30℃。要远离火种、热源，避免阳光直射，要与氧气、压缩空气、氧化剂、氟、氯、溴、铜银汞、铜盐、汞盐、银盐、过氧化有机物、炸药、毒物、放射性材料等隔离。设备管道应接地，并严格密封。

#### 4.2.1.4 液化石油气

液化石油气是由丙烷、丙烯、丁烷、丁烯等组成的烃类混合物。在常温常压下，为无色易燃低毒气体，添加恶臭剂后，有特殊臭味；微溶于水，溶于乙醇和乙醚等，并能溶解石油产品、动植物油和天然橡胶。液化石油气的相对密度为1.5~2，当其泄露出来时极易汇集低洼处，在比较稳定的空气中不易扩散。经过降温或加压(一般0.98MPa)即成为棕黄色液体，密度小，约为水的一半。由液相变为气相时，体积增大250~300倍，同时吸收大量的热。

液化石油气与空气混合形成爆炸混合物，遇火花和高温燃烧爆炸。以丙烷为主的液化石油气，其闪点为-103.4℃，自燃点为432℃，爆炸极限为2.4%~9.5%。其燃烧热值高，为92~121MJ/$m^3$，燃烧猛烈，在空气中燃烧温度可达1800℃，燃烧所需要的空气量大，为燃气量的23~30倍。

液化石油气可以使用气瓶进行装运，温差达40℃时，充装液化石油气的压力储槽的液相最大装量为85%，在温差更大时其装量更低。采用钢瓶运输时必须戴好钢瓶上的安全帽。钢瓶应储存在阴凉、通风良好的不燃材料结构的库房，远离热源和火源。液化石油气应与卤素、液氧、氧化剂隔离储运。

## 4.2.2 影响气体火灾爆炸危险的主要参数

影响气体的火灾爆炸危险性的参数主要有爆炸极限、自燃点、扩散性、压缩性、毒害性、化学活泼性等。

### 4.2.2.1 爆炸极限

可燃气体、蒸气或粉尘与空气混合后，遇到火源发生着火或产生爆炸的最高与最低浓度定义为着火极限或爆炸极限。为了便于讨论，在此将其称为爆炸极限。在安全工程中，对于易燃易爆气体的爆炸极限尤其应当给予特别的重视。

可燃气体的爆炸极限越宽，爆炸下限越低，则气体的危险性越大。例如，乙炔爆炸极限是2.5%~80%，乙烷爆炸极限是3.22%~12.45%，两者相比，前者的爆炸极限范围比后者大得多，因此乙炔的爆炸危险性比乙烷大得多。

对于爆炸下限低的气体，当其处于正压状态时，应谨防气体向空气中泄漏，即使泄漏量不大，也容易进入爆炸极限范围。而对于爆炸上限较高的气体，当使用负压系统时，如果空气进入盛装该气体的容器或管道设备内，即使不需要很大的量也能进入爆炸极限范围。常见气体的爆炸极限可参见本书附录B。

可燃气体按其爆炸下限可分为两级：爆炸下限≤10%，划为一级可燃气体，大多数可燃气体属于此类，例如氢气、甲烷、乙烯、乙炔；爆炸下限>10%，划为二级可燃气体，如氨气、一氧化碳、二氯甲烷等。

爆炸性混合物在不同浓度时发生爆炸所产生的压力和放出的热量不同，因而具有的危险程度也不相同。在接近爆炸浓度下限和上限时，爆炸的温度不高，压力不大，爆炸威力也小。当混合物中可燃气体的浓度达到或稍高于化学当量比浓度时，爆炸时放出的热量最多，产生的压力最大。如一氧化碳的爆炸极限是12.5%~74%，当其在空气中含量达29.5%(即它的化学当量浓度)时，遇火才发生威力最大的爆炸。

影响气体爆炸极限的因素主要有：可燃气体的种类、可燃气体的浓度、可燃气体和空气混合气的均匀性、点火源的形式与能量、容器的几何形状和尺寸、初始温度、初始压力、湿度、惰性介质及杂质等。初始温度高，爆炸极限范围大；初始压力高，爆炸极限范围大；混合物中加入惰性气体，爆炸极限范围缩小，特别对爆炸上限的影响更大；混合物含氧量增加，爆炸下限降低，爆炸上限升高。

#### 4.2.2.2 自燃点

可燃气体在没有接触明火就能引起着火时的最低温度称为自燃点。同一物质的自燃点随压力、浓度、散热等条件及测试方法不同而异。大部分可燃气体的自燃点都在300～700℃之间，仅有少数气体例外，如磷化氢和硫化氢的自燃点分别为246℃和149℃。

气体的自燃点虽然比液体和固体的高，但是压缩气体和液化气体却对热极其敏感，容易受热自燃。另外，若气体处于压缩状态，将具有很大的内能，受到外因作用后，可导致压力剧增，产生大量的热量，以致达到气体的自燃点，引起自行着火。可燃气体的浓度增大、容器增大或者存在活性催化剂，也都可使气体的受热自燃性增大。气瓶发生爆炸时，放出的热量也会使可燃气体发生自燃。

#### 4.2.2.3 最小点火能

当可燃物质处在最敏感条件下时，点燃该物质所需的最小能量称为最小点火能。物质的最小点火能越低，其火灾危险性也就越大。点火源的能量低于这个临界值时，可燃混合系便不会被点燃。最小点火能的测定一般用电火花法进行。常见可燃性气体的最小点火能见表4-1。

**表4-1 若干气体和蒸气与空气混合物的最小点火能**

| 气体、蒸气名称 | 最小点火能/mJ | 浓度(体积分数,%) | 气体、蒸气名称 | 最小点火能/mJ | 浓度(体积分数,%) |
|---|---|---|---|---|---|
| 2-丁酮 | 0.29 | 8.5 | 环氧丙烷 | 0.13 | |
| 甲烷 | 0.28 | | 环氧乙烷 | 0.066 | |
| 戊烷 | 0.22 | | 1,3-丁二烯 | 0.13 | |
| 丙烷 | 0.26 | 5～5.5 | 乙烯 | 0.096 | |
| 乙烷 | 0.25 | 6.5 | 乙醛 | 0.376 | |
| 丁烷 | 0.25 | 4.7 | 乙酸 | 0.62 | |
| 己烷 | 0.24 | 4.7 | 乙酸乙酯 | 0.46 | |
| 庚烷 | 0.24 | 3.4 | 乙醇 | 0.215 | |
| 环己烷 | 0.22 | 3.8 | 丙烯 | 0.11 | |
| 苯 | 0.20 | 4.7 | 氧乙烷 | 0.066 | 28～30 |
| 甲苯 | 2.5 | | 乙炔 | 0.019 | 28～30 |
| 甲醇 | 0.14 | | 氢 | 0.019 | |
| 乙醚 | 0.19 | 5.1 | 二硫化碳 | 0.009 | |
| 环丙烷 | 0.17 | 6.3 | 汽油 | 0.20 | |
| 丁二烯 | 0.13 | | 丙酮 | 1.15 | |
| 煤气 | 0.3 | | 乙酸乙酯 | 1.42 | |
| 丁酮 | 0.29 | | | | |

影响可燃气体最小点火能的因素主要有：

**1. 可燃物的结构和性质**

这是决定可燃物最小点火能大小的根本因素。可燃物的燃烧热越高，反应速率越快，熔点越低，热传导系数越小，最小点火能量越低。例如氢气的最小点火能为0.02mJ，静电火花就足以引起其燃烧。

**2. 可燃物浓度**

可燃物浓度只有处于着火极限范围内才能发生燃烧。当其处在浓度下限时，必须给予足够的能量可以被点燃。随着浓度的增大，所需的点火能逐渐降低。在其达到化学当量浓度附近时，点火能最低。例如乙炔在点燃下限附近时需要很大的点火能，而在稍大于化学当量浓度7.8%时(约9%)，则只需很低的点火能(约0.02mJ)。

**3. 环境温度**

当环境温度升高时，可向可燃物提供了一部分能量，故使其点火能相对减小。

**4. 系统压力**

系统的压力升高，气体分子间的距离被压缩了，增加了分子间碰撞和反应的机会，从而使点火能减小。

**5. 惰性介质**

对于可燃气体及液体蒸气与空气的混合物中，加入惰性气体将使氧气含量相对降低，点火能逐渐升高。当氧气浓度低于最低极限值时，便不会发生爆炸。

**6. 环境湿度**

环境湿度对点火能也有较大影响。湿度增大时，水蒸气起到了惰性气体的作用，同时水分蒸发要吸收能量，使点火能增加。一般说来，当可燃物湿度大于40%时，对点火能的影响较为明显，而湿度小于20%时，其影响相对较小。

#### 4.2.2.4　压缩性与扩散性

易燃气体可以被压缩后盛装在高压容器中，有些气体在加压后变成液体。盛装压缩气体的钢瓶，其工作压力都在36个大气压以上。处于高压下的气体，其分子间的距离减小，密度增高，一旦受热或撞击等外力作用，分子运动加剧，可引起压力进一步增大。当压力超过钢瓶的耐压强度时，就可发生爆炸事故。这种爆炸的破坏力相当大，据估计一个普通氧气瓶的爆炸相当于5t梯恩梯(TNT)的爆炸威力。气瓶爆炸时可燃气体冲出，同时爆炸产生的能量能在瞬间引燃气体，导致火灾。

一种气体在另一气体内的运动称为扩散。由于气体分子间的空隙很大，分子又在不断地运动，因此可燃气体能够以任何比例与空气混和。比空气轻的可燃气体逸散在空气中，容易与空气形成爆炸性混合物。这种混合物容易顺风飘动，可在蔓延中遇火爆炸，如氢、甲烷、电石气等；比空气重的可燃气体若发生泄漏，便漂流在地面、渠沟、厂房死角处，积聚较长时间不散，一旦遇火源即能燃烧和爆炸，如石油气、氯乙烯等。另外气体在空气中的扩散过程还与气体的扩散速度和风速有关。不同气体的扩散速度与其密度的平方根成反比，即：

$$\frac{u_1}{u_2}=\sqrt{\frac{d_2}{d_1}} \tag{4-1}$$

式中，$d_1$ 和 $d_2$ 分别为气体1、2 的密度；$u_1$ 和 $u_2$ 为气体1、2 的扩散速度。

气体的密度愈小，扩散速度愈大，如氢比甲烷轻，扩散得快，因此在空气中达到爆炸极限的时间愈短。这是使可燃气体起火爆炸和蔓延的重要条件。

#### 4.2.2.5 化学活泼性

具有高度化学活泼性的气体，在常温下便能与许多物质反应而发生爆炸，如乙炔或乙烯和氯气的混合物遇阳光则爆炸、油脂遇到氧气能自燃等。乙炔是含有叁键不饱和烃，极不稳定，常温下会缓慢分解，在520℃或3 个大气压时则分解爆炸。

气体燃烧时不需要像固体、液体那样经过熔化、蒸发等过程，在常温下就具备了气态的燃烧条件。气体燃烧时所需要的热量仅用于分解气体并将气体加热到燃点，与液体和固体的燃烧过程相比，其燃烧速率快，放出热量多，火焰温度高。

易燃气体的化学活泼性与其发生燃烧的难易程度和火焰传播速度有关。$H_2$ 和 CO 等气体的分子组成和结构都简单，受热燃烧时，只需经过加热即可点燃；而一些结构和组成复杂的气体如甲烷、乙烷等，点燃前要经过加热、分解、氧化等过程。一般说来，组成和结构比较简单的气体火焰传播速度大些，而组成和结构比较复杂的气体的火焰传播速度较小。表 4-2 给出了若干可燃混合气的最大火焰传播速度。

**表 4-2 部分可燃混合气的最大火焰传播速度**

| 混合气 | 火焰传播速度/(cm/s) | 可燃气体浓度(%) | 混合气 | 火焰传播速度/(cm/s) | 可燃气体浓度(%) |
|---|---|---|---|---|---|
| 甲烷-空气 | 33.8 | 9.96 | 氢-空气 | 27.0 | 43.0 |
| 乙烷-空气 | 40.1 | 6.28 | 乙炔-空气 | 16.3 | 10.2 |
| 丙烷-空气 | 39.0 | 4.54 | 苯-空气 | 40.7 | 33.4 |
| 丁烷-空气 | 37.9 | 3.52 | $CS_2$-空气 | 57.0 | 26.5 |
| 戊烷-空气 | 38.5 | 2.92 | 甲醇-氧气 | 55.0 | 12.3 |
| 己烷-空气 | 38.5 | 2.51 | 甲烷-氧气 | 330 | 33.0 |
| 乙烯-空气 | 38.6 | 2.26 | 丙烷-氧气 | 360 | 15.1 |
| 丙烯-空气 | 68.3 | 7.4 | CO-氧气 | 108 | 77.0 |
| CO-空气 | 45.0 | 51.0 | 氢-氧气 | 890 | 70.0 |

#### 4.2.2.6　毒害、腐蚀和窒息性

有些可燃气体本身就具有毒害性，有些气体本身虽然没有毒害性，但当其燃烧时可以产生有毒害性物质，如磷化氢($PH_3$)等。当这些气体发生火灾时，可能对人造成严重的伤害。

具有腐蚀性的气体能削弱设备的耐压强度，以至破坏设备的整体性，使其产生泄漏。如果这些气体具有可燃性，当这些可燃气体遇到火源时就可发生火灾；如果这些气体具有毒性，则气体可以随风扩散，造成区域性的空气污染，从而对人员造成严重危害，如硫化氢($H_2S$)。

在相对封闭狭小的空间内，如果有大量的可燃气体或其燃烧生成物扩散到空气中时，会降低该空间内氧气的含量。如果人员在该空间内的时间超过一定值时，就会因缺氧而窒息。

#### 4.2.2.7　带电能力

多数可燃气体是电介质，具有较大的带电能力。气体沿导管流动时的摩擦或气体碰击金属表面都可使其带电。当静电的积聚形成一定的电位差时，就能发生火花放电，引起气体燃烧。带电能力愈强的气体，火灾危险性就愈大。

### 4.2.3　可燃气体爆炸极限的测定

#### 4.2.3.1　试验装置

图4-1为一种常用测定装置示意图，该系统主要由反应管、点火装置、搅拌装置、真空泵、压力计、电磁阀等组成。装置的主要部分是一个以硬质玻璃为材质的反应管，管长(1400±50)mm，管内径为$\phi$(60±5)mm，管壁厚不小于2mm，管底部装有通径不小于$\phi$25mm泄压阀。装置安放在可升温至50℃的恒温箱内。恒温箱前后各有双层门，一层为普通玻璃，一层为有机玻璃，用以观察实验并起保护作用。

可燃混合气利用电火花点燃，电火花能量应大于混合气的点燃能量。放电电极距反应管的底部不小于100mm处，位于管的横截面中心，电极间距离为3～4mm。

#### 4.2.3.2　试验的主要步骤

试验时先检查装置的密闭性，将装置抽真空至不大于668Pa的真空度，然后停泵。经过5min，若压力计显示压力下降不大于267Pa，认为真空度符合要求。按分压法进行混合气配制，为了使反应管内可燃气在空气中均匀分布，配好气后利用无油搅拌泵搅拌5～10min，停止搅拌，然后打开反应管底部泄压阀进行点火，并观察火焰是否传至管顶。点火时恒温箱的有机玻璃门应处在关闭状态。

每次试验后要用湿度低于30%的清洁空气冲洗试验装置，反应管壁及点

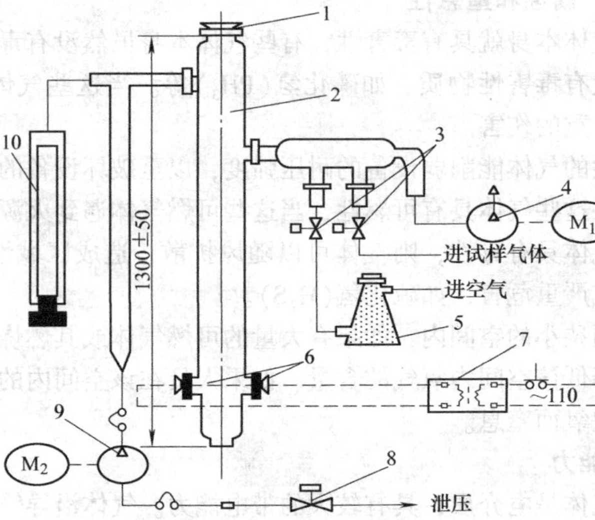


图 4-1 气体爆炸极限测定装置示意图

1—安全塞 2—反应管 3—电磁阀 4—真空泵 5—干燥瓶 6—放电电极 7—电压互感器 8—泄压电磁阀 9—搅拌泵 10—压力计 $M_1$、$M_2$—电动机

火电极若有污染应清洗。用渐近法寻找极限值，如果在同样条件下进行 3 次试验，点火后火焰均未传至管顶，则可改变进样量，进行下一个浓度的试验。测爆炸下限时样品增加量每次不大于 10%，直到观察到火焰开始传播，此时可燃气体与空气的体积混合比即为爆炸极限的下限。改变浓度重复测试，当在某浓度下火焰不再传播时的气体浓度即为爆炸极限的上限。

## 4.2.4 自燃点的测定

### 4.2.4.1 试验装置

可燃气体的自燃点使用如图 4-2 所示的标准装置进行测定。该试验装置由加热炉、试验烧瓶、热电偶、试样注入器、计时器、反射镜等构成。这种装置同样适用于可燃液体自燃点的测试。

加热炉是一个用耐火材料组成的圆柱体，炉膛内径 127mm，高 127mm。在圆柱体外围沿轴线的垂直方向按螺旋式、有间隔地、均匀地缠有功率为 1200W 的镍铬电阻丝，加热炉上部装有功率为 300W 的颈部加热器及石棉水泥板环形盖，通过凸肩与炉体上方固定的石棉水泥板外盘相吻合，加热炉下部装有功率为 300W 的底部加热器。使用 3 支热电偶，其中 2 支热电偶安装在颈部加热器下方 25mm 和 50mm 处，另一支置于烧瓶底部的中心处。3 个加热器应能独立地进行控制，以使每支热电偶测得的温度在所需试验温度的 ±1℃ 范围内。

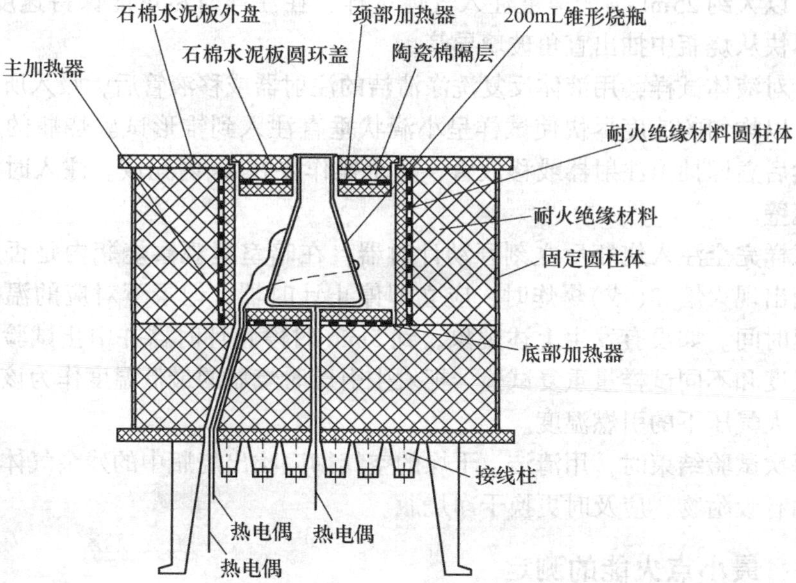


图 4-2　测定自燃点的加热炉

试验烧瓶用以盛装试样，并均匀受热。通常使用体积 200mL 硼硅酸盐玻璃制的锥形烧瓶。当试样的引燃温度超过硼硅酸盐玻璃烧瓶的软化点或试样对烧瓶有化学腐蚀时，可采用石英烧瓶或金属烧瓶。对每一种试样的试验及最后一组试验均应采用经化学方法清洗过的洁净烧瓶。

热电偶用于测定烧瓶的温度。常采用直径不大于 0.8mm 热电偶，并需经过标定，安装在烧瓶外壁选定的位置上，且应与烧瓶的外表面紧密接触。

试样注入器用于把气体或液体注入试验烧瓶，一般采用体积为 0.25 或 1mL 注射器，配有内径不大于 0.15mm 的不锈钢针头进行。气体试样采用配有玻璃三通旋塞、阻火器和直角玻璃导管的 200mL 注射器注入。

计时器用来测定引燃延迟时间，要求分度值不大于 1s。

为能方便地观察烧瓶内部试样的引燃情况，在烧瓶上方大约 250mm 处安装反射镜。

#### 4.2.4.2　试验步骤

试验前，先要检查电路及注入系统等是否完好，并准备好试样，液体试样应置于密闭容器中，当试样沸点接近室温时，要保证该试样注入烧瓶前状态不变。测定有毒试样时，试验应在通风橱内进行。调节加热炉的温度，使烧瓶达到所要求的温度，并保证其温度均匀。

针对气体试样，先将气体试样充满注射器及其连接系统，用试验气体反复冲洗注样系统后，再吸入所需量的气体试样。将直角玻璃导管垂直插入烧瓶的中心，以大约25mL/s的速度注入气体试样，在注样时尽可能保持速度稳定，然后尽快从烧瓶中抽出直角玻璃导管。

针对液体试样，用液体反复洗涤清洁的注射器或移液管后，吸入所需量的试样，以均匀的速度尽快使试样呈小滴状垂直注入到锥形试验烧瓶的底部中心，然后立即抽出注射器或移液管，整个操作要在2s内完成。注入时要避免沾湿瓶壁。

试样完全注入烧瓶后立刻开动计时器，在暗室里观察烧瓶内是否发生引燃，当出现火焰和(或)爆炸时，应立即停止计时器，记录下对应的温度和引燃延迟时间。如没有发生上述现象，到5min时停止计时器并中止试验。采用不同温度和不同试样量重复试验，把发生引燃时烧瓶的最低温度作为该试样在空气中大气压下的引燃温度。

每次试验结束时，用清洁、干燥的空气彻底吹出烧瓶中的残余气体，如发现瓶内有吸附物，应及时更换干净烧瓶。

## 4.2.5 最小点火能的测定

### 4.2.5.1 测试装置

最小点火能的测试装置由配气系统、反应器、点火系统和分析系统构成。这种装置也同样适用于可燃液体自燃点的测试。

配气系统的结构如图4-3所示，在该系统内可燃气体或液体的蒸气与空气在规定的温度下按照一定的比例均匀混合。

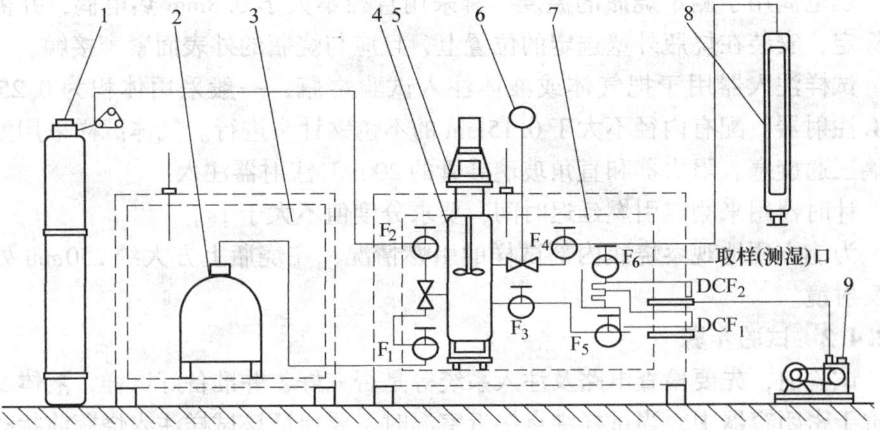


图4-3 点火能测定装置配气系统

—真空阀 —电磁阀 1—空气瓶 2—蒸气发生器 3—温箱Ⅰ 4—混合器 5—搅拌器 6—压力真空表 7—温箱Ⅱ 8—压力计 9—真空泵

反应器通过给定能量来触发混合气体反应，其结构如图4-4所示。它使用有机玻璃制成，容积为300mL，在其两侧装有电极调节器，用来调节电极间隙。其上部装有安全阀，当反应器内压力超过140kPa时即可泄压，反应器应密封良好。

点火系统使用可调可控的高压静电来产生规定能量的电火花，从而引发混合气体的燃烧反应。

分析系统一般为气相色谱仪，可对试验气体的体积浓度进行精细分析。

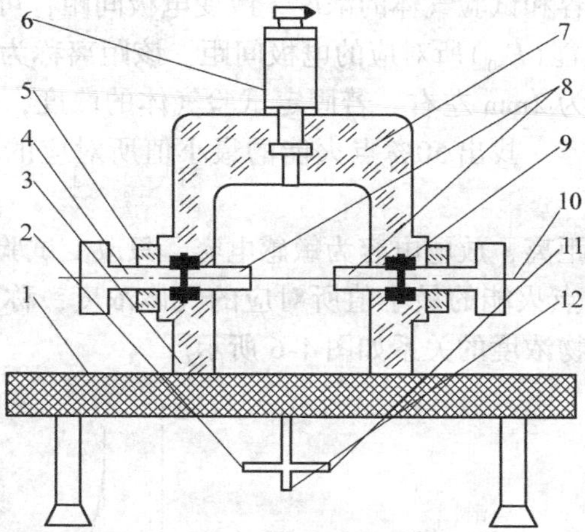


图4-4 点火能测定装置的反应器

1—底座 2—排气口 3—密封圈 4—电极调节杆 5—压紧螺栓 6—安全阀 7—反应器 8—电极 9—密封圈 10—电极引线 11—进气口 12—压力表接头

#### 4.2.5.2 测试步骤

测试开始前，对蒸气发生器进行清洗，并将反应器置于温箱中，其气路与混合器、真空泵连接，根据所测试样点火能大小，选取合适的电容器，通过电路与点火器电极相连。配气时，先采用分压法配出略高于所需浓度的混合气，然后再慢慢加入干净空气，使其达到所需浓度。

对液体试样，先将其注入蒸气发生器内，开启温箱Ⅰ使其温度高于该试样闪点10℃（闪点低于室温的试样除外），并保持1h，使其达到液气平衡。用气相色谱仪测量蒸气发生器内的蒸气浓度。为避免蒸气液化，开启温箱给混合器和反应器加热至试样闪点温度，并保持恒温，直至试验结束。启动真空泵，抽出混合器内空气，将蒸气发生器中已测量的蒸气放入抽成真空的混合器内，放入蒸气量由水银压力计读出，蒸气量应根据要配制的混合气浓度确定，根据配制混合气浓度将空气瓶中一定量的干净空气充入混合器中与可燃蒸气混合。由取样口取样送至色谱仪，分析其浓度，浓度达到要求后即可。如混合气浓度高于要求浓度时，需要再充入空气稀释，直至达到要求浓度为止。

对气体试样，首先将混合器抽成真空，然后把试样容器与混合器连通，使气体试样和空气按照一定比例进入混合器中并均匀混合。

电极间距、放电电容和气体浓度都对点火能具有很大影响。当电极间隙小于某个最小极限值（即消焰距离）$D_0$ 时，将无法将气体点燃；随着电极距离的增大，点火能急剧下降，并逐渐到达某一最低值，即最小点火能；如果电极距离继续增加，点火能则又有所增加。电极间隙与点火能的关系如图 4-5 所示。

若固定放电电容和试验气体的浓度，改变电极间距，可以确定着火发生概率为 50% 时的点火能（$E_{50}$）所对应的电极间距，该距离称为敏感电极间隙。对于气体，该值通常为 2mm 左右。若固定试验气体的浓度，将电极调到敏感距离，只改变放电电容，找出 50% 点火能的最小值所对应的放电电容，该值称为敏感电容。

电极调到敏感距离，放电电容为敏感电容，只改变试验气体在爆炸范围内的浓度，找出 50% 点火能的最小值所对应的气体浓度，称为可燃气的敏感浓度。点火能与可燃物浓度的关系如图 4-6 所示。

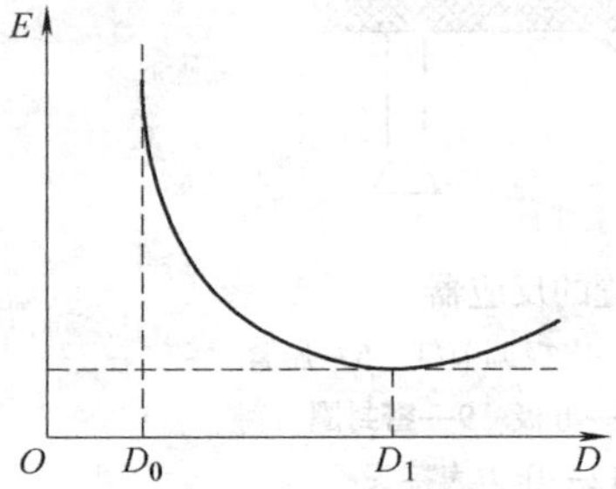


图 4-5　电极间隙与点火能的关系图

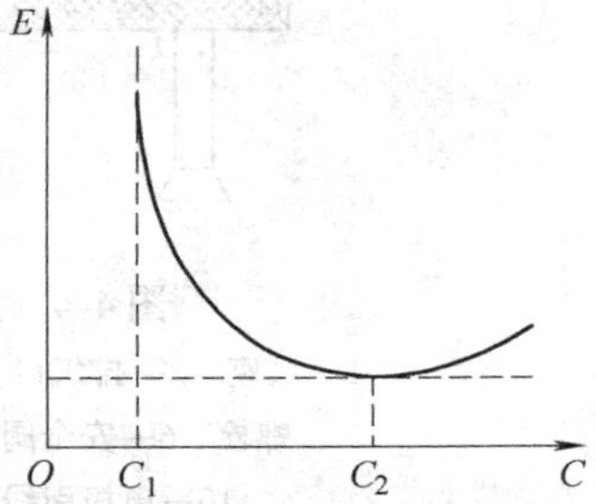


图 4-6　可燃气体浓度对点火能的影响

敏感气体浓度、敏感放电电容、敏感电极间隙三者的组合在一起便构成了敏感状态。在敏感状态下，先选择一个足以引爆试验气体的放电电压，然后逐步减少储能电容上的电压值，在每个电压值上均进行 25 次放电，直至每次放电都不能点燃试验气体为止。在所有的放电中，点燃该气体的最小能量即为最小点火能（$E_{min}$）。最小点火能（$E_{min}$）可用式（4-2）表示：

$$E_{min} = \frac{1}{2}C_0V^2 \tag{4-2}$$

式中，$V$ 为 25 次试验方法确定的最低点燃电压（V）；$C_0$ 为敏感电容量（pF）。

## 4.3　易燃液体

易燃液体指常温下为液态且可燃的物质，其品种繁多，有化工原料、燃油、有机溶剂、添料、粘合剂等，其中最常见的有汽油、煤油、甲醇、乙醇、苯、乙醚等。易燃液体一般都具有密度小、沸点低、易燃、易挥发和易流动扩散的特点。

### 4.3.1　常见的易燃液体

#### 4.3.1.1　汽油

汽油在常温常压下为无色或淡黄色的液体，具有特殊气味，主要成分为$C_4$～$C_{12}$脂肪烃和环烃类，并含少量芳香烃和硫化物。熔点在－60℃以下，沸点为40～200℃，密度为0.70～0.79g/cm$^3$，蒸气密度为4.52kg/m$^3$，不溶于水，易溶于苯、二硫化碳、醇、脂肪。

汽油为易挥发性液体，闪点为－50℃，引燃温度为415～530℃，爆炸极限为1.3%～6.0%。其蒸气与空气可形成爆炸性混合物，遇明火、高热极易燃烧爆炸。与氧化剂能发生强烈反应。其蒸汽比空气重，能在较低处扩散到相当远的地方，遇火源就会着火。

汽油可以作为汽油发动机的燃料，在橡胶、制鞋、印刷、制革、颜料等行业中的应用也相当广泛，也可用作机械零件的去污剂。

发生汽油泄漏时，应把泄漏污染区人员迅速撤离至安全区，同时应切断火源。由于汽油吸入、摄入或经皮肤吸收后对身体有害，主要是对眼睛、皮肤、粘膜和上呼吸道具有强烈刺激，可引起咽喉、支气管的炎症、水肿、痉挛、化学性肺炎或肺水肿。对小量泄漏，可用砂土、蛭石或其他惰性材料吸收，或在保证安全情况下，就地焚烧；对大量泄漏可构筑围堤或挖坑收容，用泡沫覆盖，以降低蒸气灾害，有条件时还要用防爆油泵将其转移至槽车或专用收集器内，运至废物处理场所处置。

#### 4.3.1.2　乙醇

乙醇在常温常压下为无色液体。熔点为－114.1℃，沸点为78.3℃，液体密度为0.79g/cm$^3$，蒸气密度为2.05kg/m$^3$，饱和蒸气压为5.33kPa(19℃)，能与水、醚、氯仿和甘油以任何比例互溶。

乙醇是易挥发的可燃液体，闪点为12℃，引燃温度为363℃，燃烧热为1365.5kJ/mol。乙醇遇到高热、明火能燃烧或爆炸，燃烧时发出蓝色火焰。乙醇蒸气与空气混合可形成爆炸性气体，爆炸极限为3.3%～19.0%。乙醇与氧化剂铬酸、次氯酸钙、过氧化氢、硝酸、硝酸银、过氯酸盐等反应剧烈，有发生燃烧爆炸的危险。

灌装乙醇时流速不应超过3m/s，并要有接地措施，以消除静电。当空气中乙醇浓度超过3%时，必须暂停工作，切断火源，进行通风，降低浓度，以防爆炸。乙醇泄漏时，首先要切断所有火源，然后用水冲洗，并进行通风，经稀释的冲洗水排入废水系统。

#### 4.3.1.3 苯

苯在常温常压下为无色透明挥发性液体，具有强烈芳香味，容易挥发，其蒸气有毒。熔点为5.5℃，沸点为80.1℃，密度为0.88g/cm$^3$，蒸气密度为3.57kg/m$^3$，饱和蒸气压为13.33kPa(26.1℃)，液体苯比水轻，其蒸气比空气重。不溶于水，溶于醇、醚、丙酮等多数有机溶剂。苯从焦炉气和煤焦油分馏、裂解石油等制取，也可人工合成，如用乙炔合成苯。

苯的蒸气能与空气形成爆炸性的混合物，遇到高热或明火极容易引起燃烧和爆炸。其燃烧热为3264.4kJ/mol，闪点为-11℃，着火温度为560℃，爆炸极限为1.2%~8.0%。其蒸气比空气重，能扩散很远，着火后会沿地面燃烧。苯燃烧时，冒出浓烈的黑烟，伴有刺激性气味。

苯可以用玻璃瓶或金属桶盛装。最好存放在阴凉通风的户外或易燃液体专用库内，防止阳光直射，库温不宜超过30℃，要远离火种及热源。

苯广泛地应用在化工生产中，它是制造染料、香料、合成纤维、合成洗涤剂、聚苯乙烯塑料、丁苯橡胶、炸药、农药杀虫剂(如六六六)等的基本原料。它也是制造油基漆、硝基漆等的原料。它作为溶剂，在医药工业中用作提取生药，橡胶加工中用作粘合剂的溶剂，印刷、油墨、照像制版等行业常用其作溶剂。

苯泄漏时，首先要切断所有火源，戴好防毒面具、胶鞋、手套等，用不燃性分散剂制成的乳液进行刷洗。如无分散剂可用砂土吸收后运到空旷地方掩埋或任其蒸发掉。受污染的地面，要用肥皂或洗涤剂洗刷，冲洗水经稀释后排入废水系统。

#### 4.3.1.4 乙醚

乙醚在常温常压下为无色透明液体，具有特殊气味和较强的麻醉性。熔点为-116.2℃，沸点为34.6℃，密度为0.71g/cm$^3$，蒸气密度为3.30kg/m$^3$，饱和蒸气压为58.92kPa(20℃)。乙醚不溶于水，能溶于乙醇、苯、氯仿、石油醚、其他脂肪溶液及许多油类。经常用以制作蜡、脂肪、油、香料、生物碱、橡胶等的溶剂。

乙醚极易挥发，其蒸气能与空气形成爆炸性混合物。其燃烧热为2748.4kJ/mol，闪点为-45℃，引燃温度为160℃，爆炸极限为1.9%~36.0%。苯遇到火星、高温、氧化剂、过氯酸、氯气、氧气、臭氧等，都有发生燃烧爆炸的危险。

苯蒸气比空气重，能在较低处扩散到相当远的地方，遇火源会着火，火焰可以蔓延到远处，有时也因静电而起火。液体受热后体积将急剧膨胀。在空气中与氧长期接触或放在玻璃瓶内受光照射都能生成不稳定的过氧化物。

### 4.3.1.5　甲醇

甲醇为无色、透明、易流动、易挥发的液体，具有与乙醇相似的气味。熔点为 −97.8℃，沸点为64.8℃，液体密度为0.79g/cm³，蒸气密度为1.43kg/m³，饱和蒸气压为13.33kPa(21.2℃)。能溶于水、醇和醚，易燃。

甲醇蒸气与空气形成爆炸性混合物，遇明火、高热能引起燃烧爆炸。其燃烧热为727.0kJ/mol，闪点为11℃，自燃温度为385℃，爆炸极限为5.5%~44.0%。甲醇的蒸气比空气重，能在较低处扩散到相当远的地方，遇火源引起着火，燃烧时几乎无发光火焰。若遇高热，其容器的内压增大，有开裂和爆炸的危险。

甲醇主要用于制甲醛、香精、染料、医药、火药、防冻剂等。

甲醇有较强的毒性，对人体的神经系统和血液系统影响最大，它经消化道、呼吸道或皮肤摄入都会产生毒性反应。急性中毒症状有头疼、恶心、胃痛、疲倦、视力模糊以至失明，继而呼吸困难，最终导致呼吸中枢麻痹而死亡。慢性中毒反应有眩晕、昏睡、头痛、耳鸣、视力减退、消化障碍等。当摄入量超过4g就会出现中毒反应，超过10g就能造成双目失明，饮入量大造成死亡。我国有关部门规定，在甲醇生产工厂的空气中允许甲醇浓度为5mg/m³。含甲醇废水要处理后才能排放，允许含量小于200mg/L。

表4-3给出了常见可燃易燃液体的特性。

**表4-3　常见易燃液体的名称及其特性表**

| 名　称 | 结构式或分子式 | 闪点/℃ | 爆炸极限(%) | | 自燃点/℃ | 沸点/℃ | 相对密度/(g/cm) | 溶解度/g | 备注 |
|---|---|---|---|---|---|---|---|---|---|
| | | | 下限 | 上限 | | | | | |
| 乙醛 | $CH_3CHO$ | −38 | 4.1 | 55 | 140 | 21 | 0.78 | 溶 | 气体刺激性强 |
| 乙酸 | $CH_3COOH$ | 40 | 5.4 | 16.1 | 485 | 118 | 1.05 | 溶 | |
| 丙酮 | $CH_3COCH_3$ | −18 | 2.6 | 12.8 | 535 | 57 | 0.79 | 溶 | |
| 丙烯腈 | $CH_2{=}CHCN$ | | 3.0 | 17 | 480 | 78 | 0.80 | 溶 | 单体 |
| 苯 | $C_6H_6$ | −11 | 1.4 | 7.1 | 560 | 78 | 0.88 | 不溶 | |
| 丁醛 | $CH_3CH_2CH_2CHO$ | −7 | 2.5 | 12.5 | 230 | 76 | 0.82 | 7.1 | |
| 二硫化碳 | $CS_2$ | −30 | 12.5 | 50 | 100 | 46.5 | 1.26 | 不溶 | 剧毒 |
| 乙酸乙酯 | $CH_3COOC_2H_5$ | −4 | 2.2 | 11.4 | 460 | 77 | 0.90 | 7.9 | |
| 丙烯酸乙酯 | $CH_3CHCOOC_2H_5$ | | 18 | — | — | 100 | 0.92 | 2.0 | 单体 |
| 乙醇 | $CH_3CH_2OH$ | 13 | 3.3 | 19 | 365 | 78 | 0.79 | 溶 | |
| 溴乙烷 | $CH_3CH_2Br$ | −20 | 6.7 | 11.3 | 511 | 38 | 1.4 | 不溶 | |
| 氯乙烷 | $CH_3CH_2Cl$ | −50 | 3.8 | 15.4 | 495 | 12 | 0.92 | 0.53 | |
| 甲酸乙酯 | $HCOOC_2H_5$ | −20 | 3.15 | 16.4 | 440 | 54 | 0.92 | 10.5 | |
| 亚硝酸乙酯 | $C_2H_5ONO$ | −35 | 3.0 | 50 | 90 | 0.90 | 17 | 微溶 | 剧毒、爆炸 |
| 已烷 | $C_6H_{12}$ | −23 | 1.18 | 7.4 | | 69 | 0.66 | 不溶 | |
| 肼 | $NH_2NH_2$ | 52 | 4.7 | 100 | 270 | 113 | 1.01 | 溶 | 爆炸 |

（续）

| 名　称 | 结构式或分子式 | 闪点/℃ | 爆炸极限(%) | | 自燃点/℃ | 沸点/℃ | 相对密度/(g/cm) | 溶解度/g | 备注 |
|---|---|---|---|---|---|---|---|---|---|
| | | | 下限 | 上限 | | | | | |
| 乙醚 | $CH_3CH_2OCH_2CH_3$ | -40 | | | 180 | 34.5 | | | |
| 氰氢酸 | HCN | -18 | 5.6 | 40.0 | 535 | 26 | 0.70 | 溶 | 极毒 |
| 甲醇 | $CH_3OH$ | 10 | 6.7 | 36.6 | | 65 | 0.79 | 溶 | |
| 羟胺 | $NH_2OH$ | | — | — | | 33 | 1.2 | 溶 | 爆炸 |
| 甲乙酮 | $CH_2COC_2H_5$ | 2 | 2.0 | 10.1 | 190 | 80 | 0.81 | 溶 | |
| 正戊烷 | $CH_3CH_2CH_2CH_2CH_3$ | -49 | 1.5 | 7.8 | 285 | 36 | 0.63 | 不溶 | |
| 汽油 | CnHm 混合物 | -58 ~ 10 | 1.3 | 6.0 | 250 ~ 400 | 40 ~ 200 | 0.73 | 不溶 | |
| 石油醚 | 混合物 | -56 | 1.4 | 5.9 | 288 | 38~71 | 0.64 | 不溶 | |
| 丙醛 | $CH_3CH_2CHO$ | -9 | 2.9 | 16.5 | 419 | 49 | 0.81 | 20 | |
| 正丙醇 | $CH_3CH_2CH_2OH$ | 15 | 2.1 | 13.5 | 405 | 97 | 0.80 | 溶 | |
| 异戊醇 | $(CH_3)_2C_3H_5OH$ | 12 | 2.0 | 12.0 | 425 | 83 | 0.79 | 溶 | |
| 吡啶 | $C_5H_5N$ | 20 | | | | 115 | 0.98 | 溶 | |
| 四氢呋喃 | $C_4H_4O$ | -17 | | | | 66 | 0.89 | 溶 | 极易形成过氧化物、爆炸 |
| 甲苯 | $C_6H_5CH_3$ | 6 | 1.3 | 6.8 | | 111 | 0.87 | 不溶 | 剧毒 |
| 三乙胺 | $(CH_3CH_2)_3N$ | -7 | 1.2 | 8.0 | | 232 | 0.72 | 溶 | |
| 醋酸乙烯脂 | $CH_3COOCH{=}CH_2$ | -8 | 2.6 | 13.4 | | 72 | 0.9317 | 不溶 | |

## 4.3.2　影响液体火灾危险性的主要参数

影响液体火灾危险性的主要参数有闪点、燃点、饱和蒸气压、带电能力等。

### 4.3.2.1　闪点与燃点

任何液体的表面都有一定数量的蒸气，液体的温度越高，其蒸气浓度越大。在一定的温度下，可燃液体表面上的蒸气和空气的混合后，一遇到火源就会发生一闪即灭的火焰，这种燃烧现象叫闪燃。液体蒸气与空气混合物遇到火源能发生闪燃的最低温度叫做闪点。

当液体的温度继续升高时，则产生的蒸气可使燃烧可以持续下去。液体在外界引火源的作用下发生持续燃烧的现象叫点燃。在规定的试验条件和外界引火源作用下，液体发生持续燃烧的最低温度叫液体的燃点。

闪点是评价可燃液体火灾危险性的主要指标。闪点越低，其火灾危险性就越大。国家标准按照可燃液体的闪点把其分为三类：①低闪点液体（闭口杯闪点 < -18℃），如乙醛、丙酮等；②中闪点液体（-18℃ ≤ 闭口杯闪点 ≤23℃），如苯、甲醇等；③高闪点液体（23℃ ≤闭口杯闪点≤61℃），如环辛

烷、氯苯、苯甲醚等。

另外，出于管理方便，有些行业还把闪点在45℃以下能够燃烧的液体称为易燃液体，如液化石油气、原油、汽油、乙醚、煤油等；把闪点在45℃以上的能够燃烧的液体称为可燃液体，如－35号轻柴油、重柴油、变压器油、甘油等。

闪点也是区分仓储物资危险性的依据。闪点低于28℃的液体属甲类火灾危险物资；闪点为28～60℃的液体属乙类火灾危险物资；闪点大于60℃的液体属丙类火灾危险物资。

可燃液体大多数为烃类化合物。根据其分子中碳原子连接链的不同，可分为开链烃和环烃两类。在同类烃中，又可根据分子结构的差别，出现同分异构体。这些不同均对可燃液体的闪点有一定影响。

**1. 单一同系可燃液体的闪点变化规律**

对于同类有机物，其闪点随分子量的增大、沸点的升高、密度的增大而升高。物质的分子量越小，闪点越低；闪点随饱和蒸气压的增大而降低；饱和烃(烷烃)的闪点比不饱和烃(烯烃、二烯烃、炔烃)的闪点高；对于同分异构体，直链结构(正结构体)的闪点比支链结构(异结构体)的闪点高；烃与烃衍生物之间的闪点按烃、醚、醛、酮、酯、醇、羧酸的顺序下降。

对于芳香烃，以某种基团取代苯环上的氢而生成的各种衍生物，其闪点一般是升高的，如氯基、羟基、氮基等，磺酸基的取代物更不易着火。不过硝基的取代物则相反，取代的基数越多，发生爆炸的危险性越大。

**2. 混合可燃液体的闪点变化规律**

对于完全互溶的混和物，其闪点大多低于各组分的闪点的算术平均值，并接近于含量大的组分的闪点。例如，甲醇(闪点为7℃)和丁醇(闪点为36℃)按1∶1混和，其混合液的闪点不是[(7+36)/2]℃=21.5℃，而是13℃，要比平均值低。

可燃液体与不燃液体的混合物，闪点将随不燃液体含量的增加而升高。当不燃液体组分的含量达到一定值时，混合物不再发生闪燃。例如对于乙醇的水溶液，当水分占60%时，其闪点将由纯乙醇时的闪点11℃升至25℃；当水占97%时，就不再发生闪燃。此外，油漆类的闪点取决于所用的溶剂。

#### 4.3.2.2　自燃点

一般可燃易燃液体的自燃点为250～650℃。如汽油的自燃点是415～530℃，松节油的自燃点是244℃，苯的自燃点是574℃，甲醇的自燃点为470℃，乙醛的自燃点为175℃，乙醚的自燃点是160℃，二硫化碳的自燃点是90℃。在不接触明火的条件下，二硫化碳容易受热自燃。在火场上，自燃点低的液体也容易使火势蔓延。

同气体一样，液体的自燃点受压力、浓度、催化剂和容器材料及直径大小的影响和变化。有机化合物的受热自燃点具有下列规律：

(1) 同系物随分子量液体蓄热条件好，故受热自燃点降低，易受热自燃。如甲、乙、丙醇的自燃点各为455℃、414℃、404℃。

(2) 正构体的自燃点比异构体的要低。如正丁醇的是343℃，异丁醇的是413℃。

(3) 不饱和烃比相应饱和烃的自燃点低。如戊烯的自燃点是275℃，戊烷的是309℃。

表4-4列出了醇类物质的分子量与闪点和自燃点的关系。

**表4-4 醇类物质的分子量与闪点和自燃点的关系**

| 名称 | 分子式 | 分子量 | 沸点/℃ | 闪点/℃ | 热值/MJ · $kg^{-1}$ | 自燃点/℃ |
|---|---|---|---|---|---|---|
| 甲醇 | $CH_3OH$ | 32 | 64.7 | 7 | 23.8 | 45 |
| 乙醇 | $C_2H_5OH$ | 46 | 78.4 | 11 | 30.9 | 41 |
| 丙醇 | $C_3H_7OH$ | 60 | 97.8 | 23.5 | 34.7 | 404 |
| 丁醇 | $C_4H_9OH$ | 74 | 118 | 36 | 37.6 | 345 |
| 戊醇 | $C_5H_{11}OH$ | 88 | 137 | 46.5 | 46.4 | 305 |

## 4.3.2.3 饱和蒸气压

液体的饱和蒸气压是指在一定温度下，气、液两相平衡时蒸气的压力。当液体的饱和蒸气压与外界压力相等时，液体便沸腾，此时的温度即为液体的沸点。液体的沸点随外压的变化而变化，若外压为标准压力(取100kPa)，则液体沸点就称为正常沸点。

饱和蒸气压的大小可表明液体蒸发能力的强弱、液体在管道运输系统中形成气阻的可能性以及储运时损失量的倾向。液体的饱和蒸气压大，蒸发性就大，形成气阻的可能性也大，在储运中，蒸发损失也就大。

易燃可燃液体都是些蒸气压较大的液体，常温下都有不同程度的挥发性。挥发量和蒸发速度受温度、蒸发面积、环境空气的速度及紊流情况、液体的分子结构、液体的粘性、表面张力和液体的密度影响。

液体的蒸气压随温度而变化，温度升高时，蒸气压增大，这主要与分子的动能有关。图4-7给出了几种物质的蒸气压与温度的关系曲线。

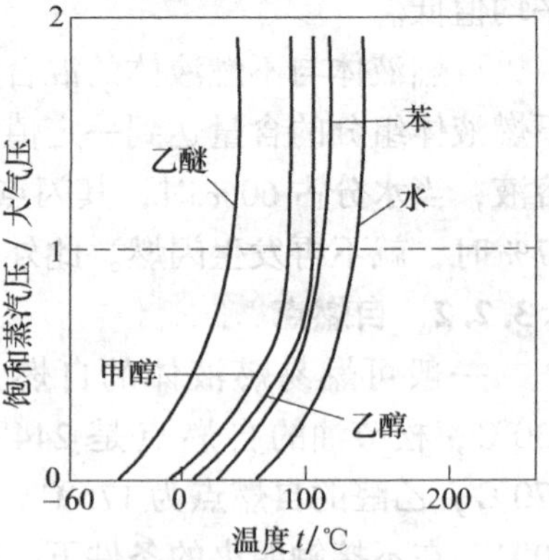

图4-7 液体蒸气压与温度的关系

从图可看出，液体的蒸气压随温度的升高而急剧增大。当盛有挥发性液体的密闭容器受热时，容易造成容器变形、“鼓桶”或胀裂，这些容器严禁超温使用。盛装可燃和易燃液体的容器应留有不少于5%的空隙，远离热源、火源，在夏季还要做好降温工作。

液体的相对密度，是指同体积的液体与水的质量之比，也可以说是液体的密度与4℃时水的密度相比所得的相对密度。易燃可燃液体的相对密度大都小于1，只有二硫化碳例外，它的相对密度为1.253。

相对密度愈小的液体，其闪点、沸点都低，其蒸发速度及发热量都大，同时在较低的温度下很易形成蒸气与空气的混合物。液体的蒸气压力和它在空气中的浓度将取决于相对密度。图4-8给出了汽油的相对密度和温度对蒸气压的影响。可看出，石油产品的蒸气压是其相对密度和温度的函数，即随着相对密度的减小和温度的升高而增加。

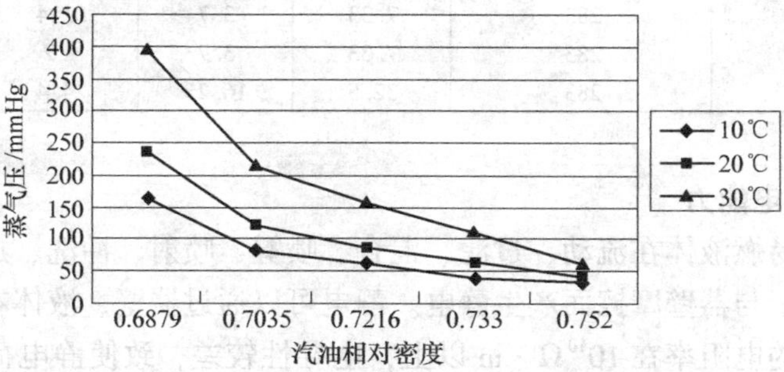


图4-8　汽油蒸气压和相对密度、温度的关系

一般沸点低的液体，蒸发速度快，蒸气压力高，闪点低，故火灾危险性大。同类液体的沸点和闪点有如下关系：①沸点低，闪点也低；②沸点低于115℃，闪点小于20℃，沸点大于115℃，闪点大于20℃；③沸点每增加1.3~1.5℃，闪点就上升1℃。

#### 4.3.2.4　液体蒸气的爆炸极限

在一定的温度和压力条件下，液体会蒸发出气体，蒸发量的多少与液体的蒸气压有关。蒸发的气体与空气混合后，其浓度在一定范围(爆炸极限)时，遇到火源发生爆炸。几种常见可燃液体爆炸极限如表4-5所示。

**表4-5　若干可燃液体爆炸极限**

| 物　质 | 闪点/℃ | 爆炸浓度极限(%) | 间距(%) | 爆炸温度极限/℃ |
|---|---|---|---|---|
| 乙醚 | -43 | 1.85~40 | 38.15 | -45~23 |
| 乙醇 | 13 | 3.50~18.95 | 15.45 | 11~40 |
| 二甲醚 | | 3.4~27.0 | 23.6 | |
| 甲醇 | 12.22 | 6.0~36.5 | 29.5 | |

从表4-5比较可见，乙醚的爆炸下限低，爆炸极限间距大，因此乙醚的火灾与爆炸危险性比乙醇大。可燃、易燃液体蒸气浓度虽在爆炸极限内，但因其浓度不同，发生爆炸时的危险性也不同。

在火场附近的可燃与易燃液体容器，受到火场辐射热的作用时，其温度升高，内部的液体体积膨胀，产生的蒸气压力随着温度上升而急剧增大。当达到其强度时，容器破裂，发生爆炸。这种爆炸的危害性比炸弹爆炸时的危害性还大，主要是由于液体的体积较大，在爆炸时燃烧的液体会随着冲击波被抛射到周围，可能引燃更大规模的火灾。表4-6列出了不同类型的汽油罐爆炸参数。

**表4-6 汽油罐爆炸的最大压力和破坏能量**

| 储罐形式 | 储罐容积/$m^3$ | 爆炸压力/($kg/cm^2$) | | | 爆炸破坏能量/t(TNT) |
|---|---|---|---|---|---|
| | | 最大 | 一般 | 破裂时 | |
| 锥顶罐 | 283 | 7.33 | 3.7 | 0.14 | 0.05 |
| 水滴罐 | 283 | 7.33 | 3.7 | 4.2 | 1.75 |
| 球形罐 | 283 | 32.5 | 16.25 | 24.4 | 3.5 |

#### 4.3.2.5 带电能力

可燃与易燃液体在流动、过滤、混合、喷雾、喷射、冲洗、加注、晃动等情况下，由于与器壁摩擦而产生静电。静电可以通过器壁、液体本身传导至大地。但液体的电阻率在$10^{10}\Omega\cdot m$以上，电导性较差，致使静电荷的产生速度高于静电荷的泄漏速度，从而静电荷能够在液体中积聚。醚、酮、酯、芳香烃、其他石油产品及二硫化碳等都具有带电能力。当积聚的静电荷的放电能量大于可燃混合物的最小引燃能，并且在放电间隙中油品蒸气和空气混合物处于爆炸极限范围时，将引起火灾、爆炸事故。例如油罐车装油、或卸油时的爆炸、用汽油擦地时的着火等。

液体产生的静电荷与分子结构和环境条件有关。当输送管道的距离越长、内壁越粗糙、弯头越多、温度越高、流速越快、杂质越多、罐装时落差越大以及空气湿度越小时，产生的静电荷就越多。

在工业上操作时，除了要增加环境湿度、使用导电材料外，还要保证设备有良好的接地，在罐内注入液体时，应把注入管伸到罐底，并把罐体接地，这样即可降低液体流出时对内壁的冲刷速度，减少静电的产生。另外即使流进罐中的液体带电，当它碰到罐底时静电被罐壁导走，可以有效地防止罐内液体带电。为了把罐体、管道、漏斗、接受器等保持同电位，可将全部器具用导体连接起来，进行可靠的接地，而且定期检查接地是否良好。

#### 4.3.2.6 化学稳定性、毒性与流动性

作为有机化学物质，易燃和可燃性液体能够与多种其他物质发生反应，特

别是遇到强酸及氧化剂等能发生剧烈反应而引起燃烧或爆炸。如乙醇遇到铬酐($CrO_3$)会着火，松节油与硝酸接触也会燃烧，双烯烃(环戊二烯)遇微量硝酸也能立即爆炸。

多数易燃可燃液体与其蒸气都有不同程度的毒性，其毒害性的大小与其成分中烃的类型有关。在芳香族烃类化合物中，苯环上的氢原子若被氯原子、甲基或乙基所取代，其毒性相应减弱，但刺激性增加；被氨基或硝基取代时，则具有明显的形成高铁血红蛋白的作用。在芳香族苯环上，不同异构体的毒性也有差异。不饱和烃、芳香烃较烷烃的毒性大；易蒸发的物质比不易蒸发的物质危害性大。这些物质通过呼吸道、消化道和皮肤接触而进入人体，对人员产生危害，如苯、醚、二硫化碳等。

液体都有流动性，流动性的好坏取决于液体的粘度。粘度愈低，其流动扩散性就愈强。可燃与易燃液体大都是些粘度较小的液体，一旦泄漏，则易流到低处；由于这些液体通常密度比水小，因此，还会浮在水的表面，并随水流动；另外，液体的粘度还随着温度的升高而降低，因此粘度大的液体，在火灾中也会大量流淌。

很多易燃液体还能因毛细管及浸润等作用而扩大其表面积，如汽油等。这样将使其蒸发速度加快，蒸气扩散加快，遇明火即能引起火灾。在火场上液体的流动可以助长火灾的扩大和蔓延。

## 4.3.3　液体的闪点与燃点测定

根据测定方法的不同，液体闪点又分为闭口闪点与开口闪点两种。用规定的闭口闪点测定器测得的结果称为闭口闪点，测试过程是将可燃液体样品放在有盖的容器中加热测定，常用以测定煤油、柴油、变压器油等轻质油品或闪点低的液体；用规定的开口闪点测定器所测得的结果称为开口闪点，测试过程是可燃液体样品放在敞口容器中，加热后蒸气可以自由扩散到周围空气中进行测定，常用于测定润滑油等重质油品或闪点高的液体。同一种可燃液体样品，测定的方法不同，其闪点值也不同，一般开口闪点要比闭口闪点高15～25℃。闪点越高，两者的差别越大。

### 4.3.3.1　闭口杯闪点法

闭口杯闪点测定器的结构见图4-9。测试时油杯用无铅汽油洗涤并用空气吹干后，将试样注入油杯，盖上清洁、干燥的杯盖，插入温度计，并将油杯放在空气浴中。将使用轻质润滑油作燃料的点火器的灯芯或煤气引火点燃，并将火焰调整到接近球形，其直径为3～4mm。为了更有效地避免气流和光线的影响，闪点测定器应围着防护屏。

对试验闪点低于50℃的试样加热时，从试验开始到结束要不断地进行搅

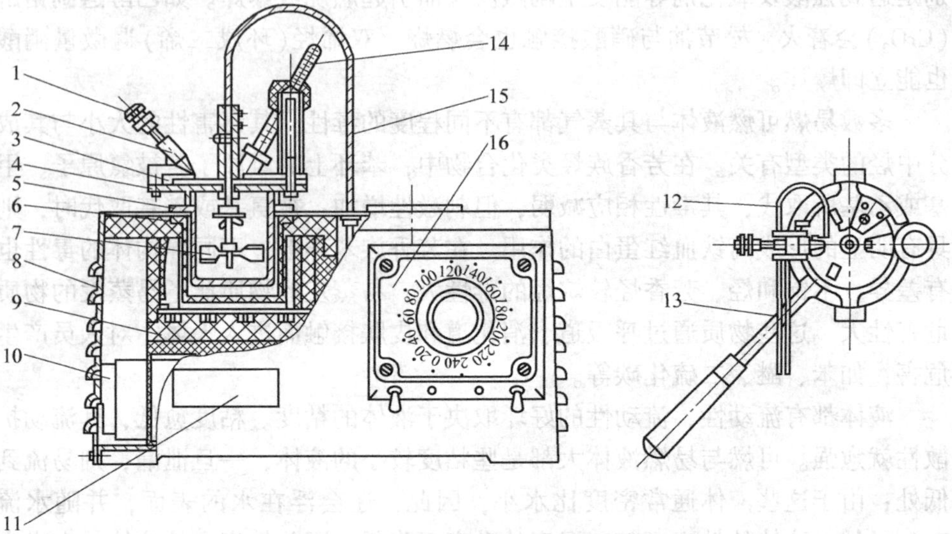


图4-9 闭口闪点测定器

1—点火器调节螺丝 2—点火器 3—滑板 4—油杯盖 5—油杯 6—浴套 7—搅拌桨 8—壳体 9—电炉盘 10—电动机 11—铭牌 12—点火管 13—油杯手柄 14—温度计 15—传动软轴 16—开关箱

拌，并使试样温度每分钟升高1℃；对试验闪点高于50℃的试样加热时，开始加热速度要均匀上升，并定期进行搅拌，到预计闪点前40℃时，调整加热速度，使在预计闪点前20℃时，升温速率能控制在每分钟升高2～3℃，并要不断进行搅拌。

试样温度到达预期闪点前10℃时，对于闪点低于104℃的试样每经1℃进行点火试验；对于闪点高于104℃的试样每经2℃进行点火试验。试样在试验期间都要转动搅拌器进行搅拌；只有在点火时才停止搅拌。点火时，使火焰在0.5s内降到杯上含蒸气的空间中，留在这一位置1s立即迅速回到原位。如果看不到闪火，就继续搅拌试样，重复进行点火试验。

在试样液面上方最初出现蓝色火焰时，立即从温度计读出温度作为闪点的测定结果。得到最初闪火之后，继续进行点火试验，应能继续闪火。在最初闪火之后，如果再进行点火却看不到闪火，应更换试样重新试验；只有重复试验的结果依然如此，才能认为测定有效。

#### 4.3.3.2 开口杯闪点法

试验时需要开口杯闪点测定器、温度计、引火源(如煤气灯、酒精喷灯或电炉)等。

首先把盛装样品用的内坩埚用溶剂油洗涤后，放在点燃的煤气灯上加热，除去遗留的溶剂油。待内坩埚冷却至室温时，放人装有细砂(经过煅烧)的外坩埚中。将试样注入内坩埚，并平稳地放置在支架上的铁环(或电炉)中，再将温度计垂直地固定在温度计夹上，并使温度计的水银球位于内坩埚中央，与坩埚底和试样液面的距离大致相等。

加热坩埚，使试样逐渐升高温度，当试样温度达到预计闪点前60℃时，调整加热速度，使试样温度达到闪点前40℃时能控制升温速率为每分钟升高(4±1)℃。试样温度达到预计闪点前10℃时，将点火器的火焰放到距离试样液面10~14mm处，并在该处水平面上沿着坩埚内径作直线移动，从坩埚的一边移至另一边所经过的时间为2~3s。试样温度每升高2℃应重复一次点火试验。点火器的火焰长度，应预先调整为3~4mm。

试样液面上方最初出现蓝色火焰时，立即从温度计读出温度作为闪点的测定结果，同时记录大气压力。

#### 4.3.3.3 燃点的测定

测得试样的闪点之后，如果还需要测定燃点，应继续对外坩埚进行加热，使试样的升温速率为每分钟升高(4±1)℃，用点火器的火焰进行点火试验。若试样接触火焰后立即着火，并能继续燃烧不少于5s，此时立即从温度计读出温度作为燃点的测定结果。

重复测定2次，试验结束后，取重复测定2个闪点结果的算术平均值，作为试样的闪点，取重复测定2个燃点结果的算术平均值，作为试样的燃点。

#### 4.3.3.4 大气压对闪点与燃点影响的修正

大气压力对闪点和燃点有较大影响，因此要对试验测得的闪点和燃点进行修正。

1）大气压力低于99.3kPa(745mmHg)时，试验所得的闪点或燃点$t_0$(℃)按式(4-3)进行修正(精确到1℃)：

$$t_0 = t + \Delta t \tag{4-3}$$

式中，$t_0$为101.3kPa(760mmHg)大气压力时的闪点或燃点(℃)；$t$为在试验条件下测得的闪点或燃点(℃)；$\Delta t$为修正数(℃)。

2）大气压力在72.0~101.3kPa(540~760mmHg)范围内，修正数$\Delta T$(℃)可按式(4-4)或式(4-5)计算：

$$\Delta T = (0.00015T + 0.028)(101.3 - p) \times 7.5 \tag{4-4}$$

$$\Delta T = (0.00015T + 0.028)(760 - p_1) \tag{4-5}$$

式中，$p$为试验条件下的大气压力(kPa)；$T$为在试验条件下测得的闪点或燃点(300℃以上仍按300℃计)(℃)；0.00015与0.028为试验常数；7.5为大气压力单位换算系数；$p_1$为试验条件下的大气压力(mmHg)。

此外，温度修正数$\Delta T$(℃)还可以从表4-7查出：

表 4-7 闪点或燃点的修正数 $\Delta T$

| 闪点或燃点/℃ | 在下列大气压力/kPa(mmHg)时的修正数 $\Delta T$/℃ | | | | | | | | | | |
|---|---|---|---|---|---|---|---|---|---|---|---|
| | 72.0(540) | 74.6(560) | 77.3(580) | 80.0(600) | 82.6(620) | 85.3(640) | 88.0(660) | 90.6(680) | 93.3(700) | 96.0(720) | 98.6(740) |
| 100 | 9 | 9 | 8 | 7 | 6 | 5 | 4 | 3 | 2 | 2 | 1 |
| 125 | 10 | 9 | 8 | 8 | 7 | 6 | 5 | 4 | 3 | 2 | 1 |
| 150 | 11 | 10 | 9 | 8 | 7 | 6 | 5 | 4 | 3 | 2 | 1 |
| 175 | 12 | 11 | 10 | 9 | 8 | 6 | 5 | 4 | 3 | 2 | 1 |
| 200 | 13 | 12 | 10 | 9 | 8 | 7 | 6 | 5 | 4 | 2 | 1 |
| 225 | 14 | 12 | 11 | 10 | 9 | 7 | 6 | 5 | 4 | 2 | 1 |
| 250 | 14 | 13 | 12 | 11 | 9 | 8 | 7 | 5 | 4 | 3 | 1 |
| 275 | 15 | 14 | 12 | 11 | 10 | 8 | 7 | 6 | 4 | 3 | 1 |
| 300 | 16 | 15 | 13 | 12 | 10 | 9 | 7 | 6 | 4 | 3 | 1 |

## 4.4 易燃固体

凡燃点较低，遇火、受热、摩擦、撞击或与氧化剂接触能着火的固体物质统称为易燃固体。这类物质主要是一些化工原料及其制品，通常还具有不同程度的毒性、腐蚀性、爆炸性等。易燃固体按燃点的高低、易燃性的大小、燃烧速度的快慢、爆炸性及放出气体的毒性大小等，分为一、二两级，见表 4-8。

表 4-8 易燃固体物质分类

| 级　别 | 鉴定参考标准 | 物 质 类 别 |
|---|---|---|
| 一级 | 燃点在 300℃以下，低熔点者闪点在 100℃以下，燃烧速度在 0.5cm/s 以上，产生的毒性大 | 磷及磷化物：红磷、三硫化磷、五硫化磷；<br>硝基化合物：二硝基甲苯、发孔剂；<br>硝化纤维素：硝化棉、胶棉；<br>氨基化物：氨基化钠；<br>其他：闪光粉 |
| 二级 | 燃烧性能较一级低，燃烧速度小于 0.5cm/s，产物毒性较小 | 易燃金属粉末：镁粉、铝粉等；<br>硝基化合物：硝基芳烃等；<br>硝化棉织品：赛璐珞等；<br>氨基化物：氨基化钙；<br>其他：硫磺、萘、生松香等 |

根据使用习惯，属于化工原料及其制造品的称为易燃固体；属于农副产品

及其制品的称为易燃货物，如木柴、棉、麻等。

## 4.4.1 常见的易燃固体

### 4.4.4.1 红磷及磷化物

红磷和白磷是磷元素的两种单体，但两者的结构不同。白磷分子是由4个磷原子结合而成的，而红磷的结构则远比白磷复杂。将白磷隔绝空气加热到260℃就逐渐转变为暗红色粉末状的红磷。红磷在隔绝空气的情况下于416℃升华，气体骤冷后得到白磷。

红磷无毒，密度为2.34g/cm³，熔点590℃(4357kPa)，燃点240℃，红磷的反应活泼性比白磷低一些，不溶于水，也不溶于二硫化碳，应密封保存。

红磷遇明火、高热、摩擦、撞击有引起燃烧的危险。红磷的燃点在160℃，五硫化磷的燃点是300℃。显然它们都易燃。红磷与溴混合能发生燃烧，与大多数氧化剂如氯酸盐、硝酸盐、高氯酸盐或高锰酸盐等可组成十分敏感的爆炸物。燃烧时放出有毒的刺激性烟雾。出现小火时可用干燥砂土闷熄，大火则用水熄灭。待火焰熄灭后，须用湿沙土覆盖，以防复燃。清理时须注意防范，以免灼伤。

红磷除用于制农药外，主要用于制造安全火柴。磷在军事上还用来制造烟幕弹和燃烧剂以及用于化学武器的神经性含磷毒剂。

很多磷化物在温度较高时都会发生自燃，如磷化钙、磷化铝、磷化钠等。磷化钙与氯气、氧气混合可发生爆炸；遇水、湿空气、酸会发生自燃，并放出有毒的可燃性气体磷化氢；磷化铝与氧化剂能发生强烈反应，引起燃烧或爆炸。在遇到酸、水或潮气时，能发生剧烈反应，放出磷化氢气体。当温度超过60℃时，磷化铝会立即在空气中自燃。

### 4.4.4.2 硫磺

硫磺是单质硫，淡黄色脆性结晶或粉末，有特殊臭味。熔点119℃，沸点444.6℃，密度2.0g/cm³。不溶于水、微溶于乙醇、醚，易溶于二硫化碳。用于制硫酸、火药、火柴、橡胶、焰火、药品、染料、杀虫剂等。

硫磺的引燃温度为232℃，最小点火能15mJ，在空气中很容易发生燃烧，生成有刺激性并导致酸雨的硫氧化物。其粉尘或蒸气与空气或氧化剂混合形成爆炸性混合物，与卤素、金属粉末等接触剧烈反应。

对少量暴露硫磺，应避免扬尘，用洁净的铲子收集于干燥、洁净、有盖的容器中，转移至安全场所；对大量硫磺，用塑料布、帆布覆盖，减少飞散，使用无火花工具收集回收或运至废物处理场所处置。

硫磺为不良导体，操作过程中易产生静电荷，可导致硫尘起火。遇小火用砂土闷熄，遇大火可用雾状水灭火，切勿将水流直接射至熔融物，以免引起严重的流淌火灾或引起剧烈的沸溅。

盛装要使用塑料袋、多层牛皮纸袋，并放于钢桶、纤维板桶、胶合板桶或木板箱内。包装必须密封，搬运时要轻装轻卸，防止包装及容器损坏，切勿受潮。切忌与氧化剂和磷等物品混储、混运。储存于阴凉、通风仓库内，远离火种、热源。

#### 4.4.4.3 硝化纤维制品

硝化纤维制品包括硝化棉和赛璐珞等。硝化棉是白色絮状或片状纤维，熔点160~170℃，相对密度1.65~1.67g/cm$^3$。不溶于水，能溶于酮类、酯类、醇醚混合溶剂等中。硝化纤维制品主要用于生产赛璐珞、电影胶片、漆片、炸药等。

硝化纤维素属一级易燃物品，可以被火焰、热、震动、冲击、摩擦、火花或静电点燃，挥发性溶剂蒸气与空气可形成爆炸性混合物。闪点128℃，引燃温度170℃。燃烧的硝化纤维素会产生一氧化碳、二氧化碳、氮氧化物等。遇酸、碱、氧化剂、还原剂引起反应，应避免与强碱和酸性物质、胺或氧化剂接触。

为防止磨擦产生的静电或碰撞火花，处理硝化纤维素时不许使用塑料工具和铁制器具，而应使用碰撞不产生火花的有色金属材料(铜或黄铜)或木材等。散落的硝化纤维素必须用大量的水完全湿润，仔细地扫除。然后装进不漏水的密闭容器里及时处理。防止散落的硝化纤维素污染水源、下水道、土壤或植被。

硝化纤维制品应储存于阴凉通风良好的库房中，远离火源、热源，不允许阳光直接照射。在周转库存货时按先进先出原则，禁止在储存区内打开或倒空包装物。硝化纤维素不允许与强碱性和强酸性物质、胺或氧化剂一并储存。

#### 4.4.4.4 金属粉末

在一些工艺过程中，需要将金属加工成粉末使用，然而不少金属粉末能够发生燃烧或爆炸，其中爆炸性严重的主要有镁粉、铝粉、锆粉等。它们与空气的混合物燃烧时所需的氧含量很低(小于3%)、爆炸极限(质量分数)很低(20~50g/m$^3$)、引燃温度也不高(低于600℃)。这类金属粉末在空气中也容易发生自燃。金属粉末燃烧的强度高，有时可作为添加剂使用，例如在某些炸药中加入铝粉可以增加爆炸反应的热效应。

在加工和处理金属粉末时通常会产生大量粉尘。一旦粉尘云与空气形成浓度合适的混合物，并为来自金属粉末或外界火种的能量点燃时，则粉尘云即可发生爆炸。值得注意的是，由于第一次爆炸能够将该区域内聚集的粉尘抛射到空气中，往往会引起第二次爆炸或燃烧。

影响金属粉末爆炸性的主要因素包括颗粒形状、颗粒浓度、气氛条件、外界扰动和火种等。因此扑灭这类着火也困难得多。金属粉末着火时，应极其小心地进行处置，不要扰动，以防止燃烧的物质喷出或发生小规模爆炸。对于大多数金属粉末着火，一般不能用水来救火，可用惰性气体覆盖法来灭火。

### 4.4.2　影响易燃固体火灾危险性的主要参数

易燃固体物质的火灾危险性取决于物质本身的熔点、燃点、自燃点、单位体积的表面积及热分解温度等因素。

#### 4.4.2.1　熔点

与气体的燃烧过程相比、固体物质在燃烧前，必须要有足够的能量来松开分子间的紧密连接，熔点低的固体物质容易蒸发和汽化。这些物质的燃点也较低，燃烧速度快，发生火灾的危险性就大。许多低熔点的易燃固体还有闪燃现象，其闪点大都在100℃以下。

熔点低的固体物质在燃烧过程中是受热后先熔化，再蒸发产生蒸气，并分解出可燃气体，例如沥青、石蜡、松香等；复杂固体物质在燃烧过程中是受热时直接分解析出气态产物，再氧化燃烧，如木材、纸张、煤、塑料、人造纤维等。

#### 4.4.2.2　燃点

固体燃点是指在规定的试验条件下，可燃物与明火接触能发生持续燃烧的最低温度。燃点低的物质在能量较小的热源或受撞击、摩擦等作用下，能很快受热达到燃点。在火场上，燃点低的物质经常是火灾蔓延的主要因素，当两种燃点不同的物质处在同一条件下，在火源作用下，燃点低的物质先着火，进而引燃其他物质。

燃点是评定固体物质火灾危险性的主要标志。燃点低的物质在接触火、热或受外力作用时，往往引起强烈连续地燃烧，如硫磺、樟脑、萘等，其分子组成简单，熔点和燃点都低，受热后迅速蒸发，其蒸气遇明火或高温即迅速燃烧。在危险物品的管理上，通常以燃点300℃作为划分易燃固体和可燃固体的界线。

#### 4.4.2.3　自燃点

可燃固体的自燃点都低于可燃液体和气体的自燃点，因为固体比液体和气体的分子密集，蓄热条件好。有些物质受热熔化后能生成蒸气，其自燃点可按照气体的自燃点对待；还有一些物质不经过熔化而直接分解，析出可燃性气体，如木材、煤、棉和赛璐珞等，析出挥发物的多少决定了其危险性。

大部分易燃固体的自燃点一般在130～350℃之间。自燃点低的固体物质，其火灾危险往往就大些。例如赛璐珞的自燃点为180℃，木材的自燃点为400～500℃，当它们同时处于火场时，赛璐珞的火势发展很快，故在扑救火灾中，应先将自燃点低的物质抢出火场。

可燃固体物质的闪点、燃点和自燃点也随着各种因素的影响变化。对于低熔点固体，其闪点、燃点和自燃点的影响因素与液体相似；对于其余固体，其闪点、燃点和自燃点等还与如下因素有关：

（1）物质的粉碎程度。固体物质粉碎得越碎，其自燃点越低。

（2）受热时间。在相同温度下，固体热解的时间越长，析出的可燃气越多，因此其闪点、燃点和自燃点均会有所下降。

（3）环境氧含量。周围空气中氧含量增大时，以上三种燃烧参数均会下降。

**4.4.2.4　单位体积的表面积**

同一固体物质，单位体积的表面积越大，其火灾和爆炸的危险性就相应地增大。这因为燃烧是与氧的化学反应。这种反应从物体表面开始再深入到内部，因此，物质的表面积越大，和空气中的氧接触越多，氧化作用越普遍、越容易，燃烧亦越快，硫粉比硫块燃烧快，木刨花比圆木燃烧快，松散状的棉麻比打捆成包的棉麻燃烧快。可见，物质越薄、越细小，越松散，则表面积就越大，因而火灾危险性也越大。

针对 $10^{-5} \sim 10^{-3}$cm 或者更大的颗粒粉体，在无风常态下通常难以自然地悬浮，即使存在于空气中也能很快地下沉，危险性较小；当粉体粒径小于 $10^{-7}$cm 时，由于某种外部的机械作用产生移动，经过一定时间便在空气中形成雾化粉尘。这种雾化粉尘，表面积增大，吸附的氧量增多，氧化能力增强，并且还能产生静电，因此其爆炸危险性大大增加。

**4.4.2.5　热解温度**

除了一些单质固体外，大部分固体物质的燃烧都有一个热分解阶段，热解温度低的物质容易燃烧，火灾危险性就大。例如，硝化棉在40℃就发生分解，亚硝基苯酚在140℃才分解。显然，硝化棉的火灾危险性就要大。

固体物质热解的难易程度取决于固体表面的温度。当固体物质表面温度达到对应于该物质的某一温度时，热解生成的可燃性气体浓度可达到燃烧下限，从而起火燃烧。热分解速度高的物质容易起火；热传导率小的木材较热传导率大的木材容易起火燃烧。

**4.4.2.6　燃烧速度**

固体物质的燃烧速率一般小于可燃气体和液体的燃烧速率，不同固体物质的燃烧速度也有很大差别。如苯的衍生物、石蜡、三硫化磷、松香等固体物质，其燃烧过程要经过受热熔化、蒸发、分解、起火、燃烧等阶段，其燃烧速度一般较慢；而硝基化合物、硝化纤维及其制品等，因其本身含有不稳定的含氧基团（如—$NO_2$，—$ONO_2$ 等），它们是先分解后燃烧，不需要外界供应氧，在燃烧过程中还有自催化作用加速反应，所以燃烧速度很快。对于同一种固体物质，其燃烧速度还取决于它的表面积的大小，如果燃烧的固体物质的比表面积(固体表面积对其体积的比值)越大，则其燃烧速度越快。

### 4.4.3　易燃粉尘的爆炸极限测定

固体的爆炸性体现在两方面：①当物质为炸药，在常态下只要有合适的条件即可爆炸。在下一节将讨论这一方面；②固态物质以粉体状弥散在空气中，当遇到火源时，在受限的空间中也爆炸。

粉体的爆炸，其实质是粉尘粒子表面与氧产生反应所引起的某种凝固的可燃物与周围存在着氧化剂这一不均匀状态中进行的反应。粉体爆炸是介于气体爆炸和炸药爆炸之间的一种状态，如果按爆炸时所放出的能量，可达到气体爆炸的几倍。如铝粉、镁粉等，不仅易燃，而且易飞散在空气中形成爆炸性混合物，遇火源能导致粉尘爆炸。

## 4.5　爆炸品

凡是受到摩擦、撞击、震动、高温或其他外界因素的激发，能发生剧烈的化学反应，瞬时产生大量的气体和热量，使周围压力急骤上升，发生爆炸，对周围环境造成破坏，同时伴有光、声、烟雾等效应的物品，均为爆炸物品。

### 4.5.1　爆炸品的类型

按照爆炸品的用途，可分为四类。

**1. 起爆药**

起爆药是一些十分敏感的凝聚相炸药，可在较小的外界能量作用下发生爆炸，而且变化速度在很短的时间内增至最大值，可用于装填工业雷管(火雷管、电雷管、非电雷管)和索状材料(导火索、导爆索、导爆管)等起爆器材，以起爆其他工业凝聚相炸药。常用的起爆药有：迭氮化铅、雷汞、斯蒂酚酸铅、特屈拉辛和二硝基重氮酚等。

**2. 猛炸药**

猛炸药爆炸时可对周围介质有强烈的机械作用，能粉碎附近的固体介质。猛炸药需要较大的外界作用或定量的爆药作用才能诱起爆炸变化。猛炸药是用来破坏障碍物的炸药，可作为爆炸药装填各种弹丸、爆破器材和工业炸药。常用的猛炸药有梯恩梯、特屈儿、黑索金、奥克托金、泰安、乳化炸药、浆状炸药、铵油炸药和铵梯炸药等。

**3. 发射(火)药**

发射(火)药能在没有外界助燃剂(如氧气)作用下，进行有规律的快速燃烧，而燃烧产生的高温高压气体对弹丸作抛射功。发射(火)药主要用来装在炮弹的药筒、追击炮弹的尾部，以及火箭发动机内作为发射药和推进剂。常用的发射(火)药有：烟火药或黑火药、无烟火药或溶塑火药(如硝化棉火药和硝化甘油火药等)。

**4. 烟火剂**

烟火剂主要由氧化剂、可燃剂与显现颜色的添加剂的混合剂构成，其变化过程是燃烧，在个别情况下也能爆轰。主要用以装填特种弹药(如照明弹、燃烧弹、信号弹、烟幕弹等)产生特定的烟火效应。常见的烟火剂有照明剂、信号剂、燃烧剂及烟幕剂等。

上述四种药剂中，猛炸药的基本爆炸形式是爆轰；起爆药是燃烧和爆轰；火药与烟火剂则是快速燃烧。不过它们都具有爆炸性质，在一定条件下，都能产生爆炸以至爆轰。

## 4.5.2 几种常见炸药

炸药的类型很多，在此仅介绍几种在生产中常见的黑火药、TNT、硝胺炸药。

### 4.5.2.1 黑火药

黑火药是由我国古代火药发展而来的，它由硝酸钾、木炭和硫按一定比例(最常用的是 75∶15∶10,)组成的粒状火药。爆发点为 270～300℃，爆速约 500m/s，爆轰气体体积为 280cm$^3$/g，爆热为 3015kJ/kg，火焰温度为 2500℃，撞击感为度 11.77～1765N · m。黑火药对火花和火焰敏感，点燃后火焰的传播速率较快。燃烧时能释放出大量的高温气体，并产生很多炽热的固体颗粒(约 56%)，形成大量的烟。黑火药可通过调整组分配比和选择适当的颗粒度，以满足不同的使用要求。广泛用作点火药、传火药、导火索装药及引信的延期药等，还可用作信号弹、照明弹、猎枪弹和驱雹火箭等的发射装药或抛射装药。黑火药容易吸湿，存放时要密封包装。

黑火药着火时将发生如下反应：

$$2KNO_3 + S + 3C \xlongequal{\text{点燃}} K_2S + N_2\uparrow + 3CO_2\uparrow \tag{4-6}$$

由于点燃时三种物质剧烈反应，硝酸钾分解放出的氧气，使木炭和硫黄剧烈燃烧，瞬间产生大量的热和氮气、二氧化碳等气体。在有限的空间里，气体受热迅速膨胀引起爆炸。在爆炸时，固体生成物的微粒分散在气体里，所以产生大量的烟。据测，大约每 4g 黑火药着火燃烧时，可以产生 280L 气体，体积可膨胀近万倍。

直至 19 世纪，黑火药是世界上唯一的火药和猛炸药。由于它的能量低、威力小，燃烧时有烟和固体残渣。在19世纪下半叶出现了无烟火药、苦味酸和硝化甘油等新的火药之后，在军事上就一般不再将黑火药作为火药或猛炸药应用。

#### 4.5.2.2 梯恩梯(TNT)

TNT是一种单质炸药，化学成分为三硝基甲苯($C_6H_2CH_3(NO_2)_3$)，为黄色晶体。其熔点为80.7℃，沸点为280℃，爆燃点为300℃，爆速为6900m/s，爆轰气体体积为620$cm^3$/g，爆热为5066kJ/kg，热值为3436kJ/kg，撞击感度为15N·m。对酸较稳定，与碱作用生成比其本身敏感的爆炸性化合物。梯恩梯爆炸性能好，密度为1.62g/$cm^3$，有较低的机械感度。安定性良好，与重金属及其氧化物不发生反应，而且熔点低，温度稍高即具有塑性，50℃以上时成为塑性物质。

TNT的吸湿性很小，几乎不溶于水，微溶于乙醇，溶于苯、甲苯和丙酮。TNT的热安定性好，常温下不自行分解，温度达到1800℃以上才显著分解，遇碱则生成不安定的爆炸物。但遇火能燃烧，大量燃烧或在密闭条件下燃烧时，可转为爆炸。TNT的机械感度较低，但如果混入硬质掺合物时则容易引爆，所以在制造、运输和使用时应特别注意。

在工业上，TNT以甲苯或硝酸甲苯为原料、用硝酸和硫酸的混酸进行硝化而制得。梯恩梯有毒，能引起肝脏疾病和再生障碍性贫血，还会引起白内障。采用连续化和自动化的生产方式，可有效地防止中毒事故。

#### 4.5.2.3 硝铵炸药

硝铵炸药是应用最广泛的工业炸药之一。最初的硝铵炸药是用硝酸铵和固体可燃物、液体碳氢化合物混合制得的。现在，为了提高硝铵炸药的可靠性和爆破效果，还加入了多种敏化剂，包括单质炸药(如梯恩梯、黑索今、硝化甘油等)、烈性氧化剂(如氯酸盐、高氯酸盐等)及高热值金属可燃剂(如铝粉、镁粉等)。其中，梯恩梯敏化的硝铵炸药(俗称铵梯炸药)使用较为普遍。

根据不同的使用场合和性能特点，铵梯炸药通常分为岩石硝铵炸药、煤矿许用硝铵炸药和露天硝铵炸药等品种。岩石硝铵炸药的威力较高，通常梯恩梯含量为10%~20%。主要用于露天或井下中硬岩石的小直径药卷爆破和岩石的二次爆破。煤矿许用硝铵炸药的爆温和爆压均较低，因而可以有效地防止炸药爆轰引燃煤矿中的甲烷与空气混合物，保证煤矿井下爆破作业的安全性。露天硝铵炸药的梯恩梯含量为5%~10%，其成本低、威力中等，主要应用于露天松软岩层的爆破。

铵梯炸药也是重要的军用炸药，可以装填在炮弹、航弹、地雷和水雷等炸弹中，作为主装药。

### 4.5.3 常见的起爆器材

常见的爆炸器材有工业雷管(火雷管、电雷管、非电雷管)和索状材料(导火索、导爆索、导爆管)。目前以雷管的使用更为普遍。在雷管的外壳中，压入少量的起爆药或是起爆药与猛炸药，由简单的初始开始冲能转为爆轰，继而引起其他炸药的爆炸。

#### 4.5.3.1 火雷管

火雷管是工业中一种常用的简单雷管，主要由管壳、正起爆药、副起爆药和加强帽组成。按其起爆药量的多少，分为10个等级，起爆药量愈多，起爆能力愈大，常见的6#和8#火雷管参数见表4-9。

**表4-9 常见的6#和8#火雷管参数表**

| 火雷管 | 管壳 | 长度/mm | 正起爆药/g | | 副起爆药/g | |
|---|---|---|---|---|---|---|
| | | | 二硝基重氮酚 | 雷汞 | 黑索金 | 特屈儿 |
| 6#火雷管 | 金属壳 | 36 ±0.5 | 0.3 ±0.02 | 0.4 ±0.02 | 0.5 ±0.02 | 0.42 ±0.02 |
| 8#火雷管 | 金属壳 | 40 ±0.5 | 0.36 ±0.02 | 0.4 ±0.02 | 0.72 ±0.02 | 0.72 ±0.02 |
| | 纸壳 | 45 ±0.5 | | | | |

#### 4.5.3.2 电雷管

电雷管在工业雷管中应用最广泛，主要由管壳、脚线、桥丝、正起爆药、副起爆药和加强帽等组成。常见的电雷管有瞬发电雷管、秒延期电雷管、毫秒延期电雷管、抗杂电毫秒电雷管和新型安全电雷管。秒延期电雷管和毫秒延期电雷管的段别及延期时间见表4-10。

**表4-10 秒延期电雷管和毫秒延期电雷管的段别及延期时间表**

| 秒延期电雷管 | | | 毫秒延期电雷管 | | |
|---|---|---|---|---|---|
| 段别 | 延期时间/s | 标志(脚线颜色) | 段别 | 延期时间/ms | 标志(脚线颜色) |
| 1 | ≥0.1 | 灰蓝色 | 1 | <13 | 灰红色 |
| 2 | 1.0 ±0.5 | 灰白色 | 2 | 25 ±10 | 灰黄色 |
| 3 | 2.0 ±0.6 | 灰红色 | 3 | 50 ±10 | 灰蓝色 |
| 4 | 3.1 ±0.7 | 灰绿色 | 4 | 75 ±15 | 灰白色 |
| 5 | 4.3 ±0.8 | 灰黄色 | 5 | 110 ±15 | 绿红色 |
| 6 | 5.6 ±0.9 | 黑蓝色 | 6 | 150 ±20 | 绿黄色 |
| 7 | 7.0 ±1.0 | 黑白色 | 7 | 200 ±25 | 绿白色 |
| | | | 8 | 250 ±25 | 黑红色 |
| | | | 9 | 310 ±30 | 黑黄色 |
| | | | 10 | 380 ±35 | 黑白色 |

#### 4.5.3.3　非电雷管

非电雷管系指非电毫秒延期雷管，是用塑料导爆管引爆而延期时间以毫秒数量级计量的雷管，与毫秒延期电雷管的主要区别在于雷管中的点火装置。毫秒延期电雷管是电点火装置，非电毫秒雷管是爆轰波点燃延期药。常见的非电毫秒延期雷管的段别及延期时间见表4-11。

表4-11　非电毫秒延期雷管的段别及延期时间表

| DH-1 系列非电毫秒延期雷管 | | | | DH-2 系列非电毫秒延期雷管 | | | |
|---|---|---|---|---|---|---|---|
| 段别 | 延期时间/s | 段别 | 延期时间/s | 段别 | 延期时间/ms | 段别 | 延期时间/s |
| 1 | 0 | 6 | 150 ±20 | 1 | 50 ±15 | 6 | 490 ±50 |
| 2 | 25 ±10 | 7 | 200 ±25 | 2 | 100 ±20 | 7 | 610 ±60 |
| 3 | 50 ±10 | 8 | 250 ±20 | 3 | 150 ±20 | 8 | 780 ±70 |
| 4 | 75 ±10 | 9 | 310 ±25 | 4 | 250 ±30 | 9 | 980 ±100 |
| 5 | 100 ±20 | 10 | 390 ±40 | 5 | 370 ±40 | 10 | 1250 ±150 |

#### 4.5.3.4　导火索

导火索是以具有一定密度的粉状或颗粒状黑火药为索芯，外面用棉纱线、塑料或纸条、沥青等材料包缠而成的圆形索状起爆材料。外观上一般呈白色，外径为5.2～5.8mm，药芯药量为7～8g/m，燃烧速度为100～125m/s，其喷火强度(喷火长度)≥40mm，也不应有断火、透火、外壳燃烧、速燃和爆燃等现象。

#### 4.5.3.5　导爆索

导爆索是用单质猛炸药黑索金或泰安作为索芯，用棉、麻、纤维及防潮材料包缠成索状的起爆器材。用雷管起爆后，导爆索可直接引爆炸药，也可作为独立的爆炸源。

普通导爆索外观上一般呈红色，外径为5.7～6.2mm，药芯密度为1.2g/cm$^3$，药量为12～14g/m，爆速≥6500m/s，且具有一定的防水性能和耐热性能，有效期一般为2年。

#### 4.5.3.6　导爆管

塑料导爆管是20世纪70年代出现的一种新的非电起爆器材，管壁材料是高压聚乙烯，内壁涂有混合炸药粉末，外径为(2.95±0.15)mm，内径为(1.40±0.10)mm；混合炸药是91%的奥克托金或黑索金、9%的铝粉，涂药量为14～16mg/m，爆速一般为1900～2000m/s。可以用工业雷管、普通导爆索、击发枪、火帽、电引火头或专用击发笔等起爆。

### 4.5.4　影响爆炸品危险性的技术参数

影响爆炸品危险性的因素与炸药的性能参数息息相关。

#### 4.5.4.1 敏感度

在第3章中已经提到，爆炸品的敏感度(简称感度)指的是爆炸品在外界作用下，发生爆炸反应的难易程度，它是反映爆炸品使用安全性的最重要的参数。感度高低通常以引起炸药爆炸所需要的最小外界能量(又叫初始冲能或起爆能)来表示，引起爆炸所耗费的外能愈小，则其感度就愈高。常见的初始冲能有撞击、摩擦、针刺、冲击波、爆轰波等机械能，加热、火花、火焰等热能，静电火或放电火花等电能，激光及其他强光等光能，雷管、炸药等爆炸能。因而炸药的感度也随起爆能形式的不同而有所不同，如热感度(一般用爆发点表示)、撞击感度、摩擦感度和爆轰感度等。表4-12给出了若干常见爆炸品的几种感度。

表4-12 若干爆炸品的几种感度

| 炸药名称 | 冲击感度(10kg 锤 25cm 落高) | 摩擦感度 | 爆发点/g | 爆轰感度(最小起爆药量/g) | |
|---|---|---|---|---|---|
| | | | | 雷汞 | 叠氮化铅 |
| 黑火药 | 50% | | 300 | | |
| 硝铵炸药 | 10%~32% | | 280 | 0.3~0.6 | |
| 硝化甘油 | 100% | | | 0.25 | |
| 梯恩梯(TNT) | 4%~8% | | 475 | 0.36 | 0.09 |
| 雷汞 | 3.5%~9.5%(0.4kg 锤) | 100% | 210 | | |
| 叠氮化铅 | 10%~33%(0.4kg 锤) | 100% | 345 | | |

#### 4.5.4.2 威力

爆炸品的爆炸威力系指其所有的能量在爆炸时做功的能力，亦即对周围介质的破坏能力。这种能力主要取决于爆炸品爆热的大小，还与爆容及爆炸后的气体生成物的量与性质有关。爆炸时产生的热量越大，气态产物生成量越多，爆温越高，其威力也就越大。几种常见凝聚相炸药的威力值见表4-13。

表4-13 几种常见凝聚相炸药的威力值表 (单位:mL)

| 凝聚相炸药名称 | 威力值 | 凝聚相炸药名称 | 威力值 | 凝聚相炸药名称 | 威力值 |
|---|---|---|---|---|---|
| 泰安 | 500 | 2#岩石炸药 | 320 | 二硝基重氮酚 | 230 |
| 黑索金 | 490 | 梯恩梯(TNT) | 285 | 雷汞 | 110 |
| 苦味酸 | 335 | 2#煤矿炸药 | 250 | 迭氮化铅 | 110 |

#### 4.5.4.3 猛度

爆炸品的爆炸猛度系指凝聚相炸药在爆炸后爆轰波、爆炸产物对周围介质破坏的猛烈程度，用来衡量凝聚相炸药爆炸时对与其接触的物体的粉碎和破坏能力。爆炸品的猛度越大，则表示其对周围介质的粉碎破坏程度越大。主要取决于凝聚相炸药的爆速，爆速愈高，猛度愈大。猛度通常用炸药爆炸时，爆轰产物对所接触物体的比冲量来表示。几种常见工业凝聚相炸药的猛度值见表4-14。

**表4-14 几种常见工业凝聚相炸药的猛度值表**

| 凝聚相炸药名称 | 密度/(g/mL) | 猛度值/mm | 凝聚相炸药名称 | 密度/(g/mL) | 猛度值/mm |
|---|---|---|---|---|---|
| 梯恩梯(TNT) | 1.2 | 16~17 | 2#岩石炸药 | 0.9~1.0 | 12~14 |
| 铵沥蜡炸药 | 0.9~1.0 | 8~9 | 2#煤矿炸药 | 0.9~1.0 | 10~12 |
| EL系列乳化炸药 | 1.1~1.2 | 16~19 | 2#露天炸药 | 0.9~1.0 | 8~11 |
| RJ系列乳化炸药 | 1.1~1.25 | 15~19 | | | |

#### 4.5.4.4 安定性

爆炸物质的安定性是指爆炸物质在一定的储存期间，不改变自身的理化性质和爆炸能力的性质，有物理安定性和化学安定性。爆炸品是一种不稳定的化学体系，即使在正常的保管条件下，也会产生某种程度的物理或化学变化，所以，长期储存爆炸品时，如果外界条件不合适，不仅会改变炸药的爆炸性能，影响正常使用，而且还可能发生燃烧和爆炸事故。

另外，爆炸品在遇酸、受热、受光照、与某些金属接触时也能发生分解。如雷汞遇到浓硫酸会发生猛烈的分解而爆炸；TNT炸药在受到日光的照射时，其敏感度会增高，容易引起爆炸；苦味酸能与金属反应生成苦味酸盐，该物质对摩擦、冲击的敏感度比苦味酸还高，因此不能用金属容器存放苦味酸。

物理安定性是指爆炸物质的吸湿性、挥发性、可塑性、机械强度、结块老化、冻结收缩变形等物理性质不容易改变的性质。如黑火药、硝铵炸药易吸湿受潮，严重时失去爆炸能力；堆放不合理，下层被压成大块时，也可能使炸药失去爆炸能力。硝化甘油易挥发、收缩、渗油、老化和冻结变质，严重时会影响其安全性与爆炸性能，所以变质的硝化甘油不准运输和继续使用，必须销毁。

化学安定性是指爆炸物质不容易发生分解而变质的性质。化学安定性取决于化学物质本身的化学性质和环境温度。化学安定性用“热分解速度”来表示。热分解速度越快，其化学安定性越低。爆炸品的热分解反应是一个很复杂的反应，其反应速度除取决于炸药的结构即化学性质外，还与其颗粒的大小、杂质的多少以及储存温度有关，如黑火药、TNT、硝铵等炸药在正常储存条件下其性能较稳定，而硝化甘油化学稳定性很低，在常温下就会分解。虽然其分解速度较慢，但长期存放其分解速度会加快，且容易导致自燃甚至爆炸。温度、阳光、湿度均会影响其分解速度，故库房及船舱内要特别注意通风。

### 4.5.5 爆炸物性能的主要试验方法

为了准确了解和掌握爆炸物的性能，并保证合理使用，目前对于爆炸物的每种性能都发展出了相应的试验方法。在此仅简要介绍几种与安全使用相关的方法。

#### 4.5.5.1 爆发点的测定

炸药的爆发点采用爆发点测定器测定。测定器的主要结构是低熔点合金浴锅。常用的合金为伍德合金(其组成为铋:铅:锡:镉 = 50:25:13:12)，熔点为65℃，同时在锅内装上温度计(带有保护罩)，浴锅以电阻丝进行加热，并在夹套间装有隔热层以防止热损失。测定时，称取一定量(炸药取0.05g、起爆药取0.01g)的试样放入钢管中，并轻轻塞上小铜塞，待低熔点合金加热到将近爆发点，将已准备好的铜管插入合金浴锅中(深度要超过管体2/3)，以秒表计时，如在此温度下不爆炸或超过5min才爆炸，则需升高温度；如果早于5min爆炸，则需降低温度。如此反复几次，即可测出被测炸药的爆发点。

#### 4.5.5.2 火焰感度的测定

操作步骤是准确称取0.05g试样，装入火帽壳内，变更插导火索的上、下盘之间的距离，以测定100%发火的最大距离(上限距离)和100%不发火的最小距离(下限距离)。一般以6次平行试验结果为准，由于导火索的喷火强度随其药芯的粒度、密度等不同而变化，所以试验结果通常只能作为相对比较之用。

#### 4.5.5.3 撞击感度的测定

最常用的仪器是立式落锤仪，它是由2根固定在墙上的互相平行的立式导轨组成的，重锤在导轨间可以自由通行；锤的质量可以变化于0.5~20kg之间，落高一般为25cm，重锤上有一个头可由特制的钢爪抓住，钢爪可使锤固定在不同的高度上(落高)，只要轻轻拉动钢爪上的绳子，锤即可自由落下。该仪器的另一部分为撞击装置，系由击砧、套筒以及钢座、地基等组成，在击砧之间放入炸药试样0.05g，然后放下重锤撞击之，其爆炸与否可由声效应来判断。

#### 4.5.5.4 摩擦感度的测定

目前我国最常用的仪器是摆式摩擦仪。仪器的主要部分是长2m带有重1kg摆锤的摆，摆用弧形刻度尺可以固定在规定的高度上；摆落下时摆锤打击加有静载荷的摩擦击柱，上、下击柱之间夹有试样，在摆锤打击下使上、下击柱间发生水平移动，以摩擦炸药试样观察爆炸与否，每次试验的药量为0.01~0.03g，平行试验25次，计算爆炸百分数。

#### 4.5.5.5　爆轰感度的测定

极限起爆药量测定方法：操作步骤是称取 0.5 ~ 1.0g 炸药试样，以 49030kPa 压力将其压入 8 号铜雷管壳中，然后再装起爆药，扣上加强帽，以 29400kPa 压力加压，并插入导火索，将制成的这种火雷管直立放在 4mm 厚的铅板上起爆。根据铅板穿孔大小来判断测试的炸药是否引爆，完全爆炸的标准是铅板穿孔直径不小于雷管外径。通过增减起爆药的药量，经过一系列试验，即可测出它的极限起爆药量。

#### 4.5.5.6　殉爆距离的测定

先将沙土地面捣固，然后用与药径相同的木棒在此地面压出一半圆槽，将两药卷放入槽内，中心对正，主发药包的聚能穴端与被发药包的平面端相对，量好两药包的距离，随后起爆主发药包，如果被发药包完全爆炸，改变距离重复试验，直到不殉爆为止。连续 3 次发生殉爆的最大距离，作为该凝聚相炸药的殉爆距离。

## 4.6　特殊的易燃易爆物质

### 4.6.1　自燃物质

在没有引火源的情况下，由于自身的生物、物理化学作用或者受到外界加热而可以引起自行发火燃烧的物质称为自燃物质。在空气中能够自行发热引起自燃的可燃物较多，本节主要讨论在化学危险物品管理中所涉及的自燃物品。由于这类物质的自燃点低，在不接触明火时也会引起火灾，故潜伏着很大的火灾危险性。

#### 4.6.1.1　自燃物质的分类

根据自燃物质的反应速度和危险程度，一般将其分为两级，见表 4-15。

一级自燃性物质呈快速平板状燃烧，不仅燃烧速度快，而且火焰温度高，火势凶猛，不易扑救。如 1t 赛璐珞影片胶片只 6 ~ 7min 就烧完，燃烧速度比纸张快 5 倍多。

二级自燃品呈阴燃、由内往外延烧，不仅阴燃时间长(如棉花可阴燃 1 周甚至 1 个月)，而且在阴燃中不见火苗和烟，难以觉察。在起火后表面火虽被扑灭，其内部仍有可能在延烧，有可能再次酿成灾害。

从化学成分上看，一级自燃性物质是一些化学性质活泼或易分解的物质；二级自燃物质是一些含油类(如桐油、润滑油等)的容易发生阴燃的物质。

表 4-15 自燃性物质的分类

| 级别 | 鉴定参考标准 | 举例 |
|---|---|---|
| 一级 | 自燃点在 200℃以下，在空气中迅速氧化，燃烧猛烈，危害性大 | 白磷、硝化棉、三丁基铝 |
| 二级 | 自燃点在 200℃以下，在空气中缓慢氧化而蓄热自燃 | 油纸、油布等 |

#### 4.6.1.2 物质自燃的机理

自燃发生的基本条件是可燃体系的产热速率必须大于散热速率。根据物质自行发热的初始原因，自燃可分成氧化放热自燃、分解放热自燃、聚合放热自燃、发酵放热自燃和吸附放热自燃等类型。

**1. 氧化放热自燃的物质**

这类物质的化学性质极其活泼，有强还原性，在常温下置于空气中易自燃。例如黄磷，其自燃点低，仅为 34℃。磷化氢、烷基铝、硫化铁、煤和若干浸油脂物品都易发生氧化自燃。磷的自燃反应如下：

$$4P + 5O_2 = 2P_2O_5 + 3098.2\text{kJ 热量} \tag{4-7}$$

**2. 分解放热自燃的物质**

这类物质的化学稳定性弱，遇到震动、撞击、摩擦和外界加热就会发生分解而导致自燃。例如硝化纤维及其制品，由于本身含有硝酸根（$NO_3^-$），化学性质很不稳定，常温下就能在空气中缓慢分解，阳光作用及受潮会加快氧化速度，析出 NO。NO 不稳定，会在空气中与氧气化合成 $NO_2$，而 $NO_2$ 会与潮湿空气的水化合生成硝酸：

$$3NO_2 + H_2O = 2HNO_3 + NO \tag{4-8}$$

还有些物质会在分解时放出氧气与热量，这二者又会加剧燃烧的进行。如梯恩梯、硝化甘油、赛璐珞塑料、硝化纤维素胶片等都属于此类。硝化甘油的分解爆炸反应式为：

$$4C_3H_5(ONO_2)_3 = 12CO_2 + 10H_2O + O_2 + 6N_2 + Q(\text{热量}) \tag{4-9}$$

**3. 聚合放热自燃的物质**

有些物质在生产、储存过程中，因阻聚剂失效或加量不足而使单体原料自行聚合放热，易引起暴聚，从而导致火灾爆炸。例如甲基丙烯酸酯类（$CH_2=C(CH_3)COOR$）、乙酸乙烯酯（$CH_2=CHOCOCH_3$）、丙烯腈（$CH_2=CH—CN$）、异戊二烯（$CH_2=C(CH_3)CH=CH_2$）、苯乙烯（$C_6H_5—CH=CH_2$）、乙烯基乙炔 $CH_2=CHC\equiv CH$ 等单体，以及生产聚氨酯软质泡沫塑料的原料聚醚和二异氰酸甲苯酯等。

**4. 发酵放热自燃的物质**

这类物质主要是某些植物的秸干、枝叶等，例如稻草、树叶、原棉、锯木屑、甘蔗渣、玉米芯等，当其长期大量堆积及受潮条件下易发酵放热、进而氧化放热，导致自燃。

**5. 吸附放热自燃的物质**

这类物质对氧气具有较强的吸附性，从而有利于该物质的氧化反应，如还原镍、还原铁、镁、铝、锆、锌、锰、锡及其合金粉末等。煤、橡胶粉末等在空气中也有这种吸附放热作用。

### 4.6.1.3 常见自燃性物质

**1. 白磷**

白磷在常温常压下为白色蜡状固体，有蒜臭味，在暗处发淡绿色磷光，遇光逐渐变成黄色，所以又叫黄磷。白磷有剧毒，密度1.82g/cm$^3$，熔点44℃，沸点280.5℃，其燃点为40℃，但因摩擦或缓慢氧化而产生的热量有可能使局部温度达到40℃而燃烧，其燃烧热3093.2kJ/mol。白磷不溶于水，易溶于二硫化碳，少量可保存在冷水中。白磷可用于制造高纯度的磷酸。

白磷接触空气能自燃并引起燃烧和爆炸，在潮湿空气中的自燃点低于在干燥空气中的自燃点，磷燃烧形成磷的氧化物。遇黄磷火灾时，首先应切断火势蔓延途径，控制燃烧范围。对着火的黄磷应用低压水或雾状水扑救。高压直流水冲击能引起黄磷飞溅，导致灾害扩大。黄磷熔融液体流淌时应用泥土、砂袋等筑堤拦截，并用雾状水冷却；对磷块和冷却后已固化的黄磷，应用钳子钳入储水容器中。来不及钳起时可先用砂土掩盖，但应作标记，等火势扑灭后，再逐一收集中到储水容器中。

另外，白磷与氯酸盐等氧化剂混合可发生爆炸，其碎片和碎屑接触皮肤干燥后即可着火，从而引起严重的皮肤灼伤。出现白磷泄漏时，不要直接接触。对于小量泄漏，可用水、潮湿的沙或泥土覆盖，或收入金属容器并保存于水或矿物油中；对大量泄漏，须在专家指导下清除。出现火灾时，消防人员必须穿防护服、胶鞋，并佩戴过滤式防毒面具或自给式呼吸器，使用雾状水灭火。

运输白磷与红磷时，白磷放在小开口钢桶中，其顶面须用厚度为15cm以上的水层覆盖，保证白磷完全浸没在水中，严封后再装入坚固木箱。而红磷则放入金属容器，外用坚固木箱，或放入螺纹口玻璃瓶、铁盖压口玻璃瓶、塑料瓶或金属桶(罐)，外用普通木箱。运输车辆应配备相应品种和数量的消防器材及泄漏应急处理设备，装运本品的车辆排气管须有阻火装置。运输过程中要确保容器不泄漏、不倒塌、不坠落、不损坏，运输途中应防曝晒、雨淋，防高温。中途停留时应远离火种、热源，车辆运输完毕应进行彻底清扫，铁路运输时要禁止溜放，并严禁与氧化剂、酸类、卤素、食用化学品等混装混运。

白磷与红磷都应储存于阴凉、通风的库房，远离火种、热源。应与氧化剂、酸类、卤素、卤化物、食用化学品分开存放。禁止使用易产生火花的机械设备和工具，采用防爆型照明、通风设施，储区应备有合适的材料收容泄漏物。红磷库房不超过32℃，相对湿度不超过80%。

**2. 油脂**

油类可分为动物油、植物油和矿物油三种。植物油具有较大的自燃能力。动物油只是液体的才能自燃，矿物油若非废油或无植物油掺入是不能自燃的。

浸油制品，如油布、油纸等。油中有较多共轭不饱和键，也易氧化放热，若积热不散达到制品的自燃点时就会自燃。

油脂必须具备下列条件才能发生自燃：

（1）油脂中要含有大量能在低温下氧化的物质。即不饱和脂肪酸甘油脂的含量越多，则油的自燃能力就越大；反之，自燃能力就越小。若干油脂的组成见表4-16。

**表4-16 若干油脂的组成**

| 分类 | 名称 | 皂化值 | 碘值 | 脂肪酸的组成/% | | | | |
|---|---|---|---|---|---|---|---|---|
| | | | | 饱和酸甘油脂 | 油酸 | 亚油酸 | 次亚油酸 | 其他酸 |
| 干性油 | 桐油 | 189~195 | 155~167 | 3~10 | 5~13 | 1~2 | | 88~90 |
| | 青油 | | 169~190 | 8~9 | 10~20 | 26~50 | 25~45 | 5 |
| | 亚麻仁油 | 189~196 | 170~204 | 7~11 | 15~22 | 18~26 | 49~50 | |
| | 大麻油 | | 140~170 | 4.5 | 14 | 65 | 17 | |
| | 大豆油 | 189~194 | 124~137 | 12~14 | 23~30 | 53~55 | 5~8 | |
| | 核桃油 | | 14 | 5~11 | 9~35 | 48~76 | 3~16 | |
| 半干性油 | 棉籽油 | 191~196 | 103~115 | 25~28 | 27~29 | 43~48 | | |
| | 鲸脂油 | 188~194 | 110~150 | | 33~88 | | | 13~22 |
| 不干性油 | 蓖麻油 | 176~187 | 81~90 | 2~3 | 7~9 | 3~5 | | 80~88 |
| | 花生油 | 185~195 | 83~98 | | 50~70 | 13~26 | | |
| 脂肪 | 猪油 | 193~200 | 46~66 | 46 | 50 | 4 | | |
| | 羊油 | | | 60 | 38 | 2 | | |
| | 牛油 | 190~200 | 31~47 | 60 | 40 | | | |

（2）要有良好的蓄热条件。油脂自燃所需要的热是由它本身的氧化及聚合作用而来，但又必须在氧化表面积大而散热表面积小的情况下才能发生。如盛装在桶内的桐油不会自燃，但是把它浸到纤维上，若又堆在一起，就会发生自燃。

（3）油和浸油物质要有一定的比例。通常，油和浸油物质的比例为1∶2或1∶3。在浸油物中若油量太多，油会阻塞其大部分小孔，减少了氧化的表面积和产生的热，温度则达不到自燃点。若油量过少，氧化放出的热量小于向外散发的热量，也不会发生自燃。

油脂的自燃性能用碘值表示。碘值是油中不饱和化合物含量的指标，相当于与100g油化合所需的碘的克数。碘值大，油分子中不饱和脂肪酸甘油脂的含量高，由于受氧化的能力大，其自燃能力就强。若油脂的碘值小于90～80，一般不会自燃，如猪油等。

要防止油脂制品自燃，必须将其敞开存放。给予良好通风，而不应堆放和折叠储存。油布、油棉纱的自燃能力的试验条件及情况见表4-17。

**表4-17 若干油布、油棉纱自燃的试验条件和数据**

| 序号 | 试样 | | | | 环境温度/℃ | 自燃时间/h | 自燃点/℃ | 自燃特征 |
|---|---|---|---|---|---|---|---|---|
| | 油脂(×500g) | 纤维(×500g) | | 比例 | | | | |
| | | 破布 | 旧棉纱 | | | | | |
| 1 | 亚麻仁油 | 2.5 | 0.5 | 1:3 | 30 | 39 | 270 | (1)开始无烟无味，当温度升到自燃点左右时有青烟、微味，而后逐渐变浓。<br>(2)火由内向外延烧。<br>(3)燃烧后形成硬质结胶炭化瘤 |
| 2 | 葵花籽油 | 2.5 | 0.5 | 1:3 | 25～30 | 52 | 210 | |
| 3 | 桐油 | 3.5 | 0.5 | 1:4 | 26～33 | 22.5 | 264 | |
| 4 | 亚麻仁油<br>豆油<br>油漆<br>清油 | 5.0 | 1.0 | 3:6 | 30 | 14 | 264 | |
| 5 | 亚麻仁油<br>豆油<br>油漆<br>清油 | 5.0 | 1.0 | 3:5 | 7～38 | 36 | 322 | |

**3. 植物体**

植物体的自燃是微生物作用、物理作用和化学作用所致，它们是彼此相连的三个阶段。

(1) 微生物作用阶段。由于植物体中含有水分，并且在适宜的温度下，受到微生物的作用，使植物体腐败发酵而放热。若热量散发不出去，使温度升高到70℃时，微生物死亡，生物阶段告终。

(2) 物理作用阶段。温度到70℃时，植物体中不稳定化合物开始分解，生成黄色多孔炭，吸附蒸气和气体并析出热，继续升温到100℃，这时又引起新的化合物分解炭化，促使温度不断升高。

(3) 化学作用阶段。当温度达到150～200℃时，植物体中的纤维素开始分解，并进入氧化过程，温度继续上升到250～300℃，若积热不散就会着火。

因此要防止植物体的自燃，应使其处于干燥状态，堆积不宜过高过大。表4-18给出了稻草与籽棉的自燃能力与温度、湿度、堆高的试验结果。

表 4-18 稻草、籽棉与温度、湿度、堆高的关系

| 植　物 | 危险湿度(%) | 危险温度/℃ | 炭化点/℃ | 自燃点/℃ | 堆高限度/m |
|---|---|---|---|---|---|
| 稻草 | 20 | 70 | 204 | 338 | 10 |
| 籽棉 | 12 | 38 | 205 | 407 | 5 |

### 4.6.1.4 自燃性物质危险性影响因素

物质的发生自燃，除了其本身组成的因素外，外界条件也有着重要影响，主要有：

**1. 助燃物**

自燃物品必须在一定的助燃物质中才能发生自燃，例如白磷，可以在氧气、氯气中发生自燃。如果把白磷投入水中与空气隔离，甚至加热到水沸腾也不会燃烧。

**2. 环境温度**

环境温度升高能够使物质的氧化速度加快，对于油脂的自燃也很显著。图 4-10 给出了亚麻油在不同温度下氧化的速度曲线。可见，浸油物品的温度升高，其氧化过程将加速。

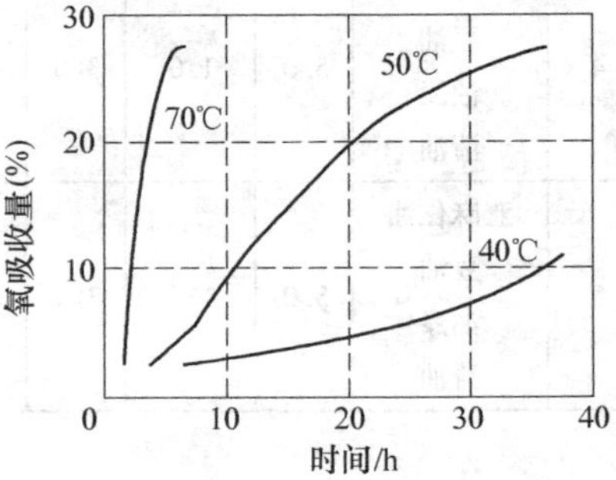


图 4-10 亚麻油的氧化与温度的关系

**3. 环境湿度**

周围环境潮湿常会加速自燃物质的氧化或分解，使温度上升至物品的自燃点而发生自燃，如硝化纤维胶片、油布等。

**4. 蓄热条件**

这是赛璐珞、油棉纱、煤堆等二级自燃物品发生自燃的重要因素。如果这类物品堆垛得通风不良，蓄热不散，加上包装破损被氧化，均能促使其温度升高到自燃点。

**5. 杂质**

自燃物质若存在某些杂质如氧化剂、酸及铁粉等，会影响其氧化过程而使自燃机会增加，如浸油的纤维内含有金属铁屑时，自燃倾向就增大。

## 4.6.2 遇水放出易燃气体的物质

遇水放出易燃气体的物质指在正常情况下，遇到水分或潮湿空气能剧烈反应并分解，产生可燃气体，放出热量起燃烧或爆炸的物质。

### 4.6.2.1 遇水放出易燃气体的物质的分类

按遇水放出易燃气体的物质遇水反应的剧烈程度、产生可燃气体的多少、

放出热量的大小等，可将其分为2级，按其化学组成分为6类，见表4-19。

表4-19 遇水放出易燃气体的物质的分类

| 级别 | | 一级 | 二级 |
|---|---|---|---|
| 鉴定参考标准 | | 遇水反应剧烈，产生易燃易爆气体和大量热，引起自燃和爆炸 | 遇水反应缓慢，产生可燃气体，遇火而燃烧或爆炸 |
| 物质类别 | 金属及其合金类 | 金属钠、钾等；钠汞齐、钾汞齐 | 铝、镁、锌等 |
| | 金属氢化物 | 氢化钾、二硼氢、十硼氢 | 氢化铝、氢化钙 |
| | 硼氢类 | 硼烷、二硼氢、十硼氢 | 金属硼氢化物、硼氢化钠 |
| | 金属碳化物 | 碳化钾、碳化钙(电石) | 碳化铝、石灰氢 |
| | 金属磷化物 | 磷化钙 | 磷化锌 |
| | 金属粉末类 | 镁铝粉 | 锌粉、铝粉 |

有的自燃物质也可与水发生激烈反应，并放出大量的热。例如三乙基铝与水作用生成乙烷气体，高温可致使乙烷燃烧或爆炸，其反应式为：

$$(C_2H_5)_3Al + 3H_2O = Al(OH)_3 + 3C_2H_6\uparrow + \text{热量} \tag{4-10}$$

$$2C_2H_6 + 7O_2 = 4CO_2 + 6H_2O \tag{4-11}$$

另外，碱金属、硼氢类置于空气中也能自燃，这类物质有的也与水反应产生热，以致使可燃气体自燃。如磷化钙、硅化镁与水作用生成可以自燃的磷化氢、硅烷，其反应式为：

$$Ca_3P_2 + 6H_2O = 3Ca(OH)_2 + 2PH_3\uparrow + \text{热量} \tag{4-12}$$

$$Mg_2Si + 4H_2O = 2Mg(OH)_2 + SiH_4\uparrow + \text{热量} \tag{4-13}$$

#### 4.6.2.2 遇水放出易燃气体的物质的危险机理

**1. 遇水燃烧性**

物质遇水燃烧的危险主要有下列两种情况：

（1）遇水后发生剧烈的化学反应。使水分解，夺取水中的氧与之化合，生成可燃气体，放出大量热，致使升温达到气体的自燃点时，不经点火而自行燃烧。如金属钾、钠、磷化钙、硅化铁等。

（2）遇水放出易燃气体的二级物质与水反应放出的热量少，但产生的可燃气体接触明火而燃烧，如石灰、氢化钙等。

**2. 遇水爆炸性**

物质遇水爆炸的危险主要有下列两种情况：

（1）遇水反应速度快，放出的可燃气体和热量多，可燃气体在空气中很快达到爆炸极限，接触明火或由于自燃而发生爆炸。

（2）遇水放出易燃气体的物质在密闭容器内，与水(或吸收水蒸气)作用。放出的气体和热量不能逸散到外面。致使容器内气体越来越多，压力越来越大，产生气胀或者受热和外力的作用，造成容器胀裂以致爆炸。如电石桶的爆炸事故。

**3. 遇酸和氧化剂有燃烧爆炸性**

该类物质大都有强还原性，而氧化剂和许多酸有强氧化性，其中多数酸又是易溶于水的，所以当它们一旦接触酸液，便立即反应，并且比单独与水的反应更为激烈。

**4. 毒害性和腐蚀性**

硼氢类的毒性比氰化氢和光气的毒性还大，磷化物与水反应放出有毒的磷化氢气体。该类物质如碱金属及其氢化物、碳化物等，均有较强的吸水性。与水作用生成强碱而具有腐蚀性。

#### 4.6.2.3 影响遇水放出易燃气体的物质危险性的因素

遇水放出易燃气体的物质的火灾危险程度决定于物质的化学组成和性质，主要是其所含金属的活泼性。越是活泼的金属及其化合物，其还原能力越强，与水中的氧化合就越容易，产生的可燃气体也越多。因此火灾危险性就越大。

活泼的碱金属单体就能与水发生剧烈反应，而活泼性差一些的碱土金属等在高温下才与水反应，活泼性更差的重金属则不能与水反应，见表4-20。

**表4-20 金属与水的反应能力**

| 金属名称 | Li、Na、K、Ca等 | Mg、Al、Zn、Fe等 | Cu、Ag、Au、Pt等 |
|---|---|---|---|
| 反应能力 | 常温下与水反应剧烈 | 高温下或粉末状与水反应 | 不与水反应 |

由表4-20中看出，金属的活泼性越强（即越易失去电子），越容易与水反应，例如金属钾和锌与水反应的条件和产物都有差异，其反应式如下：

$$2K + 2H_2O = 2KOH + H_2\uparrow + \text{热量} \tag{4-14}$$

$$Zn + H_2O \xlongequal{\text{高温}} ZnO + H_2\uparrow \tag{4-15}$$

金属的氢化物、硼氢类、金属硼氢化物等与水作用放出可燃性的氢气和大量热，引起燃烧爆炸。例如氢化钠、二硼氢和硼氢化钠与水反应如下：

$$NaH + H_2O = NaOH + H_2\uparrow + \text{热量} \tag{4-16}$$

$$B_2H_6 + 6H_2O = 2H_3BO_3 + 6H_2\uparrow + \text{热量} \tag{4-17}$$

$$2NaBH + 6H_2O = 2NaBO_3 + 7H_2\uparrow + \text{热量} \tag{4-18}$$

金属碳化物中的碳化碱金属如碳化钾、碳化钠等，遇水能分解爆炸。碳化钙（电石）、碳化铝遇水反应放出可燃性的乙炔、甲烷气体，由于反应中析出的热或接触火源能爆燃。如：

$$CaC_2 + 2H_2O = Ca(OH)_2 + C_2H_2\uparrow + \text{热量} \tag{4-19}$$

$$Al_4C_3 + 12H_2O = 4Al(OH)_3 + 3CH_4\uparrow + \text{热量} \tag{4-20}$$

金属磷化物类的磷化钙、磷化锌等与水作用生成磷化氢，磷化氢在空气中能自燃。如磷化锌与水反应：

$$Zn_3P_2+6H_2O=3Zn(OH)_2+2PH_3\uparrow+热量 \quad (4\text{-}21)$$

保险粉(低亚硫酸钠)是强还原剂，极不稳定，易氧化和分解，受潮，甚至露置于空气中也会分解，加热至180℃发生爆炸。而当其与水直接相遇时，分解速度加快，并放出热，此时产生大量易燃性的氢气和硫化氢，达到着火点时即起火燃烧，甚至爆炸。

#### 4.6.2.4　防止遇水放出易燃气体的物质火灾的主要措施

（1）严密包装，置于通风干燥处所，严禁露天存放，严防漏水或雨雪浸入。库房必须远离火种、热源，远离酸、硝酸等散发酸雾的物品。

（2）包装必须严密，不得破损，钾、钠等活泼金属须浸没在煤油中保存，电石桶入库时，要检查容器是否完好，对未充氮的铁桶应放气，发现发热或温度较高则更应放气。

（3）与酸、氧化剂等性质相抵触的物质隔离存放，严禁火种接近等。

（4）在该类物质失火时，禁止用水、酸碱灭火机等灭火，只能用干砂、干粉扑救。

## 4.6.3　氧化性物质与过氧化物

氧化性物质是一类化学性质活泼的物质，具有强烈的氧化性能，遇酸、遇碱、受潮、强热、摩擦、冲击或与易燃物、还原剂等接触，能发生分解并引起燃烧和爆炸。

#### 4.6.3.1　氧化性物质的种类

氧化性物质按化学组成、结构和性质分为无机氧化性物质和有机氧化性物质。按氧化性强弱与危险性程度分为两级，见表4-21。

**表4-21　氧化性物质的分类**

| 化学组成 | | 无机氧化性物质 | | 有机氧化性物质 | |
|---|---|---|---|---|---|
| 级别 | | 一级 | 二级 | 一级 | 二级 |
| 鉴别参考标准 | 化学结构 | 多数有高价态原子，少数有过氧基 | | 除个别外，均含有过氧基(—O—O—) | |
| | 分解温度 | 500℃以下 | | 500℃以下 | |
| | 危险程度 | 金属或非金属性强，有爆炸性<br>金属或非金属性弱，有燃烧性 | | 自身经受热摩擦能爆炸 | 性能较稳定，有燃烧危险 |
| 物质类别 | 过氧化物 | 过氧化钠 | 过硼酸钠 | 过氧化苯甲酰 | 过醋酸 |
| | 硝酸盐 | 硝酸钾 | 硝酸钠 | | |
| | 卤素含氧酸及其盐 | 氯酸钾 | 溴酸钾 | | |
| | 高价金属酸及其盐 | 高锰酸钾 | 高锰酸银 | | |
| | 其他 | 银铝催化剂 | 氧化银 | | |

氧气是一种化学性质非常活泼的非金属，除隋性气体以及和一些不活泼金属(金、铂等)外，它能和许多金属和非金属相化合而成为氧的化合物。物质的剧烈氧化作用，同时产生光和热的现象叫做燃烧。许多物质能在常温常压条件下进行燃烧，除了常见的碳外，铁、乙炔等也可与氧气反应：

$$3Fe + 2O_2 = Fe_3O_4 \tag{4-22}$$

$$2C_2H_2 + 5O_2 = 4CO_2 + 2H_2O \tag{4-23}$$

### 4.6.3.2 氧化性物质的火灾爆炸危险性

**1. 氧化性**

从本质上看来，氧化性物质最突出的特性是具有较强的获得电子能力，即有较强的氧化性能。当接触易燃物或还原剂时，能将其氧化，剧烈时还会燃烧。

有些氧化性物质，尤其是一级氧化性物质的性质极不稳定，受热、遇酸或受潮就分解放出活性态氧，同时放出热量，若此时接触可燃物即可着火或爆炸。如硝酸盐的分解反应：

$$2KNO_3 \overset{加热}{=} 2KNO_2 + O_2\uparrow \tag{4-24}$$

$$2Pb(NO_3)_2 \overset{加热}{=} 2PbO + 4NO_2\uparrow + O_2\uparrow \tag{4-25}$$

过氧化物遇热分解，放出原子氧，甚至在空气中吸收二氧化碳亦能分解放出氧。如过氧化钠的分解反应：

$$2Na_2O_2 \xrightarrow{加热} Na_2O + O^+ \tag{4-26}$$

$$2Na_2O_2 + 2CO_2 = 2Na_2CO_3 + O_2\uparrow \tag{4-27}$$

氧原子($O^+$)比氧分子($O_2$)具有更强的氧化性，存在的时间短暂，若遇可燃物即迅速氧化，引起燃烧或爆炸。若不与其他物质作用，便两两结合成氧分子。

有些氧化性物质受潮或吸水后剧烈分解析出氧，若遇酸则反应更为剧烈。如过氧化钠与水和酸的反应：

$$2Na_2O_2 + 2H_2O = 4NaOH + O_2\uparrow \tag{4-28}$$

$$Na_2O_2 + H_2SO_4 = Na_2SO_4 + H_2O + O^+ \tag{4-29}$$

有的氧化性物质在日光照射下也会分解，如：

$$2Ag_2O \overset{光照}{=} 4Ag + O_2\uparrow \tag{4-30}$$

综上所述看出，氧化性物质中的含氧化合物一般都有放氧能力，故能起到氧化的作用。

**2. 爆炸性**

氧化性物质有着高度的化学敏感性，尤其是一些氯酸盐、硝酸盐及一些有机氧化性物质类，当与有机物、还原剂接触或经摩擦、受热、震动等均能引起迅速分解，发生爆炸，如氯酸钾、硝酸、过氧化二苯甲酰等。

氧化性物质与酸反应亦会发生爆炸，如氯酸钾与硫酸反应生成的高氯酸有强氧化性；二氧化氯极不稳定，容易分解成氯气和氧气，从而引起爆炸。两者的反应式如下：

$$3KClO_3 + 3H_2SO_4 = 3KHSO_4 + HClO_4 + 2ClO_2\uparrow + H_2O \quad (4\text{-}31)$$

$$2ClO_2 = Cl_2\uparrow + 2O_2\uparrow \quad (4\text{-}32)$$

有些氧化性物质与粉状可燃物混合后，能形成爆炸性混合物，一旦受热或外力作用，极易燃烧和爆炸。例如氯酸盐、硝酸盐与硫、碳、铝、锌等混合后研磨即爆炸。氯酸钾与硫的反应式如下：

$$2KClO_3 + 3S = 2KCl + 3SO_2\uparrow \quad (4\text{-}33)$$

**3. 可燃性**

无机氧化性物质本身是不能燃烧的。但有机氧化性物质大多数是可燃物，如遇明火可引发火灾。例如过氧化二叔丁酯是易燃液体，受热分解会发生爆炸。

**4. 毒害性和腐蚀性**

许多氧化性物质不仅本身有害，而且在发生反应后还生成有毒物质，如氯酸盐、硝酸盐等。有的氧化性物质如碱金属过氧化物、三氧化铬、硫酸等，都有强腐蚀性，能够灼伤皮肤和腐蚀其他物品。

#### 4.6.3.3　影响氧化性物质危险性的因素

**1. 化学组成和结构**

氧化性物质的氧化性能强弱决定于在反应中夺取电子的能力，而含氧化合物的氧化性则主要取决于放氧能力。它们在组成和结构上有如下规律。

（1）元素。元素的非金属性越强，其氧化性能就越强，因为非金属元素具有获得电子的能力，如卤族元素氧化性增强的顺序为：

$$I_2 < Br_2 < Cl_2 < F_2$$

氟、氯酸剂其盐类为一级氧化性物质，而溴、碘及其盐类则为二级氧化性物质。

在同一类氧化性物质中，其氧化性强弱还受金属元素的影响，如果金属性越强，即越活泼的金属所组成的硝酸盐及氯酸盐的氧化性就越强。因此，活泼金属锂、钠、钾等硝酸盐和氯酸盐多为一级氧化性物质，而活泼性差一些的金属盐类如氯酸镁、硝酸铁、硝酸铅等则为二级氧化性物质。

（2）离子。对阳离子，所带的正电荷越多，获得电子就越容易，氧化性就越强。如：

$$Sn^{2+} < Sn^{4+}$$

（3）化合物。一般地说，若其中含有多价态的元素，并且该元素的化合价越高，其氧化性增强。例如：

$$\overset{-3}{N}H_3 < Na\overset{+3}{N}O_2 < Na\overset{+5}{N}O_3$$

由此推知，硝酸盐多为一级氧化性物质，亚硝酸盐则为二级氧化性物质，而氨就不属于氧化性物质。

从物质的分子结构特点可以看出，在无机氧化性物质中主要含有：—O—O—、$N^{5+}$、$N^{3+}$、$X^{7+\sim1+}$（X代表卤素）、$Cr^{6+}$、$Mn^{7+}$等结构；而有机氧化性物质中大都有过氧基(—O—O—)，这些均有强氧化性能。

一般情况下，有机氧化性物质比无机氧化性物质有着更大的火灾危险，前者氧化性强，又是可燃物，而且很多有机氧化性物质分子内各元素能进行自身氧化-还原反应，其生成物多为气体，一旦反应即可发生爆炸。

总之，物质的分子结构和化学组成是氧化性物质具有氧化性强弱的根本原因，而且也是鉴定该类货物和火灾危险性及其分类的主要依据。

**2. 分解温度**

氧化性物质的分解温度都在500℃以下，分解温度越低，越容易受热分解，氧化作用亦越快，因此火灾危险性就越大，这是由于氧化性物质的稳定性不同的缘故。如过氧化苯甲酰在103℃就分解，甚至在拧瓶盖时若操作不当，就会引起爆炸。一些氧化性物质的分解温度和分解反应见表4-22。

**表4-22 氧化性物质的分解温度和分解反应**

| 名称 | 相对密度 | 分解温度/℃ | 分解式 |
|---|---|---|---|
| 硝酸钾 | 2.11 | 400 | $4KNO_3 = 2K_2O + 2N_2\uparrow + 5O_2\uparrow$ |
| 硝酸钠 | 2.26 | 380 | $4NaNO_3 = 2Na_2O + 2N_2\uparrow + 5O_2\uparrow$ |
| 硝酸铵 | 1.73 | 210 | $2NH_4NO_3 = 2N_2\uparrow + 4H_2O + O_2\uparrow$ |
| 硝酸钡 | 3.35 | 600 | $2Ba(NO_3)_2 = 2BaO + 2N_2\uparrow + 5O_2\uparrow$ |
| 氯酸钾 | 2.34 | 400 | $2KClO_3 = 2KCl + 3O_2\uparrow$ |
| 氯酸钠 | 2.49 | 350 | $2NaClO_3 = 2NaCl + 3O_2\uparrow$ |
| 氯酸钡 | 3.00 | 300 | $Ba(ClO_3)_2 = BaCl_2 + 3O_2\uparrow$ |
| 高锰酸钾 | 2.70 | 200 | $4KMnO_4 = 2K_2O + 4MnO + 5O_2\uparrow$ |
| 高氯酸钾 | 2.54 | 420 | $KClO_4 = KCl + 2O_2\uparrow$ |
| 过氧化钠 | 2.81 | 460 | $Na_2O_2 = Na_2O + O^+$ |
| 过氧化钡 | 4.96 | 795 | $2BaO_2 = 2BaO + O_2\uparrow$ |
| 二氧化锰 | 5.02 | 530 | $2MnO_2 = 2MnO + O_2\uparrow$ |
| 四氧化三铅 | 9.10 | 650 | $2Pb_3O_4 = 6PbO + O_2\uparrow$ |
| 氧化铁 | 5.12 | 500 | $2Fe_2O_3 = 4Fe + 3O_2\uparrow$ |
| 过氧化苯甲酸 | | 105 | |

氧化性物质的稳定性受外界条件影响较大，如水、酸、热、摩擦、冲击、火花等均能降低其稳定性和增强其氧化性。

### 4.6.3.4 防止氧化性物质火灾方面的注意事项

（1）按氧化性物质的性质分类存放，如有机氧化性物质不能与无机氧化性物质混存；氯酸盐、硝酸盐、高锰酸盐和亚硝酸盐都不能混存；过氧化物宜设专库存放。同时还要与爆炸物、易燃物、可燃物、酸类、碱类、还原剂及生活区隔离。

(2) 库房内要洁净、阴凉、通风。干燥，不得漏水，并应防止酸雾侵入；远离火种、热源，防止日光曝晒，照明设备要防爆；不同品种的氧化性物质，应根据其性质的不同，选择适当的库房分类存放以及分类运输，严禁与酸类、易燃物、有机物、还原剂、自燃物品、遇湿易燃物品等混储；入库时要检查氧化性物质的品名、数量、包装是否完好、密封；储运过程中，装卸和搬运应轻拿轻放，单独装运；仓库及运输车辆装卸前后，均应彻底清扫。

(3) 在装卸、运输中，注意防火、防热、防潮、远离火种、热源、电源等，并要通风良好；而且不能摔碰、拖拉、摩擦、震动，不要使用铁质工具等。

## 复习题

1. 常用危险化学品分为哪几类？
2. 影响气体火灾危险性的主要参数有哪些？
3. 气体的爆炸极限如何测定？
4. 液体的自燃点如何测定？
5. 影响液体火灾危险性的主要参数有哪些？
6. 液体的闪点如何测定？
7. 一旦乙醇在罐装过程中发生了泄漏应该如何处理？
8. 常见易燃固体的特性有哪些？
9. 影响爆炸品危险性的技术参数有哪些？
10. 为了防止白磷发生自燃，应该在存储和使用过程中注意哪些问题？
11. 影响气体最小点火能的因素有哪些？
12. 爆炸与火灾均为氧化还原反应，它们与锅炉中煤的燃烧有何区别？

# 第 5 章

# 建筑火灾的预防控制

建筑物是人们生产生活的主要场所，也是财产极为集中的地方，因此建筑火灾对人们的生命财产的危害最大、最直接，是火灾预防控制的主要方面。

建筑物的类型很多，一般将其分为民用建筑和工业建筑两类。前者如住宅楼、写字楼、宾馆、影剧院、展览馆、图书馆、候机(车、船)楼等。这些场合往往有很多人出入，有的也会存有较多的可燃物；后者如工厂的车间、仓库、油库、控制室、变电所等。这些场所的人员一般不太多，但往往存放大量的可燃物品或爆炸物品，因此往往会酿成大规模的恶性火灾，乃至爆炸。本章重点结合民用建筑讨论火灾的的预防控制，对于工业厂房的防爆问题将结合生产场合的火灾爆炸讨论。

## 5.1 建筑火灾的发展与烟气流动

### 5.1.1 火灾类别与火灾荷载

为了科学、合理地预防与控制建筑火灾，应当对建筑物内的可燃物特点有所了解。不同可燃物的燃烧性质差别很大。按照其基本燃烧特性，通常将火灾分为 A、B、C、D 四类：A 类火灾指普通固体可燃物的火灾，如木材、棉、麻、毛、布、纸张等形成的火灾；B 类火灾指液体火灾和可以熔化的固体物质火灾，如汽油、煤油、柴油、原油、甲醇、乙醇、沥青、石蜡火灾等；C 类火灾是可燃气体火灾，如氢气、甲烷、煤气、天然气等燃烧引起的火灾；D 类火灾是可燃金属燃烧引起的火灾，如锂、钠、钾、镁等物质的火灾。

此外在建筑灭火器配置设计中还专门提出 E 类火灾，它指的是电器、计算机、发电机、变压器、配电盘等电气设备或仪表及其电线电缆在燃烧时仍带电的火灾，一般来说这类火灾与 A 类或 B 类火灾共存。

在建筑火灾研究中，经常使用火灾荷载(Fire Loads)来描述建筑物内的可燃物数量及其燃烧放热特性。所谓火灾荷载，即是单位地板面积上的等价可燃物，通常以 $kg/m^2$ 表示。房间中火灾荷载的总和，即称之为等价可燃物总量。可燃物的种类繁多，为了研究方便，通常依据可燃物的热值，将其转化为当量标准木材的质量。火灾荷载指的是某建筑物内用当量标准木材的质量来表示的所有可燃物的质量。

$$G = \frac{\sum G_i Q_{DW,i}}{Q_{DW,0}} \tag{5-1}$$

式中，$G_i$ 为某种可燃物的质量(kg)，$Q_{DW,i}$ 为单位质量的该种可燃物的低位热值(MJ/kg)，$Q_{DW,0}$ 为单位质量的当量木材的低位热值，一般取为18.4(MJ/kg)。建筑物单位地板面积上的火灾荷载称为火灾荷载密度(Fire Load Density)。火灾荷载密度可按下式求出：

$$g = \frac{\sum G_i Q_{DW,i}}{A Q_{DW,0}} \tag{5-2}$$

式中，$A$ 为所考虑的建筑空间的地板面积($m^2$)。

建筑物中由各种可燃物构成的火灾荷载可以分为以下三个方面：

(1) 固定的火灾荷载。主要由装饰用的可燃材料构成，如墙面、顶棚、空中隔断的中燃面层和基层等。此外还包括建筑内的其他固定装置(如管道保温层和固定家具等)所采用的可燃材料。

(2) 移动的火灾荷载。主要由家具、地毯、床上铺设品、衣物、桌布、窗帘、书籍、纸张及储存的可燃物所构成。

(3) 携带的火灾荷载。主要由楼内人员随身携带的可燃物品构成。

对于大型公共建筑来说，移动的火灾荷载占有很大的比例，它们是引起火灾的主要因素之一；固定的火灾荷载则常易引起火势的迅速蔓延；因此在建筑防火设计中应尽可能的选用不燃或难燃材料，以降低火灾发生率和减少火灾损失。

## 5.1.2　建筑火灾的发展概况

### 5.1.2.1　火灾发展的基本过程

通常，在建筑物内存放最多的是固体可燃物。设某种可燃物体位于房间地板的中央，在点火源的作用下，该物体被引燃。刚起火时，火区一般较小，不过其燃烧速率与热释放速率都将逐渐增大。现结合图5-1简要说明火灾的发展过程。

由于燃烧放热，火灾烟气的温度较高，在浮力作用下形成向上流动的羽流(Plume)。羽流不断将周围的空气卷吸进来，因此其质量流率不断增加，温度逐渐降低。

当烟气到达顶棚受阻后，便沿着顶棚向四周扩散开来，形成顶棚射流

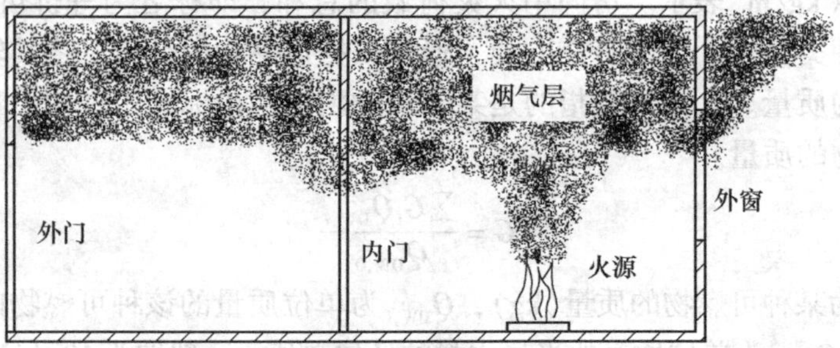


图 5-1 室内火灾的发展过程示意图

(Ceiling Jet)。这种射流也能够卷吸其下方的空气，故射流中烟气的温度和浓度仍将继续下降。不过顶棚射流的卷吸能力比羽流弱得多。

当顶棚射流遇到周围墙壁的阻挡后，将会沿墙壁垂直向下流动，形成一种反浮力壁面射流。但由于烟气的温度仍然较高，这种射流下降一段的距离后便会上浮，然后在顶棚下方逐渐积累下来，形成较稳定的烟气层(Smoke Layer)。在烟气层下方仍为室内原有的常温空气。

如果着火房间有门、窗之类的通风口，当烟气层界面低于通风口的上缘后，就会沿通风口排到室外；如果通风口关闭，或烟气不能充分地从通风口排出，则烟气层将会一直下降，直至接近地面。若房间内没有强烈的对流，则烟气层与空气层之间可存在较清晰的界面。根据这种现象，通常可将起火房间分为上部烟气层和下部空气层两个区域。

当室内的温度达到一定值后，其他的大多数可燃物都会发生热解或气化，从而产生大量的可燃气体。当这些可燃气体达到着火浓度极限时，室内可发生强烈的整体燃烧现象，于是房间内都充满了火焰，这就是所谓的轰燃(Flash-over)。

轰燃发生后，起火房间内的温度还将继续升高。通常这种高温将持续一段时间。轰燃还会发生火焰与高温烟气从开口窜出的现象。当火焰与高温烟气进入相邻房间或走廊时，则可引起这些区域失火，从而使火灾的危害范围扩大；当火焰窜到室外时，若相邻建筑与起火建筑距离很近，则也可能引发其起火。

随着室内可燃物的消耗，燃烧强度将逐渐减弱，直至熄灭。一般说，自然熄火需要比较长的时间。尤其是固体可燃物，当其挥发分的燃烧结束后，还会发生固体残渣的燃烧，而残渣是难以很快烧尽的。

### 5.1.2.2 室内火灾各阶段的主要特点

火灾燃烧的强度经常通过室内平均温度的变化来描述。图 5-2 给出了起火房间内平均温度随时间变化的情况。据此可以将火灾的发展过程分为初始增长、充分发展和减弱三个阶段。

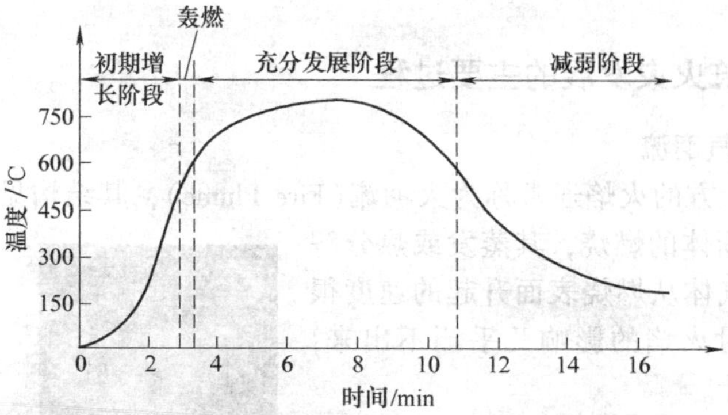


图 5-2　起火房间内温度变化曲线

**1. 初始增长阶段**(Growth Phase)

在火灾的初始增长阶段，燃烧范围一般仅限于起火点附近。因此除在燃烧物体周围存在局部高温外，室内的平均温度较低。若能在此阶段及时发现火灾并迅速将火扑灭，将能有效地避免造成大的损失。因此在建筑物内安装和配备适当数量的火灾探测与灭火设备是很有必要的。这一阶段对人员疏散也具有重要意义。发生火灾后，人员如果在此阶段不能疏散出去，就会有生命危险。

室内可燃物的种类不同，其热释放速率亦存在较大不同，并因此导致室内的温度上升速率存在较大的差异。当普通家具着火时，室内的温升速率通常比较缓慢；但可燃液体、可燃塑料等物品着火后，燃烧发展非常迅速，火场的温度能够快速升高，其火灾初期的温升曲线将比较陡峭。

**2. 充分发展阶段**(Full Developed Phase)

在火灾初始阶段的后期，燃烧强度的增大可使室内达到 600℃ 左右的高温，进而导致轰燃。轰燃是火灾由初期增长阶段向充分发展阶段转变的过渡阶段。不过由于轰燃持续的时间不长，一般将其作为一个事件对待。

室内发生轰燃后，整个起火室的温度急剧升高。若室内可燃物充足且通风良好，则室内可出现 1000℃ 以上的高温。火灾充分发展阶段的持续时间主要取决于室内可燃物的性质与数量，同时也与通风条件密切相关。

**3. 减弱阶段**(Decay Phase)

随着室内可燃物的挥发分不断减少，气相火焰逐渐减弱，燃烧强度递减，室内温度开始下降。一般认为，当室内平均温度降到温度最高值的 80% 时，火灾进入减弱阶段。随后，房间内的温度下降加快。

但需要指出，在减弱阶段还会发生较长时间的固体残渣燃烧，这是一种无焰燃烧，存在局部高温。如果室内还能出现可燃气体，这种高温足以将其点燃，以致重新发生燃烧。当室内部分物品的燃烧不完全时很容易发生这种复燃现象。

## 5.1.3 建筑火灾发展的主要过程

### 5.1.3.1 烟气羽流

在火源上方的火焰通常称为火羽流(Fire Plume)，其结构见图5-3。对于可燃液体或固体的燃烧，其蒸发或热分解产生的可燃气体从燃烧表面升起的速度很低，其动量对火焰的影响几乎测不出来，可以忽略不计。

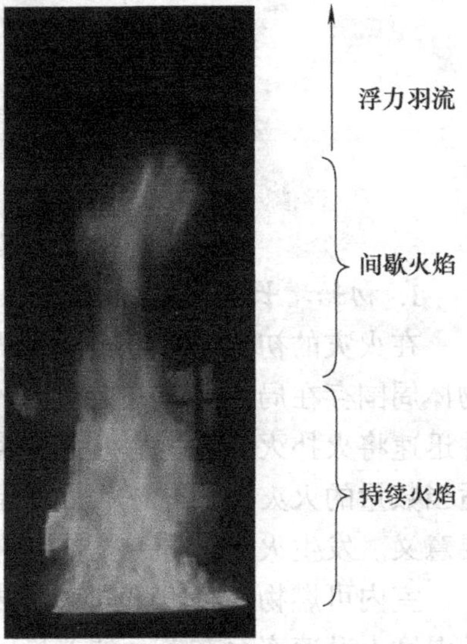


图5-3 火羽流的结构示意图

火羽流的下部为自然扩散火焰，一般称其为燃烧羽流区(Combusting Flame)。实际上，自然扩散火焰还分为两个小区，即在燃烧表面上方不太远的区域内存在连续的火焰面；在往上的一定区域内火焰则是间断出现的。前一小区称为连续火焰区(Presistent Flame)，后一小区称为间歇火焰区(Intermittent Flame)。火焰区的上方为烟气羽流区，其流动完全由浮力效应控制，一般称其为浮力羽流(Buoyant Plume)。

羽流不断地向上部烟气层输送质量和热量，在室内烟气运动过程中起着十分重要的作用。根据火源位置与建筑结构的不同，羽流形式也有一定的差别。如果火源位于起火房间的中部，羽流的流动受墙壁的影响较小，基本上呈现轴对称结构，如果火源靠近墙壁或墙角，羽流的卷吸状况则会受到一定影响。在建筑火灾中最常见的是轴对称羽流，这种羽流可用图5-4描述，与其有关计算公式主要有以下几个。

**1. 虚点源的位置**

为了计算羽流的参数随高度的变化，需要选取一个基准位置，这一位置称为虚点源(Virtual Source)。虚点源的高度通常用下式估计：

$$z_0 = C_3 Q^{2/5} - 1.02 D_f \tag{5-3}$$

式中，$z_0$ 为虚点源距离火源面的高度(m)；$Q$ 为火源的热释放速率(kW)；$D_f$ 为火源的直径(m)；经验常数 $C_3 = 0.083$ 左右。当 $z_0$ 为正时，虚点源位于火源根部平面的上方；当 $z_0$ 取负值时，虚点源处于火源根部平面的下方。

**2. 火焰高度**

火焰是羽流中的高温区，如果物体受到火焰的直接灼烧大都会造成严重的损坏，因此火焰高度是一个十分重要的参数。自然扩散火焰的高度可用下式

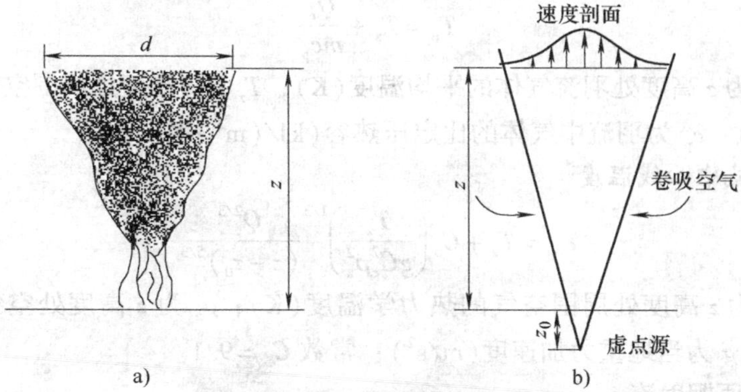


图5-4 火羽流简化示意图
a) 火羽流简图 b) 理想化羽流

估算：

$$z_f = C_7 Q^{2/5} - 1.02D_f \tag{5-4}$$

式中，$z_f$ 为火焰的平均高度(m)；一般，经验常数 $C_7 = 0.235$ 左右。

### 3. 质量流率

羽流中的物质有一部分燃烧产物，大部分是在羽流上升过程中卷吸进来的空气。随着流动距离的增加，羽流的质量流率亦逐渐增加。羽流的质量流率可按下式估算：

$$\dot{m} = 0.071Q_c^{1/3} z - z_0^{5/3} + 0.0018Q_c \tag{5-5}$$

式中，$\dot{m}$ 为羽流在高度 $z$ 处的质量流率(kg/s)；$Q_c$ 表示火源的总热释放速率 $Q$ 的对流部分(kW)；一般可认为 $Q_c = 0.7Q$；$z_0$ 为虚点源的高度(m)。

对于直径较大的火源，羽流的质量卷吸速率也可以用下式估算：

$$\dot{m} = 0.096P_f \rho_0 Y^{3/2}(gT_0/T_f)^{1/2} \tag{5-6}$$

式中，$P_f$ 是火区的周长(m)；$Y$ 是由地板到烟气层下表面的距离(见图5-5)；$\rho_0$ 为环境空气的密度；$T_0$ 和 $T_f$ 分别为环境空气和火羽流的温度(K)。$\dot{m}$ 可视为烟气的质量生成速率。若取 $\rho_0 = 1.22\text{kg/m}^3$，$T_0 = 290\text{K}$，$T_f = 1100\text{K}$，上式便成为：

$$\dot{m} = 0.188P_f Y^{3/2} \tag{5-7}$$

羽流的体积流率可通过下式得到：

$$\dot{V} = \frac{\dot{m}}{\rho_p} \tag{5-8}$$

式中，$\dot{V}$ 为 $z$ 高度处的羽流体积流率($\text{m}^3/\text{s}$)；$\rho_p$ 为 $z$ 高度处的气体密度($\text{kg/m}^3$)。

### 4. 羽流平均温度

$$T_p = T_z + \frac{Q_c}{mc_p} \tag{5-9}$$

式中，$T_p$ 为 $z$ 高度处羽流气体的平均温度(K)；$T_z$ 为 $z$ 高度处周围空气的热力学温度(K)；$c_p$ 为羽流中气体的比定压热容(kJ/(m$^3$·K))。

**5. 羽流中心线温度**

$$T_{cp} = T_z + C_5\left(\frac{T_z}{gC_p^2\rho_z^2}\right)^{1/3}\frac{Q_c^{2/3}}{(z-z_0)^{5/3}} \tag{5-10}$$

式中，$T_z$ 为 $z$ 高度处周围空气的热力学温度(K)；$\rho_z$ 为 $z$ 高度处空气的密度(kg/m$^3$)；$g$ 为当地重力加速度(m/s$^2$)；常数 $C_5=9.1$。

### 5.1.3.2 顶棚射流

当烟气羽流撞击到房间的顶棚后便形成沿顶棚下表面蔓延的顶棚射流，如图5-5所示。大多数建筑房间的顶棚是水平的，在此重点讨论这种情况。设火源表面到顶棚的高度为 $H$，烟气羽流以轴对称的形式撞击顶棚，离开撞击区的中心水平距离为 $r$。这样，在顶棚之下 $r>0.18H$ 的任意径向范围内，顶棚射流的最高温度可用下面的方程描述：

$$T_{max} - T_0 = \frac{5.38}{H}(\dot{Q}/r)^{2/3} \tag{5-11}$$

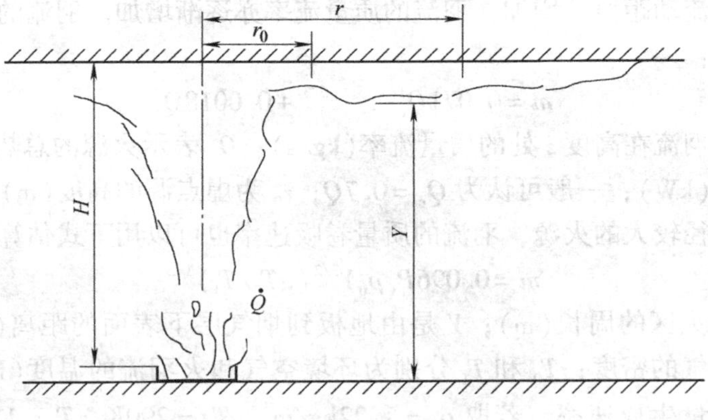


图5-5 顶棚射流示意图

如果 $r \leqslant 0.18H$，即在羽流撞击区内，烟气的最高温度用下式计算：

$$T_{max} - T_0 = \frac{16.9\dot{Q}^{2/3}}{H^{5/3}} \tag{5-12}$$

式中，$\dot{Q}$ 是火源的热释放速率(kW)。

与温度分布类似，顶棚射流的最高速度有如下的分布特征：

$$u_m = 0.052\left(\frac{\dot{Q}}{H}\right)^{1/3} \quad (r \leqslant 0.15H) \tag{5-13}$$

$$u_m = 0.196\frac{\dot{Q}^{1/3}H^{1/2}}{r^{5/8}} \quad (r > 0.15H) \tag{5-14}$$

#### 5.1.3.3 烟气层

随着火灾燃烧的持续，室内烟气层的厚度将会不断增厚。根据烟气的生成速率，并结合房间的几何尺寸，可以估算出烟气层厚度随时间变化的状况。

设起火房间的高度为 $H$，平面面积为 $A$，烟气层界面到地板的高度为 $Y$，如图5-6所示。于是，烟气层的体积变化率可写为：

$$\dot{V}_s = \mathrm{d}(A(H-Y))/\mathrm{d}t \tag{5-15}$$

又设烟气的质量生成速率可用式(5-6)表示，则上式可进一步写为：

$$\mathrm{d}(A(H-Y))/\mathrm{d}t = \dot{m}/\rho_0 = 0.096P_f\rho_0 Y^{3/2}(gT_0/T_f) \tag{5-16}$$

积分上式可得：

$$t = 20.8(A/P_f)(T_f/gT_0)^{1/2}(1/Y^{1/2} - 1/H^{1/2}) \tag{5-17}$$

由此式确定烟气层下降到高度为 $Y$(m)的时间 $t$。如果要求将烟气层的高度阻止在 $Y$(m)以上，则应当在烟气层到达这一高度之前把有关排烟口打开。

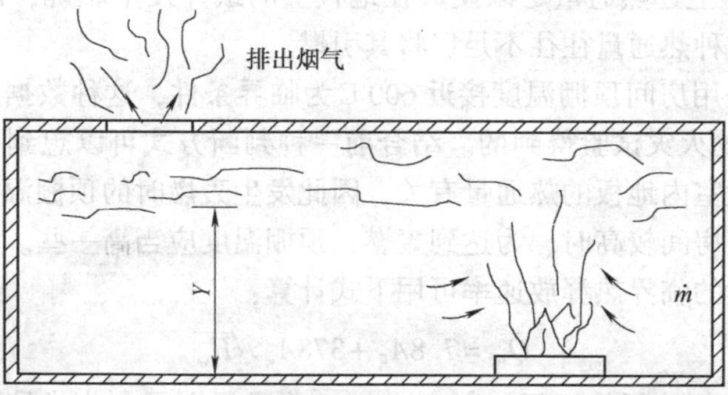


图5-6 室内烟气层的形成及烟气由开口排出

#### 5.1.3.4 通风口流动

起火房间的通风状况主要由通风口的大小、高度及分布决定。对于与普通卧室的大小相当的房间，若以木垛为可燃物，其轰燃后阶段的燃烧速率与通风口的关系可用下式计算：

$$\dot{m} = \phi A_w\sqrt{H_w} \tag{5-18}$$

式中，$\dot{m}$ 为木垛的质量燃烧速率(kg/min)；$A_w$ 为通风口的面积($m^2$)；$H_w$ 为自身高度(m)；$\phi$ 为修正系数，在一般情况下约为5.5。当房间大小改变时，此值可能会略微偏离。$A_w\sqrt{H_w}$通常称为通风因子。

随着通风因子的变化，室内燃烧可出现燃料控制燃烧和通风控制燃烧两种状态。一般可用下式来区分两种燃烧状态：

通风控制：
$$\frac{\rho g^{1/2}A_w\sqrt{H_w}}{A_f}<0.235 \tag{5-19}$$

燃料控制：
$$\frac{\rho g^{1/2}A_w\sqrt{H_w}}{A_f}>0.290 \tag{5-20}$$

式中，$A_f$ 为可燃物的表面积($m^2$)。

在室内火灾的充分发展阶段，燃烧基本上处于通风控制状态。

#### 5.1.3.5 轰燃

轰燃发生后，房间内所有可燃物都将猛烈燃烧，室内可出现1100℃以上的高温。室内出现的高温还对建筑构件产生作用，使其承载能力下降，甚至造成建筑物局部破坏或整体倒塌。火焰或高温烟气还会从房间的开口喷出，使火灾蔓延到建筑物的其他部分。

确定轰燃的临界条件主要有两种方法：一种是房间地板平面接受到的热通量达到一定值为条件。在高度为3m左右普通房间内的火灾试验表明，此值约为20kW/m²。上述热通量足以使放在地板上的纸片发生燃烧，但对于较厚的可燃物品，这种热通量往往不足以将其引燃。

另一种是用房间顶棚温度接近600℃为临界条件，这种数据是根据高度为2.7m的房间的火灾试验得到的。结合前一种判断方式可以想到，由于轰燃临界条件与到达室内地板的热通量有关，因此发生轰燃时的顶棚温度应当与房间高度有关。当房间较高时，为达到轰燃，顶棚温度应当高一些。

发生轰燃的临界热释放速率可用下式计算：

$$\dot{Q}_{fo}=7.8A_F+378A_w\sqrt{H_w} \tag{5-21}$$

式中，$A_F$ 为房间地板的面积($m^2$)；$A_w\sqrt{H_w}$为通风因子。此式是以烟气层的平均温度达到600℃为条件得到的，该起火房间的壁面材料的性质与石膏板类似。

#### 5.1.3.6 回燃

回燃(Backdraft)是室内可燃烟气发生再燃烧时出现的一种火灾现象。如果火灾是在建筑物的门窗关闭情况下发生的，则由于空气供应严重不足，燃烧生成的烟气中将含有大量的可燃组分。若此时房间突然形成某种开口，例如将门打开、窗玻璃破裂或木隔墙烧穿等，可致使新鲜空气突然进入。当其与积累在室内的可燃烟气大范围混合后，能够发生强烈的燃烧，火焰可以迅速蔓延开来，乃至由开口窜出。图5-7显示了回燃火焰由房间开口窜出的情形。回燃具有很大的破坏力，不仅可对建筑物造成严重损坏，而且能对前去灭火的消防人员构成严重威胁。

控制新鲜空气的突然流入是防止发生回燃的重要方面。当发现起火建筑物

图5-7　回燃火焰的传播

内已存在大量黑红色的浓烟时，若尚未做好灭火准备，则不要轻易打开门窗。首先打开下部开口，让空气缓慢进入，避免造成强烈的混合。并可喷入一定的水雾，降低烟气的温度，从而减小烟气被点燃的可能。

消除点火源是防止发生回燃的另一个基本条件。在起火房间内，不仅要注意及时扑灭小的明火，而且应注意清除隐蔽的火源。例如某些被其他材料遮盖的起火物品，由于缺氧而未出现强烈燃烧，一旦将遮盖物移走，它们可很快转变为明火，并可诱发回燃。此外，还应注意防止产生电火花，因此在火灾中禁止起动无防爆措施的电器设备。

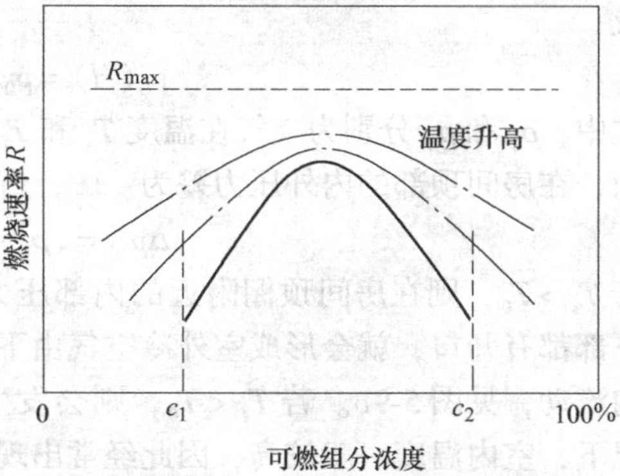


图5-8　热烟气可燃浓度界限的变化

在较高的温度下，可燃烟气点燃的可能性比在常温下大的多，这种认识可结合图5-8说明。图中的实线为某种可燃气体的燃烧速率曲线，其两端为其可燃浓度界限。随着温度的升高，可燃浓度界限显著扩大，当温度达到该气体的自燃温度时，则在任何浓度下都可着火。因此在充满高温烟气的起火房间内，较小的点火源也具有较大的危险性。

### 5.1.4　烟气流动的驱动力

在建筑火灾中，引起烟气流动的主要作用力有室内外温差导致的热压、燃烧导致的气体浮力与膨胀力、外部风及相关机械系统所造成的推动力，下面简要分析这些因素的影响。

#### 5.1.4.1 室内外的热压

当建筑物内外存在温差时，可以导致室内外出现压力差，通常称这种压差为热压。现结合图 5-9 论述热压的形成机理与作用。若某房间的高度为 $H$，其下部存在一个开口，见图 5-9a。设房间的内外温度分别为 $T_s$ 和 $T_0$，在地板平面的大气压力为 $p_0$，则在房间内部与外部在高 $H$ 处的压力分别为：

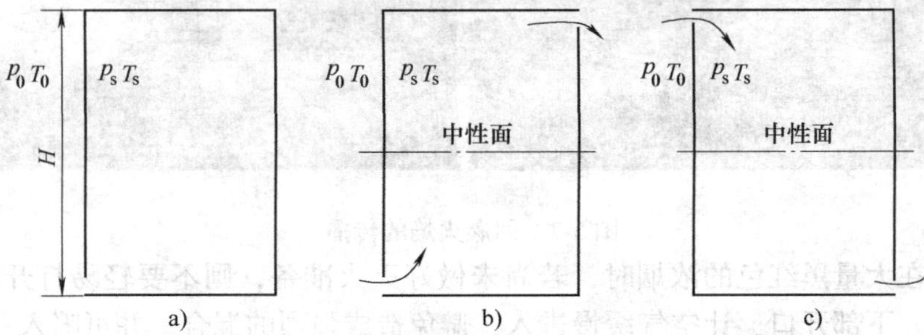


图 5-9 室内热压的形成示意图

a）仅有下部开口 b）$T_s > T_0$ c）$T_s < T_0$

$$p_s(H) = p_0 - \rho_s gH \tag{5-22}$$

及

$$p_0(H) = p_0 - \rho_0 gH \tag{5-23}$$

式中，$\rho_s$ 和 $\rho_0$ 分别为空气在温度 $T_s$ 和 $T_0$ 时的密度；$g$ 是重力加速度常数。因而，在房间顶部的内外压力差为：

$$\Delta p_{s0} = (\rho_0 - \rho_s)gH \tag{5-24}$$

若 $T_s > T_0$，则在房间顶棚附近的内部压力比外部压力高。如果房间的上部和下部都有开口，就会形成室外冷空气由下部进入、室内热气体由上部流出的定向流动，见图 5-9b。若 $T_s < T_0$，则会发生相反的流动，见图 5-9c。在火灾情况下，室内温度一般较高，因此经常出现前一种形式的流动。

在房间中部的某一高度处，可出现 $p_0 = p_s$ 的分界面，该处称为压力中性平面(Neutral Plane,简称中性面)。在中性面之上任意高度 $h$ 处的内外压差为：

$$\Delta p_{s0} = (\rho_0 - \rho_s)gh \tag{5-25}$$

与大气压 $p_{atm}$ 相比，建筑物内外的压差变化要小得多。因此可以根据理想气体定律，用 $p_{atm}$ 来计算气体的密度。一般认为，烟气也遵循理想气体定律，再假设烟气的分子量与空气的平均分子量相同，即等于 0.0289kg/mol，则式(5-25)可改写为：

$$\Delta p_{s0} = gp_{atm}h(1/T_0 - 1/T_s)/R \tag{5-26}$$

式中，$T_0$ 为外界空气的热力学温度，$T_s$ 为竖井中空气的热力学温度，$R$ 为通用气体常数。将标准大气的参数值代入，则式(5-26)改写为：

$$\Delta p = K_s\left(\frac{1}{T_0}-\frac{1}{T_s}\right)h \tag{5-27}$$

式中，$\Delta p$ 为压差(Pa)；$h$ 为距中性面的距离(m)；当外界压力为标准大气压时，系数 $K_s = 3460\text{Pa}\cdot\text{K/m}$。

在高层建筑中，通常存在多种形式的竖井，如楼梯井、电梯井、管道井等。热烟气进入竖井内，就会发生强烈向上运动，这种现象通常称为烟囱效应(Stack Effect)。图5-10给出了考虑烟囱效应时的压力计算。

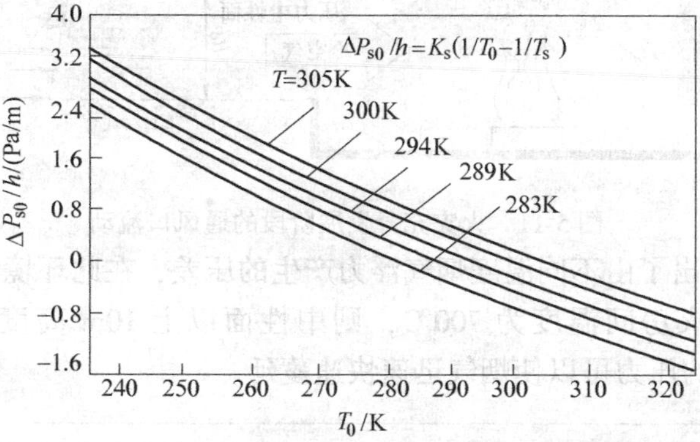


图5-10　烟囱效应的压力计算图

在高层建筑中，烟囱效应往往成为火灾烟气向上蔓延的主要驱动力。如果火灾发生在中性面以下的区域，则烟气与建筑内部空气一道窜入竖井并迅速上升。一旦超过中性面，烟气将会窜出竖井进入上部楼层。在中性面以下，除起火楼层外，其他楼层中基本没有烟，直到火区的发烟量超过烟囱效应所能排放的烟量为止。

如果火灾发生在中性面以上的楼层，则烟气将由建筑内的空气气流携带从建筑外表的开口流出。若楼层之间的烟气蔓延可以忽略，则除着火楼层以外的其他楼层均保持相对无烟，直到火区的烟生成量超过烟囱效应流动所能排放的烟量为止。

#### 5.1.4.2　高温烟气的浮力与膨胀力

在起火房间，还存在由于烟气的浮力与热膨胀作用所导致的烟气运动。由燃烧区刚流出的烟气的温度比失火前室内气体的温度高的多，从而具有较大的浮力。起火房间与环境之间的压差可用与热压类似的形式给出。结合图5-11所示的具有一个墙壁开口的着火房间，可得：

$$\Delta p = K_s\left(\frac{1}{T_0}-\frac{1}{T_F}\right)h \tag{5-28}$$

式中，$\Delta p$ 为房间特定高度与中性面的压差(Pa)；$h$ 为特定高度距中性面的距离(m)；$T_0$ 为周围环境温度(K)；$T_F$ 为着火房间温度(K)。

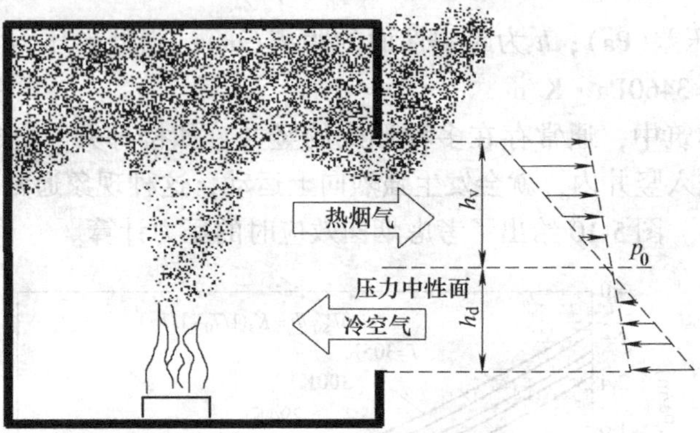


图 5-11　火灾充分发展阶段的通风口流动

图 5-12 给出了由不同温度烟气浮力产生的压差，在此环境温度设为 20℃。可见，如果着火房间温度为 700℃，则中性面以上 10m 高度上的压差约为 83Pa，这样高的压力可以使烟气迅速快速蔓延。

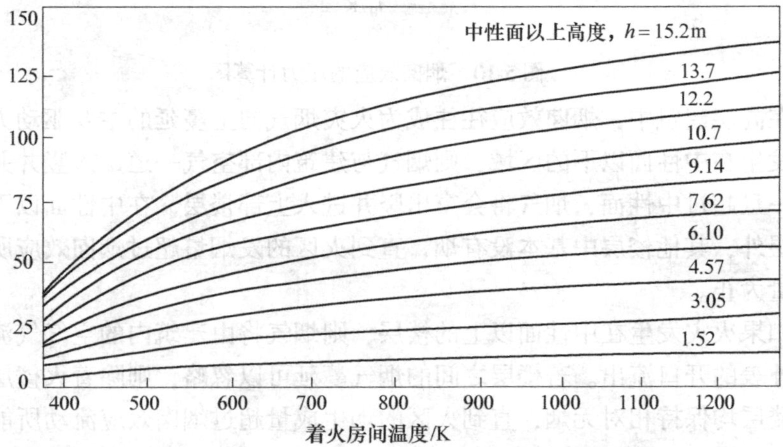


图 5-12　着火房间内外由热烟气浮力引起的压力差

房间外部的空气会由开口的下半部流入着火房间，同时热烟气则会从开口的上半部流出。忽略由于燃烧热解过程而产生的质量流率(通常相对于空气流率来说此值很小)，则流出与流入气体的体积流量比可简单地表示成热力学温度之比，即：

$$\frac{\dot{V}_{out}}{\dot{V}_{in}} = \frac{\dot{T}_{out}}{\dot{T}_{in}} \tag{5-29}$$

式中，$\dot{V}_{out}$、$\dot{V}_{in}$分别为由着火房间流出烟气的体积流量和流入着火房间空气的体积流量($m^3/s$)；$\dot{T}_{out}$、$\dot{T}_{in}$分别为相应的烟气和空气的平均温度(K)。

若建筑内部空气的初始温度为20℃，经燃烧后温度为600℃，则气体的体积将约膨胀3倍多。如果着火房间具有较小的开口或缝隙，则由高温烟气膨胀产生的压差就可能显现重要影响，促使烟气穿过房间墙壁的小开口蔓延到相邻区域。

### 5.1.4.3 风的作用

环境风的存在可以在建筑物的周围产生压力分布。在门窗均关闭较好的建筑中，风的影响较小；但对于密闭性较差或门窗敞开的建筑，风所造成的压力分布则能够对建筑内部的烟气蔓延产生明显影响。在许多情况下，其作用往往超过烟气运动的其他驱动力。

风所造成的压力分布主要由风速、风向、建筑物的高度及其几何形状等因素决定。风朝着建筑物吹过来会在建筑物的迎风侧产生较高滞止压力，这可增强建筑物内的烟气向下风方向的流动。风作用于建筑物的某一壁面上的压力可表示成：

$$p_w = \frac{C_w \rho_\infty V^2}{2} \tag{5-30}$$

式中，$p_w$ 为风作用到建筑物表面的压力(Pa)；$\rho_\infty$ 为环境空气密度($kg/m^3$)；$V$ 为风速(m/s)。$C_w$ 为无量纲风压系数，其取值范围为 -0.8 ~ 0.8。对于建筑物的迎风壁面，其值为正；对于背风壁面，其值为负。随着建筑的几何形状的改变，在壁面的不同位置具有不同的值。表5-1列出了在风的作用下长方体建筑外壁面的压力分布，该建筑周围没有阻挡物。

建筑物发生火灾时，经常出现着火房间窗玻璃破碎的情况。如果破碎的窗户处于建筑的背风侧，则外部风作用产生的负压会将烟气从着火房间中抽出，这可以大大缓解烟气在建筑内部的蔓延。但如果破碎的窗户处于建筑的迎风侧，则外部风所产生的压力将会相当大，可以轻易地驱动整个建筑内的气体流动，使烟气在着火楼层内迅速蔓延，甚至蔓延到其他楼层。

**表5-1 长方体建筑物各壁面的平均压力系数**

| 建筑物的高宽比 | 建筑物的长宽比 | 风向角($\alpha$) | 不同墙壁上的风压系数 | | | |
|---|---|---|---|---|---|---|
| | | | 正面 | 背面 | 侧面 | 侧面 |
| $H/W \leq 0.5$ | $1 < L/W \leq 1.5$ | 0° | +0.7 | -0.2 | -0.5 | -0.5 |
| | | 90° | -0.5 | -0.5 | +0.7 | -0.2 |
| | $1.5 < L/W \leq 4$ | 0° | +0.7 | -0.25 | -0.6 | -0.6 |
| | | 90° | -0.5 | -0.5 | +0.7 | -0.1 |

（续）

| 建筑物的高宽比 | 建筑物的长宽比 | 风向角($\alpha$) | 不同墙壁上的风压系数 | | | |
|---|---|---|---|---|---|---|
| | | | 正面 | 背面 | 侧面 | 侧面 |
| $0.5<H/W\leqslant 1.5$ | $1<L/W\leqslant 1.5$ | 0° | +0.7 | −0.25 | −0.6 | −0.6 |
| | | 90° | −0.6 | −0.5 | +0.7 | −0.25 |
| | $1.5<L/W\leqslant 4$ | 0° | +0.7 | −0.3 | −0.7 | −0.7 |
| | | 90° | −0.5 | −0.5 | +0.7 | −0.1 |
| $1.5<H/W\leqslant 6$ | $1<L/W\leqslant 1.5$ | 0° | +0.8 | −0.25 | −0.8 | −0.8 |
| | | 90° | −0.8 | −0.8 | +0.8 | −0.25 |
| | $1.5<L/W\leqslant 4$ | 0° | +0.7 | −0.4 | −0.7 | −0.7 |
| | | 90° | −0.5 | −0.5 | +0.8 | −0.1 |

注：$H$ 为屋顶高度，$L$ 为建筑物的长边，$W$ 为建筑物的短边。

#### 5.1.4.4 其他作用力

在许多现代建筑中都安装了供暖、通风与空调系统(HVAC)。即使 HVAC 系统引风机不开动，其管道也能起到通风网的作用，从而将烟气传送到该建筑物的其他区域。如果建筑物发生火灾时 HVAC 系统仍在工作，则室内通风网的作用还会加强。同时，该系统还可将大量的新鲜空气输入有火区，从而使火灾燃烧加剧。因此在建筑中一旦发现火情，通常应及时关闭 HVAC 系统。就是说应当在 HVAC 系统中采取适当的控制措施。当发生火灾时，应迅速关闭引风机或阀门，切断着火区与其他区域的联系。

在某些建筑物中，还可能存在运动的物体，例如电梯井内的电梯、隧道中的汽车或列车。物体的运动能够使电梯井内或隧道内出现瞬时压力变化，这称为物体的活塞效应(Piston Effect)。当物体朝某个方向运动，可使得其前方的空间向外排气，其后部的空间则向内吸气。在火灾时，这种情况将会强烈影响烟气的运动。活塞效应与运动物体的大小、速度及空间的截面积等因素有关。

## 5.2 建筑火灾预防控制的原则与方法

### 5.2.1 建筑火灾安全的基本目标

为了针对不同的建筑采取合理的火灾预防控制策略，首先应当明确该建筑的火灾安全目标。总的说来，建筑物的火灾安全基本目标大体可分为以下4个：

（1）保证人员的生命安全，包括在建筑物内工作或居住的人员、顾客、来访者及消防队员等人的安全；

（2）保护财物和资产的安全，包括建筑结构、建筑物的相关设备与建筑物内部的财产、用具、资料等物品的安全；

（3）保证有关设施和系统的连续运行，例如保护某些电力系统、通信系统可正常执行预定任务，保证某些生产工艺和操作过程不致中断；

（4）限制火灾本身与火灾防治措施造成的不良影响，例如防止火灾的扩大与烟气的蔓延，防止灭火活动造成的次生灾害等。

上述几个基本目标的优先性应当根据建筑物的使用情况决定。例如，在大型公共建筑中，保护人员的生命安全显然是第一位的。而在人数不多的中型工厂、仓库中，或在高技术与高价值集中的场所中，财产保护似乎更为重要。因此，在不同建筑物或建筑群的不同区域中，火灾安全基本目标的优先性是可调整的。

在进行建筑物的防火设计、防火设计审查和防火安全检查中，都需要合理确定特定建筑的火灾安全目标及这些目标的优先顺序。

一般说，确定火灾安全基本目标的优先顺序是比较容易取得共识的，不过采用什么方式、按照什么标准来确定和达到这些目标仍需要仔细酌定。例如对于保证人员安全，可以提出“整个建筑物内完全没有人员死亡”，也可提出“在起火房间没有人员伤亡”。显然为实现这两种目标，所采取的对策将存在很大的差异。为了定量表示这些不同安全目标，需要使用一些适当的工程参数加以描述，例如室内温度、烟气层、有害气体浓度等。

### 5.2.2　预防控制建筑火灾的关键环节

建筑物发生火灾后，人们是不会任其自由发展的，一定会采取某种消防行动。有些火灾可能很快被扑灭，有些火灾可能在初期增长阶段便受到控制，因此实际火灾并不都会经历完整的自然发展过程。预防控制火灾的扩大有着多种对策，它们分别在火灾的不同阶段发挥作用。现结合图 5-13 所示的火灾发展时间线进行讨论。

减小起火可能是控制火灾发生的第一个环节。在各类建筑物内，都应当控制可燃物的数量及其使用方式，将火灾载荷限制在适当的水平；特别是在容易起火的场合或部位，重视材料的选用，例如采用难燃材料或不燃材料。为此，应当了解各类建筑材料的燃烧性能，掌握它们的可燃极限。如果在某些场合下必须使用某种类型的可燃材料，则可以通过阻燃技术改变其燃烧性能。

发生火灾后，及时、准确地探测到火情并迅速报警具有及其重要的意义。

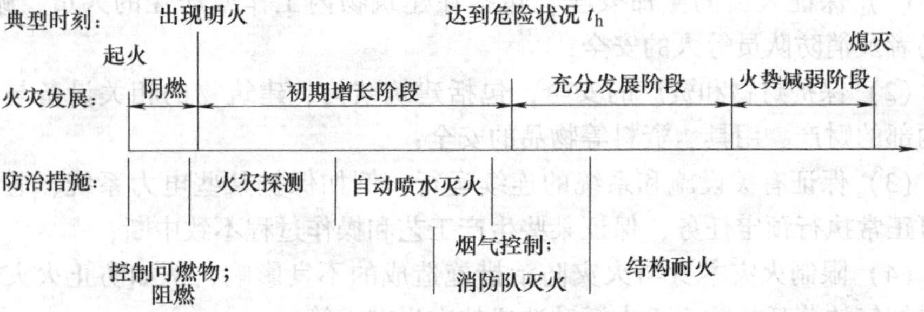


图 5-13　火灾发展时间线以及相应消防对策

在火灾的将起与初期阶段，是会有不少特殊征兆出现的，如发热、发光、发声，以及散发出可燃气体、烟尘等。这些征兆为发现火灾提供了信息和依据。火灾探测器探测到起火迹象后，可将该信息转换为某些光声信号，告戒人们发生了火灾。这不仅可为人员的安全疏散提供宝贵的信息，而且可通过联动方式启动有关的消防设施来扑灭或控制早期火灾。

采取灭火行动是控制火灾的关键环节。灭火行动采取的迅速、合理，可以有效减少火灾损失。火灾的类型不同，灭火技术也应有一定差别。在某个特定的场合应当选用其他与该场合火灾特征相适应的灭火系统。自动喷水灭火系统能够将火灾及时扑灭在早期阶段，或将火灾的影响控制在限定范围内，应当对此给予足够的重视。在大型、高层和地下建筑中，使用自动消防系统具有特别重要的意义。这些建筑的火灾发展迅速，单纯依靠外来消防队扑灭火灾，往往会延误时机。对于那些使用功能或存储物品都很特殊的建筑，还应依据具体情况配置其他适用的灭火系统。

在建筑火灾中，烟气的蔓延不仅会对人员造成严重危害，而且会对建筑物内的许多设施或仪器造成重点破坏，例如电子仪器、通信设备、生化材料等。因此必须将火灾烟气控制在特定区域内，并尽快将烟气排到建筑物之外。在起火建筑物内，应当通过多种阻隔方式来阻止烟气进入安全通道或避难区域，并在烟气到达危险状况之前，就将人员疏散到室外安全地带。有效控制烟气的蔓延也是实现迅速灭火的基本条件。

不少火灾经常可以发展到轰燃阶段。这时，起火区的温度往往可以达到1000℃以上的高温。在这种高温的作用下，建筑构件的力学性能将会迅速变差，乃至失去支撑能力或隔断能力。而建筑结构一旦受到破坏，建筑物内的一切物品将会全部毁坏。因此必须保证建筑构件具有足够强的耐火性能，有些情况下还应对某些重要构件采用一些额外的加强保护。

此外，在建筑物内建立良好的消防监控中心或通信指挥中心是实现上述防治技术综合运用的核心，只有建立了强有力的统一管理和控制系统，才能保证各类消防设施的有效运作。专业消防队的快速反应对于有效灭火也具有重要作用，尤其是轰燃后的大火，必须由专业消防队前来扑救。他们越早到达，就越有利于控制火灾。因此，需要加强城市中与城市间的消防通信和指挥系统，提高消防队伍的快速反应能力。

在火灾发展的不同阶段，正确发挥相关消防措施的作用可以取得良好的效果。例如，在火灾早期，及时起动自动喷水灭火装置可以有效控制室内温度的升高，从而使得室内不会发生轰燃，并且火灾也会被较快地扑灭。图5-14示意说明了这种情况。

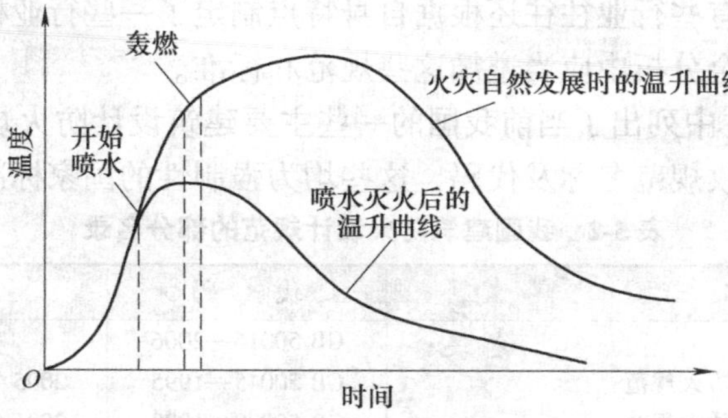


图5-14 启动喷水系统后对火灾过程的影响

还应当指出，不同的消防措施往往是共同发挥作用的。它们协同的合理，可以迅速有效地控制或扑灭火灾；协同的不合理，甚至可造成一些负面影响。为了取得良好的效果，应当把建筑物火灾预防和控制作为一个大系统对待，运用系统论的方法处理各个子系统的关系，改变不同系统孤立运用、分别设防的做法，并努力实现不同系统的优化集成。

## 5.2.3 建筑物的防火设计

搞好建筑物的防火设计是实现建筑物火灾安全目标、合理发挥消防系统作用的基础。由于防火设计不当所造成的火灾隐患是一种“先天性”的缺陷，将会给建筑物使用期间的火灾防控造成很多困难，即使采取补救措施也往往难以取得良好效果。

运用法律法规来指导建筑物的防火设计是保证建筑火灾安全的重要途径。人类在与火灾的长期斗争，积累了许多宝贵的经验教训。通过分析总结，逐渐形成了一些科学、合理的建筑设计方法和要求。建筑设计防火的有关规范便是这些经验和要求在法规层面的体现。执行这些规范的规定对于保证建筑物的防火安全设计具有十分重要的作用。研究建筑火灾的预防与控制，应当对防火规范有比较清楚的了解。

#### 5.2.3.1 我国的建筑防火设计规范

经过多年的修订与完善，目前我国已经形成了比较系统的建筑设计防火的法规。根据功能，这些法规大体可分为建筑防火类规范和消防设备类规范两大类。

《建筑设计防火规范》(GB 50016—2006)是一部最基本的规范，该规范主要针对普通民用建筑和工业建筑的防火设计制定的，但在其他建筑物设计时，也经常参考这一规范。

为了与防火规范相配套，国家还制定了一系列消防设备的设计、施工与验收规范。另外，有些行业往往还根据自身特点制定了一些行业标准。在建筑防火设计和防火安全分析中应当遵循这些规范和标准。

表5-2和5-3中列出了当前我国的一些主要建筑设计防火规范及主要消防系统的设计与验收规范名称及代码，这些均为强制性的国家标准。

表 5-2 我国建筑防火设计规范的部分名录

| 名称 | 代码 | 备注 |
|---|---|---|
| 建筑设计防火规范 | GB 50016—2006 | |
| 高层民用建筑设计防火规范 | GB 50045—1995 | 2005年最新修订 |
| 人民防空工程设计防火规范 | GB 50098—1998 | 2001年局部修订 |
| 石油化工企业设计防火规范 | GB 50160—1992 | 1999年局部修订 |
| 村镇建筑设计防火规范 | GBJ 39—1990 | |
| 原油和天然气工程设计防火规范 | GB 50183—1993 | |
| 汽车库、修车库、停车场设计防火规范 | GB 50067—1997 | |
| 建筑内部装修设计防火规范 | GB 50222—1995 | 1999年局部修订 |
| 民用爆破器材工厂设计安全规范 | GB 50089—1998 | 2001年局部修订 |
| 输气管道工程设计规范 | GB 50251—1994 | |
| 输油管道工程设计规范 | GB 50253—1994 | |
| 发生炉煤气站设计规范 | GB 50195—1994 | |
| 小型石油库及汽车加油站设计规范 | GB 50156—1992 | |
| 地下铁道设计规范 | GB 50157—1992 | |
| 烟花爆竹工厂设计安全规范 | GB 50161—1992 | |
| 爆炸和火灾危险环境电力装置设计规范 | GB 50058—1992 | |

表 5-3 我国建筑消防系统设计与验收规范的部分名录

| 名称 | 代码 | 备注 |
|---|---|---|
| 火灾自动报警系统设计规范 | GB 50116—1998 | |
| 自动喷水灭火系统设计规范 | GB 50084—2001 | 2005年局部修订 |
| 水喷雾灭火系统设计规范 | GB 50219—1995 | |
| 低倍数泡沫灭火系统设计规范 | GB 50151—1992 | 2000年最新修订 |
| 高倍数、中倍数泡沫灭火系统设计规范 | GB 50196—1993 | 2002年局部修订 |
| 卤代烷1211灭火系统设计规范 | GBJ 110—1987 | |
| 卤代烷1301灭火系统设计规范 | GB 50163—1992 | 1999年局部修订 |

（续）

| 名 称 | 代 码 | 备 注 |
|---|---|---|
| 二氧化碳灭火系统设计规范 | GB 50193—1993 | 1999年局部修订 |
| 消防通信指挥系统设计规范 | GB 50313—2000 | |
| 混合气体灭火系统设计规范 | GB 50058—1992 | |
| 建筑灭火器配置设计规范 | GBJ 140—1990 | 1997年修订 |
| 火灾自动报警系统施工及验收规范 | GB 50140—2005 | |
| 气体灭火系统施工及验收规范 | GB 50263—1997 | |
| 自动喷水灭火系统施工及验收规范 | GB 50261—1996 | 2001年局部修订 |
| 泡沫灭火系统施工及验收规范 | GB 50281—2006 | |

#### 5.2.3.2 建筑防火设计的主要内容

不同类型的建筑设计防火规范的编制方式存在一定差别，不过都包括以下基本内容：

**1. 建筑物的总平面防火规划**

建筑物总平面防火规划的任务主要处理好某幢具体建筑物与周围地形和其他建筑的相互关系。应当根据建筑物的使用性质、火灾危险性以及地形、地势、风向等因素，进行建筑物的合理布局，避免不同建筑物之间相互构成火灾威胁，并为迅速灭火援救提供便利条件。

如果某个地区原来建有易燃、易爆材料的工厂、仓库或存在其他重大危险因素，则新建筑物应当与其保持足够大的距离。为了防止火灾由一幢建筑蔓延到周围的建筑，建筑物之间必须留出足够宽度的防火间距。

建筑物还应当与本地区的消防站保持适当的距离，以便发生火灾时消防队能够迅速前来扑救。建筑物的周围必须留有消防车道，以便消防车能够接近起火建筑物。消防车道的宽度一般不应小于4m。

对于处于地震、台风等自然灾害多发区的城市，其防火规划还应考虑这些相关灾害的影响。它们都可能引发或加剧城市火灾的规模。

**2. 建筑物的耐火等级**

建筑物必须具有足够强的耐火等级，以保证发生火灾后，其主体结构不被破坏。主要是墙、柱、梁、楼板、屋盖、吊顶等基本建筑构件能在一定的时间内不被破坏，从而起到延缓和阻止火灾蔓延的作用，并为火灾后的结构修复创造条件。

在建筑物内部应进行合理的防火分区，使用具有适当耐火性的分隔构件将建筑物的内部空间分隔成若干相对独立的区域，一旦某一区域起火，火灾也会被控制在这一局部区域之中，不至对相邻区域造成影响。

**3. 人员安全疏散设计**

为了保证建筑火灾中的人员安全，建筑物应当设计有合理的疏散通道、疏散楼梯间、电梯前室、避难区，并对建筑物内的最大疏散距离、消防电梯的安装和使用等作出合理规定。在建筑物的一些特殊或转弯部位，还应设置事故照明灯及容易被人发现的疏散诱导指示，为人员安全疏散创造便利条件。

**4. 消防给水与灭火系统设计**

由于水的灭火效果较好、价格便宜、使用方便，所以水一直是建筑火灾中的主要灭火剂。在各类建筑中，应当设计安装消防给水系统。在这一系统的设计中，合理解决消防供水是一个最重要的问题，要保证建筑物内的各部分的水压能够满足相应灭火装置的要求，必要时还应当设计消防水泵，并结合建筑物的具体情况，铺设合理的室内外给水管道和消火栓。

为了取得最好的灭火效果，还应当根据建筑物的使用功能慎重选择直接灭火的装置。对于某些特殊的场合，除了设计水灭火系统外，还应当选择其他适用的灭火系统，如气体灭火系统、干粉灭火系统等，并应参照消防设备的专用规范进行具体设计。

**5. 防、排烟系统设计**

防、排烟系统是控制烟气在建筑物内蔓延的主要手段。防烟是指用某些耐火性能好的物体或材料把烟气阻挡在某些限定区域，不让它流到可能产生危害的地方。阻挡烟气的构件主要有隔墙、挡烟梁、挡烟垂壁等，在某些情况下也可用空气流挡烟。排烟就是使烟气沿着对人和物体不构成危害的渠道排到建筑外，主要有自然排烟或机械排烟两种方式。

许多大型建筑物的内部结构比较复杂，为了有效控制烟气的蔓延，往往需要多种防烟和排烟措施配合运用。

**6. 消防电气设计**

由于火灾问题的特殊性，消防电气系统应当采取独立配电方式，以保证在发生火灾的情况下消防设施的正常工作。应当分别根据火灾自动报警系统、应急照明、疏散指示、消防控制中心等特殊设备的需要设计专用的供电系统。

## 5.2.4 性能化防火分析与设计

### 5.2.4.1 规格式设计规范的优缺点

我国现行的建筑防火规范设计是一种规格式规范，它通过若干详细的条文，对所涉及建筑物的位置、布局、建筑物的使用性质、耐火等级、内部的消防设施等作出要求。这种规范的条文主要是根据已往火灾的经验教训、模型试验的结果归纳整理得出的，也有一些是根据专家经验确定的，在其规定的范围内具有足够大的可靠性，而且具有设计简单、便于操作的优点。

但是规范的条文数目总是有限的，而建筑物的形式却是复杂多变的。因此规范中的有些规定难以适应不同地区及不同建筑的具体要求，尤其是无法指导新型建筑的防火设计，这类设计实践中经常遇到现行规范无法包括或不好解释的情况。

#### 5.2.4.2　性能化设计方法的发展及主要特点

随着城市现代化的发展和建筑工程技术的进步，大型、复杂建筑迅速增多，防火设计与现行规范要求之间的矛盾越来越突出。为了适应新型建筑发展的需要，同时又要保证火灾安全，必须探索新的解决方法。自20世纪80年代开始，国际火灾科学界开始提出，应当以火灾预防控制工程的思想为指导，发展以火灾性能为基础进行的建筑防火设计方法（Performance-based Fire Protection Design Approach）。国内通常称这种方法为性能化设计方法。

这种方法主要对建筑物应当达到的基本防火安全目标、具体损失目标、性能要求及设计时所需遵循的原则和途径等提出要求，而对于设计细节则不做详细规定。例如，在建筑设计中，疏散通道的长度和防火分区的大小等，可由设计人员根据具体建筑的结构布局、发生火灾情形下的烟气蔓延速度、人员逃生所需时间等因素，通过计算与分析来确定。

不同国家和地区进行性能化设计所采取的具体步骤略有差别，但是总的说来，都包括设计准备、定量评估和文件编制三个阶段。图5-15给出了一种建议设计流程，下面简要讨论每个阶段所涉及的内容。

设计准备阶段包括前4个步骤。第1步是确定项目的范围，包括弄清所设计项目的状况、设计参数；第2步是确定建筑物的总体防火安全目标，包括人员与财产的保护等级、维持建筑物连续使用的要求、文物保护与环境保护的要求等；第3步是确定火灾风险承担人可接受的损失目标，建筑物的火灾风险承担人指的是所有与该项目密切相关的个人、团体或机构，包括建筑物的业主、股东，乃至某些管理部门的代表；第4步是建立火灾危险的性能判据，要用适当的工程参数来量化损失目标，即形成具体的设计目标，以便根据其估价防火设计方案。

定量评估阶段包括第5~7步。第5步是设置火灾场景，火灾场景是对该建筑内可能发生的火灾状况的系统描述，包括火灾特征、建筑物相关的几何特征、人员特征等。通常应当形成若干种火灾场景，确定火灾场景的一个重要方面是设定火源的热释放速率；第6步是制订与评估初步设计方案，要根据设置的火灾场景，制订初步防火设计方案，并运用某些计算或试验方法，评估各种方案能否满足预定的性能判据，若不满足，则需要修改初步方案或损失目标；

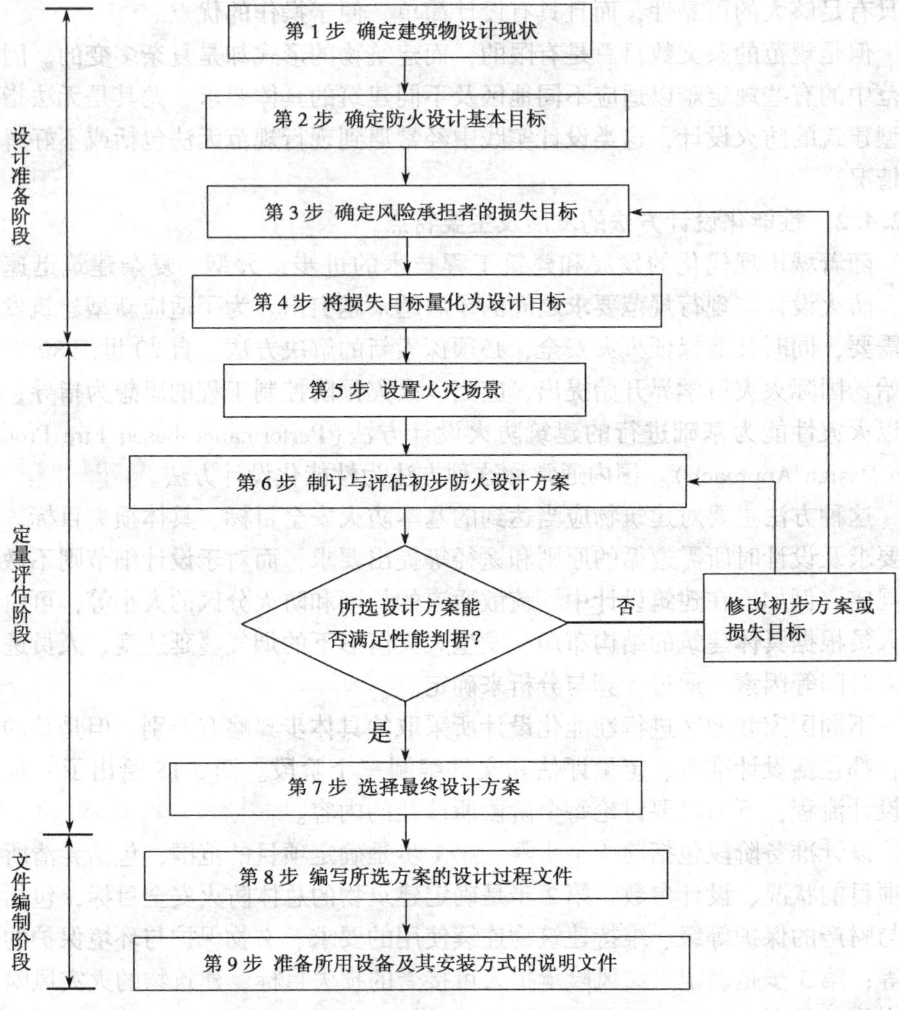


图 5-15 性能化防火设计的主要步骤

第 7 步是选定最终的设计方案，一般在多种初步设计方案中，可能有几种方案都能满足性能判据，评估人员应对它们作进一步的分析、筛选，最终确定一种各方面的风险承担人都同意的设计方案。

文件编制阶段包括最后 2 个步骤，主要是对选定方案的设计过程进行详细的审查，编写相应的设计报告，并准备有关设备的技术文件。

性能化设计方法为建筑设计人员提供了更大的灵活性，使防火设计方案更加科学、合理，并且能够将各种消防系统有机地组合起来加以运用，形成建筑物的综合防火策略。表 5-4 列出了两种设计思想的主要不同点。

表5-4　规格式设计与性能化设计的主要差异

| 规格式设计 | 性能化设计 |
|---|---|
| （1）直接从规范中选定设计参数和指标，无须提出任何问题； | （1）只要能够证明性能要求可以达到，允许改变设计参数和指标； |
| （2）主要关心怎样使设计方案满足规范的要求； | （2）主要关心如何有效地预防与控制火灾； |
| （3）原则上是规范中没有规定的技术和方法不能够使用； | （3）只要能证明所具有的性能是合适的，允许采用任何创新性的设计方案或技术； |
| （4）在考虑消防对策时，重视单项技术的应用，整体性不强 | （4）强调各种消防系统的综合、优化和集成应用 |

#### 5.2.4.3　采用性能化防火设计应注意的问题

目前性能化防火设计方法已经在不少国家推广应用，我国也对此开展了不少研究，并进行了一些试点应用，取得了较好的效果。不过需要明确指出，在现阶段，性能化防火设计仍在发展过程中，仍然有不少方面需要完善。例如，由于要求进行大量的定量数据，有些设计部分需要较长时间的计算，设计工作量大，同时也要求设计人员具有较全面的火灾安全基础知识和综合分析能力。另外，性能化设计的某些操作步骤尚需改进，例如如何与现行规范配合使用也需进一步研究。

推行性能化防火设计涉及的面很宽，影响的因素很多，应当采取积极而又慎重的态度。在充分肯定这种新方法的同时，还应仔细分析当前建筑防火设计中出现问题的类型、性质以及采用性能化设计方法的条件，避免仓促铺开，防止出现降低建筑物火灾安全标准的情况。

目前，我国仍应以现行规范为主进行建筑防火设计。对于绝大部分普通民用建筑和一般工业建筑物来说，规格式防火设计方法仍然是适用的。对于那些在规范中确实没有要求或无法涵盖的特殊建筑，才需采用性能化的方法解决。因此现在重要的是要强调严格执行现行规范，防止出现以采用性能化方法来否定现行设计规范的规定。

## 5.3　建筑材料及制品的燃烧性能

### 5.3.1　建筑材料的类型及其燃烧性能分级

建筑物是用多种建筑材料建造而成的。根据材料在建筑物中的功能，可将其分为结构材料和装修材料两大类。

#### 5.3.1.1 建筑材料的基本性能要求

结构材料的基本作用是保证建筑物的结构安全，在建筑物可能遇到的各种应用条件下都应具有一定的强度。为了防止建筑物发生火灾时其结构安全受到破坏，要求结构材料在高温下仍具有较强的力学性能，即应当具有足够强的耐火性，以便使建筑物受到火的作用后，其整体安全性不被破坏。此外，对结构材料的燃烧性能也要有一定的要求，应保证其在火灾条件下不致因自身发生燃烧而降低结构的力学性能。

装修材料的基本作用是保证建筑物具有良好的使用功能。建筑物是人们生活、工作和生产的场所，应能起到保温、隔热、隔声的效果，因此应当具有一定的实用性、舒适性、美观性。不过在考虑上述功能的同时，还应当重视所用材料的燃烧性能。很多建筑装修材料都是可燃的，因此应当对装修材料的燃烧性能做出限制，以便发生火灾时不致因它们的存在而加剧燃烧。

有些材料主要是作为结构材料使用的，例如混凝土、结构钢材、砖瓦等；有些材料主要是作为装修材料使用的，例如纺织品、墙面装饰材料等；有些材料则既可作为结构材料使用，也可作为装修材料使用，例如木材。应当按材料在建筑物上的基本功能来要求其力学性能与燃烧性能。

为了正确分析不同建筑材料的燃烧性能和力学性能，已经发展出了一系列的评价方法，有些还制定了相应的试验标准。本节主要讨论建筑材料的燃烧性能。

#### 5.3.1.2 建筑材料的燃烧性能分级

根据建筑材料遇火后的燃烧特性，一般将其分为不燃、难燃、可燃三大类，各类材料的主要特点为：

(1) 可燃材料。指在空气中受到火烧或高温作用时，可立即起火或微燃，且当火源移走后仍能继续燃烧的材料，如木材、纤维板、聚氯乙烯塑料板等。

(2) 难燃材料。指在空气中受到火烧或高温作用时，难起火、难微燃、难炭化，而当火源移走后，燃烧或微燃立即停止的材料，如水泥刨花板、沥青混凝土、石膏板、经防火处理的木材等。

(3) 不燃材料。指在空气中受到火烧或高温作用时，不起火、不微燃、不炭化的材料，如钢材、混凝土、黏土砖瓦、玻璃、石材等。不燃材料无潜在火灾危险性。

在我国建筑材料的燃烧性能按国家标准《建筑材料燃烧性能分级方法》(GB 8624—1997)进行分级，其级别、名称和采用的试验标准见表5-5。对于未通过该标准试验的材料判定为易燃材料。

**表 5-5　建筑材料的燃烧性能等级**

| 序　号 | 级　别 | 级别名称 | 试验方法标准 |
| --- | --- | --- | --- |
| 1 | A | 不燃性建筑材料 | GB/T 5464—1985 |
| 2 | B1 | 难燃性建筑材料 | GB/T 8625—1988 |
| 3 | B2 | 可燃性建筑材料 | GB/T 8626—1988 |
| 4 | B3 | 易燃性建筑材料 | 不试验 |

此分级标准中所规定的建筑材料系指在建筑物构、配件中使用的各类成型材料，如各类板材、成型保温材料、饰面材料及地面覆盖材料。而在建筑物内存放的家具材料、纺织品等不属于建筑材料的范畴，因此不按本分级标准执行。

#### 5.3.1.3　建筑装修材料的燃烧性能分级

统计表明，大部分建筑火灾是由装修材料引起的。特别是在现代化的建筑内，装修材料的使用越来越多，造成室内的火灾荷载越来越大，因此必须重视所用装修材料的燃烧性能。为了加强对建筑内部装修的指导，国家制定了《建筑内部装修设计防火规范》(GB 50222—2001)。该标准按照《建筑材料燃烧性能分级方法》(GB 8624—1997)的要求，结合装修材料的燃烧特点，将其分为4个等级，见表5-6。

**表 5-6　建筑材料的燃烧性能等级**

| 等　级 | 装修材料燃烧性能 | 等　级 | 装修材料燃烧性能 |
| --- | --- | --- | --- |
| A | 不燃性材料 | B2 | 可燃性建筑材料 |
| B1 | 难燃性材料 | B3 | 易燃性材料 |

### 5.3.2　建筑材料燃烧性能的试验方法

下面简要介绍我国测定不同建筑材料燃烧性能的一些试验方法。

#### 5.3.2.1　材料不燃性试验法(GB/T 5464—1999)

本试验法是判断建筑材料是否具有不燃性的一种试验方法，不适用于有涂层、面层或包以薄层的材料。试验设备如图5-16所示，主要包括电加热试验炉及控温、计时、称量等仪器。每组试验需5个试样，其尺寸规定为：直径(45±2)mm，高度(50±2)mm，体积(80±5)$mm^3$。在试验前试样应通风干燥，然后在5s内放入温度为(750±5)℃的试验炉中，加热30min，同时记录温度变化和燃烧持续时间。

对于均质材料，若试验结果表明，炉内平均温升、试样表面平均温升及试样中心平均温升均不超过50℃，试样平均持续燃烧时间不超过20s，试样平均失重率不超过50%，则判定其为“不燃性材料”。

对于复合(夹芯)材料的不燃性，则还要参考可燃性和易燃性的试验结果加以判定。

### 5.3.2.2 建筑材料难燃性试验法(GB/T 8625—1988)

本试验法是在规定试验条件下判断材料是否具有难燃性的一种试验方法，其试验装置如图 5-17 所示，主要包括燃烧竖炉及控制仪表两部分。每组试验

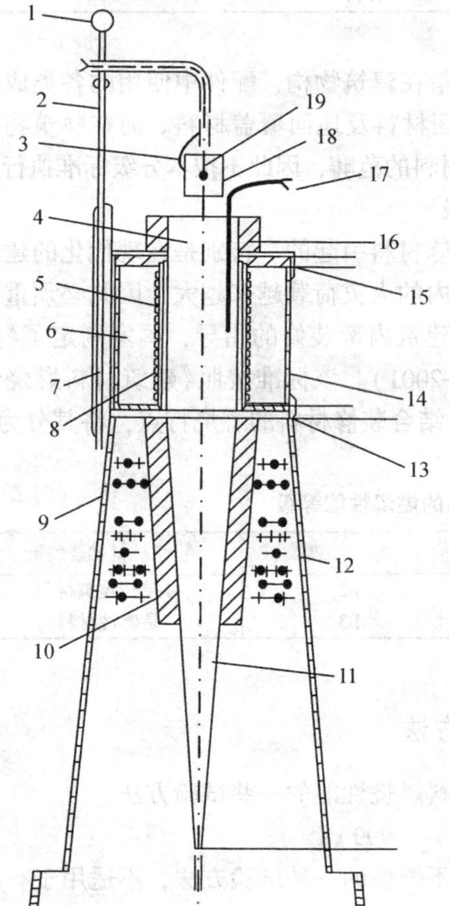


图 5-16 建筑材料不燃性试验炉

1—提手 2—插入装置 3—表面热电偶 4—通风罩 5—耐火管 6—氧化镁粉 7—导管 8—电热带 9—进气孔 10—矿棉材料 11—空气稳流器 12—气流罩 13—下盖板 14—壁板 15—上盖板 16—矿棉材料 17—炉内热电偶 18—吊篮 19—中心热电偶

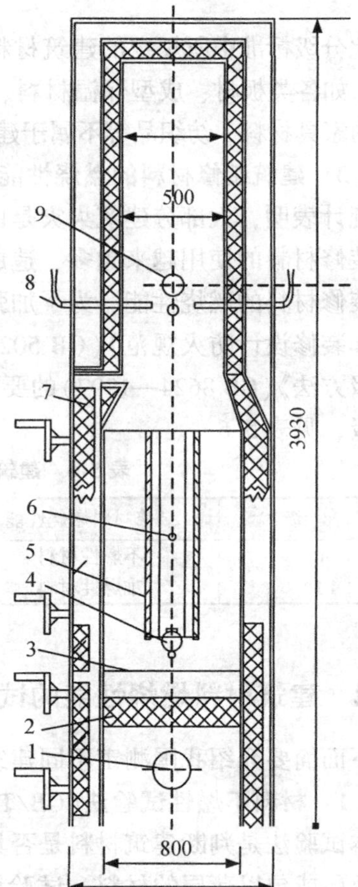


图 5-17 建筑材料难燃性试验竖炉

1—空气进气口管 2—空气稳流器 3—铁丝网 4—燃烧器 5—试件 6—壁温热电偶 7—炉壁结构(由内向外,2mm 钢板、6mm 石棉板、岩棉纤维板、10mm 石棉水泥板) 8—烟道热电偶 9—测烟管口

需要 4 个试件，每个试件表面积 1000mm × 190mm。材料实际厚度不超过 80mm。试验前，试件必须在室温下调节至恒重。然后将其垂直固定于试件支架上，组成方形烟道。将竖炉内壁温度预热至(45 ±5)℃，将试件放入燃烧室，关闭炉门。点燃燃烧器，从试件的底部开始烧，试验时间为 10min。

若试件燃烧的剩余长度平均值大于 150mm(其中没有一个试件的燃烧剩余长度为零)，没有一组试验的平均烟气温度超过 200℃，则认为材料的竖炉燃烧试验合格。

此后，试件还需根据材料可燃性试验的结果，判定是否为难燃材料。

### 5.3.2.3 建筑材料可燃性试验方法(GB/T 8626—2007)

本试验是在规定条件下判定材料是否具有可燃性的一种试验方法，其试验装置由燃烧试验箱、燃烧器及试验支架等组成，如图 5-18 所示。每组试验需要 5 个试件，规格有 90mm ×190mm(采用边缘点火)与 90mm ×230mm(采用表面点火)两种。先在试样上划出长 150mm 的刻度线，用燃烧器将其点燃，持续燃烧 15s 后，移开燃烧器。计量从点火开始至火焰到达刻度线或试件表面的火焰熄灭的时间。

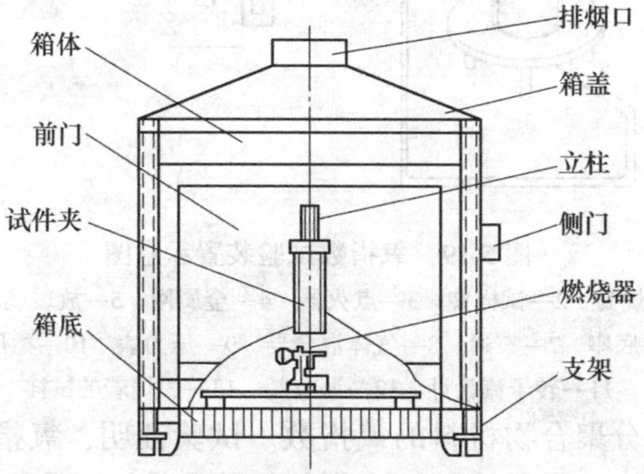


图 5-18 可燃性燃烧试验箱

若试件在点火开始后 20s 内，其上面的火焰尖均未到达刻度线，且没有燃烧滴落物引燃滤纸的现象，则该建筑材料可判定为可燃性建筑材料。

### 5.3.2.4 氧指数试验法

高聚物建筑材料的燃烧性能还经常用氧指数(OI)法判断，我国已制定了氧指数试验的国家标准，即《塑料燃烧性能试验方法——氧指数法》(GB 2406—1993)。

氧指数指的是在规定试验条件下，刚刚能维持材料燃烧所需要的最低氧浓度，即在氧气和氮气的混合气中氧气的最低体积百分数：

$$OI = \frac{[O_2]}{[N_2]+[O_2]} \times 100\% \tag{5-31}$$

式中，$[O_2]$为氧气的体积流率；$[N_2]$为氮气的体积流率。

氧指数试验装置如图5-19所示，它主要是由燃烧筒和供气部分组成。燃烧筒是一个内径为75~80mm、高度为450mm的耐热玻璃管，其底部用直径为3~5mm的玻璃珠充填。氧气和氮气经气体混合器由底部进入燃烧筒，筒内的混合气体流速控制在(4±1)cm/s。

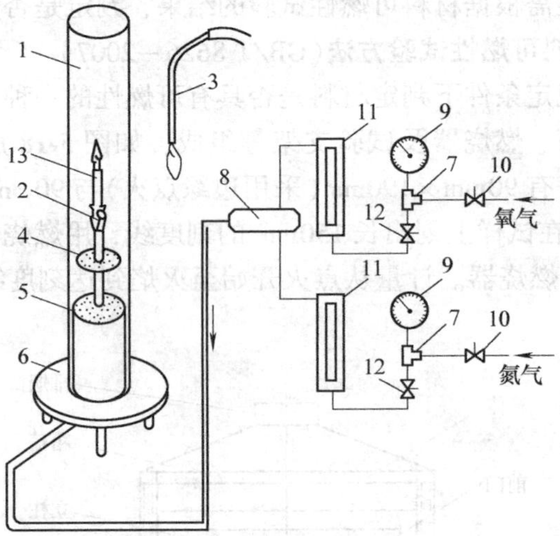


图5-19 氧指数试验装置示意图

1—燃烧筒 2—试样夹 3—点火器 4—金属网 5—放玻璃珠的筒 6—底座 7—三通 8—气体混合器 9—压力表 10—稳压阀 11—转子流量计 12—调节阀 13—燃烧着的试样

表5-7列出部分聚合物材料的氧指数。试验证明，氧指数在27~60之间的材料，在空气中一般都能自熄。根据氧指数通常把纤维织物分为三级，即氧指数在20以下一般认为是易燃的，在20~26之间认为是可燃的，在27~34之间认为是难燃的，高于35认为是不燃的。普通纤维材料的氧指数在15~20之间。

**表5-7 若干聚合物的氧指数**

| 聚合物名称 | OI | 聚合物名称 | OI |
|---|---|---|---|
| 聚甲醛 | 15 | 聚异戊二烯 | 18.5 |
| 聚环氧乙烷 | 15 | 聚丁二烯 | 18.5 |
| 聚甲基丙烯酸甲酯 | 17 | 聚苯乙烯 | 18.5 |
| 聚丙烯腈 | 18 | 纤维素 | 19 |
| 聚乙烯 | 18 | 聚对苯二甲酸乙二酯 | 21 |
| 聚丙烯 | 18 | 聚乙烯醇 | 22 |

（续）

| 聚合物名称 | OI | 聚合物名称 | OI |
|---|---|---|---|
| 尼龙66 | 23 | 氯丁橡胶 | 40 |
| 羊毛 | 25 | 聚苯丙咪唑 | 41.5 |
| 聚碳酸酯 | 27 | 聚氯乙烯 | 42 |
| 聚苯醚 | 29 | 聚偏氯乙烯 | 44 |
| 聚砜 | 30 | 碳（石墨） | 60 |
| 聚酚醛树脂 | 35 | 聚四氟乙烯 | 95 |

## 5.3.3　建筑装修材料的特殊试验方法

建筑装修材料可划分为顶棚装修材料、墙面装修材料、地面装修材料、隔断装修材料、固定家具、装饰织物、其他装修材料7类。不同用途的建筑物或建筑物的不同部位，对装修材料燃烧性能的等级要求亦不尽相同。

A级装修材料的试验方法应符合国家标准《建筑材料不燃性试验方法》（GB 5464—1999）的规定。B1级顶棚、墙面、隔断材料的试验方法应符合国家标准《建筑材料难燃性试验方法》（GB 8625—2005）的规定。B2级顶棚、墙面、隔断材料的试验方法应符合国家标准《建筑材料可燃性试验方法》（GB 8626—2007）的规定。

对于铺地材料、窗帘幕布类纺织物材料、电线电缆套管类塑料材料及用于管道隔热保温的泡沫塑料，则另外规定了检验方法，以确定其燃烧性能的级别。

铺地材料与窗帘幕布类纺织物材料的燃烧性能分级分别见表5-8和表5-9。

**表5-8　铺地材料燃烧性能分级**

| 检验方法 | 判定指标 | 燃烧性能级别 |
|---|---|---|
| GB/T 11785—2005 | 临界辐射通量≥0.45W/cm$^2$ | B1 |
| GB/T 11785—2005 | 临界辐射通量≥0.22W/cm$^2$ | B2 |

**表5-9　窗帘幕布类纺织物材料燃烧性能分级**

| 检验方法 | 判定指标 | 燃烧性能级别 |
|---|---|---|
| GB/T 5455—1997 | 损毁长度≤150mm<br>续燃时间≤5s<br>阴燃时间≤5s<br>氧指数≥32 | $B_1$ |
| GB/T 5455—1997 | 损毁长度≤200mm<br>续燃时间≤15s<br>阴燃时间≤10s<br>氧指数≥26 | $B_2$ |

电线电缆类塑料材料的燃烧性能分级见表5-10。同种材质而厚度不同的电线电缆套管类材料，若其最大厚度和最小厚度的材料的燃烧性能同时满足表5-10中某一等级的要求，则其中间厚度的材料也可确认为该等级。若不能同时满足时，则应以最不利的数值作为分级的依据。

**表5-10　电线电缆套管塑料材料的燃烧性能分级**

| 材料类型 | 检验方法 | 判定指标 | 燃烧性能级别 |
|---|---|---|---|
| 热塑性材料 | GB/T 2406—2008<br>GB/T 2408—1996<br>GB/T 8627—1999 | （1）氧指数≥32；<br>（2）达到(GB/T 2408—1996)/Ⅰ级；<br>（3）烟密度等级(SDR)≤75 | $B_1$ |
| | GB/T 2406—2008<br>GB/T 2408—1980 | （1）氧指数≥26；<br>（2）达到 GB/T 2408—1996/Ⅱ级 | $B_2$ |
| 热固性材料 | GB/T 2406—2008<br>GB/T 4609—1984<br>GB/T 8627—1999 | （1）氧指数≥32；<br>（2）达到 FV—0 级；<br>（3）烟密度等级(SDR)≤75 | $B_1$ |
| | GB/T 2406—2008<br>GB/T 4609—1984 | （1）氧指数≥26；<br>（2）达到 FV—1 级 | $B_2$ |

对于表面有保护层的塑料制品，其燃烧性能应按建筑材料可燃性试验方法的要求进行判定。对表面无保护层的塑料制品，其燃烧性能的分级见表5-11，材质相同而厚度不同的制品分级的依据。

**表5-11　管道隔热保温用泡沫塑料燃烧性能分级**

| 检验方法 | 判定指标 | 燃烧性能级别 |
|---|---|---|
| GB/T 2406—2008<br>GB/T 8333—2008<br>GB/T 8627—1999 | （1）氧指数≥32；<br>（2）平均燃烧时间≤30s，平均燃烧高度≤250mm；<br>（3）烟密度等级(SDR)≤75 | $B_1$ |
| GB/T 2406—2008<br>GB/T 8333—2008 | （1）氧指数≥26<br>（2）平均燃烧时间≤90s，平均燃烧高度≤250mm | $B_2$ |

## 5.3.4　材料的阻燃

阻燃是一种改变材料的燃烧性能的技术。通过往可燃或易燃材料中加入某些物质，可使该材料的燃烧性能发生变化，成为难燃或不燃材料。那些能够改变材料燃烧性能的物质称为阻燃剂。

#### 5.3.4.1 阻燃机理

材料的燃烧可分为固相热分解、气相燃烧及火焰向材料表面反馈热量从而进一步促进燃烧等阶段。针对不同的阶段，可采取固相阻燃、气相阻燃或中断热交换阻燃等途径进行阻燃处理。

**1. 固相阻燃**

固相阻燃是通过阻止材料热分解及释放可燃性气体来实现阻燃的。例如有些添加物受热时可产生脱水性很强的酸性物质，使材料表面炭化从而改变了材料的热分解过程；有些比热容较大、导热性较强的填料可起到蓄热作用，并使材料的升温受到限制，从而达不到热分解的温度；有些物质吸热后可析出水分从而有效地使材料维持较低温度。

**2. 气相阻燃**

气相阻燃是通过对热解可燃气体的燃烧反应采取干涉措施而实现阻燃的。例如有些添加物在燃烧中能释放出某些活性气体化合物，而这种化合物能与促进燃烧反应的活性基团发生作用，加快其销毁速度；有些物质在燃烧中能形成某些微细粒子，而这种烟粒子能对活性基团的结合和终止起到催化作用；有些物质分解时能释放出大量惰性气体，而惰性气体能稀释热解生成的可燃气体，并降低其温度，因而使其不再发生燃烧；有些物质受热后可释放重质蒸气，这种蒸气可将热解可燃气体覆盖住，通过窒息作用使火焰熄灭。

**3. 中断热交换阻燃**

中断热交换阻燃是通过把燃烧放出的热量带走、不让其返回到材料表面来实现阻燃的。某些物质在燃烧过程中可吸收大量的热，并迅速离开燃烧表面。将其加入到可燃材料中，一旦燃烧，它们就能够将大部分热量带走，从而中断了热量反馈，最终使燃烧停止。

#### 5.3.4.2 阻燃处理的方式

对于不同的材质，阻燃剂的加入方式也有很大区别。

高聚物的阻燃处理主要有合成法和添加法。合成法是在制造材料时就加入某种阻燃物质，使之与基材物质结合生成新的材料。这种阻燃剂是作为一种单体参加反应的，使聚合物本身含有阻燃成分，多用于聚氨酯、不饱和聚酯、环氧树脂等材料中，其优点是对聚合物材料使用性能的影响较小，阻燃性持久。不过制造成本过高，这类材料多用于某些特殊场合。

添加法是利用物理的或化学的方式，将阻燃剂加入到聚合物的表面或体内，主要用于聚烯烃、聚氯乙烯、聚苯乙烯等树脂中。这种方法使用简便，适应面广，是最主要的阻燃方法。不过如果添加处理不当，将会影响基材的力学性能和化学性能。

木材及其制品的阻燃采取添加法，主要有浸渍、涂覆、掺混等方式。对于纤维板、木屑板等制品，可以在制板时加入适用的阻燃剂；对于木材表面常采用涂刷防火涂料；对板材等原木制品可采用表面浸渍处理。

#### 5.3.4.3 阻燃剂的种类

按照阻燃剂所含的主要元素，可将其分为磷系、卤系、氮系和无机系等类。按照阻燃剂的化学特性，可分为有机阻燃剂和无机阻燃剂。下面按有机与无机的分类法介绍典型阻燃剂的性能。

**1. 无机阻燃剂**

无机阻燃剂主要有无机磷单质和磷酸盐、氢氧化铝和氢氧化镁及锑系、硼系的某些物质。

含磷无机阻燃剂受热分解生成磷酸，熔融覆盖在基材表面。磷酸是一种强脱水剂，能使聚合物表面脱水形成炭膜，起到隔热阻燃作用。常见的含磷无机阻燃剂有红磷、聚磷酸铵、磷酸二氢铵、磷酸一氢铵等。这类阻燃剂具有热稳定性好、不产生腐蚀性气体、效果持久、毒性低等优点。

氢氧化铝在200～550℃之间可发生分解，生成氧化铝和水，其总的吸热量为1967kJ/kg，这样可以降低材料的温度，减慢了其降解速度。同时，氢氧化铝填充到高聚物里，有助于燃烧时形成炭化层。氢氧化铝不会产生腐蚀性燃烧产物，也不会从聚合物中蒸发和渗出，而且着色性好，价格低廉。氢氧化铝主要用于环氧树脂、不饱和聚酯树脂、聚氨酯、硅树脂、氯丁橡胶的阻燃。

氢氧化镁（$Mg(OH)_2$）的阻燃机理与氢氧化铝类似，但热分解温度比氢氧化铝高，360℃开始分解，在430℃达到高峰，490℃时分解完毕，分解吸收770kJ/kg热量。目前氢氧化镁阻燃剂广泛应用于聚丙烯、聚乙烯、聚氯乙烯、不饱和聚酯及油漆涂料等高分子材料中。

最常用的锑类阻燃剂为三氧化二锑，主要作为卤系阻燃剂的协效剂使用。卤素阻燃剂热分解产生的卤化氢，可与三氧化二锑反应生成卤氧化锑和卤化锑，它们可以在气相燃烧区内捕捉气态活性自由基HO·，使燃烧链反应终止。三氧化二锑阻燃剂在工程塑料、橡胶制品等高分子材料中有广泛的应用。

硼酸锌与卤素阻燃剂混合后，接触火源时可生成气态卤化硼和卤化锌，而这些产物可以捕捉气相中反应活性强的HO·或H·，从而中断燃烧的链反应。在高温下硼化物还可在可燃材料表面形成玻璃状固熔物，形成包覆层，既可隔热，又可隔绝空气。硼酸锌一般和氧化锑复合加到PVC、氯丁橡胶、卤化聚酯、氯化聚乙烯等含卤素树脂中。

**2. 有机阻燃剂**

有机阻燃剂与高聚物材料的相容性较好，对材料力学性能的影响也较小。目前应用较多的主要是有机磷系阻燃剂和有机卤系阻燃剂。

有机磷系阻燃剂主要包括含卤磷酸酯、含卤亚磷酸酯、非卤磷酸酯和亚磷酸酯。磷酸酯兼具增塑剂作用，亚磷酸酯兼具热稳定剂作用。当有机磷阻燃剂被加入到高分子材料中，受热时分解生成偏聚磷酸。偏聚磷酸具有极强的脱水性，使高分子材料燃烧表面形成炭化膜，这种炭化膜隔绝了材料的燃烧表面与空气的直接接触，从而使火焰熄灭。

有机卤系阻燃剂主要有溴系阻燃剂和氯系阻燃剂两类。

溴系阻燃剂在高温下可分解产生溴化氢气体，其密度比空气大，可沉积在燃烧物外层，可稀释周围的空气或隔绝新鲜空气的补充，使燃烧物窒息灭火。溴化氢可极快地捕捉火焰中的活性基HO·，从而减缓材料裂解速度。溴系阻燃剂与三氧化二锑配合使用，在燃烧时生成三溴化锑，从而隔绝了新鲜空气。溴系阻燃剂的阻燃效果好且添加量少、相容性好、热稳定性好，对阻燃制品性能的影响亦小。

氯系阻燃剂一般要与三氧化二锑配合使用，其阻燃机理与溴系阻燃剂相同，但氯系阻燃剂在阻燃效果、稳定性、毒性等方面都较溴系差。常用的氯系阻燃剂有氯化石蜡、氯化聚乙烯等。氯化石蜡价廉易得，且兼具有增塑剂作用，在国内外用量都很大。

#### 5.3.4.4　阻燃中的消烟问题

对可燃材料进行了阻燃处理后，有时却可造成烟气生成量的增加，这是另一个必须重视的问题。解决的主要途径是在使用阻燃剂的同时加入抑烟剂。抑烟剂有吸附型和反应型两类。前者可把某些有毒组分吸附在一定区域，使其不能扩散；后者则可与热分解或与不完全燃烧产物发生化学反应，生成不易成烟的物质。

钼化合物、钒化合物、硅化合物等对聚氯乙烯、聚酯、聚苯乙烯、聚酰胺、环氧树脂等具有着良好的阻燃消烟效果。三氧化钼可阻止聚氯乙烯热解后生成多烯结构的内环分子化合物，减少了含苯环产物的生成，从而可使材料燃烧时的发烟量大大减少。

有些无机阻燃剂本身就具有消烟作用，例如氢氧化铝、氢氧化镁、碳酸钙等。氢氧化铝和氢氧化镁受热分解时将吸收大量的热量，使材料难以达到分解温度，从而不宜生烟。同时氢氧化铝和氢氧化镁易与烟气中的酸性或碱性物质（如$HCl$、$NH_3$等）反应，生成挥发性小的盐类。碳酸钙的存在可捕捉烟气中的氯化氢气体，使之生成稳定的氯化钙残留在燃烧后的炭化层内。

#### 5.3.4.5　阻燃处理新技术

近年来，材料阻燃科学发展得很快，出现了不少新的阻燃处理新技术，以下是其中最引人关注的几种：

**1. 纳米阻燃技术**

纳米阻燃技术是利用物理的或化学的方法，将固体阻燃剂分散成10～

100nm 的微粒，然后均匀加到材料中的技术。物理方法主要有机械粉碎法、蒸发冷凝法等。例如将三氧化二锑送入等离子弧的尾气区，便可发生蒸发，接着将蒸气导入冷凝室内急冷，就可得到纳米量级的微粒。化学方法主要有气相反应法、液相反应法等。将纳米量级的阻燃剂加入可燃材料中，不仅可以提高阻燃效果，减少阻燃剂的加入量，而且有助于改善材料的力学性能及发烟性、耐候性。

**2. 微胶囊阻燃技术**

微胶囊阻燃技术是把阻燃剂用某些物质包起来，或者将阻燃剂吸附在无机物载体的空隙中，形成蜂窝状的微胶囊阻燃剂。例如用硅烷、钛酸酯等对无机阻燃剂进行表面处理，形成的分子膜有助于改善阻燃剂与高聚物材料的结合。若用有机硅树脂将易分解的有机阻燃剂包起来，可以改善阻燃剂的热稳定性。

**3. 辐射交联阻燃技术**

加入某些阻燃剂的高聚物在 γ、β 或 X 射线的作用下，可发生电离，激发生成活性分子或自由基。这些活性基团在分子内部或分子之间可以互相结合，形成交联链，使聚合物具有三维网状结构，从而使材料的阻燃性、稳定性和力学性能都得到改善。

## 5.3.5 建筑防火涂料

防火涂料是一种可以保护基体材料在火灾条件下不受或少受破坏的特殊涂料，是由基料、粘结剂、防火添加剂、隔热充填剂及若干其他辅助剂组成的，将其涂在可燃基材表面时，可以防止或推迟点燃过程，减缓火灾的蔓延；将其涂在不燃或难燃性建筑构件表面时，能够在高温作用下有效地减缓构件的温升速率，提高构件的耐火极限。

### 5.3.5.1 防火涂料的组成与基本分类

防火涂料有多种分类法。按保护对象的性质分为饰面型涂料和钢结构(通常还包括预应力钢筋混凝土)涂料。饰面型涂料用于保护木材、纤维板、电缆等可燃材料，钢结构涂料与预应力钢筋混凝土涂料用于保护相应的建筑构件。

按照基料组成可分为无机涂料和有机涂料。无机涂料用无机盐作基料，有机涂料用合成树脂作基料。

按分散介质可分为水溶性涂料和溶剂性涂料。无机涂料和乳胶性涂料一般用水作分散剂，有机涂料则用有机溶剂作分散剂。

按照涂层厚度可分为厚涂型、薄涂型和超薄型。饰面型涂料一般为薄涂型，钢结构涂料则三种形式都有，混凝土构件则一般用厚涂型。

按防火机理可分为非膨胀型涂料和膨胀型涂料。下面依据这种分类法讨论防火涂料的防火机理。

### 5.3.5.2 防火涂料的防火机理

1. 非膨胀型防火涂料

按照成膜情况，非膨胀型防火涂料可分为有机型与无机型。有机型涂料中有含卤素、氮、磷等元素的有机树脂，具有较好的难燃性、耐水性和化学稳定性。在高温作用下，这种材料可分解出卤化氢，有助于抑制链反应。当其与三氧化二锑配合使用时，在高温下可生成低沸点的三卤化锑，这种蒸气可覆盖在涂层表面起到隔绝空气的作用；有些添加剂在高温作用下还可释放出水蒸气、二氧化碳、氨气等不燃性气体，起到稀释可燃气体的作用。但是，随着卤素含量的增大，涂层的力学性能和耐热性会有所降低。

无机型涂料自身为难燃材料或不燃材料，有些还在高温下可形成釉质，覆盖在基材表面，使基材与空气隔绝。无机型涂料的粘结剂主要有水玻璃、硅溶胶、磷酸盐等。填料主要有氧化铝、碳酸钙、氧化锌、珍珠岩等。无机防火涂料具有较高的耐热性、不燃性，且价格便宜、无毒。但其附着力和力学性能较差，易发生龟裂、粉化。

非膨胀型涂料的涂层一般都较厚。

2. 膨胀型防火涂料

在常温条件下，膨胀型防火涂料与普通漆无大区别，但遇火后涂层可迅速发泡并炭化。形成比原来涂层厚几十至上百倍的难燃的多孔炭质层。这种隔层可以隔断火焰对基材的直接加热，并隔绝了空气与可燃物质的接触，从而抑制了燃烧。涂层中的某些组分在高温下还可分解出水蒸气、二氧化碳等气体，起到稀释可燃气体与氧气浓度的作用。

膨胀型防火涂料一般为薄涂型涂料。

### 5.3.5.3 饰面型防火涂料的试验方法

防火涂料作为保护层和饰面材料，必须具有使用对象所要求的理化性能。国家标准《饰面型防火涂料》(GB 12441—2005)对此提出的要求如表5-12所示。对于化工厂、船舶等特殊场合的饰面型防火涂料，除了应满足上述要求外，还应增加耐油、耐酸、耐碱、耐盐等要求。

饰面型防火涂料的性能采用大板燃烧法(GB/T 15442.2)、隧道燃烧法(GB/T 15442.3)和小室法(GB/T 15442.4)进行试验。大板燃烧法用于在规定条件下测定试板背火面温度达到220℃或试板出现穿透性裂缝所需的时间(min)；隧道燃烧法用于在实验室的小隧道炉内测试涂覆于基材表面防火涂料的火焰传播特性；小室法用于在实验室条件下，测试涂覆于基材表面的防火涂料(湿涂覆比为250g/m$^2$)防火性能。

表 5-12 饰面型防火涂料的理化性能指标

| 项　目 | 标　准 | 技术指标 |
|---|---|---|
| 在容器中状态 | GB/T 6753.3—1986 | 无结块，搅拌后均匀 |
| 细度/μm | GB/T 6753.3—1986 | ≤90 |
| 附着力(级) | GB/T 1720—1989 | ≤3 |
| 干燥时间/h | GB/T 1728—1989 | 表干：≤5<br>实干：≤24 |
| 柔韧性/mm | GB/T 1731—1993 | ≤3 |
| 耐冲击性/kg·cm | GB/T 1732—1993 | ≥20 |
| 耐水性/h | GB/T 1733—1993 | 24h 涂层无起皱无剥落 |
| 耐湿热性/h | GB/T 1740—1993 | 48h 涂层无起皱无剥落 |

饰面型防火涂料的防火性能分级见表 5-13。

表 5-13 饰面型防火涂料的防火性能分级

| 序　号 | 项　目 | 指标与级别 | |
|---|---|---|---|
| | | 一　级 | 二　级 |
| 1 | 耐燃时间/min | ≥20 | ≥10 |
| 2 | 火焰传播比值 | ≤25 | ≤75 |
| 3 | 阻火性质量损失/g<br>炭化体积/$cm^3$ | ≤5<br>≤25 | ≤15<br>≤75 |

# 5.4 建筑物的结构耐火

## 5.4.1 常用建筑材料在高温下的力学性能

现在，钢筋混凝土和钢材已成为建筑物的主要结构材料。这些材料在火灾的条件下都不会发生燃烧，但其强度将随着温度的升高而降低。当温度达到某一数值时，材料将失去承载能力。此外，建筑中还常使用木材、砖瓦、石材等传统材料作为结构材料，不过现在已不占主要份额。而玻璃材料的应用却有较快的进展。

### 5.4.1.1 混凝土

混凝土是由起粘结作用的水泥、起骨架作用的石和砂与水混合而成的。经搅拌后，它们很快凝固在一起，此后其内部还将发生缓慢的化学反应，水化部分逐渐增多。混凝土的力学性能不仅取决于其组成成分，而且取决于硬化的环境。

在火灾作用下，混凝土的弹性模量、抗拉强度、抗压强度等力学性能均会发生变化。

1. 弹性模量

弹性模量是物体变形难易程度的表征，为理想材料有小形变时应力与相应的应变之比，以单位面积上承受的力表示，单位为 N/m²。构件的弹性模量对结构的稳定性具有极大影响。图 5-20 给出了某种混凝土的弹性模量随温度的变化。可见当温度低于 50℃ 时，其弹性模量变化很小；200℃ 时的弹性模量只有常温下弹性模量的一半；400℃ 时的弹性模量下降为常温下弹性模量的 15%，600℃ 时只有常温下弹性模量的 5%。实际建筑火灾的温度经常达到 800℃ 以上。建筑可由于混凝土弹性模量的急剧下降，而导致整体结构稳定性丧失，以致倒塌。

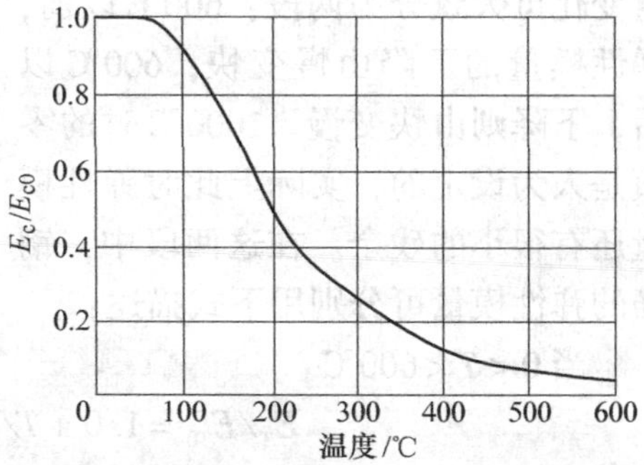

图 5-20 混凝土弹性模量随温度的变化

2. 抗拉强度

抗拉强度表示物体在拉力作用下的抗破坏能力，指试样拉断过程中最大拉力与试样原始截面积之比，单位为 Pa。常温下，混凝土直接受拉容易开裂，断裂前无明显残余变形。抗拉强度过低可导致构件开裂、变形等。火灾发生时，混凝土因受热而膨胀，结果在混凝土内部产生内应力，并引起局部出现微缝。外部混凝土的开裂会将内部的钢筋直接暴露在火中。混凝土抗拉强度随温度变化如图 5-21 所示。可以看出，自 50℃ 左右起到 600℃ 时，抗拉强度基本上为直线下降，到 600℃ 时其值降为零。

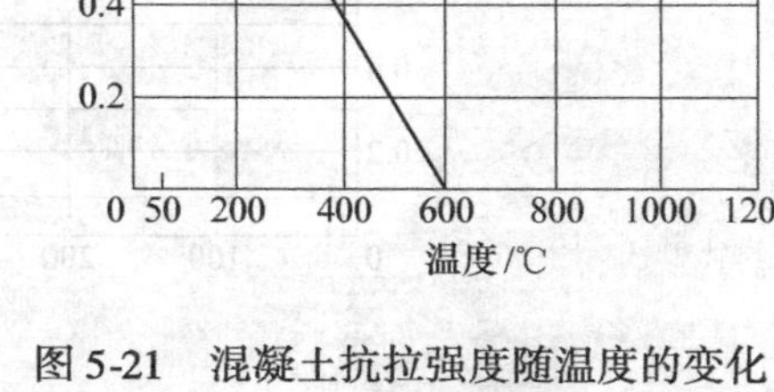

图 5-21 混凝土抗拉强度随温度的变化

### 5.4.1.2 钢材

在建筑物中使用的钢材种类很多，主要可分为与混凝土联用的钢筋及单独使用的结构钢。随着组成的变化和冶炼方法的不同，不同钢材的力学性能存在较大的差别。但总的说来，钢材的弹性模量、抗拉强度等都会随着温度的升高而降低。

1. **弹性模量**

图 5-22 给出了某种钢筋的弹性模量随着温度变化曲线。可看出，在 0～1000℃的范围内，钢筋的弹性模量变化可大致分为两段：600℃以前，弹性模量的下降由慢变快；600℃以后，下降则由快变慢。1000℃时的零值是人为设定的，实际上此时弹性模量还有很小的残余。在这两段中，钢筋的弹性模量可分别用下式描述：

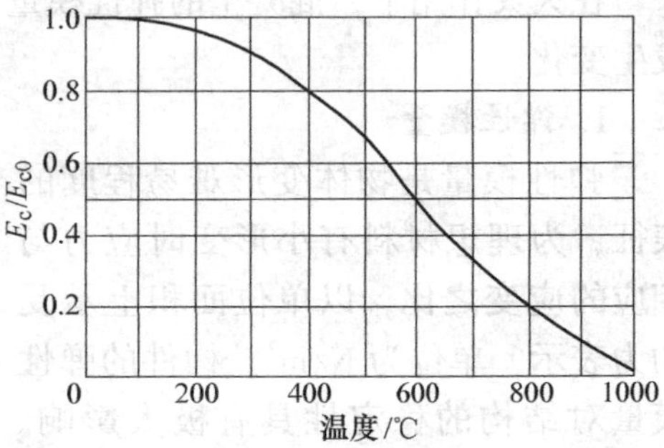


图 5-22　钢筋的弹性模量随温度的变化

当 $0 < T < 600$℃：

$$E_T/E_{T0} = 1.0 + T/[2000\ln(T/1100)] \tag{5-32}$$

当 $600℃ < T < 1000℃$：

$$E_T/E_{T0} = (690 - 0.69T)/(T - 53.5) \tag{5-33}$$

式中，$E_T$ 和 $E_{T0}$ 分别为钢筋在受热与常温下的弹性模量，$T$ 为当时的温度(℃)。

2. **抗拉强度**

各种钢材的抗拉强度均随温度的升高而逐渐下降。图 5-23 给出了若干与混凝土配用的软钢筋的试验结果。可见在 200℃以前各类钢筋的抗拉强度减弱不很明显，400℃后，大部分钢筋的强度只有常温下的一半，600℃后已基本失去支持能力。

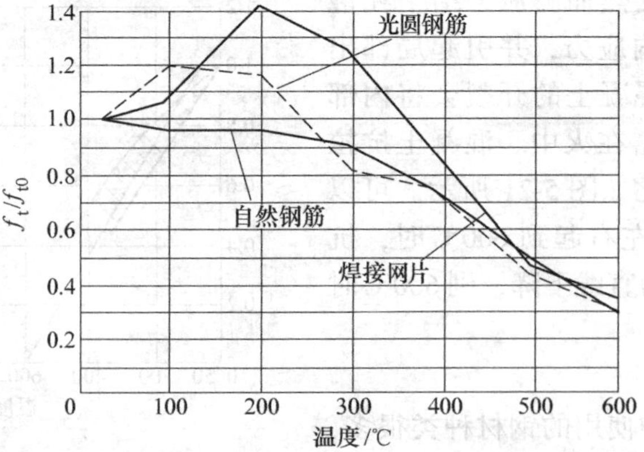


图 5-23　若干与混凝土配用软钢筋的抗拉强度随温度的变化

在钢筋混凝土构件中，经常使用高强预应力钢筋。这种钢筋的抗拉强度对温度的变化更为敏感。图 5-24 为某种预应力硬钢的抗拉强度随温度变化的试验曲线。可见当温度低于 175℃时，其抗拉强度略有升高，这可能是钢材的初期热膨胀对强度产生了加强作用。而后便随温度的升高而快速降低。当温度升到 500℃，钢筋的抗拉强度只有常温下抗拉强度的 30%。到 750℃时，其抗拉强度全部丧失。

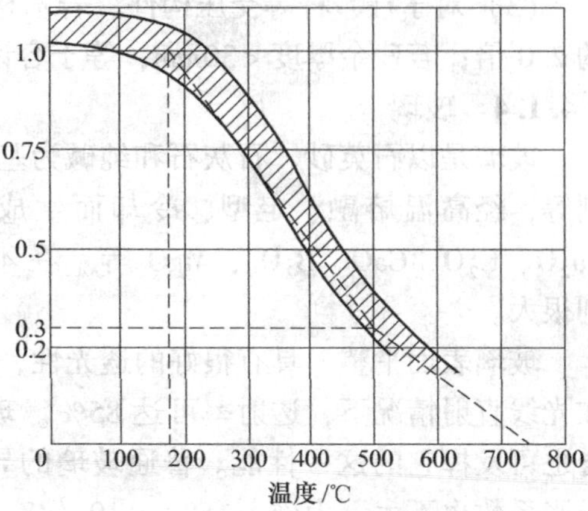


图 5-24　某种预应力钢筋的抗拉强度随温度的变化

钢材耐火极限低的主要原因是其导热系数大。在火灾作用下，热量可在钢材内部迅速传递，由火焰直接灼烧处的高温可很快影响到邻近的低温部分。在 0 ~ 700℃的范围内，钢材导热系数随温度的变化可表示为：

$$\kappa = -0.0329T + 54.7 \tag{5-34}$$

式中，$\kappa$ 为钢材的导热系数，进行简化计算时，$\kappa$ 常取为常数，一般为 34.9W/(m · ℃)；$T$ 为钢材的温度，℃。

钢的导热系数较混凝土大得多，约为混凝土的 33 倍。因此钢筋受热后的伸长变形往往大于混凝土，以致两者的粘接强度减弱。因此在建筑防火设计中时，必须重视钢筋混凝土构件在高温作用下的性能变化。

#### 5.4.1.3　木材

由于木材的加工、安装方便，多年来它一直是建筑物的主要结构材料，在建筑物内的使用仍很普遍。木材被点燃后，在其表面形成炭化层。炭化层的导热性差，它的增厚可有效阻碍木材内层的热分解，从而使燃烧速度变慢。大部分木材超过 100℃就可发生热分解，240 ~ 270℃之间可点燃，达到 400℃可自燃。随着燃烧的进行，其炭化体积增大，强度下降。

一般认为，木材在受火条件下既不膨胀也不收缩，其未受火影响的部分仍然保留原有的力学性能。在常温下，木结构的设计安全系数为 3.5 ~ 10。遇火情况下，如果经受了规定的受火时间，木构件仍具有以下承受能力，则表明它能满足耐火要求：

（1）梁或隔栅等受弯构件。若木材的残余厚度≥30mm，等于容许应力的 2.25 倍；若残余厚度 <30mm，等于容许应力的 1.75 倍。

（2）对于受拉构件。等于容许应力的 2.25 倍。

(3) 对于柱、杆等受压构件。若木材的残余厚度≥30mm，等于容许应力的2.0倍；若残余厚度<30mm，等于容许应力的1.5倍。

#### 5.4.1.4 玻璃

玻璃是以石英砂、石灰石和纯碱为基础原料，添加助熔剂、着色剂或脱色剂等，经高温熔融、定型、冷却而生成的固体材料。其主要成分有 $SiO_2$、$Na_2O$、$K_2O$、$CaO$、$B_2O_3$、$MgO$ 等。在不同种类的玻璃中，其具体组分差别很大。

玻璃表面平整，具有很好的透光性，例如对于普通的3mm厚的平板玻璃，在光线直射情况下，透射率可达85%。玻璃的反光性也很好，在有些应用场合也可发挥它的这一性能。普通玻璃的导热系数较小，约为0.7W/(m·K)；线胀系数也不大，为$(5\sim150)\times10^{-7}$/K。因此，当其局部受热后，由于热量传递慢，容易炸裂。通常当温度达到250℃左右时便会发生炸裂现象。普通玻璃为脆性物质，当其受到较猛烈的冲击时容易破裂。

在现代建筑中，玻璃已成为制造幕墙和隔墙的主要建筑材料之一。为了改善玻璃的力学性能和耐火性能，人们进行了大量的研究，并提出了不少新的处理方法。主要有：

**1. 钢化处理**

钢化处理是将普通玻璃加热到700℃左右，使其软化，然后突然均匀冷却使玻璃表面形成预压应力。钢化玻璃的强度可达普通玻璃的10倍左右。钢化玻璃一旦破碎，将形成许多小碎粒，一般来说这对人、物的危害减小了。

**2. 防火处理**

玻璃的防火处理有两种方式：一种是将普通玻璃用透明、难燃且受热发泡的粘合剂粘在一起。这种玻璃受热后，粘合剂发生膨胀，形成蜂窝状隔热层，从而起到防火隔热作用。同时由于粘合剂仍将玻璃碎片粘连在一起，故破裂后的玻璃仍能在一定时间起到隔断作用。另一种是将某些金属丝压入软化的玻璃内，形成夹丝玻璃。当玻璃破碎时，会由于金属丝的存在而不散碎，继续发挥隔断的作用。

**3. 改变玻璃的组成**

在玻璃生产中，向其中加入某些元素，并加以适当物理与化学处理，可以大大改进玻璃的性能，例如加入铯、钾的玻璃不仅具有很高的强度(为普通钢化玻璃的1.5~3倍)，而且具有很好的耐热性，在1000℃的温度下保持90~180min不破裂。

### 5.4.2 建筑构件的耐火性

建筑物是由多种类型的建筑构件组成的，主要的建筑构件有柱、梁、墙、地板、隔板等。这些建筑构件又按照一定的形式组合成不同的建筑结构。

根据建筑构件在建筑物中的功能，可将其分为承重构件、分隔构件两类。梁、柱为主要的承重构件，普通的墙、隔板、门、窗、吊顶为分隔构件，承重墙、楼板、屋顶则具有承重和分隔的双重功能。

#### 5.4.2.1　耐火性能的含义

建筑构件的耐火性能应当从保持结构的稳定性、完整性和隔热性三方面考虑。

失去稳定性指的是建筑构件失去了支撑能力和抗变形能力，主要是针对承重构件来说的。如梁、柱和墙发生折断或倒塌，则表明它们失去了承载能力。

失去完整性指的是建筑构件出现穿透性孔隙或裂缝，不再具有阻止火焰和高温烟气穿过的能力，是针对分隔构件而言的。如隔墙、楼板、门窗等出现了缝隙或孔洞，则该构件背面的可燃物质便可能被引燃，人员也会受到影响。

失去隔热性指的是分隔构件失去隔绝过量的热传导的能力，此能力的丧失也会导致构件另一侧的区域受到高温的影响。表征构件损坏的背火面温度一般定为220℃。

#### 5.4.2.2　耐火极限的测定

建筑构件的耐火性能通常用耐火极限表示。耐火极限指的是将构件置于标准火灾环境下，从受热算起到其失去支撑能力、或发生穿透性裂缝、或背火面的温度升高到设定温度的时间。通常应当用全尺寸构件试样进行试验；如果可能，还应在试件上加上载荷。

标准火灾环境是一种人为设计的炉内燃烧环境，试验炉内的气相温度按照规定的温升曲线变化。现在这种温度-时间变化曲线称为标准火灾温升曲线，简称标准火灾曲线。国际标准化组织(ISO)规定的标准火灾曲线温升速率表达式为：

$$T - T_0 = 345\lg(8t + 1) \quad (5\text{-}35)$$

式中，$T_0$ 和 $T$ 分别是在试验开始时刻和 $t$ 时刻的温度，$t$ 为试验时间，用分钟(min)表示，相应的曲线见图5-25。现在我国采用国际标准火灾曲线作为标准。

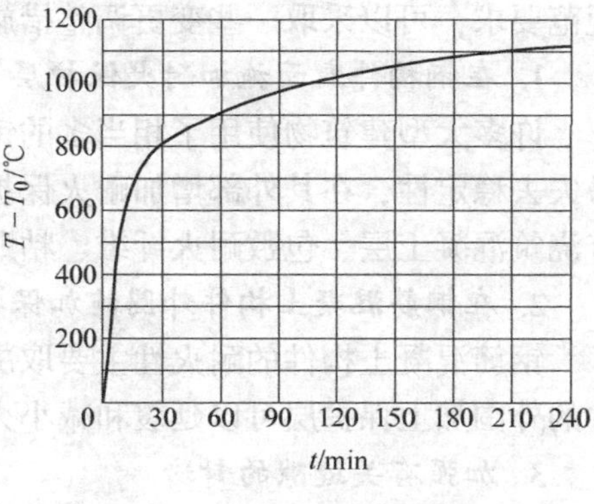


图5-25　国际标准火灾曲线

在耐火试验中，墙壁、门窗和隔板为一面受火，楼板、屋面板、吊顶为下方受火，横梁为两侧和底面受火，立柱为四面受火。

#### 5.4.2.3 耐火极限定义的局限性

建筑构件的耐火性是用该构件在标准火灾试验炉中的失效时间表示的。不过，构件暴露在实际火灾中与在标准试验炉中经受的情况存在很大差别。图5-26对一些全尺寸火灾试验中测量的温度与标准火灾曲线作了比较，可看出它们之间的不同。不过标准火灾曲线毕竟建立了一种可进行比较的依据，在建材工业中仍然广泛地参照其来检验建筑构件的耐火性。

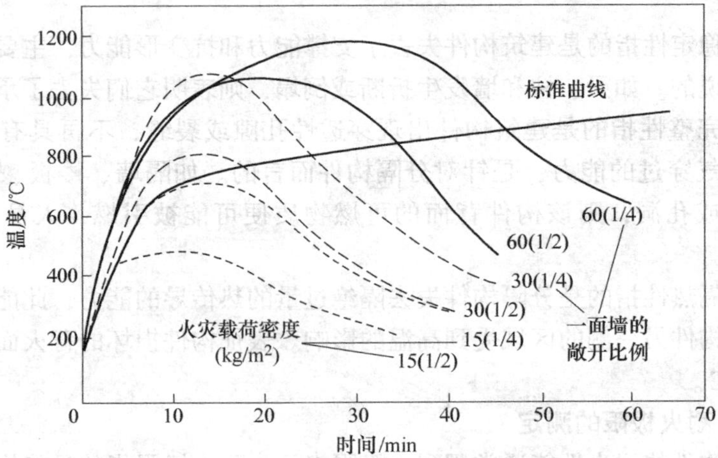


图5-26 标准火灾温升曲线与实际火灾温升曲线的比较

还应指出，根据标准火灾试验得到构件耐火性适用于固体可燃物的室内火灾。可燃液体火灾的温度上升很快，能够在很短的时间将建筑构件加热到危险程度。因此对于加工或存放可燃液体的建筑物的构件，其耐火性能应采用符合可燃液体火灾的试验方法确定。

#### 5.4.2.4 提高建筑构件耐火性的途径

进行建筑物的耐火设计时，如遇到某些构件的耐火极限或燃烧性能达不到规范要求，可以采取一些变更调整措施。常用的方法主要有：

**1. 在钢构件表面施加耐火保护层**

许多大型建筑物使用了相当多的钢梁和钢柱，它们直接受火的作用时很容易失去稳定性，在其外部增加耐火保护层可以减小这种影响。常用的措施主要有浇筑混凝土层、包敷耐火纤维、粘贴轻质保温板、喷刷防火涂料等。

**2. 在钢筋混凝土构件外围施加保护层**

钢筋混凝土构件的耐火性主要取决于受力钢筋在高温下的强度变化。在构件的外围加上保护层可以延缓和减小火灾燃烧对钢筋的影响。

**3. 加强有关缝隙的封堵**

在有些建筑构件上不可避免存在接缝，或者必须留有贯穿孔。这些部位的耐火性能薄弱，应当额外加强。例如使用一定的材料进行封堵，尤其应注意那些贯穿楼层的缝隙和孔隙的封堵。

**4. 适当加大构件的截面**

构件的尺寸较大显然能够增大稳定性、完整性和绝热性。但加大构件势必增加建设费用，因此需要合理掌握增加的幅度。

**5. 采取合理的耐火构造设计**

采取合理的结构设计，避免构件出现过大的挠曲、过于集中的受力等。这不仅有助于改善结构的性能，同时也加强了构件的耐火能力。

#### 5.4.2.5　钢构件防火涂料

目前，在许多大型建筑中，钢结构的使用越来越多。喷涂防火涂料对其进行保护已成为一种主要的防护措施。

按涂层厚度，钢结构防火涂料可分为厚涂型、薄涂型和超薄型。厚涂型涂料的厚度一般为8～30mm，为非膨胀型防火涂料，由难燃性树脂、无机绝缘材料及阻燃剂等组成。这种涂层的密度较小，导热率低，具有较好的隔热、阻火作用。其中有机物质受热时会释放出惰性气体，可以阻止火焰的侵袭。厚型涂料的耐火时间长，耐老化性好，且价格便宜，也可用于钢筋混凝土构件的防火保护。

薄型防火涂料的厚度一般为3～7mm，为膨胀型涂料。主要由树脂、膨胀剂、催化剂、成炭剂等组成。在高温下，催化剂首先分解生成水、二氧化碳和炭，成炭剂和膨胀剂在催化作用下形成泡沫状炭化层，同时释放出惰性气体。这样便有效阻止了热量向钢构件的传递。薄型涂料的单位面积用量小，且有较好的装饰效果，是钢结构防火涂料的主要发展方向。

超薄型防火涂料是薄型涂料的一个新品种，其厚度不超过3mm，所使用的树脂与钢构件的粘接性好，且有足够强的耐火性。因此比较适用于大跨度钢结构的防火保护。

钢结构防火涂料也制定了相应的耐火试验标准，如《钢结构防火涂料通用技术条件》(GB 14907—2005)。表5-14列出了该规范对钢结构防火涂料的主要指标要求。

**表5-14　钢结构防火涂料的耐火与理化性能指标**

| 序号 | 检验项目 | 技术指标 |
|---|---|---|
| 1 | 耐火性能 | 厚涂型(H)：涂层厚8～15mm，耐火极限0.5～3.0h |
| | | 薄涂型(B)：涂层厚片3～7mm，耐火极限0.5～1.5h |
| | | 超薄型(C)：涂层厚不超过3mm，耐火极限0.5～1.5h |
| 2 | 在容器中的状态 | 搅拌后均匀，无结块 |

（续）

| 序号 | 检验项目 | 技术指标 |
| --- | --- | --- |
| 3 | 表干时间/h | B 类≤12　　H 类≤24 |
| 4 | 初期干燥抗裂性 | 一般无裂纹 |
| 5 | 粘接强度/MPa | B 类≥0.15　　H 类≥0.04 |
| 6 | 耐水性/d | ≥24 |
| 7 | 耐冻融循环性/次 | ≥15 |
| 8 | 外观与颜色 | 与样品相比应无明显差异 |
| 9 | 抗振性 | 挠曲 L/200，涂层不起层或脱落 |
| 10 | 抗弯性 | 挠曲 L/100，涂层不起层或脱落 |

## 5.4.3 建筑物的耐火等级

耐火等级是衡量建筑物耐火程度的分级标准。建筑物具有适当的耐火等级可以保证其发生火灾后，在一定的时间内不被破坏，从而为人们安全疏散提供必要的时间，为消防人员扑救火灾创造条件，也为建筑物火灾后修复重新使用提供可能。

### 5.4.3.1 建筑物耐火等级的划分

不同建筑的使用性质、重要程度、规模大小、层数高低和火灾危险性均存在差异，因此所要求的耐火程度应有所不同。

建筑物的耐火等级是根据建筑物的墙、柱、梁、楼板、屋顶等主要建筑构件的耐火极限和燃烧性能决定的。

建筑物的楼板直接承受着人员和物品的重量，并将之传给梁、墙、柱等，是一种最基本的承重构件，因此在划分建筑物耐火等级时通常选择楼板的耐火极限作为基准。其他建筑构件的耐火极限则根据其在建筑结构中的地位，与楼板相比较而确定。在建筑结构中所占的地位比楼板重要者，如梁、柱、承重墙等，其耐火极限要高于楼板；比楼板次要者，如隔墙、吊顶等，其耐火极限可低于楼板。

据统计，在我国 95% 的火灾的延续时间均在 2.0h 以内，在 1.0h 内扑灭的火灾约占 80%，在 1.5h 以内扑灭的火灾约占 90%。而建筑物中大量使用的是普通钢筋混凝土空心楼板，其耐火极限约为 1.0h；现浇钢筋混凝土整体式楼板的耐火极限大都在 1.5h 以上。因此，我国将一级耐火等级建筑物楼板的耐火极限选定为 1.5h，二级耐火等级的建筑楼板选定为 1.0h；三、四级耐火等级建筑物楼板分别为 0.5h、0.25h。其他建筑构件的耐火极限根据建筑物的耐火等级进行选择。例如对于二级耐火等级建筑物，梁的耐火极限选定为

1.5h；柱或墙的耐火极限选定为2.5～3.0h。

建筑构件本身的燃烧性能对建筑火灾的发展亦有重要影响，进而可以影响建筑物的结构强度。因此在建筑物的某些部位，除了应规定构件的耐火性能外，还应规定构件的燃烧性能。

由可燃材料制成的构件称为燃烧体，由难燃材料制成的构件称为难燃体，由不燃材料制成的构件称为非燃烧体。

不同耐火等级的建筑物对建筑构件燃烧性能的要求大体为：一级耐火等级建筑物的主要建筑构件全部为非燃烧体；二级耐火等级建筑物的主要建筑构件，除吊顶为难燃烧体外，其余为非燃烧体； 三级耐火等级建筑物的屋顶承重构件为燃烧体；四级耐火等级建筑物除防火墙为非燃烧体外，其余构件可自行选择。

#### 5.4.3.2　建筑物耐火等级的选定

不同规范对所涵盖建筑物的耐火等级的划分是不同的。我国的《建筑设计防火规范》(GB 50016—2005)将适用于该规范的建筑分为四个等级，一级耐火建筑应是钢筋混凝土结构或砖墙与钢筋混凝土结构的混合结构；二级耐火建筑应是钢结构屋顶、钢筋混凝土柱和砖墙的混合结构；三级耐火建筑是木屋顶和砖墙的混合结构；四级耐火建筑为木屋顶和难燃墙体组成的可燃结构。而不同部位的建筑构件又有着不同的耐火要求。《高层民用建筑设计防火规范》(GB 50045—1995)对适用的建筑分为两个耐火等级。进行建筑物防火设计时应依据相应规范的规定。

表5-15列出了建筑物耐火等级对主要建筑构件的要求。

**表5-15　建筑物耐火等级对若干建筑构件耐火极限的要求**

| 构件名称 | 耐火等级 | | | |
|---|---|---|---|---|
| | 一级 | 二级 | 三级 | 四级 |
| 承重墙与楼梯间墙 | 3.0 | 2.5 | 2.5 | 0.5 |
| 支承多层的柱 | 3.0 | 2.5 | 2.5 | 0.5 |
| 支承单层的柱 | 2.5 | 2.0 | 2.0 | |
| 梁 | 2.0 | 1.5 | 1.0 | 0.5 |
| 楼板 | 1.5 | 1.0 | 0.5 | 0.25 |
| 吊顶 | 0.25 | 0.25 | 0.15 | |
| 屋顶承重构件 | 1.5 | 0.5 | | |
| 楼梯 | 1.5 | 1.0 | 1.0 | |
| 框架填充墙 | 1.0 | 0.5 | 0.5 | 0.25 |
| 隔墙 | 1.0 | 0.5 | 0.5 | 0.25 |
| 防火墙 | 4.0 | 4.0 | 4.0 | 4.0 |

#### 5.4.3.3　建筑物耐火等级划分的特殊情况

在根据防火设计规范划分建筑物耐火等级时，经常会遇到一些特殊情况，对此应通过具体分析加以确定。例如：

（1）以木柱承重且以非燃烧材料为墙体的建筑物，其耐火等级应按四级确定。

（2）在二级耐火等级的建筑中，面积不超过 $100m^2$ 的房间的隔墙，如执行表 5-15 的规定有困难时，可采用耐火极限不低于 0.3h 的非燃烧体。

（3）一、二级耐火等级民用建筑疏散走道两侧的隔墙，按表 5-15 规定执行有困难时，可采用面积极限不低于 0.7h 的非燃烧体。

（4）承重构件为非燃烧体的工业建筑（甲、乙类库房和高层库房除外），其非承重外墙为非燃烧体时，其耐火极限可降低到 0.25h，为难燃烧体时，可降低到 0.5h。

（5）二级耐火等级建筑的楼板（高层工业建筑的楼板除外）如耐火极限达到 1.0h 有困难时，可降低到 0.5h。允许上人的二级耐火等级建筑的平屋顶，其屋面板的耐火极限不应低于 1.0h。

（6）二级耐火等级建筑的屋顶如采用耐火极限不低于 0.5h 的承重构件有困难时，可采用无保护层的金属构件。但甲、乙、丙类液体火焰能烧到的部位，应采取防火保护措施。

### 5.4.4 防火分区与防火分隔构件

防火分区是建筑物内用耐火极限较高的墙和楼板等作为边界构件、在一定时间内阻止火势向该建筑其他区域蔓延的防火单元。表 5-16 列出了不同耐火等级的民用建筑对防火分区的基本要求。

表 5-16 民用建筑的耐火等级、层数及占地面积规定

| 耐火等级 | 最多允许层数 | 防火分区 | | 备注 |
|---|---|---|---|---|
| | | 最大允许长度/m | 每层最大允许建筑面积/$m^2$ | |
| 一、二级 | 不限 | 150 | 2500 | 1. 体育馆、剧院建筑等的观众厅、展厅的长度和面积可以根据需要确定；<br>2. 托儿所、幼儿园的儿童用房及儿童游乐厅等儿童活动场所不应设置在四层及四层以上或地下、半地下建筑内 |
| 三级 | 5 层 | 100 | 1200 | 1. 托儿所、幼儿园的儿童用房及儿童游乐厅等儿童活动场所和医院、疗养院的住院部分不应设在三层及三层以上或地下、半地下建筑内；<br>2. 商店、学校、电影院、剧院、礼堂、食堂、菜市场不应超过 2 层 |
| 四级 | 2 层 | 60 | 600 | 学校、食堂、菜市场、托儿所、幼儿园、医院等不应超过 1 层 |

**5.4.4.1 防火分区的划分原则**

划分防火分区除必须满足防火设计规范中规定的面积及构造要求外，尚应满足下列要求：

（1）作为避难通道使用的楼梯间、前室和具有避难功能的走廊，必须保证其不受火灾的侵害，并时刻保持畅通无阻。

（2）在同一个建筑物内，各危险区域之间、不同的功能区之间、办公用房和生产车间之间等应当进行防火分隔。

（3）高层建筑中的电缆井、管道井、垃圾井等应是独立的防火单元，应保证井道外部的火灾不得传入井道内部，同时井道内部的火灾也不得传到井道外部。

（4）有特殊防火要求的建筑，如医院等，在防火分区之内应设置更小的防火区域。

（5）高层建筑在垂直方向应以每个楼层为单元划分防火分区。

（6）所有建筑的地下室，在垂直方向应以每个楼层为单元划分防火分区。

（7）为扑救火灾而设置的消防通道，其本身应受到良好的防火保护。

（8）设有自动喷水灭火系统的防火分区，其面积可以适当扩大。

**5.4.4.2 主要的防火分隔构件**

防火分隔构件可以分为固定式和活动式两类。固定式有普通的砖墙、楼板、防火墙、防火悬墙、防火墙带等，活动式的有防火门、防火窗、防火卷帘、防火垂壁等。防火分区之间应采用防火墙进行分隔，但若设置防火墙有困难，可采用防火水幕带或防火卷帘加水幕进行分隔。

**1. 防火墙**

防火墙是一种具有一定耐火极限的非燃烧体墙壁。普通民用建筑防火墙的耐火极限应不少于4.0h，高层民用建筑的耐火极限为3.0h。

为了有效发挥隔火作用，防火墙应直接设置在建筑基础上或钢筋混凝土的框架上，应截断燃烧体或难燃烧体的屋顶结构，应高出非燃烧体层面不小于40cm，高出燃烧体或难燃烧体层面不小于50cm。在建筑物的一些特殊部位还应采取一些有针对性的防护措施，例如防火墙中心距天窗端面的水平距离应小于4m；建筑物内的防火墙不应设在转角处等。

在防火墙内不应设置排气道。对于民用建筑如必须设置时，其两侧的墙身截面厚度均不应小于12cm；防火墙上不应开设门窗洞口，如必须开设时，应采用能自行关闭的甲级防火门窗；可燃气体和甲、乙、丙类液体管道不应穿过防火墙，其他管道如必须穿过时，应用非燃烧体材料将缝隙紧密填塞。

**2. 防火门**

防火门是具有一定耐火极限、且在发生火灾时能自行关闭的门。按照耐火极限，可以分为甲、乙、丙三级，其耐火极限分别是 1.2h、0.9h、0.6h；按照燃烧性能，可以分为非燃烧体防火门和难燃烧体防火门。

防火门不仅应有较高的耐火极限，而且还应当关得严密，保证不窜烟、不窜火。

**3. 防火窗**

防火窗是采用钢窗框、钢窗扇及防火玻璃制成的窗户，能起到阻止火势蔓延的作用。防火窗可分固定窗扇与活动窗扇两种形式。固定窗扇式防火窗不能开启，平时可以采光，火灾时可以阻止火势蔓延。活动窗扇防火窗，能够开启和关闭，平时还可以采光和遮挡风雨；起火时可以自动关闭，阻止火势蔓延，开启后可以排除烟气。

**4. 防火卷帘**

防火卷帘是将钢板、铝合金板等板材用扣环或铰接方法组成的可以卷绕的链状平面，平时卷起放在门窗上口的转轴箱中，起火时卷帘展开，从而可以防止火势蔓延。

防火卷帘有轻型、重型之分。轻型卷帘钢板的厚度为 0.5 ~0.6mm，重型卷帘钢板的厚度为1.5 ~1.6mm。厚度为1.5mm 以上的卷帘适用于防火墙或防火分隔墙上，厚度为 0.8 ~1.5mm 的卷帘适用于楼梯间或电动扶梯的隔墙。

## 5.5 火灾烟气的危害与控制

统计表明，在火灾中 85% 以上的死亡者是由于烟气影响而死亡的，其中大部分是吸入了烟尘及有毒气体昏迷，然后再致死的。了解火灾烟气的危害、烟气的测量及控制方法具有重要的实际意义。

### 5.5.1 烟气的危害

火灾烟气对人的危害主要体现在遮光性、毒性和高温方面。烟气的存在使人在建筑物内的能见度降低，从而影响人员的疏散，使他们不得不在具有温度较高且含有多种有毒物质的烟气的影响下停留较长时间。若烟气蔓延开来，即使人员处于距起火点较远的地方也会受到影响。

#### 5.5.1.1 烟气的遮光性

烟气的遮光性是反映烟气浓度的一种方式。烟气的浓度是由烟气中所含固体颗粒或液滴的多少及性质决定的。测量烟气中颗粒的多少主要有以下几种方法：

（1）测量单位体积颗粒物的质量（$mg/m^3$），可通过过滤方式得到颗粒物的质量，此法适用于小尺寸试验。

（2）测量单位体积烟气中烟颗粒的数目（个/$m^3$），此法适用于烟气浓度较小的情况，如空气的净化过程。

（3）在某个空间内测量烟气的遮光性，将其表示为一定的光学密度。可以将烟气收集在已知容积的容器内进行测量，如标准烟箱；也可在烟气流经某个区域的过程中进行测量，并在测量时间内积分，得到烟气的平均光学密度。

总的说来，测量烟气遮光性的方法比较适用于火灾研究，它可直接与所考虑场合下的人的能见度建立联系，并为火灾探测提供了一种依据。

#### 5.5.1.2　烟气的毒性

火灾烟气中含有多种有毒组分，不过研究表明，其中的一氧化碳（CO）是造成人员死亡的主要有毒组分，在火灾遇难者的血液中经常发现的是死者血液中含有羰基血红蛋白，而这是他们吸入 CO 的结果。其他有毒气体对人员死亡也有一定影响，多种气体的共同存在还可能加强毒性。表 5-17 列出若干气体的毒性，其顺序是按毒性增大排列的。表中的 $LC_{50}$（$10^{-4}$%）表示在给定的时间内、此种浓度的气体能导致 50% 的暴露者死亡。

#### 5.5.1.3　烟气的温度

试验表明，在空气温度高达 100℃ 的特殊条件下，一般人只能忍受几分钟；很多人无法呼吸温度高于 65℃ 的空气。对于健康的着装成年男子，其极限忍受时间与温度的关系式可为：

$$t = 4.1 \times 10^8 / [(T - B_2)/B_1]^{3.61} \tag{5-36}$$

式中，$t$ 为极限忍受时间（min）；$T$ 为空气温度（℃）；$B_1$ 为常数（1.0）；$B_2$ 为另一常数（0）。此式并未考虑空气湿度的影响，当湿度增大时人的极限忍受时间降低。因为水蒸气是燃烧产物之一，火灾烟气的湿度显然较大。

衣服的透气性和隔热性对于忍受温度升高也有重要影响。进行火灾危险分析时，一般推荐短时间人的脸部暴露的安全温度极限范围为 65～100℃。

**表 5-17　若干有毒气体的毒性增大序列**（体积分数，$\times 10^{-6}$）

| 气体种类 | | 假定 $LC_{50}$（对人） | | 参考数据（种类，min） |
|---|---|---|---|---|
| 符号 | 中文名 | 5min | 30min | |
| $CO_2$ | 二氧化碳 | >150000 | >150000 | $R$ |
| $C_2H_4O$ | 乙醛 | | 20000 | LC(m,240) = 1500　$LC_0$(r,240) = 4000<br>LC(r,30) = 20000<br>LC(r,240) = 16000 |
| $NH_3$ | 氨 | 20000 | 9000 | EC(m,5) = 20000　EC(m,39) = 4400<br>EC(r,5) = 10000　EC(r,30) = 4000 |
| HCl | 氯化氢 | 16000 | 3700 | LC(r,5) = 40989 |

（续）

| 气体种类 | | 假定 $LC_{50}$(对人) | | 参考数据(种类,min) |
|---|---|---|---|---|
| 符号 | 中文名 | 5min | 30min | |
| CO | 一氧化碳 | | 3000 | LC(r,30)=4600　LC(h,30)=3000 |
| HBr | 溴化氢 | | 3000 | LC(m,60)=814　LC(r,60)=2858 |
| NO | 一氧化氮 | 10000 | 2500 | LC(h,1)=15000 |
| $H_2S$ | 硫化氢 | | 2000 | LC(m,60)=673　$LC_0$(h,30)=600<br>LC(h,30)=2000 |
| $C_3H_4N$ | 氰丙烯 | | 2000 | LC(gpg,240)=576　LC(r,240)=500 |
| $NO_2$ | 二氧化氮 | 5000 | 500 | EC(m,5)=2500　EC(m,30)=700<br>LC(m,5)=83331　LC(r,5)=1880 |
| $SO_2$ | 二氧化硫 | | 500 | $LC_0$(m,300)=6000<br>LC(var.,5)=600~800 |
| HCN | 氰化氢 | 280 | 135 | LC(r,5)=570　LC(r,30)=110<br>LC(r,5)=503　LC(m,5)=323<br>LC(h,30)=135　LC(h,5)=280 |

注：EC 为有关组分的有效浓度，$LC_0$ 是第一次观察到死亡时的浓度。

h 代表人，m 代表老鼠，r 代表野鼠，gpg 代表几内亚猪

## 5.5.2 烟气的遮光性与能见度

### 5.5.2.1 光学密度的定义

烟气的遮光性是根据测量一定光束穿过烟场后的强度衰减而确定的，如图 5-27 所示。设 $I_0$ 为由光源射入长度给定空间的光束的强度，$I$ 为该光束由该空间射出后的强度，则比值 $I/I_0$ 称为该空间的透射率。若该空间没有烟尘，射入和射出的光强度几乎不变，即透射率等于 1。当该空间存在烟气时的透射率应小于 1。透射率倒数的常用对数称为烟气的光学密度(Optical Density)，即 $D=\lg(I_0/I)$，并考虑到其表示形式与透射率一致，通常将烟气的光学密度定义为：

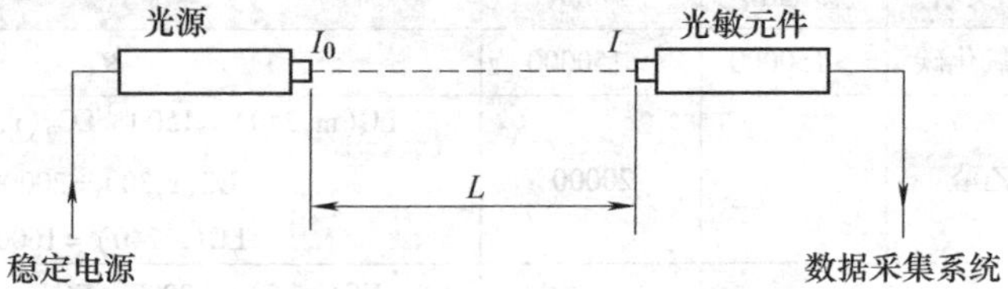


图 5-27　烟气遮光性测量装置示意图

$$D = -\lg(I/I_0) \tag{5-37}$$

光束经过的距离是影响光学密度的重要因素。设给定空间的长度为 $L$，单位长度光学密度表示如下：

$$D_0 = -\lg(I/I_0)/L \tag{5-38}$$

另外，根据 Beer-Lambert 定律，有烟情况下的光强度 $I$ 可表示为：

$$I = I_0\exp(-K_cL) \tag{5-39}$$

式中，$K_c$ 称为烟气的减光系数(Attenuation Coefficient)，单位为 1/m。据此，减光系数可表示为：

$$K_c = -\ln(I/I_0)/L \tag{5-40}$$

注意到自然对数和常用对数的换算关系，可得出：

$$K_c = 2.303D_0 \tag{5-41}$$

#### 5.5.2.2 人在火灾环境下的能见度

能见度指的是人们在一定环境下刚刚看到某个物体的最远距离。由于烟气的减光作用，人们在有烟场合下的能见度势必有所下降。能见度与减光系数及单位光学密度的关系可表示为：

$$V = R/K_c = R/(2.303D_0) \tag{5-42}$$

式中，$R$ 为比例系数，根据试验数据确定。

此外，能见度与烟气的颜色、物体的亮度、背景的亮度及观察者对光线的敏感程度都有关。图 5-28 给出了部分试验结果。可见，通过白色烟气的能见度较低，这是由于光的散射率较高造成的。对于发光标志和反光标志的建筑物，$R$ 宜分别取 5 ~ 10 及 2 ~ 4。由此可知，安全疏散标志最好采用自发光形式。

烟气对人眼的刺激作用也会对能见度产生一定的影响。在浓度大且有刺激性的烟气中，受试人员将无法将眼睛睁开足够长的时间以看清目标。图 5-29 表示在刺激性和非刺激性烟气两种情况下，发光标志的能见度与减光度的关系。可见，式(5-42)给出的能见度的关系式不适于刺激性烟气。

根据试验数据，该式可修正为：

$$V = (0.133 - 1.47\lg K_c)R/K_c \quad (\text{只对 } K_c \geqslant 0.25\text{m}^{-1}\text{有效}) \tag{5-43}$$

式中，$K_c$ 为减光系数(1/m)；$V$ 为能见度(m)；$R$ 为比例系数。

#### 5.5.2.3 材料的发烟性能

材料的发烟性能不仅由材料本身性质决定，而且与燃烧的条件密切相关。不过测定不同材料在给定条件下的发烟性能对于材料进行分级亦有着重要价值。

现在已经发展出了多种测定材料发烟量的方法，其中大部分是通过测量烟气在设定条件下的光学密度确定的。材料的发烟性对试验条件的反应很敏感，

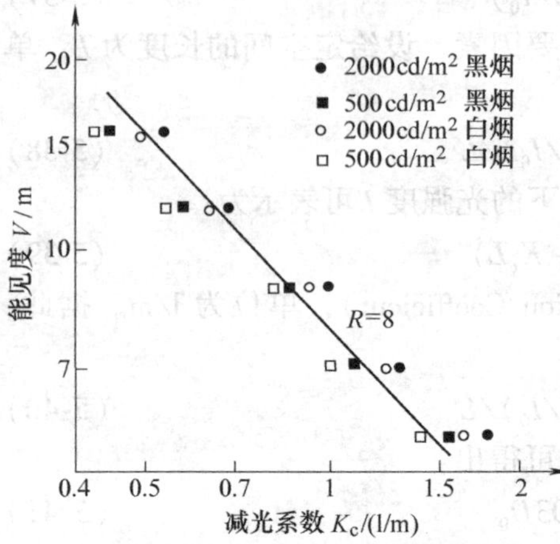


图 5-28 发光标志的能见度与减光系数的关系

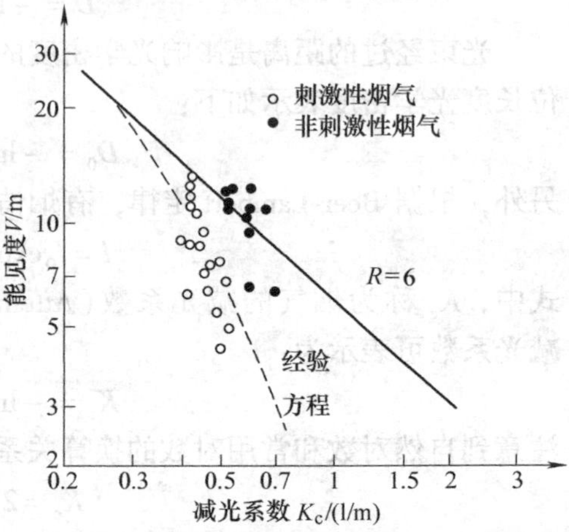


图 5-29 在刺激性与非刺激性气体中人的能见度

且试验结果随装置不同而不同。目前常用的标准烟箱法是将一块 75cm² 的试验材料放在容积固定，加热情况可调节的箱体内燃烧。测量结果用该装置内的光学密度最大值表示，即：

$$D_m = D_0(V/A_s) \tag{5-44}$$

式中，$D_0$ 为单位长度的光学密度(l/m)；$V$ 是试验箱的容积($m^3$)；$A_s$ 是试样的暴露面积($m^2$)。表 5-18 中列出了一些代表试样在有焰及无焰热分解情况下测得的结果。

这种测试方法只考虑了试样的暴露面积。但一般说还应当考虑试样的厚度。

**表 5-18 若干材料发烟量的比较(NBS 烟箱法)**

| 试样 | 最大光学密度/$m^{-1}$ | | 试样 | 最大光学密度/$m^{-1}$ | |
|---|---|---|---|---|---|
| | 有焰燃烧 | 无焰热分解 | | 有焰燃烧 | 无焰热分解 |
| 聚乙烯 | 62 | 414 | 聚氨酯泡沫塑料 | 684 | 426 |
| 聚丙烯 | 96 | 555 | 聚氯乙烯 | 445 | 306 |
| 聚苯乙烯 | 717 | 418 | 聚碳酸酯 | 370 | 41 |
| 聚甲基丙烯酸甲酯 | 98 | 122 | | | |

这些数据可以反映出材料发烟性能的不同，但如何结合火灾场景加以应用还需要深入研究。例如，材料的燃烧存在有焰和无焰两种情况，对于特定建筑物应当按何种情况下的数据来选择建筑材料，上述结果并不能提供理论指导。

研究材料的发烟性能时还应考虑发烟速率问题，因为发烟速率是确定烟气从起火区域蔓延到其他空间快慢的重要因素。材料的发烟速率高所产生的令人不可忍受程度的烟量所需的时间要比其他材料快得多，因而它们的燃烧能够对人员的生命安全构成更大的威胁。

### 5.5.3　烟气控制的主要方式

建筑物发生火灾后，其着火区域将成为有烟区，与其相邻的区域暂时为无烟区。不过烟气会不断地由有烟区向无烟区蔓延，从而使有烟区扩大。如何防止烟气从有烟区向无烟区蔓延与如何将有烟区内的烟气迅速排出是烟气控制的两个基本问题。

防止烟气蔓延的基本手段是挡烟和排烟。挡烟，就是用一定的方法将烟气挡在有烟区之内，或者说挡在人员安全区之外。常用的方法有墙壁阻挡、垂壁阻挡、气流阻挡等。排烟的目的是清除烟气，只有将烟气从室内充分清除出去，才能从根本上减少烟气的危害。排烟是一种主动的控烟方式，可通过自然对流排烟，也可以通过机械强迫排烟。

在实际工程中，挡烟与排烟方式往往是联合使用的。只挡不排，将会使烟气仍然滞留在建筑物中，终究还会造成不良影响；而阻挡不合理，也无法将烟气迅速排出。

应当密切结合建筑物的结构特点选择适当的联用方式。例如按照平面布置，普通建筑可分为房间(包括卧室、会议室、储藏室、教室等)、走廊(包括过道,回廊等)、前厅(包括休息厅、楼梯与电梯前室等)、楼梯、电梯门、出口。假设某个房间着火，烟气一般会顺着房间、走廊、前厅、楼梯、排烟口的方向蔓延开来。若在房间的开口阻挡、房间内排烟，则有可能将烟气的危害局限在该房间内。不过在每个房间内都设置排烟系统似乎不现实；在走廊与前厅的连接处阻挡，同时在走廊内排烟，可以减少每个房间的排烟设施，但烟气的总生成量却会增加。总之，在建筑物内需要划分合理的防烟分区，以达到对烟气的有效控制。

下面分别分析几种主要方式的应用。

#### 5.5.3.1　固体壁面挡烟

在建筑物中，墙壁、隔板、楼板、门窗等都可作为挡烟的物体，它们将起火区域与建筑物的其他区域分隔开来，能够阻止烟气从起火区域蔓延开来。固体壁面挡烟除了单独使用外，还经常与其他的挡烟和排烟方式配合使用。

由于墙壁上存在一定的孔洞缝隙和门窗边缘缝，固体壁面本身会存在一定的烟气泄漏。烟气的泄漏量由固体壁面缝隙的大小、形状以及其两侧的压差决定。

流过固体壁面缝隙的空气体积流率与缝隙两端压差的 $n$ 次方成比例。对于几何形状固定的流动路径，指数 $n$ 在 0.5～1.0 之间。除极窄的狭缝以外，大部分的缝隙均可取 $n=0.5$。于是，通过缝隙的空气流率可表示成：

$$\dot{W} = CA\left(\frac{2\Delta p}{\rho}\right)^{\frac{1}{2}} \tag{5-45}$$

式中，$A$ 为缝隙的流动面积($m^2$)；通常等于缝隙流动路径的截面积；$\Delta p$ 为流动路径两端的压差(Pa)；$\rho$ 为空气的密度。$C$ 为流动系数，它取决于流动路径的几何形状及流动的湍流度等，其值通常在 0.6 ~ 0.7 的范围内。若取空气密度 $\rho = 1.2\text{kg/m}^3$，$C = 0.65$，则上述方程可表示成：

$$\dot{W} = 0.839A\Delta p^{\frac{1}{2}} \tag{5-46}$$

#### 5.5.3.2 加压送风挡烟

使用风机可使防烟分隔物的两侧形成一定压差，从而控制烟气穿过分隔物的缝隙进入防烟区域。如图 5-30 所示，某隔墙的左侧为建筑物的疏散通道或避难区；右侧为普通区域，在隔墙上安装了一扇门。设发生火灾时该门处于关闭状态，火灾烟气能够蔓延到普通区域。若利用风机对左侧区域加压，使其压力高于右侧区域，于是穿过门缝的空气流就能够阻止烟气侵入到左侧。

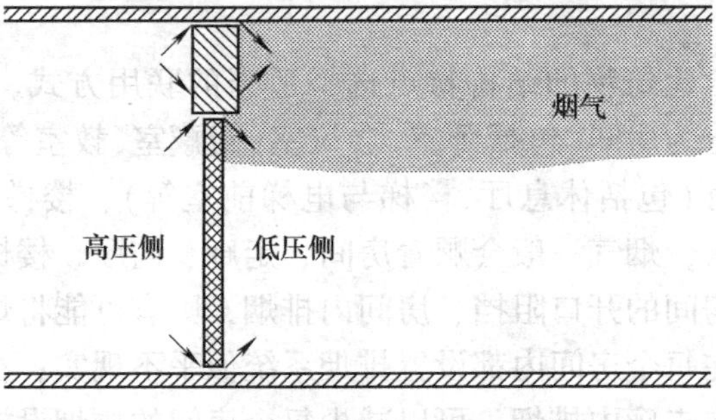


图 5-30 机械加压送风挡烟的原理

#### 5.5.3.3 空气流挡烟

若图 5-30 中的门被打开，则高压空气就会通过门道进入右侧。当空气流速较低时，烟气便可经门道上半部逆着空气流进入左侧，如图 5-31 所示。但如果空气流速足够大，烟气逆流便可全部被阻止住，见图 5-32。

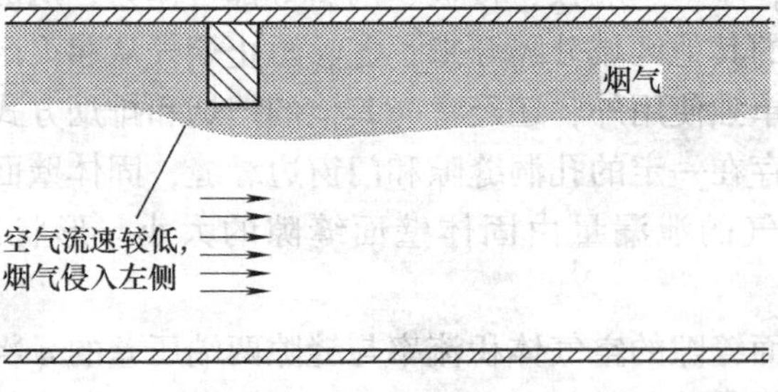


图 5-31 空气流速较低时烟气经过敞开的门侵入

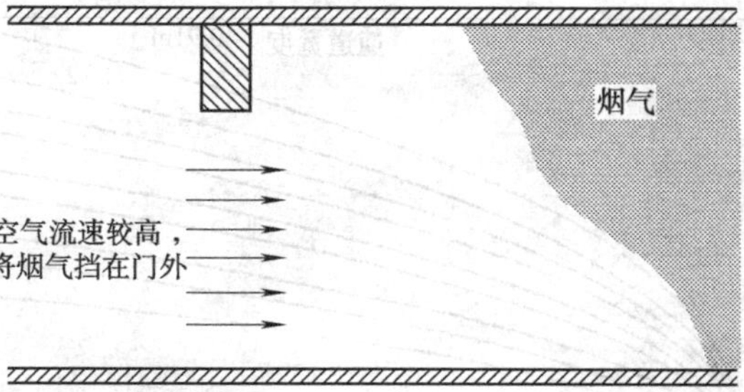


图 5-32　空气流速足够大时能阻止烟气通过

由图 5-32 可见，在通道内，上部的烟气与下部的空气流形成一定夹角的界面。为了阻止烟气向上游扩散，空气流必须保持某一最小速度。这一临界速度可用下式估算：

$$V_{\mathrm{k}}=k\left(\frac{gE}{w\rho cT}\right)^{1/3} \tag{5-47}$$

式中，$V_{\mathrm{k}}$ 为阻止烟气逆流的临界空气速度(m/s)；$E$ 为对通道释放热量的速率(W)；$w$ 为通道的宽度(m)；$\rho$ 为上游空气密度(kg/m$^3$)；$c$ 为下游气体的比热容(kJ/kg · K)；$T$ 为下游气体的热力学温度(K)；$g$ 为重力加速度；$k$ 为量级为 1 的常数。

设下游气体参数取离火源足够远的区域的数值，且其沿通道断面的分布均匀。若取 $\rho=1.3\mathrm{kg/m^3}$，$c=1.005\mathrm{kJ/kg\cdot K}$，$T=300\mathrm{K}$ 和 $k=1$，则临界空气速度为：

$$V_{\mathrm{k}}=0.292\left(\frac{E}{w}\right)^{1/3} \tag{5-48}$$

此公式适用于通道内有火源或烟气可通过其他敞开门道流入通道的情形。它表明，阻止烟气逆流的空气临界速度应根据火源的功率选择。图 5-33 给出了式(5-47)的典型计算值。设某通道宽为 1.22m、高为 2.74m，其中有一个 150kW 的火源(相当于一个纸篓着火)，试计算阻止烟气逆流所需的空气体积流量。由式(5-48)或图 5-33，可得出临界风速是 1.45m/s，通道的截面积为 $1.22\times2.74\mathrm{m^2}=3.34\mathrm{m^2}$，临界风速是 1.45m/s，空气体积流量等于通道截面积与气体速度的乘积，即约为 4.8m$^3$/s。

### 5.5.3.4　自然排烟

自然排烟是利用高温烟气的浮力将烟气从建筑物的上部开口排出的方式，适用于烟气浮力能够克服其他影响烟气流动的驱动力的区域。采取自然排烟的房间必须靠近建筑的外侧，且自然排烟口必须有足够大的面积。

自然排烟会受到多种因素的影响。例如当由于某种因素引起烟气温度迅速降低，使其失去了足够的浮力，以致无法排出；又如当室外风力较强，而排烟

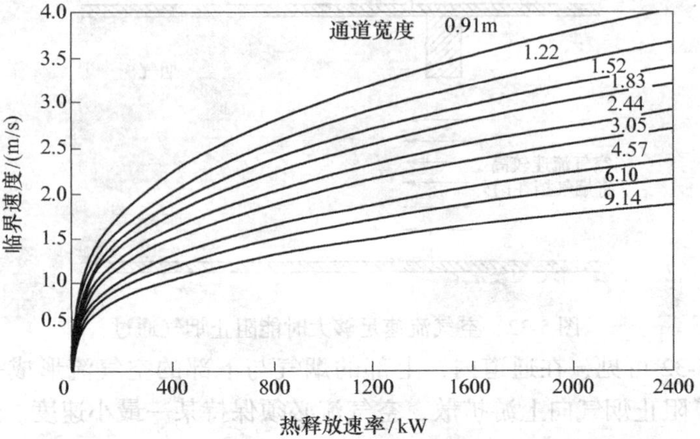


图 5-33　通道内防止烟气逆流的临界风速

口处在迎风面时，也会导致无法排烟，甚至可发生烟气倒灌；环境温度对自然排烟也具有重要影响。例如在夏季时，由于太阳的照射，建筑物的顶棚温度较高，可造成建筑物的上部形成一定厚度的热空气层。这种热气层可以阻止烟气的上升，使烟气无法到达顶棚高度，进而难以排出。

一般来说，下述结构的建筑不宜采用自然排烟：①建筑高度超过 50m 的一类公共建筑的防烟楼梯间及其前室、防烟电梯前室及两者合用前室；②净空高度超过 12m 的室内中庭；③长度超过 60m 的楼内走道。

### 5.5.3.5　机械排烟

机械排烟是使用排烟风机进行强制排烟。这种方法可克服自然排烟的局限性，有效地排出烟气。机械排烟系统由挡烟壁、排烟管道、排烟阀、排烟风机和烟气排出口等组成。风机是排烟系统的关键设备，它不仅应具有足够大的流量，而且应当具有适当的耐高温性能，有关标准规定高温风机的耐温为 280℃。

风机的排烟量应当根据不同的建筑分别计算。例如，对于普通层高的建筑，当排烟风机负担一个防烟分区时，应按该防烟分区面积每平方米不小于 $60m^3/h$ 计算；当负担 2 个或 2 个以上防烟分区时，应按最大防烟分区面积每平方米不小于 $120m^3/h$ 计算。对于室内中庭，当其体积大于 $17000m^3$ 时，其排烟量按其体积的 4 次/h 换气计算；当其体积小于 $17000m^3$ 时，其排烟量按体积的 6 次/h 换气计算。但必须注意，计算出来的总排烟，不应小于 $102000m^3/h$。

选择排烟风机时还应附加考虑漏风系数，一般采用 10%～30%。排烟系统的管道应按系统最不利条件考虑，就是说应按最远的两个排烟口同时开启计算。

排烟口、排烟阀、排烟管道等与其接触的部件必须采取非燃材料制作，并应与室内的可燃物保持不小于150cm的距离。

机械排烟系统一般应与空气调节系统分别设置。对于有些特殊情况下，两个系统也可以联用，即在平时作为通风空调使用，在火灾时自动切换为排烟使用。但是这种联用系统须具有良好的切换机构和密封性能，否则可能造成烟气蔓延到不应到达的区域。

#### 5.5.3.6 排烟过程中的补风

在排烟的同时，还必须向建筑物内补充新鲜空气，因为排烟过程实际上是空气与烟气的置换过程。热烟气是聚集在顶棚附近的，为了实现较充分的置换，排烟口应设在顶棚附近，补风口则应设在房间的下部，且宜采取分散布置的形式。

多数建筑物可以利用与外界相通的门、窗或其他开口进行补风。不过也有一些建筑物难以利用这种通风方式，例如地下建筑、大型复杂建筑的中央部分。对于这些建筑需要采取机械补风。我国的《高层民用建筑设计防火规范》(GB 50045—2005)规定：“设置机械排烟的地下室，应同时设置送风系统，且送风量不宜小于排烟量的50%。”

补风口与排烟口的距离不宜过近，否则容易造成空气“短路”，即新进入的空气还没有起到驱除烟气的作用便由排烟口流出了，从而降低了排烟效率。

应当指出，补风是向起火建筑内供应新鲜空气，在有些情况下，这可能起到加剧火灾燃烧的效果。因此在实际运用中应当全面考虑补风的正面和负面作用，并依据现场情况调整补风口的位置。一般说，应当避免向仍存在明火的区域直接补风。

### 5.5.4 建筑物的防烟分区

建筑物的防烟分区指的是采用隔墙、挡烟垂壁、屋顶挡烟隔板或从顶棚向下突出的不小于500cm的梁而形成的室内空间。

#### 5.5.4.1 防烟分区的划分原则

防烟分区可分为水平分区和垂直分区两类，主要应当根据建筑物的类型，按照用途、面积或楼层进行划分。

建筑物不同部分的使用功能不同，可以依据楼内已经形成功能格局进行分区，如办公室、客房、设备间等都适合作为独立的防烟分区。

室内面积是决定防烟分区大小的主要方面。面积过大可导致烟气蔓延范围扩大，面积过小则可能影响建筑物的使用功能。对于普通民用建筑，每个水平防烟分区的面积应控制在500m$^2$以内，且防烟分区不应跨越防火分区。但对于顶棚高度超过6m的建筑，防烟分区面积可适当扩大。

防烟分区也不宜跨越楼层，不过对于面积较小且层高较低建筑，通常允许其包括1个以上的楼层，但不宜超过3个楼层。对有特殊要求的场所，如地下室、防烟楼梯间及其前室、消防电梯及其前室、避难层间）等，应单独划分防烟分区。

#### 5.5.4.2 防烟分区的排烟

防烟分区的作用原理是在房间的顶棚之下形成一定容积的蓄烟空间，使烟气在一定时间内不至于随意扩散，但蓄烟方式应当与排烟设施联合使用。挡烟分隔物可将烟气限制在一定区域内。然而随着燃烧的持续，分区内的烟气会逐渐增多，若分区内没有排烟系统，烟气最终仍可能漫出分区的边界。防烟分区的排烟速率可根据该区内烟气的生成速率确定。不设置排烟设施的房间(包括地下室)和走道无需划分防烟分区。

#### 5.5.4.3 防烟分隔的形式

隔墙是挡烟的基本构件，它应当具有一定的耐火性能，不过可以比防火墙的性能低一些。

挡烟垂壁指的是用不燃材料制成的从顶棚下垂不小于0.5m的挡烟壁面，可以为固定式的，也可为活动式的。活动式垂壁平时可以收起来，起火时，可根据某些探测装置的信号而自动放下，起到防止烟气蔓延的作用。

屋顶挡烟隔板指的是固定在屋顶内、能够阻挡烟气横向流动的垂直分隔体，通常为具有一定耐火等级的板材。

在某些特殊的出口处，还可以采用风幕挡烟。由于用于挡烟的是气流，而非固体壁面，可以不影响人员的紧急逃走。但采用这种方式时，必须保证防烟分区内的排烟系统工作可靠，能够控制烟气的过多积累。

确保防烟分区的严密性是防止烟气蔓延的主要方面。而穿越墙壁和楼板的通风空调管道、电气配线管、给排水管道及采暖系统管道孔洞往往是漏烟的薄弱部位，对此应采取妥善的封堵措施。

## 5.6 人员安全疏散

发生火灾后，保证相关人员的安全应当始终作为安全工作的主要目标。建筑物内的人员的安全疏散指的是在火灾烟气未达到危害人员生命的状态之前，将建筑物内的所有人员安全地疏散到安全区域的行动。研究人员疏散不仅需要了解相应的疏散设计，而且需要研究火灾中的人员行为。

### 5.6.1　人员安全疏散的基本条件

建筑物发生火灾后，其中的人员能否安全疏散主要取决于两个特征时间：一是火灾发展到对人构成危险所需的时间，或称可用安全疏散时间(Available Safety Egress Time，ASET)，另一个是人员疏散到达安全区域所需要的时间，或称所需安全疏散时间(Required Safety Egress Time，RSET)。如果人员能在火灾发展到危险状态之前全部疏散到安全区域，便可认为该建筑物的疏散设计对于火灾中的人员是安全的。下面结合图 5-34 所示的时间线说明这一问题。

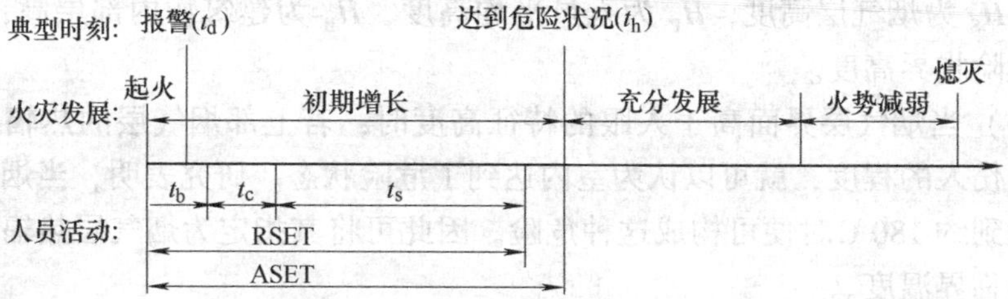


图 5-34　火灾发展与人员疏散的时间线

设从室内起火到人员觉察到起火的时间为 $t_b$，疏散准备所用的时间为 $t_c$，从开始疏散到达安全地带的时间为 $t_s$。而起火到探测到火灾的时间为 $t_d$，从探测到火灾到火灾状况对人构成危险的时间为 $t_h$，因此可用安全疏散时间 *ASET* 就是从起火到火灾构成危险状态的时间间隔，即：

$$ASET = t_h + t_d \tag{5-49}$$

又设从发现火灾到人员成功撤离这些危险区域所必需的时间为 *RSET*，

$$RSET = t_b + t_c + t_s \tag{5-50}$$

因而保证人员安全疏散的基本条件是：

$$ASET > RSET \tag{5-51}$$

火灾中的人员安全是针对整个建筑物内的人员而言的，因此建筑物内每个可能受到火灾威胁的区域都应满足式(5-51)的要求。

某个火灾场合是否达到危险状况应当通过定量计算来确定。现在已经研发了多种计算火灾发展过程的方法，有根据试验数据整理出来的经验公式，也有较复杂的模拟计算程序。可用安全疏散时间可以根据火灾模型的计算结果得到。

另一方面还需要了解人员在火灾中疏散的基本特征，以得到所需安全疏散时间。然后通过比较有效安全疏散时间 *ASET* 和所需安全疏散时间 *RSET*，便可对该建筑的疏散安全设计作出评价。

## 5.6.2 火灾烟气的危险临界条件

在建筑物的火灾中，可用安全疏散时间 *ASET* 是根据火灾可能对人造成危害的临界条件确定的。火灾临界危险条件是指火灾环境可对室内人员造成严重伤害的状态。一般是参照人眼的特征高度分别不同情况确定。

人眼的特征高度应视建筑火灾场合决定，对于普通高度的建筑，通常取为1.4～1.8m。对于层高较高的建筑，还应参考建筑物的层高按下式修正：

$$H_S \geqslant H_C = H_P + 0.1H_B \tag{5-52}$$

式中，$H_S$ 为烟气层高度，$H_P$ 为人员平均高度，$H_B$ 为建筑物内部层高；$H_C$ 为烟气危险临界高度。

（1）当烟气层界面高于人眼的特征高度时，若上部烟气层的热辐射达到了可损伤人的程度，就可以认为室内达到了危险状态。研究表明，当烟气层的温度达到约180℃时便可构成这种危险。因此可将其指定为烟气层热辐射所引起危险临界温度。

（2）如果烟气层界面低于人眼的特征高度，对人的危害将是由直接烧伤或吸入热气体引起的。这时则应使用另一个烟气层临界温度来表示是否达到了危险状态。根据某些试验结果，此值可取为110℃左右。

（3）当界面低于人眼特征高度时，也可以根据指定的某个危险燃烧产物临界浓度值来判定室内是否达到了危险状态，例如CO的含量，一般认为当CO含量达到0.25%就可对人构成严重危害。

（4）通常当建筑物内的能见度低于10m时，便可认为能够严重影响人的疏散行动。一般将此值作为危险临界浓度。为了增加安全度，也有些国家还将这些指标取得更保守一些（见表5-19）。

**表5-19 火灾对人员的临界危险标准**

| 国别 | 对流热 | 辐射热 | 烟气浓度 |
|---|---|---|---|
| 新西兰 | 烟气层温度≤65℃（30min） | <2.5kW/m$^2$<br>（烟气层温度200℃） | 减光度<0.5m$^{-1}$<br>能见度2m |
| 英国 | 饱和空气，<br>暴露时间>30min，<60℃ | 暴露时间>5min，<br><2.5kW/m$^2$ | 减光度<0.1m$^{-1}$<br>能见度10m |
| 澳大利亚 | 饱和空气，<br>暴露时间>30min，<60℃ | 暴露时间>5min，<br><2.5kW/m$^2$ | 减光度<0.1m$^{-1}$<br>能见度10m |
| 爱尔兰 | 80℃（15min） | 2～2.5kW/m$^2$ | 能见度7～15m |

### 5.6.3 火灾中的人员行为

人员在火灾中的行为是相当复杂的，许多行为特点不能按照简单的数学公式描述。研究表明，人们在火灾中的反应大体可分为察觉火灾迹象、确认火灾发生和采取逃生行动三个主要步骤。

#### 5.6.3.1 觉察火灾迹象

建筑物内某处刚发生火灾时，人们未必能及时发现，尤其是那些发生在较隐蔽的区域或暂时无人的房间内的火灾。初期的火灾迹象可能很微弱，但随着火灾燃烧的持续，火焰、热量和烟气的信号增强，从而可以使火灾迹象越来越清晰。对于初期火灾迹象，人们可以是直接觉察，例如闻到烟气的异味，看到烟气的蔓延；也可以是间接得到，例如通过声、光报警系统得知，或由其他人告知等。

不同人对火灾迹象的反应存在很大的差别，年龄、性别、职业背景、身体状况、受教育程度、风俗习惯等都可能影响人员的反应。调查发现，火灾报警器发出报警后，往往会有一段反应过程。不同类型人员，其反应的时间过程可能相差很大。对于火灾安全意识较强的人，他们可在几秒钟内便清楚发生了什么事情，从而能够较快付诸疏散行动；而对于小孩，可能要进行相当长时间解释才知道发生了什么事，且不知应如何处理。

#### 5.6.3.2 确认火灾发生

确认火灾发生包括证实火灾存在、确定火灾危险、评估火灾危险、选择是否疏散、或者是否重新评估等步骤。

觉察到初步火灾迹象后，每个人都会企图证实该信息是否真实。当初步迹象不清晰、不明确时，人们经常试图获得一些额外的信息，例如，得到其他人的认可。

确定火灾存在后，接着就会评估火灾危险的大小，确定火灾是否对自己构成威胁，危险程度有多大，自己是否需要行动等。选择行动方式是这种自我评估过程的结果，而能否作出正确的选择，将会影响他的最终结局。

#### 5.6.3.3 采取具体行动

当明确火灾可以构成威胁后，人员采取的行动主要有以下几种类型：①寻找火源，主动灭火；②通知或协助他人撤离；③向消防队报警，请求灭火支援；④收拾财物，然后准备逃离；⑤直接逃离现场；⑥出现恐慌行为，无法自主行动或盲目行动。

不同类型的人最先采取的行动亦存在很大的差别。一般说，青年男性采取灭火行动的比例较大，而成年女性告知他人疏散或协助他人疏散的比例较大；文化素质较高及参加过消防训练的人能够较正确地依据火灾发展状况向消防队报警，进行有序的疏散；少年儿童较多的场合容易出现大范围的恐慌或盲目行动现象；在有些火灾场合，一些人往往对财产和有关贵重物品看得很重，他们往往为寻找这些财物而损失宝贵的疏散时间，有人甚至在跑出一段路程之后，又返回火场去寻找忘记带的财物。

## 5.6.4 人员疏散时间的计算

进行疏散通道设计或组织人员疏散时，计算有关人员疏散所需的时间是一个关键问题。建筑物是设有若干个安全出口的，当其中的人员确认发生火灾时，便会奔向出口逃生。水平通道、楼梯和门口是建筑物内三种主要的通道形式，人员疏散时经过这些通道需要的时间是不同的，而且单人行走与人群行走的速度也存在很大差别。下面分别做些讨论。

### 5.6.4.1 水平通道

水平通道是指在同一楼层内具有一定长度的通道，如走廊、大厅、门厅等。这种通道均具有足够的宽度，人员在其中正常行走一般不会出现堵塞。通常，应考虑到最不利位置的人员疏散，这主要指离出口最远处或通道严重受阻时的人的疏散。例如在剧场、展厅、仓库、车间之类的建筑内，坐椅、展台或其他物品密集，人员的行走势必会受到一定的阻挡。设离出口最远点的人员到出口的距离为 $s$(m)，人的行走速度为 $v$(m/s)，人员疏散前的预备时间为 $t_0$(s)。则该人员到达出口的时间为：

$$t_2 = t_0 + s/v \tag{5-53}$$

表5-20列出若干人的行走速度的参考值。不过应当指出，对于某些特殊人群，其行走速度可能会慢得多，例如老年人、儿童、病人等。如果某建筑中生成的火灾烟气的刺激性较大，或建筑物内缺乏足够的应急照明，人员的行走速度也会受到较大影响。

### 5.6.4.2 楼梯

楼梯是多层建筑中人员垂直疏散的主要途径，不能用计算人员通过水平通道的公式来计算。一个人沿楼梯向下疏散的时间，应考虑楼梯的台阶对行走时速度的影响，可由下式进行计算：

$$t = \frac{s}{V(1.57R/B)^{\frac{1}{2}}} \tag{5-54}$$

式中，$s$ 为楼梯的长度(m)；$R$ 为楼梯的阶高(m)；$B$ 为楼梯的阶宽(m)。而对于多人沿楼梯向下疏散，可使用鲍尔斯(Pauls)等人根据试验数据得出的经验公式估算：

$$\frac{W}{P} = \frac{8.04}{t^{1.37}} \tag{5-55}$$

式中，$t$ 为人员通过楼梯的时间(s)；$P$ 为人员的数目；$W$ 为楼梯的有效宽度(m)。

**表 5-20　人员行走的速度举例**　　(单位：m/s)

| 行走状态 | 男　人 | 女　人 | 儿童或老年人 |
|---|---|---|---|
| 紧急状态，水平行走 | 1.35 | 0.98 | 0.65 |
| 紧急状态，由上向下 | 1.06 | 0.77 | 0.40 |
| 正常状态，水平行走 | 1.04 | 0.75 | 0.50 |
| 正常状态，由上向下 | 0.40 | 0.30 | 0.20 |

#### 5.6.4.3　门口

建筑物门口的宽度通常均小于室内通道的总宽度，大量人员拥到门口通常不可能很快疏散出去的，因此出口的宽度往往成为控制人群疏散的关键因素。研究表明，在疏散中，门口的宽度并不能完全利用，其有效使用宽度比实际宽度窄0.3～0.4m。通过门口所必需的疏散时间可按下式估算：

$$t_1 = \frac{P}{r(w - w_1)n} \qquad (5\text{-}56)$$

式中，$P$ 为建筑物内需要疏散的人数；$r$ 为在单位时间、单位门口宽度通过的人数(人/(m·s))；$w$ 为门口的实际宽度(m)；$w_1$ 为门口的不可利用宽度(m)；$n$ 为门口的数目。

### 5.6.5　疏散通道的设计

为了能够充分发挥疏散人员的作用，疏散通道应满足以下基本要求：疏散路线要设计简明，容易寻找；疏散路线的各个区段都要安全畅通，不容许在某个部位发生堵塞；疏散路线位置应符合人们的行走习惯，例如疏散楼梯应靠近经常使用的电梯间；疏散引导标志明显，有利于引导人们走向安全区域。

在疏散通道设计中，应当重点处理好安全出口的数量与分布、疏散距离和通道宽度的关系。

#### 5.6.5.1　安全出口

安全出口指的是符合防火设计规范要求的疏散楼梯或直通室外地面层的出口。设计建筑时必须设计足够数量的安全出口，且出口的分布应当合理。为了便于人员从多口疏散出去，公共建筑每个防火分区的安全出口一般不能少于2个，且两个出口的间距不应小于50m。只是当房间面积小于一定值、且可能容纳的人员少于一定数时，方允许设置1个出口。例如普通民用建筑的房间面积不超过60m²、人数不超过50人时可设1个出口，厂房地下室的使用面积不超过50m²、人数不超过15人时可设1个出口等。为了避免某个出口附近发生火灾影响人员疏散，不同安全出口应当分散布置。

#### 5.6.5.2 通道宽度

疏散通道的宽度应当根据建筑物内可能的人员流量设定。目前在建筑设计中常用“百人宽度指标”方法来确定，其含义是在允许的疏散时间内，每100人以单股人流的形式疏散出去所需的通道宽度，可用下式计算：

$$B=\frac{Ns}{At} \tag{5-57}$$

式中，$B$ 称为百人宽度指标(m)，$N$ 为需要疏散的总人数，$s$ 为单股人流宽度(m)，$A$ 为单股人流通行能力(人/min)，$t$ 为允许疏散时间(min)。例如 $N$ 取400人，$s$ 取0.6m，$A$ 取40人/min，这大致相当于普通人在平地上行走，$t$ 为5min，可得到百人指标为 $400\times0.6/(40\times5)=1.2$(m)。

上述各参数的值应根据建筑物的使用性质、耐火等级、层数、地面平坦状况、人数和人员特点等因素选择。在某些特殊建筑中，疏散通道的宽度应适当加宽，例如在高层建筑中，走道的净宽应按通过人数每100人不小于1.00m计算；对于医院的病房楼，单面布房的走道宽度不小于1.40m，双面布房的走道宽度不小于1.50m；楼梯的宽度一般也应按通过人数每100人不小于1.00m计算。当各层人数不等时，下层楼梯的宽度应按其上层人数最多的一层计，且楼梯的形式应有利于人员行走。表5-21为楼梯、门和走道的宽度指标。

**表5-21 楼梯、门和走道的宽度指标**

| 耐火等级 / 宽度指标(m/百人) | 一、二级 | 三级 | 四级 |
|---|---|---|---|
| 一、二层 | 0.65 | 0.75 | 1.00 |
| 三层 | 0.75 | 1.00 | — |
| ≥四层 | 1.00 | 1.25 | — |

#### 5.6.5.3 疏散距离

疏散距离指的是在房间内离出口最远的人员工作位置到出口或楼梯的最大允许距离。规定此参数的目的是保证楼内所有的人员能够在可用安全疏散时间内到达安全区域。对于长度较长和面积较大的建筑物内必须设置足够多的安全出口，以保证从建筑物任何位置到出口的距离小于预定值，且两个出口之间的最大距离也应有限制。例如高层建筑内的展览厅、餐厅、多功能厅、阅览厅等，其中任何一点至最近疏散出口的直线距离不宜超过30m；其他房间内最远一点至房门的直线距离不宜超过15m等。

## 5.6.6　应急照明与疏散指示

### 5.6.6.1　应急照明

火灾发生时，无论事故停电或是人为切断电源的情况下，都必须保持一定的照明光源，以保证居民的安全疏散和火灾扑救人员的工作，为此而设置的照明装置称为火灾应急照明。

在疏散楼梯间、走道和防烟楼梯间前室、消防电梯间及其前室及合用前室，以及观众厅、展览厅、餐厅和商场营业厅等人员密集的场所，均需设置应急照明；对火灾时仍必须坚持工作的场所(如配电室、消防控制室、消防水泵房、自备发电机房、电话总机房等)，也应该设置应急照明。

为了有效发挥照明的作用，应急照明灯的设置位置必须适当，例如在楼梯间内，一般设在墙面或休息平台板下；在走道内，设在墙面或顶棚下；在厅、堂，设在顶棚或墙面上；在楼梯口、太平门一般设在门口上部。应急照明灯具应当具有足够的照度。紧急情况下，仍需继续坚持工作的地方和部位，其最低照度应与通常工作照明的照度相同。

### 5.6.6.2　疏散指示

在公共建筑内的疏散走道和居住建筑内的长度超过20m的内走道，一般应该设置疏散指示标志。疏散指示标志主要有出口标志和指向标志两类。

出口标志灯通常安装在建筑物通向室外的正常出口和应急出口，多层和高层建筑各楼梯间和消防电梯前室的门口，大面积的厅、堂、场、馆通向疏散通道或通向前厅、侧厅、楼梯间的出口，多装在出口门上方。当门太高时亦可装在门的侧面。为防烟雾影响视觉，其高度以2～2.5m为宜，标志朝向应尽量使标志面垂直于疏散通道截面。指向标志可安在墙上或顶棚下，而以在人的平视线以下，最好在距地面1m以内。因为烟气会滞留在室内上部，将指示灯覆盖住。在主要通道上的疏散指示标志照度不低于0.5lx，如图5-35所示。

为了提高应急照明灯和疏散指示标志灯在火灾中的耐火能力，应加上用玻璃或其他不燃烧材料制作的保护罩，以充分延长其在火灾期间引导疏散和扑救火灾的有效作用时间。在设计通道疏散照明时，还要特别注意火灾报警按钮和消防设施处的照度，要使人们容易发现。

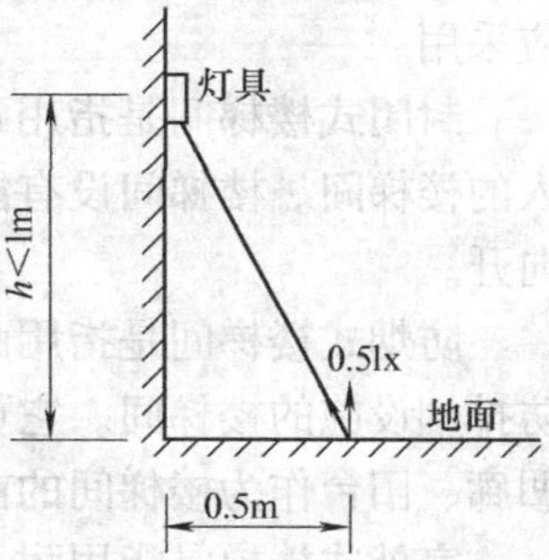


图5-35　通道指示标志灯照度测定位置

### 5.6.6.3　应急照明的供电与配电

火灾应急照明供电电源应满足双电源双回路供电的要求，可以是柴油发电机组、蓄电池或城市电网电源中的任意两个的组合。

对于大中型建筑，火灾应急照明和疏散指示标志多用集中式供电。系统的总配电箱设在建筑底层，以干线向各层的照明配电箱供电。在有应急备用电源的地方，火灾事故照明电源应能从干线最末级的分配电箱进行自动切换。

对于普通建筑物内的分散布置的的疏散照明装置，一般采用小型内装灯具、蓄电池、充电器和继电器的组装单元，其基本原理如图 5-36 所示。当交流电源正常供电时，其一路点燃灯具，另一路驱动稳压电源给蓄电池组连续充电。当交流电源停电时控制部分把原来的点燃电路切断，而将直流点燃电路接通，转入应急照明。直流供电时间不应少于 45min。一旦交流电恢复，灯具将自动转入交流电路，恢复正常工作状态。

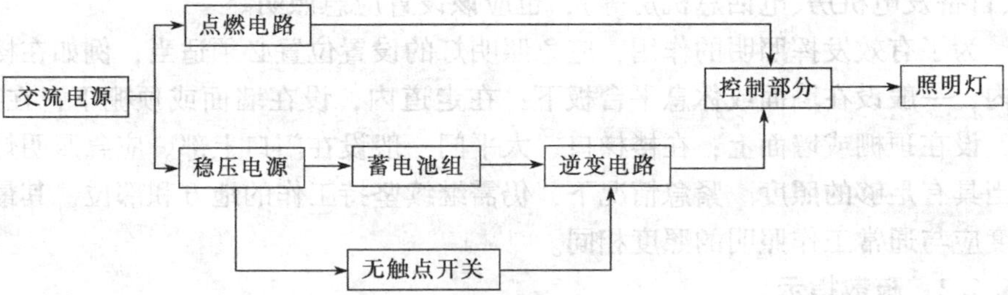


图 5-36　应急照明灯工作原理图

## 5.6.7　疏散楼梯与避难层

### 5.6.7.1　疏散楼梯间

疏散楼梯间是人员竖向紧急疏散的必经场所，必须保证其具有足够的防火防烟功能。疏散楼梯间大体有敞开式、封闭式、防烟式和室外式等类型。

敞开式楼梯间是指建筑物内由墙体围护而构成的楼梯间，它与楼内的其他使用空间相通。由于楼梯间与楼内走道之间没有防火防烟分隔，一旦发生火灾，烟气容易进入。这种结构在低层建筑中用的较多，在高层建筑中不应采用。

封闭式楼梯间是指用耐火材料与建筑物的其他部分隔开，能够防止烟气进入的楼梯间。楼梯间设有能够阻挡烟气流动的双向弹簧门，且应朝疏散下游方向开。

防烟式楼梯间是指用耐火构件与建筑物其他部分隔开、且具有防烟前室和防排烟设施的楼梯间。它可以带有独立的封闭前室或合用前室，也可用建筑的凹廊、阳台作为楼梯间的前室，图 5-37 给出了防烟式楼梯间的若干典型形式。

室外式楼梯是指用耐火结构与建筑物内部隔开，设在建筑外墙上的楼梯。室外疏散楼梯与每层出口处一般设有平台，不一定形成固定的楼梯间。楼梯与平台应采用非燃烧材料制作。

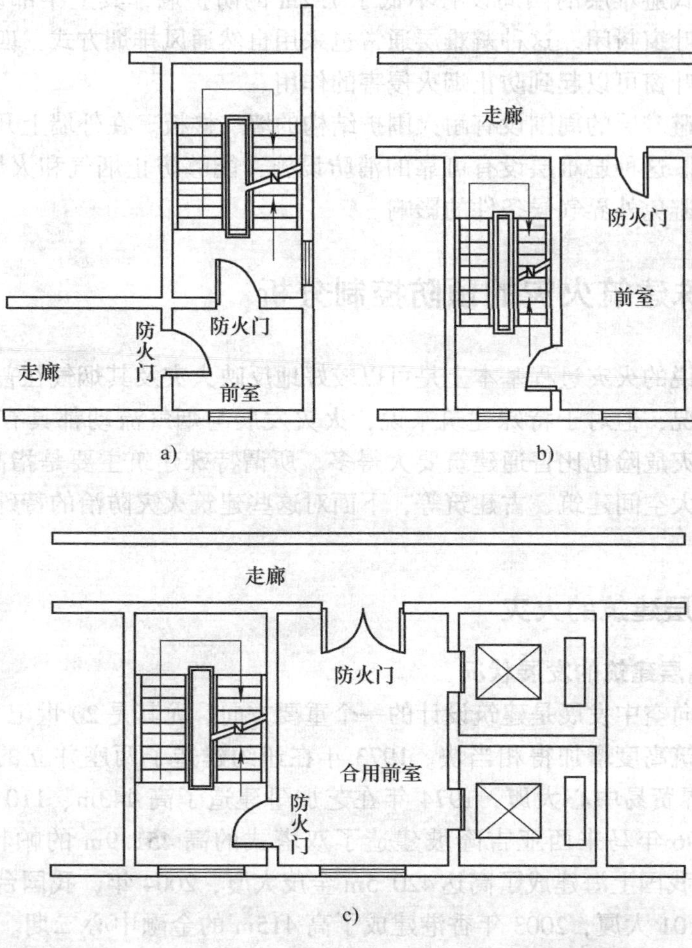


图 5-37　带封闭前室或合用前室的防烟楼梯间

为了方便人员疏散，疏散楼梯间宜设置在建筑物走廊的端部，因为发生火灾时，那里受到烟气与火的威胁较小，既有利于室内人员紧急疏散，又可供消防队员扑救火灾使用；而且楼梯间内应设有采光、通风及防排烟措施。

**5.6.7.2　避难层**

避难层是在高层建筑中专供火灾中人员临时避难使用的楼层。如果作为避难使用的只有若干个房间，则一般称这些房间为避难间。

避难层大体有敞开式、半敞开式和封闭式三类。敞开式避难层不设围护结构，一般设在建筑物的顶层或屋顶之上。这种避难层采用自然通风方式，不能严格保证本身不受烟气侵害，也不能防止雨雪的侵袭，因此，这种避难层只适宜较温暖的地区使用。

半敞开式避难层的四周设有不低于1.2m的防护墙，其上半部设有窗口，窗口多用百叶窗封闭。这种避难层通常也采用自然通风排烟方式，四周设置的防护墙和百叶窗可以起到防止烟火侵害的作用。

封闭式避难层的周围设有耐火围护结构的墙、楼板。在外墙上开设的窗口采用防火窗。这种避难层设有可靠的消防设施，能够防止烟气和火焰的侵入，同时还可以避免外界气候条件的影响。

## 5.7 特殊建筑火灾的预防控制分析

前面所说的火灾过程基本上是可以较好地反映火灾及其烟气在普通建筑物内的发展状况，但对于特殊建筑来说，火灾发展与烟气流动都具有一些新特点。而且火灾危险也比普通建筑要大得多。所谓特殊建筑主要是指高层建筑、地下建筑、大空间建筑、古建筑等，下面对这些建筑火灾防治的特殊性作些简要分析。

### 5.7.1 高层建筑的火灾

#### 5.7.1.1 高层建筑的发展状况

建筑物向空中发展是建筑设计的一个重要方向。尤其是20世纪70年代以来，高层建筑高度增加得相当快。1973年在纽约建造了两座并立的高411m、110层的世界贸易中心大厦，1974年在芝加哥建造了高443m、110层的希尔斯大厦。1996年马来西亚吉隆坡建造了双塔式的高451.9m的帕特朗大厦，1998年8月我国上海建成了高达420.5m金茂大厦，2004年，我国台北建成了高508m的101大厦，2003年香港建成了高415m的金融中心二期。现在还有一些更高的大楼正在筹划之中。至于超过100m的大楼，在许多城市中已经比比皆是。

尽管高层建筑的工程造价提高，施工难度大，设备要求复杂，也为火灾防治方面带来了不少困难，但为了适应人口密集城市的工作与生活的需要，高层建筑的兴起已成为一个不可避免的趋势。因此只能依靠科学技术进步和正确的基本建设政策来顺应这一趋势，而加强火灾防治的科学研究是其中的一个重要方面。

在我国，现在一般把10层以上或高于24m的建筑称为高层建筑，把40层(或100m)以上的建筑称为超高层建筑。

#### 5.7.1.2 高层建筑的火灾特点

高层建筑的层数多、高度高、体积大、人员集中，其火灾危险性主要体现在以下方面：

1. 起火因素多

高层建筑功能复杂，电气化和自动化程度高，用电设备多，且用电量大，发生漏电、短路等故障的几率增大，容易形成点火源。另一方面，高层建筑物还不可避免地要使用大量的可燃建筑材料和装修材料。一旦发生火灾，火势容易迅速蔓延。

2. 烟囱效应显著

高层建筑内大都设有多而长的竖井，如楼梯井、电梯井、管道井、风道、电缆井、排风管道等。当高温的火灾烟气蔓延到竖直通道后，就会在浮力作用下快速由建筑物的下层蔓延到上层。竖井越高，烟囱效应越强。

3. 火灾发展受环境风的影响大

环境状况对高层建筑火灾蔓延的影响也相当大。实测表明，若建筑物附近10m高处的风速为5m/s，则在90m高处风速可达15m/s。这使起初很微弱的火源有可能变得十分危险，那些在普通建筑内不易蔓延的小火，在高层建筑内部却可发展成火灾。

4. 火灾扑救难度大

大部分高层建筑的上层是目前普通消防车所达不到的，例如一般云梯式消防车只能达到24m，世界上最先进的云梯车的登高也不过70m。一般消防队员徒步跑上6、7层楼，其体力已消耗到基本丧失战斗力的程度，若再携带灭火器材必将更加疲惫不堪。因此像过去那样依赖消防队由外部赶到现场救火的方式已不适应高层建筑的火灾扑救。

5. 存在玻璃幕墙的危险

玻璃幕墙是许多高层建筑广泛使用的的一种外壁面材料。玻璃是不耐火的，当其受到火烧或高温烟气的加热时，容易发生破碎。当高温烟气由破碎口溢出并沿幕墙向上蔓延时，可以造成玻璃幕墙的大面积破碎，不仅会促使火灾在建筑内的迅速蔓延，而且可对楼下造成巨大危害。

6. 人员集中且难疏散

高层建筑物往往可容纳成千上万的人，而且各种类型的人都有。这不仅使起火机会增大，而且给人员的疏散增加了困难。试验表明，在一座50层的建筑内通过楼梯将人员全部疏散完毕用了2h。在火灾情况中，这种疏散速度显然很容易造成重大人员伤亡。

#### 5.7.1.3 高层建筑火灾防治的主要对策

经过多年研究，很多专家认为，防治高层建筑火灾应重点注意以下方面。

1. 抓好建筑的防火安全设计

在设计高层建筑时，不仅要注重其造型的新颖美观，而且要考虑防火的合理性。一般说，合理的总体布局、有效的防火分隔和人员疏散设计是几个最重要的问题。

在总体布局方面应保持建筑物间有适当的防火间距，控制裙房的高度和宽度，留出足够的消防车道等。有些高层建筑为了充分利用现有地皮，而与相邻建筑的防火间距过小，或将裙房修得过高，这都会对火灾扑救造成许多困难。

在高层建筑的防火设计中，应当特别注意垂直防烟分区的设置，尤其是对于高度超过100m的超高层建筑应该更为严格。通常可把高层建筑按15～20层分成若干段，将电梯竖井和楼梯间均做成不连续的，这样能够有效防止烟气向上蔓延。

高层建筑的疏散设计不仅应当考虑水平疏散，而且应当重视竖直疏散。每层楼应至少设有两个方向的疏散路线，并且宜将楼梯设在大楼的两端；为把高层建筑中人员尽快撤出，主要是通过竖直疏散。电梯便是一种主要的疏散方式，其速度可比从楼梯走快得多。不过在火灾中又不能使用未加防护的普通电梯。因此需要加强电梯及其前室的防火性能，以便使其在火灾中充分发挥作用。避难层的防火防烟性能比普通层好，那些无法很快撤出大楼的人员可先撤到该层内，这种避难层还可以作为消防人员灭火的空中基地。

**2. 改进建筑材料的耐火与燃烧性能**

高层建筑所用的结构材料应当有较强的耐火能力，即使遭受火灾也可以保持建筑物的整体框架不受影响。现在钢材已成为高层建筑的主要结构材料，应当大力加强对钢材构件的耐火保护，尽量使其避免受到火灾高温的作用。

由于高层建筑的特殊使用性能，其对装修材料的燃烧性能应提出更严格的要求。现在人们在选择装修材料时比较注意保温、隔声、美观等，但对其燃烧性能注意不够，以致往往形成火灾隐患。对此应当加强对装修材料燃烧性能的检查和测试，防止使用不合格材料。同时应当加强宣传教育，使人们建立新的选用建材观念。

**3. 控制室内可燃物的种类和数量**

火灾统计表明，当前高层建筑的火灾主要是由建筑内存放或使用的物品引起的。楼内最先失火的通常是办公用品或设备、存储的商品、家具、床上用品等。对这些物品的使用加以合理控制是减少火灾发生和损失的主要方面。基本措施主要有：①控制建筑物的火灾载荷，一定的房间内存放的可燃物总量不能超过一定限度；②优先使用难燃或不燃材料制造的家具、床上用品、办公用品和窗帘等；③正确设计与使用电气与燃气设备，防止出现新的火源。

**4. 加强火灾中的自救能力**

对于高层建筑火灾，单纯依赖消防队从远处赶来灭火的方式难以适应火灾安全的需要。应当大力加强高层建筑自身的火灾防治能力，如安装火灾自动报警设备、自动灭火设备、烟气控制设备及疏散诱导设施等，尤其是安装高效清洁的灭火系统具有极为重要的作用。应当根据建筑物不同部分的使用功能，选择最适用的灭火方式。同时还应加强消防控制中心的集中监管，以实现不同系统的作用的统一协调，达到迅速控火、灭火的目的。对于人员众多的高层建筑，增强楼内人员对火灾紧急事件的应变能力是另一个重要方面。建筑物内的消防与疏散设施能否很好发挥作用与火灾中人们的精神状态关系极大。大量事例表明，加强对人们防灭火知识和疏散常识的教育与训练，不仅能够有效改进人员疏散过程，而且有助于及时扑灭火灾。

## 5.7.2 地下建筑火灾

### 5.7.2.1 地下建筑的主要类型及结构特点

地下建筑是通过人工挖掘在地面之下修建的建筑。按照建造形式，地下建筑大体可分为附建式和单建式两大类。附建式地下建筑是某些地上建筑的地下部分，例如大型建筑的地下室；单建式地下建筑类型很多，如地下仓库、地下商业街、铁路与公路隧道、地下车站、地下电缆沟等。

很多地下建筑绵延数百、上千米，例如公路与铁路隧道、人防通道、地下走廊、电缆沟等；有的地下建筑还形成庞大的地下网络，例如地下商业广场、地下停车场等。

地下建筑的周围由岩石、土壤包围着，只有内部空间，不存在外部空间。地下建筑没有门窗之类与大气相通的通风口，是经由竖直的通道与地面上部的空间相连的。与地上建筑相比，这种通风口的面积要小得多，因而气体流通状况比地上建筑差得多，通常需采取机械通风。

### 5.7.2.2 地下建筑的火灾特点

基于地下建筑构造的特殊性，火灾时主要表现在以下几个方面。

**1. 建筑物内的温度高**

由于地下建筑物周围材料的导热性能差，对流散热慢，燃烧产生的热量大部分积累在室内，故其中的温度上升得很快，尤其是火源附近的温度会相当高，容易较快地出现轰燃现象。调查表明，在我国地下建筑中发生了几十起火灾出现超过或接近1000℃的高温现象。因此建筑内容易发生严重的烧毁事故。

**2. 燃烧不完全，发烟量大**

由于地下建筑的通风受限，发生火灾后很快就会出现氧气不足，不完全燃烧程度较地上建筑严重的多，可产生大量浓烟。这些烟气无法通过窗户顺利排出，往往可在地下建筑内蔓延很长的距离。这种烟气的温度降低较快，可能较早地发生沉降，难以像在普通房间中那样形成界面明显的上部烟气层。

**3. 泄爆能力差**

地下建筑基本上是个封闭体，当易燃易爆物品发生燃烧或爆炸时，压力无法迅速释放，容易形成很强的冲击波，从而对建筑结构造成严重破坏。

4. 人员疏散困难

地下建筑的逃生出口少，疏散距离长，人员逃生必须经过楼梯和阶梯。而这些位置也是烟气自然蔓延的出口，容易受到烟气的影响；地下建筑的自然采光差，基本上靠人工照明。在发生火灾时，一般要切断电源，依靠事故照明，如果没有事故照明，建筑内将是一片漆黑，人员将根本无法逃离火场。

5. 扑救困难

对于地下建筑，人们无法从多个角度了解火灾发展情况，从而导致火情侦察困难，起火点难以判断；而且消防队员接近火点实施灭火的路线少，并且需要迎着浓烟前进；地下环境也造成火场通信不便，进而影响现场指挥员的灭火决策。

#### 5.7.2.3 控制地下建筑火灾的对策

地下建筑的种类很多，功能不同，采取的火灾防治措施也有所区别。对于地下公用建筑应当注意以下几个方面：

1. 严格限制使用功能

在地下建筑中，不允许生产或储存易燃、易爆物品和着火后燃烧迅速而猛烈的物品，严禁使用液化石油气和闪点低于60℃的可燃液体。一般说，只适宜用作普通商店、餐厅、旅馆、展厅、旱冰场等，也可作为丙、丁、戊类危险物质的生产车间和存储仓库。

2. 合理设计防火防烟分区及排烟设施

应当结合地下建筑的实际结构及用途，设置相应的防火分区，大中型地下建筑还应设置合理的防烟分区，以阻止火势和烟气的蔓延。同时设置机械排烟系统，以便迅速及时地排出烟气。建筑内的公共活动区应尽量靠近地面层，埋深达5~7m的地下建筑应设上下自动扶梯，地下部分超过2层时应设置防烟楼梯。

3. 内部装修材料的选用

火灾的蔓延速度、爆燃出现的时间及所产生的烟气组分都与装修材料的类型有很大关系，在地下建筑中这些问题显得更为突出。因此地下建筑的装修材料，应尽量采用不燃材料；采用可燃材料制作时，应用阻燃剂处理；并且应当使用燃烧产物的毒性较小、发烟量较小的的材料。

4. 设置可靠的火灾自动报警和自动喷水灭火系统

对于地下建筑火灾，从外部进行灭火难度很大，因此在一定程度上要依靠其自身的建筑消防设施控制，大型地下仓库、生产厂房、地下商场和地下公共活动场所等都应设置火灾自动报警设施，以便及时发现火灾迹象，并利用与自动报警装置联动的灭火设施及时控制火势的扩大。

**5. 设置足够的应急照明装置和疏散指示标志**

地下建筑内一旦没有人工照明，就会变得一片漆黑，必须设置足够的应急照明装置和疏散指示标志，为火灾时人员的迅速逃生提供有利的条件。由于一般的人员对建筑物内的情况不很熟悉，所用的应急照明装置和疏散指示标志必须清晰，应明确地指引出通向安全出口的方向。在有条件的地下建筑中，还可利用广播系统组织人员疏散。

## 5.7.3 大空间建筑火灾

### 5.7.3.1 大空间建筑的主要类型

大空间建筑指的是那种内部空间很大的建筑物。根据建筑物的结构特点，大空间建筑有多种形式。有些建筑的平面面积很大，但高度不甚太高，一般在6m以下，例如大型超市、大型车间等；有些建筑的平面面积较大，且具有一定高度，例如体育馆、影剧院、大会堂、展览馆、候车厅和大型仓库等；有些建筑的占地面积不是很大，但却相当高，例如大型高层建筑的中庭。

大空间建筑创造了宽敞、舒适的室内环境，可使人们的很多活动不受外界环境的影响，因而受到人们的普遍欢迎，现已成为新型建筑的重要设计方向。

但大空间建筑一旦发生火灾，也会造成重大的损失。例如新疆维吾尔自治区克拉玛依市友谊宾馆火灾、深圳市安贸危险品储运公司清水河仓库火灾、北京市玉泉营环岛家具城火灾等。

### 5.7.3.2 大空间建筑的火灾特点

在这种特殊结构的建筑中所发生的火灾具有不少显著特点，主要表现在以下方面。

**1. 烟气容易大范围蔓延**

由于大空间建筑使用功能的需要，在其中无法采取通常的防烟、隔烟措施，烟气容易自由蔓延，流到大空间的各个角落。此外，在烟气流动中可卷吸大量新鲜空气，故其体积迅速增大，温度迅速降低，即使火源的功率已经比较大了，烟气也常常尚未到达顶棚就开始弥散，从而对大空间的中、下部或与其相连的楼层造成影响。同时，一般的自然排烟和机械排烟的方法也无法有效排除这种低温烟气。

**2. 常见的火灾探测方式难以及时发现火灾**

目前常见的火灾探测器大都是以烟气的浓度或温度为探测信号的，且大多为顶棚安装式。建筑的楼层高度多数在6m以下，火灾烟气能够很快到达顶棚，因此这类探测器是适用的。然而在大空间建筑中，当火灾烟气到达几十米的高处时，其温度和浓度都大大降低，往往不足以启动这类火灾探测器；即使启动，那时的火灾热释放速率也早已达到相当大的规模，失去了火灾早期探测的意义。另外，由于建筑物内部热压的影响，大空间上部常会形成一定厚度的热空气层，它足以阻止火灾烟气上升到大空间的顶棚，从而影响火灾探测器的工作。尤其是在夏季，由于屋顶受到太阳照射，室内上部热气层的影响将更为明显。

3. 一般的喷水灭火装置不能有效发挥作用

在普通建筑中使用的洒水喷头通常是按一定间距沿顶棚分布安装的，当顶棚附近的气相温度达到喷头的启动温度时，才会开始洒水。与火灾探测问题相似，在20m以上的大空间建筑内，这种依靠温度变化而启动的喷头及其顶棚安装方式也不适用。另一方面，普通喷头喷出的水滴从几十米的高度落下来，往往到达不了燃烧物表面，无法有效发挥控火与灭火作用。

4. 人员疏散的困难大

许多大空间建筑是公共活动场所，常常有成千上万的人，其中不乏老人、小孩、甚至残疾人。一旦建筑物发生火灾，在较短的时间内将如此集中的人群迅速疏散到外界是很困难的。

#### 5.7.3.3 大空间建筑火灾的防治对策

大空间建筑及与其配建建筑是一个大型复杂的体系，为了有效防治火灾，不仅应选择适用的单项消防技术，而且应当建立统一的火灾安全监控系统。

1. 加强火灾烟气的控制

对于大空间建筑内的烟气控制，一方面要防止火灾烟气在大空间内积累，另一方面要防止大空间与周围楼层的烟气相互影响。对于前一方面，主要根据大空间建筑中的烟气流动特点进行合理排烟。在条件允许的情况下，建筑物可多设计一些自然排烟窗。不过在很多情况下，自然排烟会受到限制，因此还应依靠机械排烟。但机械排烟口的设置位置和运作方式也需慎重选择。实践表明，若风机安装形式、风量配置不当或补风不足，这不仅无法排出烟气，而且会造成烟气在大空间内的弥散；对于后一方面，主要需采用有效的隔烟措施，在发生火情后及时隔断大空间与周围楼层的联通。周围楼层先着火是比较常见的情况。对此最好是设法在该楼层内采取有效措施将烟气排出，烟气一旦流入大空间处理难度就大了。现在大空间的四周常常采用钢制防火卷帘门与周围区域分隔，不过这种门的质量大、动作慢、控制不便，其隔烟效果有时会受到影响。而以耐火纤维为基材的轻质卷帘材料比较适用于这种场合。

2. 发展非接触式的火灾探测技术

研究表明，采用非接触式的光学探测法比较适宜大空间内的火灾探测。例如光束感烟探测器可以实现较大范围的火灾探测，但其灵敏度较低；火焰式探测器也是一种较好的选择，近期开发的双波长火焰探测报警器，在敏感度和抗干扰方面都有了很大改进，不过当大空间内没有明火时，探测效果不够理想；图像式火灾探测器是另一种重要的发展方向，其原理是利用 CCD 摄像机将一定区域的热场信号或烟气浓度信号记录下来，利用计算机进行分析和处理，从而判断是否起火及何处起火，其探测精度有了很大提高。

3. 采取适用的喷水灭火技术

由于其他类型灭火剂的性能和灭火用量要求的限制，在大空间内仍宜采用水灭火方式。改进洒水喷头的性能是一条主要途径。近年来开发的大水滴快速响应(ESFR)喷头在控制高架仓库火灾时效果较好，但并不适用于其他类型的大空间建筑中，例如在可燃物不很集中的大空间内，在用于开展大型演出或体育活动的大空间内，大面积安装上部喷头是不现实的；近来开发的自动定位水炮灭火系统是一种较好的选择。这种水炮可根据探测到的火灾位置定向喷水灭火，不仅效率高，而且省水；在大空间与周围的楼层之间安装侧喷式水喷头，有助于控制烟气流动和冷却烟气。

4. 设计足够宽的疏散出口

疏散通道不畅往往是导致大空间建筑火灾中人员伤亡的主要原因，疏散出口宽度不足或位置不当是一些常见的问题，在疏散设计中要充分认识大量人员疏散可能出现的情况，通过严格计算比较确定出口的宽度和位置，不应过分强调建筑的使用功能而造成出口设置的不合理；在建筑物的使用过程中也经常出现疏散宽度减小的情况，例如有的单位出于防盗考虑而将部分出口不恰当地封死或锁死，有的疏散通道内则经常堆放过多物品等。这些都应加强管理，及时纠正。

5. 建立统一、高效的安全监控系统

对于体积庞大、功能复杂的大空间建筑，仅仅使用一两种消防技术往往是无法有效控制火灾的。应当依据系统安全的思想，在选用多种消防新技术的基础上，建立以计算机为中心的火灾安全控制与管理系统，并制订切合实际的火灾应急预案，将各个分系统统一成一个有机的整体，使它们优化、协调地发挥作用。现在计算机和微电子技术的发展已使建立这种系统成为可能。

## 5.7.4　古建筑火灾

### 5.7.4.1　古建筑的类型与结构形式

古建筑指的是历史上不同年代修建的建筑物，如宫殿、楼台、亭阁、庙宇、祠堂等。这类建筑具有很高的文物和艺术价值，一旦毁坏，人类便永远地失去了，而火灾则是造成古建筑毁坏的主要原因之一。

我国现存的古建筑大多是明、清两代建造或重修的。例如北京的故宫是代表性的宫廷式古建筑群，其防火制度比较严格。但是从明永乐年间到清王朝灭亡的400余年间，仍发生火灾50余起，平均不到10年就发生一次。新中国成立以来，古建筑火灾也时有发生，也有一批古建筑毁于火灾。

近年来，随着参观游览古建筑人数的增多，古建筑火灾还有上升的趋势。每当发生古建筑火灾后，都给社会各界造成强烈的震动，许多人士都指出应当切实重视古建筑物的火灾问题，然而其火灾防治工作的改进却不够理想。主要原因是人们对这类建筑的火灾特点和防治特殊性的认识还不足，并缺乏很好的对策。加强古建筑火灾的防治研究已成为火灾科学与安全工程的一个重要课题。

### 5.7.4.2 我国古建筑火灾的特点

我国的古建筑火灾具有以下一些特点：

**1. 以木材为主要建材，容易酿成火灾**

西方的古建筑主要为砖石结构，而我国许多大型古建筑以木材为主要建筑材料，其屋顶常选用黄松、红松作梁，这类木材的油性大，容易点燃；很多古建筑的立柱和墙壁也用木材制成。经过多少年的使用，木材一般都相当干燥，从而加大了着火的可能性；这种建筑全木质的中空的结构形式类似一个炉膛，一旦着火，火焰常会很快扩展到整个建筑物，导致其全部焚毁。

**2. 防火设计不合理**

由于历史原因和特殊的使用功能，许多古建筑物的防火设计存在严重缺陷，例如不少古建筑内没有防火分隔和防烟挡烟设施；有些建筑物连成一片，只由一些窄小的洞门相通；有的古建筑依山坡修建，只靠几条小径相连；有些古建筑群由高低不同的台阶路连通，许多建筑物周围基本没有可供现代消防车通行的消防车道，一旦失火，消防人员和设施很难接近。这不仅为火灾蔓延提供了有利条件，而且为灭火造成了很多困难。

**3. 经常使用明火**

这种现象以寺庙式建筑最为普遍。由于宗教习俗，建筑物内经常是香烟缭绕、佛灯长明，而其中又设有密集的供桌，并悬挂了多种幕帐、帷幔。不少古建筑火灾就是由香火引燃了上述物品而酿成的。此外，游客较多、较杂也容易带来不少人为起火因素，他们之中不乏吸烟者，常常随身携带火柴、打火机、香烟等物，这些物品经常是导致火灾的重要因素，在古建筑中其火灾危险性更大。另外，小孩玩火也是古建筑起火的直接原因。

**4. 容易遭遇雷击**

这是由不少古建筑的形状和位置决定的。有些古建筑修在险要或位置突出的地方，有的古建筑具有高耸的屋檐，这都为遭受雷电的袭击创造了条件。由于历史原因，不少古建筑的避雷设施不完善。如果没有安装避雷针，或避雷针的设计、安装不合理，便难免雷击危害。

5. 消防安全改造困难

许多古建筑物具有特定的结构与风格，进行任何改造都应与原有风格相适应。但当采取具体措施时，往往遇到一些难以两全的困难与麻烦。例如在一些典型位置，其原有构件的承重与平衡都有一定限度，安装喷水灭火系统不仅破坏了建筑本身的风格，而且增加的重量也可能破坏原建筑。还有相当多的古建筑的木结构上画有各种图案，这为使用防火涂料带来困难，目前还没有多少合适的防火涂料可供古建筑选用。此外，随着生活条件的改善，在不少古建筑中又引入了多种电气设备，其电线往往是在木材上敷设或穿过的。电气设备过热或线路老化都大大增加了古建筑的火灾危险性。

6. 灭火造成的二次损失严重

古建筑内往往还存有某些重要的文物，例如字画、塑像、古代遗物、宗教用品等。使用高压水龙喷水灭火很可能破坏建筑中的文物，乃至破坏建筑本身。另外，使用腐蚀性大、活性强或残留物多的灭火剂，也可能对文物造成难以修复的破坏。

#### 5.7.4.3 古建筑的防灭火对策分析

预防控制古建筑火灾应对以下这些方面给予足够重视：

1. 严格控制火源

有效地控制火源是防止古建筑火灾的主要途径。在一些重要的殿堂、寺院、楼馆内禁止动用明火，若因维修必须用火则须特别批准，并要采取严格的防范措施。在古建筑的保护区内，严禁使用液化石油气或安装煤气、天然气管道。对进行宗教活动的古建筑需格外注意香火管理，应当限定烧香、焚纸的地点，限制长明灯的数量与功率，同时应当将文物保护区和附属生活区明确分开。

2. 加强用电管理

在古建筑物内引入电气设施是不可避免的，但是必须制订严格的限制措施。为了保持古建筑的原貌，在其主要区域一般不允许安装电线或使用电器。如必须安装，首先需经消防部门批准，且应使用铜芯电线，并用金属管穿管敷设，不允许将电线直接敷在木质的梁柱和板上，以避免电线老化、短路或过载引燃可燃物。建筑内的配电装置亦应采用无火花型的。

3. 尽量减少起火因素

在古建筑内及其周围严禁堆放易燃易爆的材料和物品，并限制木料、柴草等的存放量；不允许将古建筑改做普通的服务设施使用，如开设饭店、游乐厅、旅社等；加强对外来火种的防范，尤其在组织参观庙会、拍摄影视等活动时，要认真检查与管理可能着火的材料，严格限定其使用地点与方式。

**4. 安装适当的火灾探测系统**

尽早发现火情、迅速报警对古建筑灭火来说尤为重要，应当选择安装合适的火灾探测报警系统。由于木材着火时存在较长的阴燃阶段，先冒出较多的烟，故宜选用灵敏度较高的感烟式火灾探测器、吸气式气体分析探测器。但对于经常点燃香火的寺庙等，这种探测器也可能造成一些误报，因为难以区分火灾烟气与香火烟气，在这种场合还宜辅助安装一些其他形式的探测器。

**5. 选择清洁高效的灭火方法**

在这方面最主要的是解决消防水源问题。在城市中的古建筑可以由市政供水网取水，但应紧密结合古建筑的特点设计好消防栓的位置和数量；在离水源较远的古建筑内应修建储水池。在古建筑内不宜使用高压直流水枪救火，应在满足灭火需要的情况尽量减少水流对建筑物及其物品的冲击。另外，在一些存在重要文物的古建筑内可安装二氧化碳、七氟丙烷或烟烙尽等气体灭火器。

**6. 认真落实防雷措施**

应严格按防雷规程对古建筑安装避雷装置，应当根据古建筑的大屋顶、多屋檐特点，选择合适的接闪器，并准确计算接闪器的保护范围。应当经常认真检查避雷装置的工作状况，防雷装置主要由接闪器、引下线和接地线组成。接闪器的形式有避雷针、避雷线、避雷网等，发现不符合要求的必须及时维修。

## 复 习 题

1. 建筑火灾的发展过程可分为哪些基本阶段？各个阶段有哪些基本特征？说明轰燃的概念、发生轰燃的两类判据及其适用条件。

2. 火灾烟气的危害性主要有哪些？有焰燃烧与阴燃状态下产生的烟气主要有哪些差别？烟气的光学浓度是怎样定义的？说明它与能见度的关系。

3. 说明阻燃的概念及主要的阻燃方法。无机阻燃剂主要通过哪些机理达到阻燃效果？有机阻燃剂主要有哪些类型，它们的主要阻燃机理是什么？

4. 提高建筑构件的耐火性有哪些途径？为什么加强钢结构的耐火保护具有重要意义？

5. 楼梯间加压送风有哪些主要形式？试分析它们的利弊。

6. 某大厦高83层，426m，设室内外温度分别为30℃和10℃，试计算其60层和80层的内外压力差。

7. 在建筑物内控制烟气流动主要有哪些方法？利用空气流挡烟有哪些利弊？分析其应用条件。

8. 设某大楼的中庭高30m，长50m，宽30m，当三层某房间起火，设火源功率分别为2MW、4MW、6MW时，求不同情况下烟气的体积生成速率及烟气层的平均温度。设空气为常温(20℃)，火羽流的平均温度为800℃。

# 第6章

# 典型生产场合火灾爆炸的预防控制

在不少生产场合中，经常接触到多种可燃、易燃与易爆的物品，并且危险品的生成和加工很容易发生火灾爆炸事故。近年来，我国有不少特大、重大事故就是发生在这些场所。为了改善总的生产安全状况，必须重点解决好这些高危险性场所与行业的安全问题。

高危险性生产场合的类型很多，它们的建筑结构与生产条件存在很大的不同，火灾爆炸的防控重点也有较大的差别，所采取的对策应当更有针对性。本章重点结合工业厂房、库房、储罐区及几类典型的生产过程，分析其火灾爆炸的主要特点及寻求预防控制相关事故的途径和方法。

## 6.1 工业建筑物的火灾爆炸预防控制

### 6.1.1 工业建筑物的火灾危险性

工业建筑物包括工业厂房和工业库房。它们的特殊用途决定了其较大的火灾爆炸危险性，需要给予特别的关注，并采取专门的安全措施。

#### 6.1.1.1 工业建筑物的火灾危险

生产过程中的火灾危险性是工业厂房防火设计的主要依据。确定了生产过程的火灾危险性就可以相应确定工业厂房的建筑耐火等级及其他防火、防爆措施。分析生产过程的火灾危险性要看整个生产过程中的每个环节是否有引起火灾的可能性，主要根据生产中所使用的原料、中间产品和成品的理化性质和危险特性、危险物质数量、生产中采用的设备类型、温度和压力等条件所决定。

储存物品的火灾危险性是工业库房防火设计的主要依据。易燃易爆危险化学品的储存，根据其理化性质和储存量的大小，分为整装储存和散装储存两种。对量比较小的一般盛装于小型容器或包件中的储存形式称之为整装储存，如各种袋装、桶装、箱装或钢瓶、玻璃瓶盛装的物品等，这些整装储存危险化学品通常存储在某种库房之内；对储存量特别大，不宜盛装于小型容器或包件中而储存于大型储罐、容器中的储存形式称为散装储存。工业库房的防火设计主要是根据储存物品的物化性质，参考生产危险性的规定，并吸收仓库存储管理经验和危险货物运输管理的规定确定的。

在《建筑设计防火规范》(GB 50016—2006)中规定了生产和储存物品的火灾危险性，详见附录C。

#### 6.1.1.2 工业建筑物的爆炸危险

对于制造和加工爆炸危险品的工厂，其厂房和库房存在着很大的爆炸危险。储存危险化学品的化工库、试剂库等专用仓库、液化石油气储气站、易燃液体储罐区(含石油库)、丙类易燃固体露天、半露天堆场等场所均为危险化学品仓库，危险化学品的存放要求是一个十分复杂的问题，与危险物品的性质、量的多少，储存条件和包装的好坏，存放时间的长短等有关。

有关部门对不同建筑物的爆炸危险性作了分类，见表6-1。可以看出，爆炸危险等级的划分，主要是依据建筑物内所制造、加工或储存危险品的燃烧爆炸特性和发生事故后的破坏能力，并考虑到工艺加工方法、工艺防护措施、建筑物本身的抗爆与泄爆等因素而定的。

**表6-1 建筑物爆炸危险性类别**

<table>
<tr><th>类别</th><th>建筑物特点</th><th>级别</th><th>爆炸危险性特点</th></tr>
<tr><td rowspan="3">爆炸危险类别A级</td><td rowspan="3">生产或储存的物料具有爆炸性，而生产工艺或设施又无法把爆炸事故的破坏限制在局部范围内</td><td>$A_1$</td><td>加工或储存威力高于梯恩梯炸药的厂房或车库</td></tr>
<tr><td>$A_2$</td><td>加工或储存梯恩梯及相当于梯恩梯爆炸威力炸药的厂房或库房</td></tr>
<tr><td>$A_3$</td><td>加工或储存梯恩梯低于梯恩梯爆炸威力炸药的厂房或库房</td></tr>
<tr><td>爆炸危险类别B级</td><td colspan="3">生产、加工或储存具有爆炸性的危险品，但由于一些特定条件降低了其发生爆炸事故的可能性，或减轻了事故的破坏后果<br>特殊条件举例：<br>(1) 危险作业在抗爆小室或装甲防护下进行。一旦发生事故，破坏作用限制在抗爆小室或防爆装甲内<br>(2) 危险品处于不利于爆炸的介质中，使其危险性大大降低<br>(3) 危险品已装入不利金属或非金属壳体中，仅进行外表修饰加工，虽系危险作业，但发生爆炸事故的几率已大大减小<br>(4) 危险品数量较小，即使发生爆炸事故，其破坏也较小</td></tr>
<tr><td rowspan="2">火灾危险C级</td><td rowspan="2">生产或储存的产品能自燃或强烈地燃烧，造成火灾，在某些情况下甚至可由燃烧转变成爆炸</td><td>$C_1$</td><td>能从燃烧转化成爆炸</td></tr>
<tr><td>$C_2$</td><td>只发生燃烧</td></tr>
</table>

（续）

| 类　别 | 建筑物特点 | 级别 | 爆炸危险性特点 |
|---|---|---|---|
| 起火危险D级 | 危险品一旦起火，虽能强烈燃烧，但燃烧的激烈程度比之C级要轻得多<br>一般来说，燃烧只是局部的，如果扑救及时，不致造成火灾，对周围建筑物的威胁比C级要小 | | |

## 6.1.2 工业建筑物耐火等级的选定

耐火等级是衡量建筑物耐火程度的标准。正确选择工业建筑物的耐火等级，并适当限制其层数及防火墙间的最大允许占地面积，是防止火灾发生和蔓延扩大的一项基本措施。

工业建筑耐火等级主要是根据生产的火灾危险性分类和储存物品的火灾危险性分类确定的。此外还考虑建筑物的规模大小和高度等。

### 6.1.2.1 厂房耐火等级的选定

厂房的耐火等级，主要根据其生产的火灾危险性类别而定。一般情况下，甲、乙类厂房应采用一、二级耐火等级建筑；丙类厂房的耐火等级不得低于三级；不燃物品厂房的耐火等级不应低于四级。根据厂房的生产火灾危险性类别、厂房的层数和占地面积选定厂房耐火等级见表6-2。

**表6-2 厂房的耐火等级、层数和占地面积**

| 生产类别 | 耐火等级 | 最多允许层数 | 防火分区最大允许占地面积/$m^2$ | | | |
|---|---|---|---|---|---|---|
| | | | 单层厂房 | 多层厂房 | 高层厂房 | 厂房的地下室和半地下室 |
| 甲 | 一级<br>二级 | 除生产必须采用多层者外，宜采用单层 | 4000<br>3000 | 3000<br>2000 | —<br>— | —<br>— |
| 乙 | 一级<br>二级 | 不限<br>6 | 5000<br>4000 | 4000<br>3000 | 2000<br>1500 | —<br>— |
| 丙 | 一级<br>二级<br>三级 | 不限<br>不限<br>2 | 不限<br>8000<br>3000 | 6000<br>4000<br>2000 | 3000<br>2000<br>— | 500<br>500<br>— |
| 丁 | 一、二级<br>三级<br>四级 | 不限<br>3<br>1 | 不限<br>4000<br>1000 | 不限<br>2000<br>— | 4000<br>—<br>— | 1000<br>—<br>— |

（续）

| 生产类别 | 耐火等级 | 最多允许层数 | 防火分区最大允许占地面积/$m^2$ | | | |
|---|---|---|---|---|---|---|
| | | | 单层厂房 | 多层厂房 | 高层厂房 | 厂房的地下室和半地下室 |
| 戊 | 一、二级 | 不限 | 不限 | 不限 | 6000 | 1000 |
| | 三级 | 3 | 5000 | 3000 | — | — |
| | 四级 | 1 | 1500 | — | — | — |

注：1. 防火分区之间应采用防火墙分隔。除甲类厂房外的一、二级耐火等级单层厂房，当其防火分区的建筑面积大于本表规定，且设置防火墙确有困难时，可采用防火卷帘或防火分隔水幕分隔。采用防火卷帘时应符合《建筑设计防火规范》(GB 50016—2006)第7.5.3条的规定；采用防火分隔水幕时，应符合现行国家标准《自动喷水灭火系统设计规范》(GB 50084—2001)的有关规定。

2. 除麻纺厂房外，一级耐火等级的多层纺织厂房和二级耐火等级的单层、多层纺织厂房，其每个防火分区的最大允许建筑面积可按本表的规定增加0.5倍，但厂房内的原棉开包、清花车间均应采用防火墙分隔。

3. 一、二级耐火等级的单层、多层造纸生产联合厂房，其每个防火分区的最大允许建筑面积可按本表的规定增加1.5倍。一、二级耐火等级的湿式造纸联合厂房，当造纸机烘缸罩内设置自动灭火系统，完成工段设置有效灭火设施保护时，其每个防火分区的最大允许建筑面积可按工艺要求确定。

4. 一、二级耐火等级的谷物筒仓工作塔，当每层工作人数不超过2人时，其层数不限。

5. 一、二级耐火等级卷烟生产联合厂房内的原料、备料及成组配方、制丝、储丝和卷接包、辅料周转、成品暂存、二氧化碳膨胀烟丝等生产用房应划分独立的防火分隔单元，当工艺条件许可时，应采用防火墙进行分隔。其中制丝、储丝和卷接包车间可划分为一个防火分区，且每个防火分区的最大允许建筑面积可按工艺要求确定。但制丝、储丝及卷接包车间之间应采用耐火极限不低于2.00h的墙体和1.00h的楼板进行分隔。厂房内各水平和竖向分隔间的开口应采取防止火灾蔓延的措施。

6. 本表中“—”表示不允许。

甲类生产厂房，除生产上必须采用多层外，最好采用单层建筑。严禁将甲、乙类生产设在地下室或半地下室内。

对于甲、乙类生产厂房，当其面积很小，且为独立的厂房时，也可采用三级耐火等级建筑。

对于火灾危险性较小，但设有特殊贵重的机器、仪表、仪器等的厂房，应采用一级耐火等级的建筑。

在小型企业中，面积不超过300$m^2$独立的甲、乙类厂房，可采用三级耐火等级的单层建筑。

使用或生产丙类液体的厂房和有火花、赤热表面、明火的丁类厂房均应采用一、二级耐火等级的建筑，但上述丙类厂房面积不超过500$m^2$，丁类厂房面积不超过1000m²，也可采用三级耐火等级的单层建筑。

### 6.1.2.2　库房的耐火等级选定

库房是物资集中的地方，在选定库房耐火等级时除了要根据其储存物品的火灾危险性类别及储存要求外，还应考虑储存物品的贵重程度。根据防火要求，甲、乙类库房的耐火等级一般不应低于二级。在小型企业中，占地面积小并为独立的建筑物的甲类物品库房，也可采用三级耐火等级建筑。根据库房储存物品的火灾危险性类别、层数和建筑面积选定其耐火等级，见表6-3。

**表6-3　库房的耐火等级、层数和面积**

| 储存物品类别 | | 仓库的耐火等级 | 最多允许层数 | 每座仓库的最大允许占地面积和每个防火分区的最大允许建筑面积/m² | | | | | | |
|---|---|---|---|---|---|---|---|---|---|---|
| | | | | 单层库房 | | 多层库房 | | 高层库房 | | 地下仓库、半地下仓库或仓库的地下室、半地下室 |
| | | | | 每座库房 | 防火分区 | 每座库房 | 防火分区 | 每座库房 | 防火分区 | 防火墙间 |
| 甲 | 3.4.项 | 一级 | 1 | 180 | 60 | — | — | — | — | — |
| | 1.2.5.6.项 | 一、二级 | 1 | 750 | 250 | — | — | — | — | — |
| 乙 | 1.3.4.项 | 一、二级 | 3 | 2000 | 500 | 900 | 300 | — | — | — |
| | | 三级 | 1 | 500 | 250 | — | — | — | — | — |
| | 2.5.6.项 | 一、二级 | 5 | 2800 | 700 | 1500 | 500 | — | — | — |
| | | 三级 | 1 | 900 | 300 | — | — | — | — | — |
| 丙 | 1项 | 一、二级 | 5 | 4000 | 1000 | 2800 | 700 | — | — | 150 |
| | | 三级 | 1 | 1200 | 400 | — | — | — | — | — |
| | 2项 | 一、二级 | 不限 | 6000 | 1500 | 4800 | 1200 | 4000 | 1000 | 300 |
| | | 三级 | 3 | 2100 | 700 | 1200 | 400 | — | — | — |
| 丁 | | 一、二级 | 不限 | 不限 | 3000 | 不限 | 1500 | 4800 | 1200 | 500 |
| | | 三级 | 3 | 3000 | 1000 | 1500 | 500 | — | — | — |
| | | 四级 | 1 | 2100 | 700 | — | — | — | — | — |

（续）

| 储存物品类别 | 仓库的耐火等级 | 最多允许层数 | 每座仓库的最大允许占地面积和每个防火分区的最大允许建筑面积/$m^2$ | | | | | | |
|---|---|---|---|---|---|---|---|---|---|
| | | | 单层库房 | | 多层库房 | | 高层库房 | | 地下仓库、半地下仓库或仓库的地下室、半地下室 |
| | | | 每座库房 | 防火分区 | 每座库房 | 防火分区 | 每座库房 | 防火分区 | 防火墙间 |
| 戊 | 一、二级 | 不限 | 不限 | 不限 | 不限 | 2000 | 6000 | 1500 | 1000 |
| | 三级 | 3 | 3000 | 1000 | 2100 | 700 | — | — | — |
| | 四级 | 1 | 2100 | 700 | — | — | — | — | — |

注：1. 仓库中的防火分区之间必须采用防火墙分隔。

2. 石油库内桶装油品仓库应按现行国家标准《石油库设计规范》(GB 50074—2002)的有关规定执行。

3. 一、二级耐火等级的煤均化库，每个防火分区的最大允许建筑面积不应大于 $12000m^2$。

4. 独立建造的硝酸铵仓库、电石仓库、聚乙烯等高分子制品仓库、尿素仓库、配煤仓库、造纸厂的独立成品仓库以及车站、码头、机场内的中转仓库，当建筑的耐火等级不低于二级时，每座仓库的最大允许占地面积和每个防火分区的最大允许建筑面积可按本表的规定增加 1.0 倍。

5. 一、二级耐火等级粮食平房仓的最大允许占地面积不应大于 $12000m^2$，每个防火分区的最大允许建筑面积不应大于 $3000m^2$；三级耐火等级粮食平房仓的最大允许占地面积不应大于 $3000m^2$，每个防火分区的最大允许建筑面积不应大于 $1000m^2$。

6. 一、二级耐火等级冷库的最大允许占地面积和防火分区的最大允许建筑面积，应按现行国家标准《冷库设计规范》(GB 50072—2001)的有关规定执行。

7. 酒精度为 50%(v/v,体积分数)以上的白酒仓库不宜超过 3 层。

8. 本表中“—”表示不允许。

### 6.1.3 工业建筑物的安全间距

#### 6.1.3.1 防火间距

防火间距是某一座建筑物着火后，火灾不致蔓延到相邻建筑物的空间间隔。影响火灾在建筑物间蔓延的主要因素有热辐射、热对流和抛空飞火。建筑物起火后，火焰的辐射热可以将一定距离内的可燃物烤着。建筑物的距离越近，可燃物接受的辐射热越多，引燃所需的时间就越短；起火建筑物的炽热烟气从窗口冲出时温度很高，也能把距它很近的可燃物引燃；此外，部分尚未燃尽的产物凭借热对流产生的动力上升空中，形成飞火，飞火落到可燃建筑物上会形成新的起火点。设置合适的防火间距可以有效地阻止火灾向相邻的建筑物蔓延。

**1. 工业厂房的防火间距**

厂房之间及其与乙、丙、丁、戊类厂房、民用建筑等之间的防火间距见表6-4。

**表6-4　厂房的防火间距**　　（单位:m）

| 名　称 | | | 甲类厂房 | 单层、多层乙类厂房(仓库) | 单层、多层丙、丁、戊类厂房(仓库) | | | 高层厂房(仓库) | 民用建筑 | | |
|---|---|---|---|---|---|---|---|---|---|---|---|
| | | | | | 耐火等级 | | | | 耐火等级 | | |
| | | | | | 一、二级 | 三级 | 四级 | | 一、二级 | 三级 | 四级 |
| 甲类厂房 | | | 12 | 12 | 12 | 14 | 16 | 13 | 25 | | |
| 单层、多层乙类厂房 | | | 12 | 10 | 10 | 12 | 14 | 13 | 25 | | |
| 单层、多层丙、丁类厂房 | 耐火等级 | 一、二级 | 12 | 10 | 10 | 12 | 14 | 13 | 10 | 12 | 14 |
| | | 三级 | 14 | 12 | 12 | 14 | 16 | 15 | 12 | 14 | 16 |
| | | 四级 | 16 | 14 | 14 | 16 | 18 | 17 | 14 | 16 | 18 |
| 单层、多层戊类厂房 | | 一、二级 | 12 | 10 | 10 | 12 | 14 | 13 | 6 | 7 | 9 |
| | | 三级 | 14 | 12 | 12 | 14 | 16 | 15 | 7 | 8 | 10 |
| | | 四级 | 16 | 14 | 14 | 16 | 18 | 17 | 9 | 10 | 12 |
| 高层厂房 | | | 13 | 13 | 13 | 15 | 17 | 13 | 13 | 15 | 17 |
| 室外变、配电站变压器总油量/t | ≥5，≤10 | | 25 | 25 | 12 | 15 | 20 | 12 | 15 | 20 | 25 |
| | >10，≤50 | | | | 15 | 20 | 25 | 15 | 20 | 25 | 30 |
| | >50 | | | | 20 | 25 | 30 | 20 | 25 | 30 | 35 |

注：1. 建筑之间的防火间距应按相邻建筑外墙的最近距离计算，如外墙有凸出的燃烧构件，应从其凸出部分外缘算起。

2. 乙类厂房与重要公共建筑之间的防火间距不宜小于50m。单层、多层戊类厂房之间及其与戊类仓库之间的防火间距，可按本表的规定减少2m。为丙、丁、戊类厂房服务而单独设立的生活用房应按民用建筑确定，与所属厂房之间的防火间距不应小于6m。必须相邻建造时，应符合本表注第3、4项的规定。

3. 两座厂房相邻较高一面的外墙为防火墙时，其防火间距不限，但甲类厂房之间不应小于4m。两座丙、丁、戊类厂房相邻两面的外墙均为不燃烧体，当无外露的燃烧体屋檐，每面外墙上的门窗洞口面积之和各小于等于该外墙面积的5%，且门窗洞口不正对开设时，其防火间距可按本表的规定减少25%。

4. 两座一、二级耐火等级的厂房，当相邻较低一面外墙为防火墙且较低一座厂房的屋顶耐火极限不低于1.00h，或相邻较高一面外墙的门窗等开口部位设置甲级防火门窗或防火分隔水幕或按《建筑设计防火规范》(GB 50016—2006)第7.5.3条的规定设置防火卷帘时，甲、乙类厂房之间的防火间距不应小于6m；丙、丁、戊类厂房之间的防火间距不应小于4m。

5. 变压器与建筑之间的防火间距应从距建筑最近的变压器外壁算起。发电厂内的主变压器，其油量可按单台确定。

6. 耐火等级低于四级的原有厂房，其耐火等级应按四级确定。

甲类厂房与重要公共建筑之间的防火间距不应小于50m，与明火或散发火花地点之间的防火间距不应小于30m。

当丙、丁、戊类厂房与公共建筑的耐火等级均为一、二级时，其防火间距可按下列规定执行：

（1）当较高一面外墙为不开设门窗洞口的防火墙，或比相邻较低一座建筑屋面高15m及以下范围内的外墙为不开设门窗洞口的防火墙时，其防火间距可不限。

（2）相邻较低一面外墙为防火墙，且屋顶不设天窗、屋顶耐火极限不低于1.00h，或相邻较高一面外墙为防火墙，且墙上开口部位采取了防火保护措施，其防火间距可适当减小，但不应小于4m。

**2. 甲类物品库房的防火间距**

甲类物品库房之间及其与其他建筑、明火或散发火花地点、铁路等的防火间距不应小于表6-5的规定。

**表6-5 甲类物品库房与不同火灾危险性的建筑物的防火间距**

（单位：m）

| 建筑物 \ 储存物品类别 | | | 甲类仓库及其储量/t | | | |
|---|---|---|---|---|---|---|
| | | | 甲类储存物品第3、4项 | | 甲类储存物品第1、2、5、6项 | |
| | | | 储量≤5 | 储量>5 | 储量≤10 | 储量>10 |
| 重要公共建筑 | | | 50 | | | |
| 甲类仓库 | | | 20 | | | |
| 民用建筑、明火或散发火花地点 | | | 30 | 40 | 25 | 30 |
| 其他建筑 | 耐火等级 | 一、二级 | 15 | 20 | 12 | 15 |
| | | 三级 | 20 | 25 | 15 | 20 |
| | | 四级 | 25 | 30 | 20 | 25 |
| 电力系统电压为35～500kV且每台变压器容量在10MV·A以上的室外变、配电站工业企业的变压器总油量大于5t的室外降压变电站 | | | 30 | 40 | 25 | 30 |
| 场外铁路线中心线 | | | 40 | | | |
| 场内铁路线中心线 | | | 30 | | | |
| 厂外道路路边 | | | 20 | | | |
| 厂内道路路边 | 主要 | | 10 | | | |
| | 次要 | | 5 | | | |

注：甲类仓库之间的防火间距，当第3、4项物品储量小于等于2t，第1、2、5、6项物品储量小于等于5t时，不应小于12m，甲类仓库与高层仓库之间的防火间距不应小于13m。

### 3. 其他类物品库房的防火间距

乙、丙、丁、戊类物品库房之间及其与民用建筑之间的防火间距，不应小于表6-6的规定。

表6-6 乙、丙、丁、戊类物品库房的防火间距 （单位:m）

| 建筑类型 | | 单层、多层乙、丙、丁、戊类仓库 | | | | | | 高层仓库 | 甲类厂房 |
|---|---|---|---|---|---|---|---|---|---|
| | | 单层、多层乙、丙、丁类仓库 | | | 单层、多层戊类仓库 | | | | |
| | 耐火等级 | 一、二级 | 三级 | 四级 | 一、二级 | 三级 | 四级 | 一、二级 | 一、二级 |
| 单层、多层乙、丙、丁、戊类仓库 | 一、二级 | 10 | 12 | 14 | 10 | 12 | 14 | 13 | 12 |
| | 三级 | 12 | 14 | 16 | 12 | 14 | 16 | 15 | 14 |
| | 四级 | 14 | 6 | 18 | 14 | 16 | 18 | 17 | 16 |
| 高层仓库 | 一、二级 | 13 | 15 | 17 | 13 | 15 | 17 | 13 | 13 |
| 民用建筑 | 一、二级 | 10 | 12 | 14 | 6 | 7 | 9 | 13 | |
| | 三级 | 12 | 14 | 16 | 7 | 8 | 10 | 15 | |
| | 四级 | 14 | 16 | 18 | 9 | 10 | 12 | 17 | 25 |

注：1. 单层、多层戊类仓库之间的防火间距，可按本表减少2m。
2. 两座仓库相邻较高一面外墙为防火墙，且总占地面积小于等于表6-3规定的1座仓库的最大允许占地面积规定时，其防火间距不限。
3. 除乙类第6项物品外的乙类仓库，与民用建筑之间的防火间距不宜小于25m，与重要公共建筑之间的防火间距不宜小于30m，与铁路、道路等的防火间距不宜小于表6-5中甲类仓库与铁路、道路等的防火间距。

当丁、戊类仓库与公共建筑的耐火等级均为一、二级时，其防火间距可按下列规定执行：

（1）当较高一面外墙为不开设门窗洞口的防火墙，或比相邻较低一座建筑屋面高15m及以下范围内的外墙为不开设门窗洞口的防火墙时，其防火间距可不限。

（2）相邻较低一面外墙为防火墙，且屋顶不设天窗、屋顶耐火极限不低于1.00h，或相邻较高一面外墙为防火墙，且墙上开口部位采取了防火保护措施，其防火间距可适当减小，但不应小于4m。

#### 6.1.3.2 防爆间距

防爆间距是指炸药或其制品发生爆炸事故时，由爆炸中心到能保护人身安全和对建筑物的破坏被限制在允许限度内的最小距离。在火炸药及其制品工厂，设置防爆间距是工厂防爆及防止爆炸灾害扩大，减轻事故损失的重要措施之一，是火炸药及其制品工厂在设计、建厂、改建、扩建时必须考虑的问题。

安全距离可细分为防冲击波安全距离、防殉爆安全距离、防震波安全距离和防护爆炸后固体飞散物安全距离等。由于冲击波的破坏作用最大，作用距离最远，一般将防冲击波安全距离定为防爆间距。

（1）从发生爆炸的建筑物考虑安全距离：①该建筑物的爆炸危险等级，其中危险品的敏感度和药量；②建筑物的防护情况，如有无防爆土堤等；③建筑物的建筑结构，如有无泄爆面，屋盖是否为可燃材料等。

（2）从被保护建筑物考虑安全距离：①该建筑物的爆炸危险等级，其中的危险品是否容易殉爆；②建筑的安全设防标准(即允许破坏等级)；③建筑物的建筑结构和防护情况；④地形条件等。

## 6.1.4 工业建筑物的防火分隔

在工业建筑物内针对建筑物的不同部位和火灾蔓延的途径设置耐火极限较高的防火(防爆)分隔物，能够起到阻止火势蔓延的作用。防火分隔物的类型主要有防火门、防火墙等。

### 6.1.4.1 工业建筑物的防火墙

防火墙将建筑空间划分为较小的单元，它是阻止火灾蔓延的有效设施。防火墙可分为纵向防火墙和横向防火墙，与屋脊方面垂直的是横向防火墙，与屋脊方向一致的是纵向防火墙。

**1. 防火墙分类**

按防火墙的位置可分为内墙防火墙，外墙防火墙和室外独立的防火墙等。

（1）内墙防火墙是把房屋划分成防火单元的内墙，它可以阻止火势在建筑物内部发展蔓延。

（2）外墙防火墙是因两幢建筑物间防火间距不足而设置的无门窗的外墙。

（3）室外独立的防火墙是因建筑物间防火间距不足而设置的独立墙壁。

**2. 防火墙技术要求**

（1）防火墙应直接设置在基础上或钢筋混凝土的框架上。

（2）防火墙内不应设置排气道。

（3）防火墙上不应开门窗洞口，如必须开设时，应采用甲级防火门窗，并应能自行关闭。

（4）可燃气体和甲、乙、丙类液体管道不应穿过防火墙，其他管道如必须穿过时，应用非燃烧材料将缝隙紧密填塞。

（5）设计防火墙时，应考虑防火墙一侧的屋架、梁和楼板等受到火灾的影响而破坏时，不致使防火墙倒塌等等。

### 6.1.4.2 工业建筑物的防火门

防火门通常设在防火墙上，也是一种重要的防火分隔物。防火门按燃烧性能不同可分为非燃烧体防火门和难燃烧体防火门。

**1. 非燃烧体防火门**

非燃烧体防火门分为空心与实心两种。

空心非燃烧体防火门：钢框架两面钉0.6mm以上钢板或钢框架单面钉1.5mm以上钢板。门厚为60mm，耐火极限为0.60h。

实心非燃烧体防火门：将空心非燃烧体防火门用石棉等非燃烧材料填实，厚度仍为60mm，但耐火极限可提高到1.50h。

**2. 难燃烧体防火门**

首先将二层木板交错排列钉在一起，用5～7mm厚的石棉板或厚15mm以上浸过泥浆的毛毡做夹层，木板表面用钉装镀锌铁皮，防火门上应设泄气孔。难燃烧体防火门的耐火极限见表6-7。

**表6-7 难燃烧体防火门的耐火极限**

| 难燃烧体结构 | 总厚度/mm | 耐火极限/h |
|---|---|---|
| 双层木板外包镀锌铁皮 | 41 | 1.20 |
| 双层木板，单面包石棉板，外包镀锌铁皮 | 46 | 3.60 |
| 双层木板，中间夹石棉板，外包镀锌铁皮 | 45 | 1.50 |
| 双层木板，双层石棉板，外包镀锌铁皮 | 51 | 2.10 |

#### 6.1.4.3 工业建筑物的抗爆墙

抗爆墙提高建筑物墙体的结构强度，提高其抵抗冲击波的能力，以便将爆炸事故的破坏影响限制在局部范围内，从而避免整条生产线遭受破坏。抗爆墙多为钢筋混凝土结构，少数为钢板材料(单层钢板、双层钢板、双层钢板夹砂)，特殊情况下由砂袋或粘土砖制成。

### 6.1.5 工业建筑物的泄压

所谓泄压，就是使爆炸瞬间产生的巨大压力，通过泄压设施由建筑物的内部向外排出，以保证建筑结构不受大的破坏。泄压是在发生爆炸时，避免厂房主体遭到破坏的最有效措施。在有爆炸危险的甲、乙类厂房，应设置必要的泄压设施。试验表明，在1$m^3$容积内爆炸，产生燃烧产物所形成的最大压力小于30kPa时，设置0.05$m^2$的泄压面积就能够满足泄压要求。爆炸混合物的浓度增加，爆炸压力也相应增加，当超过30kPa时，设置0.05$m^2$的泄压面积要求就不再能满足泄压要求了。此时，应尽量加大厂房的泄压面积，以满足泄压的需要。

#### 6.1.5.1 泄压比的确定

为了确保建筑结构的安全，就应该首先确定应有的泄压面积，以保证室内产生的压力不致于超过允许限值，而此限值便可作为设计承重结构的依据。泄

压面积与厂房的体积的比值称为泄压比($m^2/m^3$)，即

$$C = \frac{F}{V} \tag{6-1}$$

式中，$F$ 为泄压面积($m^2$)；$V$ 为厂房的体积($m^3$)；$C$ 为泄压面积与室内容积之比。

参照国外的有关规定，并结合我国有关科研单位的研究结果，我国规定有爆炸危险的厂房的泄压比一般为0.05～0.22。表6-8和表6-9分别给出了美国和日本的厂房爆炸危险等级与泄压比的关系。

**表6-8　美国厂房的爆炸危险等级与泄压比 $C$**

| 厂房爆炸危险等级 | $C/(m^2/m^3)$ |
|---|---|
| 弱级(颗粒粉尘) | 0.0332 |
| 中级(煤粉、合成树脂、锌粉) | 0.065 |
| 强级(在干燥室内的漆料、溶剂蒸气、铝粉、镁粉等) | 0.22 |
| 特级(丙酮、汽油、甲醇、乙炔、氢等) | 尽可能大 |

**表6-9　日本厂房的爆炸危险等级与泄压比 $C$**

| 厂房爆炸危险等级 | $C/(m^2/m^3)$ |
|---|---|
| 弱级(谷物、纸、皮革、铅、铬、铜粉尘、乙酸蒸气) | 0.0334 |
| 中级(木屑、碳屑、奶粉、锑、锡粉尘、乙烯树脂、尿素、合成树脂粉尘) | 0.0667 |
| 强级(充满煤气的淀粉、油漆干燥或热处理室、乙酸纤维、苯酚树脂粉尘及铝、镁、锆等粉尘) | 0.2 |
| 特级(丙酮、汽油、甲醇、乙炔、氢等) | >0.2 |

对一般的爆炸危险混合物的爆炸，上述比值是适用的。对于爆炸威力较强的爆炸危险混合物的爆炸应采用较大泄压面积与厂房容积的比值，如采用0.2$m^2/m^3$。对存在丙酮、汽油、甲醇、乙炔和氢气的厂房，因其爆炸威力更大，爆炸下限更低，所以其防爆泄压面积之比应尽量超过0.2$m^2/m^3$。

#### 6.1.5.2　泄压比的计算

厂房的泄压比还可用下式计算：

$$C = K\frac{f\Delta V_t}{\sqrt{T_{爆炸}}} \tag{6-2}$$

式中，$K$ 为与燃烧速度有关的系数，一般在0.75～0.83之间；$f$ 为气体混合物在室内所占的体积分数(百分比)；$T_{爆炸}$ 为爆炸时的最高温度(K)，一般可取为燃烧最高温度理论值的0.9倍；$\Delta V_t$ 为1$m^3$ 计算含量气体混合爆炸后得到的体

积增量。

$$f=\frac{V_{气}}{V_{室}\,\beta_{计量}} \tag{6-3}$$

式中，$V_{气}$ 为事故当时在房间内危险性气体或蒸气可能达到的体积($m^3$)；$\beta_{计量}$ 为气体、蒸气与空气混合后的计量含量，当气体在室内扩散程度达到最大时可认为 $C=100\%$。

$$\Delta V_t=\frac{T_{爆炸}}{T_0}\frac{m}{n}-1 \tag{6-4}$$

式中，$T_0$ 为初始温度(K)；$m$ 为爆炸后燃烧产物的物质的量(mol)；$n$ 为爆炸前混合物的物质的量(mol)。

利用这些公式计算的基本条件是：室内最大允许压力 $\Delta p=15kPa$，排除燃烧产物的时间 $t=0.18\sim0.20s$；如甲烷、乙烯、氢、丙酮、乙炔、苯、乙烷、丙烷、酒精、氨等爆炸混合物应采用 11%~13% 的泄压比。

#### 6.1.5.3　泄压面积的计算

目前在大量采用钢筋混凝土框架承重结构的条件下，扩大厂房侧窗的泄压面积是有可能的。在建筑设计时要充分利用这一条件，把那些爆炸下限较低、爆炸威力较强的爆炸介质的厂房，以及容积较小的厂房的泄压面积尽量加大。但体积超过 $1000m^3$ 的厂房，如采用上述的比值做泄压结构有困难时，可适当降低，但不应小于 $0.3m^2/m^3$。这主要是为了保证人身安全，因为冲击波的压力大于 19.62~29.43kPa 时，人员就会出现伤亡。

有爆炸危险的甲、乙类厂房，其泄压面积宜按式(6-5)计算，但当厂房的长径比大于 3 时，宜将该建筑划分为长径比小于等于 3 的多个计算段，各计算段中的公共截面不得作为泄压面积：

$$A=10CV^{2/3} \tag{6-5}$$

式中，$A$ 为泄压面积($m^2$)；$V$ 为厂房的容积($m^3$)；$C$ 为厂房容积为 $1000m^3$ 时的泄压比，可按表 6-10 选取($m^2/m^3$)。

**表 6-10　厂房内爆炸性危险物质的类别与泄压比**（单位：$m^2/m^3$）

| 厂房内爆炸性危险物质的类别 | C 值 |
|---|---|
| 氨以及粮食、纸、皮革、铅、铬、铜等 $K_{尘}<10MPa\cdot m/s$ 的粉尘 | ≥0.030 |
| 木屑、炭屑、煤粉、锑、锡等 $10MPa\cdot m/s\leqslant K_{尘}\leqslant30MPa\cdot m/s$ 的粉尘 | ≥0.055 |
| 丙酮、汽油、甲醇、液化石油气、甲烷、喷漆间或干燥室以及苯酚树脂、铝、镁、锆等 $K_{尘}>30MPa\cdot m/s$ 的粉尘 | ≥0.110 |
| 乙烯 | ≥0.160 |
| 乙炔 | ≥0.200 |
| 氢 | ≥0.250 |

防爆厂房宜采用轻质屋盖作为泄压面积，易于泄压的门、窗、轻质墙体也可作为泄压面积。作为泄压面积的轻质屋顶和墙体的每平方米重量不宜超过60kg。一旦室内发生爆炸，它们就会被炸成碎块或被掀掉，以释放爆炸压力，使建筑物主体部分少受损失。

轻质屋顶的泄压效果较好，爆炸后造成的破坏和损失较少。轻质屋顶一般是用石棉水泥瓦铺在钢檩条上。这种屋顶在内部发生爆炸时，容易被冲击波冲开、打碎、落下，而对设备的影响并不太大。但石棉水泥瓦屋面在使用中还存在一些问题，如防寒、隔热以及瓦的固定方法等尚有待于进一步解决。

在用门、窗、轻质墙体作为泄压面积时，要注意不应影响邻近车间和建筑物的安全。如果泄压设施有可能影响到邻近车间或建筑物时，应在窗外设保护挡板，或在墙外留出一段空地设置栏杆，防止伤人。作为泄压面积的门窗一定要向外开，门窗的中心应偏向上半部。有的门窗在爆炸时可自动弹开，泄压后还可恢复原状。

化工厂房往往采用多层建筑，当厂房采用多层钢筋混凝土框架结构时，大面积开窗是易于做到的。但目前3层以下的化工厂房多采用砖墙承重的混合结构，开窗过大，外墙过于削弱，不能满足结构刚度和强度的要求，因此，此类厂房可在顶层采用轻质屋顶作为泄压面积。

当防爆厂房的面积较大时，厂房的轻质屋顶应在厂房的长度方向，每隔10～20m的范围以内，设置横向分割缝，把整个厂房分成宽10～20m的若干区段。在此接缝处改用低标号的砂浆，屋面上层的油毡可以直接通过，下层的油毡必须在缝处截断。

## 6.2 油气储罐区与堆场的火灾爆炸预防控制

对于大量的石油、液化石油气、煤气、天然气等物品，通常利用大型储罐进行散装储存。其储存的危险品量大，且涉及的设备多，技术条件复杂，一旦发生事故施救难度很大。必须用科学、客观的态度加强油气储罐区的安全管理。堆场由于堆积大量的易燃可燃物质，不易散失热量，在一定的条件下也会发生火灾爆炸事故。

### 6.2.1 储罐的类型及火灾危险性

散装储存根据物品的形状、设备、环境等分为多种储存方式。如液化石油气可有储罐储存、地层储存和固态储存3种，其中储罐储存还可分为常温压力储存、低温常压储存和低温压力储存3种方式。石油可分为地面储存、洞室储存、水封石洞储存、水下储存和地下盐岩储存5种方式等。

易燃易爆储罐是指散存汽油、煤油、柴油、苯类、醚类和醇类等闪点≤60℃的液体或气体的设备，大多为金属材料建造，有时利用橡胶材料。易燃易爆储罐按其结构形式可分为立式、卧式、圆柱形、球形、椭圆形等几种；立式金属储罐按罐顶的结构形式，分为固定顶和浮顶两种，其中浮顶罐还有内浮顶和外浮顶之分。目前，我国大部分易燃易爆储罐为金属材料建造的固定顶储罐和外浮顶储罐，尤其是储存量特别大的油库，多数采用外浮顶罐储存。表6-11列出了各种储罐的结构特点及其安全特性。表6-12列出了不同类型储罐的常见危险性及安全措施。

**表6-11　各种储罐的结构特点及其安全特性**

| 储罐类型 | 结构及其使用范围 | 安全特性 |
|---|---|---|
| 锥顶罐 | 圆顶立式储罐，适于在常压或接近大气压的条件下储存用，建造费用低 | 储存挥发性液体时，由于呼吸作用使蒸气从排气口大量逸散(5%)，罐内形成的爆炸性混合气体使预防火灾发生困难 |
| 球顶罐 | 仅指罐顶是圆形的，其他同锥顶罐。可以在稍高的压力下使用(压力在350mm水柱左右，$1mmH_2O=9.8Pa$) | 可以用来储存汽油一类的挥发性高的液体。遇到破坏性引燃时，爆炸的危险性要比锥顶罐大<br>可以用氮气一类的惰性气体在液面上进行气封，防止罐内液体的氧化、分解或聚合 |
| 浮顶罐 | 浮顶与储罐内壁之间有密封结构，浮顶可以随同液面自有升降。用于储存原油、航空燃料油和汽油等 | 由于液面随同灌顶升降，几乎没有蒸发损耗和爆炸性混合气体，所以火灾危险性很小<br>在降雨和降雪量大的地方，浮顶有下沉的危险<br>若采用机械密封，遇到地震时储罐会成为引火源 |
| 地下罐 | 在地下建造的储罐，多为圆筒罐。用于市区地面狭窄的地段储存可燃性气体 | 由于储罐建在地下，温度变化小，可以有效地预防火灾<br>由于储罐要受到排气和地下潮气的侵蚀，一定要注意防腐 |
| 球罐 | 由于结构方面的有利条件，可以储存高压物料。用于储存在常压下不能储存的液化气和城市煤气。有利于在常温高压下作储存之用 | 球罐比圆筒罐的强度高，壁厚小<br>若用于储存液化石油气等一类的可燃性液体，必须要采用耐火结构，也可以设置喷水灭火设施 |

（续）

| 储罐类型 | 结构及其使用范围 | 安全特性 |
|---|---|---|
| 低温罐 | 单层壁或夹套储罐。有保冷层，用于在低温常压下储存液化气和沸点温度极低的乙烯、液化石油气和液化天然气 | 由于是在常温或低温条件下储存，缓和了对容器本身要求的苛刻条件，适合于储存大量物料<br>由于压力在0.01～0.005MPa之间，储罐在破坏时不会出现爆炸的危险性，流出的液体处于低温状态，气化时要从周围环境中吸收大量的热量，所以不易大量扩散<br>保冷材料从大气中吸收潮气，使保冷性能劣化 |

**表6-12　不同类型储罐的常见危险及安全措施**

| 出现的危险性 | | 一般措施 |
|---|---|---|
| 锥顶罐 | 储罐超压或由于产生负压造成破坏的危险 | （1）根据罐内溶液的挥发性，设置适当的排气口或安全阀<br>（2）采用从以上设施泄压的罐顶<br>（3）设置喷水设施，防止由于外界气温上升、产生蒸气而造成超压 |
| | 由于罐内产生的爆炸性混合气体引燃产生爆炸的危险 | （1）使储罐与其他设备保持适当的距离，以减少火灾蔓延，便于消防活动<br>（2）在排气管上装设阻火器<br>（3）装设接地系统，防止由于静电积累、雷击或者由于产生火花形成引火源；将灌输口设在检验口的对面一侧<br>（4）设置灭火用的固定式灭火器 |
| | 由于腐蚀等各种原因造成泄漏危险 | （1）设置拦油(液)围堰，防止漏液流出扩散<br>（2）针对腐蚀性液体以及在液体中掺杂的腐蚀性物质，采用耐蚀性材料制造储罐壳体，或在储罐中做耐蚀衬里<br>（3）为了防止罐底接触地面产生电腐蚀，在储罐底板外侧涂防锈涂料；并在与罐底接触的基础上10mm的范围内浸涂含硫量低的重油或沥青<br>（4）为了防止液面异常上升，除了要装设能够大致测出液量的液位指示计以外，还要设置检尺口，以便准确检测液量 |
| | 由于呼吸作用的影响，在液体中混入水分，从而使水分漏入连接在储罐上的其他装置 | （1）在罐底装设排水管<br>（2）装设升降管，使水分可以直接返回到加热装置 |
| | 由于结构和强度不适配，造成储罐破坏 | （1）采用足够的强度和结构(耐震、耐风压结构)<br>（2）采用铸钢制造的储罐专用截止阀。凡是与配管连接的接头一律装设缓冲装置，防止损坏储罐 |

（续）

| 出现的危险性 | | 一 般 措 施 |
|---|---|---|
| 球罐 | 由于气温上升，球罐温度升高 | （1）装设喷水冷却装置<br>（2）装设泄压装置<br>（3）设计压力取球罐（裸罐）壳体温度在55℃时的液化气压力 |
| | 由于装灌过量造成破坏 | （1）装设液位计，加装自动止回阀，从而可以预知液量<br>（2）有时还可以装设防止装罐过量的安全阀 |
| | 由于储罐上连接的配管破坏造成大量漏泄 | 装设紧急断流阀和执行机构 |
| | 由于发生火灾，使储罐受热，温度上升，使球罐破坏 | （1）设置冷却裸球罐用的喷水冷却装置，在球罐的支腿上装设隔热保护层<br>（2）留出安全距离 |
| 低温罐 | 低温脆性造成破坏 | 选用无低温脆性的材料；-46℃以上（丙烷）采用铝镇静钢；-46℃以下采用2.5%或3.5%镍钢；达到-196℃（天然气）时采用9%镍钢或渗铝钢 |
| | 储罐与基础连接的部分由于土地中的水分冻结将罐底拱起，或由于基础的温差造成弯曲破坏 | （1）在罐底浇灌隔热性强的珍珠岩混凝土作为保冷层<br>（2）在基础中预留缝隙通道，使空气能够通畅流通<br>（3）在基础中预埋电加热设施；或敷设防冻液的循环管路 |
| | 气温上升，结果使罐中的内压上升，造成夹套壁罐的内壁破坏 | 利用压缩机打循环，使罐内蒸气重新液化，防止内压上升 |
| | 由于内层壁破坏，造成泄漏危险 | （1）在内、外壁之间的保冷材料层中封入干燥氮气，防止保冷材料吸湿，借以使漏出的气体不会生成可燃性气体<br>（2）装设爆炸性混合气体检测器，检测内壁与外壁之间有无爆炸性混合气体<br>（3）设置拦油（液）堤 |
| | 邻近的火灾蔓延造成的危险 | 留出足够的安全距离 |

## 6.2.2　油气储罐区火灾爆炸预防控制

油气储罐在布置时，宜选择地势较低的地带，以防止储罐发生火灾时由于液体流淌而形成火灾蔓延。对于桶装或瓶装的整装甲类易燃液体应建造专门的易燃液体库房，不应露天布置。易燃液体库房、储罐、露天和半露天堆场布置时应满足以下要求。

#### 6.2.2.1 易燃液体储罐与其他建(构)筑物的防火要求

易燃液体储罐、露天和半露天堆场在布置时，应当充分考虑与其他建筑物、构筑物以及室外变配电站之间的防火间距。甲、乙、丙类液体的储罐区和乙、丙类液体的桶罐堆场与建筑物的防火间距，不应小于表6-13的要求，以防火灾时造成蔓延和殃及其他。

表6-13 易燃液体储罐、堆场与建筑物的防火间距 (单位:m)

| 危险性类别 | 一个罐区或堆场的总储量/$m^3$ | 建筑物的耐火等级 | | | 室外变电站 |
|---|---|---|---|---|---|
| | | 一、二级 | 三级 | 四级 | |
| 甲、乙类液体 | $1 \leqslant V < 50$ | 12 | 15 | 20 | 30 |
| | $50 \leqslant V < 200$ | 15 | 20 | 25 | 35 |
| | $200 \leqslant V < 1000$ | 20 | 25 | 30 | 40 |
| | $1000 \leqslant V < 5000$ | 25 | 30 | 40 | 50 |
| 丙类液体 | $5 \leqslant V < 250$ | 12 | 15 | 20 | 24 |
| | $250 \leqslant V < 1000$ | 15 | 20 | 25 | 28 |
| | $1000 \leqslant V < 5000$ | 20 | 25 | 30 | 32 |
| | $5000 \leqslant V < 25000$ | 25 | 30 | 40 | 40 |

注：1. 当甲、乙类液体和丙类液体储罐布置在同一储罐区时，其总储量可按$1m^3$甲、乙类液体相当于$5m^3$丙类液体折算。

2. 防火间距应从距建筑物最近的储罐外壁、堆垛外缘算起，但储罐防火堤外侧基脚线至建筑物的距离不应小于10m。

3. 甲、乙、丙类液体的固定顶储罐区，半露天堆场和乙、丙类液体桶装堆场与甲类厂房(仓库)、民用建筑的防火间距，应按本表的规定增加25%，且甲、乙类液体储罐区，半露天堆场，乙、丙类液体桶装堆场与甲类厂房(仓库)、民用建筑的防火间距不应小于25m，与明火或散发火花地点的防火间距，应按本表四级耐火等级建筑的规定增加25%。

4. 浮顶储罐区或闪点大于120℃的液体储罐区与建筑物的防火间距，可按本表的规定减少25%。

5. 当数个储罐区布置在同一库区内时，储罐区之间的防火间距不应小于本表相应储量的储罐区与四级耐火等级建筑之间防火间距的较大值。

6. 直埋地下的甲、乙、丙类液体卧式罐，当单罐容积小于等于$50m^3$，总容积小于等于$200m^3$时，与建筑物之间的防火间距可按本表规定减少50%。

7. 室外变、配电站指电力系统电压为35~500kV，且每台变压器容量在10MV·A以上的室外变、配电站以及工业企业的变压器总油量大于5t的室外降压变电站。

#### 6.2.2.2 易燃液体储罐之间的防火要求

易燃液体储罐在布置时，除应满足与四周建、构筑物的防火间距外，储罐之间也应留有一定的防火间距，以防止和减少油罐着火时的辐射热对邻罐的影响和满足灭火战斗的需要。甲、乙、丙类液体储罐之间的防火间距不应小于表6-14的要求。

表 6-14 易燃液体储罐之间的防火间距 (单位:m)

| 危险性类别 | 单罐容量/$m^3$ | 固定顶罐 | | | 浮项储罐 | 卧式储罐 |
|---|---|---|---|---|---|---|
| | | 地上式 | 半地下式 | 地下式 | | |
| 甲、乙类 | ≤1000 | 0.75$D$ | 0.5$D$ | 0.4$D$ | 0.4$D$ | 不小于 0.8m |
| | >1000 | 0.6$D$ | | | | |
| 丙类 | 不论容量大小 | 0.4$D$ | 不限 | 不限 | — | |

注：1. $D$ 为相邻较大立式储罐的直径，m；矩形储罐的直径为长边与短边之和的一半。
2. 不同液体、不同形式储罐之间的防火间距不应小于本表规定的较大值。
3. 两排卧式储罐之间的防火间距不应小于 3m。
4. 设置充氮保护设备的液体储罐之间的防火间距可按浮顶储罐的间距确定。
5. 当单罐容量小于等于 1000$m^3$ 且采用固定冷却消防方式时，甲、乙类液体的地上式固定顶罐之间的防火间距不应小于 0.6$D$。
6. 同时设有液下喷射泡沫灭火设备、固定冷却水设备和扑救防火堤内液体火灾的泡沫灭火设备时，储罐之间的防火间距可适当减小，但地上式储罐不宜小于 0.4$D$。
7. 闪点大于 120℃ 的液体，当储罐容量大于 1000$m^3$ 时，其储罐之间的防火间距不应小于 5m；当储罐容量小于等于 1000$m^3$ 时，其储罐之间的防火间距不应小于 2m。

#### 6.2.2.3 易燃液体储罐与周围设施的防火要求

与易燃液体储罐相配套的周围设施，如泵房、装卸鹤管等，是液体储存中机械作业最多、人员操作因素最大、火险因素最多的部位和设施，很多易燃液体储罐火灾正是由于这些设施出了问题而引起的。所以，易燃液体储罐与泵房、装卸鹤管等附属设施，以及装卸鹤管与建筑物之间均应留有足够的防火间距，其要求见表 6-15 和表 6-16 所列。

表 6-15 液体储罐与泵房、装卸鹤管的防火间距 (单位:m)

| 储罐类别 | | 泵房 | 铁路装卸鹤管、汽车装卸鹤管 |
|---|---|---|---|
| 甲、乙类液体 | 拱顶罐 | 15 | 20 |
| | 浮顶罐 | 12 | 15 |
| 丙类液体 | | 10 | 12 |

注：1. 总储量小于等于 1000$m^3$ 的甲、乙类液体储罐，总储量小于等于 5000$m^3$ 的丙类液体储罐，其防火间距可按本表的规定减少 25%。
2. 泵房、装卸鹤管与储罐防火堤外侧基脚线的距离不应小于 5m。

表 6-16 易燃液体装卸鹤管与建筑物的防火间距 (单位:m)

| 名称 | 建筑物的耐火等级 | | | 厂内铁路线 | 泵房 |
|---|---|---|---|---|---|
| | 一、二级 | 三级 | 四级 | | |
| 甲、乙类液体装卸鹤管 | 14 | 16 | 18 | 20 | 8 |
| 丙类液体装卸鹤管 | 10 | 12 | 14 | 10 | |

注：装卸鹤管与其直接装卸用的甲、乙、丙类液体装卸铁路线的防火间距不限。

甲、乙、丙类液体储罐与铁路、道路的防火间距不应小于表6-17的规定。

表6-17 甲、乙、丙类液体储罐与铁路、道路的防火间距

（单位：m）

| 名称 | 厂外铁路线中心线 | 厂内铁路线中心线 | 厂外道路路边 | 厂内道路路边 | |
|---|---|---|---|---|---|
| | | | | 主要 | 次要 |
| 甲、乙类液体储罐 | 35 | 25 | 20 | 15 | 10 |
| 丙类液体储罐 | 30 | 20 | 15 | 10 | 5 |

### 6.2.2.4 易燃液体储罐成组布置的防火要求

为了减少用地，易燃液体储罐可以成组布置。成组布置时，组内储罐之间的防火间距可以适当减少，但组内储罐不应超过两行。组内储罐之间的间距：立式罐不应小于2m；卧式罐不应小于0.8m；丙类液体储罐不限。此外每组储罐的总储量还应有一定的限制。每组储罐的总储量不应超过表6-18的要求。

表6-18 易燃液体成组布置时的最大储量 （单位：$m^3$）

| 液体的火灾危险性类别 | 单罐最大储量 | 多罐最大储量 |
|---|---|---|
| 甲、乙类 | 200 | 1000 |
| 丙类 | 500 | 3000 |

注：1. 储罐组之间的距离，应按储罐组储罐的形式和总储量相同的标准单罐确定。
2. 石油库内油罐成组布置的要求，可按现行国家标准《石油库设计规范》的有关规定执行。

为了防止液体着火时流淌造成火灾蔓延，对易燃液体的地上、半地下储罐或储罐组，应当设置不燃材料建造的防火堤。防火堤的建造应当有一定的强度和容量，能够确保着火储罐爆炸后液体全部容纳而不至于流出堤外造成火灾蔓延。根据储罐着火概率和多年油罐火灾的经验总结，液体储罐防火堤的有效容量不应小于堤内最大储罐的容量；考虑到浮顶储罐一般不会发生爆炸，即便爆炸也不会将整个罐壁炸毁的特点，浮顶储罐防火堤的有效容量可以适当减少，但不应小于最大储罐容量的一半。在计算时，防火堤的高度宜为1.0～1.6m，实际高度比计算高度应高出0.2m。防火堤应与储罐保持一定的防火间距，以利于消防队员展开灭火战斗。另外，一般防火堤内侧基脚线至储罐外壁的距离，立式罐不应小于罐高$H$的一半，卧式罐不应小于3m。

为了能够及时排放防火堤内的雨水和灭火冷却水，防火堤应设排水管，但排水管应设置阀门等封闭装置，以保证储罐着火时液体不向外流散。由于沸溢性液体着火时极易沸溢蔓延，扩大火灾，所以对沸溢性液体储罐，不论是地上还是半地下的，每个储罐均应设防火堤，并且不宜与非沸溢储罐布置在同一防火堤范围内。对地下储罐，不宜于地上、半地下储罐布置在同一防火堤内。

## 6.2.3　易燃易爆气体储罐区火灾爆炸预防控制

易燃易爆气体储罐是指散存液化石油气、液化天然气、液氢等可燃气体的设备。储存气体的储罐，按容积的变化情况分为活动容积储罐和固定容积储罐两类。固定容积储罐是靠改变其中气体的压力来储存气体的，一般压力可达0.1MPa以上，属压力容器；活动容积储罐封闭严密，不致漏气，并有平衡气压和调节供气量的作用，压力一般不超过6kPa，俗称气柜。

### 6.2.3.1　固定容积储罐区

液化可燃气体如液化石油气、液化天然气、液氢等，由于在储存过程中处于液态，其火灾危险性要比气态时大得多，所以防火要求也较其他可燃气体高。对于液化石油气储罐，宜布置在本地区全年最小频率风向的上风侧。储罐区四周宜设置高度为1m的不燃实体防护墙。

液化石油气储罐或罐区在布置时，应与其他建筑物、堆场、明火或火花散发地点保持一定的防火间距，并应不小于表6-19的要求。

**表6-19　液化石油气储罐或罐区与建筑物、堆场的防火间距**　（单位：m）

| 总容积 $V/m^3$ | $30<V\leqslant50$ | $50<V\leqslant200$ | $200<V\leqslant500$ | $500<V\leqslant1000$ | $1000<V\leqslant2500$ | $2500<V\leqslant5000$ | $V>5000$ |
|---|---|---|---|---|---|---|---|
| 单罐容积 $V/m^3$ | $V\leqslant20$ | $V\leqslant50$ | $V\leqslant100$ | $V\leqslant200$ | $V\leqslant400$ | $V\leqslant1000$ | $V>1000$ |
| 居住区、村镇和学校、影剧院、体育馆等重要公共建筑（最外侧建筑物外墙） | 45 | 50 | 70 | 90 | 110 | 130 | 150 |
| 工业企业（最外侧建筑物外墙） | 27 | 30 | 35 | 40 | 50 | 60 | 75 |
| 明火或散发火花地点，室外变、配电站 | 45 | 50 | 55 | 60 | 70 | 80 | 120 |
| 民用建筑，甲、乙类液体储罐，甲乙类仓库，甲乙类厂房 | 40 | 45 | 50 | 55 | 65 | 75 | 100 |
| 丙类液体储罐、可燃气体储罐丙丁类厂房，丙丁类仓库 | 32 | 35 | 40 | 45 | 55 | 65 | 80 |
| 助燃气体储罐，可燃材料堆场 | 27 | 30 | 35 | 40 | 50 | 60 | 75 |

（续）

| | | | | | | | | |
|---|---|---|---|---|---|---|---|---|
| 其他建筑耐火等级 | 一、二级 | 18 | 20 | 22 | 25 | 30 | 40 | 50 |
| | 三级 | 22 | 25 | 27 | 30 | 40 | 50 | 60 |
| | 四级 | 27 | 30 | 35 | 40 | 50 | 60 | 75 |
| 公路（路边） | 高速、Ⅰ、Ⅱ级 | 20 | 25 | | | | | 30 |
| | Ⅲ、Ⅳ级 | 15 | 20 | | | | | 25 |
| 架空通信线（中心线） | Ⅰ、Ⅱ级 | 30 | | 40 | | | | |
| | Ⅲ、Ⅳ级 | 1.5倍杆高 | | | | | | |
| 铁路（中心线） | 国家线 | 60 | 70 | | 80 | | 100 | |
| | 企业专用线 | 25 | 30 | | 35 | | 40 | |

注：1. 防火间距应按本表储罐总容积或单罐容积较大者确定，并应从距建筑最近的储罐外壁、堆垛外缘算起。

2. 当地下液化石油气储罐的单罐容积小于等于$50m^3$，总容积小于等于$400m^3$时，其防火间距可按本表减少50%。

3. 居住区、村镇系指1000人或300户以上者，以下者按本表民用建筑执行。

4. 与本表规定以外的其他建筑物的防火间距，应按现行国家标准《城镇燃气设计规范》（GB 50028—2006）的有关规定执行。

对位于居民区内的液化石油气汽化站、混气站的液化石油气储罐，若单罐容积$\leqslant 10m^3$或总容积$\leqslant 30m^3$时，与重要公共建筑和其他民用建筑、道路的防火间距，可按现行的《城市煤气设计规范》的有关规定执行，但与明火或火花散发地点的防火间距不应小于30m。

对于总容积$\leqslant 10m^3$的工业企业内的液化石油气汽化站、混气站的储罐，若设置在独立建筑物内，其外墙与相邻厂房及其附属设备的防火间距应符合甲类生产厂房的防火间距要求。液化石油气储罐在布置时，储罐之间的防火间距不宜小于相邻较大罐的直径。当数个储罐的总容积超过$3000m^3$时，应分组布置。组内储罐宜采用单排布置；若总容积不超过$3000m^3$，且单罐容积不超过$1000m^3$时，可采用双排布置。不论单排还是双排布置，组与组之间的防火间距均不宜小于20m。

对于城市液化石油气的气瓶供应站的气瓶库，其四周宜设置非燃烧体的实体墙，当气瓶的总储量不超过$10m^3$时，墙体长度不应小于15m。气瓶库距重要的公共建筑不应小于25m，距主要道路不应小于10m，距次要道路不应小于5m。

工业企业内的储罐，泄漏后易扩散不易聚集，因而相对液化石油气的火灾危险性要小一些。所以液氢储罐与四周的防火间距可按相应储量液化石油气储罐的防火间距减少25%。

### 6.2.3.2　活动容积储罐区

活动容积储罐(气柜)按其结构的密封方法分为干式气柜和湿式气柜两种。湿式气柜主要由立式圆筒形水槽、一个或数个圆筒塔节、钟罩及导向装置组成。钟罩是一个有拱顶的底面敞开的圆筒结构。在水槽和钟罩之间是圆筒状的活动塔节。气体管道穿过水槽底板和水槽中的水进入钟罩，实现气体的输入或排出。上下相连的塔节间用水封挂圈连接并实现密封。当向气柜压送气体时，钟罩上升，其下部挂圈从水槽中取水；钟罩升至一定高度时，钟罩下挂圈与第二塔节上挂圈连接，第二塔节上挂圈立板插入钟罩下挂圈水封，第二塔节即被提起，如此依次提起各塔节。在输出气体时，钟罩和塔节的动作过程相反。钟罩及塔节依靠导轨和导轮保证升降平稳。湿式气柜按其结构分为直立式和螺旋式。干式气柜不用水作密封也不靠塔节升降，而是利用油封作密封，依靠储罐内活塞的运动来改变储气量。干式气柜按结构分为曼(MAN)型、可隆(KLONNE)型、威金斯(WINGGINS)型。

湿式储气柜在我国应用较为广泛，而干式储气柜较为少见。湿式可燃气体储气柜在布置时，与明火或火花散发地点、民用建筑、可燃液体储罐，易燃材料堆场，甲类危险化学品库房及其他建筑物应保持不小于表6-20要求的防火间距。

**表6-20　湿式储气柜或罐区与其他建筑物的防火间距**　(单位:m)

| 名称 | | 总容积 $V/m^3$ | | | |
|---|---|---|---|---|---|
| | | $V<1000$ | $1000 \leqslant V<10000$ | $10000 \leqslant V<50000$ | $50000 \leqslant V<100000$ |
| 甲类物品库房，明火或散发火花地点，甲、乙、丙类液体储罐，易燃材料堆场、室外变配电站 | | 20 | 25 | 30 | 35 |
| 民用建筑 | | 18 | 20 | 25 | 30 |
| 其他建筑耐火等级 | 一、二级 | 12 | 15 | 20 | 25 |
| | 三级 | 15 | 20 | 25 | 30 |
| | 四级 | 20 | 25 | 30 | 35 |

注：1. 固定容积的可燃气体储罐与建筑物、堆场的防火间距应按本表的规定执行。总容积按其水容量($m^3$)和工作压力(绝对压力,$1kgf/cm^2=9.8\times10^4Pa$)的乘积计算。

2. 干式可燃气体气柜与建筑物、堆场的防火间距应按本表增加25%；容积不超过$20m^3$的可燃气体储罐与所属厂房的防火间距不限。

可燃气体储罐与气柜在布置时，储罐或罐区之间应留有一定的防火间距。其中相邻湿式气柜的距离不应小于相邻较大柜(罐)的半径；干式气柜或卧式储罐之间的防火间距不应小于相邻较大罐直径的2/3；球形罐之间的防火间距不应小于相邻较大罐直径；卧式、球形储罐与湿式或干式气柜之间的防火间距，应按其最大值确定。

当卧式或球形储罐成组布置时，单组的总容积不应超过30000m³。组与组之间的防火间距，卧式罐不应小于相邻较大罐长度的一半；球形储罐不应小于相邻较大罐的直径，且不应小于10m。

#### 6.2.3.3 氧气储罐区

氧气常用湿式气柜储存。湿式氧气储气柜在布置时与四周的防火间距应满足表6-21的要求。氧气储柜(罐)之间的防火间距，不应小于相邻较大罐的半径。氧气储罐与可燃气体储罐之间的防火间距不应小于相邻较大罐的直径。

**表6-21 湿式氧气柜或罐区与建筑物、储罐、堆场的防火间距**

(单位:m)

| 名称 | | 湿式氧气储罐的总容积 $V/m^3$ | | |
|---|---|---|---|---|
| | | $V\leqslant1000$ | $1000<V\leqslant50000$ | $V>50000$ |
| 甲、乙丙类液体储罐<br>可燃材料堆场<br>甲类物品仓库<br>室外变、配电站 | | 20 | 25 | 30 |
| 民用建筑 | | 18 | 20 | 25 |
| 其他建筑耐火等级 | 一、二级 | 10 | 12 | 14 |
| | 三级 | 12 | 14 | 16 |
| | 四级 | 14 | 16 | 18 |

注：固定容积的氧气储罐，与建筑物、储罐、堆场的防火间距应按本表的规定执行，其容积按水容量和工作压力(绝对压力，$1kgf/cm^2=9.8\times10^4Pa$)的乘积计算。

对于液氧储罐，首先将1m³液氧折合成800m³标准状态氧气，然后根据氧气储罐的防火间距确定液氧储罐的防火间距。液氧储罐与其泵房的防火间距不宜小于3m；对于设在一、二级耐火等级库房内，且容积不超过3m³的液氧储罐，建筑物的防火间距不应小于10m，因为液氧的氧化性更强，所以液氧储罐周围5m范围内不应有任何可燃物存在，即便路面也不能用沥青铺轧。

可燃、助燃气体储罐与铁路、道路的防火间距不应小于表6-22的规定。

表6-22　可燃、助燃气体储罐与铁路、道路的防火间距　（单位:m）

| 名　称 | 厂外铁路线中心线 | 厂内铁路线中心线 | 厂外道路路边 | 厂内道路路边 | |
|---|---|---|---|---|---|
| | | | | 主要 | 次要 |
| 可燃、助燃气体储罐 | 25 | 20 | 15 | 10 | 5 |

## 6.2.4　易燃易爆堆场火灾爆炸预防控制

露天堆场不受建筑结构限制，堆垛较大，储存量较多，单位面积火灾荷载较大。堆垛之间没有防火分隔物；有的底部有格栅，有的纵横逐层堆放，空气充分流通，处于完全敞露状态。所以，要十分注意堆场的防火防爆。

丙类易燃固体的露天堆场宜设置在天然水源充足的地方，并宜布置在本单位或本地区全年最小频率风向的上风侧。丙类易燃固体的露天、半露天堆场在布置时，应满足表6-23的要求。

表6-23　丙类易燃固体露天、半露天堆场与建筑物的防火间距

（单位:m）

| 易燃固体名称 | 一个堆场的总储量 | 一、二级 | 三　级 | 四　级 |
|---|---|---|---|---|
| 棉、麻、毛纤维，百货 $W$/t | $10t \leqslant W < 500t$ | 10 | 15 | 20 |
| | $500t \leqslant W < 1000t$ | 15 | 20 | 25 |
| | $1000t \leqslant W < 5000t$ | 20 | 25 | 30 |
| 稻草、麦秸、芦苇等易燃材料 $W$/t | $10t \leqslant W < 5000t$ | 15 | 20 | 25 |
| | $5000t \leqslant W < 10000t$ | 20 | 25 | 30 |
| | $W > 10000t$ | 25 | 30 | 40 |
| 木材等 $V/m^3$ | $50t \leqslant V < 1000t$ | 10 | 15 | 20 |
| | $1000t \leqslant V < 10000t$ | 15 | 20 | 25 |
| | $V \geqslant 10000t$ | 20 | 25 | 30 |
| 煤和焦炭 $W$/t | $100t \leqslant W < 5000t$ | 6 | 8 | 10 |
| | $W \geqslant 5000t$ | 8 | 10 | 12 |

## 6.2.5　易燃易爆罐(库)区的安全管理

易燃易爆罐(库)区是国家石油、化工储存和供应的基地。因此，做好罐(库)区防火防爆工作，对保障城市燃油供给，促进国民经济的发展，具有举足轻重的意义。

(1) 罐(库)区不准堆放可燃物，对枯草干叶及时清扫，对不铺砌的罐区

地坪，定期拔除过高的植物。

(2) 每周巡察一次防火堤。防火堤不得出现裂缝、坍塌、渗漏，排水管不得堵塞，发现问题应及时修复。

(3) 罐(库)地坪应保持小于1%的坡度，坡朝向排水闸或水封井。水封井应不渗不漏，水封井内的水面应保持足够的高度，冬天应在水封井内加食盐、氯化钙等防冻剂。排水闸要完好，下雨时开启，平时关闭。

(4) 罐(库)区周围应设环行消防道路。罐(库)组之间宜设宽3.5m的消防道路，并与环行消防道路相连。罐(库)区消防道路与防火堤坡脚线之间的距离不应小于3m。

(5) 消除罐(库)区的火源。消除火源是预防罐(库)火灾最实际、最有效、操作性最强的措施。

1) 建立严格的用火制度，严禁一切违章用火。

2) 防止金属与金属、金属与岩石撞击或摩擦产生火花。

3) 防止电气设备、电气仪表因启动、停机或短路而产生电火花。

(6) 原料油、燃料油、硫化切削液等油品中含有硫化物，这些硫化物容易发生自燃，因而应每年清洗一次。清洗时应注意用水不断湿润这些沉积物，并且需要迅速转移至安全部位。

(7) 规范操作，防止超温、超压、超速等违章现象的出现。一经发现问题，应立即找出原因，采取措施，防止油罐跑、冒、滴、漏事故发生；油罐呼吸阀要经常维修，保持动作灵活，阻火器的铜网要保持清洁、通畅，并检查是否腐蚀失效。

(8) 设置必要的监测系统，如油罐液面高度、温度、油品静电和接地电阻、储罐空间压力、水封井油气浓度等参数的监测系统和自动报警系统。监测系统便于工作人员及时发现问题，并立即采取相应措施。

(9) 对于坑道内的油罐，罐顶必须设透气管，其末端应设置阻火器。透气管将油气引出坑道，防止油气在坑道内积聚。对于地下水封式油罐，可充入惰性气体进行保护。

## 6.3 石化生产中的火灾爆炸预防控制

石油化工生产过程由多个操作过程组成，如物料的输送过程、粉碎过程、混合过程和筛选过程、热量传递过程、反应过程和干燥过程等。从工艺上看，石油化工生产具有高温、高压、深度冷冻的特点，且物料具有不同程度的腐蚀性，生产设备、容器和管道等易遭到破坏，因而容易引起泄漏，造成火灾爆炸事故。从物料上看，石油化工生产中涉及的物料大多数为易燃易爆物品，发生爆炸的破坏程度很大；另外，许多物料电阻率高，介电常数低，当输送、放空、泄漏或采样时易造成静电火灾。从生产方式上看，石油化工具有高度自动化的特点，能量储存较为集中，一旦发生火灾爆炸事故，容易发生蔓延。

石油化工生产工艺复杂，事故发生概率高，火灾爆炸危险性大，火灾扑救难度大，必将造成巨大的经济损失和大量的人员伤亡。做好石油化工生产中的火灾爆炸的预防控制工作，防患于未然，是保证生产安全顺利进行的重要方面。

## 6.3.1　石油炼制的过程

石油是由烷烃、环烷烃、芳香烃和烯烃等多种烃类组成的未经加工的混合物。石油经过炼制和进一步加工后可以得到多种产品，比如汽油、煤油、柴油等燃料油，机油、汽缸油等润滑油，乙烯、丙烯、芳烃等化工原料。

石油炼制过程包括原油的常(减)压蒸馏、催化裂化、石油气体的精馏等过程。本节简要分析这几种过程的工艺特点及火灾爆炸危险的预防控制。

### 6.3.1.1　常(减)压蒸馏

**1. 工艺流程特点**

在石油炼制中经常采用常压蒸馏与减压蒸馏联用的炼制方式。其设备主要有加热炉、炼制塔(包括初馏塔、常压塔、汽提塔、减压塔)、冷凝器、冷却器、热交换器和泵等，其主要工艺流程如图6-1所示。

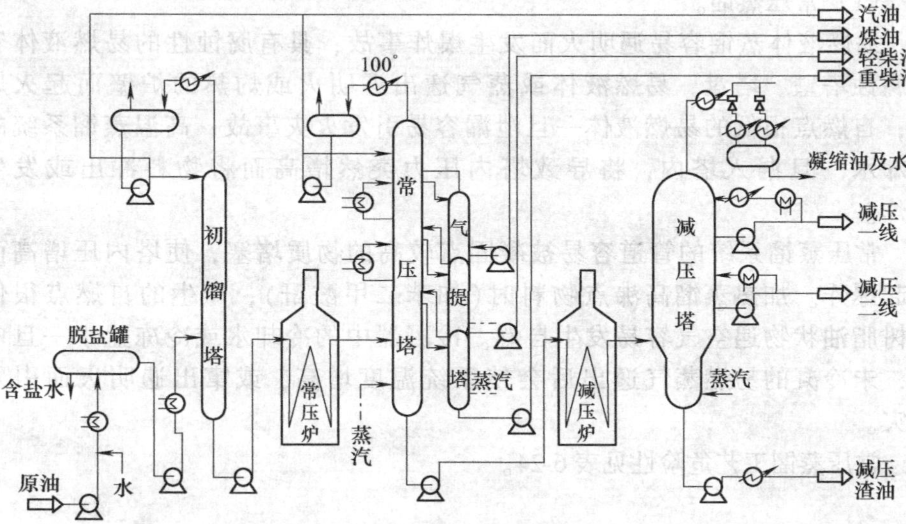


图6-1　常减压蒸馏工艺流程示意图

原油含水、含盐过多，必须进行脱水脱盐处理。储罐区的原油经过原油泵升压并与热源进行换热，当达到一定温度时运送至原油电脱盐罐进行脱盐脱水，之后原油与热源继续进行换热，最后进入初馏塔。

初馏塔塔顶油气经换热和冷凝冷却后进入初馏塔顶回流罐进行油、水分离。分离出的初顶油经初馏塔顶泵抽出后分为两部分，一部分回流至塔顶；另一部分与常顶油一起作为汽油改质装置的原料。初底油与热源继续换热后进入常压炉加热，之后进入常压塔进行常压分馏。

常压塔塔顶油气与冷流冷却后进入常压塔顶回流罐进行油、水分离。分离出的常顶油经常压塔顶回流泵抽出后分为两部分，一部分回流至塔顶；另一路与初顶油一起作为汽油改质装置的原料。常压塔塔底油经汽提后由常压塔塔底油泵抽出，经换热后送至减压分馏装置。

原油在常压分馏塔中只能分馏出沸点较低的馏分。分馏沸点约在500℃以上的裂化原料和润滑油原料时，馏出的油品易变质并生成焦炭，影响生产的正常进行，为了解决这个问题，就必须在减压下进行蒸馏。从常压塔底出来的重油经加热炉加热到410℃左右后，送入减压分馏塔中。为了使塔顶残压保持在2.7～10.7kPa，需要用真空设备抽出不凝性气体。同时在减压塔底吹入过热蒸汽以降低塔内的油气分压，增加馏分的拔出率。在减压分馏塔的塔顶得到的是重柴油；在侧线分别得到轻润滑油、中润滑油、重润滑油；经气提塔气提后，在塔底得到渣油。

**2. 危险性分析**

(1) 常压蒸馏。

易燃液体蒸馏容易遇明火而发生爆炸事故；具有腐蚀性的易燃液体容易腐蚀塔壁、塔盘，易燃液体或蒸气逸出遇明火或灼热的炉壁而起火燃烧；自燃点很低的易燃液体一旦泄漏容易引发火灾事故；高温蒸馏系统的冷却水一旦漏入塔内，将导致塔内压力突然增高而将物料冲出或发生爆炸。

常压蒸馏系统的管道容易被凝固点较高的物质堵塞，使塔内压增高而引起爆炸。加热蒸馏高沸点物料时(如苯二甲酸酐)，产生的自燃点很低的树脂油状物遇空气容易发生自燃。冷凝器中的冷却水或冷冻盐水一旦中断，未冷凝的易燃蒸气逸出后会使系统温度增高，或窜出遇明火而引发火灾。

常压蒸馏工艺危险性见表6-24。

表 6-24 常压蒸馏工艺危险性

| 事件类型 | 危害因素 | 触发事件 | 事故所处位置 | 现象 | 结果 | 危险等级 |
|---|---|---|---|---|---|---|
| 电脱盐罐燃烧爆炸 | 局部过热 | 电气设备出现故障却未停止加热 | 电脱盐罐 | 漏油起火 | 人员受伤财产受损 | 3 |
| | 油未满罐或有空气存在 | 启动高压电源 | | 油气爆炸 | | 3~4 |
| | 高压电源出现绝缘不良或电场强度超标 | | | 原油燃烧爆炸 | | 3~4 |
| 蒸馏加热室爆炸 | 明火加热管壁 | 管壁易出现结炉焦和严重剥蚀导致泄漏 | 蒸馏加热管壁 | 火灾爆炸事故 | | 3~4 |
| 燃料管线回火事故 | 燃料管线内含氧量降至0.2%~1.0% | 点火前未排除燃料管线内的空气 | 加热炉 | 燃料管线回火 | 人员受伤财产受损 | 3 |
| 泄漏火灾爆炸事故 | 设备、管线、阀门和法兰等的泄漏 | 泄漏并存在点火源 | 泄漏处 | 火灾爆炸 | | 3 |

（2）减压蒸馏。

减压蒸馏是一种比较安全的蒸馏方法。对于沸点较高而在高温下蒸馏又能引起分解、爆炸或聚合的物质，采用减压蒸馏较为合适。如硝基甲苯在高温下易分解爆炸，而苯乙烯在高温下则易聚合，类似这类物质的蒸馏，必须采用减压蒸馏的方法，降低液体的沸点，借以降低蒸馏温度，确保其安全。

减压蒸馏设备中温度很高，但内部压力低于常压，一旦吸入空气，对于某些易燃物料(如硝基化合物)有引起着火或爆炸的危险。对减压蒸馏的操作，应严格操作顺序，先打开真空活门，然后开冷却器活门，最后打开蒸汽阀门，此顺序不可错乱，否则物料会被吸入真空泵，并引起冲料，使设备受压甚至爆炸。

**3. 安全措施**

（1）防止电脱盐脱水罐形成燃爆区。由表6-24可以看出，电脱盐罐存在高温的可燃热油以及高电压高频率的电场，若罐内未充满原油或存在空气时启动高压电源，可导致爆炸事故。因此，开工时应彻底排净罐内空气，并且充满油后需通高压电。经常检查高压电器，避免发生漏电现象。电脱盐脱水罐宜设置停电、停泵、漏油报警连锁装置。

（2）防止空气倒吸入减压塔形成可燃区。减压塔的操作压力较低，在设备密闭不严处易倒吸入空气而与油蒸气形成爆炸性混合气体，遇明火将发生爆炸事故。因此，开工前要做好系统的气密性检查，停工时要注意消除真空，且抽气速度不易过快。塔内出现负压或油温较高时，不得打开与塔连接的棒空管，亦不得卸开法兰。

（3）防止金属管道、设备等破裂。原油，尤其是高硫原油，对金属管道、设备的腐蚀性较强。设备、管线等在长时间运转时易出现金属疲劳而破裂。加热炉炉管、工艺管线等在高温条件下易产生高温蠕变破裂。因此，应按照工艺要求正确选择设备材质并合理设计与施工，选择与生产相匹配的耐腐蚀材料、涂料和耐磨衬里。另外，应对金属管道或设备采取阳极保护和阴极保护，采用脱硫技术减少油品中的硫含量。

#### 6.3.1.2 催化与裂化

催化裂化是将减压馏分、焦化柴油及蜡油等重质馏分在一定温度、压力和硅铝催化剂的作用下裂解和分馏，以获得低分子烃、高辛烷值汽油、高效柴油和燃料油的加工过程。

由于常减压塔底的油和渣油含有较多的胶质、沥青质等，易在催化裂化过程中生成焦炭，因此，一般采用较重的馏分油作原料进行反应。

1. 工艺流程

催化裂化装置一般由反应-再生系统、分馏系统和吸收稳定系统三部分组成，其简要工艺过程如图 6-2 所示。

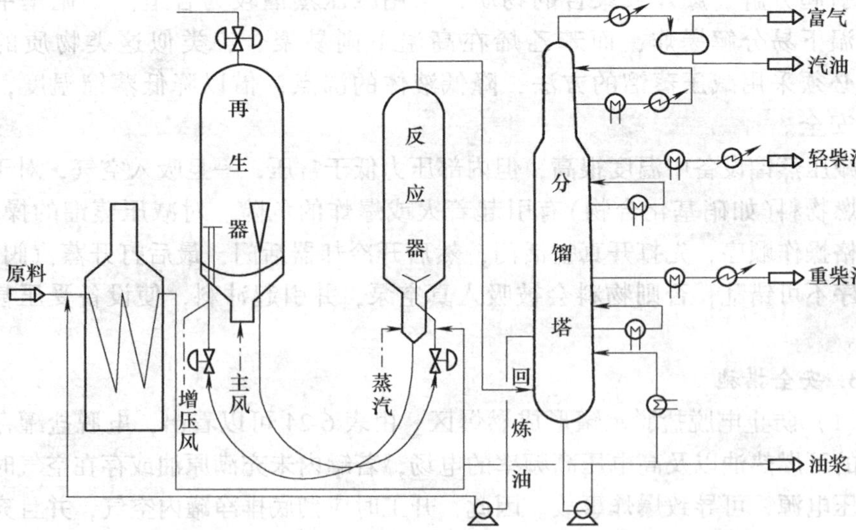


图 6-2 催化裂化工艺流程示意图

反应-再生系统是催化裂化装置的重要组成部分。原料油进入装置原料油罐经油泵升压后，再通过轻柴油-原料油换热器、原料油-循环油浆换热器加热至200℃左右，之后进入提升管反应器，在反应器内与690℃高温的催化剂接触并迅速升温、汽化，发生催化裂化反应。催化剂沿再生立管流入再生器，在690℃、富氧及CO助燃剂的条件下再生。

分馏部分是把反应器送来的产物进行冷却并分馏成各种产品。反应油气经沉降器进入分馏塔底部，通过人字挡板与循环油浆接触，此时反应油气中的催化剂被洗涤，其温度降低，从而使油气呈饱和状态进入分馏塔上部进行分馏。分馏塔塔顶的油气经空冷器和冷却器冷却至40℃，之后进入分离器进行气液相分离。分离出的粗汽油被油泵抽至吸收塔作为吸收剂，富气由气压机抽走。油浆自分馏塔底由油浆泵抽出后一部分返回分馏塔底，而另一部分作为产品送至燃料油罐区。

吸收稳定部分是将来自分馏塔顶油气分离器的富气进行分离，使产品符合质量要求。富气首先进入气压机进行压缩，之后与洗涤水汇合一起至空冷器冷凝，再与解析塔顶气及吸收塔底油混合，然后进入油气分离器进行气、液分离。分离后的气体进入吸收塔用粗汽油及稳定汽油作吸收剂进行吸收。贫气送至再吸收塔，用轻柴油作吸收剂，进一步吸收后送至工厂燃料系统。

凝缩油经油气分离器抽出后分为两部分，一部分直接进入解析塔顶部，另一部分经稳定汽油-凝缩油换热器加热进入解析塔上部。液化石油气从塔顶馏出后进入稳定塔塔顶回流罐。液化石油气被稳定塔塔顶回流油泵抽出后，一部分回流至稳定塔，其余部分进行脱硫和脱醇。稳定汽油由稳定塔底流出，一部分送至吸收塔作吸收剂，其余部分进行脱硫和脱醇。

**2. 危险性分析**

反应器与再生器压差保持稳定，是催化裂化反应中最重要的安全问题。在反应器中，压差一般都是正压，即反应器压力高于再生器压力；在提升管式反应器中压差是负值，即再生器压力高于反应器压力。两器压差一定不能超过规定范围，目的就是要使两器之间的催化剂沿一定方向流动，避免倒流，造成油气与空气混合发生爆炸。另外，两器内存有催化剂的情况下容易造成死床。

若分馏系统的催化剂从油气管线进入分馏塔，并到达塔盘上及后面系统，易造成塔盘堵塞。分馏系统回流过多或太少容易发生憋压和冲塔现象。再生器的稀相层发生二次燃烧时放出大量的热量，从而损坏生产设备。降温用水若因故中断，各回流冷却器油温将急速上升，因而造成油罐突沸。冷却水量突然增大也容易损坏设备。

催化裂化生产工艺危险性概括见表6-25。

表 6-25 催化裂化生产工艺危险性

| 事件类型 | 危险因素 | 触发事件 | 事故所处位置 | 现象 | 结果 | 危险等级 |
|---|---|---|---|---|---|---|
| 设备损坏或爆炸事故 | 催化剂倒流，倒流介质互串 | 两器的压差控制不好 | 反应再生系统 | 设备损坏或爆炸事故 | 人员受伤财产受损 | 3~4 |
| | 内壁腐蚀烧红或穿孔 | 原料高温催化剂进行接触反应冲刷管壁 | 提升管反应器 | | | |
| 渗漏火灾 | 高温 | 渗漏 | 设备管线 | 火灾 | 人员受伤财产受损 | 3 |
| 反应再生器爆炸 | 催化剂倒流 | 塔底液面超高 | 反应再生器 | 反应再生器超压 | | 3~4 |

**3. 安全措施**

（1）保证反应-再生系统处于正常状态。反应器是原料油和高温催化剂接触发生化学反应的设备，再生器是催化剂再生的设备。若反应油气进入再生器或空气进入反应器，将导致火灾或爆炸事故。因此，实际生产中采用双动滑阀保证两个容器压差稳定，从而使得催化剂处于正常的流化状态，防止火灾爆炸事故发生。另外，反应-再生系统除了安装温度、压力和流量等参数的自动控制系统外，还需配备一套维护催化剂正常循环的自动控制系统和自动保护系统。

（2）防止设备管线腐蚀泄漏。含有催化剂的油气在高温、高压和高流速状态下对工艺管线和设备具有一定的冲蚀和腐蚀作用，重质原料油及其裂化产品对设备和管线也有一定的腐蚀性。因此应定期对容易腐蚀或磨损的设备、工艺管线进行检测。另外，油品进行裂化反应时对设备和管线的腐蚀较为严重，一旦设备耐压强度降低或磨蚀穿孔，高温油品将喷出容器，并引发火灾。因此，催化剂输送管内应设耐磨衬里，转弯头宜采用直角气垫弯头，催化剂输送管应设波形膨胀节。

（3）防止储罐发生跑、冒、滴、漏现象。生产过程中涉及的原料储罐、中间储罐和半成品储罐较多，储存的物质为氢气、液态烃和芳烃等，储罐一旦出现跑、冒、滴、漏现象，极易造成火灾和爆炸事故。另外，储罐储存物温度过高或人为操作失误，亦可能造成冒罐、跑油等事故。因此，应加强对储罐的检查，并确保储罐的充装量不超过规定值。烃类、氢气等储罐的阻火器、安全阀、冷却系统和静电接地等安全装置必须确保处于良好的工作状态。

（4）设置自动检测报警。设置自动检测报警装置，能够及时发现温度、压力、流量等参数的异常情况，以便操作人员及时采取控制措施。因此，应在储罐区等容易出现泄漏的部位设置可燃气体自动检测报警装置，应在催化重整装置设置报警系统。

（5）防止丙烷压缩机故障。丙烷压缩机是气体分馏系统热泵流程的核心，操作压力较高，技术要求难度大。出现机组轴瓦超温、密封不严或固定不牢等故障会导致丙烷外泄而导致爆炸。因此，严格按操作规程作业，控制温度和压力，加强对机泵的维护和保养，出现异常现象后及时修复，确保压缩机处于良好的运行状态，防止非正常运转。

### 6.3.1.3　石油气的精馏

石油气的精馏是以液化石油气为原料，在分馏塔中将液化气中的丙烷、丙烯、丁烷和丁烯分离开来的石油加工方法。这种工艺过程可以得到更纯的气体，因此工艺要求和安全性要求都很高。

**1. 危险性分析**

（1）液化气原料罐中的切水线是保证安全生产的基准线。若液面、界面指示不明显，液面控制出现故障，自动脱水系统失灵、脱水阀门关闭不严或操作失误，均可能导致液化气从脱水阀门泄漏，引起火灾爆炸事故。

（2）石油气的精馏塔都是在加压条件下进行，例如脱丙烷塔的操作压力可高达2.2MPa。操作中严格按照工艺要求控制塔内的温度、压力和塔内液面高度，防止操作发生大的波动时引起液态烃从安全阀及设备密封薄弱部位外泄。

（3）离心式气压机在生产中担负着控制系统压力，向吸收稳定部分输送压缩富气的工作。气压机组的危险性如表6-26所示。

**表6-26　气压机组的危险性分析**

| 危险因素 | 触发事件 | 形成事故原因 | 现　　象 | 结　　果 | 危险等级 |
|---|---|---|---|---|---|
| 瓦斯泄漏 | （1）设备、管道、阀门、泵等密封不良<br>（2）密封件损坏，紧固件松动<br>（3）工作罐、管道等破裂<br>（4）设备、管道、阀门等腐蚀穿孔 | （1）车间通风不足<br>（2）气体报警装置失灵<br>（3）现场有点火源 | 发生火灾、爆炸事故 | 人员受伤<br>财产受损 | 4 |
| 凝缩油泄漏 | | 现场有点火源 | 发生火灾事故 | | 3 |
| 油气分离器酸性水泄漏 | | （1）人员操作失误<br>（2）装置年久失修<br>（3）介质和有害菌的腐蚀 | （1）地坪及周围设备受腐、损坏<br>（2）人员可能受伤<br>（3）可能引起火灾<br>（4）污水、毒气泄漏 | | 2～3 |
| 富气带液 | 油气分离器液面超高 | 人员操作失误 | 气压机飞动 | 财产受损 | 2 |

（续）

| 危险因素 | 触发事件 | 形成事故原因 | 现　　象 | 结　　果 | 危险等级 |
|---|---|---|---|---|---|
| 噪声、振动 | 机械设备发生故障 | 泵的轴瓦间隙超标等 | 工作环境噪声、振动超标 | 损害人体健康、劳动率下降 | 2 |
| 机械能伤害 | 运转设备防护罩 | 人员靠近设备 | 人员被砸伤或高空坠落 | 人员残废、死亡 | 3 |

**2. 安全措施**

（1）防止液化气原料罐中的液化气发生泄漏。要加强对液化气罐液面、界面及自动脱水系统的检查及校验，防止误操作。脱水管线宜设置双阀，以避免单阀起闭不严而导致液化气泄漏。宜在液化气容易泄漏的部位设置液化气自动检测报警仪。

（2）防止丙烷压缩机故障。丙烷压缩机是气体分馏系统热泵流程的核心，操作压力较高，技术要求难度大。出现机组轴瓦超温、密封不严或固定不牢等故障会导致丙烷外泄而导致爆炸。因此，严格按操作规程作业，控制温度和压力，加强对机泵的维护和保养，出现异常现象后及时修复，确保压缩机处于良好的运行状态，防止非正常运转。

## 6.3.2 化工生产过程

在化工生产中，存在多种以化学反应为主的处理过程，如氧化、还原、硝化、聚合、裂解、脱氢等。它们大部分是强烈而迅速的放热过程和吸热过程，因此具有很大的火灾爆炸危险。本节扼要分析几种典型化工过程的火灾爆炸危险，并讨论相应的预防控制途径。

### 6.3.2.1 氧化过程

凡是物质分子内原子间有失去电子的反应都是氧化反应。氧化过程所采用的氧化剂主要有 $O_2$、$Cl_2$、$Br_2$、$I_2$ 等非金属；$H_2O_2$、$Na_2O_2$、$BaO_2$ 等过氧化物；$KMnO_4$、$KCr_2O_3$、$KClO_3$、$H_2SO_4$、$HNO_3$ 等正高价离子及其化合物。

**1. 氧化过程的共同特点**

氧化反应是强放热反应，尤其是完全氧化反应，释放的热量要比部分氧化反应大 8 ~ 10 倍，容易发生火灾爆炸事故；多种途径被氧化是烃类等有机化合物氧化的一个显著特点；烃类氧化的最终产物都是二氧化碳和水，但实际所需的目标产物都是氧化中间产物，而在多种情况下，氧往往能以多种形式与烃分子反应从而转化为不同的氧化产物，因此氧化过程的控制条件较为严格。

**2. 危险分析**

氧化过程大都在高温、放热条件下进行，特别是气相催化氧化反应一般都在250~600℃的高温下进行的。若不能及时移走反应热，会使反应温度迅速升高，压力增大，反应加速，造成恶性循环，从而容易引发火灾爆炸事故。

有些氧化过程，原料配比在爆炸极限范围之内或接近爆炸极限范围内进行。例如，氨或甲醇在空气中氧化，其原料的配比接近于爆炸下限。氨的爆炸极限为15.5%~27%，而正常生产时，要求氨含量为9.5%~12%。此类反应在正常状态时原料的转化率最高，且无爆炸危险，但操作失误容易导致配比失调，温度控制不当，极易发生爆炸危险。

氧化过程中，设备及管道中的残余物、附着物倘若没有及时清除，这些物质受热或与空气接触时往往会发生自燃。如苯酐生产中产生的萘焦油、苯二甲酸钠、硫化亚铁等，在常温下具有自燃的危险。苯酐焦油在温度高于220℃、顺丁烯二酸亚铁在180℃时也有自燃的危险。

**3. 安全措施**

不同的工艺，原料配比、操作温度、压力、流量等工艺控制参数各不相同。以空气作为氧化剂的氧化反应，应将反应主物料的浓度控制在爆炸极限浓度范围以外，尤其是反应原料配比接近爆炸极限的氧化过程，操作过程中必须严格按照工艺要求控制原料配比、操作温度、压力、流量等工艺参数。

（1）安装自动联锁报警装置。为了防止反应体系形成爆炸混合物，可安装自动连锁报警装置，也可在氧化反应器上设置氮气保护装置。混合比处于爆炸极限范围内时，要加强温度的控制，使其不超过物料的自燃点，同时应严格控制惰性气体的投入量从而起到稀释作用。

（2）安装阻火装置。为了防止氧化反应器发生燃烧或爆炸时危及人身及设备的安全，反应器的前后管道上应安装阻火装置。为了防止反应器超压爆炸，减少爆炸波的破坏作用，反应器或反应器的前后管道上还应安装可靠而有效的防爆泄压装置，或者采用自动控制及报警连锁装置。

（3）设置防爆泄压装置。为了防止氧化反应发生爆炸或燃烧时危急人身及设备的安全，在反应器上或反应器的前后管道上安装可靠而有效的防爆泄压装置，防止反应器超压爆炸，减少爆炸波的破坏作用，以避免损失或将损失控制在最低限度。

（4）设置氮气、水蒸气保护及灭火系统。氧化反应系统应设置氮气、水蒸气自动保护、灭火系统。例如：在丙烯氨氧化反应器的稀相段，当温度过高时，未反应的丙烯极易发生燃烧事故。一旦温度升高，可及时通入水蒸气以稀释原料气中的丙烯含量，从而降低温度。但在通入水蒸气前，应注意反应器出口压力，若反应器出口压力过高，应预先降压，以防止因通入大量蒸汽而使压力升高造成防爆片破裂，大量物料泄出导致更大的事故；在乙烯氧化制醋酸的反应过程中，反应器顶部通氮气保护，防止原料气得不到稀释，过氧化醋酸大量积聚而引起爆炸事故。

(5) 安装导除静电的接地装置。氧化反应所使用的易燃液体和可燃气体，若是电介质，例如乙烯、丙烯、醚类、酯类等，在设备和管道上应安装导除静电的接地装置，以防止物料在设备、管道中流动时聚集静电，从而御防静电火灾。

#### 6.3.2.2 聚合过程

将若干个分子结合为一个较大的组成相同而分子量较高的化合物的反应过程称为聚合。所以说，聚合物就是由单体聚合而成的分子量较高的物质。分子量较低的聚合物称做低聚物；分子量较高的聚合物称做高聚物。

**1. 聚合过程的特点**

聚合按照反应类型可分为加成聚合和缩合聚合两大类；按照聚合方式又可分为本体聚合、悬浮聚合、溶液聚合和乳液聚合、缩合聚合五种。本体聚合往往由于聚合热不易传导散出而导致危险；溶液聚合过程中易燃溶剂容易挥发和产生静电火花；悬浮聚合过程容易出现溢料，并引发较大的火灾和爆炸事故；乳液聚合过程反应速度过快，容易发生冲料，同时聚合时产生可燃气体；缩合聚合是吸热反应，但由于温度过高，也会导致系统的压力增加，甚至引起爆裂泄漏出易燃易爆的单体。

**2. 危险性分析**

国内外都曾发生过聚合反应器温度异常升高，分离器超压而发生火灾，压缩机爆炸以及反应器管路中安全阀喷火而后发生爆炸等事故。此类事故的主要危险因素为：

(1) 形成爆炸性气体混合物。在高压下，当设备和管道的密封有极小损坏时，即会导致气体大量喷出进到车间中，并和空气形成爆炸性气体混合物。如果违反压力条件和规定的混合气体流量比，在设备中乙烯和氧气可能形成易爆混合物。

(2) 放热和热动力不稳定过程。乙烯聚合反应产生的热效应为96.3kJ/mol，所以当热量来不及导出时，会引起乙烯爆炸性分解。

(3) 产品堵塞设备。乙烯可能在设备和管道内聚合而引起温度上升，容易使得产品堵塞设备。乙烯分解时产生的细粒状炭黑有可能堵塞反应器和管道，从而使过程难以正常进行，以致不得不停产进行设备清理。

**3. 安全措施**

鉴于上述危险性分析，因而必须对工艺流程的所有工序进行温度、压力和物料流速的自动控制和调节，尤其要准确地控制乙烯中的氧含量，因为当氧含量超过允许量时，反应速度将迅速加快，若反应热来不及导出，反应强度将显著提高，最终导致乙烯爆炸。此外，过量供氧时，也会形成爆炸性混合物。

### 6.3.2.3 催化加氢过程

催化加氢是在催化剂存在的条件下，向有机化合物中加入分子氢，以增加不饱和有机化合物分子中的氢原子数目，而使其分子键变为较原来饱和的有机化合物的过程。催化加氢所用的原料有芳烃、醛类、酮类、硝基化合物等。催化剂分为活泼金属、金属氧化物、金属硫化物以及金属络合物等。

**1. 催化加氢的特点**

催化加氢过程通常是在高温、高压以及超量氢气条件下进行，属放热反应体系，且反应产物中含有大量未反应的氢气。该反应既可在液相中进行，也可在气相中进行。催化加氢过程的原料及成品(氢、氨、一氧化碳等)大都易燃、易爆或具有毒性；高压反应设备及管道易受到腐蚀并常因操作不当而发生事故。

**2. 危险性分析**

催化加氢反应器的火灾危险性取决于原料产品的燃爆性能、设备的密封性能以及工艺控制条件。

(1) 火灾爆炸危险。催化加氢过程的原料及产品具有火灾爆炸危险，有的还具有毒性。例如乙炔、乙烯、苯、氯乙烯等。

(2) 形成爆炸性混合物。如果操作失误或设备存在缺陷，将会导致氢气泄漏，与空气形成爆炸性混合物，遇火源即发生燃烧爆炸事故。在加压条件下进行的操作，爆炸危险性更大。当反应器的工况偏离正常操作范围时，可能引起反应器内压力急剧升高，导致设备破裂或爆炸。高温高压条件下氢气对钢材还具有腐蚀作用。

**3. 安全措施**

催化加氢反应要严格防止氢气泄漏，操作过程中严格按照操作规程控制温度、压力、流量等工艺参数。主要措施有：车间内的电气设备必须满足相应的防爆等级，且不宜在车间顶部敷设线路及安装电线接线箱；反应过程中需要排出的氢气应利用排气管导出车间屋顶，经过阻火器向高空排放；氢气用量大的情况，氢气储气柜应与生产设备或厂房保持规定的距离；氢气工艺管线上应安装阻火器；加压设备要配置安全阀，反应器和合成塔等设备上还要安装防爆片；厂房通风要好，最好设置天窗和风帽，使氢气及时逸出，厂房屋顶应为轻质型的，发生爆炸时可及时泄压，为及时检测氢气含量，生产厂房内可安装氢气检测和报警装置。

#### 6.3.2.4 脱氢过程

石油化工生产中，从有机化合物中分离出氢原子的化学过程称为脱氢。用脱氢方法可获得生产橡胶、塑料、离子交换树脂等材料的单体。对石蜡烃和烯烃进行脱氢可制取高辛烷值汽油、芳香烃和二烯烃。

**1. 脱氢过程的特点**

工业生产中，脱氢过程是在较高的温度并有催化剂存在的条件下进行。脱氢后反应物体积增大，因此脱氢反应通常在接近于大气压或真空下进行。脱氢一般在较高的温度(300～800℃)下才具有一定的反应速度，但相应地裂解副反应速度也会加快。为此，必须采用选择性良好的催化剂，并用减压操作以尽量降低反应温度。但低压操作有漏入空气引起爆炸的危险，工业上一般是向反应系统通入水蒸气，以降低反应物的分压，并能提供反应所需的热量，消除及减轻催化剂的结焦。

**2. 危险性分析**

脱氢过程中，反应-再生系统具有特殊的火灾危险性。

(1) 反应器充满高温产物，而再生器中则通入空气，因此当反应器压力上升时，热蒸汽和气体可能窜入再生器；当再生器压力上升时，空气可能窜入反应器。这两种情况都可能形成可燃混合物。

(2) 由于废热锅炉的水窜入再生器排放燃烧产物系统可能导致再生器压力升高；冷凝(冷却)器出现故障会导致反应器压力升高。催化剂输送管道堵塞也会破坏反应-再生系统的正常操作压力，使空气窜入反应器或可燃气窜入再生器。

(3) 再生器热空气供量不足，或催化剂受到可燃沉淀物的严重污染导致再生器中物质燃烧不完全，产生的一氧化碳与空气能形成爆炸性混合物。

**3. 安全措施**

为了维护反应-再生系统的平衡操作，除了安装与其他炼油装置相类似的温度、压力、流量等自动控制系统外，还应有一套维护正常催化剂循环的自动控制系统和催化剂发生流化失常时的自动保护系统：反应-再生系统的自动保护系统比较复杂，一般包括反应进料低流量自动保护系统；主风机出口低流量自动保护系统，主风机出口压力下限自动保护系统；增压机低流量自动保护系统；两器压差自动保护系统以及双动滑阀安全自停保护系统等。

#### 6.3.2.5 裂解过程

裂解是一种更深度的裂化，其主要反应设备是裂解炉。石油裂解的化学过程比较复杂，生成的裂解气是成分复杂的混合气体，除主要产品乙烯外，还有丙烯、异丁烯及甲烷、乙烷、丁烷、炔烃、硫化氢和碳的氧化物等，并且生成的产品多为易燃易爆物质。

**1. 裂解过程的特点**

裂解过程在高温高压下进行，以生产烯烃为主的裂解过程是在700～800℃范围内进行，生产烯烃、同时生产乙炔的裂解过程要在1000℃以上的高温下进行，以便使石油烃的C—C键或C—H键断裂，生成烯烃、炔烃和芳香烃。

**2. 危险性分析**

（1）裂解炉内的温度较高，常常高于炉内可燃物的自燃点，因此发生火灾爆炸的概率很大。

（2）反应过程要吸收大量的热，例如裂解1kg油大约要吸收1256kJ的热量，故需要连续供热。

（3）裂解产物不是单一产品，包括烷烃、烯烃、炔烃和氢气等多种物质的混合气以及富含芳烃的焦油和焦炭。物料在裂解炉内停留时间越长，结焦越严重，容易造成炉子出现局部过热现象以致烧穿炉管，并导致炉管压力增大。

（4）裂解过程一般分为烃的裂解和裂解气的冷却与洗涤两部分，反应过程变化剧烈，容易发生故障。

**3. 安全措施**

为了避免高温条件下炉内结焦，应配备蒸汽吹扫和灭火管线，并应设置紧急放空管和放空罐；操作中严格控制裂解温度和压力，并防止设备管线泄漏；为了防止因停水或水压不足导致高温裂解气烧裂设备引起火灾，应配备双路水源和电源。操作中要保证水压大于气压；严格执行裂解炉的开工与停车的安全操作规程；生产中要保证自动控制系统灵敏可靠；设备和管线必须安装完善的静电接地装置和避雷装置。

## 6.4　矿井生产中的火灾爆炸预防控制

煤炭在我国的能源构成中占有极其重要的地位，然而多年来煤矿安全也一直是一个非常突出的问题。大部分煤炭是通过矿井挖掘出来的，在矿山压力的作用下，煤层巷道顶部和侧部的煤块容易发生破碎而形成松散煤体。一般认为，矿井容易发生冒顶事故、瓦斯爆炸、煤尘爆炸、矿井火灾和矿井水灾等5大灾害，其中有3类均与火灾爆炸相关。

本节简要分析矿井中瓦斯爆炸、煤尘爆炸和火灾的主要特点，并讨论预防控制这些灾害的主要技术途径。

### 6.4.1 矿井的基本结构形式

在矿井生产中，为了满足提升与运输煤炭、人员通行、通风、排水及动力供应的需要，从而开拓多种形式的井筒、巷道和硐室，它们总称为矿山井巷。根据矿山井巷的长轴线与水平面的关系，可将其分为直立巷道、水平巷道和倾斜巷道三类。图6-3为矿井中各类巷道的示意图。

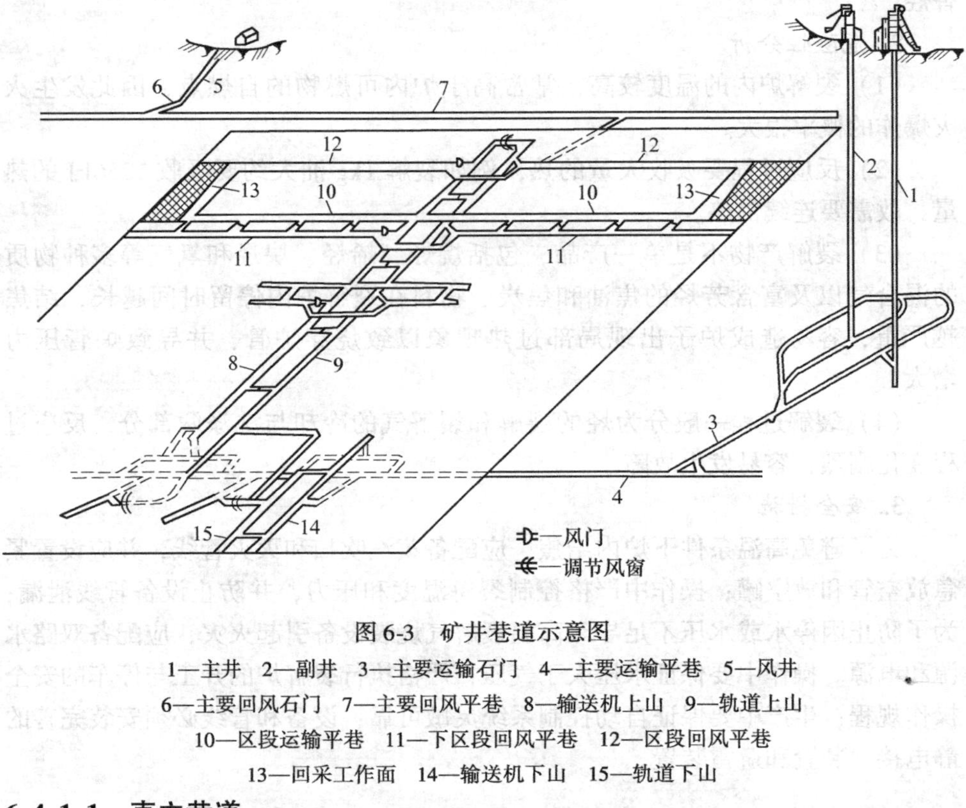


图6-3 矿井巷道示意图

1—主井 2—副井 3—主要运输石门 4—主要运输平巷 5—风井
6—主要回风石门 7—主要回风平巷 8—输送机上山 9—轨道上山
10—区段运输平巷 11—下区段回风平巷 12—区段回风平巷
13—回采工作面 14—输送机下山 15—轨道下山

#### 6.4.1.1 直立巷道

直立巷道的长轴线与水平面垂直，如立井、暗井等。

（1）立井。立井又称竖井，它直接与地面相通。专门或主要用于提升煤的立井称为主井；主要用作提升矸石、下放设备器材、升降人员等辅助提升工作的立井称为副井。生产中，还经常开掘一些专门或主要用来通风、排水和充填等工作的立井，其名称可根据主要任务来定，如通风井、排水井、充填井等。

（2）暗立井。暗立井又称盲竖井、盲立井，它不与地面直接相通，其用途同立井。根据其担负的任务可分为主暗井(用于下一水平的煤炭提升)和副暗井(用于下一水平的矸石提升、设备器材下放、人员升降等)。此外，还有一种专门用来溜放煤炭的暗立井，称为溜井。位于采区内部、高度不大、直径较小的溜井叫溜煤眼。

**6.4.1.2　水平巷道**

水平巷道的长轴与水平面近似平行，主要有平硐、平巷、石门、煤门等。

(1) 平硐。平硐为直接与地面相通的水平巷道，主要分为主平硐、副平硐、排水平硐和通风平硐等。它的作用类似立井，除了运煤外，还兼作运料、行人、通风、供电、排水等使用。

(2) 平巷与大巷。平巷和大巷与地面不直接相通，其长轴方向与煤层走向平行。平巷布置在煤层内的称煤层平巷，布置在岩石中的称为岩石平巷。直接为回采工作面服务的煤层平巷，称为运输或回风平巷。为全阶段服务的平巷称为大巷，如运输大巷。

(3) 石门与煤门。石门与地面不直接相通，其长轴方向与煤层直交或斜交。其中为全阶段服务的石门称主要石门，为采区服务的石门称采区石门；在厚煤层内，与煤层走向直交或斜交的水平巷道，称为煤门。

**6.4.1.3　倾斜巷道**

倾斜巷道的长轴线与水平面有一定夹角，如斜井、上山、下山、斜巷等。

(1) 斜井。斜井与地面直接相通，其作用与立井和平硐相同。不与地面直接相通的斜井称为暗斜井或盲斜井，其作用与暗立井相同。

(2) 采(盘)区上山、下山。采(盘)区上山或下山服务于一个采区的倾斜巷道，也称采区上山或下山。上山用于挖掘一个开采水平面以上的煤层；下山则用于挖掘一个开采水平面以下的煤层。安装输送机的上、下山叫运输上、下山或输送机上、下山，其煤炭运输方向分别为由上向下或由下向上运至开采水平大巷；铺设轨道的上、下山叫轨道上、下山；用作通风、行人的叫作通风、行人上、下山。另外，上、下山可布置在煤层或岩石中。

(3) 主要上、下山。主要上山或下山服务于一个阶段的倾斜巷道。同样的，它可分为主要运输上、下山和主要轨道上、下山等。

(4) 斜巷。斜巷不直通地面，长度较短，主要用于行人、通风、运料等。此外，溜煤眼和联络巷道可作为斜巷。

(5) 硐室。硐室空间三个轴线的长度相差不大，并不直通地面。如绞车房、变电所、煤仓等。

当矿井内产生了有毒、有害气体时，这些井巷也会充当其蔓延的通道，并为事故的发生与扩大提供了方便条件。预防控制矿井的火灾爆炸是应当充分重视矿井巷道的作用。

## 6.4.2 矿井生产中的瓦斯爆炸

### 6.4.2.1 瓦斯组成

矿井瓦斯是煤层涌出的各种有害气体的总称，其基本可燃组分见表6-27。瓦斯是无色、无嗅、无味的可燃性气体，不易溶于水，比空气轻，在标准状态下的密度为0.716kg/m³，对空气的相对密度为0.554。瓦斯的扩散性和渗透性都很强。

表6-27 矿井瓦斯的基本组成

| 气体危险性 | 主要代表物质 | 组成比率(%) |
|---|---|---|
| 可燃性和爆炸性气体 | 沼气($CH_4$) | 80~90 |
| 窒息性气体 | 二氧化碳($CO_2$) | 10~20 |
| 有毒气体 | $CO$、$H_2S$、$SO_2$、$NO_2$ | |
| 其他气体 | $C_2H_4$、$C_2H_6$ | |

矿井瓦斯以游离和吸附两种状态存在于煤体或岩体中，在一定条件下，两种状态可以互相转化。当外界压力升高或温度降低时，部分游离瓦斯会转化为吸附瓦斯，反之，当外界压力降低或温度升高时，吸附瓦斯也能转化为游离瓦斯。煤体和围岩中的瓦斯析出形式，通常分为涌出、喷出和突出三种。喷出与突出又称特殊涌出，对煤矿安全威胁很大。

(1) 涌出。瓦斯由煤层或岩层的暴露面缓慢而均匀地析出，且持续时间较长。涌出是矿井瓦斯的基本析出形式，又称为普通涌出。

(2) 喷出。在较短的时间内，从采掘工作面的局部部位突然释放出大量瓦斯。喷出的时间一般为几天，有时达到几个月。

(3) 突出。在很短的时间内(几分钟甚至几秒钟)大量瓦斯连同煤粉(有时还有煤块或岩石)一起从煤体中突然喷出，也称煤与瓦斯突出。

### 6.4.2.2 瓦斯的危害性

瓦斯的危害主要表现在以下两方面：

(1) 燃烧和爆炸。瓦斯是多种可燃气体的混合物。它的爆炸极限为5%~16%，体积浓度为9.5%时爆炸威力最强，矿井瓦斯的燃烧与爆炸是一种连锁反应，其反应速度很快。

矿井瓦斯爆炸可产生高温、高压，并促使爆源附近的气体以极大的速度向外流动，因而能够严重破坏巷道的结构、设备，并造成人员伤亡。

(2) 窒息性。矿井内瓦斯浓度增加时，氧浓度相对减小，对人员的安全极为不利。瓦斯的窒息性对人的危害程度参见表6-28。

表6-28　瓦斯的窒息性对人体的危害

| 瓦斯浓度(%) | 氧浓度(%) | 对人的危害 |
|---|---|---|
| 19 | 17 | 人感到呼吸困难 |
| 43 | 12 | 使人窒息 |
| 57 | 9 | 使人立即死亡 |

#### 6.4.2.3　描述瓦斯危险的指标

(1) 瓦斯含量。瓦斯含量指每吨煤中含有瓦斯的体积，通常用$m^3/t$来表示。瓦斯含量可用于计算瓦斯储量，也可用来预测开采过程中瓦斯的涌出量，以便采取相应的通风或抽放措施。瓦斯含量一般在试验室内采用特定设备进行测定。

(2) 瓦斯绝对涌出量。瓦斯绝对涌出量指的是煤层开采中单位时间涌出矿井的瓦斯体积，通常用$m^3/d$或$m^3/min$来表示。绝对涌出量可直接采用测风表和瓦斯检定器并加以计算得到。瓦斯绝对涌出量反映了一个工作面、一个采区、一个水平或一个矿井瓦斯的严重程度，也是分析瓦斯来源和分布情况与计算矿井通风的重要依据。

(3) 瓦斯相对涌出量。矿井在正常生产时日产一吨煤所涌出的瓦斯体积，通常用$m^3/(t \cdot d)$来表示。我国现行的煤矿安全规程中，用瓦斯相对涌出量来划分矿井的瓦斯危险等级，见表6-29。

表6-29　矿井瓦斯的危险等级

| 危险等级 | 相对涌出量/[$m^3/(t \cdot d)$] |
|---|---|
| 低瓦斯矿井 | ≤10 |
| 高瓦斯矿井 | >10 |
| 煤与瓦斯突出矿井 | 在采掘过程中，发生过1次以上(含1次)煤与瓦斯突出的矿井 |

(4) 瓦斯浓度。瓦斯浓度是矿井开采过程中瓦斯的体积百分数，可直接用仪表测量，是矿井安全状况的基本标志。

#### 6.4.2.4　防止瓦斯爆炸的安全措施

**1. 加强通风**

加强通风是防止瓦斯积聚最有效的措施。矿井通风应持续有效，并保证足够的风速和风量吹散瓦斯，使得瓦斯浓度低于爆炸极限。所有矿井必须采用机械通风，禁止采用自然通风。矿井必须保证足够风量和风速，严禁无风或微风作业。矿井应采用独立通风和分区通风方式，并及时密闭采空区，加强通风设施管理等。井下各处瓦斯的允许浓度和超限时的要求见表6-30。

表 6-30 井下各处瓦斯的允许浓度和超限时的要求

| 井下主要地点 | 允许的瓦斯浓度(%) | 超过允许浓度时必须采取的措施 |
|---|---|---|
| 矿井总回风或一翼回风 | 瓦斯 >0.75<br>$CO_2$ >0.75 | 矿总工程师立即查明原因，进行处理并报矿务局总工程师 |
| 采区回风，采掘工作面回风风流中 | 瓦斯 >1.0<br>$CO_2$ >1.5 | 停止作业，撤出人员，矿总工程师采取有效措施，进行处理 |
| 采掘工作面风流中 | 瓦斯达 1 时<br>瓦斯达 1.5 时<br>$CO_2$ 达 1.5 | 停止电钻打眼<br>停止工作；切断电源，进行处理<br>查明原因，撤出人员，报总工程师批准，先行处理 |
| 采掘工作面内 | 局部瓦斯积聚达 2 时 | 附近 20m 内，停止工作，切断电源，进行处理 |
| 放炮地点附近 20m 以内风流中 | 瓦斯达 1 时 | 禁止放炮 |
| 电动机附近 20m 以内风流中 | 瓦斯达 1.5 时 | 停止运转，切断电源，进行处理 |
| 综采工作面经排放和已达最高允许风速 | 瓦斯可达 1.5 | 经矿务局局长批准，并符合下列要求：①工作面风流控制可靠；②通风巷道必须保持设计断面；③设专职瓦斯检查员和安设沼气自动检测报警断电装置 |

### 2. 加强瓦斯检查

有关人员必须做到按时、按规定次数对矿井瓦斯进行检查，若发现问题应及时采取措施。矿长和矿总工程师必须亲自审阅通风和瓦斯报表。表 6-31 列出了《煤矿安全规程》要求的瓦斯检查次数。

表 6-31 对瓦斯检查次数的要求

| 矿井瓦斯等级 | 检查地点 | 每班检查瓦斯次数 |
|---|---|---|
| 低瓦斯矿 | 井下所有采掘工作面与可能涌出或可能聚积瓦斯的巷道和硐室 | 至少 2 次 |
| 高瓦斯矿 | 井下所有采掘工作面与可能涌出或可能聚积瓦斯的巷道和硐室 | 至少 3 次 |
| 煤与瓦斯突出矿 | 有煤(岩)和瓦斯突出的采掘工作面 | 安设瓦斯自动检测报警断电装置 |
| 各级瓦斯矿 | 本班没进行工作的工作面进、出风口 | 至少 1 次 |
| | 无瓦斯的煤层进、出风口 | 每天至少 1 次 |
| | 个别瓦斯涌出量较大、变化异常的采掘工作面 | 安设瓦斯自动检测报警断电装置 |
| 高瓦斯矿 | 采用机械采煤或掘进的工作面 | 有专人经常检查 |

**3. 及时处理局部积聚的瓦斯**

若出现瓦斯积聚必须及时采取相应的措施。矿井空顶出现瓦斯积聚时常用的方法为隔离法、分支通风法和引风法。在棚梁的上边和下边钉木板，将空顶用黄土或砂子填满以消除瓦斯积聚的方法称为隔离法；首先将风筒和分支小风筒连接，风流可直接被送至空顶处从而吹散积聚的瓦斯的方法称为分支通风法。引风法则利用导风挡板把风流引到空顶处从而吹散瓦斯。

**4. 消除火源**

消除火源的措施可概括为以下三方面：

防止电火花：一切电力装备与电网，必须采用防爆电气设备，并符合安全规程的要求。消灭电缆的不规范接头。

防止各种明火：严禁任何人携带引火物下井，井下禁止吸烟或使用电炉。井下和井口房不经矿长批准，不得从事电焊、气焊和喷焊等焊接工作。

防止明火放炮：井下爆破应采用安全炸药和防爆型发爆器，并应严格执行放炮的有关规定。

### 6.4.2.5　开展矿井瓦斯抽放

为了防止瓦斯在井下的积聚，很多矿井采用通风的方法将井下瓦斯稀释到安全规定以下，并随风流流出矿井，排到大气中。但是，有些矿井或采区的瓦斯涌出量很大，单独采用通风的方法处理瓦斯时需要的通风量过大，在技术上和经济上都不合理。一种最为有效的解决办法是瓦斯抽放。

瓦斯抽放是通过一定的管道将矿井中的部分瓦斯抽出。一般认为，瓦斯抽放既可以降低矿井的通风费用，还可大大降低巷道内的瓦斯涌出量和瓦斯浓度、减少煤层的瓦斯含量，从而避免或减少矿井瓦斯爆炸事故。此外，抽出的瓦斯还是一种优质燃料，可以为生产和生活服务。

根据抽放的部位，抽放瓦斯主要有开采层瓦斯抽放、邻近层瓦斯抽放和采空区瓦斯抽放三种形式，可以在开采前预抽、边采边抽和采后抽放。抽放的管道可以用钻孔抽放、巷道抽放、采空区插管抽放，目前钻孔抽放使用的最广泛。具体形式应视煤层瓦斯的初始压力、煤层的透气性和生产技术条件而确定。

钻孔抽放瓦斯的效果主要有吨煤瓦斯抽放量、煤层瓦斯抽放效率、矿井瓦斯抽放率、相对瓦斯抽放率等几种评价方式。

吨煤瓦斯抽放量的表达式为：

$$K = \frac{K_1 Q}{Z} \tag{6-6}$$

式中，$K_1$ 为考虑抽放负压后，较自然瓦斯涌出量的增大值，一般为 20%；$Q$ 为钻孔瓦斯自然涌出量($m^3$)；$Z$ 为抽放范围内的煤量(t)。

煤层瓦斯抽放效率的表达式为：

$$\eta = \frac{Q_1}{Zx_0} \times 100 \tag{6-7}$$

式中，$\eta$ 为煤层瓦斯抽放效率(%)；$Q_1$ 为钻孔自然排放及实抽瓦斯量($m^3$)；$Z$ 为抽放范围内的煤量(t)；$x_0$ 为煤的原始瓦斯含量($m^3$/t)。

矿井瓦斯抽放率的表达式为：

$$\eta_1 = \frac{Q_2}{Q_3 + Q_2} \times 100 \tag{6-8}$$

式中，$\eta_1$ 为矿井瓦斯抽放率(%)；$Q_2$ 为矿井瓦斯抽放量($m^3$/min)；$Q_3$ 为回风流中排出的瓦斯量($m^3$/min)。

相对瓦斯抽放率的表达式为

$$\eta_2 = \frac{Q_2}{T} \tag{6-9}$$

式中，$\eta_2$ 为相对瓦斯抽放量($m^3$/t)；$T$ 为抽放区域煤产量(t)。

一般认为，矿井瓦斯抽放率和相对瓦斯抽放率基本上反映出一个国家和地区瓦斯抽放的技术水平和应用程度。

## 6.4.3 矿井中煤尘爆炸的预防控制

由于煤矿开采的特点，矿井内往往会生成大量煤尘。煤尘爆炸所造成的危害极大，不但对设施的破坏相当严重，而且会造成大量的人员死亡。

### 6.4.3.1 煤尘爆炸的条件和过程

煤块是不会爆炸的，但煤块被粉碎成微小颗粒(即煤尘)时，表面积增大(与空气中氧气接触)，发生爆炸的可能性增加。煤尘爆炸是煤尘与空气中的氧进行剧烈反应的结果。

**1. 煤尘爆炸条件**

煤尘爆炸的必要条件包括以下内容：

(1) 煤尘具有爆炸性。不是所有煤尘都有爆炸性，判断煤尘是否有爆炸性应通过煤尘爆炸试验来确定。

(2) 煤尘在空气中呈悬浮状态，达到爆炸极限浓度。

(3) 有引爆的能源。

**2. 煤尘爆炸过程**

一部分悬浮的煤尘在热源作用下被干馏而生成可燃气体，进而与空气中的氧混合，若遇到火源、可燃性气体将迅速燃烧并放出大量的热量，热量又以热传导和辐射的方式传给附近悬浮着的煤尘，使这些煤尘受热气化，如此不断循环燃烧，其反应速度越来越快，最后导致爆炸。

3. 煤尘爆炸的影响因素

（1）煤尘本身的物理化学性质。

煤的挥发分含量越高，煤尘就越易爆炸。判定煤尘爆炸性的指标叫做挥发性指数，也称煤尘爆炸指数。《煤矿安全规程》规定，必须通过煤尘爆炸性试验来确定煤尘有无爆炸危险。煤尘爆炸性试验的具体步骤如下：将直径0.075mm以下的煤样以尘雾的形式喷到1100℃的铂丝上，观察有无燃烧火焰，若无火焰或火星出现，则煤尘无爆炸性危险。

一般情况下，爆炸的主体是粒度在0.06～0.1mm的煤尘，煤尘粒度过小或过大都不会爆炸。煤尘粒度直径小于0.01mm，极易氧化成灰烬，失去爆炸性；直径大于1mm的煤尘难于悬浮于空气中，也不能参与爆炸。

煤尘中的灰分越高，爆炸性就越弱。一般煤尘中灰分达到30%～40%时，对煤尘的爆炸性产生明显的抑制作用。另外，煤尘中的水分具有吸热和粘结煤尘的作用，但是当水分含量大时，水能在高温下分解成氢和氧，反而使煤尘更易氧化。

（2）煤尘浓度。

煤尘在空气中达到或超过爆炸下限浓度时才可能发生爆炸。试验测得褐煤粉的爆炸下限浓度为49～68g/m$^3$；有烟煤粉的爆炸下限浓度为41～57g/m$^3$；贫煤粉的爆炸下限浓度为34～45g/m$^3$。

（3）空气中的氧含量和瓦斯含量。

矿井中氧含量低于18%时煤尘就不能被引燃。试验证明，矿井中瓦斯与煤尘同时存在时，会使二者的爆炸极限都下降，瓦斯浓度越高，下降的幅度越大，如空气中瓦斯浓度为0.5%时，某种煤尘的爆炸下限浓度为34.5g/m$^3$，当瓦斯浓度增至3.5%时，爆炸下限浓度下降到6.1g/m$^3$。

#### 6.4.3.2 安全措施

1. 控制煤尘产生与悬浮

（1）煤层注水润湿煤体。实践证明，煤层注水能使煤层产尘量降低50%～80%。在进行采掘前，利用钻孔向煤层注入压力水，使水沿层理、节理和缝隙渗入煤体从而将煤层润湿，减少开采时煤尘产生量，减少瓦斯涌出量。另外，煤层注水可以改善劳动条件，水中加入阻化剂时还起到防火的作用。

（2）水封爆破和水炮泥。水封爆破是先在炮眼内注入高压水，然后在炸药和炮眼间进行水封，利用炸药爆破时产生的压力将水注入煤层中，使爆破和注水合二为一。同时，爆破时水温升高而汽化，降尘效果更好。水炮泥是将装水的塑料袋代替炮泥填在炮眼内，爆破时塑料袋发生破裂，水成雾状散开，从而起到降尘清烟作用。水炮泥可降低煤尘浓度的52.5%～57%，降低岩尘浓度的85.6%～91%，还可吸收爆破后生成的二氧化碳，具有良好的效果。

(3) 坚持湿式凿岩，消除干打眼，坚持喷雾洒水和清洗巷道；井下煤仓和溜煤眼要保持一定体积的存煤，不能放空；在保证供风量的前提下，选择合理的风速。风速不要过大，以防煤尘飞扬。

**2. 防止煤尘被引燃**

《煤矿安全规程》中规定，开采有煤尘爆炸危险性的矿井，在矿井的两翼，相邻的采区和煤层都必须用岩粉棚或水棚隔开，在所有运输巷道和回风巷道中，必须撒布岩粉。

(1) 岩粉棚。岩粉棚是由安装在巷道中靠近顶板处的若干块木制岩粉台板组成，且每块台板上放置一定数量的不燃性岩粉。当出现煤尘爆炸时，冲击波将岩粉棚震翻，板上的岩粉弥漫巷道，岩粉大量吸热从而隔断火焰，阻止爆炸的传播。岩粉易受潮结块失效，需定期检查更换。

(2) 水槽棚。水槽棚与岩粉棚的结构相似。水的比热容大、吸热多、易飞散，并可长期使用不需更换。

(3) 岩粉袋和水袋。将岩粉或水装在塑料袋中，挂在巷道顶部，其作用与岩粉棚或水槽棚相同。

(4) 自动水幕。在巷道顶板上安设钢管，在钢管上安装喷雾器，利用煤尘爆炸时产生的冲力打开喷雾器的阀门，在火焰到达前形成一道水幕，阻止火焰的传播。

## 6.4.4 矿井火灾的预防控制

由于矿井内空间有限，人员和物资设备的移动都较为困难；同时井下空气供应有限，火灾产生的有毒有害气体不易被稀释，导致人的中毒或窒息，因而矿井火灾具有很大的危害性。

矿井火灾按其发生的原因可分为外因火灾和内因火灾。

外因火灾指的是由外来火源造成的火灾。如井下使用不合格的照明设备、违犯爆破规程、电气设备安装错误和运转不良、变压器油着火、电缆的不规范接头、明刀闸等都可能引起外因火灾。这类火灾的发生一般比较突然。

由煤层自燃引起的火灾称为内因火灾，这是由煤的燃烧特性决定的，其形成过程一般比较缓慢。煤层自燃火灾的发生概率很大，大约占矿井火灾的70%。因此本节重点讨论煤层自燃火灾的特点与预防和控制方法。

### 6.4.4.1 矿井中煤自燃的特点

矿井中煤层自燃的特点可以概括为以下几个方面：

(1) 根据对煤层自燃的统计分析，自燃的位置多发生在采空区(特别是大量丢失浮煤、煤柱未及时封闭或封闭不严的采空区)、巷道两侧受地压破坏而出现裂缝的煤柱、巷道堆积的浮煤或局部冒顶片帮处，以及与地面老窑和古井连通处等。

（2）自燃一般发生松散煤体表面下的一定深度处，且着火点较为隐蔽。在松散煤体的表面，由于风速比较大，煤体和氧气化学反应时产生的热量被风流带走，因此煤的温度基本不变；在松散煤体深部，氧浓度很低，煤体和氧气的化学反应速度很慢，放出的热量很少，大都通过煤体及围岩散失，煤体温度基本不会升高；而在距离松散煤体表面一定深度的范围内，氧浓度比较高，热量散失比较慢，煤体发生自燃的可能性很大。

（3）在煤自燃过程中，由于局部煤温升高而引起自然对流，热空气向位置较高的部位流动。这一方面使高处的煤体受热风的加热而温度升高，另一方面使高温区的漏风强度增大，供氧更充分，导致矿井煤自燃位置有向上发展的趋势，即自燃通常发生在巷道或工作面的顶部。

（4）煤体一旦发生自燃，火源点周围大范围煤岩体的温度升高，因此自燃煤体及围岩内储存了大量的热能，若不消除该热能使煤体的温度降低，煤体和氧气的化学反应速度将逐渐变大，此时火灾难以熄灭。煤层自燃时若采用封闭灭火，灭火周期较长，火场启封后易于复燃。

（5）煤层发生自燃时将产生大量的有毒有害气体。一方面，煤层的氧化会产生一些有毒有害气体；另一方面，高温时煤体将发生裂解并产生大量小分子气体。在井下封闭空间里，煤自燃产生的有害气体容易引起井下工作人员中毒，并给救灾人员带来很大威胁。

#### 6.4.4.2　影响煤层自燃的因素

影响矿井中煤层自燃，除了煤本身的自燃特性外，还与煤层地质条件和开采技术等密切相关。

**1. 煤层地质条件**

（1）煤层赋存条件。煤层越厚，倾角越大，开采时围岩及煤柱的稳定性越容易遭到破坏，从而形成大量碎煤和裂缝，遇空气容易发生自燃。地质破坏带的煤层松软粉碎，同样容易发生自燃。

（2）煤层温度。一般，煤层温度越高越容易发生自燃。如淮南煤的变质程度较低，自燃温度仅有40℃；而变质程度高的煤的自燃温度可达80℃。

（3）煤层粒度。煤层越细碎，其自燃能力越强。

（4）煤层湿度。若将煤完全浸入水中，则不会发生自燃，但是，经水浸的煤体暴露于空气中干燥后，其自燃能力较强。

（5）自燃发火期。当煤层回采后，留下的浮煤及煤柱，在没有密闭及其他防火措施下，经过一段时间的氧化就会自燃，这段时间称为自燃发火期。不同矿井、不同品种的煤层自燃发火期不同。

**2. 开采技术**

开拓、开采方法选择不当，可造成矿井内的煤柱多、丢煤多，推进速度慢，采空区封闭不严，漏风严重，这些都会增加煤体自燃的可能性。

（1）特厚煤层分层开采。特厚煤层分层开采过程中，第二分层以下的煤层开采时，平巷无论内错、外错、还是重叠布置，其维护都比较困难，因此往往采用护顶煤，以防平巷与上部采空区贯通造成自燃发火。特厚煤层分层开采技术主要有以下一些特殊性：

1）特厚煤层第一分层开采时，煤体破碎程度较低，采空区的遗煤较少，平巷都在实体煤中，遗煤与氧接触的时间相对较短，巷帮发生自燃的概率较小。第二分层以下的煤层开采时，平巷开拓时将给上分层遗留的浮煤供氧，此时遗煤的温度将升高，发生自燃的概率增大。

2）在同等供氧条件下，起始温度越高，浮煤的自燃发火期越短。在20～30℃常温下，浮煤每天升高的温度不超过0.5℃；浮煤内部温度差5℃，则自燃发火期就差十几天。下分层开采时，上分层的浮煤温度往往要高于煤(岩)体的原始温度，因而其自燃发火期较短，此时自燃多发生在上分层采空区或巷道周围的破碎带，但着火区难以准确预测，其起火范围比较大。

3）厚煤层分层开采，停采线无论内错，还是外错，其自燃概率都很大。一是因为上分层停采线附近的遗煤较多；二是因为上分层停采线附近的空气较充足；三是由于撤架时间长，故自燃危险性很大。

（2）综放开采。综放开采的煤层都是特厚煤层，平巷沿底板掘进，留有顶煤。顶煤被采动从而破碎离层，有些煤层煤质松软，掘进时顶煤常常冒落而形成空洞区；有的上分层已采，下分层采用综采放顶煤技术，由于煤层起伏变化、中间煤层破碎等原因，使综放平巷与顶采空区连通；无煤柱开采时，沿空巷道与邻近层采空区连通。基于上述原因，综放无煤柱开采平巷的自燃火灾较多，并且火灾将沿巷道顶板及空侧(或顶部)采空区迅速蔓延。

1）综放面无煤柱开采，工作面的长度较大，一般不用岩石集中巷。平巷掘进上千米，且平巷的服务时间长，自燃性增加。另外，沿空巷道自燃时的危险性很大。

2）由于放顶煤技术一次采全高，与分层开采技术相比较，煤层重复破碎次数降低，区段总体服务时间大为降低，总体供风时间减少，故区段总体自燃危险性降低，但局部位置浮煤厚度增加，漏风量增大，因而易于自燃。

3）综放面切眼基本不放顶煤，两道顶煤的放出率较低，接近停采线时也不放顶煤。由于切眼掘出后再扩帮安装支架，矿压反复作用于顶煤，且支架安装需时较长，因而切眼顶煤自燃危险性增强。两道顶煤在回采前的破碎区已受到长时间的氧化升温，由于端头顶煤放出率低，该顶煤垮落采空区后，产生

5~8m 宽的丢煤带，采空区这两条遗煤带温度相对其他地点更高，自燃发火期缩短，自燃性增强。接近停采线时，为了撤架从而不放顶煤，使得采空区产生较大面积悬空，且留有大量浮煤，加上撤架时间又较长，故停采线附近煤体的自燃性较强。因此，综放面采空区两道两线的自燃危险性都较强。

4）综放无煤柱开采时，由于两道顶煤的放出率较低，采空区两道留有2条5~8m 宽、几米厚的浮煤带。当相邻综放面沿空送巷回采时，由于一次采落煤层厚度大，采动影响范围广，留设的小煤柱被压酥而形成漏风通道，煤柱和相邻采空区漏风量增加，相邻采空区自燃性增强。

（3）特殊条件下的煤层开采。目前，急倾斜特厚煤层大部分采用放顶煤开采。采用倒台阶的采煤方法，其回采率相对较低，从而使得采空区的遗煤较多，因此，急倾斜煤层上部采空区一般都是火区；当下区段开采时，采空区垮落，上区段采空区的浮煤可能发生自燃；当二分层放顶煤时，经常把一分层采空区的高温浮煤和明火放出，从而引起本工作面着火；当煤层埋藏较浅时，大型煤矿周围往往有许多小煤窑，当小煤窑发生自燃时，大型煤矿的煤层往往也会发生自燃。

#### 6.4.4.3　矿井中煤自燃的早期识别

（1）人的经验(观察与感觉)。煤炭自燃最初阶段具有外部征兆，这些征兆往往是生产实践中早期识别煤炭自燃的最重要依据。火场附近的空气或从火场流出的水的温度增高，矿井内出现雾气或巷道壁“出汗”或支架上出现水珠；井下巷道出现特殊气味，不正常的空气条件使人有不适感。

（2）空气成分的变化(测定)。矿井内空气的氧浓度减小，二氧化碳含量增加，并先后出现一氧化碳和各种碳氢化合物(烷系、烯系)，这些变化可以作为判断煤炭自燃过程的重要依据。空气中出现微量一氧化碳，但它的存在是不经常的，并且其浓度随时间逐渐增加，则认为是自燃火灾的早期特征。目前，我国以一氧化碳含量与氧含量的比值作为预报参数。在正常情况下，该比值为常数，如比值升高，则表明可能发生了煤炭自燃。

（3）温度的变化(测定)。空气温度可由普通温度计测定，围岩温度可由特定温度计在一定深度的钻孔中测定。

#### 6.4.4.4　矿井火灾的防控措施

矿井内发生火灾后，不仅会释放出大量有毒、有害气体，同时高温环境可促使煤层瓦斯释放，进而可能引起瓦斯爆炸，因此应当加强矿井火灾，特别是煤自燃火灾的预防，一旦发生就要快速彻底地将火扑灭。

（1）安全管理方面。首先要加强矿井内煤自燃的监测、观察和判断，及早发现自燃火灾的征兆，把火灾消灭在萌芽状态。必须安装灵敏、可靠的瓦斯探测装置。

(2) 采煤方面。在开拓方法及巷道布置方面，应把集中运输大巷和总回风巷布置在岩层或无自燃起火的煤层内。在开采方法方面，应注意提高回收率，降低煤炭损失，合理确定采区范围，加快回采速度，遵守正常的开采程序，及时密闭采空区和废弃巷道等。

(3) 通风方面。漏风是造成煤炭自燃的重要因素之一，在通风不良，通风系统混乱或漏风严重的地区易发生自燃。因此选择合理的通风系统和供风方式，减少漏风，对于防止煤炭自燃具有重要的作用。

(4) 采取均压防、灭火。尽可能减小采空区或火区的进、回风侧的压力差。压力差越小，漏风量也越小，压力差接近于零时可以杜绝采空区或火区的漏风，这就是均压防、灭火的原理。

(5) 预防性措施。将水、黄土和砂子按比例配制成泥浆，用管道输送到可能发生自燃的采空区内。泥浆起到吸热冷却及堵塞裂缝，隔绝煤与空气接触的作用，从而预防煤炭自燃，这是目前防治煤炭自燃较为有效的方法。

(6) 要严格杜绝火源，尽量防止外因火灾，主要应注意以下几个方面：电气设备的正确选择、安装、使用和维护；避免电流发生短路和过载现象；对井下电和气焊等工具实行严格的管理；井下严禁吸烟；杜绝使用明火照明、裸露电缆接头和明刀闸开关；使用安全炸药等。

(7) 安装一些适用的消防技术，如在适当位置设置防火门、按规定配置消防器材和灭火设备、设置井下消防供水系统、采用不燃性材料支护等。

## 6.5 轻纺行业的火灾爆炸预防控制

轻纺行业中的企业类型很多，包括棉花、麻、合成纤维的加工和纺织。由于机械设备繁多、生产工序复杂，用电用热量大面广，有的是明火作业，而且容易产生粉尘和飞絮，因此极易造成火灾或爆炸。本节结合几种有代表性的轻纺生产工艺分析防控火灾爆炸的工作特点。

### 6.5.1 合成纤维生产场所

合成纤维生产过程所发生的火灾爆炸事故的点火源主要有：①加热炉、加热器；②检修时的动火；③铁器、机械的摩擦与撞击；④电器设备；⑤人为明火，如未熄的烟蒂等。其生产过程的火灾爆炸危险主要包括生产物料、生产设备和操作过程的危险。

#### 6.5.1.1 生产物料的危险性及其预防控制

合成纤维生产中的原材料、中间产品多数为易燃、易爆、有毒物质，有的还是剧毒物品，在运输、生产、储存过程中应注意以下几点：

(1) 原材料储罐、生产管道、生产容器应密闭良好，严防渗漏。

(2) 所有原材料储罐应根据需要安装液位计、温度计、压力表、安全阀、爆破片、阻火器和相应的消防设施。

(3) 对容易自行聚合的物料应加入阻聚剂，如丙烯腈可加含量为$(35\sim45)\times10^{-4}\%$的对甲氧基苯酚或含量为$100\times10^{-4}\%$的氨；丙烯酸甲酯加含量为$(300\sim400)\times10^{-4}\%$的对甲氧基苯酚或含量为$300\times10^{-4}\%$的丙酮缩氨基硫脲。

(4) 储存、运输三异丁基铝等烷基铝时应用99.8%以上的氮气保护，防止自燃。三异丁基铝等不得与水和空气接触。配制铝剂催化剂时，烷基铝的装卸与操作也必须在氮封下进行，要求绝对与水隔离。装置区内储备不得超过安全储量。在盛装烷基铝的特殊容器下，要覆盖一定量的膨胀珍珠岩作为特别防火措施。

(5) 运输、搬动要轻拿轻放，防止剧烈震动。

(6) 高温季节应做好防暑降温工作，储罐应有良好的降温保护和冷却喷淋设施。

#### 6.5.1.2　生产设备的危险性及其预防控制

合成纤维生产过程的生产设备的主要危险性及其防控措施包括以下几个方面：

(1) 设备密闭。严防跑、冒、滴、漏；对输送管道应尽量少用或不用法兰接头，所有垫圈必须保证良好。

(2) 突然超压。对于突然超压或瞬间分解爆炸危险物料的设备，或者设备内被处理的物料易结晶或聚合而堵塞安全阀时，如萘氧化塔、混合二甲苯氧化塔、环己酮及环己酮肟蒸馏釜、丙烯腈合成反应器及混合器、乙烯及乙醛氧化器等，应装爆破板，装有爆破板的导爆筒应朝向安全方向。

(3) 高温高压设备。如氢化塔、氧化器、酯化锅、聚合釜、废热锅炉的汽包等，应设置安全阀，并保持其灵敏度。有燃烧爆炸介质的高温高压设备，如氧化塔、氧化器、丙烯腈合成反应器、酰胺聚合釜、蓖麻油裂解炉等，应具备连通氮气管线或氮气钢瓶的固定装置，以备置换、保护、压料或灭火之用。

(4) 反应物料。当自聚放热、分解放热而引起的超温超压有可能引起火灾和爆炸危险时，系统除了应具备自动或手动紧急泄压排放设施(如放空管、事故槽等)以外，尚应考虑设置自动连锁报警系统。当温度、压力越限时能自动调整，或者停电时能自动停料，并发出警报信号，便于发现险情，及时处理。

(5) 检测报警器。甲类生产装置容易发生可燃气体泄漏的部位，特别是处于高压下的可燃气体装置区，宜设置可燃气体浓度检测报警器。当泄漏的可燃气体浓度达到规定数值，即发出报警信号。

(6) 阻火器。在输送可燃气体的管线中间，进入具有爆炸介质的高温设备的气体管路前端，以及可燃气体和易燃液体排气管的末端，应加装阻火器，以防回火。

(7) 可燃气体压缩机。该机的入口不允许出现负压，管道应具备防止产生负压的平衡阀或定压阀，以免渗进空气形成爆炸性混合气体而爆炸。多级压缩的可燃气体压缩机各段间应设冷却和气、液分离设备，防止汽缸内由超温超压而引起的爆炸事故。

(8) 高温、高压管线应有绝热层，否则高温可能成为漏出的可燃物的着火源。

(9) 危险车间应配置蒸汽或氮气灭火管线和适用的灭火器材，在有毒物品的部位还应配备防毒装备。

#### 6.5.1.3 操作要求的危险性及其预防控制

在生产操作过程中可能出现的危险性及其防控措施包括：

(1) 开车要求。投产前，设备系统需用清水洗净，分析含氧量在0.5%以下时，方可开车生产。

(2) 配料要求。应按照配方进行，注意随时剔除原料中的有害杂质，特别是对有空气(氧)参与的原料配比，一定要控制在爆炸极限以外。

(3) 投料要求。应仔细检查仪表是否正常，设备系统有无渗漏。投料时，要准确掌握投料的先后次序、投料速度和分批投料的间隔时间。

(4) 温度和压力要求。由于反应温度和压力都较高，危险性较大，所以必须严格控制反应温度和压力。另外，反应器的安全装备应处于良好状态，并定期利用高温测厚仪检测反应器的壁厚，同时作好记录。

(5) 异常情况。当发现设备内出现结焦或管路堵塞时，要停车降压制冷，再开盖、除焦、捅堵。在反应过程中，如设备系统冲料起火或爆炸着火时，应紧急停止进料，降温降压，打开事故排空阀，用相应的灭火器扑救，并设法阻止火势蔓延。当发生事故需要紧急停车时，应先停止加入可燃物料，后停止加入不燃物料；恢复正常开车时，则应先送不燃物料，后进可燃物料。

(6) 出料要求。无论是正压操作还是负压操作，都要在压力趋于正常之后出料，并用氮气作保护，不得用压缩空气排料。当停车关闭热源时，要注意设备内的压力变化。

(7) 排污要求。严防易燃、易爆、有毒物品随污水排出。如发现危险物品随污水排出，应立即在污水流经的水道及蒸气可能扩散的区域禁止明火等措施。

(8) 操作工要求。要坚守岗位，认真操作，关键岗位至少要2人操作；要定时巡回检查设备、仪表情况，认真检查并作好记录，交接班时要交待生产情况。

## 6.5.2　棉纺织生产场所

### 6.5.2.1　生产工艺

**1. 清除杂物**

棉花进入机台前，要彻底清除铁片、铁丝、铁钉、石子、木块等杂物。除人工挑拣外，在清棉机、轧棉机和剥绒机的棉箱下部要安装吸铁装置，或其他除杂装置。例如在清棉机下部设置自然坠落储槽，在轧棉机喂棉辊下设置铁板，当有硬杂质落到板上击出响声时，可立即停止喂棉，拉起肋条使之直接掉入地槽；在输棉风筒的拐弯处，可加设自然坠落斗除尘。

**2. 调整锯齿和肋条的间隙**

锯片必须锋利，光滑平整，厚薄一致，防止锯片与肋条摩擦。肋条两侧表面必须光滑，无毛刺，并且排列平整，以免纤维阻塞肋条间隙。肋条间隙为 2.8～3.0mm，不仅对产品质量有利，且可减少火灾危险性。

**3. 电气设备**

车间内电气设备可选用防护型的，照明应为防尘型的，其安装和使用要符合防火要求。如果使用敞开式电机和开关，应设外置防护。车间的布线应用套管保护，不得使用明线。其他电气设备，如接线盒、闸刀开关、继电器等，都应该装罩保护。

**4. 明火作业**

车间内一般不准进行明火作业，如必须进行时，在办理动火审批手续之后，应先清理现场，把籽棉、棉短绒等可燃物搬走。

**5. 化学危险物品**

严禁棉绒与油类、酸类、氧化剂等化学危险物品接触。污棉特别是沾有植物油的棉绒应及时清出车间。

**6. 吸尘装置**

棉花在轧制过程中，利用齿刃将纤维与籽壳剥离时会产生棉粉尘；棉籽壳、棉仁及其他棉叶杂屑等，有时也会被“加工”成粉尘，而原有的粉尘被“加工”成更细微的粉尘。这些可燃粉尘在车间悬浮达到爆炸浓度，遇明火即会发生爆炸。

### 6.5.2.2　棉花储存

近几年棉花加工厂发生的重大、特大火灾，损失严重，主要是仓库起火，因此，应加强棉花储存仓库的火灾安全管理。

(1) 仓库合理布局。储存棉花的场地应与棉花加工车间分开。储量较大(如超过半年加工能力的)、储存期较长(如超过半年的)，应按照仓库要求进行管理。仓库(堆场)设在棉花加工车间常年主导风向的上风向，两者之间应用围墙隔开，不得与加工车间毗连，更不得设在加工车间当中。棉花加工车间附有棉籽油加工场的应单独布置，设在棉花仓库(堆场)的下风方向并保持较大的距离。

(2) 仓库管理。棉花加工厂的工人、交售棉花的人员，除生产必须外不得随意进入仓库(堆场)区。临时进入仓库(堆场)区的人员应履行登记手续。

(3) 仓库环境。棉花堆场内不应存在架空电线。

(4) 仓库电器。应由取得国家电气操作证的人员操作，不可让不懂电气安全知识的人乱摸乱动电气设备。

(5) 安全间距。室内棉花仓库应按规定保持间距，露天堆场储存量较多的，应按规定设分场分组，堆垛大小和间距均应符合安全规定。棉花加工厂的棉花储量超过其储存能力的应及时调走，防止超储，以利安全。

(6) 其他要求。棉花加工过程中产生的下脚料特别是沾有油脂的下脚料棉或受潮的下脚棉应单独存放，不得放入棉花仓库内，并应加强管理，防止自燃。破损的棉包、散包不得堆垛，应集中存放，经重新打包后才可上垛。

#### 6.5.2.3 工艺设备

(1) 清棉工序。清棉工序的输棉管道应设吸铁装置，以防金属杂物混入清棉机；在抓棉机喇叭口处安装磁铁；在原棉进入豪猪式开棉机之前，于混棉机出棉口处加装气流吸铁除尘斗，以进一步清除金属等杂物，要求每块磁铁应具有吸起12kg以上重量的吸力。

(2) 除尘装置。当棉花进入气流吸铁除尘斗时受磁铁、隔板的阻挡，垂直地撞击于磁铁上，铁器等杂物被磁铁吸住，棉花受隔板限制朝下行，绕180℃弯经第二道磁铁。同时，携带棉花的气流进入除尘斗后，突然因斗内容积变大而减速扩散，因此棉内夹带的一些金属、木块、石子、绳头及纱管等杂物会与棉花分离沉落于除尘斗内，故该装置具有吸铁与除尘功能。

(3) 机械设备。为了防止机器内部机械撞击打火，要求清棉设备内所有打火部分与相邻部件间隙必须保持准确。烘筒式浆纱机和蒸汽管保温层应无破损外露现象。烘筒应装有压力表、安全阀、减压阀及疏水器。压力表应标有最高工作压力红线，安全阀排气能力必须大于容器的安全泄放量，排气孔应朝无人走动侧安装。

### 6.5.3 麻纺织生产场所

麻纺织的原料主要是黄麻、红麻、亚麻和苎麻。麻纤维的主要组成部分为纤维素、半纤维素、木质素、果胶质和少量蜡质、脂肪等，因此麻纤维极易燃烧，易造成火灾事故。

#### 6.5.3.1　麻袋生产的火灾危险性及其防控

（1）软麻和堆仓发酵。防止麻纤维在堆仓发酵过程中温度升高，引起自燃。

（2）梳麻。梳麻工序的重点是防止梳麻机因撞击和摩擦而引燃麻纤维。

（3）精纺。防止精纺机的飞轮缺油摩擦起火，因此必须按时加油。同时，应做好精纺机的清洁工作，防止麻尘被精纺机的电火花引燃，起火时不可关车，以防锭带及皮辊烧坏。

（4）并条。并条机必须防止断头自停装置发生短路，自停装置的吸铁应定期检查、更换，防止铁芯卡住或落下，造成吸铁线圈发热而起火。

（5）络纬。防止络纬机纡碗下部的锭杆上挤塞麻纱或杂物，并及时检查清除。

（6）轧光和折切。折切机的刀口进行刃磨时应先停机，并关掉电动机和清除现场的麻屑及周围的半成品，然后才能进行磨刀操作，以防起火。

#### 6.5.3.2　亚麻生产的火灾危险性及其防控

**1. 亚麻纤维原料**

加强对生产区域内可燃物(干茎、纤维、麻秸、粉尘)的管理，保持清洁，及时清除天棚、墙面、设备和地沟等处的可燃物。生产区的电气设施要严格按照有关的规定进行设计、施工和管理，尤其要注意粉尘和电气设施的隔离，保持电气设备及周围的清洁。生产车间内避免使用动力车辆和未安装防火花设施的电瓶车作为运输设备。

在机械加工、手工梳理以及打包等工序中，为收集和运输麻秸而建立的气流运输系统会散发亚麻粉尘。对地下水位比较高的生产区，要防止车间的低洼处(如地沟)积水，积聚在该处的亚麻尘杂物遇水可能会产生沼气，增加火灾的爆炸危险，因此应采取有效的防水构筑设计，经常清理尘杂，保证良好的通风条件。

**2. 亚麻纺织生产**

在亚麻纺织生产工艺过程中，引爆火源主要有摩擦热表面、电火花、化工原料发生放热反应、纤维自燃、金属撞击、各种维修作业及其他明火，以及少量纤维或可燃尘杂的燃烧等，它们都容易被除尘系统的吸尘气流引到系统的集尘部位而引起爆炸，并可能引起严重的连续爆炸。因此，应防止引爆火源的出现；防止粉尘云的形成；保证应急救援措施。

（1）梳麻。防止亚麻纤维吸湿过程中放出的热量和空气不流通的条件下产生的甲烷气体聚集而产生火灾危险，宜设置可燃气体浓度检测报警装置。

（2）前纺。联合梳麻机和精梳机是前纺工序中的重点防火部位。

（3）后纺。注意亚氯酸钠的危险和高温表面点燃可燃物。

**3. 亚麻粉尘**

(1) 除尘系统。它是亚麻生产防爆工作的核心部分，而且生产过程中除尘的工艺设备和场所又多，原料厂的碎茎、打麻、脱麻、脱绒、打包、短麻及麻秸运送，纺织厂的分束、栉梳、混麻加湿、联梳、成条、并条、精梳、粗纱等工序都散发麻粉尘或排出纤维绒，因此除尘系统出现爆炸就能迅速波及生产车间，扩大损失。

(2) 集尘罩、集尘斗及管道设计。应当按工艺要求严格进行风量和阻力平衡计算；施工时应保证内表面光滑无任何细小尖刺；设置必要的检查口和性能测试点；凡是有可能进入风机的部位应设置金属捕集装置；应尽量采用上、下吸尘系统，如果只有上吸尘的管道系统，应定期清除管内尘垢，以防止管道系统内局部积存尘杂和纤维，金属撞击火花及其他火源进入滤尘设备。

(3) 泄压设计。尽量在车间或位于地上技术隔层处布管，不得已采取地沟设管时，应尽量采取不通行小地沟，并设置局部检查井，同时利用填砂充塞管沟。如受其他条件限制，只能采用通行地沟时，应当在与滤尘室相通的通道上设置防止压力冲击波的隔断层，并将难于清扫的部位用填砂法砌埋，保证地沟内无积尘区，同时尽量缩短管沟的长度。

## 6.5.4 毛纺织生产场所

在毛纺织生产工艺中，主要是烧毛工艺、烘干工艺和热定型工艺的防火问题。

### 6.5.4.1 烧毛工艺

烧毛是将织物呢面上密集、耸立、游离的短毛烧掉，使织呢面光洁，织纺清晰，色彩鲜亮美观。目前我国使用的烧毛设备主要是以煤气、液化石油气、汽油汽化气等为燃料的烧毛机。烧毛时，燃料气体与空气事先混合，经过鼓风机进入储存气体的比例混合器，经过调节之后被送入喷火口燃烧，可以达到需要的火焰大小。

在烧毛工艺过程中，应采取如下措施来避免可能产生的危险：

(1) 烧毛时，火焰温度和过车速度必须控制协调，车速度太慢(小于60m/min)或火焰过强(温度高于800℃)时有烧着的危险。

(2) 燃气管路须设自动停气装置，当因故障停机时，应能立即断绝气源、熄火。停气装置应靠近喷火口，以免停气后管路中余气过多而发生意外。

(3) 点火应迅速，防止大量气体散发而引起爆燃。若第一次点火未成功，应将气门关闭，采取通风措施，排除可燃气体后再点火。

(4) 烧毛间应与汽油、液化石油气等燃料库保持足够的安全距离，以防燃料气管道渗漏时遇明火而发生燃烧爆炸。

（5）汽油汽化器设备应完善，防爆膜、压力计、温度计等应齐全可靠，并静电接地。

#### 6.5.4.2　烘干工艺

在毛纺织生产中，多次使用烘干工艺，包括洗毛烘干、毛炭化和匹炭化烘焙、洗酸后烘干、纤维染色和毛条染色复洗烘干、漂白烘干等。烘干方法有汽烘干、红外线烘干和自然干燥三种。除自然干燥外，都是在烘干机内进行。烘干工序的工作温度较高，并且毛纺织产品较容易被引燃，因此应严加防范。

热辊式烘干机滚筒的内部存在0.3～0.4MPa的饱和蒸汽，滚筒表面温度可达150℃，经烘干硫化染料染过的织品容易燃烧，特别是烘黏胶纤维织品，此时，表面温度宜调至105℃。另外，应保证快速出机、不闷车，以消除织物燃烧的危险。

热风式烘干机将蒸汽通入热辐射器加热空气，利用温度为70～110℃的载热空气循环吹风带出织物中的水分，反复通过烘房热烘区最终烘干毛织品，热风的速度为5～18m/min。不同纤维的织物须采取不同的烘干温度和进呢速度，以免久烤起火。

烘干工艺可以采用波长为0.7～1.5μm的红外线加热呢面，常用于呢匹树脂整理和高温烘焙。此时，可调整织物呢面的高度和运行速度来达到不同织物烘干的要求。红外线烘干机热烘区不应有木板等可燃物，电源线不要敷设在烘区内，接近热烘区内的导线应套瓷管，以防电线绝缘融化后碰线。

#### 6.5.4.3　热定型工艺

为使含有化纤或纯化纤的织物在后面加工及使用过程中得到良好的尺寸稳定性、抗皱性、较好的平稳度和手感弹性，并防止或减少起球，需要经过热定型工艺。涤/毛、毛/粘等混纺织物，其定型温度为170～180℃；纯涤纶纤维织物，其定型温度为190～220℃；热源为干空气，定型时间为30s。在高温定型区内，干热空气用电加热到180～200℃，电加热管的表面温度可达500℃以上。在中温区(预热区)一般只装蒸汽排管，蒸汽压力为0.3～0.4MPa，蒸汽管表面温度为140～150℃。

由上述可知，热定型工艺的工作温度较高，因此存在较大的火灾危险性。当电加热系统自动控制设备失灵时，导致温度过高，容易引起火灾。为安全起见，除经常检查自控装置使其保证有效外，最好设双套自控装置。将空气送入电加热室的鼓风机必须全部有效，如个别损坏，应立即调换，以免局部温度过高，引起保温材料等起火。电加热室的保温材料不宜用可燃物，并须保持机内清洁，防止毛屑等积聚起火。

## 6.6 烟花爆竹生产中的火灾爆炸预防控制

我国烟花爆竹的使用已有1000多年的历史，是全球烟花爆竹最大的生产国。但是，近年来由烟花爆竹引发的火灾爆炸事故多次发生，需要引起足够重视。烟花爆竹的生产原料多为爆炸性物质，因此生产过程存在极大的火灾爆炸危险性。另外，烟花爆竹作为劳动密集型产业，整个行业技术水平差，集约化程度不高，这也是事故多发的重要原因。本节结合烟花爆竹的生产工艺特点分析火灾爆炸防控。

### 6.6.1 烟花爆竹的分类

按燃放效果不同而将产品分烟花和爆竹两大类。

#### 6.6.1.1 烟花产品分类

（1）喷射类。燃放时以喷射火苗、火花为主要效果的产品。

（2）升空类。燃放时，由定向器定向升空效果的产品。

（3）旋转类。燃放时烟花主体自身旋转效果的产品(旋转升空的产品不列入此类)。

（4）地面礼花类。燃放时放置在地面，从主体内发射并在空中爆发出珠花、响炮、笛音或飘动物等效果的产品。

（5）吐珠类。燃放时从同一筒体有规律地发射出多颗彩珠、彩花、响炮等效果的产品。

（6）线香类。用装饰纸筒裹装烟火药，或在铁丝、竹竿、木杆或纸片上涂敷烟火药形成的线香状产品。

（7）烟雾类。燃放时以产生烟雾效果为主的产品。

（8）造型玩具类。产品外壳制成各种形状，燃放时或燃放后能模仿所造形象或动作，或产品外表无造形，但燃放时或燃放后能产生某种形象的产品。

（9）小礼花弹类(直径不大于38mm)。弹体从发射筒中发射到空中后，能爆发出各种花型图案或其他效果的产品。

#### 6.6.1.2 爆竹产品分类

（1）硝酸盐炮类。以硝酸盐为氧化剂的爆响药制成的产品，含有金属粉的硝酸盐炮又称为硝光炮。

（2）高氯酸盐炮类。以高氯酸盐为氧化剂的爆响药制成的产品。

（3）氯酸盐炮类。凡含有氯酸盐为氧化剂的爆响药制成的产品，含有金属粉的高氯酸盐、氯酸盐炮又称为电光炮。

（4）其他炮类。以其他非禁用药物作爆响药制成的产品。

## 6.6.2 原材料的危险性分析

### 6.6.2.1 氧化剂的危险性

烟花爆竹原材料中起氧化剂作用的物质，常用的有氯酸钾、高氯酸钾、高氯酸铵、重铬酸钾、碳酸锶、碳酸银、硝酸钾、硝酸钡、红丹等。

（1）氯酸钾。又称白药、洋硝、低钾，为无色单斜晶体或白色粉末，有毒性。与有机物、硫、硫化物或其他易氧化的物质混存后，受热、摩擦或撞击均可能发生强烈的燃烧和爆炸。与赤磷、雄黄、硫化锑的混合物即使在水分10%~20%时受到摩擦冲击仍有爆炸性；与硫酸、盐酸接触即可发生燃烧和爆炸。因此在生产过程中必须注意其他药物的纯度，特别是硫化物的纯度；在储运时，应专仓专箱储于干燥、阴凉的库房内；与糖类、油类、木炭等有机物及硫磺、赤磷、还原剂、酸类等隔离存放。

（2）高氯酸钾。又称过氯酸钾、高钾，无色斜晶体或白色粉末，有毒，性能比氯酸钾稳定。与硫化氢、盐酸混合会产生自爆；与有机物混合具有强烈的爆炸性能；与硫磺混合时，在30℃时就会着火燃烧。因此高氯酸钾应专库存放，库温不得超过30℃，不得与一切有机物、易燃物、酸类共同储运。

（3）硝酸钾。又称火硝、土硝、硝石、盐酸，无色透明斜方、三方晶颗粒或白色粉末，有毒。与有机物混合易引起燃烧和爆炸。因此硝酸钾应储存在干燥通风的库房中，与砂布、纸张、油、糖、木屑、硫磺、酸等还原剂隔离存放，远离火源或热源。

（4）硝酸钡。透明白色立方结晶或粉末，有毒。与有机物混合能发生燃烧和爆炸；与氯酸钾混合可能产生自燃或自爆。因此硝酸钡应储存在专门的耐火库内，与一切有机物、易燃物、酸类不得共同储运。

### 6.6.2.2 还原剂的危险性

烟花爆竹原材料中起还原剂作用的物质，常用的有硫磺、木炭、铝粉、硝化棉、镁粉、铝镁合金粉、钍、铁等。

（1）硫磺。黄色结晶或粉末，硫磺粉尘在空气中容易发生燃烧和爆炸。与氧酸钾的混合物形成爆炸物质，敏感度高，稍经撞击和摩擦就会发生爆炸。导电性能和导热性能很差，单独粉碎时极易自燃，所以经常与木炭碾磨。

（2）铝粉。又称银粉、铝银粉，颜色有银白色、银灰色、黑灰色三种。呈片状和粒状的粉末，遇水或受潮后都会发生化学反应，放出氢气，同时产生大量热，极易自燃自爆。与空气混合，形成爆炸混合物，遇火源就会爆炸。

（3）镁铝合金。灰色粉末，遇水或受潮后生成氢氧化物放出氧气，同时产生大量的热，易发生自燃自爆。铝镁合金粉尘与空气混合会形成爆炸性物质，用铝镁合金粉制作亮珠，应注意及时散热，亮珠不能翻动，以免发生事故。

(4) 硝化棉。又称硝化纤维素，棉花火药，白色或微黄色非晶体固体，具有高度可燃性和爆炸性，受热或储存长久易自行爆炸。因此，硝化棉必须储存在特种标准的储存室内，避光储存，室温不超过28℃，不低于1℃。

(5) 镁粉。银白色金属粉末，遇水或受潮发生化学反应，产生氢和热量，与氯、溴、碘等氧化剂发生危险化学反应而引发自燃自爆。

(6) 木炭。吸附能力强，新烧制的木炭可能产生自燃，因此5~8天内不能用作制造黑火药。用作烟火药的木炭不得含有铁钉、泥沙等杂质。

#### 6.6.2.3 着色剂危险性

常用的着色剂有硝酸锶、氟铝酸钠等。

(1) 硝酸锶。无色或白色结晶，与有机物、还原剂或硫、磷等混合后，若摩擦、碰撞或遇火星会引起燃烧和爆炸。

(2) 氟铝酸钠。单斜晶系，常呈灰色、淡黄色或浅红色，遇酸则分解，释出剧毒的氟铝化氢，对皮肤和眼睛有损伤。

### 6.6.3 烟花火药的制备过程

烟火药制造过程是将氧化剂、还原剂及粘合剂和特种效应的化工原料按花炮产品的不同要求进行工艺处理的全过程，由于操作人员与药物特别是混合后的药剂直接接触，因此它是花炮生产中最重要、危险程度最高的工序之一。

#### 6.6.3.1 原料的准备

烟火药制造过程中，影响和危及人身、财产安全的因素，除操作人员违章操作外，最重要的因素是烟火药原料的质量。烟火药的原材料必须符合有关原料质量标准，并且有产品合格证，进厂后应通过化验和工艺鉴定后，方可使用。由于花炮生产中所用的化工原料质量虽然符合国家标准或行业标准，但可能由于其标准制定时并未充分考虑到花炮生产的特性，即使理化检验时原料质量指标达到标准规定的要求，但用来制作烟火药时又不合要求，因此对化工原料进厂后需进行工艺鉴定，合格后才可使用，以充分保证烟火药乃至产品制作的质量和安全。在备料和使用过程中不能混入对药物增加感度的物质。化工原料储存条件差或储存时间长时，与空气中的氧、水分缓慢反应就会变质。因此出厂期超过1年的原材料，必须重作检验，合格后方可使用。

#### 6.6.3.2 原料的粉碎、筛选

粉碎、筛选是将干燥的、无杂质的药物采用不同的方法进行加工，使其达到规定的细度。

(1) 粉碎工艺。黑火药所用原材料一般可采用单料粉碎，但应尽量把木炭和硫磺两种原料混合粉碎，因为硫磺属高绝缘物质，极易产生静电积聚，当

硫磺与木炭共同粉碎时，硫磺则失去带电性，可消除静电积累，减少药物自燃自爆的可能性。

粉碎应在单独工房进行，粉碎前后应筛选掉机械杂质，筛选时不能使用铁质等产生火花的工具。烟火药所用的原材料只能分机单独进行粉碎，感度高的物料如氯酸盐应专机粉碎。其他药物共用工房和粉碎机时必须在粉碎完一种药物后，将工具和粉碎机清扫干净后，才能再粉碎另外一种药物。

（2）机械粉碎物料。粉碎前对设备应进行全面检查，并认真清扫粉尘。粉碎工房与周围工房的安全距离，应符合国家标准《烟花爆竹工厂设计安全规范》(GB 50161—1992)的要求。进出料前必须断电停机，并应停机10min，保证充分散热时间，以防机械过热而引发事故。

粉碎时应注意通风散热，防止粉尘浓度超标。粉尘不但损害工人身体健康，而且粉尘浓度高容易产生粉尘爆炸。粉碎、筛选机械，应有良好的接地导电装置。湿法粉碎，严禁物料泡沫外溢。因湿法粉碎的物料一般均为低燃点化学物质，如果泡沫外溢，则水分蒸发，残留的干燥状态的低燃点化学物质，受到轻微的激发能后就有可能产生燃烧而诱发事故。

（3）筛选工艺。粉碎后的物料应按要求过筛，并且包装后，在包装上贴上标签，注明品名、规格重量、日期等，盛装烟火药原料的包装容器，必须使用不与内装物起化学作用的材料制作，最好是使用加盖防潮容器。

#### 6.6.3.3 配制与混合过程

配料、混合是将各种药物原料按照配比，通过一定的方法把它们均匀地合并到一起，使各成分充分混合，满足工艺质量要求。由于烟火药剂混合后其敏感度极高，充分混匀时其危险性最大。

（1）配料、混合时称量原料所用的秤盘和秤砣等不能用钢或铁制品，以防碰撞、摩擦而引起事故。称量好的药物原料应分批送入混合工序进行配制混合。

（2）药物混合应在专用工房内进行，严禁在仓库或其他操作工房进行配料混合。工房应单独建设，与相邻工房应留有足够的安全距离。在这一操作过程中应坚持“少量、多次、勤运走”的原则，严防碰撞和摩擦。

（3）干法混合时宜采用木转鼓、纸转鼓或导电橡胶转鼓等设备。手工混合应采用导电橡胶工作台或木质工作台，垫上韧性好、拉力较强的牛皮纸，将称量好的各种原料药物轻轻倒在纸上，反复掀动纸的四角，每掀动一遍均用手轻轻将药物拌一下，直到药物拌和均匀为止。混合低敏感度药物可用80目绢筛过筛，然后用手轻轻将药物拌匀，反复3~4次即可。混合好的药物应及时送中转库。

（4）配制含氯酸盐等高感度药剂时，必须有专用工房，使用专用工具，并应有防护设施。工房如需改作它用时，应重新清洗干净，方可使用。

（5）湿法配制含铝或铝镁合金粉的烟火药时，应及时做好散热处理。

（6）黑火药在进行混合时，应在单独工房内进行，远距离操作，并有防爆设施。

#### 6.6.3.4 压药与造粒过程

压药与造粒应在专用工房中进行。使用机械压药与造粒时应单机单间，隔墙传动。工房设备、电器均应符合《烟花爆竹工厂设计安全规范》的要求。

（1）手工压药、造粒时，每间工房定员不能超过3人，每间工房药物的停滞量不能超过5kg。压药造粒时，除操作人员外任何人不能进入工房内。

（2）压药、造粒一般应采用湿法生产，尽量降低药物的敏感度，压药、造粒过程中如有严重发热现象，应立即停止操作，将药物摊开散热，并立即报告安全部门进行处理。

（3）机械造粒时药物温升不能超过20℃，如发现机器运转有不正常现象应立即关闭电源，停机寻找原因，并报告有关部门进行处理，消除不正常现象后才能重新工作。如需修理机械，应将其房内和机械设备上的药物清除干净后进行修理。

（4）湿法制成的亮珠，必须摊开放干，摊开厚度不能超1.5cm，亮珠直径超过1cm时，其摊开厚度不能超过亮珠直径的2倍，防止热量积聚引发事故。

（5）亮珠中水分越少，感度越高，因此筛选亮珠必须在未干透之前进行，避免因亮珠与筛子或亮珠之间摩擦而发生事故。每次药物停滞量不能超过3kg。由于烟火药中使用的粘合剂种类很多，其酸度会影响烟火药的安定性和化学物理性质，因此要求粘合剂的pH值控制在6~9之间。

#### 6.6.3.5 药物干燥过程

为了减少药物的水分，保证烟火储存的安全性和良好的燃烧效应，药剂必须进行干燥，药物干燥是比较危险的工序之一。

（1）日光干燥。这是用得最多、最普遍的一种干燥方法。这种方法可节约能源，节约投资，简便易行，但受气候的影响，仅局限于晴天进行。阳光不足，则干燥不充分。夏季阳光充足，但气温过高，又容易发生事故。晒药的晒场要平整、光滑、无砂石。不能将药物直接摊在水泥或混凝土场地上晾晒，只能用木盘或篾盘垫上牛皮纸，然后把药物摊在纸上晒干，这样不但安全，而且收取方便。

（2）热水或低压蒸汽取暖干燥。采用这种方法，温度容易控制，比较安全，应注意不能使用肋形散热器或肋形水暖管。

（3）热风干燥。这种方法热效率较高，干燥速度快，容易干燥充分，特别适用某些含铝的亮珠干燥，但应注意热风不能带火星进入干燥室，并且风速不能大于1m/s。循环风干燥应有除尘设备，除尘设备应定期清扫。

（4）红外线或远红外线干燥。这是一种较先进的干燥方法，这种干燥方法热效率较高，干燥速度快，使用安全可靠，但应注意热源与药物之间应有可靠的防护装置。

不论采用何种方法干燥药物，均应达到以下要求：药物干燥过程中，不能翻动和收取，必须等其冷却至室温后才能入库收藏，未干透的药物严禁堆放和入库。干燥后的药物，水分含量应小于1.5%。被烘(晒)的药层厚度不得超过1.5cm。烘盒、烘架、烘热干燥工具均应为竹、木、纸质材料，不得使用金属材料制成的器具。

## 6.6.4　烟花爆竹产品的制作

各种产品装、筑药的领用量不得超过表6-32的限量。未列入表6-32的烟火药，干药每人每次限量领1kg；含水率在5%~15%以内限领3kg。

### 6.6.4.1　半成品控制数量

每次需装填药的半成品控制数量，其总药量不得超过表6-32限额。从事药物操作，药物的停滞量和可能同时存放的火药类药料不得超过其限量，以填充增量为目的的原材料不作药料计算(如锯木屑、砂子、稻糠壳、棉籽等)。

**表6-32　装、筑产品时药物领料配制方法及限量**

| 序号 | 名　称 | 氧化剂 | 还原剂 | 配制方法 | 限量/kg | |
|---|---|---|---|---|---|---|
| | | | | | 装药 | 筑药 |
| 1 | 黑火药 | 硝酸盐 | 木炭、硫磺 | 干法 | 5 | 3 |
| 2 | 含氯酸盐的黑火药 | 硝酸盐、氯酸盐 | 木炭、硫磺、铝粉等 | 干法 | 1 | |
| 3 | 爆炸音剂 | 氯酸钾 | 硫磺、铝粉等 | 干法 | 0.5 | |
| 4 | 含高氯酸盐的烟火药 | 高氯酸钾 | 木炭、铝粉、铝镁合金粉、钛粉等 | 干法 | 1.5 | |
| 5 | 笛音剂 | 高氯酸钾 | 苯甲酸氢钾、苯二甲酸氢钾等 | 干法 | 1.5 | 0.25 |
| 6 | 烟幕剂 | 氯酸盐、高氯酸盐 | 成烟物 | 干法 | 3 | |

### 6.6.4.2　装、筑药控制技术

装药与筑药应在单独工房操作，工房使用面积不得小于3.5m²。装、筑含高感度烟火药时，应在有防护墙(堤)的工房内进行，每间定员1人；装、筑不含高感度烟药时，每间工房定员不得超过2人。每次限量药物用完后，应及时将半成品送入中转库或指定地点。筑药工作台应靠近窗口，台高应略高于窗

口。筑药工具应采用木、铜、铝或其他不产生火花的材质，严禁使用铁质工具。工作台应垫上接地导电橡胶板。机械筑药时，冲击部位必须垫上接地导电橡胶板。操作人员未经安全员许可，不得改变作业方法。

#### 6.6.4.3 钻孔与割切控制技术

有药半成品的钻孔和割切，应在专用工房内进行。所使用的钻切工具，要求韧口锋利，使用时应涂蜡擦油或交替使用，工具不合要求时不得强行操作。

#### 6.6.4.4 封口控制技术

操作人员人均使用面积不得小于 $2m^2$，操作间的产通道宽度不得少于1.2m。半成品停滞量的总药量人均不应超过装填压药工序限量的2倍。操作工在完成一次限量的半成品加工送交后，才能领取下次的半成品。半成品封口必须牢实，严防药物外泄。

#### 6.6.4.5 产品组装控制技术

（1）礼花弹。装填药料的每间工房不得超过2人操作，人均使用面积不得小于 $3.5m^2$，装填药料时，只能轻轻按压，不许进行强烈冲击。每人每次装球限量，按表6-33的要求进行。效果药、哨声药、发射药和爆炸药应按表6-32规定所需药量领用。在安装外导火索和发射药盒时，不许有药粉外泄。

（2）组合烟花。组装组合烟花，仅限于各种效果的半成品准备好后进行。若需装、筑药物时应按装、筑药的规定进行。每次组装定量不应大于表6-34的规定。每间工房不得超过4人，人均使用面积不小于 $3.5m^2$，主要通道宽度不小于1.5m。组合烟花的钻孔、上引线，按钻孔与割切规定进行。

**表6-33 礼花弹装球限量**

| 球径 $\phi$/cm | 每人每次装填数/个 |
|---|---|
| $\phi<7.4$ | 10 |
| $7.4<\phi\leq15$ | 3 |
| $15<\phi\leq25$ | 2 |
| $\phi>25$ | 1 |

**表6-34 烟花组装限量**

| 药量/kg | 每人每次组装量/个 |
|---|---|
| 1 | 4 |
| ≤2 | 3 |
| ≥3 | 2 |
| ≥5 | 1 |

#### 6.6.4.6 引火线制作控制技术

（1）硝酸钾引火线控制技术。手工生产引火线应在单独的工房内进行，每间工房定员不得超过2人，人均使用面积不得小于 $3.5m^2$，每人每次领药限量为1kg。机器生产引火线，每间工房不得超过2台机组，机组间距不得小于2m，工房内药物停滞量不得超过2.5kg。盛装引火线药的器皿必须用不产生火花和静电积累的材质制成，并且严禁敲打、撞击。

（2）氯酸钾引火线控制技术。无论手工生产还是机器生产，都限于单独工房操作，每间工房定员1人，药物限量不得超过0.5kg。盛装引火线药的器皿必须用不产生火花和静电积累的材质制成，严禁敲打、撞击。

（3）裁切引火线控制技术。捆扎引火线应与裁切引火线分开。捆扎引火线房的引火线停滞量按药量计算不超过5kg，应设置安全箱盛装引火线头。裁切氯酸钾引火线时，停滞量按药量计算不得超过0.5kg；裁切硝酸钾引火线按药量计算不得超过1kg。切引火线只许1人单间操作。工房应保持清洁，药粉和引火线头应及时清除。

#### 6.6.4.7　产品干燥控制技术

药产品干燥应采用日光、热风散热器、蒸气干燥和红外线或远红外线烘烤，严禁采用明火直接烘烤。采用日光干燥时，必须遵守下列原则：含氯酸盐的成品或半成品，气温高于37℃时不得进行日光直晒；晒架应以竹、木材料制成，晒架高度不小于25cm；日晒场应与车间仓库保持一定的距离，并有专人看管。蒸气干燥的烘房温度不得超过75℃，不宜采用肋形散热器。热风干燥成品，有药半成品室温不得超过40℃，无药半成品不得超过60℃，风速不大于1m/s；循环风干燥应有除尘设备，除尘设备要定期清扫。红外线或远红外线干燥时，热源与产品之间应有防护装置。烘房内应设置温度报警装置。烘盒、烘垫、烘架应为竹、木、纸等材质，不允许使用金属材料制成的器具。烘房必须有专人看管，看管人员应严格控制温度的升降，发现异常情况应及时处理并报告安全部门。

### 6.6.5　烟花爆竹的检验

#### 6.6.5.1　外观与尺寸检验

（1）产品外观与引火线外观用目测检验。

（2）长度的检验。用直尺或卡尺分别从互相垂直的两方向量取样品两端面距离，取其平均值为检验结果，读数精确到0.5mm。

（3）外径的检验。用卡尺分别从上部、中部和底部量取样品的筒体外径，取其平均值为检验结果，读数精确到0.5mm。

#### 6.6.5.2　牢固性与平稳性试验

（1）引火线牢固性试验。将样品主体提起，在下垂的引火线上吊起规定的重物，观察1min，观察引线是否脱落。

（2）底座安装牢固性试验。拿起底座使主体向下，在下垂的主体上加挂30g重物吊起，观察1min，观察底座与主体是否分离。

（3）底塞跌落试验。将主体(安装底座的产品不摘除底座)呈水平状拿住，从400mm高处，向厚度为30mm以上的硬木板上自由落下，每个样品重复3次，观察底塞是否开裂和脱落。

（4）吊线牢固试验。见《烟花爆竹安全与质量》标准5.10.12。

（5）底座安装平稳性试验。将样品直立放置在用硬木板制成的与水平面成12°的斜面上，样品不应倾倒，样品旋转90°后重复上述试验，也不得倾倒。

**6.6.5.3　药物、药量检验**

（1）禁用、禁配药物的检验采用化学分析方法。

（2）含药量检验。将样品逐个解剖，剔除引火线和杂物。单个样品含药量在1.0g以上的，用感重为0.1g的天平称量；单个样品含药量在1.0g及以下的，用感重为0.001g的天平称量。

**6.6.5.4　燃放性能试验**

（1）引火时间的检验。选择两块精度不低于0.1s的计时秒表，记录点燃引火线至引燃主体的时间间隔。若两秒表读数偏差值不大于0.5s，检验结果有效，取平均值为引火线燃烧时间（计算精确到0.1s）；若两秒表读数偏差值大于0.5s，检验结果无效。

（2）发射高度的测定。可选用标杆、测高仪、经纬仪及其他仪器设备测量高度。发射高度小于30m时，测高偏差为±2m；发射高度在30～50m，测高偏差为±4m，发射高度大于50m时，测高偏差为±8m。

（3）发射偏斜角的测定。将一直径可改变的铁丝圆圈，水平挂放在距样品喷火口2m高处；圆心与发射点在同一垂直线上，调节圆圈直径与发射点构成允许偏斜角度，观察样品是否穿过铁丝圈。

（4）声级的测定。将爆竹样品放置（大、中炮立放，小炮平放）在空旷无风的平地上，声级计安装在距样品水平距离2m、距地面1.5m高处，测量最大分贝值。

（5）烧成试验。按数量将单位样品逐个燃放，统计出烧成数与未烧成数。

（6）爆响试验。按规定数量将单位爆竹样品燃放后，统计出未爆响数量，样品燃放有下列现象之一者统计为未爆响：冲射、冲头、冲底、穿孔、熄引和空筒。

（7）亮珠着火试验。按规定数量将单位吐珠样品燃放后，统计出亮珠着火的数量。

## 6.6.6　烟花爆竹的安全生产管理

### 6.6.6.1　作业人员安全管理

烟花爆竹企业员工必须接受安全生产教育培训，掌握安全生产知识和技能，严格按安全技术操作规程进行生产，杜绝一切违法违章行为，确保生产安全、产品质量；对于不适宜从事此类工种的人员，应加强监督，不让其参与操作。生产工人在上班进入工房前，要在接地的金属物体上将人体所带静电消除，然后穿防火或棉布长衣、长裤工作服，戴防尘口罩和防尘帽，穿平底胶鞋和布鞋，配好消防水，严禁穿化纤衣物、有跟或高跟鞋、拖鞋、钉底鞋，男工人不准赤膊、穿短裤，女工不准穿裙进入生产车间。

#### 6.6.6.2　药库管理要求

黑火药库必须做到分类限量储存，保持清洁、整齐，仓储卡片规范齐全。发射药库必须做到专库储存，保持清洁，仓储卡片齐全规范。

亮珠库内的亮珠箱使用防静电材料，每箱亮珠不超过20kg，做到分品堆放，标识规范齐全，有防雨、防水、防静电、防雷击，防小动物进入、防聚集的措施，存量必须按公安部门核定的数量，严禁超量储存。

#### 6.6.6.3　化学原材料仓库管理要求

必须分类限量储存，做到堆码整齐，仓储卡片规范、齐全，库内保持清洁、干燥，定期检查，打雷刮风时，必须开仓检查。必须有防雨、防火、防潮、防雷击、防聚集的措施，化学原材料调出领用时，必须专账登记，做到账实相符。

氧化剂与还原剂分别储存，通常设立高氯酸钾、硝酸钾、硝酸钡等库；铝镁合金、铝粉、金属钛等库；碳酸锶、碳酸铜、氧化铜、冰晶石等库；漆片、树脂、虫胶等库；笛音剂、成烟物等库；炭粉库；硫磺库。凡多料储存库内，不得混合堆积，香蕉水、酒精、防潮剂、盐酸等易挥发液体独立储存，并设立防护措施。化工原材料库严禁存放混合药物和引火线。

#### 6.6.6.4　半成品库管理要求

必须分类存放，堆放整齐，标识规范齐全。存量必须按公安部门核定的数量，严禁超量存放。

#### 6.6.6.5　成品仓库管理要求

成品仓库堆码高度不超过2.5m，离墙离地20cm，主通道不小于2m，必须有防雨、防火、防潮、防雷击、防聚焦、防鼠害的措施；不得在成品仓库内装箱打扣，库内不得有散装成品。机动车装卸成品必须离库门2.5m以上，严禁机动车进入仓库，装卸作业时，严禁拖、拉、翻滚、丢、摔。

#### 6.6.6.6　厂内药物运输

厂内短距离的药物运输一般采用板车、手推车和肩挑手提，严禁使用机动车和翻斗车，运输路段必须保证路面畅通平整。盛装药物的容器和工具应以铝桶或除静电的塑料桶，严禁使用铁质容器，运输时遮盖要严密，肩挑手提时，要注意检查绳索是否牢固。手推车、板车的轮盘必须是橡胶制品，板车支架必须用橡胶制品包扎。装卸作业时，必须单件搬运，严禁碰撞、拖拉、翻滚和剧烈振动，严禁使用铁锹等工具。

#### 6.6.6.7　三废的处理

爆竹烟花生产企业的废药、废水、废渣处理是安全管理不可忽视的重要一环。药物生产线的排水系统必须有沉淀池，能完善地清除废水中的固形物；沉淀要及时清理，含有易燃易爆的废渣和垃圾等固形物必须由专人负责，按规定方法到指定地点销毁，严禁埋入地层或排入地面水体；能发生化学反应和生成易燃易爆有毒危险物的废水，在分别处理和消除这种可能之前，严禁排入同一沟池。

#### 6.6.6.8 产品燃放检验

采用燃放方法检验产品时必须远离待检产品，待检产品要有防范措施，要设立固定专用的燃放场地，严禁将待检产品随地乱放、随地燃放。燃放产品时必须侧身点火，未燃的产品必须收捡带走，严禁将未燃的产品送给小孩玩耍。刮大风时，严禁检验升空产品；检验旋转烟花，应在有铁网屏障的场地上燃放，礼花弹、火箭类产品的燃放场地，必须在有公安部门批准指定的地点进行燃放。

## 复 习 题

1. 工业厂房和工业库房的耐火等级各有哪些特殊要求？其主要因素是什么？钢结构屋架属于哪一级耐火等级建筑？
2. 工业厂房的泄压面积是怎样确定的？泄压设施的基本要求是什么？
3. 易燃易爆储罐区的火灾爆炸的特点是什么？采取怎样的预防措施可避免或减少储罐区的火灾爆炸事故？
4. 石油炼制过程中的危险性主要表现在哪些方面？可采取的控制措施有哪些？
5. 煤矿瓦斯的成分有哪些？简要说明其析出形式和危害性。怎样预防瓦斯爆炸事故？
6. 矿井中的煤自燃的特点和一般规律是什么？怎样避免煤炭的自燃？
7. 轻纺行业的火灾爆炸危险性主要表现在哪些方面？可采取的控制措施有哪些？
8. 烟花爆竹生产过程中的火灾爆炸危险性主要表现在哪些方面？可采取的控制措施有哪些？

# 第7章

# 火灾爆炸的预防控制技术

为了减轻火灾爆炸灾害的影响，人们一直在研究相应的预防控制对策，发展适用的安全技术。总的说来，现在采取的安全对策可分为技术层面和管理层面两种类型。技术层面的对策是指结合保护对象的特点所采用的安全技术措施，例如搞好保护对象的安全设计、采取一些专用的安全装置等。管理方面的对策则是通过健全安全管理制度、培训安全管理人员、加强安全知识教育等。

毫无疑问，管理在安全工作中具有至关重要的作用，不过安全管理工作是在一定的技术基础上开展的，任何管理者都只能在所提供的安全技术条件下发挥他们的作用。如果安全基础条件较差或较原始，那么安全管理工作的作用也是有限的。技术水平的提高是增强抗灾能力的基本条件。

采取什么样的安全措施，对于灾害的防控能力也存在很大的差别。本章主要从技术层面讨论预防控制火灾爆炸的对策，并重点讨论若干专用安全技术的作用原理和结构特点，并对目前最常见的电气火灾爆炸问题进行分析。

## 7.1 预防控制火灾爆炸的基本途径

对待火灾爆炸事故的总原则是“预防为主，防控结合”。如果通过合理预防能够避免火灾爆炸的发生自然是最理想的方式，然而由于实际情况的复杂性，人们对引发火灾爆炸的具体因素还不可能完全了解和掌握，尤其在工业生产中人们尚不清楚的问题就更多了。因此指望完全通过预防来实现减少火灾爆炸损失是不现实的，还必须根据保护对象的能够预测到的发生火灾爆炸原因和事故发展特点，采取适当的控制对策。

### 7.1.1 防范火灾爆炸事故的主要手段

了解特定场合的火灾爆炸危险性等级是有效预防火灾爆炸的一个基本方

面。生产与储存过程以及场所的火灾危险性类别是采取安全措施的主要依据，应当综合考虑对象的各方面情况确定，主要应根据物质的燃烧爆炸性质即火灾爆炸的危险程度、反应过程中所用的物质的数量、采用的反应温度、压力及设备的密封程度等。附录 C 中列出了我国关于生产与物质储存过程中的火灾危险性以及典型危险场合的一些相关规定。

在可燃易爆物质的生产、储存运输和使用过程中，能够形成可燃爆炸性混合物的场所称为火灾爆炸危险场所。根据火灾爆炸的可能性及其后果，可以将危险场所划分为若干等级，以便分类对待。可燃易爆物质的数量、燃烧极限、自燃点及设备运行状况、工艺过程、通风条件等都是划分危险等级的依据。

此外，应当设法避免或消除引发火灾与爆炸同时存在的各种条件，尤其是避免它们发生相互作用。对此可以考虑采取的措施主要有：(1)防止形成易燃易爆性混合物；(2)严格控制点火源；(3)及时发现事故征兆；(4)将事故消灭在酝酿期；(5)控制事故规模；(6)减少事故损失。

在进行防火防爆的实际决策时，应在其他条件许可的情况下，优先考虑排在前面的措施。如存在那些可能发生火灾和爆炸的因素，及发生火灾爆炸后的灾害发展趋势等。

## 7.1.2 防范火灾爆炸事故的原则

根据火灾爆炸的发生与演化过程，在生产、经营等领域，预防控制火灾爆炸事故必须遵循下列基本原则：

### 7.1.2.1 闭环预控原则

查找并发现危险源是采取安全措施的重要一环，但其目的是最终消除或控制危险源，从源头抓起是消除事故的主要方法。例如消防系统、安全设备要从设计、制造、订货、安装、调试、检修、运行各个环节层层把关。对运行中发现的固有危险源要通过设备维修、改造及时加以消除，并将信息反馈给设计或制造单位，防止危险点的重复产生，从而最大限度地减少或消除危险点。

### 7.1.2.2 动态预控原则

危险点不应仅局限在人身安全方面，应该做到人身和设备共同安全。危险点不是一成不变的，即使是静态危险点，在此时是危险点，在彼时不一定是危险点；有的此时不是危险点，在彼时由于条件的变化可能成为危险点，动态危险点更是如此。所以对危险点的控制应是动态的，应该不断调整预控思路和方法，积极探索危险点的变化规律并及时加以捕捉，适时适地准确进行预控，才能收到良好的效果。

#### 7.1.2.3　分层预控原则

危险点有大小、轻重、缓急之分，而且控制难度也不一样，所以对预控工作应分层次，对单位、部门、班组、个人应分别明确预控重点和落实责任，达到各有侧重、层层把关，形成严密的预控网络。如在开工前要求施工单位对作业环境和有关设备系统进行深入地调查研究，通过讨论提出可能存在或产生的危险点和预控措施(包括组织措施、技术措施和安全措施)，分别送各个职能部门审核批准等。对于不同类型危险点的预控方法必须因地制宜、因时制宜，才能做到准确、完整、及时、可靠地防止事故的发生。装置的本质安全在于预知、预测、分析危险，限制、控制、消除危险。接触和使用的介质特性复杂、工艺条件及工艺过程复杂多变、装置及装备技术要求严格，工业装置发生的事故各种各样，但是事故规律是可知的，是可以认识和掌握的。

### 7.1.3　安全设施自身的可靠性与适用性

设置安全设施的目的是保证安全，因而安全设施本身首先必须是安全的，其工作性能应当可靠、适用、稳定。对于安全产品必须具有比其他产品更高的质量要求。在设置安全设施方面，不能出于应付检查做表面文章，也不能以为安装了设备就万事大吉，更不能因图便宜而选用伪劣产品。如果在危险出现的时候，安全系统却无法正常工作，势必要造成重大损失。现在已经有许多事故案例证明了这一点。

可靠性是系统、设备、元件等在规定的期间和条件下完成规定功能的性能。提高可靠性的主要方式有：(1)选用高质量的元器件；(2)采用冗余设计(冗余设计包括并联冗余和备用冗余)；(3)加大安全系数(一般情况下,安全系数越大的设备可靠性越高)；(4)采用安全—故障设计；(5)耐故障设计；(6)系统的维修与保养。

随着使用时间的延长和使用条件的变化，任何系统的性能都会发生改变，偏离正常的工作状态，因此需要及时加以调整或维修。

适用性也是选择安全设施的最重要问题之一。每种安全技术都有其特长，也有其局限性，在一定条件下可以很好地发挥作用，但如果条件改变了，其作用效果可能会大大削弱，甚至可能起不了任何作用。

应当依据可能出现的火灾爆炸模式选择适当的技术措施。例如，工业设备的火灾爆炸主要有装置外混合系爆炸、装置内混合系爆炸、装置泄漏、压力平衡破坏、热平衡破坏、蒸气爆炸等模式，通过设备运行中遇到的和可能遇到的危险进行分析鉴别，就可以建立各类对象的事故模式。这样设置的灾害预防控制系统方能更具有针对性。

# 7.2 火灾探测与报警技术

## 7.2.1 火灾自动报警系统的组成

火灾探测与报警技术是利用自动装置发现和通报火灾状况的技术，一般将这种自动装置称为火灾自动报警系统。

### 7.2.1.1 火灾自动报警系统的组成

简单的火灾自动报警系统是由触发器件、报警装置、警报装置、电源以及若干具有辅助功能的装置组成的，大型的自动报警系统往往还可与自动灭火系统、烟气控制等系统联动。

产生火灾信号的装置称为触发器件，主要有火灾探测器或手动报警按钮。其中火灾探测器是系统运行中的关键部件。火灾探测器的基本功能就是对火灾烟气、温度、火焰(光)和燃烧气体等信号做出反应，通过敏感元件，将表征火灾信息的物理量转化为电信号，送到火灾报警控制器进行处理。

火灾报警控制装置是火灾自动报警系统的核心设备，包括报警控制模块、报警控制器、显示器等，其主要功能是将探测器获取的初级信号加以放大、转换和处理，并做出相应警示。一般当探测到的信号超过某个预先设定的阈值时，便认为发生了火灾。然后将这种火灾信号转换为可看见或可听到的光声信号，通过警报装置向人们发出火灾警告。

火灾警报装置是直接向外发出告诫信息的装置，主要采取声、光方式发出警报。警铃、警笛、警灯是常用的形式，在各个场合都可以采用。在有条件的场合还可安装火灾应急广播系统。它不仅能更准确地发布火灾信息，还能指挥人员合理疏散。

为保证设备正常工作，火灾自动报警系统应具有可靠的电源，按规定应当设有主电源和备用电源。主电源应采用消防电源，平时有市电供电。如果市电电压不能保持在要求的稳定范围内，则应增加稳压设备。备用电源应采用火灾报警控制装置专用的 DC24V 蓄电池。电池的容量除应能满足探测器在监控状态下工作 24h 外，还应在系统发生 4 路报警、处于最大负荷条件下工作 30min。两种电源应具有自动切换系统。

在大型、复杂建筑中使用的火灾自动报警系统具有多种联动功能，主要有室内消火栓系统、自动灭火系统、自动排烟与送风系统以及与上级部门的通信联络等。

火灾探测与报警技术是一类火灾预防技术，其本身并不能影响火灾的自然发展进程，主要作用是及时将火灾迹象通知有关人员，以便他们及时疏散或组织灭火，并通过联动系统启动其他消防设施。在火灾的早期阶段，准确地探测到火情并迅速报警，对于及时控制火灾的蔓延、快速灭火和减少火灾损失都具有重要的意义。

#### 7.2.1.2 火灾自动报警系统的保护范围

火灾自动报警系统的设计，必须遵循国家有关标准规范，针对保护对象的特点，做到安全适用、技术先进、经济合理。火灾自动报警系统的设计除执行国家标准《火灾自动报警系统设计规范》(GB 50116—1998)外，还应符合现行的有关强制性国家标准、规范的规定。对不同的场所，其危险性不同，对报警系统的要求也不同。火灾自动报警系统保护对象的分级见表7-1。

**表7-1 火灾自动报警系统的保护对象分级**

| 等级 | 建筑物属类 | 所含的建筑物 |
| --- | --- | --- |
| 特级 | 建筑高度超过100m的高层民用建筑 | 各种建筑物 |
| 一级 | 建筑高度不超过100m高层民用建筑 | 一类建筑 |
| | 建筑高度不超过24m的民用建筑及建筑高度超过24m的单层公共建筑 | (1) 200床及以上的病房楼，每层建筑面积1000m² 及以上的门诊楼<br>(2) 每层建筑面积超过3000m² 的百货楼、商场、展览楼、高级旅馆、财贸金融楼、电信楼、高级办公楼<br>(3) 藏书超过100万册的图书馆、书库<br>(4) 超过3000座位的体育馆<br>(5) 重要的科研楼、资料档案楼<br>(6) 省级(含计划单列市)的邮政楼、广播电视楼、电力调度楼、防灾指挥调度楼<br>(7) 重点文物保护场所<br>(8) 大型以上的影剧院、会堂、礼堂 |
| | 工业建筑 | (1) 甲、乙类生产厂房<br>(2) 甲、乙类物品库房<br>(3) 占地面积或总建筑面积超过1000m² 的丙类物品库房<br>(4) 总建筑面积超过1000m² 的地下丙、丁类生产车间及物品库房 |
| | 地下民用建筑 | (1) 地铁车站<br>(2) 地下电影院、礼堂<br>(3) 使用面积超过1000m² 的地下商场、医院、旅馆、展览厅及其他商业或公共活动场所<br>(4) 重要的实验室及图书、资料、档案库 |

（续）

| 等级 | 建筑物属类 | 所含的建筑物 |
|---|---|---|
| 二级 | 建筑高度不超过 100m 高层民用建筑 | 二类建筑 |
| | 建筑高度不超过 24m 的民用建筑及建筑高度超过 24m 的单层公共建筑 | （1）设有空气调节系统的或每层建筑面积超过 $2000m^2$、但不超过 $3000m^2$ 的商业楼、财贸金融楼、电信楼、展览楼、旅馆、办公室、车站、海河客运站、航空港等公共建筑及其他商业或公共活动场所<br>（2）市、县级的邮政楼、广播电视楼、电力调度楼、防灾指挥调度楼<br>（3）中型以下的影剧院<br>（4）高级住宅<br>（5）图书馆、书库、档案楼 |
| | 工业建筑 | （1）丙类生产厂房<br>（2）建筑面积大于 $50m^2$，但不超过 $1000m^2$ 的丙类物品库房<br>（3）总建筑面积大于 $50m^2$，但不超过 $1000m^2$ 的地下丙、丁类生产车间及地下物品库房 |
| | 地下民用建筑 | （1）长度超过 500m 的城市隧道<br>（2）使用面积不超过 $1000m^2$ 的地下商场、医院、旅馆、展览厅及其他商业或公共活动场所 |

## 7.2.2 常用火灾探测器的工作原理

在物质的燃烧过程中一般有下述现象产生：①温度升高；②产生烟雾；③产生特征性气体，如一氧化碳；④出现火焰。根据探测火灾参数的不同，火灾探测器可分为感温、感烟、感光、气体和复合等类型。图 7-1 列出了火灾探测器的主要类别。

本节重点分析几种常用火灾探测器的工作原理，并对近年来发展的一些新型火灾探测器作些简要介绍。

### 7.2.2.1 感烟火灾探测器

感烟式火灾探测器是目前世界上应用较普遍、数量较多的探测器。据统计，感烟式火灾探测器可以探测 70% 以上的火灾。目前广泛应用的感烟探测器有离子式和光电式两大类。

**1. 离子式感烟探测器**

离子式感烟探测器利用放射性同位素放出射线的电离作用来实现火灾探测。目前主要是利用放射性物质镅（$Am^{241}$）作为 α 射线源，构成电离室，并与

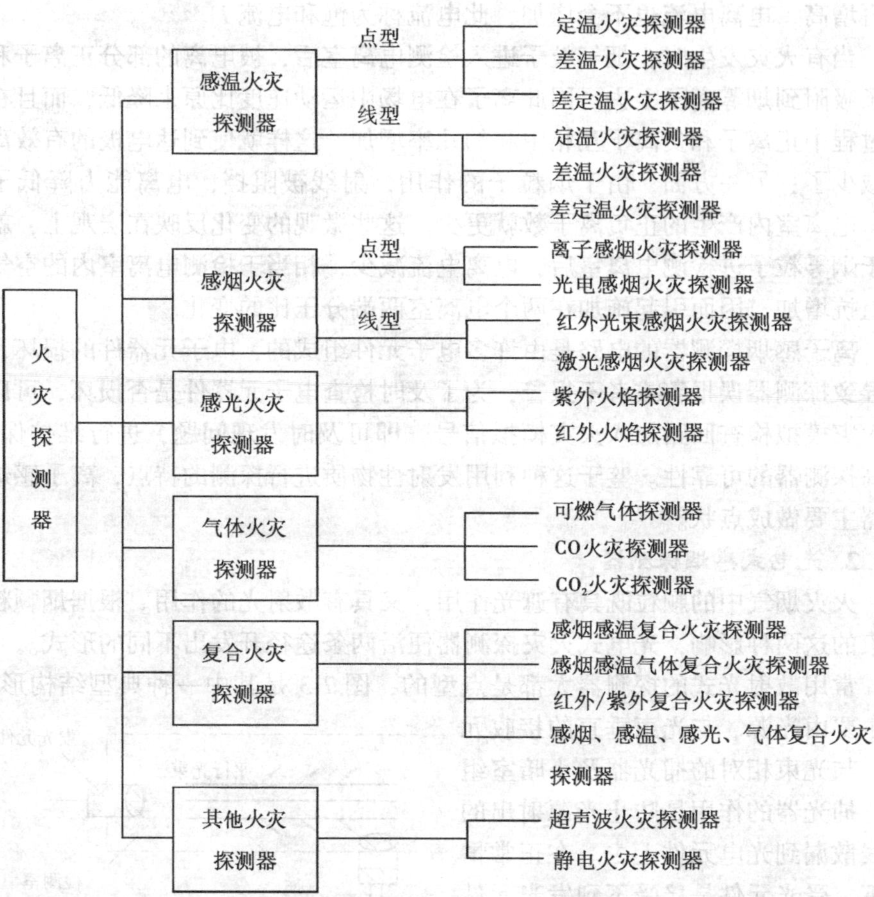


图 7-1　火灾探测器的主要类别

场效应晶体管(FET)等电子元器件组成电子线路，把物质初期燃烧所产生的烟雾信号转换成直流电压信号，通过导线传输给报警器，发出声光报警信号。α 射线是一种带正电的粒子流，带两个单位正电量；其穿透能力很小，一张纸便可以将它挡住，但电离能力很大，在穿过空气时，能使空气变为导电体。

图 7-2 为在电离室内形成电离电流的示意图。在镅的作用下，电离室内的空气发生电离，产生正、负离子。如果在极板 $P_1$ 和 $P_2$ 间加上一个电压 $E$，则在电场的作用下，正离子向负极运动，负离子向正极运动，从而形成了电离电流 $I_s$。施加的电压 $E$ 愈高，则电离电流 $I_s$ 愈大。当电离电流增加到一定值时，外加电

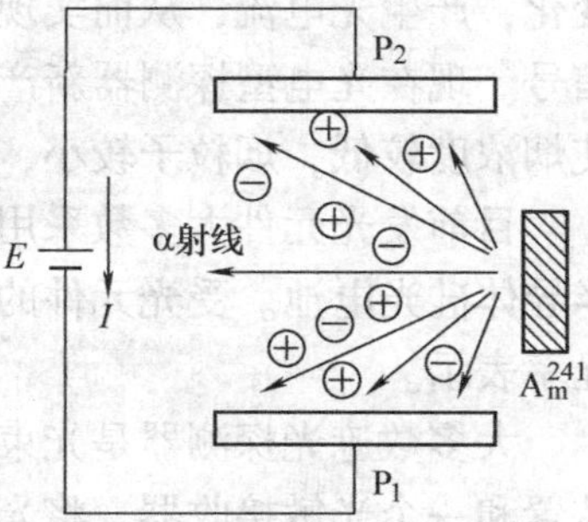


图 7-2　电离电流形成示意图

压再增高，电离电流也不会增加，此电流称为饱和电流 $I_s$。

当有火灾发生时，烟气粒子进入检测电离室后，被电离的部分正离子和负离子吸附到烟雾离子上去。因此离子在电场中运动速度比原来降低，而且在运动过程中正离子和负离子互相中和的几率增加。这样就使到达电极的有效离子数减少了；另一方面，由于烟粒子的作用，射线被阻挡，电离能力降低了很多，电离室内产生的正负离子数就更少。这些微观的变化反映在宏观上，就是由于烟雾粒子进检测电离室后，电离电流减少，相当于检测电离室内的空气等效阻抗增加，因而引起施加在两个电离室两端分压比的变化。

离子感烟探测器的电路是由许多电子元件组成的，电子元器件的损坏，将会导致探测器误报警或者不报警，为了及时检查电子元器件是否损坏，可以通过火灾模拟检查回路加入火灾模拟信号，即可及时发现问题，进行维护保养，提高探测器的可靠性。鉴于这种利用发射性物质进行探测的特点，离子感烟探测器主要做成点状。

**2. 光电式感烟探测器**

火灾烟气中的颗粒既具有遮光作用，又具有散射光的作用。根据烟颗粒对光束的这两种影响，光电式火灾探测器便沿两条途径开发出不同的形式。

常用散射光式的探测器大都是点型的，图 7-3 是其中一种典型结构形式，它主要由光源、与光束垂直的接收元件、与光束相对的捕光器及小暗室组成。捕光器的作用是防止光源射出的光线散漏到光电元件上去。在正常情况下，受光元件是接受不到发光元件发出的光的，因此不产生光电流。在火灾发生时，当烟雾进入探测器的检测室时，由于烟粒子的作用，使发光元件发射的光产生漫射，这种漫射光被受光元件所接受，使受光元件阻抗发生变化，产生光电流，从而实现了将烟信号转成电信号的功能，探测器发出报警信号。现在光电型探测器新产品大都采用亮度很高的频闪灯作光源，这样，即使烟浓度较低，烟粒子较小，它们反射的光也足以使光电元件工作。

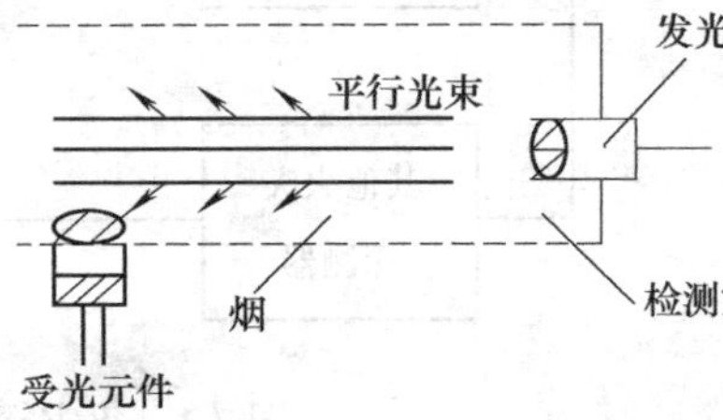


图 7-3 散射式光电感烟探测器原理示意图

目前发光元件大多数采用高效率的红外发光二极管；受光元件大多数采用半导体硅光电池。受光元件的阻抗是随烟雾浓度的增加而下降的。烟浓度以减光率表示。

大多数遮光探测器是光束型的，它主要包括一个光源、一个光束平行校正装置和一个光敏接收器。将光源安装在被保护区的一侧，光敏接收器放在另一侧，图 7-4 为这种探测器的示意图。当所监测的空间有烟时，接受到的光强度减弱从而启动报警装置。光束可以是直射式的，也可以通过若干镜面进行几次反射以扩大监测范围。

这种火灾探测器的保护面积大，安装位置较高，可以适应大型建筑内的火灾探测需要，尤其适宜保护用接触式探测器所无法保护的场所。

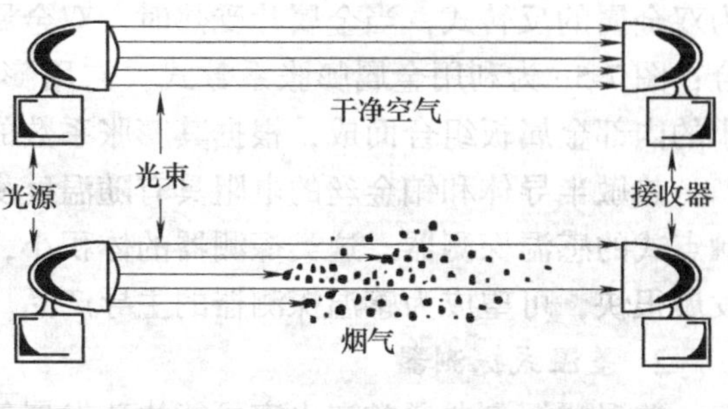


图7-4　光束火灾探测器的示意图

### 7.2.2.2　感温火灾探测器

这类探测器是根据火灾烟气的温度进行探测的。根据探测原理，主要有定温、差温和差定温等形式。

**1. 定温式探测器**

定温式探测器中均有某种感受温度影响的元件。常用的感温元件有易熔合金片、易碎玻璃泡、双金属片、水银触点、热敏半导体、铂金丝等。前四类属节点型，后两类属热敏类。对于节点类探测器，当室内达到某一温度（例如68℃、83℃等)时，其节点闭合状态发生改变，或接通或断开原先的电气线路，从而启动报警装置。图7-5 给出了几种设计形式。图7-5a 为双金属片的弯曲变

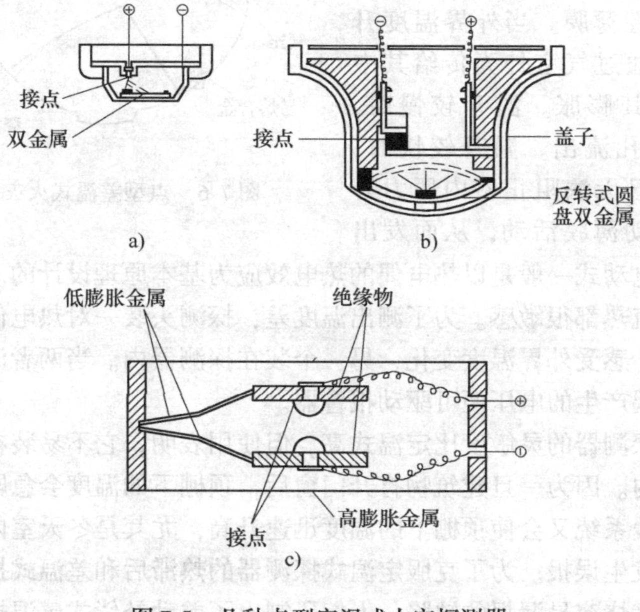


图7-5　几种点型定温式火灾探测器

a）接点式火灾探测器　b）双金属圆盘式火灾探测器

c）双金属片式火灾探测器

形式，它是用两种膨胀系数不同的金属片制成。当金属片受热时，膨胀系数大的金属就要向膨胀系数小的金属方向弯曲，使接点闭合，将信号输出；图7-5b为双金属的反转式，当金属片受热时，双金属的圆盘像虚线那样反转使接点闭合；图7-5c为利用金属膨胀系数式，它用膨胀系数大的金属外筒和膨胀系数小的内部金属板组合而成，根据其膨胀系数的差使接点闭合。

热敏半导体和铂金丝的电阻具有随温度变化而改变的特点，据此可制成无触点式的感温探测器。这类探测器的体积小，结构简单，使用寿命长，近年来发展很快，可望成为感温探测器的主导产品。

**2. 差温式探测器**

差温式探测器通常在火灾可能快速发展的场合使用。当室内的温升速率超过某一界限时报警。差温式探测器的探头主要由两个温度变化系数不同的热敏元件组成。当温度迅速上升时，一个元件的某种性质变化大，而另一种变化小；温度上升速率越大，其差值越大，当其达到一定值便可发出报警信号。

差温探测头常设计为气动和电动型。图7-6为一种气动式探测器示意图，它包括一个气室，气室壁面有一小孔与外界相通，故平时室内气体的压力温度与外界相同。气室顶部有一弹性薄膜。当外界温度升高后热量可通过气室外壳传给其中的气体，使其膨胀。温升较慢时，气体通过小孔流出。温升较快时，靠小孔流出已无法阻止室内压力升高，于是推动薄膜活动，从而发出报警信号。电动式一般是以热电偶的热电效应为基本原理设计的。这种探头对辐射热和对流热都很敏感。为了测出温度差，探测头装一对热电偶。一个在探测器外，用于感受外界温度变化，另一个装在探测器内。当两者温差达到一定值时，热电偶产生的电压便可驱动报警器。

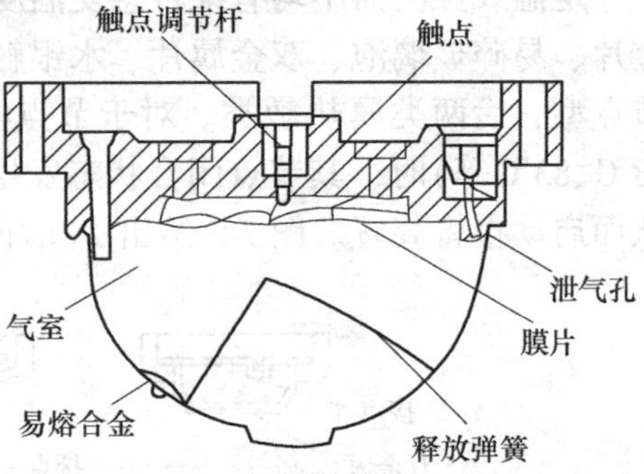

图7-6　点型差温式火灾探测器

差温式探测器的灵敏度比定温式高，但使用表明，它不易装在安有取暖系统的建筑物内。因为一旦建筑物打开门窗后，顶棚下的温度会急剧下降，关上门窗后，取暖系统又会使顶棚下的温度迅速升高，尤其是冬天室内外的温差更大，这就会发生误报。为了克服定温式探测器的热滞后和差温式探测器容易误报及对缓慢燃烧容易漏报的缺陷，人们研制出了差动补偿式感温探测器，其原理是将差温式探测器与某种定温装置联合使用，只有当室内温度达到某一值后，差温式探测器才开始工作。图7-7为一种差定温探测器的示意图，其外壳为膨胀系数较大的金属管，内部有一对膨胀系数较小的斜支杆，支杆头部为电极触点。当探测器受热时，外壳膨胀快于内部支杆从而具有速率补偿能力。当受热速率达到一定值时，触点还将闭合以致报警。

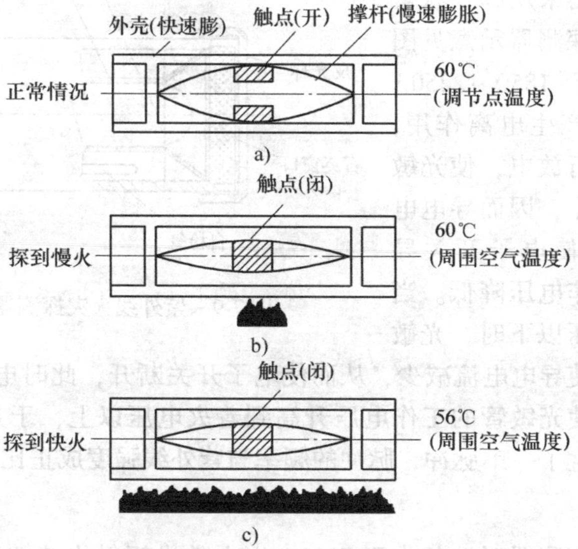


图 7-7　差动补偿式火灾探测器原理图

a）正常情况　b）探到慢火　c）探到快火

上述两种感温探测器基本上都作为点型探测器。另外还有一类线型感温火灾探测器，图 7-8 为一种电缆式探测器示意图。其长缆之中包裹着一对钢丝，分别接在相应的电路上。钢丝间用热敏绝缘物隔开。当缆线所经过的某位置达到预定温度，绝缘物熔化，钢丝接触从而发生报警。另一种代表性探测器的敏感元件是一根长管，管中心装一根镍丝，丝与管壁间填充热敏共晶体盐类化合物。平时在管壁和金属丝上加一低电压，当管子任一部位出现过热时，填料的电阻下降，两极有电流通过从而报警。缆式感温探测器的保护面积比点型的大，在地板下、电缆沟、管道井等处使用较广泛。

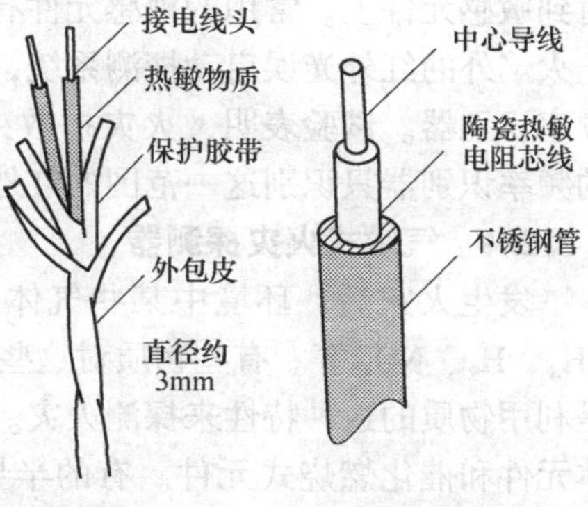


图 7-8　电缆式感温探测器原理图

#### 7.2.2.3　感光火灾探测器

感光火灾探测器是靠燃烧放热引起的热辐射特性来探测火灾的。目前主要有紫外和红外两种形式。感光探测器一般不用可见光波段，因为这不易有效地把火灾中火焰的辐射光与周围的照明光区别开来。

紫外火焰探测器的工作原理如下：探测器采用圆柱状紫外光敏元件，探测器示意见图7-9。当它接收到1850~2450A的紫外线时，产生电离作用，紫外光敏管进行放电，使光敏管的内电阻变小，因而导电电流增加，从而使电子开关导通，光敏管工作电压降低。当降低到着火电压以下时，光敏管停止放电，使导电电流减少，从而使电子开关断开，此时电源电压通过RC电路充电，又使光敏管的工作电压升高到着火电压以上，于是又重复上述过程。这样就产生了一串脉冲，脉冲的频率与紫外线强度成正比，同时还与电路参数有关。

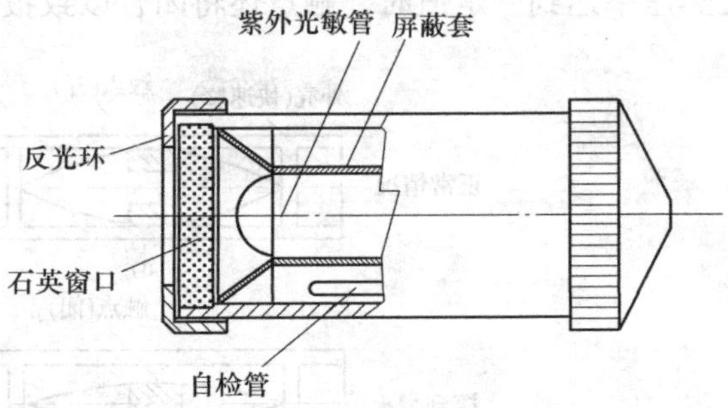

图7-9　紫外线火灾探测器示意图

红外火焰探测器对波长大于7000Å以上的光辐射比较敏感。与紫外探测器不同，它可以装在离火焰较远的位置，因而常用于大面积和大空间的火灾探测。常见红外探测器的头部安置一对透镜，用于滤除非红外光，然后光线才投射到敏感元件上。常用的敏感元件有硫化铝、硫化镉光电池等。此外，为了防止火焰外的红外光误启动探测系统，在输入电路上还设有某种形式的火焰闪烁频率识别器。试验表明，火灾扩散火焰的闪烁频率在5~30Hz之间，探测器的频率识别器只识别这一范围的红外光。

#### 7.2.2.4　气敏式火灾探测器

发生火灾后，环境中某些气体的含量可发生显著变化，例如CO、$CO_2$、$CH_4$、$H_2$、$NO_x$等。有些物质对这些特殊气体的反应比较敏感，气体探测器便是利用物质的这种特性来探测火灾。目前用于火灾探测的气敏元件主要有半导体元件和催化燃烧式元件。有的半导体材料能将某些气体吸附到表面，使其电导率发生变化，进而发出报警信号。半导体元件主要用金属氧化物烧制而成，主要有氧化锡、氧化锌等。有的材料容易吸附氧化性气体，有的则容易吸附还原性气体，因此应当根据应用场合中最容易出现的特征气体选择探测元件。图7-10为一种半导体探测器原理示意图。其中GS为

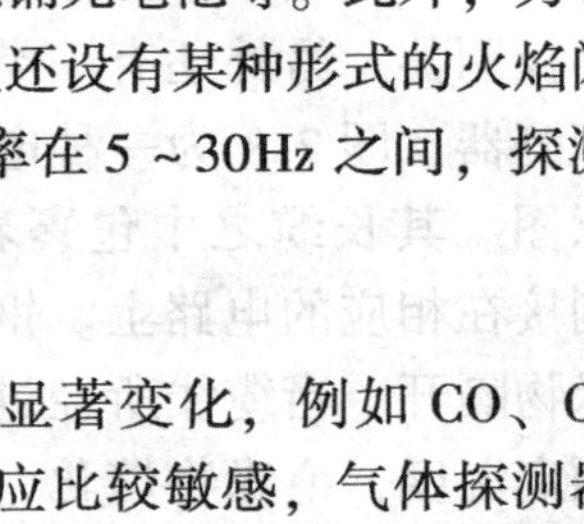

图7-10　某种气敏式火灾探测器原理图

气敏元件，$U_2$ 为测量 GS 电阻的电源，$U_1$ 为 GS 的加热电源。可燃气体一旦扩散到气敏元件上，其电阻迅速下降，从而触发报警装置。半导体气敏元件的灵敏度高、响应快、价格便宜，主要用于可燃气体的泄漏检测。但受到灰尘、油污的沾染后易影响使用。

催化燃烧式元件能加速某些可燃气体的氧化反应，在可燃气体浓度很低时就可发生反应。燃烧放热的结果将导致元件温度升高，进而启动报警装置。这类探测器对气体的选择性好，受温度、湿度的影响小、响应快，对于探测液化石油气、天然气、煤气和汽油、酒精等火灾尤为有效，在石化企业、矿井中有着广泛的应用。不过敏感元件受某些毒性物质侵害后，性能将会迅速降低，催化金属丝也易折断。

### 7.2.2.5 一些新型火灾探测器

发展火灾探测器是一个可以充分发挥创造性的研究领域。近年来，多种光、电新技术被迅速应用到火灾探测器的研发中来，不断有新的产品问世，下面几种新型探测器已经引起人们的广泛注意。

**1. 复合式火灾探测器**

上述的各种火灾探测器也都可称为“单信号”探测，它们各自对某种火灾信号比较敏感，但对另外的信号却不敏感。复合式火灾探测器的思想就是将几种探测原理结合在一起，以提高火灾探测的准确性。现在采取的复合方案很多，如感温与感烟结合、感温与气敏结合等。图 7-11 为一种将热敏元件、CO 传感器和散射光电式传感器复合起来的火灾探测器，它在减少火灾误报方面有较大改进。

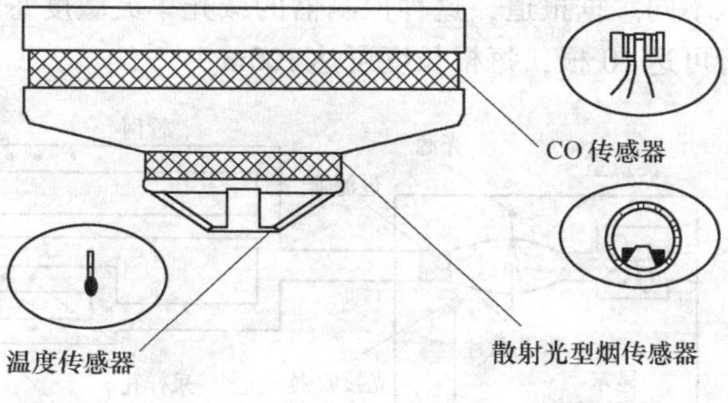


图 7-11 一种三信号的复合式火灾探测器

应指出，复合式火灾探测器并不是几种探测原理的简单合并，需要解决合理的综合分析判断方法。几类探测方法分别提供了不同范围的信息，它们可能相差较远，也可能有部分重叠。不恰当地按照它们共同提供的信号作为报警依据，或按它们都达到单独使用时的报警值为报警依据，都有可能延长报警时间。

**2. 图像式火灾探测器**

目前开发的图像式探测器主要是利用红外摄像原理探测火灾的，从原理上说是一种感光式探测器。一旦发生火灾，火源及相关区的温度必然升高，可发出一定的红外辐射。在远处的摄像机发现这种信号，通过综合分析，若判断它是火灾信号，则立即发出报警，并将该区显示在屏幕上。值班人员可及时加以处理。在无人员值班的情况下，也可将系统设置成自动控制状态，及时启动对外报警、灭火或烟气控制系统。

图像式火灾探测器是一种非接触式的探测装置，有利于较早发现火灾，加上它具有可视功能，有助于减少误报警，在某些场合具有突出的优点，如大空间建筑内、灰尘较大的厂房仓库内、大型化工厂的设备区等。因此近年来得到了很快发展。现在这种系统往往与安全监控系统结合使用。

**3. 吸气式火灾探测器**

吸气式火灾探测器是一类感烟探测器，它通过采样管道将所监测区域的空气样本抽取到系统的检测室，然后利用高强度的光源和高灵敏度的光接收元件对样本进行分析，进而判断是否发生火灾。这种系统改变普通感烟探测器那种“等”烟的被动工作方式为“抽”烟的主动工作方式，有助于发现早期火灾，其灵敏度比普通探测器可高出几百倍。用这种方式可以探测烟气中的颗粒物，也可探测烟气中的特殊成分。

图 7-12 为一种吸气式火灾探测器的原理图，其抽气管网分布在探测区域内，在吸气泵的作用下，空气样本通过采样孔流入。过滤器用于清除颗粒大于 20μm 的大颗粒。测量光源为氙闪光管，光源发出的光并不直接射到接收元件上。烟气中若含有颗粒则会散射光线，从而使接收元件收到光信号。颗粒浓度不同产生的电压不同。据报道，这种探测器的减光率灵敏度每米可达 0.05%。该系统的抽气管可达 10 根，每根长度可达 100m。

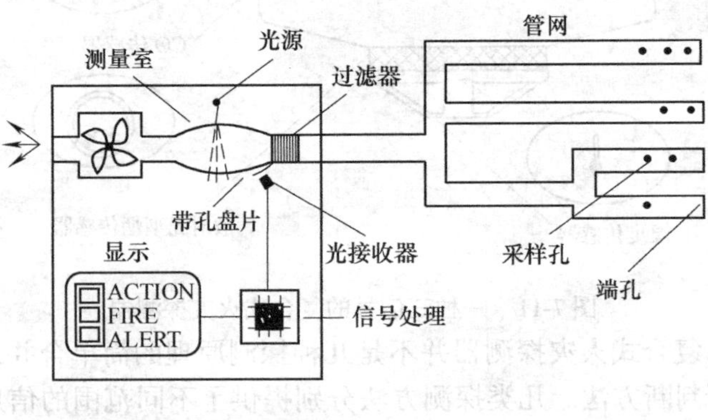


图 7-12　高灵敏度吸气式火灾探测器原理图

最新设计的吸气式火灾探测器采取高强度发光二极管或激光器作光源，其灵敏度有了进一步提高。目前这类探测器在通信枢纽、计算机房、核电站、集成电路生产车间、古建筑等很多场合得到了很好的应用。

**4. 光纤式火灾探测器**

光纤式火灾探测器是一种线型感温探测器，是在光纤的光时域反射技术、激光喇曼光谱技术、微弱信号检测技术和计算机技术的基础上发展起来的一种火灾探测技术。

光纤式火灾探测器一般由脉冲半导体激光器、双向耦合器、光纤传感回路、光纤检测系统、信号处理系统和计算机系统组成。由于这种探测器以光缆作为传感元件，以光信号为载体，不受电磁干扰，实现连续分布式测量，不会发生遗漏线路经过的任何点。用户可以对所关心的地方设置报警，可以对单点，也可以对一定长度的区域。报警方式可以灵活地采取定温报警、差温报警或几种方式的结合报警。

光纤式火灾探测器还具有响应时间快、抗潮湿能力强、使用寿命长等优点，可以分布架设很长的距离，很适合公路、越江、地铁隧道等长通道内的使用。

## 7.2.3 火灾探测器的选择分析

在一个特定场合下发生火灾要受许多因素的影响，例如可燃物的类别、可燃物的着火特性、可燃物的分布、火灾荷载、着火区域条件、新鲜空气的供给和形成的温度等，尤其是可燃物的着火特性和发烟性能，因为它们决定火灾的初期状况。不同类型探测器对火灾信号的反映存在较大的差别。因此选择火灾探测器时应当认真分析应用场合的特点。

例如对于普通住宅的房间，存在较多的纤维用品、木制品等，当其着火时，首先会产生较多的烟气，经过一段时间后温度又会继续迅速升高。如图7-13所示。曲线(1)说明在同一时间内所产生的燃烧产物浓度气体随时间的变化；曲线(2)表明热气温度随时间而上升。

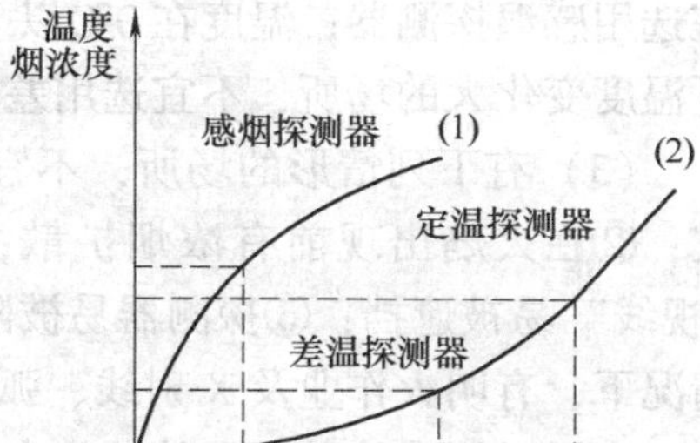


图7-13 室内火灾的发展曲线

在这两条曲线中还表示出了几种类型的火灾探测器所作出的反应。可以看出，感烟火灾探测器能够在短时间内作出反应，早期发出火灾报警信号。对于感温探测器，则要在较长时间内才能作出反应。当火灾达到充分发展阶段时，温度急剧升高时，差温式探测器开始响应；当温度继续升高，使环境温度达到某一定值时，定温式探测器才能响应。

因此，对于室内火灾，如果选用感温火灾探测器，那只有在火灾发展较大规模时才能发出报警信号，这时的火灾损失已经较大了。不过对于其他的温度升高显著的场合则可能是另外的情形。

任何一种火灾探测器都不是万能的，都有一定的环境适应性和使用局限性。为了有效地发挥火灾探测器的作用，就要根据不同火灾探测器的探测原理，结合使用场所的特点加以选择。

#### 7.2.3.1 火灾特点

（1）火灾初期有阴燃阶段，产生大量的烟和少量热，很小或没有火焰辐射，应选用感烟探测器；

（2）火灾发展迅速，产生大量的热、烟和火焰辐射，可选用感烟探测器、感温控测器、火焰探测器或其组合；

（3）火灾发展迅速，有强烈的火焰辐射和少量烟与热，应选用火焰探测器；

（4）火灾形成特点不可预料，可进行模拟试验，根据试验结果选择探测器；

（5）对使用、生产或聚集可燃气体或可燃液体蒸气的场所，应选择可燃气体探测器。

#### 7.2.3.2 场所环境特点

（1）相对湿度长期大于95%，气流速度大于5m/s，有大量粉尘、水雾滞留，又能产生腐蚀性气体，在正常情况下有烟滞留，产生醇、醚类、酮类等有机物质的场所，不宜选用离子感烟探测器。

（2）可能产生阴燃或者发生火灾不及早报警将造成重大损失的场所，不宜选用感温探测器；温度在0℃以下的场所，不宜选用定温探测器；正常情况下温度变化大的场所，不宜选用差温探测器。

（3）有下列情形的场所，不宜选用火焰火灾探测器：①可能发生无焰火灾；②在火焰出现前有浓烟扩散；③探测器的镜头易被污染；④探测器的“视线”易被遮挡；⑤探测器易被阳光或其他光源直接或间接照射；⑥在正常情况下，有明火作业及X射线、弧光等影响。

高层民用建筑及其有关部位火灾探测器类型的选择可参照表7-2。

**表7-2 高层民用建筑及其有关部位火灾探测器类型选择表**

| 项目 | 设置场所 | 火灾探测器的类型 | | | | | | | | | | | |
|---|---|---|---|---|---|---|---|---|---|---|---|---|---|
| | | 差温式 | | | 差定温式 | | | 定温式 | | | 感烟式 | | |
| | | Ⅰ级 | Ⅱ级 | Ⅲ级 | Ⅰ级 | Ⅱ级 | Ⅲ级 | Ⅰ级 | Ⅱ级 | Ⅲ级 | Ⅰ级 | Ⅱ级 | Ⅲ级 |
| 1 | 剧场、电影院、礼堂、会场、百货公司、商场、旅馆、饭店、集体宿舍、公寓、住宅、医院、图书馆、博物馆 | △ | √ | √ | △ | √ | √ | √ | △ | △ | × | √ | √ |
| 2 | 厨房、锅炉房、开水间、消毒室等 | × | × | × | × | × | × | △ | √ | √ | × | × | × |

（续）

| 项目 | 设置场所 | 火灾探测器的类型 | | | | | | | | | | | |
|---|---|---|---|---|---|---|---|---|---|---|---|---|---|
| | | 差温式 | | | 差定温式 | | | 定温式 | | | 感烟式 | | |
| | | Ⅰ级 | Ⅱ级 | Ⅲ级 | Ⅰ级 | Ⅱ级 | Ⅲ级 | Ⅰ级 | Ⅱ级 | Ⅲ级 | Ⅰ级 | Ⅱ级 | Ⅲ级 |
| 3 | 进行干燥烘干的场所 | × | × | × | × | × | × | △ | √ | √ | × | × | × |
| 4 | 有可能产生大量蒸汽的场所 | × | × | × | × | × | × | △ | √ | √ | × | × | × |
| 5 | 发电机室、立体停车场、飞机库等 | × | √ | √ | × | √ | √ | √ | × | × | × | △ | √ |
| 6 | 电视演播室、电影放映室 | × | × | △ | × | △ | √ | √ | √ | √ | × | √ | √ |
| 7 | 发生火灾时温度变化缓慢的小间 | × | × | × | √ | √ | √ | √ | √ | √ | △ | √ | √ |
| 8 | 楼梯及通道 | × | × | × | × | × | × | × | × | × | △ | √ | √ |
| 9 | 走道及通道 | × | × | × | × | × | × | × | × | × | △ | √ | √ |
| 10 | 电缆竖井、管道井 | × | × | × | × | × | × | × | × | × | △ | √ | √ |
| 11 | 电子计算机房、通信机房 | △ | × | × | △ | × | × | △ | × | × | △ | √ | √ |
| 12 | 书库、地下仓库 | △ | √ | √ | | √ | √ | √ | × | × | △ | √ | √ |
| 13 | 吸烟室、小会议室 | × | × | √ | √ | √ | √ | √ | × | × | × | × | √ |

注：1. "√"表示适于使用。

2. "△"表示根据安装场所等状况，限于能够有效地探测火灾发生的场所使用。

3. "×"表示不适合使用。

#### 7.2.3.3　场所结构特点

房间的高度对火灾探测器能否有效发挥作用具有重要影响，尤其是对依靠接触烟气的探测器影响更大。一般可参考表7-3选择探测器的类型。

**表7-3　根据房间高度选择探测器**

| 房间高度/m | 感烟探测器 | 感温探测器 | | | 感光探测器 |
|---|---|---|---|---|---|
| | | 一级 | 二级 | 三级 | |
| $12 < h \leqslant 20$ | 不适合 | 不适合 | 不适合 | 不适合 | 适合 |
| $8 < h \leqslant 12$ | 适合 | 不适合 | 不适合 | 不适合 | 适合 |
| $6 < h \leqslant 8$ | 适合 | 适合 | 不适合 | 不适合 | 适合 |
| $4 < h \leqslant 6$ | 适合 | 适合 | 适合 | 不适合 | 适合 |
| $h \leqslant 4$ | 适合 | 适合 | 适合 | 适合 | 不适合 |

#### 7.2.3.4　火灾探测器数量的确定

火灾探测区域是指有热气流或充满烟雾的区域。在建筑物内，就是指顶棚之下被墙壁及突出顶棚表面0.6m以上的梁等所隔开的部分，如图7-14所示。

探测区域内应至少设置1只火灾探测器。每个探测器能有效探测的地面面积称为保护面积，能有效探测的单向最大水平距离称为保护半径。一个探测区域内所需设置的探测器数量按下式计算：

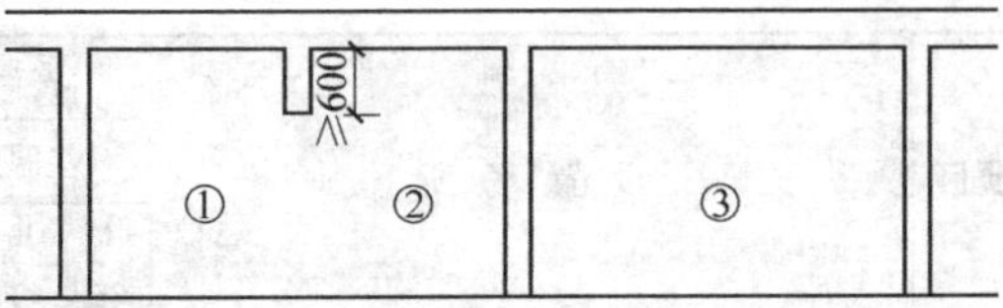

图 7-14 探测区域的划分

$$N \geqslant \frac{S}{KA} \tag{7-1}$$

式中，$N$ 为一个探测区域内所需设置的探测器数量(只)；$S$ 为一个探测区域的面积($m^2$)；$A$ 为一个探测器的保护面积($m^2$)；$K$ 为修正系数，重点保护的建筑取0.7～0.9，非重点保护的建筑取1.0。

常用的感烟与感温火灾探测器的保护面积及保护半径见表7-4。按表7-4和图7-14确定探测器设置数量的步骤如下：

（1）根据探测器监视的地面面积 $s$、房间高度 $h$、屋顶坡度 $\theta$ 及火灾探测器的种类和级别，查表7-4得出使用不同种类探测器的保护面积和保护半径，在考虑修正系数 $K$ 值的条件下，计算所需设置的探测器数量。

（2）根据上述查得的保护面积 $A$ 和保护半径 $R$ 值，选取探测器的安装间距。在满足有关规范对探测器设置位置要求的前提下，对探测器进行具体布置。

（3）经过具体布置后，检测探测器到最远点的水平距离是否超过探测器的保护半径。如果超过，应重新安排探测器或增加探测器的设置数量。

**表 7-4 感烟与感温火灾探测器的保护面积及保护半径**

| 火灾探测器种类 | 地面面积 $S/m^2$ | 房间高度 $h/m$ | 探测器的保护面积和保护半径 | | | | | |
|---|---|---|---|---|---|---|---|---|
| | | | 屋顶坡度 $\theta$ | | | | | |
| | | | $\theta \leqslant 15°$ | | $15° \leqslant \theta \leqslant 30°$ | | $\theta > 30°$ | |
| | | | $A/m^2$ | $R/m$ | $A/m^2$ | $R/m$ | $A/m^2$ | $R/m$ |
| 感烟探测器 | ≤80 | $h \leqslant 12$ | 80 | 6.7 | 80 | 7.2 | 80 | 8.0 |
| | >80 | $6 < h \leqslant 12$ | 80 | 6.7 | 100 | 8.0 | 120 | 9.9 |
| | | $h \leqslant 6$ | 60 | 5.8 | 80 | 7.0 | 100 | 9.0 |
| 感温探测器 | ≤30 | $A \leqslant 8$ | 30 | 4.4 | 3 | 4.9 | 30 | 5.5 |
| | >30 | $h \leqslant 8$ | 20 | 3.6 | 30 | 4.9 | 40 | 6.3 |

## 7.2.4 火灾报警控制装置

火灾报警控制器具有信号识别、报警、控制、图形显示、事故广播、打印输出及自动检测等功能。当其接收到火灾探测器、手动报警按钮或其他触发器件发送来的火灾信号时，能发出声光报警信号，记录接报时间、自动打印火灾发生的时间、地点，并输出控制其他消防设备的指令信号等，启动自动灭火系统。

火灾报警控制器的形式很多，大体可以分为区域报警控制器、中央报警控制器和控制中心报警系统等3种类型。

#### 7.2.4.1 区域报警控制器

区域报警控制器是一类简单的自动报警系统。在面积较小的建筑中可以单独使用，也可以作为集中报警控制器和报警控制中心的基本组成设备。图7-15为区域报警控制器的基本组成图。各类报警信号传至区域报警器，经信号选择电路处理后，进行火灾、短路、开路判断，报警器首先发出火灾报警信号，指示具体着火部位，发出火警音响，记忆火警信号、开路、短路故障信号。

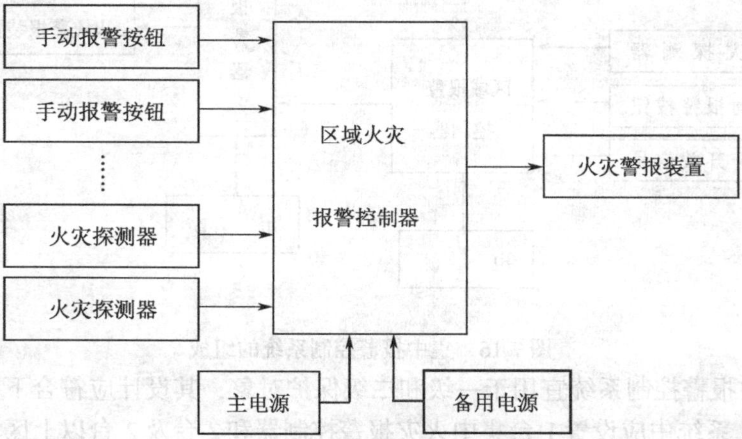


图7-15 区域报警控制器的基本组成图

区域报警预控系统的设计宜用于二级保护对象，应符合下列要求：

(1) 一个报警区域宜设置1台区域火灾报警控制器或1台火灾报警控制器，系统中区域火灾报警控制器或火灾报警控制器不应超过2台。

(2) 当用1台区域火灾报警控制器或1台火灾报警控制器警戒多个楼层时，应在每个楼层的楼梯口或消防电梯前室等明显部位，设置识别着火楼层的灯光显示装置。

(3) 区域火灾报警控制器或火灾报警控制器安装在墙上时，其底边距地面高度宜为1.3～1.5m，其靠近门轴的侧面距墙不应小于0.5m，正面操作距离不应小于1.2m。

### 7.2.4.2 集中报警控制系统

某一相对独立的建筑物或建筑群可设1台集中报警控制器。每台集中报警控制器可管理若干个区域报警控制器。每个区域报警控制器则用于监控1个报警控制区域，这一监控区域不宜超过1个防火分区，1个防火分区往往又分为几个火灾探测分区；1个区域控制器一般控制几十个探测器。图7-16为集中报警控制系统的基本组成图。

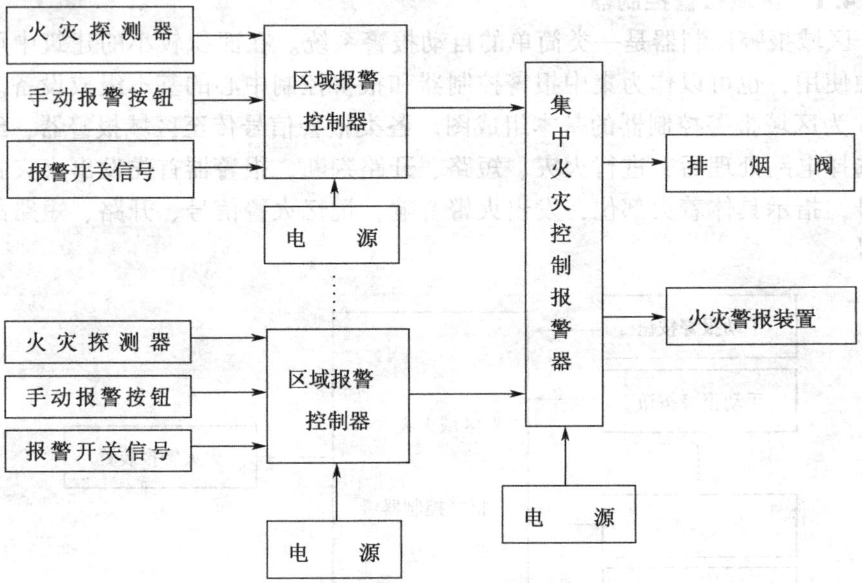


图7-16 集中报警控制系统的组成

集中报警控制系统宜用于一级和二级保护对象，其设计应符合下列要求：

(1) 系统中应设置1台集中火灾报警控制器和2台及2台以上区域火灾报警控制器，或设置1台火灾报警控制器和2台及2台以上区域显示器。

(2) 集中火灾报警控制器应能显示火灾报警部位信号和控制信号，亦可进行联动控制。

(3) 集中火灾报警控制器与消防联动控制设备等在消防控制室或值班室内的布置，应符合规范中的相应的规定。

### 7.2.4.3 中心报警控制系统

控制中心报警控制系统宜用于特级和一级保护对象，除了报警功能外，还应具有较全面的联动控制功能，并能为消防总体指挥提供技术支持。图7-17为控制中心报警控制系统基本组成图。

控制中心报警预控系统的设计应符合下列要求：

(1) 系统中至少应设置1台集中火灾报警控制器、1台专用消防联动控制

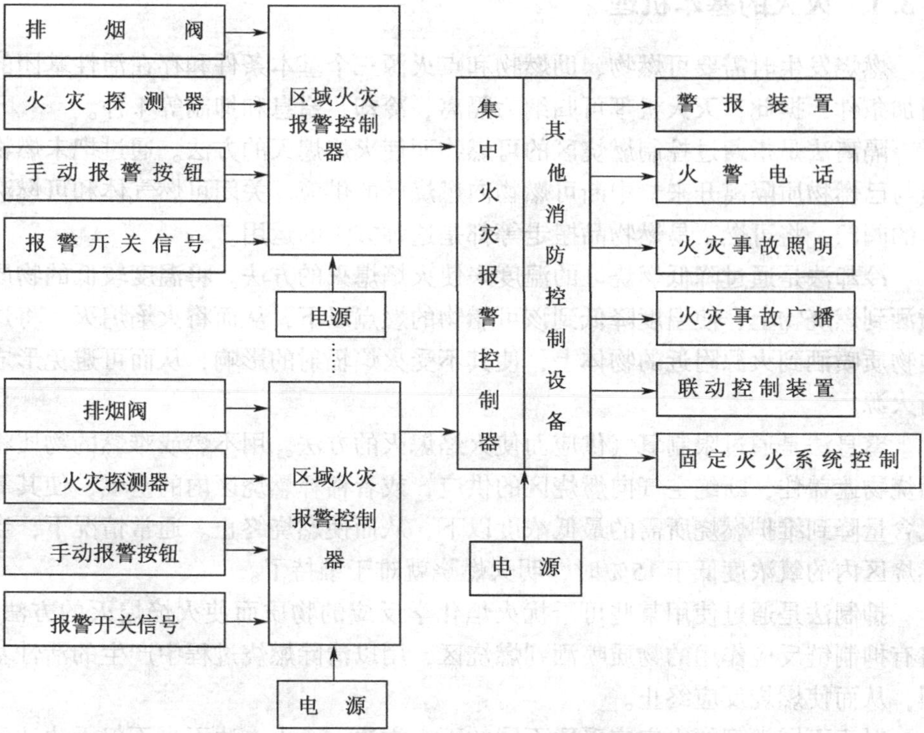


图 7-17　中心报警控制系统的组成

设备和2台及2台以上区域火灾报警控制器；或至少设置1台火灾报警控制器、1台消防联动控制设备和2台及两台以上区域显示器。

（2）系统应能集中显示火灾报警部位信号和联动控制状态信号。

（3）系统中设置的集中火灾报警控制器或火灾报警控制器和消防联动控制设备在消防控制室内的布置，应符合规范中的相应规定。

## 7.3　灭火技术

一旦防止起火的措施失效，就需要及时进行灭火，以便最大限度的减少火灾损失。同时随着社会的发展，人们对灭火技术也提出了更高的要求。不但要求消防设施能够快速响应、高效灭火，而且要求有利于环境保护和人员安全，对扑救和防护对象破坏更小，且能迅速控制特殊火灾，充分体现“绿色消防”的理念。

## 7.3.1 灭火的基本机理

燃烧发生时需要可燃物、助燃物和点火源三个基本条件和存在活性基团的附加条件，据此，灭火机理可归纳为隔离、冷却、窒息和抑制等4种。

隔离法是指通过控制燃烧区的可燃物而使火焰熄灭的方法。通过把未燃物质与已燃物质隔离开来，中断可燃物向燃烧区的供应。关闭可燃气体和可燃液体的阀门，将可燃、易燃物品搬走等都是这种方法的运用。

冷却法是通过降低燃烧区的温度来使火焰熄灭的方法。将温度较低的物质喷洒到燃烧物上，使温度降低到该可燃物的燃点以下，从而将火焰熄灭。将这类物质喷洒到火源附近的物体上，使其不受火焰辐射的影响，从而可避免形成新火源。

窒息法是通过限制氧气供应而使火焰熄灭的方法。用不燃或难燃的物质将燃烧物遮盖住，断绝空气向燃烧区的供应，或者稀释燃烧区内的空气，使其氧气含量降到维护燃烧所需的最低浓度以下，从而使燃烧终止。通常情况下，当燃烧区内的氧浓度低于15%时，明火燃烧就难于维持了。

抑制法是通过使用某些可干扰火焰化学反应的物质而使火焰熄灭的方法。将有抑制链反应作用的物质喷洒到燃烧区，用以清除燃烧过程中产生的活性基因，从而使燃烧反应终止。

对于不同类型的火灾应采取不同的灭火方法。灭火方法不当不仅无法达到灭火的目的，而且会造成火灾的扩大。这种案例已经发生过多次。

喷射到着火区内用来扑灭大火的物质称为灭火剂。不同的灭火剂具有不同的灭火机理。灭火剂选择不当也难以达到良好的灭火目的。水是最常用的灭火剂，大多数大火都可用水扑灭。但对扑灭或控制某些类型的大火，化学物质灭火剂则特别有效。现在各种灭火设备均注明了适用范围及使用方法，对此人们应当正确了解。

## 7.3.2 灭火剂的主要类型与特点

### 7.3.2.1 水灭火剂

水主要是通过冷却作用和窒息作用灭火。水的热容量较大，将常温水喷向火焰，可使燃烧区的温度降低，进而使燃烧强度减弱；而水落到燃烧物体的表面，可吸收大量的热，使其温度降低，使可燃挥发分的析出减少或停止。另外，水的汽化热也很大，1kg的水由常温变为蒸汽约吸收540kcal的热量。同时，当水由液态变为气态后，其体积约增大1600倍。这些水蒸气可有效地阻止助燃空气进入燃烧区，起到使火窒息作用。

水可通过水枪、水炮、洒水喷头等装置喷向着火区。水枪是建筑物内基本的灭火装置，用其灭火时应当注意使用场合及方式，例如扑灭电气火灾时，必须保持一定的灭火距离，且不能使用柱状水灭火，因为水的导电性较强，有可能对人造成电击伤。不过当水以雾状形式喷出时，由于未形成连续水流柱，不会发生电击伤；又如用于扑灭油火时，需要合理控制水滴的大小，因为水的密度比油大，水滴过大将导致大量水沉到油面之下，发挥不了灭火作用，而水滴过小则无法到达液面；对于遇水燃烧的物质、存储有浓酸等场所的火灾也不能用水扑救，因为水的加入可能加剧化学反应，或可能造成酸液的溅出，进而引发其他灾害。

水可以单独用来灭火，也可以在其中加入一些化学物质以增强灭火效果，例如碳酸钾、碳酸钠、碳酸氢钾、碳酸氢钠等，这些物质在火焰中可释放 Na、K 离子，具有中断链反应的作用。在水中加入粘稠性的添加剂可制成增稠水，这种水落到燃烧的可燃物表面上不易很快流失，从而延长了水的作用时间，有利于扑灭某些固体火灾。而在水中加入表面活性剂可制成湿润水，这种水的表面张力降低，且增加了水的渗透和扩张能力，对于扑灭木材、纤维类物质的火灾更为有效。水还是多种其他灭火剂的载体，在一些灭火剂中合理地加入水有助于更好地发挥灭火作用。

#### 7.3.2.2 气体灭火剂

气体灭火剂所用的气体主要有二氧化碳、氮气及一些混合气体，如烟烙尽。

1. 二氧化碳灭火剂

二氧化碳灭火剂属于液体汽化型灭火剂，主要通过窒息和冷却作用来实现灭火。这种灭火剂的最大特点是将火扑灭后不留任何自身的痕迹，对物体没有破坏作用，因此特别适于文物、档案和贵重仪器的保护。

二氧化碳气体容易流动，因而不宜用它扑灭对流很强的区域内的火灾。因其对固体可燃物没有浸渍作用，故不能扑灭深层火灾。二氧化碳不能用于扑灭钠、钾、镁、钛等活性金属的火灾及氢化金属的火灾，也不适宜扑灭硝酸纤维之类的含氧物质的火灾，因为它们可使二氧化碳分解。

二氧化碳的含量过大时对人有窒息作用。当其含量达到9%时，大多数人只能坚持几分钟就会晕倒。而在喷注二氧化碳的灭火区域，二氧化碳的浓度可达30%以上。在使用二氧化碳灭火时，应当特别注意人身保护，只有当确认火场中的人员全部撤离后才可喷射，同时还要严格防止二氧化碳自动喷射设备的误动作。

2. 氮气灭火剂

氮气是空气的主要成分，主要依靠窒息与冷却灭火。当将氮气注入到着火区域，使氧气浓度降低至10%~14%时，便可达到灭火目的。氮气一般是以高则用零代替。前些年常用的卤代烷灭火剂主要有1301和1211灭火剂。但使用这些卤代烷灭火后，残余的灭火剂及其分解产物进入大气后，对大气臭氧层具有严重的破坏作用。现在国际上已就逐步淘汰含氯、溴的卤代烷灭火剂达成共识。

表7-5 卤代烷灭火剂的编号

| 化学名称 | 分子式 | 编号 | 化学名称 | 分子式 | 编号 |
|---|---|---|---|---|---|
| 二氟二氯甲烷 | $CF_2Cl_2$ | 1220 | 氯溴甲烷 | $CH_2ClBr$ | 1011 |
| 三氟一溴甲烷 | $CF_3Br$ | 1301 | 四氟二氯乙烷 | $C_2F_4Cl_2$ | 2420 |
| 二氟一氯一溴甲烷 | $CF_2ClBr$ | 1211 | 四氟二溴乙烷 | $C_2F_4Br_2$ | 2402 |

卤代烷灭火剂主要是通过中断燃烧的链式反应达到灭火效果的。这类物质投放到着火区域后，可分解生成卤素基团，它们具有阻止羟基参加化学反应的作用，进而使燃烧终止。卤代烷灭火剂的灭火速度快，用量少，灭火后在现场不留痕迹和残渣，很适宜电子设备和文物存放场所的火灾保护。卤代烷灭火剂本身的毒性不大，但其热解产物的毒性会显著增大，主要是其中会有较多的HF、HCl、HBr及游离态的$Cl_2$、$Br_2$等。因此用卤代烷灭火后，应当及时通风以清除残留的灭火剂及其分解产物。

近年来已有一些新的卤代烷灭火剂投入使用，例如七氟丙烷($C_3F_7H$)，商品名为FM2000。由于其成分中不含有氯和溴，故对大气臭氧层的危害潜能值(ODD)很小，在大气中的残留时间也比较短。七氟丙烷的灭火效果与1301类似，但其用量较大，当用其取代1301灭火剂时，药剂用量约增加70%。七氟丙烷的毒性比较低，但在灭火过程中会产生少量的氟化氢，对此亦应引起重视。

## 7.3.3 消防给水系统

建筑物的水灭火系统包括室外的供水设施和室内的灭火设施，前者包括取水设施、集水池、消防水泵、蓄水池、供水管网等；后者包括供水干管、消火栓、水枪、洒水喷头、水炮等。水灭火系统主要包括供水部分(如水源、消防水泵、消火栓、管网等)和喷水装置。设计建筑物的消防给水时应当注意以下方面：

### 7.3.3.1 消防用水量

消防用水量指保证灭火所需的最小供水强度，应当根据建筑物的使用功能、耐火等级、同一时间的火灾次数、一次灭火用水量和当地的经济发展水平等因素综合确定。

消防用水量可分为室外消防用水量和室内消防用水量两部分。

### 1. 室外消防用水量

室外消防用水量是指供移动式消防车使用的水量。该水量一方面供移动式消防车从室外消火栓(或室外水源)取水，直接扑救或控制建筑物火灾，另一方面供移动式消防车从室外消火栓(或室外水源)取水，通过水泵接合器向室内消防给水管网供水，增补室内消防用水量，以便有效地扑灭室内较大火灾。

城市、居住区室外消防用水量可按下式计算确定：

$$Q = \sum_{i=1}^{n} Q_i \tag{7-2}$$

式中，$Q$ 为城镇、居住区室外消防用水量(L/s)；$Q_i$ 为一次灭火用水量(L/s)；$n$ 为同一时间内火灾次数。

同一时间内火灾次数指火灾延续时间内可能同时发生火灾的次数。该次数受到多种因素的影响，如城市的规模、建筑物的耐火性能、电气设备的使用情况、人们的消防意识、气候等，最主要的因素是城市的大小，城市越大、人口越多，发生火灾的机率越大，重叠发生火灾的可能性越大。

一次灭火用水量指扑救该火场火灾所需的供水强度。不同的火场，所需的消防用水量不同。火灾越大，需要的一次灭火用水量就越大。一次灭火用水量也和城市的大小有关，城市越大，发生大火的机率就越大。

城市、居住区的室外消防用水量，应根据同一时间内火灾次数与一次灭火用水量计算确定，但其不应小于表 7-6 的规定。对于工厂、仓库和民用建筑消防总用水量应与可能的火灾延续时间相符。

**表 7-6　建筑物的室外消火栓用水量**　　(单位：L/s)

| 耐火等级 | 建筑物类别 | | 建筑物体积/m$^3$ | | | | | |
|---|---|---|---|---|---|---|---|---|
| | | | ≤1500 | 1501～3000 | 3001～5000 | 5001～20000 | 20001～50000 | >50000 |
| 一、二级 | 厂房 | 甲、乙 | 10 | 15 | 20 | 25 | 30 | 35 |
| | | 丙 | 10 | 15 | 20 | 25 | 30 | 40 |
| | | 丁、戊 | 10 | 10 | 10 | 15 | 15 | 20 |
| | 仓库 | 甲、乙 | 15 | 15 | 25 | 25 | — | — |
| | | 丙 | 15 | 15 | 25 | 25 | 35 | 45 |
| | | 丁、戊 | 10 | 10 | 10 | 10 | 15 | 20 |
| 三级 | 厂房或仓库 | 乙、丙 | 15 | 20 | 30 | 40 | 45 | — |
| | | 丁、戊 | 10 | 10 | 15 | 20 | 25 | 35 |
| | 民用建筑 | | | 15 | 20 | 25 | 30 | — |
| 四级 | 丁、戊类厂房或仓库 | | 10 | 15 | 20 | 25 | — | — |
| | 民用建筑 | | 10 | 15 | 20 | 25 | — | — |

（续）

| 建筑物名称 | 高度 $h$/m、层数、体积 $V/m^3$ 或座位数 $n$/个 | 消火栓用水量/(L/s) | 同时使用水枪数量/支 | 每条竖管最小流量/(L/s) |
|---|---|---|---|---|
| 办公楼、教学楼（超过5层或体积为） | $V=10001\sim25000$ | 5 | 2 | 5 |
| | $V>25000$ | 10 | 2 | 10 |
| 其他建筑 | ≥6层<br>或体积≥10000 | 15 | 3 | 10 |

### 7.3.3.2 消防水源

消防水源应根据当地的具体条件进行选择，可采取合用系统，也可采用独立系统。

在城镇、居住区和企事业单位大多采取生活和消防合用系统，在工厂企业中往往采取生产与消防合用系统，在中等规模的城镇则采取三者合用系统。采取合用系统的基本要求是，当生活或生产用水量达到最大时仍能保证全部消防用水量。

对于市政供水系统无法满足消防用水要求，或合用系统不经济，或实现合用方式在技术上有困难的单位，应当建立独立的消防给水系统。例如为防止生产用水受到可燃和易燃液体污染的企业、设置高压水枪高压水雾等设施的企业，应当建立独立的消防给水系统。

对于远离市政供水管网的区域应当建立独立的消防给水系统，且消防用水以天然水源为主，例如江、河、湖、池、井等处的水。由于地区和季节的差异，天然水源流量变化很大，在枯水期甚至可能断流。所以当以天然水作为消防水源时，必须设置消防水池。天然水中往往夹带大量的泥沙或其他杂物，这些杂物将对消防装置的使用产生不良影响。因此还应保证取水设施、净水设施设置的安全性和可靠性。

### 7.3.3.3 消防水压

建筑物的消防给水系统可分为常高压给水系统、临时高压给水系统和低压给水系统。

常高压给水系统的管网内经常维持足够高的压力，灭火时把水带直接连上消火栓就可灭火。这种系统一般设有高位消防水池，依靠消防水池与管网的高程差形成的势能提供水压。

临时高压消防给水系统管网内的水压平时不高，但与某种高压消防水泵相连。一旦发生火灾，便立即启动消防水泵，使管网内的压力迅速升高，达到满足灭火的所需压力。

低压消防给水系统管网内的压力较低，不能满足消防水枪灭火的压力要求。在发生火灾时，通过消防车或其他移动式消防水泵将水压升高到水枪要求的压力。采取这种系统时，管网内压力应保证灭火时最不利点的消火栓水压不小于0.1MPa。

在现代建筑中，大多采用高压或临时高压消防给水系统，因此消防水泵便成为水灭火系统的核心装置。为了保证不间断供水，一组消防水泵的吸水管和出水管均不应少于2条。消防水泵应采取自灌式吸水方式，即令消防水池的工作水位高于水泵轴线的标高。

为了保证消防水泵的正常使用，在大型建筑中应当设独立的水泵房。对于多层民用建筑和工业建筑，水泵房的耐火等级应为一、二级。对于高层建筑，消防水泵房的耐火极限不应低于二级。

#### 7.3.3.4　消防给水管道

消防给水系统的管网有环状和枝状两种构成方式。在平面布置上，供水干线形成闭环的系统为环状供水系统；在平面布置上供水干线呈树枝状分出，而后不同干线之间没有联系的系统为枝状供水系统。环状管网的干线彼此连通，供水系统工作可靠，在管径和水压相同的情况下的供水能力也比枝状管网大，因此一般应布置成环状。为了在任何情况下都能满足火场用水需要，有必要用截止阀将环状管网分成若干段。在管道局部损坏或检修时，可关闭该段两端的阀门，而其他管段的消火栓仍能正常使用。为防止检修后忘记打开阀门，阀门宜具有反馈开启信号的功能，以便管理人员随时了解其工作状态。

#### 7.3.3.5　消防水池

消防水池的容量应满足在火灾延续时间内室内外消防用水总量的要求。居住区、工厂和丁、戊类仓库的火灾延续时间应按2h计算；甲、乙、丙类物品仓库、可燃气体储罐和煤、焦炭露天堆场的火灾延续时间应按3h计算；易燃、可燃材料露天、半露天堆场(不包括煤、焦炭露天堆场)应按6h计算；自动喷水灭火延续时间按1h计算。

在火灾情况下能保证连续补水时，消防水池的容量可减去火灾延续时间内补充的水量。消防水池容量如超过1000$m^3$时，应分设成两个水池。消防水池的补水时间不宜超过48h，但缺水地区或独立的石油库区可延长96h。

供消防车取水的消防水池，保护半径不应大于150m，其取水口与建筑物(水泵房除外)的距离不宜小于15m；与甲、乙、丙类液体储罐的距离不宜小于40m；与液化石油气储罐的距离不宜小于60m。若有防止辐射热的保护设施时，可减为40m。供消防车取水的消防水池应保证消防车的吸水高度不超过6m。

消防用水与生产、生活用水合并的水池，应有确保消防用水不作他用的技术设施。寒冷地区的消防水池应有防冻设施。

## 7.3.4 消火栓的设置

### 7.3.4.1 室外消火栓

室外消火栓供消防车取水时使用，每个室外消火栓的供水量就是一辆消防车的用水量。普通消防车配有2只口径为19mm的水枪，其充实水柱的长度在10～17m之间，相应的流量为10～15L/s，故每个室外消火栓的供水量应为10～15L/s。

为了便于取水和安全使用，室外消火栓应当沿道路设置，在十字路口处应设消火栓。对于宽度超过60m的道路，为了避免水带穿过道路影响交通或被车辆轧压，道路两侧都应布置消火栓。

室外消火栓有地上和地下两种。在南方一般采取地上式，北方则宜用地下式，并且应进行适当的防冻处理。普通消防车水泵的最大供水距离约为180m，加上输水带的铺设弯曲影响和灭火水龙等所占的长度，一般可认为室外消火栓的保护直径为150m。两个相邻消火栓的距离不应超过120m。

室外消火栓距道路及所保护的建筑物应当有适当的距离。例如，室外消火栓距路边的距离不应超过2m，距建筑物外墙不宜小于5m。高层建筑的消火栓应沿高层建筑均匀布置，距建筑外墙不宜大于40m。可燃液体与液化石油气储罐的消火栓应设在防火堤之外。距罐壁15m之内的消火栓不计入该储罐的消火栓。

### 7.3.4.2 室内消火栓

室内消火栓是建筑物内最基本的水灭火装置。应当设在建筑物的走道、楼梯口等明显、易于取用的部位。在同一建筑内，应当采用规格相同的消火栓。一般消火栓的栓口直径为65mm，消防水带的长度为25m左右，水枪的口径为19mm。普通水枪采取充实水柱灭火。充实水柱是指具有充实核心段的水射流，水柱长度指从喷口到射流中90%的水仍能从直径为38mm的圆中流过的长度。在普通建筑中，充实水柱长度不应小于7m，在工业厂房和高层建筑中不应小于10m。多功能水枪除了可采用充实水柱灭火外还能实现水喷雾灭火。在一些特殊场合的近距离灭火和人员保护方面，宜采用喷雾形式。

高层建筑和低层建筑对消火栓给水系统具有不同的要求。在低层建筑内，当室外给水管网的水压和水量在任何时刻都能满足室内最不利点消火栓的设计水压和水量，可采用无加压水泵输水系统。但若室外给水管网的水压变化较大，只能间断满足室内消防或生产生活用水，还宜配置消防水箱。常设消防水箱应能储存10min的消防用水量，同时可调节生产与生活用水量。

对于大型高层建筑，消防用水量大，且水压高，其给水系统一般应与其他灭火系统分开设置。按照给水形式，可采取独立的室内高压(或临时高压)系统和区域集中的室内高压(或临时高压)系统。独立式是在每栋高层建筑内单独设置消防供水管网，对于规模较大且防火要求较高的建筑宜采用这种系统，区域集中式是对数栋高层建筑的消防供水系统统一考虑，对于统一规划合理的高层建筑群可采取这种系统。

消火栓栓口的出水压力不应大于0.8MPa，否则开启水枪所产生的水锤作用容易损坏系统中的设备。当栓口的出水压力大于0.5MPa时，水枪产生的反作用力亦较大，使一个人难以稳定操作水枪灭火。因此在消火栓处应设置压力控制装置。

## 7.3.5 自动喷水灭火系统

### 7.3.5.1 喷水灭火系统的类型

自动喷水灭火系统包括水泵、输水管、水喷头、水流控制阀和若干辅助装置。根据水从水源到喷头的形式，系统大体分为湿式系统、干式系统、预作用系统、雨淋系统和水幕系统。下面介绍几种主要的水灭火系统。

**1. 湿式系统**

图7-18为某种湿式自动喷水系统示意图。此系统的水管内无论何时均充有加压水，发生火灾时，产生的热量作用到着火区的相应喷头上，使其工作元件启动，水立即喷出灭火。

这种系统适用于水在管道内无冰冻危险的场合。湿式系统的结构较简单，维修方便，建设和运行费用都较低，是当前常用的喷水灭火系统之一。

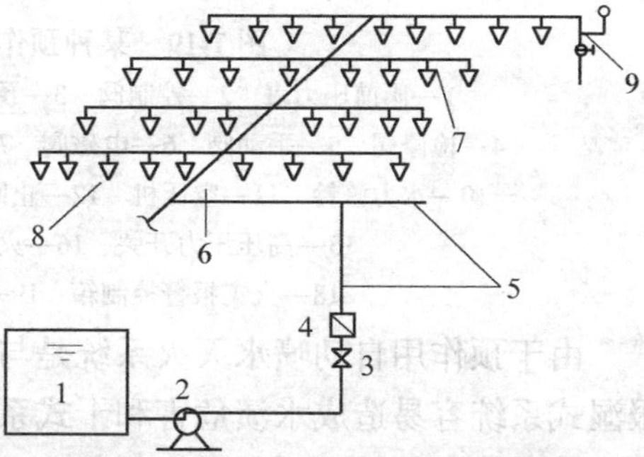


图7-18 某种湿式自动喷水系统示意图

1—水池 2—水泵 3—总控制阀 4—湿式报警器 5—配水干管 6—配水管 7—配水支管 8—闭式喷头 9—末端试水装置

**2. 干式系统**

干式自动喷水系统与湿式系统基本类似。这种系统的喷头与充有加压空气或氮气的管道连接，而管道通过报警控制阀与加压水管相连。当喷头的工作元件受火灾影响启动后，充气管内压力下降，导致报警阀另一侧的水压打开阀门，水再从开启的喷头喷出灭火。

干式系统适用于不能正常采暖的场合，如寒冷和高温场所。但由于增加了一套充气设备，其建设投资比一般湿式系统大，日常维护也较为复杂。

**3. 预作用系统**

这种系统的喷头前的管道内也充有气体，可加压，也可不加压。发生火灾时，该区的辅助火灾探测装置先动作，从而将水流控制阀打开，水进入管道内。当喷头被火灾产生的热量启动后便像湿式系统那样灭火。图 7-19 为某种预作用自动喷水系统示意图。

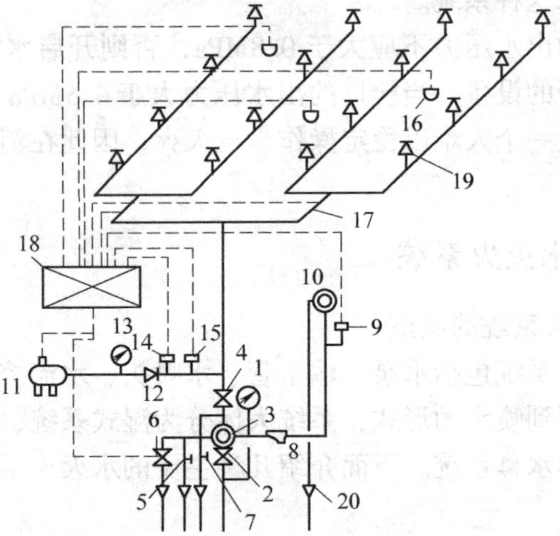


图 7-19 某种预作用自动喷水示意图

1—阀前压力表 2—控制阀 3—预作用阀(采用干式报警阀或雨淋阀) 4—检修阀 5—手动阀 6—电磁阀 7—试水阀 8—过滤器 9—压力继电器 10—水力警铃 11—空压机 12—止回阀 13—压力表 14—低压压力开关 15—高压压力开关 16—火灾探测器 17—水流指示器 18—火灾报警控制箱 19—闭式喷头 20—排水漏斗

由于预作用自动喷水灭火系统是与火灾探测报警系统联动的，可有效地克服湿式系统容易造成水渍危害和干式系统喷水延缓的缺陷。与普通湿式系统相比，其造价和维持费用都增加不多。

**4. 雨淋系统**

雨淋系统的喷头始终处于开启状态，平时输水管内无水。当火灾报警装置被火灾信号启动后雨淋阀打开，水进入管系内，可从所有的喷头一起喷出。一般在管道上还装有手动阀门的开启装置。雨淋系统的喷水面积较大，适宜对有关场合实施整体保护，适用于火灾危险性大、可燃物集中、燃烧放热多而快的建筑物和构筑物中。

**5. 水幕系统**

水幕系统的喷头喷出的水呈水幕状，一般与防火门、防火卷帘门配合使用，可对其起冷却作用，并阻止火灾的蔓延。有时也用在某些建筑物的门窗洞口等部位。图 7-20 为某种水幕自动喷水系统示意图。

**6. 水雾灭火系统**

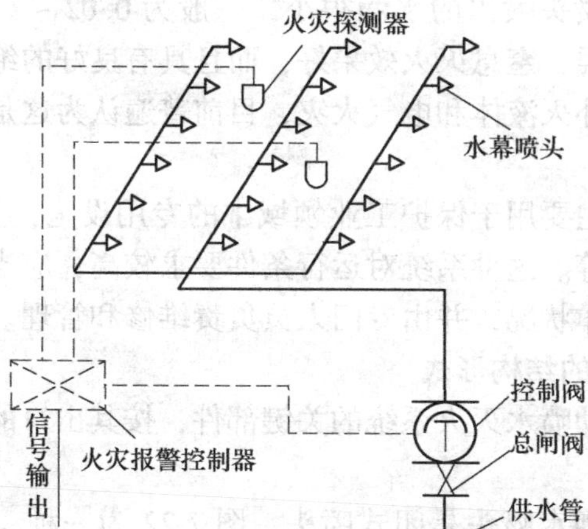


图7-20　某种水幕自动喷水系统示意图

水雾灭火系统可认为是自动喷水灭火系统的一种特殊情形。对于这种系统我国单独制定了设计规范（GB 50219—1995）。水雾灭火系统的组成结构和雨淋系统相似，两者的主要差别在于水喷头不同。图7-21为某种水雾自动喷水

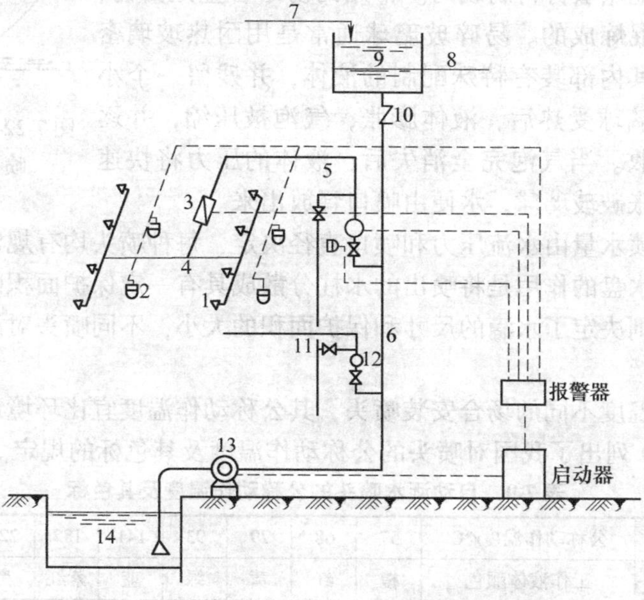


图7-21　某种水雾自动喷水系统示意图

1—水雾喷头　2—火灾探测器　3—水流指示器　4—配水管　5—干管
6—供水管　7—水箱进水管　8—生活用水出水管　9—消防水箱　10—单向阀
11—放水管　12—控制阀　13—消防水泵　14—消防水池

系统示意图。水雾喷头喷出的水滴很小，一般为0.02~2.0mm，灭火时的冷却作用较普通水滴强，窒息灭火效果好，而且具有良好的绝缘性。不仅可灭固体火灾，还可用于扑灭液体和电气火灾，目前普遍认为这是卤代烷灭火剂的一种理想替代物。

水雾灭火系统主要用于保护工业领域中的专用设施，如油浸电力变压器、电缆、电气控制室等。这种系统对运行条件要求较高，应当经常检查水泵、过滤器、喷头等的工作状况，并由专门人员负责维修和管理。

### 7.3.5.2 洒水喷头的结构形式

洒水喷头是自动喷水灭火系统的关键部件，按其出口的封闭形式，可分为开式和闭式两类。

最常用的自动洒水喷头是闭式喷头，图7-22为一种常见的顶棚安装式喷头示意图。喷头通过带丝扣的底座安装在水管的设定端口上，内壁面光滑以减小流动阻力。

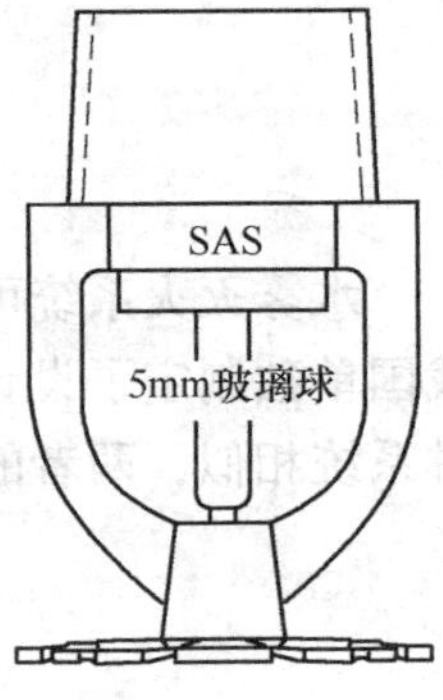

图7-22 顶装式洒水喷头示意图

喷头的动作元件是一种热敏元件，平时被压封在喷口上，阻止水的流出。当达到了预定温度时，它便自动开启，让水喷出来灭火。现在最常用的动作元件是由易熔合金和其他热敏材料制成的。常用的易熔合金是由锡、铅、镉、铋混炼成的。易碎玻璃球通常是用耐热玻璃密闭制成的，其内部装有特殊配制的液体，并残留一个小空气泡。玻璃球受热后，液体膨胀，气泡被压缩，并逐渐被液体吸收。当气泡完全消失后，液体的压力将快速升高，乃至胀破玻璃球，水便由喷口释放出来。

喷头的喷水量由水流压力和喷口直径决定，每种喷头均有规定的工作压力和流量。溅水盘的作用是将喷出的水柱分散成具有一定保护面积的细水滴。溅水盘的形式则决定了水滴的尺寸和保护面积的大小，不同喷头对溅水盘均有特定的要求。

在环境温度不同的场合安装喷头，其公称动作温度宜比环境最高温度约高30℃。表7-9列出了我国对喷头的公称动作温度及其色标的规定。

**表7-9 自动洒水喷头的公称动作温度及其色标**

| | | | | | | | | | | |
|---|---|---|---|---|---|---|---|---|---|---|
| 玻璃球式 | 公称动作温度/℃ | 57 | 68 | 79 | 93 | 141 | 182 | 227 | 260 | 343 |
| | 工作液体颜色 | 橙 | 红 | 黄 | 绿 | 蓝 | 紫红 | 黑 | 黑 | 黑 |
| 易熔元件式 | 公称动作温度/℃ | 57~77 | 80~107 | 121~149 | 163~191 | 204~246 | 260~302 | 320~343 | / | / |
| | 轭臂色标 | 本色 | 白 | 蓝 | 红 | 绿 | 橙 | 黑 | / | / |

热响应性能是喷头的一个关键参数，它决定火灾发生后喷头的动作时间。喷头如果启动太慢，将控制不住已经增大的火灾；如果启动得太快，则启动的喷头数量不必要增多，将造成水渍损失增大，同时会使火火源附近的喷水量减少，从而影响灭火性能。喷头的热平衡方程式可用下式表示：

$$mc_p \frac{d(T_e)}{dt} = hA(T_g - T_e) \tag{7-7}$$

式中，$m$ 为感温玻璃球的质量(kg)；$c_p$ 为感温玻璃球的比热容[J/(kg·℃)]；$T_e$ 为感温玻璃球温度(℃)；$h$ 为玻璃球表面换热系数(W/m$^2$·K)；$A$ 为感温玻璃球表面积(m$^2$)。

该式两边同除以 $mc_p$ 可得：

$$\frac{d(T_e)}{dt} = \frac{hA}{mc_p}(T_g - T_e) \tag{7-8}$$

令

$$RTI = \left(\frac{mc_p}{hA}\right)u^{0.5} = \tau u^{0.5}, \tag{7-9}$$

则

$$\frac{d(\Delta T_e)}{dt} = \frac{\sqrt{u}}{RTI}(\Delta T_g - \Delta T_e) \tag{7-10}$$

式中，$\Delta T_e$ 为感温玻璃球温度与环境温度的温差(℃)；$\Delta T_g$ 为气体温度与环境温度的温差(℃)；$u$ 为烟气速率(m/s)；$RTI$ 为响应时间指数(m·s)$^{0.5}$；$\tau$ 为时间常数(s)。

对式(7-9)积分得：

$$t = \frac{RTI}{\sqrt{u}} l_n\left(\frac{T_g - T_0}{T_g - T_e}\right) \tag{7-11}$$

由式7-11可看出，喷头的 $RTI$ 越低，喷头越灵敏，启动时间越短；喷头的启动温度越低，启动时间越短；顶棚射流的速度越大，启动时间越短。

建筑物的形式是复杂多变的，其火灾危险性也差别很大，时常出现普通喷头不能满足某些建筑需要的情形。因此研制特殊洒水喷头便受到人们的密切注意。近年新研发的喷头主要有大水滴喷头、快速响应喷头、隐蔽式喷头、侧装式喷头、耐腐蚀喷头等。

大水滴喷头的溅水盘作了特殊设计，可结合较大的水流量以形成大水滴。这种水滴能穿透高强度火灾所产生的上升羽流。

快速反应喷头感温元件的响应时间比普通喷头短得多，例如有的元件的动作时间只有普通喷头的五分之一。这种喷头特别适用于需要加强人员生命安全的场合。

隐蔽式喷头的所有部分全都隐装在特殊挡板的上方，这样使室内顶棚平整美观。发生火灾时，挡板脱落，喷头露出，随后按规定温度启动。

在有腐蚀气体的场合下，普通喷头不能按规定工作，需要采取防腐措施，其基本办法是加涂层。常用涂层有蜡、沥青、铅等。一般对热敏动作元件也要加涂层，应注意的是这可能影响其正常工作，因此对加涂层的喷头需要另行测试。

侧装式喷头可向一侧喷射绝大部分水，其喷射距离比顶装式的大。这种喷头可根据需要确定喷射方向，且管路安装简单，适宜装在火险不太高的房间内，如办公室、客房、餐厅等。

#### 7.3.5.3 喷水灭火系统的设计要求与维护

安装自动喷水灭火系统的费用并不高，一般只占建筑工程总造价的1%～3%。从减少火灾损失和防火总代价方面考虑，应用自动喷水灭火系统都是很合适的。

为了使自动喷水灭火系统在火灾中能正常发挥作用，应当注意以下一些方面。

**1. 设计的系统必须与建筑物的火灾危险性相适应**

就是说，所设计的自动喷水灭火系统能达到预定的控火或灭火目的。当建筑物的使用性质发生变化后，需要对其火险程度作出新的评估。

设计自动喷水灭火系统时，首先应考虑建筑物的危险等级，了解其中生产或储存的可燃物的性质、数量、堆放状态、火灾扑救难度及建筑物本身的耐火性等。通常将建筑物的火灾危险性分为严重、中等、轻度危险三级。《自动喷水灭火系统设计规范》(GB 50084—2001)对湿式、干式和预作用式三类自动喷水灭火系统设计参数作了规定，见表7-10。

表7-10 民用建筑和工业厂房的系统设计参数

| 火灾危险等级 | | 净空高度/m | 喷水强度/(L/min·m²) | 作用面积/m² |
|---|---|---|---|---|
| 轻危险级 | | ≤8 | 4 | 160 |
| 中危险级 | Ⅰ级 | | 6 | |
| | Ⅱ级 | | 8 | |
| 严重危险级 | Ⅰ级 | | 12 | 260 |
| | Ⅱ级 | | 16 | |

注：系统最不利点处喷头的工作压力不应低于0.05MPa。

**2. 保证消防用水足够**

消防给水不足，自动喷水灭火系统自然无法发挥作用，这正是在许多火灾情况下灭火系统失效的一个重要原因，自动喷水灭火系统对消防给水的水量水压等要求更高，应当严格按本系统的要求检查给水情况。

**3. 输水系统的工作状况**

由于水中的异物或水管锈蚀等，可能造成管道堵塞，应该定期进行管道冲洗。对喷淋泵、稳压泵、压力表、控制阀、水力报警装置等进行定期检查和试验。

在气候寒冷地区，自动喷水灭火系统的管道还需要注意防冻。对于小范围的冻结可及时将管中的冰融化，并消除引起冰冻的原因。有时可在水中加入防冻液以降低其冰点。加防冻液的水应和生活用水分开，且应符合当地的卫生标准。

**4. 喷头的状况**

洒水喷头的使用量大，分布面广，且大多突出壁面或顶棚，因此是容易损坏的部件。需要检查有无机械损伤、腐蚀，或是否被油漆、涂料覆盖，或有无外部物体遮掩。对有故障的喷头应及时更换。

## 7.4　化学爆炸的防控技术

化学爆炸主要有分解爆炸和可爆混合物的爆炸等类型。

分解爆炸所需要的能量来自爆炸物自身的分解热。有些物质很不稳定，受到摩擦、撞击后即可发生爆炸，例如雷汞、炸药、有机过氧化合物等。

可爆混合物爆炸包括可燃气体、液雾及粉尘与氧化剂(通常为空气)的混合物的爆炸。这类混合物的爆炸需要有足够高的可燃组分浓度、氧含量和点火能。一般说，其危险性比前者小。但却是大部分工厂和企业中经常遇到的事故爆炸。本节重点围绕着这类爆炸讨论一些常用的防爆技术。

### 7.4.1　惰化防爆

#### 7.4.1.1　惰化防爆的机理

惰化防爆是一种通过控制可燃混合物中氧气的浓度来防止爆炸的技术。向可燃气体/空气混合物或可燃粉尘与空气混合物中加入一定量的惰化介质，使混合物中的氧浓度低于其发生爆炸所允许的最大含量，避免发生爆炸。

根据惰化介质的作用机理，可将其分为降温缓燃型惰化介质和化学抑制型惰化介质。

降温缓燃型惰化介质不参与燃烧反应，其主要作用是吸收燃烧反应热的一部分，从而使燃烧反应温度急剧降低。当温度降至维持燃烧所需的极限温度以下时，燃烧反应停止。降温缓燃型惰化介质主要有氩气、氦气、氮气、二氧化碳、水蒸气和矿岩粉类固体粉末等。

化学抑制型惰化介质是利用其分子或分解产物与燃烧反应活化基团(原子态氢和氧)及中间游离基团发生反应，使之转化为稳定化合物，从而导致燃烧过程连锁反应中断，使燃烧反应火焰传播停止。化学抑制型惰化介质主要有卤代烃、卤素衍生物、碱金属盐类以及铵盐类化学干粉等。

#### 7.4.1.2 惰化介质的防爆效应

按照惰化介质的物态，可将其分为气体惰化介质和固体粉体惰化介质，它们的惰化效应有所不同。加入惰化气体的作用主要是改变了可燃混合物的爆炸极限。

图7-23给出了氮气及二氟一氯一溴甲烷(1211)对丙烷/空气混合物爆炸极限影响的试验结果。阴影区域为混合物的可爆范围。可以看出，随着加入的惰性气体量不断增大(即氧体积分数逐渐减小)，混合物的爆炸极限范围逐渐变窄。当惰性气体量达到一定值后，爆炸上限与下限发生重合。此时，可燃混合物处于某种临界爆炸状态。若进一步向混合物中加入惰性气体，则混合物中的氧气浓度将低于可发生爆炸的最大允许氧浓度。在这种情况下，可燃混合物将不再发生爆炸。

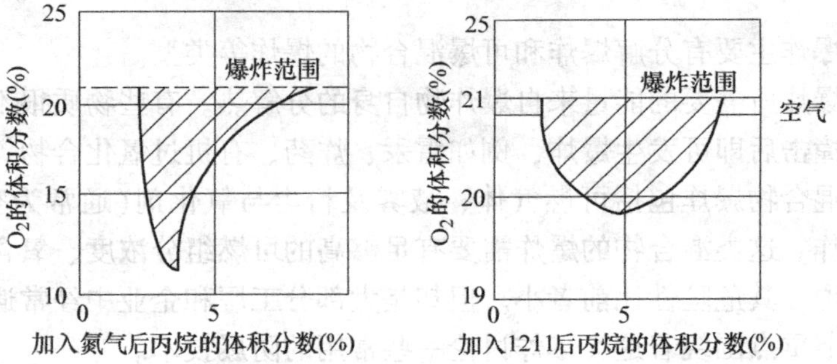


图7-23 加入惰性气体对丙烷/空气混合物爆炸极限影响

图7-24给出了氮气对聚乙烯粉尘/空气混合物爆炸极限的影响的试验结果。可以看出，若不添加氮气，其爆炸范围最大；随着氮气加入量的增加，混合物的爆炸上限逐渐降低，爆炸下限基本不变，即爆炸极限范围逐渐变窄。当混合物中的氧气浓度减小到10%左右时，其爆炸上限与下限发生重合。

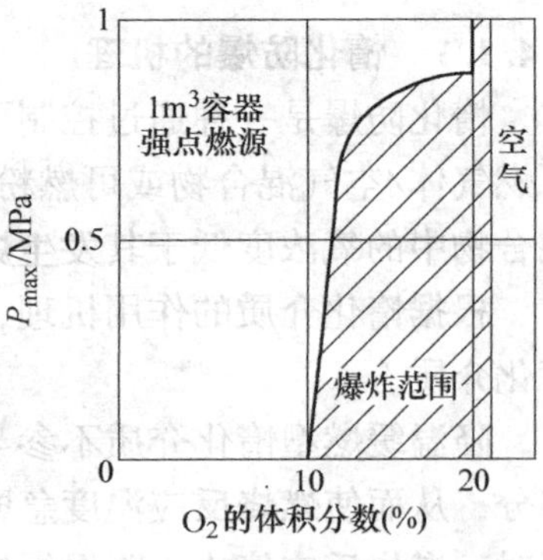


图7-24 加入氮气对聚乙烯粉尘/空气混合物爆炸极限的影响

在有些情况下，向可燃混合物中加入惰性粉体也能够发挥良好的防爆作用。图7-25给出了化学抑制型干粉对可燃气体与空气混合物的惰化防爆作用。可见，只需很少量的粒径小于20μm的颗粒占30%~50%的化学干粉，便可有效惰化可燃气体混合物。

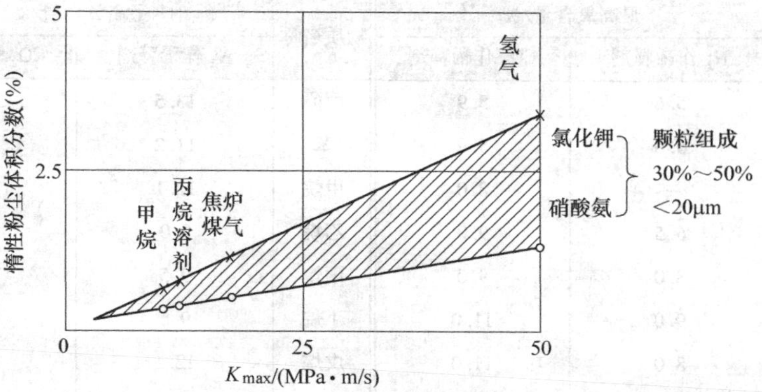


图7-25 化学干粉对可燃气体/空气混合物爆炸特性影响

在高温、高压下，由于某些轻金属(如铝、镁、钛等)能与二氧化碳或氮气发生化学反应。对此，可以选用固体粉末或化学干粉作为惰化剂，以吸收燃烧反应热并起化学抑制作用。但需指出，这时的惰性粉体需用量较大。

#### 7.4.1.3 惰性气体用量估算

采用惰化防爆时，惰性气体的需用量可按可燃混合物不发生爆炸的最高允许氧浓度来估算。设惰性气体中不含氧气及其他可燃气体组分，其理论用量可按下式计算：

$$x=\frac{21-O}{O}V \tag{7-12}$$

式中，$x$ 为可防止爆炸的惰性气体最少需用量($m^3$)；$O$ 为混合物不发生爆炸的最高允许含氧量(%)；$V$ 为设备的体积($m^3$)。

若使用惰性气体中含有一定的氧气，则可按下式修正：

$$x=\frac{21-O}{O-O'}V \tag{7-13}$$

式中，$O'$为惰性气体中的含氧量(%)。

对生产装置进行惰化保护时，为了确保达到良好的防爆效果，装置内的实际含氧量要保持比临界含氧量再低10%。通入惰性气体时，必须注意使装置里的气体混合均匀。并对惰性气体的流量、压力或对氧气浓度进行实时测试。

采用惰化防爆不必用惰性气体全部取代空气中的氧气。表7-11列出了不发生爆炸时，部分可燃气体与空气混合物利用 $N_2$ 和 $CO_2$ 作为惰化剂，其中的最大允许氧气浓度。相应环境温度为20℃、压力为1atm。

表 7-11 若干气体、液体蒸气与空气混合物不发生爆炸时的最高含氧量

| 物质名称 | 最高氧含量/% | | 物质名称 | 最高氧含量/% | |
|---|---|---|---|---|---|
| | $N_2$ 作稀释剂 | $CO_2$ 作稀释剂 | | $N_2$ 作稀释剂 | $CO_2$ 作稀释剂 |
| 一氧化碳 | 5.6 | 5.9 | 丙酮 | 13.5 | 15.0 |
| 氢 | 5.0 | 5.9 | 苯 | 11.2 | 13.9 |
| 二硫化碳 | — | 8.0 | 甲烷 | 12.1 | 14.6 |
| 乙炔 | 6.5 | 9.0 | 乙烷 | 9.0 | 10.5 |
| 乙烯 | 8.0 | 9.0 | 丙烷 | 9.5 | 11.5 |
| 丙烯 | 9.0 | 11.0 | 丁烷 | 9.5 | 11.5 |
| 甲醇 | 8.0 | 11.0 | 戊烷 | 12.1 | 14.4 |
| 乙醇 | 8.5 | 10.5 | 已烷 | 11.9 | 14.5 |
| 乙醚 | — | 10.5 | 汽油 | 11.6 | 14.4 |

试验表明，在火花点火条件下，对于同一种可燃粉尘/空气混合物，当分别采用氮气和二氧化碳作惰化气体时，其不发生爆炸的最大允许氧体积分数间大致存在如下关系：

$$C_n = 1.3C_c - 6.3 \tag{7-14}$$

式中，$C_n$ 为用氮气作惰化气体时的最高允许含氧量(%)；$C_c$ 为用二氧化碳作惰化气体时的最高允许含氧量(%)。表 7-12 列出了利用 $N_2$ 作惰化剂时，部分常见可燃气体(粉尘)/空气混合物的最高允许含氧量。

表 7-12 利用 $N_2$ 惰化可燃粉尘时最高允许含氧量

| 物质名称 | 最高允许含氧量 $V$(%) | 物质名称 | 最高允许含氧量 $V$(%) | 物质名称 | 最高允许含氧量 $V$(%) |
|---|---|---|---|---|---|
| 煤粉 | 14.0 | 硬脂酸镉 | 11.9 | 甲基纤维素 | 10.0 |
| 月桂酸镉 | 14.0 | 硬脂酸钙 | 11.8 | 轻金属粉尘 | 4~6 |
| 硬脂酸钡 | 13.0 | 木粉 | 11.0 | | |
| 有机颜料 | 12.0 | 松香粉 | 10.0 | | |

#### 7.4.1.4 惰化防爆的应用场所

惰化防爆技术主要应用于以下过程或场所：

(1) 易燃固体物质的粉碎、筛选、混合以及粉状物料的输送等过程中，充入惰性气体以防止形成可燃粉尘。

(2) 在可燃气体或蒸气物料中充入惰性气体，使系统保持正压，阻止空气混入，防止形成爆炸性混合物。

(3) 将惰性气体用管路与具有爆炸危险的设备相连，当爆炸危险发生时能及时通入惰性气体进行保护。

(4) 在易燃液体输送过程中，向容器中充入惰性气体进行保护，避免液体蒸气与空气形成可燃混和气。

(5) 在爆炸危险生产场所，使用惰性气体对能够产生火花的电器、仪表实施充氮正压保护。

(6) 在对具有爆炸危险的系统进行动火检修时，先使用惰性气体吹扫，置换系统中可燃气体和蒸气，以避免形成爆炸性气氛。

(7) 在某些生产过程中发生跑料事故时，采用惰性气体对可燃气体进行稀释处理。

表7-13简要说明了在若干场合下使用惰化防爆技术的方式。

**表7-13　惰化防爆技术的使用场合与使用方式**

| 生产场所 | 使用方式 |
|---|---|
| 易燃、易爆固体的破碎、研磨、筛分、混合、输送 | 可在惰性气体覆盖下进行，如粉煤制备系统的充氮保护 |
| 可燃易爆物质的储存、运输过程，如各种储罐等 | 若条件允许，可加入惰性气体隔绝空气，或于周围设备固定惰性气体网点 |
| 有火灾危险的工艺装置 | 在装置附近设惰性气体接头 |
| 在火灾爆炸场所、可能产生火花的电气、仪表装置 | 向内部充惰性气体 |
| 可燃易爆物质设备、储罐和管道等检修动火前，工艺装置、设备、管道、储罐使用前 | 用惰性气体置换 |

#### 7.4.1.5　惰化防爆系统的设计

惰化防爆系统主要由惰化介质、惰化介质的输送及分配管网、惰化介质撒布机构、氧含量监测与反馈控制系统组成。惰化防爆系统应能保证惰化介质喷撒均匀，使所有被保护区域具有完全惰化所需的最低惰化介质浓度。

选用的惰化介质不仅应具有良好的惰化效果，而且不应对工艺过程设备、设施产生不良影响，不能对环境造成有害污染，更不能对操作人员造成潜在的伤害等。对于那些存在腐蚀或与水接触能发生反应的惰化介质应当限制使用。此外，对惰化介质纯度、储备量及工作压力也需要仔细计算，以满足峰值用量的要求。

惰化介质的导入主要有定量法和连续法两种方法。

定量法按固定需用量导入惰化介质。通过外压把惰性气体导入封闭空间，待充分混合后再将气体排出到环境空气中，使压力降至正常水平。使用定量法通常需经过几个加压排空周期，才能将系统中的氧含量降到所需的程度。

连续法是通过连续导入惰化介质来惰化可燃混合物气氛，可用固定速率，也可用变速率。前一种方式无需调节器和控制系统，但惰化介质用量大。后一种主要用于惰化介质用量变化范围较大的系统，能够始终按需用量向被保护系统供给惰化介质，惰化介质用量节省，但惰化系统较复杂。

### 7.4.2 阻隔防爆

阻隔防爆是通过某些隔离措施防止火焰窜入装有可燃混合物的设备或装置中的防爆技术。按照作用机理，阻隔防爆可分为机械隔爆和化学隔爆两类。机械隔爆是依靠某些固体或液体物质阻隔火焰的传播，化学隔爆则主要是通过释放某些化学物质来阻挡火焰的传播。

机械隔爆装置主要有工业阻火器、主动式隔爆装置和被动式隔爆装置等。工业阻火器是装在管道中的可以阻止火焰传播的装置；主动式隔爆装置是通过某种传感器探测到爆炸信号，从而使隔断机构动作以防止爆炸进一步发展；被动式防爆装置则是依靠爆炸波本身引发隔断机构动作来控制爆炸的进一步发展。其中，工业阻火器的形式最多，应用范围也最广泛，主要有机械阻火器、液封阻火器、料封阻火器等。

下面分别介绍几种阻火器的结构形式与特点。

#### 7.4.2.1 机械阻火器

机械阻火器内装有某种孔隙(或缝隙)很小的材料，使火焰无法由材料的孔隙中传播过去，其阻火的主要机理是材料的冷却效应，由于火焰区的热损失急剧增大，以致使燃烧反应无法维持。此外，固体表面还可以破坏火焰中的可促进反应的活性基因。只有当材料的孔隙小到一定程度才具有这种效应。在实际应用中，为了加强安全，阻火材料的最大孔径应当仅为该处可能出现的预混火焰的猝熄直径的几分之一。

机械阻火器内的常用材料有金属网、砾石、波纹金属片、泡沫金属材料、多孔板等。图7-26为若干有代表性的阻火器的结构示意图。

金属网式阻火器中设置了若干层金属网，通常用直径为0.4~0.6mm的铜丝编成。网孔数为210~250个/$cm^2$。对于普通可燃气体，采取4~6层网便可阻火，但从安全角度考虑，多数阻火器内的金属网不少于10层。

砾石阻火器用砾粒、玻璃球、铜屑、不锈钢屑等作为填料，使阻火器内形成很小的间隙，其阻火效果比金属网式好。试验表明，在直径为150mm的阻火器管内，加100mm厚的砾石层可以阻止各种火焰的蔓延。但这种阻火器的流动阻力较大。

波纹金属片阻火器的阻火材料是用平板与波纹板并行叠放或卷制而成的。

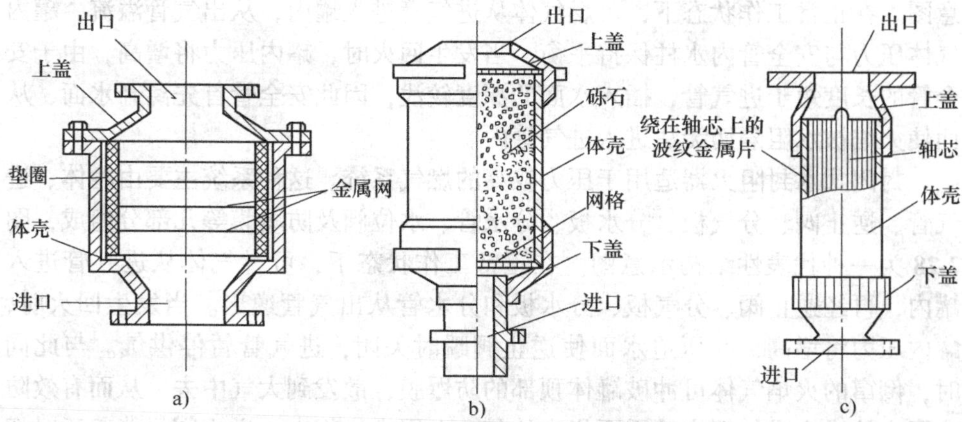


图7-26 几种机械阻火器的结构简图

a）金属网阻火器 b）砾石阻火器 c）波纹金属片阻火器

采取波纹板并行叠放时，两块板之间形成许多具有相当深度的三角形孔，火焰很难穿过如此深的小孔。这种阻火器为方箱形。将较长的波纹板与平板绕在一轴上也是一种常用的形式，这种阻火器是圆形的。波纹板与平板一般为铝、铜或不锈钢材料，厚度为0.2～0.5mm。

阻火器的尺寸与外壳高度应根据管道的尺寸和位置确定，表7-14列出两者配用时的参考值。

**表7-14 阻火器的内径大小、外壳长度与管道直径的关系**

| 管道直径/mm | 阻火器内径/mm | 阻火器外壳长度/mm | |
|---|---|---|---|
| | | 波纹金属片式 | 砾石式 |
| 12 | 50 | 100 | 200 |
| 20 | 80 | 130 | 230 |
| 25 | 100 | 150 | 250 |
| 38 | 150 | 200 | 300 |
| 50 | 200 | 250 | 350 |
| 65 | 250 | 300 | 400 |
| 75 | 300 | 350 | 450 |
| 100 | 400 | 450 | 500 |

#### 7.4.2.2 液封阻火器

液封阻火器以液体为阻火介质，目前使用最广泛的阻火介质是水。水封阻火器分为敞开式和封闭式两种类型。

敞开式水封阻火器适用于压力较低的燃气系统。这种系统主要由罐体、进气管、安全管、出气管及水位阀等几部分组成，图7-27为一种代表性结构示意图。在正常工作状态下，可燃气体从进气管进入罐内，从出气管溢流，罐内气体压力与安全管内水柱保持平衡。当发生回火时，罐内压力将增高，由于安全管的长度短于进气管，插入水面的深度较浅，因此安全管首先离开水面，从而使火焰被水阻隔而无法进入进气管内。

封闭式水封阻火器适用于压力较高的燃气系统。这种系统主要由罐体、进气管、逆止阀、分气板、分水板、分水管、水位阀及防爆膜等几部分组成，图7-28为一种代表性结构示意图。在正常工作状态下，可燃气体从进气管进入罐内，再经逆止阀、分气板、分水板和分水管从出气管逸出。当发生回火时，罐内压力将增高，并压迫水面使逆止阀瞬时关闭，进气管暂停供气。与此同时，倒窜的火焰气体可冲破罐体顶部的防爆膜，散发到大气中去，从而有效防止了火焰进入进气管内。需要指出的是，在回火过程中，逆止阀只能起暂时切断可燃气源的作用。因此，一旦发生回火事故时，必须关闭燃气总阀，并在更换防爆膜后才能继续使用。

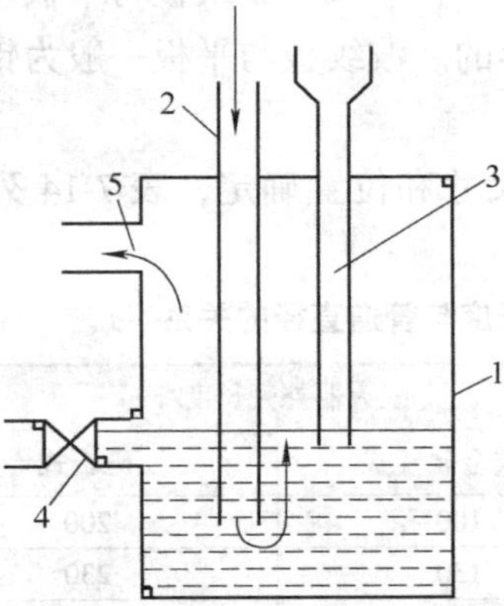


图7-27　敞开式水封阻火器

1—罐体　2—进气管　3—安全管　4—水位阀　5—出气管

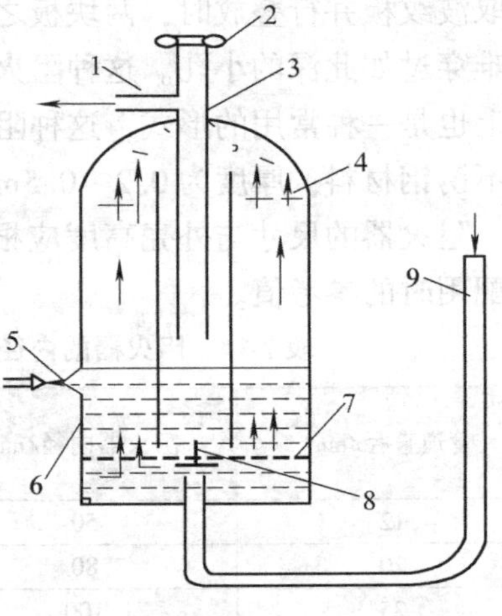


图7-28　封闭式水封阻火器

1—出气管　2—防爆膜　3—分水管　4—分水板　5—水位阀　6—罐体　7—分气板　8—逆止阀　9—进气管

使用水封阻火器时应随时注意监控水位，保证其不得低于水位计标定位置；但也不应过高，否则不仅可燃气难以通过，而且水还有可能随可燃气体一起进入出气管。在冬季使用水封阻火器时，工作完毕后应把水全部排出，以免发生冻结。

#### 7.4.2.3　主动式隔爆装置

主动式隔爆装置适宜在含杂质较多的气体输送管道中使用，它依靠某种元件动作实施火焰阻隔，只有在爆炸发生的情况下才起作用。主动式隔爆装置包括自动灭火剂阻火装置、快速关闭阀、料阻式速动阻火器等类型。

自动灭火剂阻火装置适合在输送可燃粉尘管道中使用，尤其是狭窄管道中使用，可在预先确定的位置切断粉尘爆炸产生的火焰传播途径。火焰探测器探测到火焰信号后，经适当放大便可引爆灭火剂储罐出口的活门雷管，喷出灭火剂以扑灭管道内火焰，从而使爆炸得以阻隔，如图7-29所示。自动灭火剂阻火装置动作时无需关闭管道，可保证生产操作继续进行。

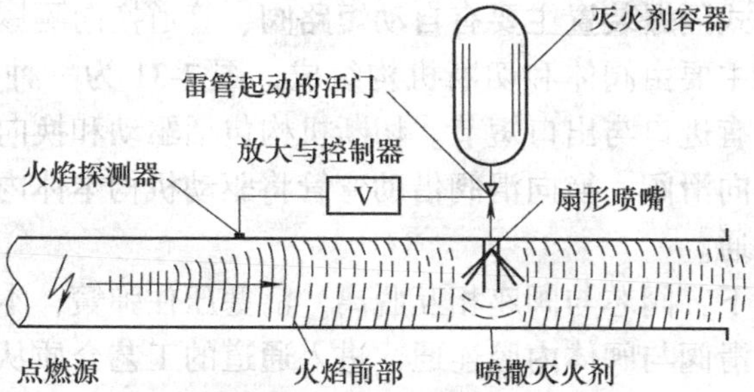


图7-29 自动灭火剂阻火装置

自动灭火剂阻火装置也可用于甲烷、丙烷、溶剂蒸气乃至氢气等爆炸的抑制，不过，抑制可燃气体爆炸所需的灭火剂用量至少要比抑制粉尘爆炸所需用量高3倍以上。

快速关闭阀可分为闸阀和叠阀两种类型。快速关闭闸阀的工作原理为：当探测器探测到爆炸信号后，通过雷管爆炸来开启气罐活门，喷出高压气体，推动闸板迅速关闭管道。这种阀门关闭时间一般只需50ms。

快速关闭叠阀的工作原理为：爆炸信号被放大后开启储气罐活门，喷出高压气体，通过推动闸板快速转动实现管道封闭，从而使火焰传播受到阻隔。因此，在储气罐压力相同条件下，快速关闭叠阀的响应速度要比快速关闭闸阀更快，完全封闭管道所需时间一般为30ms。

料阻式速动火焰阻断器主要用于阻隔可燃气体蒸气与空气混合物输送管道中产生的火焰，图7-30为一种代表性结构示意图，主要由本体、储筒和顶盖等组成。阻断物采用砂子等粒状物料。阻断物上部设有膜片，下部依次为膜片和2个可弯折支撑板及保护膜，顶盖上方设有发火药包。

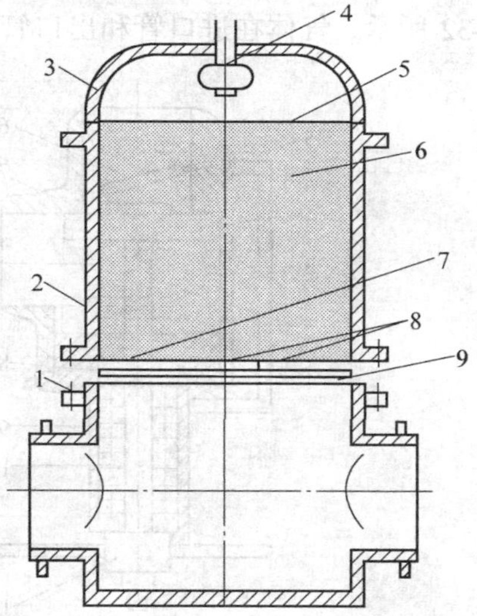


图7-30 料阻式速动火焰阻断器

1—本体 2—储筒 3—顶盖 4—发火药包 5—上膜片 6—阻断物 7—膜片 8—支撑板 9—保护膜

当有电脉冲输入时，发火药包受触发爆炸，喷出的气体迅速冲破上膜片，将粒状物料往下压，支撑板受粒状物料压力作用向下弯曲，将阻断器进出口堵住，粒状物料随即将阻断器腔膛填实。这种阻火器在发生动作后虽不能把管路截然堵死，但能够完全阻止火焰通过。

#### 7.4.2.4 被动式隔爆装置

常用的被动式隔爆装置主要有自动短路阀、管道换向隔爆等形式。

自动断路阀主要由阀体和切断机构组成，图7-31为一种代表性结构示意图。这种阀门带有进口与出口短节。切断机构包括驱动和换向构件，换向构件包括传动件和换向滑阀，换向滑阀借助弯管将驱动机构本体内腔与阀体内腔连通，或与大气相通。

在正常情况下，阀芯与阀座相互脱离，活塞压住弹簧，本体内活塞上方空间经弯管及换向滑阀与阀体内腔连通，进入通道的工艺介质从阀杆一侧向活塞施加压力，使弹簧处于压缩状态，断路阀处于开路状态。而当工艺管线内压力下降到一定程度后，在弹簧弹力作用下将活塞顶起，将工艺介质从本体内腔中挤出，从而使切断机构处于闭路状态。当发生爆炸时，传动件带动换向滑阀动作，使活塞上方空间与大气连通，压力急速下降，断路阀随即关闭。排除事故后，利用套在螺杆上的螺母打开断路阀，使换向滑阀复位，待工艺管线压力恢复正常后，再将螺母拧至最低位置，断路阀重新调整回动作前的状态。

管道换向隔爆装置主要由进口管、出口管和泄爆盖等组成，其结构如图7-32所示。气体在进口管和出口管连接段的流动方向发生180°或90°转变，当

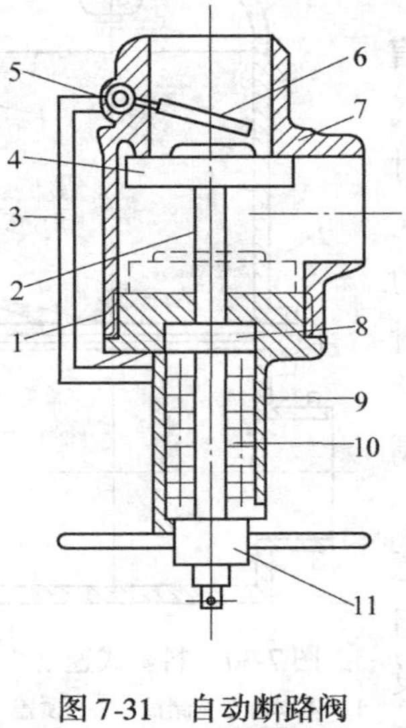


图7-31 自动断路阀

1—阀体 2—阀杆 3—弯管 4—阀芯 5—换向滑阀 6—传动件 7—阀座 8—活塞 9—本体 10—弹簧 11—螺母

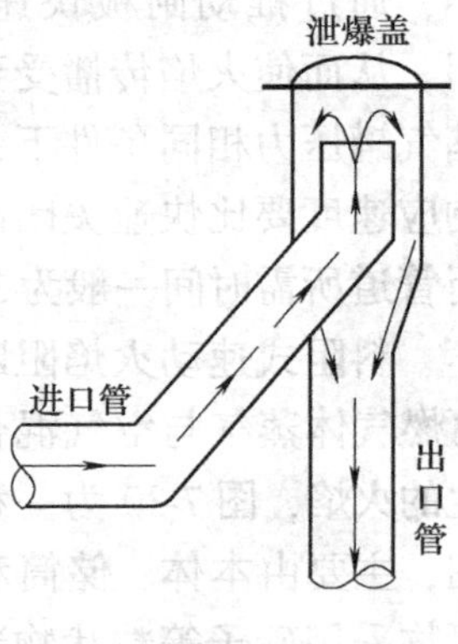


图7-32 管道换向隔爆装置

爆炸火焰从进口管进入时，会在惯性作用下向前传播，于是泄爆盖被爆开，大部分火焰被泄掉。有时也会有少部分火焰从出口管流向保护容器，不过通常这部分火焰也会很快被熄灭。此外还必须注意防止“吸火”现象，即装置中出现的负压将高温的可燃气体或粉尘由进口管吸入出口管，这仍可能造成危害。因此，为保证隔爆安全，管道换向隔爆装置最好与自动灭火装置联合使用。

## 7.4.3　抑制防爆

### 7.4.3.1　系统的组成及原理

抑制防爆是在火焰传播显著加速的初期通过喷洒抑爆剂来抑制爆炸的作用范围及猛烈程度的一种防爆技术。

抑爆系统主要由爆炸探测器、爆炸抑制器和控制器三部分组成，当高灵敏度传感器探测爆炸发生瞬间的危险信号后，通过控制器启动爆炸抑制器，迅速把抑爆剂喷入被保护的设备内，将火焰扑灭，从而抑制爆炸的进一步发展。

**1. 爆炸探测器**

目前用于爆炸信号探侧的传感器主要有热敏传感器、光敏传感器及压力传感器等。热敏传感器主要有热电偶、热敏电阻等，其动作速度和灵敏度能满足自动抑爆系统的技术性能要求，但只有当其与火焰直接接触时才能探测到爆炸源。因此，采用热敏传感器时必须预先知道设备内发生爆炸火源的确切部位。热敏传感器多与其他类型的传感器结合使用，以组成复合的爆炸信号探测系统。

光敏传感器的敏感度高、动作速度快，当将其与滞后时间很短($10^{-4}$～$10^{-6}$s)的辐射能接受器结合使用，就可以在爆炸的最初阶段发现危险信号。光敏传感器在可燃气体防爆中得到了广泛的应用，不过并不适用于粉尘抑爆系统，主要是当粉尘浓度很高时红外线难以穿透，另外由于粉料加工的特点会使设备的所有内表面都会蒙上一层透明度很差的粉尘，而这也会严重影响光敏探测器的性能。

压力传感器的类型很多，主要有膜片式、压电式、应变式以及压力继电器等类型，其触发信号可分为压力触发式和压力上升速率触发式。压力传感器广泛应用于粉尘爆炸抑制系统，不过由于其响应时间滞后于光电传感器，利用压力传感器探测初始爆炸信号，对火焰的控制难度相对有所增大。

**2. 爆炸抑制器**

爆炸抑制器是自动抑爆系统的执行机构，其功能是将抑爆剂迅速、均匀地喷撒到整个设备中去。抑爆剂储罐的内压可以是预先存储的压力，也可通过化学反应来获得。抑爆器主要有爆囊式、高速喷射式和水雾喷射等几种类型。

爆囊式抑爆器又分为半球形、球形和圆筒形等几种形式，见图7-33，爆囊一般用于装填液体抑爆剂，丝堵用于堵塞装料孔，起爆管外部设有密封套管，外电源通过接线盒引入。为保证抑制剂能均匀分布到整个空间，起爆管爆炸时爆囊必须能完全破碎。爆囊材料可以是玻璃、金属或塑料，为使爆囊的破碎均匀、充分，其表面一般要刻出一些槽。爆囊式抑爆器一般能在5ms内将液态抑爆剂释放出去，初始喷射速度在200m/s以上，作用范围在2m以内。爆囊式抑爆器主要用于管道、传送带及斗式提升机等小容量设备，不过不适宜在高温和腐蚀性环境下使用。

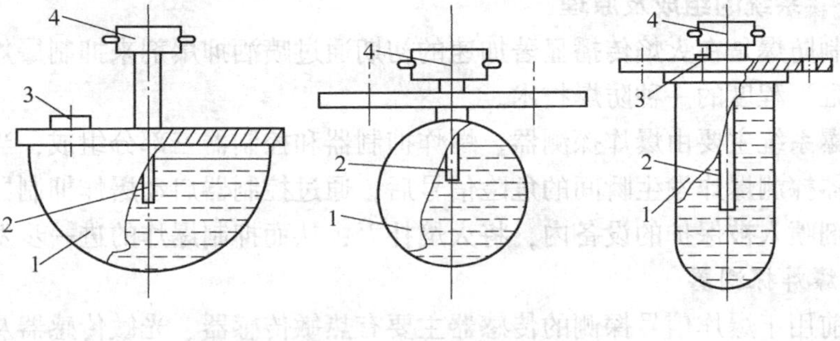


图7-33　爆囊式抑爆器

1—爆囊　2—起爆管　3—丝堵　4—接线盒

高速喷射抑爆器主要由抑爆剂储罐、喷头、电雷管启动阀门、抑爆剂以及喷射推动剂等组成。抑爆剂储罐一般安装在设备外部，通过短管与喷头将抑爆剂喷入设备内。因此，阀门必须在接到动作信号后10ms之内使整个横断面完全开启，并在极短时间内喷出全部抑爆剂。高速喷射抑爆器适用于体积较大的设备，而且允许抑爆时间较长，抑爆剂可以是液体或粉剂。喷射抑爆器的性能主要取决于$N_2$的推动压力和阀门出口直径。阀门出口直径越大，抑爆效率越高，$N_2$推动压力越大，抑爆剂喷射速度及单位时间喷射量越大。但由此所引起的设备内超压也就越高，因此，使用前应当测定设备强度，以免在抑爆过程中对设备造成损坏。高速喷射抑爆器罐容积一般为3.45L，喷射剂多为$N_2$，其压力可达12MPa，喷射阀门内壁直径为19~126mm。

水雾喷射器主要用于火花消除系统。水储罐内应保持较高的压力，当喷头前部的电磁阀开启时，高压水通过特制的喷头以雾化状态喷出，从而达到灭火抑爆的目的。

#### 7.4.3.2　抑爆剂的种类

常用抑爆剂主要有化学粉末、水、卤代烷及混合抑爆剂等类型。

**1. 卤代烷抑爆剂**

卤代烷抑爆剂对可燃气体与空气的混合物具有较强的抑爆灭火能力，也可用于抑制可燃液体及粉尘的爆炸。常用卤代烷抑爆剂主要有1211、1301、

1202 及 2402 等。使用卤代烷抑爆剂时，必须在发生着火后，立即快速喷入被保护容器内。由于卤代烷对大气臭氧层具有破坏作用，目前已逐渐被其他抑爆剂所取代。

2. 粉末抑爆剂

粉末抑爆剂对于抑制粉尘爆炸具有良好的效果。常用的粉末抑爆剂有全硅化小苏打干粉抑爆剂和磷酸铵盐粉末抑爆剂。全硅化小苏打干粉抑爆剂主要由碳酸氢钠(质量分数 92%)、活性白土(质量分数 4%)、云母粉、抗结块添加剂(质量分数 4%)以及一定量的有机硅油等组成。磷酸铵盐粉末抑爆剂主要由磷酸二氢铵、硫酸铵、催化剂以及防结块添加剂等组成。在容器强度合适的条件下，磷酸铵盐粉末的动作压力选择范围较大，甚至在启动压力大于 0.01MPa 情况下仍具有很好的抑爆效果。

3. 水抑爆剂

对于粮食、饲料等粉尘的爆炸常用水作抑爆剂。试验表明，即使在压力较高的条件下，水抑爆剂仍可显著降低粉尘爆炸压力和压力上升速率。为了提高水的喷射和灭火能力，水抑爆剂中往往加入多种添加剂，使之具有防冻、防腐、减阻和润湿等性能。

4. 混合抑爆剂

混合抑爆剂由粉末抑爆剂和卤代烷抑爆剂等混合而成的。主要性能特点是在对被保护容器设备进行成功抑爆后，卤代烷还能进一步起到一定的惰化效果。

#### 7.4.3.3　抑爆技术的适用范围

抑爆技术可用于在气相氧化剂中可能发生爆炸的气体、油雾或粉尘的任何密闭容器中，例如，加工设备(包括反应容器、混合器、搅拌器、研磨机、干燥器、过滤器和除尘器等)、储藏设备(包括常压或低压罐、高压罐等)、装卸设备(包括气动力输送机、螺旋输送机、斗式提升机等)、试验室及中试设备(包括通风柜、手套箱、试验台等)以及可燃粉尘的气力输送管道系统等。

抑爆技术可以避免有毒或易燃易爆物料以及灼热气体、明火等窜出设备，对设备强度的要求相对较低，一般其耐压只需 0.1MPa 以上即可。不仅适用于那些在泄爆过程易发生二次爆炸，或无法开设泄爆口的设备，而且对所处的位置不利于泄爆的设备同样适用。

抑爆技术主要适用于抑制气相氧化剂中发生的燃烧爆炸，抑爆剂必须在充分分散条件下才能发挥抑爆作用，而且其抑爆效果与设备中发生的化学反应有关。

#### 7.4.3.4　抑爆系统的设计要求

在设计抑爆系统时，应依据可燃物的燃烧爆炸特性、被保护设备的特点、可用的检测技术等，确定爆炸探测器、引爆器、抑爆剂及相关的装置，并估算抑爆剂的用量。

爆炸探测器应当依据爆炸的特点选择合适的探测器。例如压力上升速率探测器主要用于设备的正常工作压力低于87.5kPa的情况；在设备的正常工作压力接近大气压力时，应使用恒定压力上升值检测器。对于与大气相通的系统应使用辐射检测器，以阻止初始阶段的压力发展。对于检测器回路应进行连续监控，一旦检测器回路发生故障时，监控系统应能及时报警。

为了迅速释放抑爆剂，应当使用灵敏、可靠的电引爆器。电引爆器的最大温度不得超过其允许温度；应不断监控电引爆器线路，当电引爆器线路发生中断时，监控系统应发出报警。

抑爆剂必须与被保护空间中的可燃物相容，必须在被保护空间可能出现极端温度下仍保持有效性。抑爆剂控制器必须能适应生产环境的温度及振动，同时还应具有较强的抗干扰能力，必须与强电及光电隔离。

抑爆系统的各个部分必须按设计要求安装在指定位置，必须采取适当的措施以防止检测器和抑爆剂释放装置因灰尘积聚而不能正常工作。

抑爆系统启动还有可能会触发其他装置或系统，如快速隔离阀、快速气动传输系统制动或泄爆口泄压等，应当处理好这些系统的协调动作。

为了深入了解各种抑爆剂的抑爆效果，现在在确定容器中，在不同压力条件下，开展了大量的试验。

关于可燃气体及粉尘的抑爆试验结果表明，在抑爆系统动作压力 $p_A = 0.01\text{MPa}$、抑爆后容器内的爆炸压力 $p_{red} = 0.05\text{MPa}$ 的条件下，抑爆剂的需用量与被保护容器容积之间满足以下经验关系：

$$Z_2 = \frac{\sqrt[3]{V_1}}{\sqrt[3]{V_2}} \frac{Z_1}{Z_2} V_2 \tag{7-15}$$

式中，$V_1$、$V_2$ 分别为已知容器和待测容器的容积($m^3$)；$Z_1$、$Z_2$ 分别为已知容积和待测容器的抑爆剂需用量，即所需5L抑爆器的个数。

若已知在某种容积的容器所需抑爆剂用量，则利用式(7-15)可估算出其他容积下容器的所需抑爆剂用量。

## 7.5 物理爆炸的防控技术

物理爆炸是由于体系中的压力迅速增大而引发的爆炸，例如压力容器爆炸、锅炉爆炸、气瓶爆炸、轮胎爆炸等。在许多工厂、企业中普遍大量使用压力容器和锅炉，尤其是在化工领域，约有一半的装置为压力容器。锅炉是一类特殊的直接火压力容器，通过燃烧，对水加热，产生高压蒸汽，储存和输送蒸汽的装置将经常承受很高的压力。对于压力容器与锅炉，需要特别重视采取适当的防爆措施。

## 7.5.1　压力容器的分类

常见的压力容器主要有反应器、塔器、液体和压缩气体的储存容器等。

根据压力容器所在的位置，可将其分为固定式容器和移动式容器。固定式容器包括储存容器、反应容器、换热容器和分离容器等；移动式压力容器主要有气瓶（如压缩气体气瓶、液化气体气瓶、溶解气体气瓶等）和槽车。由于环境条件复杂多变，移动式容器发生危险的可能性相对大一些。

按工作压力，压力容器可分为低压、中压、高压和超高压四个等级。工作压力在 $9.81 \times 10^4 \sim 156.96 \times 10^4$Pa 之间称为低压，在 $156.96 \times 10^4 \sim 981 \times 10^4$Pa 之间称为中压，在 $981 \times 10^4 \sim 9810 \times 10^4$Pa 之间称为高压，$9810 \times 10^4$Pa 以上称为超高压。显然，容器的工作压力越高，其爆炸危险越大。因此应当根据介质的危险程度和工艺要求选择适当的承压容器。

压力容器内的压力来源可分为两类：一类是气体的压力在容器外产生，例如通过气体压缩机、蒸汽锅炉产生，多数压力容器的介质压力是在容器外产生的；另一类是在容器内产生的，例如通过介质在容器内发生体积增大的反应、介质受热蒸发生成气体而导致压力升高。相比之下，在容器内产生压力情况的危险性更为严重。

图 7-34 列出了压力容器的安全管理分类。为了防止压力容器发生爆炸事

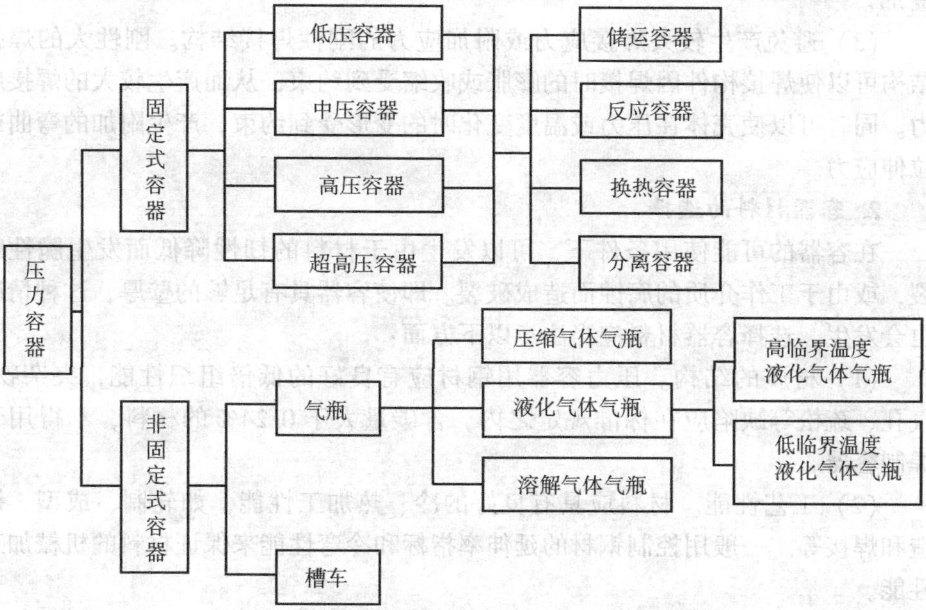


图 7-34　压力容器安全管理分类

故，在其设计和制造时，就应当做好安全工作，避免由于设计与制造缺陷而使容器具有先天性的隐患。此外，在压力容器上安装一些专用的安全装置也是一种预防事故的极为有效的手段。一旦压力容器出现异常征兆，相关的安全装置及时发挥作用，从而避免压力容器内出现超压。

## 7.5.2 压力容器的安全设计与制造

### 7.5.2.1 压力容器的设计

压力容器的设计是否合理是影响其安全运行的基本条件，主要体现在以下三个方面：

**1. 容器的结构**

结构不合理往往会使其产生过高的局部应力，在反复的加压和卸压作用下，容易发生破坏。容器结构的安全设计应当注意以下方面：

（1）避免结构上的形状突变，使其平滑过渡。受压壳体存在几何形状突变或其他结构上的不连续，都会产生较高的不连续应力，从而增大损坏的可能。实在难以避免时必须采取平滑过渡的形式。

（2）可能引起应力集中或削弱强度的结构应该相互错开。压力容器上不可避免地存在一些局部应力较高或对部件的强度有所削弱的结构，如开孔、转角、焊缝等。这些结构在位置上应相互错开，以防局部应力叠加。

（3）避免产生较大焊接应力或附加应力的刚性焊接结构。刚性大的焊接结构可以使焊接构件因焊接时的膨胀或收缩受到约束，从而产生较大的焊接应力。同时可以使壳体在压力或温度变化时的变形受到约束，产生附加的弯曲或拉伸应力。

**2. 容器材料的选择**

在容器的可能使用条件下，可以发生由于材料的韧性降低而发生脆性断裂，或由于工作介质的腐蚀而造成破裂。即使容器具有足够的壁厚，这种情况也会发生。选择容器材料应当注意以下方面：

（1）材质的结构。压力容器用钢材应有良好的低倍组织性能，夹杂物、气孔、疏松等缺陷应在标准规定之内，含碳量大于0.24%的材料，不得用于焊制容器。

（2）工艺性能。材料应具有良好的冷、热加工性能，如轧制、成型、锻造和焊接等。一般用控制钢材的延伸率指标和冷弯性能来保证材料的机械加工性能。

（3）耐腐蚀性。材料对所盛装的介质应具有足够强的抗腐蚀性，以保持容器的设计寿命。

（4）材料的耐温性。材料在低温条件下工作的突出的问题是脆性断裂。因此对设计温度为-20~250℃的压力容器用钢，要求其在低温条件下具有足够的韧性。

材料在高温条件下工作，可发生蠕变、石墨析出、珠光体球化等变化，从而导致材料的机械性能降低。此外在高温下金属材料易与氧发生化学反应，生成疏松氧化物。使抗氧化能力下降。因此设计工作温度高于450℃的容器应选用耐热钢制造。

**3. 容器的壁厚**

容器的壁厚不够时会使其在压力的作用下产生过度的弹性或塑性变形，进而导致容器破裂。选择容器壁厚应考虑以下参数：

（1）设计压力。设计压力系指在相应设计温度下用以确定容器壳壁及其元件尺寸的压力，一般应高于容器最高工作压力。最高工作压力系指容器顶部在工作过程中能产生的最高表压力，计算时可按表7-15的原则选取。

**表7-15 设计压力选取原则**

| 容器受压状况和介质 | | 设计压力 |
|---|---|---|
| 内压容器 | ① 装有安全泄放装置的中低压容器 | 取1.05~1.10倍最高工作压力 |
| | ② 高压容器 | 取略高于最高工作压力 |
| | ③ 介质为液化气体 | 根据充装系数和可能达到的最高温度来确定 |
| 外压容器 | | 大于实际工作过程中可能产生的最大内外压力差 |

（2）设计温度。设计温度指的是压力容器在正常操作时相应的设计压力下，壳壁或元件金属可能遇到的最高或最低温度。对于盛装沸点≤-20℃的液化气体的容器，壁温受环境影响而可能≤-20℃时，其设计温度还应考虑所在地区最低温度。

（3）设计壁厚。设计壁厚应与制造厂实际选用的钢板厚度一样。对于压力容器，用碳钢、低合金钢时设计壁厚不小于3mm，用不锈钢时不小于2mm，蒸汽锅炉锅筒的设计筒壁厚度不小于6mm。对于着火的锅炉锅筒（额定压力≤$2.5\times10^5$Pa），当置于600~900℃烟道时，设计壁厚不大于30mm，置于火焰中时不大于20mm。

为了保证容器的安全，在选择壁厚时通常还考虑一定的附加量。

（4）焊缝系数。焊缝系数$\phi$是表示焊缝强度受焊接过程影响而引出的一个参数，其含义为焊缝区材料强度与本体材料强度之比。

焊缝系数根据焊接接头形式和焊缝的无损检验程度确定，具体要求见表7-16。

表 7-16 焊缝系数 $\phi$ 值

| 焊接接头形式 | 检验程度 | | |
|---|---|---|---|
| | 全部探伤 | 局部探伤 | 不探伤 |
| 双面焊的对接焊缝 | 1.0 | 0.85 | 0.70 |
| 单面焊的对接焊缝，有紧贴基本金属的垫板 | 0.90 | 0.80 | 0.65 |
| 单面焊的对接焊缝，无垫板 | — | 0.70 | 0.60 |

压力容器的设计寿命应当在综合考虑上述因素的基础上确定，应当在容器设计图样上明确标注出设计使用寿命，避免出现压力容器超期服役现象。

### 7.5.2.2 压力容器的安全制造

在制造压力容器时应当注意以下一些方面。

**1. 材料的复验**

材料复验是保证承压设备制造质量的重要一环。所用材料必须具有质量合格证明书，要根据规定对材料的机械性能和化学成分进行必要的复验，以证实材料的可靠性。

**2. 保证压力容器的焊接质量**

各种容器大都是由多块钢板焊接而成，应当严格控制容器的焊接质量。对于两种板材，必须保证焊缝全焊透，不允许采用图 7-35 中所列的角接方式。

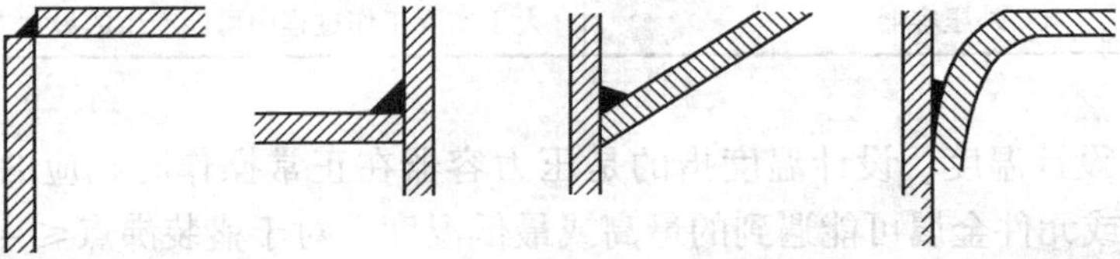

图 7-35 压力容器上严禁使用的角焊接方式

焊缝与母材应圆滑过渡，焊缝及热影响区的内外表面均不得有裂纹、气孔、弧坑和夹渣等。发现以上缺陷应打磨、消除，对于凹坑或打磨后的厚度小于母材的必须补焊。

压力容器上往往需要开挖一些输送介质的管道连结口，而这种开口可破坏容器壁面材料的受力均衡性，容易发生裂缝，对此应采取补强措施。图 7-36 给出了两种局部补强做法示意图。

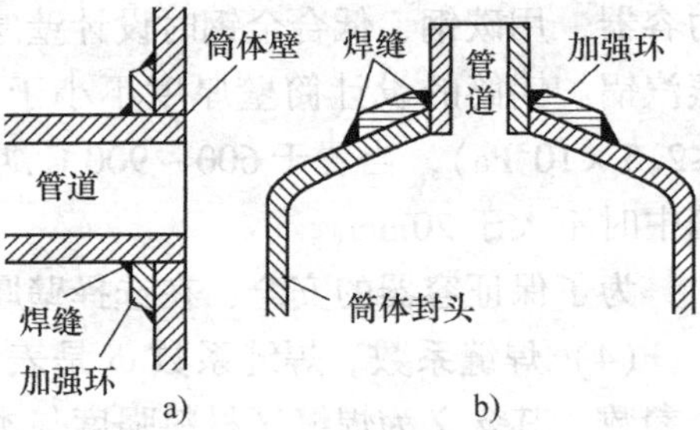


图 7-36 燃气容器开孔部位补强示意图

对于压力容器焊缝，需要进行无损探伤检验，以确保焊接质量。

**3. 材料的处理**

为了保证压力容器的耐压性能，一般还需要对制造材料进行一些相关处理，主要有预热、后热及焊后热处理。

进行预热可减小材料的淬硬程度，防止产生焊接裂纹，同时可缩小材料本体与和热影响区的温度差，减少由温度造成的焊接应力。预热温度一般为100～200℃，且预热范围不能过小。

焊接后将焊件保温缓冷，可起到和预热相似的效果。对于出现冷裂纹倾向较大的低合金高强度钢材，在焊后立即将焊件加热到250～350℃，保持2～6h后空冷，可以使焊缝中的扩散氢加速逸出，降低焊接区域的氢含量，防止产生冷裂纹。

焊后热处理可消除或降低焊接残余应力，防止产生裂纹和改善焊接区域的机械性能。焊后热处理还可提高材料的塑性和韧性，增加抗脆断性能，也有利于减缓或防止应力腐蚀。

**4. 容器的组装**

压力容器的安装质量也直接影响其安全性。容器往往包括多个部件，每个部件对工作环境均有一定的要求，不同部件组装不好，也很容易发生故障。在安装过程中应按照相应的技术要求进行焊接和连接。在安装过程中应对安装质量实行分段验收和总体验收，验收由使用单位和安装单位共同进行，总体验收时应有上级主管部门和劳动主管部门参加。有关安装质量的技术资料，在安装完成后施工单位应移交给使用单位保存好。

## 7.5.3 压力容器的安全泄压装置

压力容器的安全泄压装置是一类超压保护装置。当容器在正常的工作压力下运行时，它保持严密不漏；当容器内的压力一旦超过设定压力，它就能迅速地自动启动，把容器内部的气体排出。安全泄压装置包括安全阀、爆破片、防爆帽、紧急放空阀等。

### 7.5.3.1 安全阀

**1. 安全阀的工作原理**

安全阀是一种阀型安全泄压装置，固定安装在压力容器上。当容器内压力超过某一定值时，便依靠介质自身的压力自动开启安全阀的阀门，迅速排出一定数量的介质。当容器内的压力降到允许值时，安全阀又自动关闭，使容器内的压力始终低于允许压力的上限。

按照作用原理，安全阀分为静重式、杠杆式和弹簧式等。工作温度高而压力不高的承压设备宜选杠杆式，高压设备宜选弹簧式。图7-37和图7-38给出两种弹簧式安全阀的结构简图。这种安全阀由阀体、阀座、阀芯、阀杆和弹簧等部分组成。当容器内压力超过弹簧压力，弹簧被压缩，气体就从阀芯和阀座间排出；当容器内压力小于弹簧压力时，阀芯就关闭。安全阀的动作压力可通过压在弹簧上端的调整螺帽进行调整。

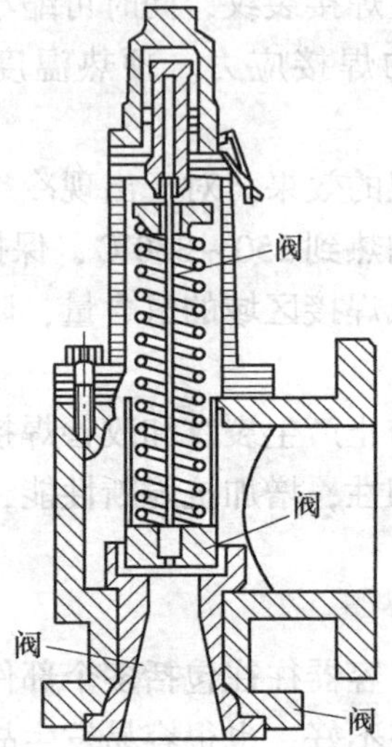


图 7-37　弹簧式安全阀的构造

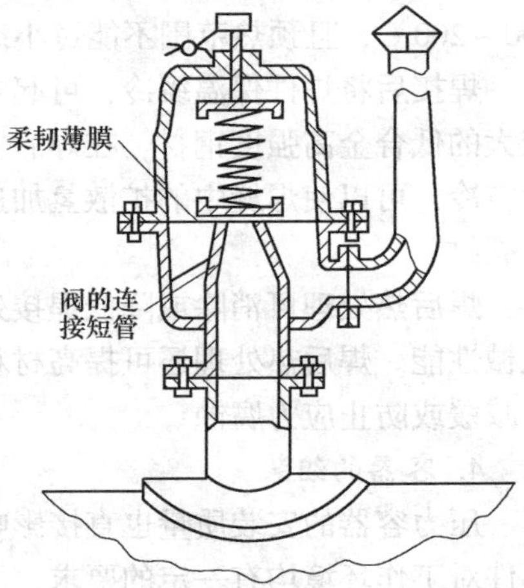


图 7-38　薄膜弹簧式安全阀的构造

安全阀的排放口应高出操作人员 1m 以上，且不应朝向 15m 以内的有明火地点、散发火花地点及用油设备。室内设备与容器的安全阀排放口必须引出房顶，并高出房顶 2m 以上。

安全阀应与报警或反馈控制装置联合使用，以便当其发出超压报警时，通知有关人员停止加压或关闭进气阀门，也可由反馈控制装置来完成此类操作。

安全阀的缺点主要有：密封性能较差；由于控制弹簧的惯性作用，阀的开启常有一定的滞后；当用于排放某些不洁净的气体时，阀口有被堵塞或被粘住的可能。

**2. 安全阀排放能力计算**

为防止承压设备超压必须在单位时间内泄放出的物质的数量称为安全泄放量。对于排入大气、介质为气体的安全阀，安全泄放量可用下式估算：

$$G = Ap_A C_0 X \sqrt{\frac{M}{ZT}} \tag{7-16}$$

式中，$G$ 为安全阀的排放能力(kg/h)；$A$ 为安全阀的最小流通截面积($cm^2$)；$p_A$ 为安全阀开启压力(Pa)；$C_0$ 为流量系数，由安全阀结构决定；$X$ 为气体特性系数；$M$ 为气体分子量；$T$ 为阀入口处气体温度(K)。

对于排入大气的蒸汽锅炉的蒸汽安全阀，安全泄放量可用下式估算：

$$G = Ap_A\mu K \tag{7-17}$$

式中，$G$ 为安全阀排气量(kg/h)；$A$ 为安全阀流通截面积($mm^2$)，由制造厂提供；$\mu$ 为流量系数，由制造厂提供。

**3. 安全阀的安装**

合理安装是保证安全阀正常发挥作用的基础，应当注意以下几点：

(1) 承压设备与安全阀之间不得装有任何阀门。对于盛装易燃、易爆、有毒或粘性介质的容器，为便于更换、清洗，可装截止阀，其结构和通径尺寸应不妨碍安全阀的工作。设备正常运行时，此截止阀必须全开，并加铅封。

(2) 安全阀应竖直地安装，并应装设在容器或管道的气相界面位置之上。

(3) 安全阀与压力容器之间的连接短管的截面积，不得小于安全阀流通截面。安全阀的排气压力不得超过容器设计压力。

(4) 安全阀的排放口应无阻力，防止产生背压现象。若装设排泄管，其内径应大于安全阀的出口通径。安全阀排出口应注意防冻，避免冰块堵住出口。对于盛装易燃或有毒、剧毒介质的容器，排泄管应直通安全地点或进行妥善处理。

**4. 安全阀的维护与检验**

安全阀应加强日常的维护保养，防止腐蚀及油垢、赃物的堵塞；经常检查阀的铅封，防止人为地随意移动或调整；为防止阀芯和阀座粘住，根据承压设备的实际情况制订定期的手动排放制度。

如果发现安全阀有泄漏或动态检查不合格，则应作解体检查，及时检修或更换有关部件。

### 7.5.3.2　爆破片

**1. 爆破片的工作原理及使用场合**

爆破片是一种断裂型安全泄压装置，通常用于中、低压容器上。当容器内的压力超过一定值时，爆破片本身发生永久性断裂，从而使一定数量的介质迅速排出。它的特点是密封性能较好、泄压反应较快，气体内所含的污物对它的影响亦较小。但是它在完成泄压作用后不能继续使用，同时容器也必须停止运行，所以一般只被用于超压可能性较小而且又不宜装设安全阀的容器中。图7-39给出了爆破片的几种安装方式。

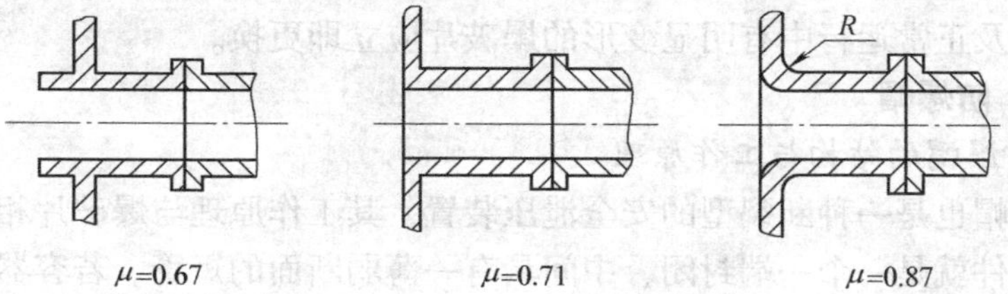


图7-39　爆破片接管形式及流量系数

爆破片的爆破压力一般为容器最高工作压力的1.15～1.3倍。但对于压力波动幅度较大的容器，此比值可适当增大。

爆破片一般用于以下一些场合：

(1) 存在爆燃或异常反应使压力瞬间急剧上升的场合，在这种场合下，弹簧式安全阀由于惯性而不相适应。

(2) 不允许介质有任何泄漏的场合，各种形式的安全阀一般总有微量的泄漏；

(3) 运行可产生沉淀或粘附物的场合，这种情况可妨碍安全阀正常动作。

**2. 爆破片泄放面积计算**

爆破片的泄放面积按下式计算：

$$A \geqslant \frac{G'}{\mu p_b x \sqrt{M/ZT}} \tag{7-18}$$

式中，$A$为爆破片的泄爆面积($cm^2$)；$G'$为承压设备安全泄放量(kg/h)；$\mu$为流量系数，根据与管道的连接形式按图7-39选用；$p_b$为爆破片的设计爆破压力，一般取设备最高工作压力的1.15～1.3倍；$x$为气体特性系数，对于大部分气体，其值在240～280之间；$M$为气体分子量；$Z$为气体压缩系数；$T$为气体温度(K)。

**3. 爆破片的制作要求**

爆破片对厚度的精度要求很高，制造爆破片原料的表面要平整光洁、无划痕、结疤、锈蚀、裂纹、凹坑、气孔等缺陷。制成后的爆炸片应逐片测厚，同一批爆破片的厚度允许偏差应小于±3%。

制成后的爆破片还必须经过试验，合格的方可使用。试验数量为同一批生成量的5%，且不少于3片。试验中，有1片不合格，则应加倍试验；若仍有不合格，该批爆破片不准使用。试验温度应尽可能接近工作温度。

**4. 爆破片的维护与检验**

爆破片的安装要可靠，支持器和垫片表面不得有油污，夹紧螺栓应上紧，运行中应经常检查法兰连接处有无泄漏。由于特殊要求在爆破片和容器之间装设了切断阀的，则要检查阀的开闭状态，并有措施保证在运行中切断阀处于全开位置。

爆破片一般6个月或12个月更换一次。但对于容器发生超压后未破裂的爆破片以及正常运行中有明显变形的爆破片应立即更换。

### 7.5.3.3 防爆帽

**1. 防爆帽的结构与工作原理**

防爆帽也是一种断裂型的安全泄压装置，其工作原理与爆破片相同。防爆帽主要元件就是一个一端封闭、中间具有一薄弱断面的短管。若容器内的压力超过规定，薄弱断面上的拉伸应力达到材料的强度极限，以致断裂，气体即由管孔排出。

图7-40为国内某些高压反应釜上常用的防爆帽的示意图。为了防止防爆帽断裂后飞出伤人，在它的外面常装有套管式保护装置。

防爆帽结构简单，制造较容易，其承受爆破压力较高，但爆破压力误差较小，它适用于超高压容器。

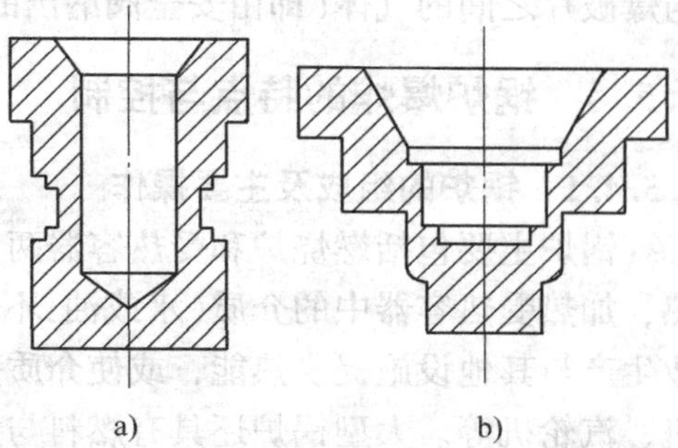

图7-40　防爆帽的形式

**2. 防爆帽薄弱截面壁厚的计算**

防爆帽的关键参数是其最薄弱截面的壁厚。若将防爆帽在内压力作用下在最薄弱断面上所产生的轴向拉伸应力作为当量应力，假定此应力达到材料的强度极限，即防爆帽可发生断裂，则：

$$S=\frac{d}{2}\left(\sqrt{1+p/\sigma_b}-1\right) \tag{7-19}$$

式中，$S$为防爆帽最薄弱断面的壁厚（mm）；$d$为防爆帽内直径（mm）；$p$为设计爆破压力（Pa）；$\sigma_b$为防爆帽材料的强度极限，根据材料的力学性能试验确定。

制造防爆帽的材料也要求具有比较均匀的成分与性能，同批制造防爆帽的材料也必须保持相同的成分与热处理条件。防爆帽的内、外径尺寸公差不一定要求过严，但对它的薄弱断面的实际壁厚必须严格控制，壁厚大于1mm的防爆帽，允许偏差可以控制在0.5%~1%的范围内。

制成后的防爆帽也必须经过抽样作爆破压力试验，只有经过试验合格的防爆帽才能投入使用。

### 7.5.3.4　组合型安全泄压装置

不同的泄压装置均有一定的优缺点。为了确保压力容器的安全运行，现在还广泛使用组合型的安全泄压装置。这种装置往往同时具有阀型和断裂型的泄放装置，常见的有弹簧安全阀和爆破片的组合。这种装置既可以防止阀型安全泄压装置的泄漏，又可以在排放过高的压力之后使容器仍能继续运行。

组合型安全泄压装置的爆破片可以在安全阀的入口侧，也可以在出口侧。放在入口侧的主要是利用爆破片把安全阀与气体隔离，以防安全阀受腐蚀或受污物堵塞、粘结等。当容器超压时，爆破片断裂、安全阀开放排气。待压力降至正常操作压力时，安全阀关闭，压力容器可以继续运行。这种结构要求爆破片的断裂对安全阀的正常动作没有任何妨碍，而且要在中间设置检查孔，以便及时发现爆破片的异常现象。

防爆片在安全阀的出口侧可以使防爆片不受气体的压力与温度的长期作用而产生疲劳，而利用爆破片来防止安全阀的泄漏。这种结构要求及时把安全阀与爆破片之间的气体(即由安全阀漏出的气体)排出，否则将会使安全阀失效。

## 7.5.4 锅炉爆炸的特点与控制

### 7.5.4.1 锅炉的组成及主要操作

锅炉主要包括燃烧炉和受热容器两大部分。燃料在炉中燃烧，通过炉内传热，加热受热容器中的介质(水或油,不过水是最常用的工作介质)，使其为工业生产与其他设施提供热能，或使介质变为蒸汽以推动动力设备运转，如蒸汽机、汽轮机等。大型锅炉还具有燃料与空气的输送装置、烟气的排出与处理装置、燃烧过程中有关参数的测量装置、安全监控装置等。

按照加热方式，锅炉可分为火管锅炉和水管锅炉。为了提高换热效率，通常将很长的输水管分布安装在炉膛的各个部位。按照压力，可分为低压、中压、高压和超高压锅炉，按照装置方式可分为固定式锅炉和移动式锅炉。

锅炉的操作主要包括进水、点火、升压、正常运行和停炉等步骤。为了使锅炉各部分的温度分布均匀，膨胀与收缩合理，进水、点火、升压、停炉等操作都要求缓慢、有序地进行。

在锅炉点火前，需要认真检查锅炉水路的工作状况，各种控制阀应处于预定位置，并保持水路畅通。

锅炉的点火是建立正常燃烧的开始。应当根据锅炉燃烧形式，按规定步骤进行操作，以保证点火成功。待蒸汽的品质与压力达到预定要求，方可并炉运行。

在锅炉的正常运行过程中，一方面应控制好与燃烧状况相关的参数，另一方面应注意控制锅炉的水位和蒸汽压力。

停炉也需要遵循一定的程序。采取不正确的步骤或过急的措施都可能引发事故。每类锅炉均对正常停炉方式做出了规定，应当认真遵照执行。当锅炉运行中发生下述情况应当紧急停炉：严重缺水或严重满水；水位计、压力表和安全阀中的某一部件完全失效；给水装置全部失效、受热管(或面)爆裂或严重变形等。通常，紧急停炉应首先停止燃料供应和送风，减弱引风；接着熄灭炉膛内的火焰，但不可用水直接扑灭；然后打开有关炉门、风门、烟道阀门等使锅炉内部冷却；最后切断锅炉与蒸汽总管的联系。

### 7.5.4.2 锅炉的常见故障及处理

锅炉的常见故障可分为水位故障、燃烧异常、汽水共腾和承压部件损坏等。

**1. 水位故障**

水位故障主要有缺水和满水两种情况。严重缺水可造成锅炉烧坏，乃至发生爆炸。水过满了则会影响水的汽化。因此应当严格监测锅炉中的水位，定期校准水位计和水位报警器，保持水位计的动作灵敏、指示准确。

2. 燃烧异常

燃烧异常主要有发生在烟道内的二次燃烧和烟气爆炸，燃油锅炉和煤粉锅炉更容易发生这种故障。燃油的雾化不良、油气比或粉气比不当、炉膛内的温度偏低都会造成燃烧不完全。而可燃烟气进入尾部烟道后，若条件合适，就会再次发生燃烧或爆炸。在这种部位发生的非正常爆炸往往会造成严重损坏。

烟道出现二次燃烧后应停止供应燃料和空气，设法扑灭烟道内的火焰，有条件的可输入蒸汽或二氧化碳灭火。若出现炉壁倒塌则必须采取紧急停炉措施。避免烟道燃烧的根本途径是改进炉内的燃烧状况，防止过多的可燃烟气进入烟道，同时应及时清除烟道内的油污或煤尘。

3. 汽水共腾

汽水共腾是锅炉内的水面出现激烈翻腾的现象，其后果是使蒸汽中含有大量的水分。当这些水被带到过热器等部件中，就可将盐分留下来，时间长了将造成水管堵塞。防止汽水共腾的主要途径是锅炉保持适当的负荷，避免超负荷运行。另外还应严格检查水质，控制水中的盐分含量。

4. 承压部件损坏

水冷壁管、对流管及过热器管爆裂是锅炉的常见故障。罐壁积垢或腐蚀严重是造成这类故障的主要原因。积垢过多可使水管堵塞，从而造成过热爆管；而腐蚀会使罐壁减薄，强度降低。另外，烟气中的灰尘过多，颗粒过大，也会使水管磨损加剧；锅炉升温过猛或停炉过快，也可造成水管受热不均匀，以致焊缝破裂。

防止爆管的主要措施是控制水、汽的品质，减少积垢和腐蚀，对于管道堵塞或腐蚀严重管道应及时更换。同时还要控制燃烧状况，使锅炉不超温、不欠温。

### 7.5.4.3　锅炉的主要安全装置

为了预防爆炸事故，每种锅炉都需要安装多种安全保护装置。除了前面介绍的安全泄压装置外，还需要特别重视压力表和水位计。

1. 压力表

压力表的形式很多，在锅炉上主要使用弹性式和电动式压力表。弹性式压力表以某种弹性元件为感受件，当元件受到压力作用后，其反作用力与被测的压力平衡，即该元件的变形与压力具有一定的函数关系。于是通过标定，便可以用元件的变形表示所测的压力。目前普遍使用的弹性元件主要有弹簧管、弹性薄膜、波纹筒等。图 7-41 为弹簧管压力表的结构示意图，其弹簧管为扁圆形无缝磷铜管，弯成中心角为 $\theta$ 的圆弧形。弯管的一端固定，其内部有被测介质通过；另一端是自由端，与连杆相接，再通过扇形齿轮、小齿轮(带有上下游丝)及指针显示。当管内受到内压后，其自由端发生位移。根据弹性变形原理，中心角的相当变化值与被测压力成比例。

电动式压力表主要有电阻应变式、电感式、电容式等类型。电阻应变式压力表是通过应变片将力转化为电阻值，再由一定的电路将其转化为电压信号，利用一定的仪表显示出来。电感和电容式压力表则是通过某种特殊结构，将某种物体的位置变化引起的电感和电容的变化将力的变化转变为电压信号，进而用一定方法显示出来。

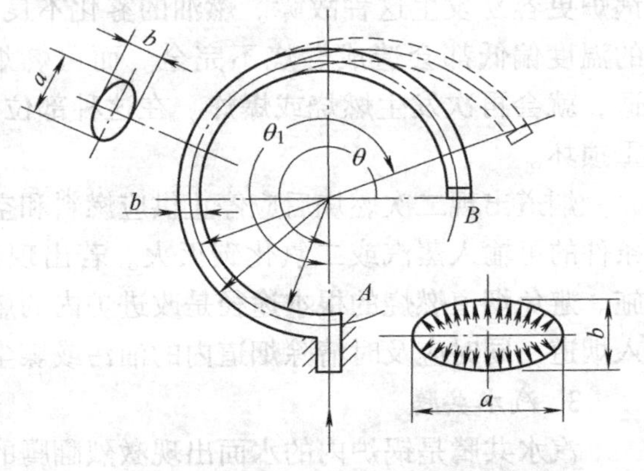

图 7-41　弹簧管的变形和自由端位移

压力表具有一定的承压能力和精度等级。应当根据容器的设计压力或最高工作压力正确选用压力表。对于工作压力小于 $2.5\times10^5$Pa 的锅炉，所用压力表的精确度不应低于 2.5 级；工作压力大于等于 $2.5\times10^5$Pa 的锅炉，压力表的精确度不应低于 1.5 级，工作压力大于 $14\times10^5$Pa 的锅炉，压力表的精确度应为 1 级。

**2. 水位计**

水位计是表征工作介质多少的一种标志装置，主要有玻璃管式、浮标式、静压式、电容式、电导式、超声波式等形式。在锅炉上通常将玻璃管式水位计作为基本水位计使用。图 7-42 为玻璃管水位计的工作原理图。通过连通管使水位计与容器相连，这样玻璃管中的液位可表示容器中的液体多少。阀门 1 和阀门 2 用于必要情况下的临时隔断，阀门 3 用于冲洗液位计和连通管时排放污水。

通常每台锅炉至少应装 2 个独立的水位计，不过蒸发量≤0.2t/h 的小型锅炉可装 1 个。蒸发量大于 2t/h 的锅炉，还必须装设高低水位警报器。为了防止汽、水连通管的阻塞出现假水位，连通管内径不得小于 18mm。水位计应进行定期清洗以防堵塞，其表面玻璃应当清晰以便于观察。

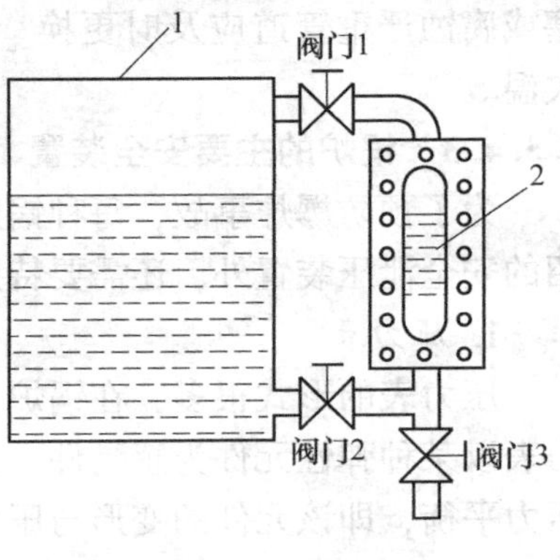

图 7-42　玻璃管水位计的工作原理图
1—容器　2—玻璃面板

## 7.6 电气火灾与爆炸的防控技术

### 7.6.1 电气火灾与爆炸的引发原因

电能的使用大大推动了社会生产力的发展。今天，各种各样的电气设备或装置已遍及人们生产、生活的各个场所。但是由电气设备引发的火灾爆炸事故也占相当大的比例。

发生电气事故的部位大可分为电气线路、终端设备和变电设备，而引发电气火灾的原因主要有短路、过热、接触不良引发电火花或电弧等情况。

短路是电气线路的火线与火线或火线与地线在某一点碰在一起，使电流不经过负载而形成回路的现象。发生短路时，电气回路的电流剧增，在短路处容易产生强烈的火花和电弧，乃至使金属导线熔化。这些火花、电弧以及金属导线的熔粒均可引燃可燃物。同时短路会使导线发热量迅速增大，进而引起绝缘层或附近可燃物燃烧。短路电流还可在电气设备中产生很大的电动力，从而引起电气设备的烧毁。

过热主要是由于电线中通过的电流过大引起的。根据焦耳-楞次定律，电线的发热量与通过的电流大小有关。各种导线都有一定的安全载流量，当其通过的电流超过了安全载流量，就会出现不正常的发热，进而造成电线绝缘层的破坏，或引发相邻可燃物的着火。

电线连接处接触不良是造成过热的另一种情况。接触电阻是导体连接处在接触面上所形成的电源线、母线、开关触头、输配电线路的接头处都存在一定的接触电阻。接触不良将使该处电阻过大，出现局部过热，而过热的结果又促使接触面的氧化进一步加剧，接触电阻更大，发热更剧烈，温度继续升高，最终致使接触处的绝缘层和附近的可燃物起火燃烧。

电火花是电极之间的击穿放电现象，电弧则是大量电火花汇集而成强放电过程。短路与过热事故都可引发电火花的出现。此外，静电影响、雷电等也会导致电火花的形成。电火花的温度很高，尤其是电弧，其温度可达3000℃以上，能够轻易地将普通可燃物点燃。

### 7.6.2 电气线路的防火防爆

电气线路是用来输送电能的，其特点是距离长、分支多、且经常会接触可燃物质，是预防电气火灾中需要重点考虑的方面。

按照所用材料的种类，导线可分为铜芯线和铝芯线两类。由于铝的来源广，价格便宜，根据国家“以铝代铜”的政策，在一般场合下尽量使用铝芯线。但在火灾爆炸危险较大的环境中，移动设备和控制设备中及重要建筑内，为了提高导线的载流能力，并便于敷设，则多用铜芯线。

按照有无绝缘保护层，导线可分为裸导线和绝缘导线。裸导线外部没有任何保护层，主要供室外架空线使用。绝缘导线的外部有橡胶或塑料绝缘保护层，其型号很多。用橡皮绝缘的导线有 BX、BLX、BBX、BBLX 等型号，用塑料绝缘的导线有 BV、BLV、BVV、BLVV 等型号。

现结合电气线路，分析其短路、过载与接触不良的特点。

#### 7.6.2.1 导线短路

电气线路大体可分为室外架空线路和室内布线两类，它们发生短路的特点有所不同。

**1. 室外架空线路**

室外架空线路通常使用裸导线。这种线路发生短路的原因主要有：导线安装高度低，在搬运较高大的物体时，不慎碰到导线上；线路上的绝缘子或其支架发生破损造成2根或2根以上导线相碰；在强风吹拂下导线摆动造成两线相碰；线路附近的树枝摆动导致2根或2根以上导线相碰；其他事故引起的电杆倒塌等。

对于室外架空线路，电杆的间距过大、导线间距过小或布线过松，都容易在外力作用下碰在一起造成短路。可根据导线的强度确定间距的大小和布线的松紧。架空配电线路不得跨越易燃易爆物品仓库、有爆炸危险的场所、可燃液体储罐、可燃和氧化性气体储罐及易燃材料堆场等。当架空配电线路与这些有着火爆炸危险的设施接近时，必须保持不小于电杆高度1.5倍的间距，以防止发生倒杆断线事故时电线甩出或导线松弛风吹碰撞产生火花、电弧，以致引起爆炸或着火。同时，这样也可防止上述区域着火后烧断架空线路。

**2. 室内布线**

室内布线通常使用绝缘导线。这种导线发生短路的原因主要有：绝缘强度、绝缘性能不符合规定要求；在线路电压突然升高或雷击电压作用下而将绝缘层击穿；受高温、潮湿、腐蚀作用而使绝缘性能降低；由于使用时间过长致使绝缘层老化、受损，以致线芯裸露等。此外，乱拉电线、接电操作不慎等也容易造成短路。

对于室内布线，最重要的是保证导线具有符合电源电压要求的绝缘性。电源电压为380V 的应采用额定电压为500V 的绝缘导线，电源电压为220V 的应采用额定电压为250V 的绝缘导线。在特殊场所还应采用专用的特殊绝缘导线。例如，在潮湿场所应采用有保护层的绝缘导线；在有腐蚀性气体的场所，可采用铅皮线、管子线(钢管涂耐酸漆)、硬塑料管线；在高温场所应采用以瓷管、云母等作为绝缘层的耐燃线；在用可燃材料装修的场所，导线应用金属管或阻燃塑料管保护；经常移动的电气设备应采用软线或软电缆。

在供电系统的设计、运行中，应当设法消除可能引起短路的各种因素。同时，为了减轻短路的严重后果，防止故障扩大，就需计算短路电流，选择合理的保护装置。定期检查导线的绝缘性是保证火灾安全的重要措施。导线的绝缘强度通常使用兆欧表进行检测。

### 7.6.2.2　导线过负荷

1. 导线的载流量

导线的安全载流量是根据电流通过导线时的温度升高至某一限度来决定的，如橡胶绝缘导线的最高温度为65℃，塑料绝缘导线的最高允许工作温度为70℃。当导线的负载电流和额定电流相等时，电流通过导线在单位时间内发出的热量恰好等于导线单位时间内向外传出去的热量，导线处在热平衡状态，如果电流继续增大，平衡就会破坏。温度过高，将会加速导线绝缘的老化。若电流再增大，温度的升高还会达到导线绝缘材料的着火点，进而发生燃烧。因此导线应当在低于安全载流量状态下工作。

导线的安全载流量一般用试验方法来测定。表7-17列出了几种橡皮和塑料绝缘导线采用明敷时的安全载流量。

表7-17　几种绝缘导线明敷时的安全载流量　（单位:A）

| 导线截面/mm² | BLX、BLXF型铝芯皮绝缘导线 | | | | BX、BXF型铝芯橡皮绝缘导线 | | | | BLV型铝芯塑料绝缘导线 | | | | BV、BVR型铜芯塑料绝缘导线 | | | |
|---|---|---|---|---|---|---|---|---|---|---|---|---|---|---|---|---|
| | 25℃ | 30℃ | 35℃ | 40℃ | 25℃ | 30℃ | 35℃ | 40℃ | 25℃ | 30℃ | 35℃ | 40℃ | 25℃ | 30℃ | 35℃ | 40℃ |
| 1 | — | — | — | — | 21 | 19 | 18 | 16 | — | — | — | — | 19 | 17 | 16 | 15 |
| 1.5 | — | — | — | — | 27 | 25 | 23 | 21 | 18 | 16 | 15 | 14 | 24 | 22 | 20 | 18 |
| 2.5 | 27 | 25 | 23 | 21 | 26 | 32 | 30 | 27 | 25 | 23 | 21 | 19 | 32 | 29 | 27 | 25 |
| 4 | 35 | 32 | 30 | 27 | 45 | 42 | 38 | 35 | 32 | 29 | 27 | 25 | 42 | 39 | 36 | 33 |
| 6 | 45 | 42 | 38 | 35 | 58 | 54 | 50 | 45 | 42 | 39 | 36 | 33 | 55 | 51 | 47 | 43 |
| 10 | 65 | 60 | 56 | 51 | 85 | 79 | 73 | 67 | 59 | 55 | 51 | 46 | 75 | 70 | 64 | 59 |
| 16 | 85 | 79 | 73 | 67 | 110 | 102 | 95 | 87 | 80 | 74 | 69 | 63 | 105 | 98 | 90 | 83 |
| 25 | 110 | 102 | 95 | 87 | 145 | 135 | 125 | 114 | 105 | 98 | 90 | 83 | 138 | 129 | 119 | 109 |
| 35 | 138 | 129 | 119 | 109 | 180 | 168 | 155 | 142 | 130 | 121 | 112 | 102 | 170 | 158 | 147 | 134 |
| 50 | 175 | 163 | 151 | 138 | 230 | 215 | 198 | 181 | 165 | 154 | 142 | 130 | 215 | 201 | 185 | 170 |
| 70 | 220 | 206 | 190 | 174 | 285 | 266 | 246 | 225 | 205 | 191 | 177 | 162 | 265 | 247 | 229 | 209 |
| 95 | 265 | 247 | 229 | 209 | 345 | 322 | 298 | 272 | 250 | 233 | 216 | 197 | 325 | 303 | 281 | 251 |
| 120 | 310 | 289 | 268 | 245 | 400 | 374 | 346 | 316 | 285 | 266 | 246 | 225 | 375 | 350 | 324 | 296 |
| 150 | 360 | 336 | 311 | 284 | 470 | 439 | 406 | 371 | 325 | 303 | 281 | 257 | 430 | 402 | 371 | 340 |
| 185 | 420 | 392 | 363 | 332 | 540 | 504 | 467 | 427 | 380 | 355 | 328 | 300 | 490 | 458 | 423 | 387 |
| 240 | 510 | 476 | 441 | 403 | 660 | 617 | 570 | 522 | | | | | | | | |

2. 过负荷的预防措施

导线过负荷主要是导线截面选用过小或负载过大造成的，解决过负荷主要应从搞好电路设计入手。要合理规划配电网络，合理调节负载分布，做出相关区域的负荷曲线。实际上无论哪种电气设备或任何用户，它们的用电负荷都不是恒定的，这是因为电气设备的工作状态有轻有重，或时通时断，其负荷经常发生变化。所以，在线路设计或新改建线路时要留出足够余量，同时不允许在建好的线路上接入过多的负载。

#### 7.6.2.3 接触电阻过大

**1. 接触电阻过大的原因**

电气线路是存在多处连接的，如果接头接触不良，将会造成电流通过的导线截面减小，使该处的局部电阻过大，于是接触处出现局部过热。导线与导线之间或导线与电气设备之间的连接不牢是另一种经常遇到的情况，在长期的热作用或振动作用下较松的连接点往往会越来越松。另外，不同金属(如铜和铝)接触时可发生电化学腐蚀，使连接处形成氧化层，相当于使该处的电阻增大。

**2. 预防措施**

加强导线与导线或导线与电气设备的连接的牢固程度是解决接触电阻过大的主要途径。对于闸刀类活动连接，所用的连接材料应具有很强的弹性以保证压紧；对于固定连接，要保证导线充分拧紧，大截面导线的连接可用焊接或压接，铜与铝导线相接时宜采用铜铝过渡接头。

及时发现连接处的过热现象也是避免事故的重要方面。在实际工作中可使用辐射测温仪、红外热成像仪等对重要的电气线路进行定期检测，对异常发热的部位尽早进行修理，消除危险隐患。

## 7.6.3 常用电气设备的防火技术

电器设备的种类很多，常用设备可以归纳为照明设备、电动设备、电热设备、电气控制设备等。

### 7.6.3.1 照明设备

照明设备是一种将电能转化为光能的电器设备，常用的有白炽灯、日光灯、卤钨灯。

白炽灯的灯丝一般为钨丝，其电阻较大。当电流通过灯丝时，电能变为热能，使灯丝达到白炽程度而发光。表 7-18 列出了白炽灯在散热良好时的表面温度。实际输入白炽灯的电能大部分转化为热能，只有 10% 左右的能量转化为光能，因此不是一种高效的发光装置。

**表 7-18 白炽灯在散热良好时的表面温度**

| 灯泡功率/W | 灯泡表面温度/℃ | 灯泡功率/W | 灯泡表面温度/℃ |
|---|---|---|---|
| 40 | 56～63 | 100 | 170～216 |
| 60 | 137～180 | 150 | 148～228 |
| 75 | 136～194 | 200 | 154～296 |

日光灯由灯管、镇流器和启辉器组成。在启辉器的诱导下，灯管内发出强电子流，冲击管内的气体，产生紫外线。而紫外线又激发管壁上的荧光粉，发出类似日光的光线。镇流器由硅钢片铁芯及绕在铁芯上的电感线圈等组成，工作时可以发出大量热，安装不当很容易引起周围的物品着火。

碘钨灯的发光原理和白炽灯泡相同，当电流通过灯丝使钨丝加热成白炽体而发光。不过其管内充有碘或者碘化氢，在高温下碘和灯丝蒸发出来的钨可连续发生化合分解反应，从而大大提高了发光效率。碘钨灯体积小，只有同功率普通灯泡体积的1%，同时其功率大，从而使其灯座温度较高，可达500～800℃，这种灯的耐振性也较差。

照明灯具的火灾危险性。照明灯具表面温度高，尤其是白炽灯和碘钨灯，容易烤着临近的可燃物。因此它们与可燃物之间的距离不应小于50cm。可燃粉尘、可燃纤维积落在灯泡上，往往会被烤燃起火，因此应当注意根据使用环境选择不同灯具。在存储可燃物资的库房内如确需照明时，可采用60W以下的灯泡，且应配有玻璃防护罩。

卤钨灯管附近所用的导线，应采用以玻璃丝、瓷管等为绝缘材料的耐热线，且不应直接使用具有延燃性的绝缘导线，以免灯管的高温破坏导线的绝缘层引起短路。

为了防止日光灯镇流器过热引起可燃物着火，不准将镇流器直接固定在可燃天花板、柜台、展览橱窗内，且应加强通风散热；镇流器还必须与灯管的电压、容量匹配。

#### 7.6.3.2 电动设备

电动设备是一种将电能转换为机械能的电气设备，最常用的是电动机。电动机的种类很多，按电源性质分为直流电动机、变流电动机、交/直流两用电动机。每种电动机都包括定子和转子两个基本部分，定子由硅钢片铁芯、绕组、机座外壳、通风槽组成，转子由硅钢片转子铁芯、转子绕组、风扇组成。

**1. 电动机烧毁的原因**

绕组的绝缘层受到破坏引起短路是造成电动机损坏的主要原因，小的硬物落入机体内、检修或安装不慎都会碰坏绝缘层；线圈受潮也可导致绝缘能力下降。

电动机异常发热也会损毁绕组，超负荷运行、三相电动机的“缺相”运行、由于轴承磨损或缺少润滑油造成的机轴转动不灵都会造成电动机发热起火。此外，纤维粉尘吸入电动机、通风槽被堵、定子与转子间的摩擦火花等都可能引起周围可燃物的燃烧。

**2. 预防电动机起火的主要方法**

首先应根据使用环境的特点选择相应的电动机。电动机的功率应略大于被拖动的机械设备的功率，防止超负荷运行。同时应考虑防潮、防腐蚀、防尘等。

电动机启动时的电流很大，会导致绕组快速发热。因此在短时间内电动机的启动次数不宜过多，一般不得超过5次，发热状态下的启动不得超过2次。

对电动机要经常做好保养工作。对转轴、轴承等要勤加润滑油，磨损严重的轴承要及时更换，以保持运转灵活。暂时不用的电动机应放在干燥、清洁的场所。重新使用前，要测量绝缘电阻，如低于标准阻值，不能投入使用。

电动机要远离可燃物，其底座不能用可燃材料制作。对落在电动机上的可燃飞絮、可燃粉尘等必须及时清扫。

#### 7.6.3.3 电热设备

电热设备的作用是将电能转变为热能，工业中常用的设备有电炉、电热烘干箱、电取暖器、电熨斗、电烙铁等。电热设备是利用电流通过各种电热丝产生的高温、电磁感应形成的涡流、微波产生的高温来加热或烘干物品的。电热设备的功率通常都较大，设备表面温度较高，有些设备还是敞开式的，因此具有较大的火灾危险性。表7-19列出了若干电热设备的表面温度。

**表7-19 各种电热设备表面参考温度**

| 设备名称 | 通电时间/min | 表面参考温度/℃ |
|---|---|---|
| 400W 敞开式电炉 | 10 | 230~250 |
| 800W 敞开式电炉 | 长时间使用 | 600~800 |
| 密封式电烘箱 | 长时间使用 | 300~400 |
| 1000W 辐射式电炉 | 30 | 170~200 |
| 360W 电熨斗 | 20 | 205~320 |
| 360W 电熨斗 | 长时间使用 | 400 |
| 电烙铁 | 长时间使用 | 300~400 |

**1. 电热设备起火的原因**

电热设备导致火灾主要有以下情况：导线选择不当或更换比原功率大的电热丝，使导线过负荷；电热设备的绝缘材料长时间受高温影响，老化破裂造成短路；电热设备安装或放置不当，导致其引燃了周围的可燃物；加热温度过高或时间过长引燃了周围的可燃物。

**2. 电热设备防火的基本措施**

为了防止电热器过负荷，选用的导线必须具有足够的截面积，以满足安全载流量的要求；工业用电热器应单独拉线，且导线应较粗。电炉、电熨斗等必须与可燃物质保持较远距离，其底座应为不燃材料。在可产生可燃气体、蒸气、粉尘或飞絮的场所不得使用敞开式电热器。

此外，电热器通电使用时一定要有专人看管。如果发生临时停电，应及时将电源切断，并将加热的物品移走，以防恢复送电时电热器过热发生危险。

#### 7.6.3.4 电气控制设备

电气控制设备是用来接通、切断电源或保护其他电气设备的设备。最常见的低压控制设备有开关和断路器。

**1. 电气开关**

电气开关是用来接通和切断电源的，其形式很多，但都包括活动触头、固定触头和开关体三个基本部分。通过活动触头与固定触头的接触与分离，实现对电源连通的控制。开关引发火灾主要有以下情形：①开关的载流量过小，使用中过度发热，引燃相邻的可燃物；②开关的活动触点与固定触点接触不良或触头与连接件连接松动，再加上氧化，造成接触电阻过大，以致过度发热引起火灾；③开关动作产生火花或电弧，引燃周围的可燃物。

为了预防开关火灾，应当将开关设在固定的开关箱内，并应加箱盖。木质开关箱的内表面应敷以白铁皮，以防起火时火焰蔓延。开关的额定电流和额定电压均应和实际使用情况相匹配，一般开关的容量应适当大于在使用时可能遇到的最大载流量。开关箱应设在干燥处，在有火灾危险、爆炸危险或化学腐蚀的房间，应把开关安装在室外或合适的地方，否则应采用相应形式的开关，例如在有爆炸危险的场所采用隔爆型开关。在中性线接地的系统中，单极开关必须接在火线上，否则开关虽断，电气设备仍然带电。另外，应当经常检查开关的使用状况，紧固松动的接头，消除灰尘或污物，对于烧蚀严重的触点，应及时修理或更换。

**2. 断路器**

在电气线路上安装断路器对于防止事故扩大具有重要保护作用。在普通的生产、生活场所中使用的断路器主要有熔断器和空气断路开关。

在通常使用的闸刀开关一般都有熔断器。熔断器由熔体和安装熔体的绝缘部件组成，熔体用低熔点的锡铅合金制成。当电路中发生短路时，流经熔体的电流超过其额定电流，致使其温度升高，发生熔断，从而切断电路。

熔断器引起火灾的原因主要有：

(1) 熔体过载，使熔断器过热，以致破坏其绝缘层，引燃周围可燃物。

(2) 未按额定电流选择熔体，最常见的是所用熔体的允许电流过大，以致电气设备短路或发生故障时熔断器不起作用，导致事故扩大；

(3) 大截面熔体爆断时，熔化的高温金属颗粒溅落到附近可燃物上以致引发火灾。

在低压供电系统中，熔断器应装在各级配电线路的电源端。例如在建筑物电源的进线、线路分支和导线截面改变的地方应当安装熔断器，以使每段线路都能得到可靠的保护。

选用合适的熔体是防止熔断器火灾的主要问题。熔体的额定熔断电流应与被保护的设备相适应，熔断电流不能过大，以保证其在事故时及时熔断，不允许擅自使用铜丝、铁丝等充当熔体使用。

为了避免熔体熔断时溅出的高温颗粒引燃周围可燃物，熔断器宜装在具有火灾危险厂房的外边，否则应加密封外壳，并应远离可燃物体。

空气断路开关是一种较为先进的断路器，除了能够可靠地连通与切断电路外，还具有短路、过负荷和欠压保护功能，其消弧功能也较好。

空气断路开关主要由触头系统、脱扣保护系统、灭弧系统和操作系统组成。触头用于连通电路，其中的活动触点与脱扣系统连接。当线路发生短路时，电流增大，相应的电磁铁发挥作用，进而使脱扣机构动作切断电路。对于其他故障也分别设计了相应的断路方式。空气断路开关装有操作手柄，可分为正常情况下的通断电路和故障后重新连通电路使用。

预防空气断路开关引发火灾，主要应注意其脱扣系统的整定电流与导线的安全允许载流量的配合，两者之比应小于4.5。

## 7.6.4 爆炸和火灾危险场所的电气安全

爆炸危险场所指能够形成爆炸性混合物或爆炸性混合物能够侵入的场所，如煤矿矿井、化工车间、油库、加油站及液化石油气供应站等。这些场所需要绝对禁止火源，但却不能完全禁止用电。不过应当根据物质及场所的爆炸危险分类，选择适用的防爆电气设备。

### 7.6.4.1 爆炸和火灾危险场所的区域分类

爆炸和火灾危险区域类别及分区方法，应按国家标准《爆炸和火灾危险环境电气装置设计规范》(GB 50058—1992)执行。该标准根据特定场所中易燃易爆物质的生产、储存、运输和使用过程中出现的物理与化学现象的不同，分为爆炸性气体环境危险区域、爆炸性粉尘危险区域和火灾危险区域。

按照爆炸性气体混合物存在或出现的频率、持续时间及危险程度，将爆炸性气体混合物的区域划分为3个等级。0级区域是指在正常情况下，爆炸性气体混合物连续地、短时间频繁地出现或长时间存在的场所；1级区域是指在正常情况下，爆炸性气体混合物有可能出现的场所；2级区域是指在正常情况下，爆炸性气体混合物不可能出现，仅在不正常情况下偶尔短时间出现的场所。

按照爆炸性粉尘或可燃纤维与空气的混合物的出现频率或时间长短，将粉尘危险混合物区域场所划分为2个等级。10级区域指在正常情况下，爆炸性粉尘或可燃纤维与空气的混合物，可能连续地、短时间频繁地出现或长时间存在的场所；11 级区域是指爆炸性粉尘或可燃纤维与空气的混合物仅在不正常情况下偶尔短时间出现的场所。

火灾危险区域只分一类，但根据区域内火灾事故发生的可能性和后果、危险程度及物质状态，将其分为 3 个不同危险程度的区域。不同危险危险区域的分类与分区情况见表 7-20。

**表 7-20 爆炸和火灾危险区域类别及区域等级**

<table>
<tr><th>爆炸性危险场所类别</th><th>区域等级</th><th>划分原则</th></tr>
<tr><td rowspan="3">爆炸性气体、可燃蒸气与空气混合形成爆炸性气体混合物的场所</td><td>0 级区域</td><td>爆炸性气体混合物，连续地、短时间内频繁地出现或长时间存在的场所</td></tr>
<tr><td>1 级区域</td><td>正常情况下，可能出现爆炸性气体混合物的场所</td></tr>
<tr><td>2 级区域</td><td>正常情况下，爆炸性气体混合物不能出现，仅在不正常情况下偶尔短时间出现的场所</td></tr>
<tr><td rowspan="2">爆炸性粉尘和可燃纤维与空气混合形成爆炸性混合物的场所</td><td>10 级区域</td><td>在正常情况下，爆炸性粉尘或可燃性纤维与空气的混合物，可能连续地、短时间频繁地出现或长时间存在的场所</td></tr>
<tr><td>11 级区域</td><td>在正常情况下，爆炸性粉尘或可燃性纤维与空气的混合物不能出现，仅在不正常情况下偶尔短时间出现的场所</td></tr>
<tr><td rowspan="3">火灾危险区域</td><td>21 区域</td><td>具有闪点高于环境温度的可燃液体，在数量和配置上能引起火灾危险的环境</td></tr>
<tr><td>22 区域</td><td>具有悬浮状、堆积状的可燃性粉尘或可燃纤维，虽不可能形成爆炸混合物，但在数量和配置上能引起火灾危险的环境</td></tr>
<tr><td>23 区域</td><td>具有固体状可燃物质，在数量和配置上能引起火灾危险的环境</td></tr>
</table>

表中提到的区域划分时所依据的正常情况是指设备的正常起动、停止、运行和维修；不正常情况是指有可能发生设备故障或误操作。划分爆炸危险区域还要考虑场所的通风、爆炸物质的爆炸极限、密度、气味和仪器检测等因素。对于火灾危险区域的划分，应当综合考虑可燃物的性质、数量与分布情况，不应只要有可燃物就划分火灾危险区域。

#### 7.6.4.2 爆炸性危险物质的分类与分级

按环境条件和危险物质的状态，爆炸性气体、蒸气、粉尘分为三类：第Ⅰ类为矿井甲烷气体，第Ⅱ类为爆炸性气体混合物、蒸气和薄雾，第Ⅲ类为爆炸性粉尘、纤维。

矿井甲烷气体不再分级；爆炸性气体与蒸气按其燃烧性、最大试验安全间隙和点燃电流分为 3 级，见表 7-21；爆炸性粉尘按导电性及爆炸性分为 2 级，见表7-22。

**表7-21 爆炸性气体的分级与分组举例**

| 类和级 | 最大试验安全间隙 *MESG*/mm | 最小点燃电流比 *MICR* | 组别与引燃温度/℃ | | | | | |
|---|---|---|---|---|---|---|---|---|
| | | | $T_1$ | $T_2$ | $T_3$ | $T_4$ | $T_5$ | $T_6$ |
| | | | $T>450$ | $450\geqslant T>300$ | $300\geqslant T>200$ | $200\geqslant T>135$ | $135\geqslant T>100$ | $100\geqslant T>85$ |
| Ⅰ | *MESG* = 1.14 | *MICR* = 1.0 | 甲烷 | | | | | |
| ⅡA | 1.14 > *MESG* >0.9 | 1.0 > *MICR* >0.8 | 乙烷、丙烷、丙酮、苯乙烯、氯乙烯、氨苯、甲苯、氨、甲醇、一氧化碳、乙酸乙酯乙酸、丙烯腈 | 丁烷、乙醇、丙烯、丁醇、乙酸丁酯、乙酸戊酯、乙酸酐 | 戊烷、己烷、庚烷、癸烷、辛烷、汽油、硫化氢、环己烷 | 乙醚、乙醛 | | 亚硝酸乙酯 |
| ⅡB | 0.9 > *MESG* > 0.5 | 0.8 > *MICR* >0.45 | 二甲醚、民用煤气、环丙烷 | 环氧乙烷、环氧丙烷、丁二烯、乙烯 | 二甲醚异戊二烯 | | | |
| ⅡC | ≤0.5 | ≤0.45 | 水煤气、氢、焦炉煤气 | 乙炔 | | | 二硫化碳 | 硝酸乙酯 |

**表7-22 爆炸性粉尘混合物的分级分组举例**

| 类和级 | 粉尘物质 \ 引燃温度/℃ \ 组别 | $T_{11}$ | $T_{12}$ | $T_{13}$ |
|---|---|---|---|---|
| | | $T>270$ | $270>T>200$ | $200>T>140$ |
| ⅢA | 非导电性可燃纤维 | 木棉纤维、烟草纤维、纸纤维、亚硫酸盐纤维素、人造短纤维、亚麻粕粉 | 木质纤维 | |
| | 非导电性爆炸性粉尘 | 小麦粉、玉米淀粉、砂糖粉、橡胶、染料、聚乙烯、苯酚树脂 | 可可子粉、筛米糖 | |

（续）

| 类和级 | 粉尘物质 \ 引燃温度/℃ \ 组别 | $T_{11}$ | $T_{12}$ | $T_{13}$ |
|---|---|---|---|---|
| | | $T>270$ | $270>T>200$ | $200>T>140$ |
| ⅢB | 导电爆炸性粉尘 | 镁、铝、铝青铜、锌、钛焦炭、炭黑 | 铝（含油）、铁、煤 | |
| | 火炸药粉尘 | | 黑火药、TNT | 硝化棉、吸收药、黑索金、特屈儿、泰安 |

最大安全试验间隙(*NESG*)指的是在标准试验条件下，设备壳内所有浓度的被试验气体(或蒸气)与空气的混合物点燃后，通过25mm长的结合面均不能点燃壳外的爆炸性气体混合物的外壳与内腔之间的最大间隙。此值的大小反映了爆炸性气体的传爆能力，间隙越小，表明传爆能力越强。

最小点燃电流(*MIC*)指的是在温度为20～40℃，压力为0.1MPa，直流电压为24V，电感为95mH的试验条件下，采用标准火花发生器对空气电感组成的直流电路进行3000次火花试验，能够点燃最易点燃的可燃混合物的最小电流。表中最大试验安全间隙与最小点燃电流比在分级上的关系只是近似相等，最小点燃电流比(MICR)为各种易燃物质的最小点燃电流值与实验室的甲烷的最小点燃电流值之比。

#### 7.6.4.3 爆炸和火灾危险环境中的电气设备选用

在具有爆炸和火灾危险的场所，正确选用电气设备对保证安全生产具有十分重要的作用。特别是对防爆电气的选择应当给予充分重视。

**1. 爆炸性气体环境的防爆电气设备的形式及标志**

根据电气设备产生火花、电弧和危险温度的特点，为防止其点燃爆炸性气体混合气而采取的措施不同分为下列形式。

(1) 隔爆型(标志为d)。这种设备具有隔爆外壳，该外壳能承受内部爆炸性气体混合物的爆炸压力并阻止内部的爆炸向外壳周围的爆炸性混合物传播。适用于爆炸危险场所的任何地点。多用于强电技术，如电动机、变压器、开关等。

(2) 增安型(标志为e)。这种设备在正常运行条件下不会产生电弧、火花，也不会产生足以点燃爆炸性混合物的高温。在结构上采取种种措施来提高安全程度，以避免在正常和认可的过载条件下产生电弧、火花和高温。

(3) 本质安全型(标志为i)。该类设备采用国际电工委员会IEC76-3火花试验装置，在正常工作或规定的故障状态下产生的电火花的热效应均不能点燃爆炸性气体混合物。这种设备按使用场合和安全程度分 ia 和 ib 两个等级。

1）ia 级设备：在正常工作、1 个故障点和 2 个故障点时均不能点燃爆炸性气体混合物。

2）ib 级设备：在正常工作和 1 个故障点时不能点燃爆炸性气体混合物。

正常工作和故障状态是用安全系数来衡量的。安全系数是电路最小引爆电流（或电压）与其电路的电流（或电压）的比值，用 $K$ 表示。正常工作时 $K=2.0$，1 个故障时 $K=1.5$，2 个故障时 $K=1.0$。

（4）正压型（标志为 p）。这种设备的外壳可以保持内部保护气体，即新鲜空气或惰性气体的压力高于周围爆炸性环境的压力，从而阻止外部的爆炸性气体混合物进入设备内部外壳。

（5）充油型（标志为 o）。这种设备将全部或部分部件浸在油内，使设备不能点燃油面以上的或外壳外的爆炸性混合物，如高压油开关即属此类。

（6）充砂型（标志为 q）。这种设备在外壳内充填砂粒材料，使其在一定使用条件下壳内产生的电弧、传播的火焰、外壳壁或砂粒表面的过热均不能点燃周围爆炸性混合物。

（7）无火花型（标志为 n）。这种设备正常运行条件下，不会点燃周围爆炸性气体混合，且一般不会发生有点燃作用的故障。设备的正常运行即是指不应产生电弧或火花（包括滑动触头），设备的热表面或灼热点也不应超过相应温度组别的最高温度。

（8）浇封型（标志为 m）。这种设备是将可能产生引起混合气爆炸的火花、电弧或危险温度的电气部件浇封在某些浇封剂中。从而避免了电路上引燃源的产生，并阻止了爆炸性气体混合物的侵入。

（9）气密型（标志为 h）。该类设备采用气密外壳，从而使环境中的爆炸性气体混合物不能进入设备内部。气密外壳可采用熔化、挤压或胶粘的方法密封，故这种外壳多半是不可卸的。

（10）特殊型（标志为 s）。指在结构上不属于上述任何一类，而采取其他特殊防爆措施的电气设备，如填充石英砂型的设备。

为了规范防爆电气设备的设计、制造，便于检验和维修，我国已制定了相应的国家标准。防爆电气设备的标志由“Ex”引导，然后依次标出形式、类别、级别和温度组别等符号，其组成方式如图 7-43 所示。

例如 Exd ⅡBT5 表示该防爆电气为隔爆型，适于可生成爆炸性气体的工厂使用，级别为 B 级，适应的温度为 T5 组。

**2. 爆炸性气体环境防爆电气设备的选型**

对于特定的爆炸危险环境，选用防爆电气设备应考虑以下方面：

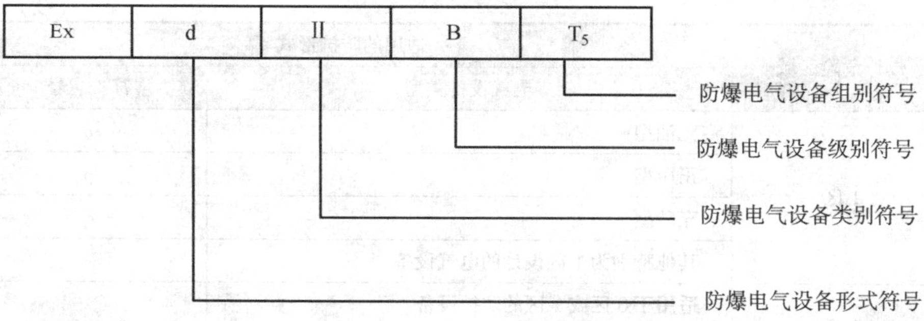


图7-43 防爆电气设备标志的组成

(1) 防爆电气设备类型必须与爆炸危险场所的区域相适应。例如，用于0区的防爆电气设备只能是ia级的本质安全型和专门为0区设计的特殊型设备，而不能使用隔爆型、增安型的电气设备。

(2) 电气设备的防爆性能必须与爆炸危险物质的危险性相适应。例如，使用乙烯的场所必须选dⅡ$BT_2$设备，而不能选用dⅡ$AT_2$设备；使用汽油的场所应选用dⅡ$AT_3$或eⅡ$BT_3$设备，不能选用dⅡ$AT_2$或eⅡ$BT_2$设备。

(3) 若场所内同时使用2种以上的爆炸危险物质，设备的防爆性能应满足危险程度较高的物质的要求。例如某场所内同时使用乙炔、丙烷两种气体，那么选用的防爆电气设备应满足乙炔的安全要求。

(4) 防爆电气设备应与环境条件相适应。电气设备所在的环境条件可能存在很大不同，例如下雨下雪、低温、高温、腐蚀性气体、烟雾等。因此在电气设备的防爆结构上应有不同。又如移动式防爆电气设备不应采用防爆充油型。

(5) 经济合理。要根据场所的使用性质和经营情况，选用能保证安全的设备，不要随意提高设备的防护等级，以免造成浪费。

表7-23列出了若干防爆电气设备选型一般要求。

**表7-23 爆炸性气体环境电气设备防爆类型选型**

| 爆炸危险区域 | 适用的防护形式 | |
|---|---|---|
| | 电气设备类型 | 符 号 |
| 0区 | 本质安全型(ia级) | ia |
| | 其他特别为0区设计的电气设备 | s |
| 1区 | 适用于0区的防护设备 | |
| | 隔爆型 | d |
| | 增安型 | e |
| | 本质安全型(ib) | ib |

（续）

| 爆炸危险区域 | 适用的防护形式 | |
|---|---|---|
| | 电气设备类型 | 符　号 |
| 1 区 | 充油型 | o |
| | 正压型 | p |
| | 充砂型 | q |
| | 其他特别为 1 区设计的电气设备 | s |
| 2 区 | 适用于 0 区或 1 区的防护设备 | |
| | 无火花型 | n |

**3. 爆炸性粉尘环境下电气设备选择**

在进行爆炸性粉尘环境的电力设计时，宜将电气设备和线路，特别是正常运行时能发生火花的电气设备，布置在爆炸性粉尘环境以外。当必须设在爆炸性粉尘环境内时，应布置在爆炸危险性较小的地点，且应使用粉尘防爆型设备。爆炸性粉尘环境内的电气设备和线路，应符合周围环境内化学的、机械的、热的、霉菌以及风沙等不同环境条件对电气设备的要求。

限制电气外壳的最高表面温度是防止粉尘爆炸的重要措施。在爆炸性粉尘环境内，电气设备最高允许表面温度应符合表 7-24 的规定。

**表 7-24　电气设备最高允许表面温度**

| 引燃温度组别 | 无过负荷的设备/℃ | 有过负荷的设备/℃ |
|---|---|---|
| T11 | 215 | 195 |
| T12 | 160 | 145 |
| T13 | 120 | 110 |

这类设备主要采用“尘密”结构(标志为 DT)或“防尘”结构(标志为 DP)外壳来限制粉尘进入设备中，从而避免设备运行时产生的引燃源与粉尘接触。

除爆炸性非导电粉尘和可燃纤维的 11 区环境采用防尘结构的粉尘防爆电气设备外，爆炸性粉尘环境 10 区及其他爆炸性粉尘环境 11 区均采用尘密结构的粉尘防爆电气设备，并按照粉尘的不同引燃温度选择不同引燃温度组别的电气设备。

**4. 火灾危险区域电气设备选择**

对于火灾危险区域，选用的电气设备应符合环境条件(化学、机械、热、霉菌和风沙)的要求，正常运行时有火花和外壳表面温度较高的电气设备，应远离可燃物质，且不宜使用电热器具，必须使用时，应将其安装在非燃材料底板上。

应根据火灾危险区域的等级和使用条件，根据表 7-25 选择相应的电气设备的形式。

**表 7-25　电气设备防护结构选型**

<table>
<tr><th colspan="2">防护结构 ╲ 火灾危险区域<br>电气设备</th><th>21 区</th><th>22 区</th><th>23 区</th></tr>
<tr><td rowspan="2">电动机</td><td>固定安装</td><td>IP44</td><td rowspan="2">IP54</td><td>IP21</td></tr>
<tr><td>移动式、携带式</td><td>IP45</td><td>IP54</td></tr>
<tr><td rowspan="2">电器和仪表</td><td>固定安装</td><td>充油型 IP54、IP44</td><td rowspan="2">IP54</td><td>IP44</td></tr>
<tr><td>移动式、携带式</td><td>IP54</td><td>IP44</td></tr>
<tr><td rowspan="2">照明灯具</td><td>固定安装</td><td>IP2X</td><td rowspan="4">IP5X</td><td rowspan="4">IP2X</td></tr>
<tr><td>移动式、携带式</td><td rowspan="3">IP5X</td></tr>
<tr><td colspan="2">配电装置</td></tr>
<tr><td colspan="2">接线盒</td></tr>
</table>

注：1. 在火灾危险区域 21 区内固定安装的，正常运行时有滑环等火花部件的电动机，不宜采用 IP44 结构。

2. 23 区内固定安装的，正常运行时有滑环等火花部件的电动机，不应采用 IP21，而应采用 IP44 型。

3. 21 区内固定安装的，正常运行时有火花部件的电器和仪表，不宜采用 IP44 型。

4. 移动式和携带式照明灯具有玻璃罩，应有金属网保护。

## 复　习　题

1. 火灾自动报警系统主要由哪些部分组成？简要说明不同部分的主要作用。

2. 目前常用的火灾探测器主要有哪些类型？它们各适用于何种场合？

3. 简述离子式与光电式感烟探测器的工作原理，说明它们的优缺点。为减小感烟与感光式火灾探测器误报应注意些什么问题？

4. 扑灭火灾有哪些基本方法？简要说明它们的灭火机理。

5. 试列举几种工业生产和生活中常用的灭火剂，说明在使用过程中应注意的问题。

6. 闭式喷头有哪些主要形式？它们的结构有哪些主要区别？各适用于何种场合？

7. 设计室内消火栓和室外消火栓应注意的问题是什么？

8. 压力容器有哪些常用泄压装置？分别说明它们的工作原理。

9. 预防化学爆炸有哪些基本方法？说明惰性防爆的主要介质及其作用机理。

10. 引发电气火灾与爆炸的主要原因是什么？

11. 在爆炸与火灾危险环境中选用电气设备应考虑哪些方面问题？

12. 在爆炸性气体环境中使用的防爆电气设备有哪些基本类型？说明本质安全型和正压型适用的场合。

# 第 8 章

# 火灾爆炸危险的分析与计算

火灾和爆炸都是灾害性问题，它们的发生、发展规律具有随机性和确定性的双重特点。随机性是指火灾爆炸的发生原因、发生地点、发生时间、发展状况等都难以事先确定，但它们却遵循一定的统计规律。确定性是指如果给定环境条件、可燃(或易爆)物质及点火源的性质，那么所发生的火灾(或爆炸)会按基本确定的过程发展。

系统安全分析的理论和方法是处理这类问题的重要工具。系统安全的基本观点是将所关心的对象视为一个系统，强调按照事物本来的构成形式与特点，从整体的、全局的高度分析其现实状态和发展过程，协调处理整体与局部、及其各部分之间的关系。这种分析有助于人们弄清影响安全的各种因素之间的内在关系，能够加深对系统的总的安全状况认识，并为合理解决问题提供清晰的思路和有益的指导。

本章结合火灾爆炸预防控制的需要，以定性、半定量和定量分析方法为线索，介绍一些常用危险分析与计算方法。在实际应用中，这些方法应当结合起来考虑，并根据具体需要选择最合适的方法，以便取得良好的分析效果。

## 8.1 概述

### 8.1.1 火灾爆炸危险分析的作用、原则与评价标准

火灾爆炸危险分析是全面考察、解剖某种系统的火灾爆炸危险的过程，安全评价则是全面考察、解剖系统的火灾爆炸危险状况，进而给出安全评价。这种分析和评价可为选择系统的安全决策提供理论支撑。

#### 8.1.1.1 火灾爆炸危险分析的作用

总的说来，火灾爆炸危险分析主要具有以下一些作用：

(1) 通过对系统的设计、制造及运行过程的全面考察，找出潜在的可能导致火灾爆炸事故的危险因素，从安全技术和安全管理方面提出相应的安全

措施。

（2）通过对潜在的火灾爆炸危险进行定性或定量的分析与预测，建立实现系统安全的最优方案。

（3）评价设备、设施或系统在运行过程中，火灾和爆炸的防控措施是否符合有关标准和规范，以便提高安全技术和安全管理的水平。

（4）在设备、设施或系统使用之前，对潜在的火灾和爆炸危险进行分析并作出评价，以便考察是否能消除已判定的危险事件或将其控制在规定的可接受水平。

（5）火灾爆炸危险分析还有助于从经济的观点，将采用某种防控措施而投入的经费与灾害损失的可能减少程度作出比较，以评价设备、设施或系统的设计是否达到收益与危险的合理平衡。

#### 8.1.1.2 危险分析评价的原则

进行火灾爆炸危险分析应该注意以下一些原则：

**1. 目的性**

进行危险分析的根本目的是提高分析对象的安全，而每次分析的具体目的要十分明确，针对性要强，以期取得良好效果。进行一次危险性分析后，应当对该对象的安全性做一次有效的改进和调控。

**2. 科学性**

进行危险分析必须实事求是，要能反映客观实际。有些危险能够凭经验或知识辨识出来，但很多潜在危险则不易发现。因此危险分析必须以可靠数据资料为基础，采取科学合理的分析方法，最大限度地排除评价人主观因素影响和干扰。

**3. 系统性**

实际的分析对象往往是一个复杂的大系统，可分为多个子系统或单元。只有详细研究系统各部分间的关联和约束关系，才能最大限度地辨识该对象的所有危险因素，进而评价它们对系统安全的影响。

**4. 综合性**

系统安全涉及物质、环境和人等多个方面，不同因素对安全的影响程度不同，因此，分析时既要充分反映影响系统安全的重要因素，又要防止过分强调某个因素而导致系统失去平衡。给出的危险评价应综合考虑各个方面，对于同类系统应采用一致的评价标准。

**5. 适用性**

危险分析与评价方法应适合使用单位的具体情况，其形式要简明、结论要明确、效果要显著，应具有很强的可操作性。若设定的不确定因素过多，或计算过于复杂，导致使用部门难于理解和应用，反而收不到好的效果。

#### 8.1.1.3 危险评价的标准

危险是一个相对的概念，随着时代的发展和科学技术的进步，人们对危险的认识也不断改变。适当的危险评价标准实际上是以人们当时的可接受的危险大小确定的。危险标准也就是人们所希望的安全目标值。

安全目标值是通过一些法律、法规或标准来体现的。通过分析系统当前的安全状况，进而对照规定的安全目标值对其作出客观的评价，然后就应对系统进行适当地调整和改造，以求使系统的安全状况达到标准。只有经过多次反复，才能达到安全目标值所要求的安全水平。

### 8.1.2 火灾爆炸事故的成因分析

客观真实地了解火灾爆炸事故的成因是采取安全措施的前提。事故成因是指造成事故的原因或条件。表面上看，火灾爆炸事故是某些偶然事件触发的，然而实际上往往还有其深刻的内在原因。

#### 8.1.2.1 事故原因类型

一般来说，事故的原因可分为直接原因、间接原因和基础原因。按照系统安全工程的观点，应当全面、客观地分析发生灾害的各种成因，找出主要原因，考虑长远影响，采取有针对性的措施。

直接原因可分为物的不安全状态与人的不安全行为两个方面。物的不安全状态是酿成事故的基础因素，它可被一些其他物质原因触发而导致事故。人的不安全行为是引发事故的重要因素，而且经常是引发事故的主要因素。研究表明，纯粹由天灾造成的事故仅占2%，纯粹由物的不安全因素造成的事故约占10%，由人的不安全行为触发的事故约占88%。因此在有大量人员活动的场所，应当警惕人为造成的火灾爆炸原因。

在直接原因的背后，还有多种间接原因。例如危险物质的使用混乱、潜在点火源大量存在、基础安全保障措施缺乏等都为酿成危险创造了条件。管理缺陷也有重要影响，物的不安全状态与人的不安全行为大都与管理的不完善相关。例如由于种种因素的影响，有些物体的状态已具有较大的危险性，只要及时处理是不会酿成事故的，但却长期无人问津。人的不安全行为也有多种情形，有些是无知，有些是随意，强化安全管理能够在很大程度上控制一些人的随意行为。

形成上述状况的基础原因是社会因素的影响，如经济文化状况、学校与社会教育、生活习惯等。安全观念的淡薄不但可影响生产、经营的正常进行，而且会引发严重的事故。解决基础原因是一个长期的任务，每个单位应当根据自身特点进行人员的日常安全教育，及时纠正安全管理的缺陷，真正树立起“预防为主、安全第一”的观念。

为了有效降低火灾爆炸危险，既要重视其直接原因，更要注意其间接的和基础的原因。火灾爆炸的形成有一个演化过程，如果基础原因和间接原因长期得不到解决，事故苗头就会经常出现，事故可能随时爆发。

#### 8.1.2.2　事故的因果连锁原理

每种事故的形成都不是孤立的，而是一系列原因、事件相继发生的结果。这种连锁关系可以使用“多米诺骨牌”的形式来形象描述。对于并行排列的骨牌，若有一颗骨牌倒了，其后的骨牌也会相继被碰倒。但如果移去其中的某一颗骨牌，连锁被破坏，则事故过程便被中止。防止小火演变为火灾的过程可用图 8-1 所示的多米诺骨牌来说明。

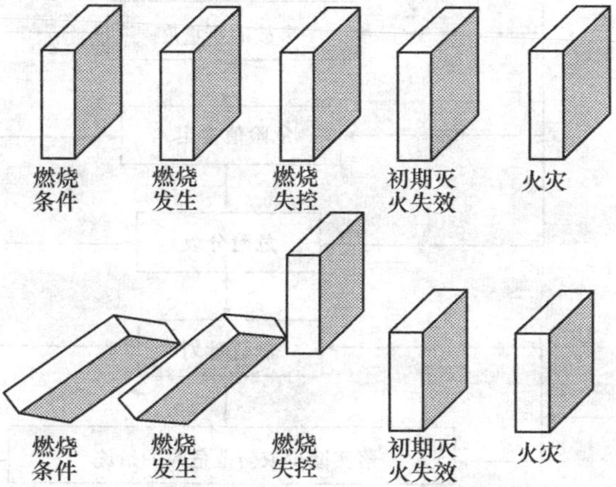


图 8-1　火灾多米诺骨牌的中断示意图

这 5 张骨牌分别是燃烧条件、燃烧发生、燃烧失控、初期灭火失效、火灾。若具备了燃烧条件，该骨牌便倒下；如果着火条件合适则发生燃烧，于是第二个骨牌倒下；当燃烧超出人们的控制范围时，第三个骨牌倒下，即发生了初期火灾；如果现场的自动灭火装置或人们的主动灭火行为无法抑制火势的扩大，便演化为大火。可看出，如果要控制火灾，只要把前 4 张骨牌中的任何一个抽出，就可使骨牌的连锁倾倒效应终止，这样即使发生着火也不会引起火灾。

### 8.1.3　火灾爆炸危险分析的基本步骤

对火灾与爆炸灾害危险进行分析与评价，必须按照合理的程序与步骤进行。图 8-2 列出了分析评价的一般程序，大体可以分为以下 4 个步骤：

（1）资料收集。明确评价的对象及其范围，收集国内外相关法规和标准，了解同类设备、设施或工艺的生产和事故情况，评价对象的地理、气象条件及社会环境等状况。

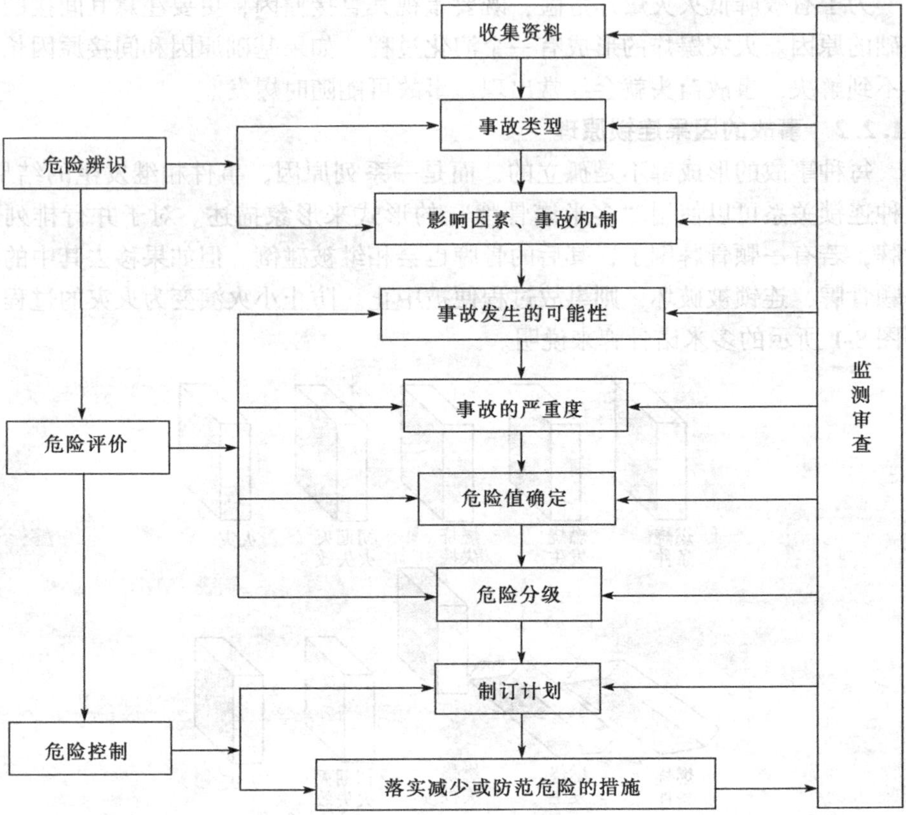


图 8-2　火灾爆炸危险分析的程序

(2) 危险因素的辨识。根据所分析的建筑、设备、设施或场所的地理、气象条件、工程建设方案、工艺流程、装置布置、主要设备和仪表、原材料、中间体、产品的理化性质等，辨识可能发生的事故的类型、事故发生的原因和机制。

(3) 危险评价过程。在危险辨识的基础上，划分出分析单元，根据评价目的和评价对象的复杂程度选择具体的一种或多种评价方法。对事故发生的可能性和严重程度进行定性或定量评价，在此基础上进行危险分级，以确定安全管理的重点。

(4) 提出降低或控制危险的安全对策。根据评价和分级结果，高于标准值的危险必须采取工程技术或组织管理措施，降低或控制危险。低于标准值的危险属于可接受或允许的危险应建立监测措施，防止生产条件变更导致危险值增加，对不可排除的危险要采取防范措施。

### 8.1.4　火灾爆炸危险分析的主要方法

火灾爆炸危险的分析方法很多，具有多种分类方式，在此主要根据分析结果量化方式和方法的结构形式进行讨论。

#### 8.1.4.1　按分析结果分类

按分析结果的形式，火灾爆炸危险分析方法大体分为定性、半定量和定量分析三类。

定性分析是对分析对象的火灾爆炸危险状况进行系统、细致的检查，并根据检查结果对其火灾危险性作出大致的评估。定性分析结果可用“是”或“非”、“合格”或“不合格”等表示。

引进“量”的概念是进行比较的基础，然而对于危险与灾害问题，定量方式则比较复杂。例如，计算火灾爆炸危险需要了解事故概率，但由于相关数据的缺乏以及费用、时间等方面的限制，准确算出某些事故的概率是困难的，并且对于相当多的场合根本无法得到这种概率。因此在危险分析中经常采取以危险等级或危险指数为基础的半定量分析法。

若能得到分析对象的相关事故概率，则可将事故发生概率和事故严重程度综合起来定量表示火灾爆炸危险。

模拟计算是一类更精确的定量分析方法。通过某种模拟软件针对某些代表性的火灾爆炸过程进行计算，便可用特定物理量对系统的火灾爆炸危险给出定量评价。随着计算机技术和软件的发展，模拟计算在危险分析中的应用越来越广泛。

#### 8.1.4.2　按分析方法的结构分类

按照分析方法的结构，火灾爆炸危险分析方法可分为以下几类：

**1. 经验系统化方法**

通过分析以往发生的事故，总结出系统化的经验，然后根据这些经验对预定对象进行检查，确定其火灾危险。目前广泛应用的有安全检查表法、危险预先分析法、道-蒙德化工危险分析法等。

**2. 逻辑推导法**

这类方法的主要特点是采取逻辑推理。可以某个事故为起点，通过逐步分析，找到该事故的所有基本原因，其代表方法是事故树(FTA)；也可选定某个原因作为初始事件，通过推导其发展过程，了解其可能的事故后果。如事件树(ETA)法。也可以将以上两种方法综合起来运用，如原因-结果(C-C)法。

**3. 系统解剖分析法**

这类方法以层次分析为基础，根据对象的组成特点加以解剖，研究其各部分的作用及发生事故时对整个系统的影响。主要有故障类型与影响分析

(FMEA)、危险操作分析(HAZOP)、危险度分析及模糊判断分析等。

**4. 模拟计算法**

模拟计算法是依据质量、动量、能量和组分守恒等基本物理定律，编制成某种的计算软件，算出某种火灾的发展过程或爆炸的后果等。由于模拟计算是依据客观物理定律进行的，能够较好地排除人们主观判断的偏差，一般说如果边值条件设置合理其结果更为可信。

### 8.1.4.3 危险分析方法的选用

每个危险分析方法各有优缺点。对不同的对象，应选用最合适的方法。选用时应考虑下述几个因素：

(1) 分析目的。考虑所选用方法的评价结果是否能达到预定的分析目的和动机。

(2) 分析结果的体现形式。分析结果的形式很多，可以是危险性一览表、危险控制措施一览表、危险分级、定量危险数值等，应清楚这些能否满足该对象危险分析的需要。

(3) 相关的信息资料。进行分析时需要多种信息资料，包括生产活动的技术水平、各种资料的数量和质量、评价对象的规模大小和复杂程度、生产操作方式、固有危险的特性、可能发生的事故类型等。

(4) 评价对象已经表现出的危险。需要相关事故历史情况、设备新旧情况、运行情况、使用年限、易损件的更换情况、管理现状等。

(5) 分析人员的状况。要考虑可参加分析的技术人员与管理人员的素质、相关的知识结构及水平、评价费用、完成期限等。

(6) 分析结果的适用性。要对分析方法可提供的分析结果及其适用性作进一步分析，包括适用时限、适用范围等。

表 8-1 列出了几种常用危险分析方法的特点及适用场合。

**表 8-1 火灾爆炸危险的常用分析方法**

| 名称 | 目的 | 适用范围 | 效果 |
|---|---|---|---|
| 安全检查表 | 检查系统是否符合标准要求 | 各个阶段 | 定性，辨识危险性 |
| 危险性预先分析 | 开发阶段，早期辨识出危险性 | 开发时分析原材料、工艺、设备设施及能量失控时出现的危险性 | 得出供设计考虑的危险性 |
| 故障类型和影响分析 | 辨识单个故障类型造成的事故后果 | 设备和机器故障的分析，也用于连续生产工艺 | 定性及定量，找出故障类型对系统的影响 |
| 事故树分析 | 找出事故发生的基本原因和基本原因组合 | 分析事故或设想事故 | 定性定量，找出事故的基本原因及预防事故的措施 |

（续）

| 名　称 | 目　的 | 适用范围 | 效　果 |
|---|---|---|---|
| 事件树分析 | 辨识初始事件发展成为事故的各种过程及后果 | 设计时找出适用的安全装置，操作时发现设备故障及误操作将导致的事故 | 定性及定量，找出初始事件的各种结果，分析严重性从而在发展阶段采取措施 |
| 可操作性研究 | 辨识静态和动态过程中危险性 | 对新技术新工艺无经验时辨识危险性 | 定性，并能发现新的危险性 |
| 因果分析 | 辨识事故的可能结果及其原因 | 设计操作时 | 定性、定量 |
| 指数评价法 | 对系统、子系统进行危险度分级 | 设计时找出薄弱环节，生产时提供危险性信息 | 定性定量，定出工厂、车间工艺、单元危险度等级 |
| 数学模型计算 | 计算出火灾、爆炸、中毒后果的可能伤害范围 | 设计和现场 | 定量，可算出人员伤害和财产损失的范围 |

## 8.2　火灾爆炸危险的定性分析

火灾爆炸危险定性分析主要是围绕着危险源辨识展开的。危险源辨识指的是使用一定方法，发现并识别出系统中危险源的过程。危险源的辨识应当从该类事故发生的原因出发查找。定性分析的方法主要有对照法和系统安全分析法两类。

对照法就是以现行国家有关规范、标准或安全条例为蓝本，对所研究的建筑物、企业等现场进行比较，检查现状与规范要求的差异程度和差异的方面，并找出现场工艺、建筑物设计不合理、消防设施不完善及安全管理的疏漏处。安全检查表法是对照法的典型应用之一。

系统安全分析法将分析对象看作一个完整的系统，通过逻辑分析揭示各种可能导致火灾爆炸发生的因素及其相互关系，并按照重要性对这些因素进行排序，有利于找出导致危险的重点因素。它即使对于没有相同或相似火灾爆炸事故的对象，也可以查明危险源。常用的系统安全分析方法有故障树法、事件树法、预先危险性分析法、故障类型影响分析法、危害可操作性研究等。

定性评价方法的主要优点是简单、直观、容易掌握、速度快，并且可以清楚地表达出设备、设施或系统的当前状态。其缺点是评价结果取决于评价人员的经验，并且不能量化。对同一对象，不同的分析人员可能得到不同的分析结果。该方法的另一个缺点是需要确定大量的评价依据，因为必须根据已经设定的评价依据，评价人员才能对设备、设施或系统的当前状态给出评价结果。

### 8.2.1 安全检查表法

安全检查表(Safety Check List)是一种最常用的定性分析法。为了系统地识别建筑物、工厂、车间、工段或装置、设备中的不安全因素，事先根据有关的安全规范、规定、标准和经验等，把需要检查的项目和要点按一定顺序列成表格，作为检查的依据。因此安全检查表实际上是对某一对象安全现状诊断的明细表和备忘录。

由于检查的对象和目的不同，安全检查表可设计为多种形式。根据检查的目的和范围，可分为防火设计用安全检查表、日常检查用安全检查表、火险隐患整改安全检查表、专项安全检查表等。按检查的重点和细致程度，还可分为单位安全检查表、部门安全检查表、岗位安全检查表等。防火、防爆、防止有毒和可燃气体泄露等是常见的专项检查。可以根据生产或储存物品的火灾危险性设计检查表的形式。

安全检查表的内容一般包括检查项目、检查内容、检查结果和处理意见等，每次检查后都应认真填写检查情况，一般用“√”或“○”表示符合要求，用“×”表示不符合要求，并应注明检查日期。安全检查表应当经常审核、修改以保持其实效性。

安全检查表应将需要检查的内容逐一列出，以便进行系统检查和避免遗漏主要的影响因素。在安全检查中往往可延伸发现一些相关的其他危险问题。根据检查结果，可以提出有针对性的改进措施。这些资料可作为定量或半定量安全分析的基础数据。

例如，根据需要应对某化工企业酸性废水综合利用装置的火灾爆炸隐患进行专项检查。这一酸性废水(含醇酮/已二酸)综合利用装置，采用醇酮废水，经过热分解反应、氧化反应，得到含4、5、6碳的二羧酸溶液，然后与经过初蒸发的已二酸废水合并再蒸发，后经结片得到含4、5、6碳的二羧酸产品。

该装置由以下几个单元组成：①醇酮废水初蒸发、分解、氧化；②二元酸浓缩、熔融、结片、包装；③氧化氮尾气吸收；④硝酸浓缩；⑤冷冻站。

为了对该系统的火灾危险性进行分析，特制定了表8-2所示的安全检查表法。

表 8-2　某酸性废水装置火灾爆炸安全检查表(摘要)

| 项目 | 检查内容 | 检查记录 | 结论 |
|---|---|---|---|
| 厂房车间布置 | 建筑物的安全疏散门应向外开启；主厂房应有安全疏散门 | ×厂房疏散门开启方向不对 | 不合格 |
| | 厂外道路是否穿越厂区 | 无厂外道路 | 合格 |
| | 甲、乙类厂房强制通风换气措施 | 符合要求 | 合格 |
| | 装置的钢框架、钢平台、钢管的防火处理 | 符合要求 | 合格 |
| | 操作平台、建筑内外消火栓、小型灭火机数量 | 满足要求 | 合格 |
| | 可燃气体易泄漏处设置了可燃气体检测仪表 | 有可燃气体检测仪表 | 合格 |
| | 火灾报警控制器，及各单元分设火灾报警点 | 符合要求 | 合格 |
| | 气体浓度报警的电源 | 使用不间断电源 | 合格 |
| 电气系统 | 爆炸危险场所电气设备和线路的设计、安装、施工、运行、维修和安全管理 | 符合规定 | 合格 |
| | 已设在爆炸危险场所的 10kV 及以下的变、配电室，应用防火墙隔开 | 符合规定 | 合格 |
| | 架空电线严禁跨越爆炸和火灾危险场所 | 无 | 合格 |
| | 爆炸和火灾危险场所应设检修电源 | 符合规定 | 合格 |
| 管线 | 可燃气体或甲、乙、丙类液体管线的跨越区 | 符合要求 | 合格 |
| | 腐蚀性介质的管道，应敷设在管线带的下部 | 符合要求 | 合格 |
| | 阀门位置利于本身的拆装、检修和生产操作 | 符合要求 | 合格 |
| | 管线涂色应遵守 GB 7231—87 的规定 | 符合规定 | 合格 |
| 储罐 | 甲、乙、丙类液体的地上、半地下储槽或储槽组，应设置非燃烧材料的防火堤 | 符合要求 | 合格 |
| | 储槽组内的甲类与乙、丙类液体储槽间设高度不低于 0.5m 分隔堤，且比防火堤低 0.3m | 符合要求 | 合格 |
| | 酸、碱和甲、乙、丙类液体高位储槽，应设满流槽或液位控制装置 | 符合要求 | 合格 |
| | 甲、乙、丙类液体储槽布置 | 有安全保护措施 | 合格 |

安全检查表的优点如下：

(1) 采用提问的方式检查，简单易行，不仅能够有效地发现问题，而且能使有关人员知道如何做才是正确的，可起到安全教育的作用。

(2) 可以根据已有的规章制度、标准、规程等，检查系统的执行情况，得出明确的评价。

(3) 检查项目系统、完整，可以做到不遗漏任何导致危险的关键因素，有助于保证安全检查的质量。

(4) 编制安全检查表的过程本身也是进行系统安全分析的过程，可使检查人员对系统现状的认识更清楚、深刻，更便于发现火灾爆炸危险因素。

安全检查表是以现有规范、标准和制度为基础编制的，因而它不可能应用于规范未明确规定的系统火灾爆炸危险源分析。

## 8.2.2 危险与可操作性分析

危险和可操作性分析(Hazard and Operability Study, HAZOP)是在化工企业中常用的一种危险源辨识方法。它通常由一个专家小组应用系统的方法来审查生产工艺，以评价当装置或设备由于误操作、机械故障引起的潜在危险，并制订改进措施。危险与可操作性分析的工作程序如图8-3所示。

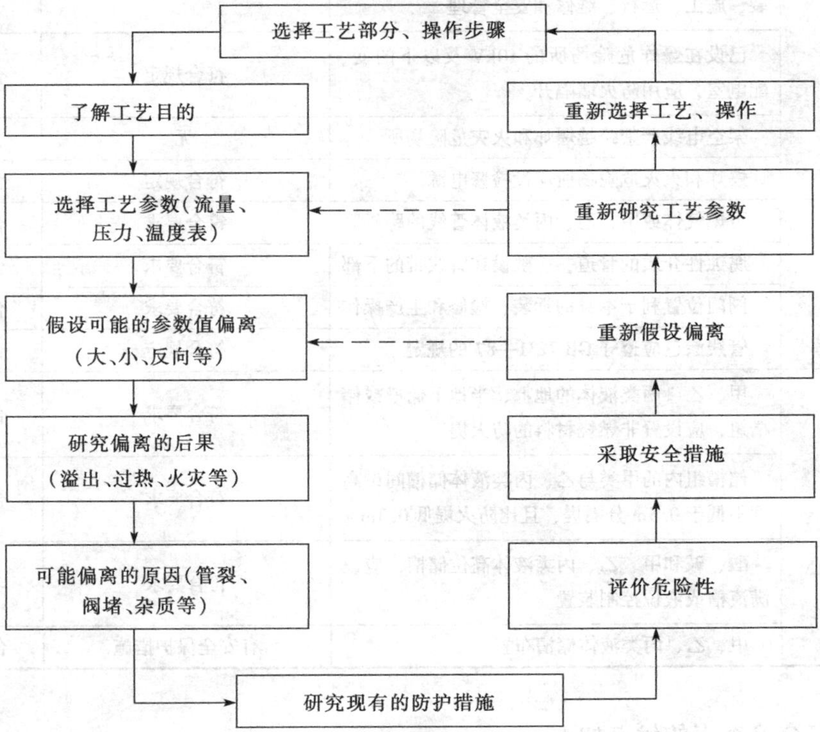


图8-3 危险与可操作性分析的工作程序图

对具有火灾危险、爆炸危险的化工工艺，当某个部分或某个操作步骤的工艺参数偏离了设计值时，系统的运行状态将发生变化，进而造成系统的故障或事故，化工工艺的故障经常伴随反应的失控，甚至发生火灾或爆炸。使用危险性与可操作性研究时，一般使用“不(没有)”、“多”、“少”等引导词来假设工艺中参数产生的偏离，如“原料流量没了”、“流量过大”、“流量过小”等，详细分析由此参数偏离产生的后果、偏离出现的原因以及应当采取的措施。

图 8-4 是一个反应器及供料系统。原料 A 和原料 B 分别用泵 $P_1$、$P_2$ 送入反应器内，经过化学反应生成产品 C。在反应过程中，若原料 B 的成分大于原料 A 的成分，则会发生爆炸性反应。现在取原料 A 的泵 $P_1$ 吸入口到反应器的入口这一段管线进行可操作性研究。该部分的设计要求是要按规定的流量输送原料 A，其分析结果见表 8-3。

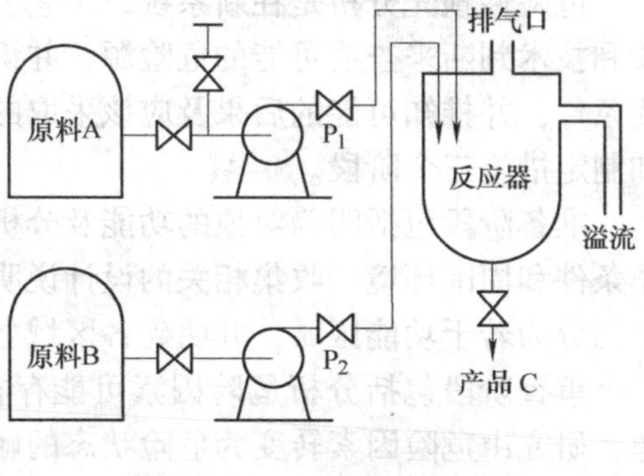


图 8-4 反应器输送系统

**表 8-3 反应器输送系统可操作性研究**

| 引导词 | 偏差 | 可能的原因 | 对系统造成的影响 |
|---|---|---|---|
| 没有 | 未按设计要求输送原料 A | (1) 原料 A 的储槽是空的；<br>(2) 泵发生故障；<br>(3) 管线破裂；<br>(4) 阀门关闭 | 反应器内 B 的浓度大，会发生爆炸性反应 |
| 多 | 输送了过量的原料 A | (1) 泵流量过大；<br>(2) 阀门开度过大；<br>(3) A 储槽的压力过高 | (1) 反应器内 A 量过剩，可能对工艺造成影响；<br>(2) 反应器发生溢流可能引起灾害 |
| 少 | 输送原料 A 的量过少 | (1) 阀门部分关闭；<br>(2) 管线部分堵塞；<br>(3) 泵的性能下降 | 与“没有”的情况相同 |
| 多余 | 输送原料的同时发生了质的变化 | (1) 从泵吸入口阀门流进别的物质；<br>(2) 泵吸入口阀门流出；<br>(3) 管线和泵内发生相的变化 | 可能生成危险性混合物，发生火灾、静电、腐蚀等 |
| 部分 | 输送原料 A 量只达到设备要求的一部分 | (1) 原料 A 中的成分不足；<br>(2) 输送到其他反应器去了 | 对 A 成分不足和对其他反应器的影响都要进行评价 |
| 反向 | 原料 A 的输送方向变反 | 反应器满了，压力上升，向管线和泵逆流 | 原料 A 向外泄漏，应了解其危险性 |
| 其他 | 发生了与输送原料 A 的设计要求完全不同的事件 | (1) 输送了与原料 A 不同的原料；<br>(2) 原料 A 输向别的地方去了；<br>(3) 管内原料 A 凝固了 | (1) 了解有无反应；<br>(2) 了解别的地方可能发生的结果 |

### 8.2.3 火灾危险性预先分析

危险性预先分析是在新系统、工艺、装置等设计之前，借助于检查表、经验和技术判断来查明可能的危险源，并识别危险源演变为事故的触发因素和必要条件，并推知可能的后果及应该采取的措施。预先危害分析包括准备、审查和制定措施三个阶段。

准备阶段包括明确对象的功能及分析范围，调查生产目的、工艺过程、操作条件和周围环境，收集相关的设计说明、生产经验及同类事故的情况，将对象划分为若干功能区域，并明确各区域之间的输入、输出关系。

审查阶段包括分析危险因素可能存在于哪个子系统中，识别可能的危险源，研究由危险因素转变为危险状态的触发条件，及危险状态转变为事故的必要条件，对预计到的潜在危险划分危险等级，并按重要性排列出顺序和重点，以便优先处理。

制订措施阶段包括从硬件(如设备、工具、操作方法等)和软件(如规章制度、管理方式等)两方面确定消除或控制危险的措施，按照一定的表格记录分析结果，以便有针对性地实施落实。

例如，某家具厂生产工序均在一新建的厂房内。厂房为钢结构建筑；墙体双面均采用0.4mm热镀锌板(PE烤漆)，中间采用75mm厚的玻璃棉轻质材料(用铝箔贴面)。所有梁、板、柱、天棚、墙面以及交接处均涂刷防火材料。

由于家具生产的工艺流程相对固定，因而在该厂房尚未投入生产，根据一般家具生产的工序，应用预先危险性分析法对其进行危险源辨识。家具厂的工艺流程如图8-5所示。

原料→[配料]→[框架]→[制版]→[白坯]→[油漆]→[装配]→成品

图8-5 某家具厂的工艺流程图

根据预定的火灾发生的可能性和危害性分级，可以对该车间采取的预先危害分析，具体情况见表8-4和表8-5。

表8-4 火灾的可能性和危害性分级

| 可能性级别 | 情况说明 | 危害性级别 | 情况说明 |
|---|---|---|---|
| A | 经常发生 | Ⅰ | 安全的 |
| B | 容易发生 | Ⅱ | 临界的 |
| C | 偶尔发生 | Ⅲ | 危险的 |
| D | 很少 | ⅣV | 破坏性的 |
| E | 不易发生 | | |
| F | 极难发生 | | |

表 8-5　某家具生产厂的火灾预先危害分析

| 生产阶段 | 危险源 | 发生可能性 | 危害严重度 | 预防措施 |
|---|---|---|---|---|
| 配料 | （1）木材与电锯摩擦产生火花溅入木屑、刨花、锯末中； | A | Ⅲ | 木屑、刨花、锯末保持湿润，及时清理 |
| | （2）工人将烟头丢进木屑、刨花、锯末中； | B | Ⅲ | 严禁烟火，木屑、刨花、锯末 |
| | （3）木屑粉末进入电机中； | B | Ⅱ-Ⅲ | 保持湿润，及时清理 |
| | （4）木屑粉尘集聚在灯泡表面； | C | Ⅱ-Ⅲ | 电动机密闭，粉尘及时清理 |
| | （5）锯末、树皮、油污等堆积自燃； | D | Ⅱ-Ⅲ | 灯具密闭，粉尘及时清理 |
| | （6）油锯漏油遇火燃烧 | B | Ⅲ | 锯末、树皮、油污等及时处理 |
| 框架 | | | | 严禁烟火，防止油锯漏油 |
| 制板 | 黏胶遇明火 | C | Ⅲ | 严禁烟火 |
| 白坯 | 加热皮胶或骨胶不当 | C | Ⅲ | 严格监管加热设备 |
| 油漆 | （1）油漆蒸气与空气混合后遇火源燃烧或爆炸； | C | Ⅳ | 严禁烟火、保持通风 |
| | （2）竹花、油面纱自燃； | D | Ⅱ-Ⅲ | 竹花、油面集中存放 |
| | （3）烘箱内温度过高引燃 | B | Ⅲ | 严格监控烘箱温度 |
| 装配 | 电钻等装配电器导线破损短路引燃可燃物 | C | Ⅱ-Ⅲ | 电线导线用金属管穿管敷设 |

## 8.3　火灾爆炸危险的半定量分析法

半定量安全分析法的基本特点是将分析对象的某些客观存在但又难以用数理参数表示的性质用一定的等级、度、指数或系数表示。

用于火灾爆炸危险的半定量分析的方法种类繁多，有的以对象的结构特点为基础制定，例如适合建筑物的火灾危险指数法、火灾危险度法等；有的以物质的危险性为基础制定，例如美国道化学公司的“火灾、爆炸危险指数评价法”，英国帝国化学公司的“蒙德火灾爆炸毒性指标评价法”、日本劳动省的“化工厂安全评价六阶段法”、我国原化工部“化工厂危险程度分级”等。

确定各种度或指数的基本方式是专家评价。按照分析法的规定，结合分析系统的情况选定具体项目，并对每个项目给出评价的分值范围。在此基础上，组织多名专家给各个项目评分，然后通过一定的数学运算求出总分值。根据总分值的大小对系统进行危险分级，进而为采取应对措施提供依据。

### 8.3.1 多层次危险度分析法

现在提出的危险度分析形式很多，在此介绍一种多层次的综合危险分析法，并重点介绍其分析思路。

这种方法需要把分析对象(系统)划分为若干单元，根据需要，每个单元还需进一步划分为若干个独立因素。然后分别从火灾可能和火灾危害等方面来分析各个因素的火灾危险度，进而用加权平均的方式确定系统的火灾危险等级。

原则上说，用这种方法可把一个系统分为多个层次。但包括的层次越多，最终的分析结果越粗糙，甚至会掩盖住某些重要的危险信息。因此一种模型涉及的层次不易过多，一般取为3~4层，并分别称之为系统、单元、因素。下面按3个层次进行讨论。

各个组成因素的危险度是进行系统危险分析的基础，通常采取专家评判的办法确定。具体做法是选择若干名该领域的专家，让他们根据自己的经验分别对各个因素的危险程度划出等级。为了保证给出的危险等级具有较大的可信度，所选的专家必须具有足够的数量，一般不应少于5人。

在一个大系统中，不同单元和因素的作用和性能往往大不相同，它们对系统火灾危险性的影响程度亦存在很大差别。常用的修正办法是分别赋予它们适当的权重。权重也应综合足够多的专家的意见确定。

单个单元的危险度可综合其所包含因素的危险度确定，同样系统的危险度可综合单元危险度确定。现在常用相加和相乘两种方式进行综合处理，所选用的方式应能合理地反映其有关因素之间的内在联系。一般认为，在计算中对于相关性较弱的因素采取相加形式处理，相关性较强的因素采取相乘形式处理。

分析某系统的火灾危险度大致可分为以下几个步骤：

(1) 根据系统的特点，将其分解为若干独立的单元，再将单元进一步分为影响火灾的基本因素。例如，一个企业可分为办公区、生产区、生活区等单元，影响各单元火灾危险的主要因素包括建筑因素、物质因素、起火因素、防灭火技术因素、管理水平因素、当地消防力量因素等。

(2) 按单元分别分析各因素间的关系，将相关性较强的因素的危险度按照式(8-1)相乘组成一些新的独立因素，

$$R'_{ij}=A_{ij}B_{ij}C_{ij}D_{ij} \tag{8-1}$$

式中，$R'_{ij}$为独立因素的危险度，$A_{ij}$、$B_{ij}$、$C_{ij}$、$D_{ij}$分别为其基本因素的危险度，

下标 $i$ 表示单元，$j$ 表示独立因素。结合建筑火灾的特点，现将独立因素定为起火因素、火蔓延因素、防治技术因素和其他因素四类。起火因素包括可燃物、起火源、管理水平等方面；火蔓延因素则主要与建筑物的防火设计、建筑结构有关，防治技术包括建筑自身的消防设施、当地消防力量、地域条件等。可根据情况赋予其他尚不确定的因素一定值。各基本因素的危险度和权重值参见表 8-6。

**表 8-6　各单元的火灾危险度取值表**

| 独立因素 | 基本因素 | 危险度数 | 权　重 |
| --- | --- | --- | --- |
| 起火因素 | 可燃物 | 2 ~ 10 | 0.4 ~ 0.6 |
| | 起火源 | 2 ~ 5 | |
| | 管理水平 | 1 ~ 4 | |
| 火蔓延因素 | 防火设计 | 2 ~ 10 | 0.3 ~ 0.4 |
| | 建筑结构 | 2 ~ 5 | |
| 防治技术因素 | 本身消防设施 | 1 ~ 5 | 0.15 ~ 0.25 |
| | 当地消防力量 | 1 ~ 4 | |
| | 地域条件 | 1 ~ 3 | |
| 其他因素 | 不确定因素 | 2 ~ 5 | 0.05 ~ 0.10 |

分值越大表示发生火灾的可能性越大，或防治手段越差。对于各独立因素的分值上限应有所限制，因为它的各个基本因素的危险度不可能同时处于最大值。为此规定，独立因素危险度的最大值不超过其基本因素最大危险度乘积的 80%；如果超过则按 80% 计算。另一方面，各独立因素的火灾危险度也不应为零，现规定一般不小于 8。

为了便于比较，进一步用式 8-2 将危险度转为百分数形式：

$$R_{ij} = \frac{R'_{ij}}{R'_{ij,\max}} \times 100\% \tag{8-2}$$

式中，$R'_{ij,\max}$ 为对该因素所限定的最大火灾危险度。

（3）分别确定各独立因素的权重 $r_{ij}$，这些权重之和应等于 1.0。然后按式 8-3 计算该单元的火灾危险度：

$$S_i = \sum_{j=1}^{m} r_{ij} R_{ij} \tag{8-3}$$

式中，$S_i$ 为某单元的火灾危险度；$r_{ij}$ 和 $R_{ij}$ 分别为其各独立因素的权重和危险度。

参考有关规定及相关案例，可将单元的火灾危险度分为若干等级。在此划分 6 级，即，危险度值低于 18 的为低度危险，19 ~ 32 的为中低危险，33 ~ 45

的为中等危险，46～57 的为中高危险，58～68 的为高度危险，68 以上为极高危险。

（4）分别确定各单元的权重 $w_i$，同样，这些权重之和亦应为 1.0。然后按式 8-4 计算系统的火灾危险度：

$$S = \sum_{i=1}^{n} w_i S_i \tag{8-4}$$

式中，$S$ 为系统的总危险度，$w_i$ 和 $S_i$ 分别为其各组成单元的权重和危险度。系统危险度等级的确定方式与单元危险度的确定方式相同。

例如，某加工厂包括原料库、车间、成品库、办公楼 4 个主要部分，现根据上述方法分析其火灾危险性。根据初始检查结果，分别确定每个单元各因素的危险度。例如对原料库（单元一），若各基本因素的危险度为：$A_{11}=7$，$B_{11}=4$，$C_{11}=2$，$A_{12}=4$，$B_{12}=4$，$A_{13}=3$，$B_{13}=2$，$C_{13}=2$，$A_{14}=3$，则可得：

$$R_{11}=(7\times4\times2)/200=28\%$$

$$R_{12}=(4\times4)/40=40\%$$

$$R_{13}=(3\times2\times2)/60=20\%$$

$$R_{14}=3/5=60\%$$

设各独立因素的权重依次取 0.5、0.2、0.2、0.1，于是单元一的火灾危险度为：

$$S_1=0.5\times28+0.2\times40+0.2\times20+0.1\times60$$
$$=32$$

由此判断，单元一属中低火灾危险。

设其他各单元的危险度分别为：

$$S_2=55,\ S_3=65,\ S_4=35$$

且各单元的危险权重依次为 0.25、0.45、0.2、0.1，于是系统的总危险度为：

$$S=0.2\times32+0.45\times55+0.2\times65+0.1\times35$$
$$=49.25$$

综上所述，该厂的火灾危险属中高危险，应当认真研究存在的问题，采取整改措施。

### 8.3.2 模糊分析法

模糊分析（Fuzzy Analysis）是一种对不宜定量的多因素事件进行半定量分析的方法。它可将某些定性描述或主观判断表述为一定的“度”或“级”，然后通过模糊运算用隶属度的方式确定系统的危险等级。进行模糊分析也要将系统分解为若干因素，先分别确定各因素的危险度及权重，进而在此基础上对系统的火灾危险度作出综合判断。模糊分析可在一定程度上减少人的主观影响，从而使分析更科学。

设系统的火灾危险度按照起火可能性和火灾危害性两个方面进行考虑，每个方面又包括若干影响因素。

#### 8.3.2.1　起火可能性分析

假定引发某系统火灾的因素可归纳为物质因素、技术因素和人为因素三类，先用防火安全检查法分别进行单因素的危险评价，其结果用一、二、三、四级危险可能表示，并规定一级危险表示起火可能性最大，四级危险表示起火可能性最小。

假设对该系统起火可能性的初步调查结果见表8-7。对于每种影响因素，将占各个等级的检查项目数除以总的检查项目数便可得到各等级的危险可能性。例如，在物质因素系列中有25个检查项目，初步检查认为其中有5项为一级危险可能，即物质因素的一级危险可能性为0.20（=5/25），其他类推。根据表8-8的结果可写为模糊矩阵：

$$R_1 = \begin{bmatrix} 0.20 & 0.36 & 0.32 & 0.12 \\ 0.20 & 0.25 & 0.40 & 0.15 \\ 0.15 & 0.20 & 0.45 & 0.20 \end{bmatrix} \tag{8-5}$$

表8-7　起火可能性调查记录

| 影响因素 | 总检查项目数 | 一级危险 | 二级危险 | 三级危险 | 四级危险 |
|---|---|---|---|---|---|
| 物质因素 | 25 | 5 | 9 | 8 | 3 |
| 技术因素 | 20 | 4 | 5 | 8 | 3 |
| 人为因素 | 20 | 3 | 4 | 9 | 4 |

表8-8　火灾危害等级分析记录

| 影响因素 | 一级危险 | 二级危险 | 三级危险 | 四级危险 |
|---|---|---|---|---|
| 人员伤亡 | 0.20 | 0.36 | 0.32 | 0.12 |
| 财产损失 | 0.20 | 0.25 | 0.40 | 0.15 |
| 社会影响 | 0.15 | 0.20 | 0.45 | 0.20 |

同时，依据国家有关消防法规和规定，并结合当地的实际，按上述因素的重要程度赋予不同的权重。假设物质因素的权重为0.60，技术因素的权重为0.30，人为因素的权重为0.10，则这些权重也用一个模糊向量$A_1$来表示：

$$A_1 = (0.60, 0.30, 0.10) \tag{8-6}$$

根据模糊数学原理，反映上述关系的模糊判断分析集为：

$$S_1 = A_1 R_1 \tag{8-7}$$

由此可列出模糊关系运算式：

$$S_1=(s_{11},s_{12},s_{13},s_{14})$$
$$=\begin{pmatrix}0.60\\0.30\\0.10\end{pmatrix}\begin{bmatrix}0.20 & 0.36 & 0.32 & 0.12\\0.20 & 0.25 & 0.40 & 0.15\\0.15 & 0.20 & 0.45 & 0.20\end{bmatrix}$$

根据模糊运算隶属度的矩阵合成法则，

$$a\vee b=\max(a,b),\ a\wedge b=\min(a,b) \tag{8-8}$$

于是，

$$s_{11}=(0.60\wedge 0.20)\vee(0.30\wedge 0.20)\vee(0.10\wedge 0.15)$$
$$=0.20\vee 0.20\vee 0.10$$
$$=0.20$$

用同样方法可得到：

$$s_{12}=(0.60\wedge 0.36)\vee(0.30\wedge 0.25)\vee(0.10\wedge 0.20)$$
$$=0.36\vee 0.25\vee 0.10=0.36$$
$$s_{13}=(0.60\wedge 0.32)\vee(0.30\wedge 0.40)\vee(0.10\wedge 0.45)$$
$$=0.32\vee 0.30\vee 0.10=0.32$$
$$s_{14}=(0.60\wedge 0.12)\vee(0.30\wedge 0.15)\vee(0.10\wedge 0.20)$$
$$=0.12\vee 0.15\vee 0.10=0.15$$

对 $S_1$ 进行归一化处理得：

$$S_1^0=\frac{(s_{11},s_{12},s_{13},s_{14})}{\sum_{i=1}^{4}s_{1i}}$$
$$=(0.20/1.03,0.36/1.03,0.32/1.03,0.15/1.03)$$
$$=(0.19,0.35,0.31,0.15) \tag{8-9}$$

运算结果表明，该系统的一级火灾可能的隶属度为19%，二级隶属度为35%，三级隶属度为31%，四级隶属度为15%。

#### 8.3.2.2 火灾危害性分析

设系统的火灾危害性用人员伤亡、财产损失、社会影响三种因素表示。各种因素的危害等级也分为一至四级，分别对应于特大危害、严重危害、一般危害、轻微危害。根据类似火灾的危害统计，并综合有关专家的意见，对各个因素的火灾危险等级做出评定，其结果见表8-9。

**表8-9 火灾危害等级分析记录**

| 影响因素 | 一级危害 | 二级危害 | 三级危害 | 四级危害 |
|---|---|---|---|---|
| 人员伤亡 | 0.12 | 0.24 | 0.46 | 0.18 |
| 财产损失 | 0.10 | 0.15 | 0.65 | 0.10 |
| 社会影响 | 0.15 | 0.30 | 0.50 | 0.05 |

由此得到模糊矩阵：

$$R_2=\begin{bmatrix}0.12 & 0.24 & 0.46 & 0.18\\ 0.10 & 0.15 & 0.65 & 0.10\\ 0.15 & 0.30 & 0.50 & 0.05\end{bmatrix} \tag{8-10}$$

按上述系列对系统的重要度，假设赋予人员伤亡权重为0.50，财产损失的权重为0.30，社会影响的权重为0.20，则可得权重模糊向量：

$$A_2=(0.50,0.30,0.20) \tag{8-11}$$

建立模糊综合分析集 $S_2$，且其运算式为：

$$S_2=A_2\cdot R_2=(s_{21},s_{22},s_{23},s_{24})$$

$$=\begin{pmatrix}0.50\\ 0.30\\ 0.20\end{pmatrix}\begin{bmatrix}0.12 & 0.24 & 0.46 & 0.18\\ 0.10 & 0.15 & 0.65 & 0.10\\ 0.15 & 0.30 & 0.50 & 0.05\end{bmatrix} \tag{8-12}$$

求解上式得：

$$s_{21}=0.15,\ s_{22}=0.30,\ s_{23}=0.46,\ s_{24}=0.18$$

对 $S_2$ 进行归一化得：

$$S_2^0=(0.14,0.27,0.42,0.17) \tag{8-13}$$

结果表明，该系统的火灾危害性分析为：特大危害的隶属度为14%，严重危害的隶属度为27%，一般危害的隶属度为42%，轻微危害的隶属度为17%。

#### 8.3.2.3　火灾危险性的综合分析

在火灾可能性和危害性分析的基础上，综合起来确定该建筑的火灾危险等级。假设将火灾危险分为四级，即一级为极高危险，二级为高度危险，三级为中等危险，四级为低度危险。两个方面的有关数据见表8-10。

**表8-10　火灾危险等级分析记录**

| 分析单元 | 一　级 | 二　级 | 三　级 | 四　级 |
|---|---|---|---|---|
| 火灾可能性 | 0.19 | 0.35 | 0.34 | 0.15 |
| 火灾严重性 | 0.14 | 0.27 | 0.42 | 0.17 |

由表8-10得到模糊矩阵：

$$R_3=\begin{bmatrix}0.19 & 0.35 & 0.31 & 0.15\\ 0.14 & 0.27 & 0.42 & 0.17\end{bmatrix} \tag{8-14}$$

按上述两方面对系统的重要度，假设赋予火灾可能性的权重为0.60，火灾危害性的权重为0.40，可得权重模糊向量为：

$$A_3=(0.60,0.40) \tag{8-15}$$

于是又有：

$$S_3 = A_3R_3 = (s_{31}, s_{32}, s_{33}, s_{34}) = \begin{pmatrix} 0.60 \\ 0.40 \end{pmatrix} \begin{bmatrix} 0.19 & 0.35 & 0.31 & 0.15 \\ 0.14 & 0.27 & 0.42 & 0.17 \end{bmatrix} \tag{8-16}$$

求解上式得：

$$s_{31} = 0.19,\ s_{32} = 0.35,\ s_{33} = 0.40,\ s_{34} = 0.17$$

计算并作归一化整理后得：

$$S_3^0 = (0.17, 0.32, 0.36, 0.15) \tag{8-17}$$

最后结果表明，该系统的火灾危险分析为：一级危险的隶属度为17%，二级危险的隶属度为32%，三级危险的隶属度为36%，四级危险的隶属度为15%。总的说来，可认为该单位存在中等火灾危险。

## 8.3.3 道化学公司火灾爆炸危险指数法

### 8.3.3.1 方法特点

火灾和爆炸是化工企业危害性最大的事故，针对化工装置的火灾爆炸风险分析的需要，美国道(DOW)化学公司开发了火灾爆炸危险指数评价法，到目前已发行了第七版。经过多次修订和完善，已成为化学工业及其他具有火灾爆炸危险的行业最主要的危险评价方法。

该方法以单元重要危险物质在标准状态下的火灾、爆炸或释放出危险性潜在能量大小为基础，并考虑工艺过程的危险性，计算单元火灾爆炸指数(*F&EI*)，进而确定危险等级，并提出安全对策措施，以便使危险降低到人们可以接受的程度。该方法的定量依据是以往事故的统计资料，物质的潜能和现行安全防护措施的水平，主要用于评价储存与生产易燃、可燃、活性物质的过程的潜在损失，也可用于公用工程系统、锅炉、污水处理设施、整流器、变压器及发电厂中某些单元的潜在危险分析。

计算 *F&EI* 主要是确定工艺设备(或工艺单元)或有关装置可能的真正最大损失，即在最不利的操作条件下可能遭受的实际损失。运用此方法分析主要可达到以下目的：①真实地量化潜在火灾、爆炸和反应性事故的预期损失；②确定可能引起事故发生或使事故扩大的装置；③向管理部门通报潜在的火灾、爆炸危险性。

### 8.3.3.2 分析程序

道化学火灾爆炸危险指数法的评价程序如图8-6所示。

**1. 工艺单元的选择**

大多数生产单元都包括许多工艺单元，但是在计算火灾、爆炸指数时，只评价那些从损失预防角度来看对工艺有影响的工艺单元。

**2. 物质系数的确定**

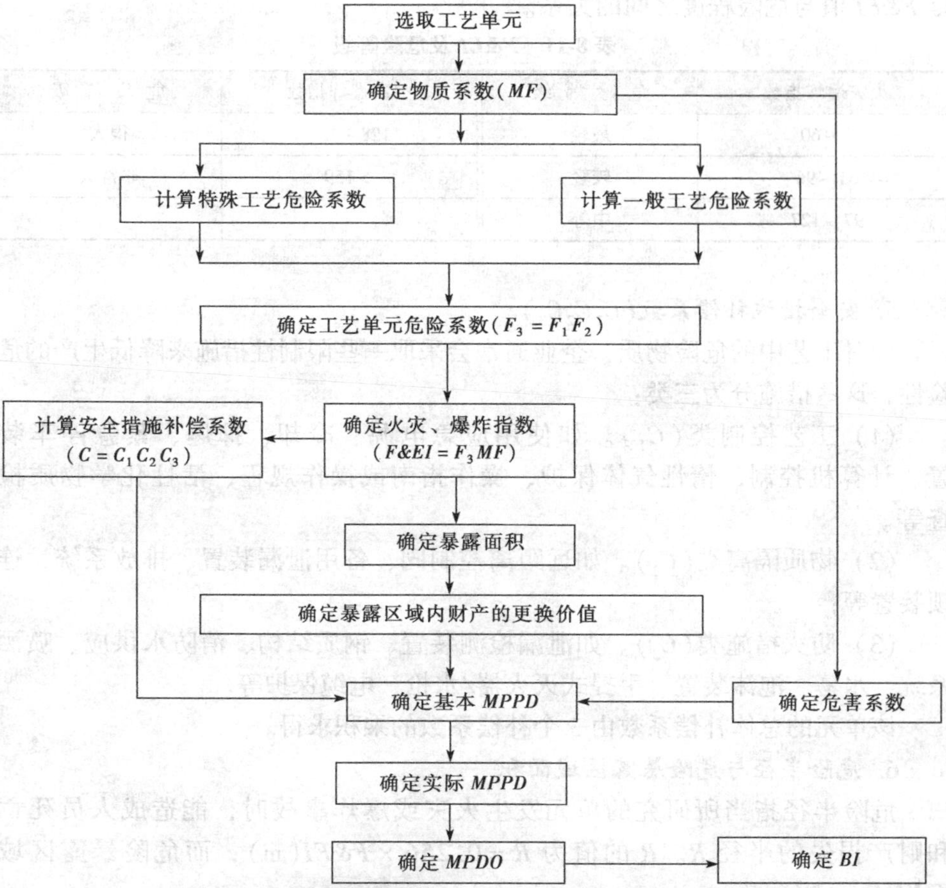


图 8-6　道化学火灾爆炸危险指数法的分析程序

物质系数(*MF*)是一个最基础的分析数据，表述物质在由燃烧或其他化学反应引起的火灾、爆炸中所释放能量大小的特性。物质系数是由 $N_F$ 和 $N_R$ 决定的，分别代表物质的燃烧性和化学活性(或不稳定性)。

**3. 工艺单元危险系数**

化工生产通常分为一般工艺操作和特殊工艺操作两类。前者包括放热、吸热、物料处理与输送、封闭或室内操作、排放和泄漏控制，后者包括毒性物质操作、负压操作、燃烧范围附近的操作、粉尘爆炸、低温、易燃和不稳定物质的操作、明火设备的使用、转动设备等。这些操作对工艺的火灾爆炸危险性影响不同。某个单元的危险系数($F_3$)由一般工艺危险系数($F_1$)和特殊工艺危险系数($F_2$)的乘积确定。

**4. 火灾爆炸危险指数的计算**

火灾爆炸危险指数是单元危险系数($F_3$)和物质系数(*MF*)的乘积。表 8-11

是 *F&EI* 值与危险程度之间的关系。

表 8-11 *F&EI* 及危险等级

| 火灾爆炸指数 | 危 险 等 级 | 火灾爆炸指数 | 危 险 等 级 |
|---|---|---|---|
| 1 ~60 | 最轻 | 128 ~158 | 很大 |
| 61 ~96 | 较轻 | >159 | 非常大 |
| 97 ~127 | 中等 | | |

**5. 安全措施补偿系数（$C_1C_2C_3$）**

针对工艺中的危险物质，企业通常会采取一些限制性措施来降低生产的危险性，这些措施分为三类：

（1）工艺控制类（$C_1$）。如使用应急电源、冷却、抑爆、紧急停车装置、计算机控制、惰性气体保护、操作指南或操作规程、活性化学物质检查等。

（2）物质隔离类（$C_2$）。如远距离控制阀、备用泄漏装置、排放系统、连锁装置等；

（3）防火措施类（$C_3$）。如泄漏检测装置、钢质结构、消防水供应、喷洒系统、水幕、泡沫装置、手提式灭火器/水枪、电缆保护等。

该单元的总体补偿系数由 3 个补偿系数的乘积求得。

**6. 危险半径与危险暴露区域面积**

危险半径指当所研究的单元发生火灾或爆炸事故时，能造成人员死亡和财产损失的半径 $R$。$R$ 的值为 $R=0.256\times F\&EI$（m）；而危险暴露区域面积 $A=\pi R^2$（$m^2$）。

**7. 暴露区域内财产价值**

危险暴露区域内财产价值可由区域内含有的财产（包括在存的物料）的更换价值来确定：更新价值 =0.82×原有成本×设备折旧系数。考虑在事故后尚有一些设施如道路、地下管线等可以利用，式中考虑破坏系数 0.82。

**8. 危害系数的确定**

危害系数与火灾爆炸强度相关，根据单元危险系数（$F_3$）和物质系数（*MF*）来确定。

**9. 基本最大可能财产损失（Basis MPPD）**

基本最大可能财产损失 = 暴露区域内财产价值×危害系数

**10. 实际最大可能财产损失（Actual MPPD）**

实际最大可能财产损失 = 基本最大可能财产损失×安全措施补偿系数

**11. 最大可能工作日损失（MPDO）**

影响停工天数的因数很多，如损坏的设备厂内是否有条件，采购备件的远近、难易等。它和实际 *MPPD* 有一定关系，但不完全是 *MPPD* 的函数，在很多情况下，停工造成的损失比实际 *MPPD* 还要大。研究发现，在一般情况下，*MPDO* 与实际 *MPPD* 有着一定比例关系，计算出 *MPPD* 后，通过查曲线可以求出 *MPDO*。

**12. 最大可能停产损失(BI)**

最大可能停产损失 *BI* 由工作日损失和产值决定：

$$BI = 0.70 \times VPM \times MPDO/30$$

式中，0.70 为固定成本和利润占产值的比例；*VPM* 为平均月产值。

### 8.3.3.3 实例分析

某化工企业有一酸性废水综合利用装置，采用醇酮废水经过热分解反应、氧化反应，得到4、5、6碳二羧酸溶液，然后与经过初蒸发的已二酸废水合并再蒸发，后经结片得4、5、6碳二羧酸产品。醇酮废水由槽车运输送至装置储罐，通过两次蒸发的浓缩溶液经过热分解或催化反应使其中的乙酸过氧化氢分解成 $\omega$-羧基已酸和已醛酸，再经过与硝酸氧化反应生成4、5、6碳二羧酸，然后与已二酸浓缩溶液混合进行第三次蒸发得到熔融4、5、6碳二羧酸，进而结片得到固体产品。氧化反应产生的亚硝蒸气被送到亚硝气蒸汽系统，经过六段水吸收，亚硝气中的 NO 和 $NO_2$ 成为稀硝酸，经过浓缩系统变为浓硝酸。

具体工艺流程如图8-7所示。

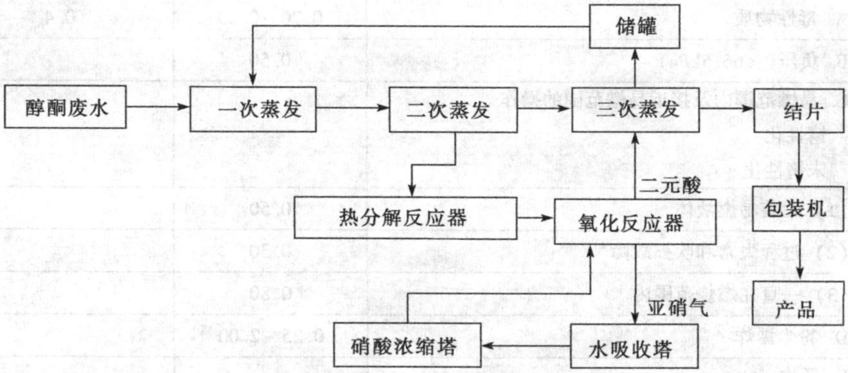


图8-7 废水处理工艺流程图

通过工艺分析，对系统进行单元划分，以下对其中的氧化反应单元进行分析。其火灾爆炸危险性指数结果如表8-12，安全措施补偿系数如表8-13，危险性分析汇总如表8-14所示。

**表 8-12　氧化反应工艺单元火灾爆炸指数表**

| 地区/国家： | 部门： | 场所： | 日期： |
| --- | --- | --- | --- |
| 位置： | 生产单元： | 工艺单元： | |
| 评价人： | 审定人(负责人)： | | 建筑物： |
| 检查人：<br>(管理部) | 检查人：<br>(技术中心) | | 检查人：<br>(安全和损失与预防) |
| 罐组中储存物质：己酸过氧化氢，甲酸，乙酸等 | | | |
| 操作状态：□设计□开车□正常作业□停车 | | 确定 MF 的物质：己酸过氧化氢 | |
| 操作温度：50～70℃ | | 物质系数：14 | |

| 1. 一般工艺危险 | 危险系数范围 | 实际危险系数 |
| --- | --- | --- |
| 基本系数 | 1.00 | 1.00 |
| A. 放热反应 | 0.3～1.25 | 1.00 |
| B. 吸热反应 | 0.20～0.40 | |
| C. 物料处理与输送 | 0.25～1.05 | 0.25 |
| D. 密闭式或室内工艺单元 | 0.25～0.90 | |
| E. 通道 | 0.20～0.35 | |
| F. 排放和泄漏控制 | 0.25～0.50 | |
| 一般工艺危险系数($F_1$) | | 2.25 |
| 2. 特殊工艺危险 | | |
| 基本系数 | 1.00 | 1.00 |
| A. 毒性物质 | 0.20～0.80 | 0.4 |
| B. 负压(<66.5kPa) | 0.50 | |
| C. 易燃范围内及接近易燃范围的操作<br>惰性化<br>未惰性化 | | |
| (1) 罐装易燃液体 | 0.50 | |
| (2) 过程失常和吹扫故障 | 0.30 | |
| (3) 一直在燃烧范围内 | 0.80 | |
| D. 粉尘爆炸 | 0.25～2.00 | |
| E. 压力<br>操作压力——kPa(绝对压力)<br>释放压力——kPa(绝对压力) | | |
| F. 低温 | 0.20～0.30 | |
| G. 易燃及不稳定物质的质量<br>物质质量——kg | | |

（续）

| 罐组中储存物质：己酸过氧化氢，甲酸，乙酸等 | | |
|---|---|---|
| 操作状态：□设计□开车□正常作业□停车 | 确定 MF 的物质：己酸过氧化氢 | |
| 操作温度：50～70℃ | 物质系数：14 | |
| 2. 特殊工艺危险 | 危险系数范围 | 实际危险系数 |
| 物质燃烧热 $H_c$——J/kg | | |
| （1）工艺中的液体及气体 | | |
| （2）储存中的液体及气体 | | |
| （3）储存中的可燃固体及工艺中的粉尘 | | |
| H. 腐蚀与磨蚀 | 0.10～0.75 | 0.2 |
| I. 泄漏—接头和填料 | 0.10～1.50 | 0.1 |
| J. 使用明火设备 | | |
| K. 热油热交换系统 | 0.15～1.15 | |
| L. 转动设备 | 0.50 | |
| 特殊工艺危险系数($F_2$) | | 1.7 |
| 工艺单元危险系数($F_1F_2=F_3$) | | 3.83 |
| 火灾、爆炸指数($F_3MF=F\&EI$) | | 53.62 |

**表 8-13 安全措施补偿系数**

| 1. 工艺控制安全补偿系统($C_1$) | | | | | |
|---|---|---|---|---|---|
| 项 目 | 补偿系数范围 | 采用补偿系数 | 项 目 | 补偿系数范围 | 采用补偿系数 |
| a. 应急电源 | 0.98 | 0.98 | f. 惰性气体保护 | 0.94～0.96 | |
| b. 冷却装置 | 0.97～0.99 | 0.99 | g. 操作规程/程序 | 0.91～0.99 | 0.91 |
| c. 抑爆装置 | 0.84～0.98 | 0.84 | h. 化学活泼性物质检查 | 0.91～0.98 | 0.91 |
| d. 紧急切断装置 | 0.96～0.99 | 0.98 | i. 其他工艺危险分析 | 0.91～0.98 | 0.98 |
| e. 计算机控制 | 0.93～0.99 | 0.93 | | | |
| $C_1$ 值：0.603 | | | | | |

| 2. 物质隔离安全补偿系数($C_2$) | | | | | |
|---|---|---|---|---|---|
| 项 目 | 补偿系数范围 | 采用补偿系数 | 项 目 | 补偿系数范围 | 采用补偿系数 |
| a. 遥控阀 | 0.96～0.98 | | c. 排放系统 | 0.91～0.97 | 0.97 |
| b. 卸料/排空装置 | 0.96～0.98 | 0.98 | d. 连锁装置 | 0.98 | 0.98 |
| $C_2$ 值：0.932 | | | | | |

（续）

| 3. 防火设施安全补偿系数（$C_3$） | | | | | |
|---|---|---|---|---|---|
| 项　　目 | 补偿系数范围 | 采用补偿系数 | 项　　目 | 补偿系数范围 | 采用补偿系数 |
| a. 泄漏检测装置 | 0.94～0.98 | 0.98 | f. 水幕 | 0.97～0.98 | |
| b. 结构钢 | 0.95～0.98 | 0.98 | g. 泡沫灭火装置 | 0.92～0.97 | |
| c. 消防水供应系统 | 0.94～0.97 | 0.97 | h. 手提式灭火器/喷水枪 | 0.93～0.98 | 0.97 |
| d. 特殊灭火系统 | 0.91 | 0.91 | i. 电缆防护 | 0.94～0.98 | 0.98 |
| e. 洒水灭火系统 | 0.94～0.97 | 0.97 | | | |
| $C_3$ 值：0.782 | | | | | |
| 安全措施补偿系数 $C=C_1C_2C_3=0.439$ | | | | | |

**表 8-14　工艺单元危险分析汇总表**

| | |
|---|---|
| （1）火灾、爆炸指数（*F&EI*） | 53.62 |
| （2）暴露半径 = *F&EI* ×0.256 | 13.727m |
| （3）暴露面积 | 591.672$m^2$ |
| （4）暴露区域内财产损失 = 原来成本 ×0.82 × 折旧系数 | 2530 万元 |
| （5）危害系数 | 0.36 |
| （6）基本最大可能财产损失（基本 *MPPD*）= 暴露区域内财产损失 × 危害系数 | 910 万元 |
| （7）安全措施补偿系数 | 0.439 |
| （8）实际最大可能财产损失（实际 *MPPD*）= 基本 *MPPD* × 安全措施补偿系数 | 400 万元 |
| （9）实际可能停工天数—（*MPDQ*） | |
| （10）停产损失—（*BI*） | |

在对企业所有工艺进行火灾爆炸危险性指数分析后，按照各单元危险指数的大小可以进行排序，危险性最大的单元是企业目前最应该关注的部分，也是安全工作的重点。

## 8.4　以事故概率为基础的定量分析

以概率统计为基础的风险分析方法是评价火灾爆炸危险的基本方法。危险的大小一般应综合考虑危险概率和危害后果两个方面加以确定。危险概率是指在某个时间段内发生事故的频率；危害后果指事故发生后所造成的后果，即损失的严重程度。

某个场合的火灾爆炸危险通常按下式来确定：

$$Risk = \sum Risk_i = \sum (Loss_i F_i) \tag{8-18}$$

式中，$Risk$ 为与该场景有关的火灾爆炸危险；$Loss_i$ 为与该场景有关的火灾爆炸损失；$F_i$ 为该场景发生的频率。

确定火灾爆炸事故的发生概率是这种分析法的关键。在一些应用场合中，火灾的发生概率可以以建筑物的面积为基础进行计算。例如若某 4 层建筑的火灾概率按(2.0 次/10000 年)/$m^2$ 计算，则该建筑发生火灾概率见表 8-15。

**表 8-15　某 4 层建筑发生火灾的频率示例**

| 楼　　层 | 楼层面积($m^2$) | 火灾发生频率(次/年) |
|---|---|---|
| 首层 | 1500 | 0.30 |
| 二层 | 1000 | 0.20 |
| 三层 | 1000 | 0.20 |
| 四层 | 800 | 0.16 |
| 合计: | 4300 | 0.86 |

此外，讨论火灾发生还需要考虑条件概率。条件概率指的是某个事件发生后引发另一事件的可能性。例如某个房间着火后，能否引起相临房间起火就是一种条件概率。结合前面给定的火灾发生概率，设火灾从起火房间蔓延到相邻房间的条件概率为 0.1，则整个建筑起火的概率为 0.86 × 0.1 = 0.086，就是说，该建筑发生大火为 11.6 年一次。

根据传统的危险分析理论，某个场合的事故概率需要从类似建筑、设施、系统或部件的历史资料中提取。但是火灾爆炸都是小概率性事件，它们的发生要受到多个变量的影响，经常难以得到准确的概率。因此在实际应用中往往将绝对概率转化为相对概率，即一定的危险等级或危险分值。

例如，可以将绝对不可能发生的事件的相对概率定为 0，而必然发生的事件的相对概率为 1。于是人为地将“发生事故可能性极小”的分数定为 0.1，而必然要发生的事件的分数定为 10，介于这两种情况之间的情况指定了若干个中间值，如表 8-16 所示。这种危险等级划分法是人为设定的，难免带有局限性，应用时需要根据实际情况予以修正。

**表 8-16　事故概率分值的确定**

| 分　数　值 | 事故发生的可能性 | 分　数　值 | 事故发生的可能性 |
|---|---|---|---|
| 10 | 完全可以预料 | 0.5 | 很不可能，可以设想 |
| 6 | 相当可能 | 0.2 | 极不可能 |
| 3 | 可能，但不经常 | 0.1 | 实际不可能 |
| 1 | 可能性小，完全意外 | | |

### 8.4.1 事故树分析法

事故树分析(Fault Tree Analysis)是一种分析起火可能性的方法。这种方法经常用作定性分析，但若能取得足够多的事故统计资料也可进行定量分析。

#### 8.4.1.1 事故树的基本结构

事故树是一种利用布尔逻辑符号演绎表示特定事件发生原因及其逻辑关系的树图。它将结果事件放在顶部，原因事件放在下面，结果事件和原因事件之间用某种逻辑符号连接起来，表示各层事件之间的输入和输出关系。使用事故树可以推论火灾爆炸事故可能的原因。

事故树法使用若干事件符号来表示不同类型的事件，用一些逻辑符号表示它们之间的关系。一般用矩形表示顶上事件或中间事件，用圆形表示基本事件。常用的逻辑关系有“与”及“或”，分别用及表示。

图 8-8 为事故树的一种结构形式。其顶上事件(可为火灾或爆炸)为 $T$，$A$ 为中间事件，$X$ 为各种可能成为酿成火灾爆炸的基本因素。各层事件和因素的关系可以用“与-或”来表达。

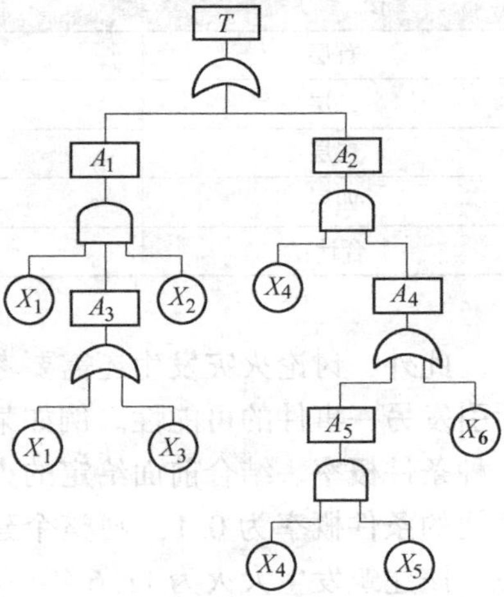

图 8-8 事故树图示例

#### 8.4.1.2 事故树分析的步骤

事故树分析大致分为分析准备、定性分析、定量计算和拟定对策 4 个步骤。

分析准备阶段包括：熟悉系统的全貌及各个具体环节，调查该系统及同类系统发生的事故情况，并做典型案例分析和事故统计分析；把所要防止的或所要调查的事故确定为顶上事件；列出可以导致顶上事故发生的直接原因及间接原因。

定性分析阶段包括：确定可接受风险的目标值，即定性分析的衡量尺度或定量分析的具体量值；根据已有的资料，从顶上事件开始进行演绎分析，逐级找出直接原因事件、间接原因事件，直到最基本的原因事件，编制出系统完整的事故树。

定量计算阶段包括：根据事故树的结构进行化简，求出最小割集和最小径集，确定各基本事件的结构重要度大小，以此决策如何控制、防止顶上事件发生；通过分析和借鉴有关资料，确定各基本原因事件的概率值；把求出的顶上事件概率值与通过统计分析得出的概率值进行比较。

拟定对策阶段，也是综合比较阶段，所用的时间亦较长。对于超过预定目标的结果，可进行概率重要度、临界重要度分析，制订和优化最佳的预防和控制方案。

#### 8.4.1.3 事故树的计算

事故树的计算主要有以下内容：

**1. 最小割集及其求法**

在事故树中，能导致顶上事件发生的基本事件的集合称为割集。能引起顶上事件发生的最起码的基本事件的集合叫最小割集。最小割集可通过化简事故树的逻辑函数表达式求得。首先，按事故树结构列出其逻辑函数表达式。与门之下事件为逻辑乘关系，然后，按逻辑代数运算规则把逻辑函数表达式展开成若干基本事件乘积项之和的形式，最后，对表达式进行化简，得到事故树逻辑表达式的最简式。

例如，对于图8-8所示的顶上事件(火灾)为 $T$ 的事故树，最小割集可按下式求出：

$$\begin{aligned} T &= A_1 + A_2 \\ &= X_1A_3X_2 + X_4A_4 \\ &= X_1(X_1+X_3)X_2 + X_4(A_5+X_6) \\ &= X_1X_1X_2 + X_1X_3X_2 + X_4(X_4X_5+X_6) \\ &= X_1X_1X_2 + X_1X_3X_2 + X_4X_4X_5 + X_4X_6 \\ &= X_1X_1X_2 + X_1X_3X_2 + X_4X_4X_5 + X_4X_6 \end{aligned} \tag{8-19}$$

这样得到的“与-或”表达式不是最简形式，应当用布尔代数法进一步化简：

$$\begin{aligned} T &= X_1X_1X_2 + X_1X_3X_2 + X_4X_4X_5 + X_4X_6 \\ &= X_1X_2 + X_1X_2X_3 + X_4X_5 + A_4A_6 \quad (A \cap A = A) \\ &= X_1X_2 + X_4X_5 + X_4X_6 \quad (A + A \cap B = A) \end{aligned} \tag{8-20}$$

于是得到3个最小割集：$\{X_1X_2\}$、$\{X_4X_5\}$和$\{X_4X_6\}$，它们之中任何一个割集的出现，都可导致顶上事件(火灾)的发生。根据上式，用最小割集表示事故树 $T$ 的等效图，如图8-9所示。

每个最小割集都可能导致顶上事件的发生。最小割集多，则系统危险性大。如果各基本事件发生的概率相近，包含事件少的割集比包含事件多的割集容易发生。因此在这类割集中增加基本事件，如对某些危险源采取防护措施，就能够减少其发生危险的概率。

**2. 最小径集及求法**

如果事故树中某些基本事件不发生，顶上事件就不会发生，则这些基本事件的组合称为径集。能使顶上事件不发生的最小的径集，称为最小径集。

最小径集可由成功树求得。成功树是事故树的对偶树，即把事故树的与门换成或门，或门换成与门，并在各事件变量符号上面加“′”，就是逻辑“非”运算，表示事件不发生。求出成功树的最小割集合，再用故障事件取代非故障事件，就得到了原故障树的最小径集合。与图 8-9 所示的事故树相对应的成功树如图 8-10。关于最小径集的具体计算方法、基本事件结构重要度分析、事故树的定量分析方法比较复杂，此处从略。

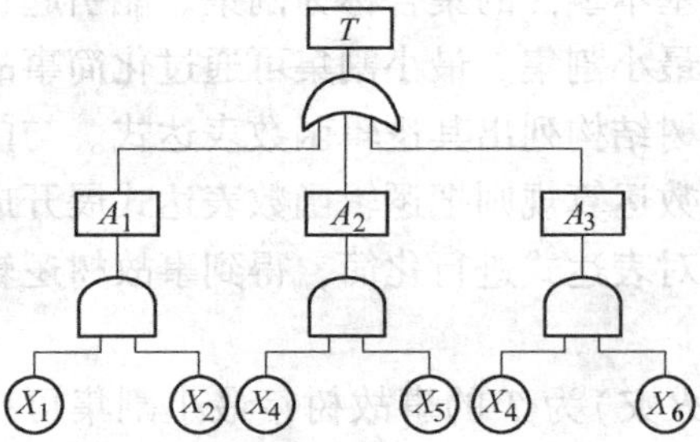


图 8-9　事故树 $T$ 的等效树

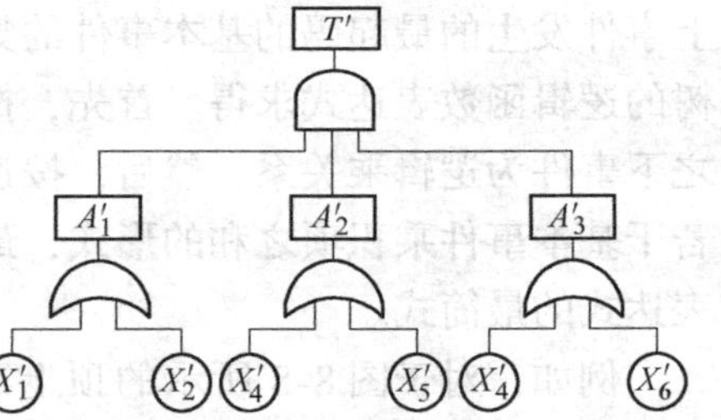


图 8-10　与事故树等效的成功树 $T'$

**3. 顶上事件的概率计算**

利用最小割集表示的事故树等效图的结构函数式，通常可以计算顶上事件的发生概率，方法是：先求各最小割集的概率，即最小割集所包含的基本事件的概率积，然后再求所有最小割集的概率和，其结果就是顶上事件的发生概率。

假设上述事故树的 3 个最小割集为：

$$K_1=(x_1,x_2)\quad K_2=(x_4,x_5)\quad K_3=(x_4,x_6) \tag{8-21}$$

有关基本事件的发生概率分别为 $q_1$，$q_2$，$q_4$，$q_5$，$q_6$，则 3 个最小割集的发生概率分别为：

$$q_{K_1}=q_1q_2,\ q_{K_2}=q_4q_5,\ q_{K_3}=q_4q_6 \tag{8-22}$$

当故障树中基本事件相互统计独立时，事件逻辑积的概率为

$$g(q)=P_r(x_1x_2\cdots x_n)=q_1q_2\cdots q_n=\prod_{i=1}^{n}q_i \tag{8-23}$$

逻辑和的概率为：

$$\begin{aligned}g(q)&=P_r(x_1+x_2+\cdots+x_n)\\&=1-(1-q_1)(1-q_2)\cdots(1-q_n)\\&=1-\prod_{i=1}^{n}(1-q_i)\end{aligned} \tag{8-24}$$

于是顶上事件的发生概率为：

$$\begin{aligned} g(q) &= P_r(q_{K_1} + q_{K_2} + q_{K_3}) \\ &= P_r(q_1q_2 + q_4q_5 + q_4q_6) \\ &= 1 - (1 - q_1q_2)(1 - q_4q_5)(1 - q_5q_6) \end{aligned} \tag{8-25}$$

例如，对于某商场的火灾危险分析，可以画出图 8-11 所示的简化事故树。

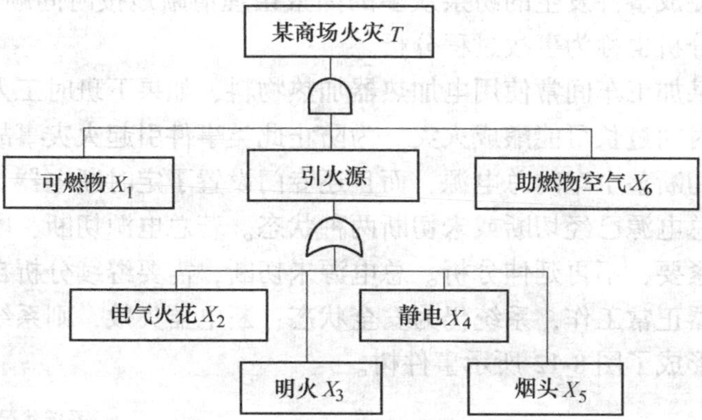


图 8-11　商场火灾危险源的事故树分析

$$\begin{aligned} T &= X_1X_6(X_2 + X_3 + X_4 + X_5) \\ &= X_1X_2X_6 + X_1X_3X_6 + X_1X_5X_6 \end{aligned}$$

可知最小割集为：$X_1X_2X_6$、$X_1X_3X_6$、$X_1X_4X_6$、$X_1X_5X_6$

最小径集为：$X_1$、$X_2X_3X_4X_5$、$X_6$

在商场中，可燃物 $X_1$ 和助燃物空气 $X_6$ 均存在，其发生概率为 1，如果假设 $X_2$、$X_3$、$X_4$ 和 $X_5$ 发生的概率分别为 0.01、0.03、0.005、0.08，则顶上事件（即商场火灾）的发生概率为：

$$\begin{aligned} g(q) &= P_r(q_1q_2q_6 + q_1q_3q_6 + q_1q_4q_6 + q_1q_5q_6) \\ &= 1 - (1 - q_1q_2q_6)(1 - q_1q_3q_6)(1 - q_1q_4q_6)(1 - q_1q_5q_6) \\ &= 1 - (1 - 0.01)(1 - 0.03)(1 - 0.05)(1 - 0.08) \\ &= 0.12 \end{aligned}$$

## 8.4.2　事件树分析法

事件树分析（Event Tree Analysis）简称 ETA，它采用的是一种归纳分析法。此方法将事故的起因作为顶部事件，进而任何事故都有一个起因事件。当起因事件出现后，按时间顺序导致一个又一个新的事件出现，直至事故发生。在每一个事件的转化环节上，原来事件转化为希望事件（成功）还是不希望事件（失败），都是若干因素相互作用的结果。因此，从起因事件开始，推论起因事件的所有成功、失败的途径和结果，对事故的预测、预防以及分析已发生的事故是十分重要的。

运用事件树分析法，按照系统的构成情况，分析事故发展过程中各条路径、各阶段成功或失败的两种可能状态，把成功作为上分支，状态值记为“1”；把失败作为下分支，状态值记为“0”。这样，形成一个水平放置的树形图，可以把促成事件发生的纷杂众多的因素条理清晰地按时间顺序展现出来。所以事件树分析也称为事故过程分析。

例如，某加工车间常使用电加热器加热物料，如果下班时工人忘记关闭其电源开关，时间过长可能酿成火灾。为防止此类事件引起火灾事故，这个车间规定下班时切断整个车间总电源，而且还专门设置了定时断电器。这样，下班后就可能有总电源已经切断或未切断两种状态。若总电源切断，电热器是否脱离电源无关紧要，不再延伸分析。总电源未切断，需要继续分析自动断电器的状态。断电器正常工作，系统仍为安全状态；断电器失效，则系统处于危险状态。这样就形成了图 8-12 所示事件树。

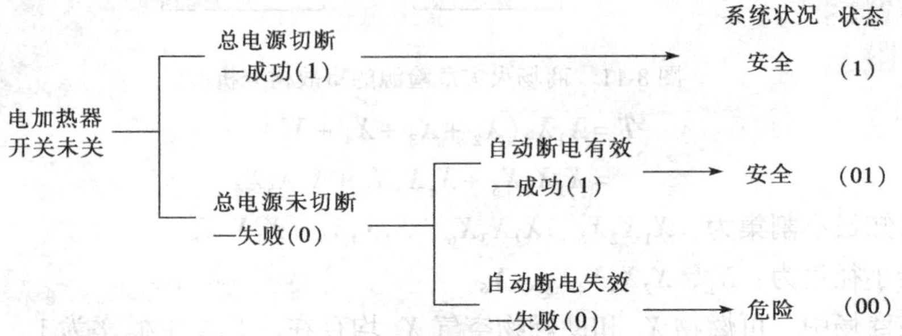


图 8-12 某车间电加热器火灾的事件树

若系统各个单元可靠度是已知的，还可根据单元可靠度求系统可靠度。假设切断总电源的可靠度 $R_1=0.950$，自动断电器的可靠度 $R_2=0.980$，则系统的可靠度 $R_3$ 为：

$$\begin{aligned}R_3&=R_1+(1-R_1)R_2\\&=0.950+(1-0.950)\times0.980\\&=0.950+0.050\times0.980\\&=0.999\end{aligned}\tag{8-26}$$

而系统的失败概率，即不可靠度为：

$$P_3=1-R_3=(1-R_1)(1-R_2)=1-0.999=0.001\tag{8-27}$$

事件树分析是一种由原因到结果的分析方法，适宜用作查找并确认系统中的火险原因，同时，它也指明了解决问题的根本途径。

# 8.5　火灾过程的模拟计算

## 8.5.1　火灾模型的种类与使用

随着计算机技术和数值方法的发展，现在人们开始广泛地使用计算机模型来研究火灾问题。目前建立的火灾模型种类很多，有的可以计算火灾的发展，有的可计算材料的耐火性，有的可计算某些消防设施的动作等。基于火灾危险分析的需要，本节仅讨论与火灾发展相关的模型。

### 8.5.1.1　火灾发展模型的特点

火灾发展过程的计算机模型是以质量守恒、动量守恒和能量守恒等定律为基础建立的，在计算模型中，使用研究火灾问题普遍关心的特征参数(如烟气的温度、浓度、组分以及某些其他参数)表示守恒关系，并通过相互关联的数学公式来表示建筑物的火灾发展过程，一般写成微分方程组的形式。为了进行计算，需要将所关心的空间分为若干个通称为控制体(Control Volume)的计算区域，在每个控制体内各种物性参数均被视为具有相同的值，并通过选择合适的时间步长(Time Step)，迭代求解微分方程组，便可以得到控制体内的温度、烟气密度、组分浓度等参数的值，进而得到这些参数在整个空间的分布及其随时间的变化。

常用的火灾发展模型可分为区域模型、场模型和网络模型等。

区域模型(Zone Model)通常把房间分为 2 个区域，或说 2 个大的控制体，即上部热烟气层与下部冷空气层。试验表明，在火灾发展及烟气蔓延的大部时间内，室内烟气分层现象相当明显，这种假设在许多情况下都具有足够的准确性。

场模型(Field Model)把一个房间划为几千甚至上万个控制体，因而可以算出室内多个局部中相关参数的变化状况。这种模型的计算量很大，当用三维不定常方式计算多室火灾时，需要占用很长的机时，因此只有在需要了解某些参数的详细分布时才使用这种模型。

网络模型(Net Model)则把整个建筑物作为一个系统，而其中的每个房间为一个控制体。网络模型可以考虑多个房间，能够计算火灾烟气从离开起火房间到较远区域的蔓延情况。显然这种计算结果比较粗糙。

应当指出，目前使用的大部分火灾发展模型并未模拟火源区的燃烧，而是将它所需要的一些参数作为已知参数输入，如物品燃烧的热释放速率。这主要是因为建筑物内的可燃物繁多，布置形式各异，其燃烧的详细过程十分复杂，目前人们对相关规律的了解还相当不够。然而人们却可以参考某些试验结果确定这些参数值，相应的计算结果能够满足安全分析的需要。

#### 8.5.1.2 火灾模型的使用

每种模型的适用范围是有限制的，因此模型的使用者必须熟悉模型的假设及其局限性，并尽可能与有关试验数据进行比较。在限定范围之外使用模型并不一定意味结果肯定是错误的，它只表明目前还没有证明这种结果是否正确。这需要由专业人员继续研究来确定。

模拟计算结果的正确性还强烈依赖于输入参数的正确性。有些输入参数可以通过测量得到，但有时难以保证测量的正确性，例如不同受限条件下热释放速率。还有一些参数现在只能靠估计，例如对流换热系数。对于输入数据不确定性的影响程度可通过敏感性分析估计。

下面重点讨论火灾危险分析中使用最多的区域模拟和场模拟法。

### 8.5.2 火灾发展的区域模拟

#### 8.5.2.1 区域模型的建立

建筑物发生火灾后，相关房间内形成逐渐增厚的热烟气层。在上部烟气层和下部空气层之间具有相当明显的分界面，可以将房间作为2个区域处理。设房间的门窗及通风口关闭，只在靠近地面有一个与外界环境相通的缝隙，在火灾过程中室内气压不变，且空气及烟气都视为分子量相同的理想气体，冷、热气层界面上没有质量和能量的交换，火源对冷空气层没有能量传输，则可以得到冷、热气体应满足的状态方程：

$$\rho T=\rho_a T_a \tag{8-28}$$

式中，$\rho$、$T$ 及 $\rho_a$、$T_a$ 分别为冷、热气体的密度和温度。

由热气层的膨胀，并应用式(8-28)，可得到从室内泄露的气体流量为：

$$m_e=(1-\lambda_c)Q/(c_pT_a) \quad (-\Delta<Z_i\leqslant H) \tag{8-29}$$

$$m_e=(1-\lambda_c)Q/(c_pT) \quad (Z_i=-\Delta)$$

式中，$c_p$ 为空气比定压热容(假设为常数)；$\Delta$ 与 $H$ 分别为火源根部距地面及屋顶的距离；$Z_i$ 为烟气层界面到火源根部的距离；$\lambda_c$ 是热气层的对流及辐射热损失在火源放热率中所占的比例。

由冷气层的质量平衡得到：

$$\rho_a A\frac{dZ_i}{dt}=-m_e-m_p \quad (0<Z_i\leqslant H)$$

$$\rho_a A\frac{dZ_i}{dt}=-m_e \quad (-\Delta<Z_i\leqslant 0) \tag{8-30}$$

式中，$A$ 是房间的面积，$m_p$ 是浮力羽流对冷空气的卷吸流量。$0<Z_i\leqslant H$ 表示冷热烟气层界面高于火源根部；$\Delta<Z_i\leqslant 0$ 表示冷热烟气层界面低于火源根部，

但高于地板面；$Z_i = -\Delta$ 时冷热烟气层界面已经到达地面，此时房间内已经全部充满了热烟气。

由热气层的能量平衡，即输入的能量等于热气层的焓增与热损失之和，可得到：

$$\frac{Ac_pT_a}{T}\frac{dT}{dt} = \frac{(1-\lambda_c)Q - m_pc_p(T-T_a)}{H-Z_i} \quad (0 < Z_i \leqslant H) \tag{8-31}$$

$$\frac{Ac_pT_a}{T}\frac{dT}{dt} = \frac{(1-\lambda_c)Q}{H-Z_i} \quad (-\Delta < Z_i \leqslant 0)$$

而燃烧过程中某种产物的产生率 $C$(kg/s)，则由热气层的组分平衡方程可得：

$$\rho YA(H-Z_i) = C \quad (-\Delta < Z_i \leqslant 0) \tag{8-32}$$

$$\rho YA(H-Z_i) = C - m_eY \quad (Z_i = -\Delta)$$

式中，$Y$ 为该组分的质量分数。

火源的热释放速率 $Q$ 及产物生成速率 $C$，可以选择一定的公式确定。再输入有关参数的初值，即可求解由式(8-30)～式(8-32)构成的常微分方程组，从而获得烟气层界面高度、烟气层温度、代表燃烧产物浓度随时间的变化。

区域模拟程序有多种形式，其中 ASET 程序和 CFAST 程序应用最广。

### 8.5.2.2　ASET 程序

ASET(Available Safe Egress Time)程序是美国国家标准技术研究院建筑与火灾研究室编制的一种区域模拟程序，主要用于分析单室火灾的发展，进而确定人员的有效安全疏散时间。

**1. 程序的编制方式**

ASET 程序把描述火灾发展过程、热释放速率、燃烧产物的生成速率、房间的高度和面积等输入数据，与用户指定的探测及危险判据等结合起来，即可决定 $t_{det}$、$t_{haz}$ 和可用安全逃生时间 ASET。在所有火灾场景下，初始环境温度均取为 21.1℃。

探测判据可指定为某一可探测到的上部烟气层温度、温升速率或燃烧产物浓度。危险判据是根据烟气层界面高度温度或有害组分浓度确定。

程序可给出燃烧产物中某些组分的两种生成浓度。第一种作为探测到火灾的判据，第二种作为火灾构成危害的判据。

通过求解模拟火灾发展的数学方程，程序便算出了烟气层厚度和温度、烟气层中的代表产物浓度的变化，得到与某种尺寸的房间和每组探测与危险判据相对应的 $t_{haz}$、$t_{det}$，进而算出每种情况下的 ASET。

**2. 数据的输入**

ASET程序的输入数据分为7组，它们是通用数据、探测报警判据、危险判据、房间特征、热释放速率、可探测的燃烧产物的生成速率、构成危险的燃烧产物的生成速率等。

通用数据包括燃烧区及烟气羽流中热辐射损失在火灾总发热速率中所占的比例、在室内各种壁面及其他物体上损失的热量、在火灾总发热率中所占的比例、从地板平面到预先指定的人的眼睛特征高度、火源的底部离开地板平面的高度，它们都是实施计算的基础数据；探测报警判据可以是探测到的上部烟气层的温度、温升速率或某种产物的浓度；危险判据是烟气对人构成危险的温度或产物浓度；房间特征指的是起火房间的高度与平面面积；后3种数据均是与火灾计算过程相关的数据，应当根据可燃物性质及其燃烧特点确定。

**3. 应用举例**

现结合一个房间发生火灾说明ASET程序的应用。设某房间高3m，平面面积为929m²。火源位于地板中部，其面积为0.83m²。选用汽油作燃料，室内总的热释放速率为1.32MW，计算室内的平均温度、烟气层高度等随时间的变化。

设火灾刚一发生就被探测到，瞬时损失于房间各壁面和室内物体上的热量占总发热量的比率为0.6，燃烧区的瞬时辐射散热损失占总发热量的比率为固定值，取为0.35。人的眼睛特征高度取为1.2m，当烟气层的交界面高于此值时，则假定上层温度升高到183℃时，达到危险状态；而当烟气层界面低于此高度时，危险状态判据取以下2种：一是上层温度达到115℃，二是上层气体中氧气的质量浓度下降到0.18(在正常环境条件下应为0.23)，或燃烧产物危险浓度为0.05克氧耗量/每克上层气体。根据研究，火灾中氧气消耗速率近似与火灾的热释放速率成正比，即：

$$C(O_{2,\mathrm{dep}})=0.076g(O_{2,\mathrm{dep}})Q$$

在此例中没有要求根据可探测的燃烧产物浓度进行报警，因此不必输入描述可探测产物生成速率的数据。本例讨论的是有效安全疏散时间，而当火灾发生30min后，再谈安全疏散已没有意义，故超过这一时间就不再计算。

表8-17给出了计算结果，它表明假定室内一起火就被发觉，则有效的安全疏散时间为191s。危险状态是根据界面高于眼睛的危险温度值183℃为得出的，这时界面的实际高度为2.12m。用氧耗量表示的危险燃烧产物浓度为0.03，即达到危险状态时，上部烟气层中的氧的质量浓度为0.23－0.03＝0.20，这时仍可忽略氧含量降低对人产生的影响。

表 8-17　算例 1 的部分输出

| Constant Fire, $Q$ = 1320kW | | | | | | |
|---|---|---|---|---|---|---|
| TIME /s | $Q$ /kW | LAYER THICK/m | INTERFFACE ELE/m | LAYER TP/℃ | RATE OF TP RISE/(℃/min) | CONCENTRATION HAZARDOUS |
| 0 | 1320.0 | .00 | 3.05 | 142.39 | 11.74 | .2153E-01 |
| 5 | 1320.0 | .03 | 3.02 | 143.37 | 11.79 | .2170E-01 |
| 10 | 1320.0 | .06 | 2.99 | 144.36 | 11.84 | .2187E-01 |
| … | … | … | … | … | … | … |
| 40 | 1320.0 | .23 | 2.82 | 150.35 | 12.15 | .2294E-01 |
| 60 | 1320.0 | .33 | 2.72 | 154.44 | 12.35 | .2366E-01 |
| … | … | … | … | … | … | … |
| 175 | 1320.0 | .86 | 2.19 | 179.2 | 913.60 | .2807E-01 |
| 180 | 1320.0 | .88 | 2.17 | 180.4 | 213.65 | .2828E-01 |
| 190 | 1320.0 | .92 | 2.12 | 182.7 | 113.77 | .2868E-01 |
| 195 | 1320.0 | .94 | 2.10 | 183.8 | 613.83 | .2888E-01 |

#### 8.5.2.3　多室火灾模拟程序——CFAST

CFAST(Consolidate Fire And Smoke Transport)是一种计算火灾与烟气在建筑物内蔓延的区域模拟程序，可以计算多达 12 个房间的建筑结构形式，并将每个房间分为上、下 2 个区域。与 ASET 模型一样，假设在每一区内温度、烟气浓度等状态参数都是均匀的，通过求解每区能量、动量和质量的守恒方程能够得出上述参数的变化。

**1. CFAST 的数据输入**

CFAST 需要输入的数据包括概要、环境条件、几何尺寸、竖直开口、水平开口、风机与管道、物性参数、火源参数、物体等 10 个部分。

概要给出 CFAST 数据文件提要，包括标题、模拟时间、打印时间间隔、记录时间间隔、重新计算时间等；环境条件包括建筑物内外的温度、压力与建筑物相关的外部基准高度等；几何尺寸包括所有房间的宽度(Width)、深度(Depth)、高度(Height)和地板高度(HI/F)等。竖直开口指的是门窗之类的水平流动开口，包括开口的宽度和高度尺寸；水平开口确定连接房间之间或房间与外界之间的水平开口，如顶棚和地板上的开口，包括开口的宽度和长度尺寸；风机与管道包括房间与通风系统的连接、管道网络及系统中的风机；物性参数说明每个房间的顶棚、墙壁和地板所用材料的性质；火源包括所有与主火源燃烧特性有关的数据，如燃烧热、质量损失速率、燃烧产生的组分、着火房间和火源类型等。物体指的是火灾场景下被引燃的物体，包括输入物体名称、它所在房间及该物体的位置。

**2. CFAST 的输出**

CFAST结果输出包括2个主要部分，第一部分是输入数据和初始条件概要说明，第二部分是在每一计算时间间隔的末尾列出计算结果，不过也可以用曲线形式给出。如按缺省值在屏幕上绘出曲线，通常显示4幅图，分别表示各房间的上层温度、上层中$O_2$体积百分数、烟气层界面距离地板的高度和火源的热释放速率等随时间的变化，如图8-13所示。最后使用配套的绘图程序CPLOT可以画出任意所需参数的变化曲线。

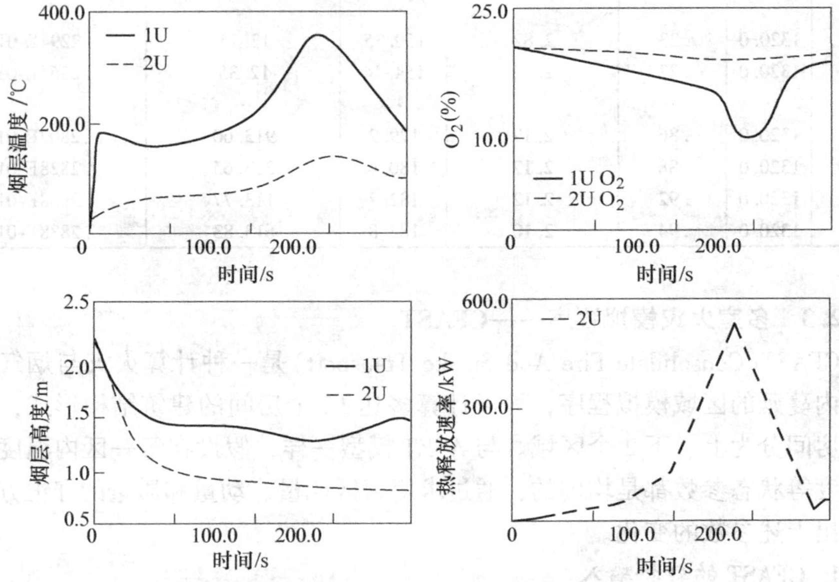


图8-13 运行过程中显示的曲线

**3. 应用举例**

在此以一个单元住宅发生火灾为例说明CFAST程序的应用。该单元的平面布置如图8-14所示，1号房间为客厅，2号与4号房间为卧室，3号房间为学习室，5号房间为厕所，6号房间为厨房。客厅和学习室之间的门半开，与其他各房间之间的门为全开，而所有通向外界的门窗都关闭。现假定2号卧室为起火间，设被褥首先着火，当达到其最大功率时，床垫又开始燃烧。

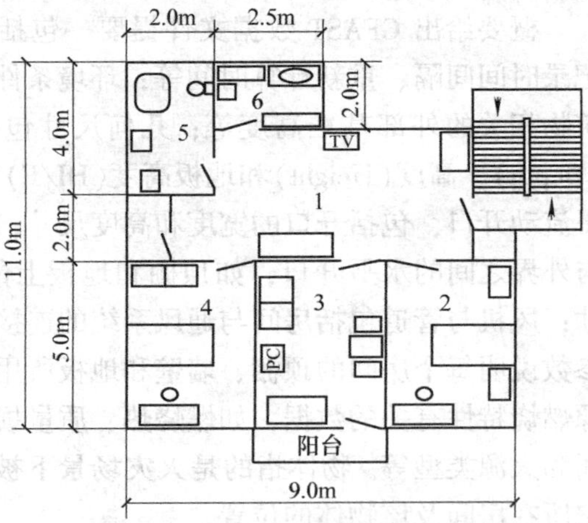


图8-14 某住宅单元的平面布置图

火灾中总的热释放速率规律根据两者的热释放速率曲线合成，其峰值为 121kW。

图 8-15 给出了各房间内烟气层的高度和温度随时间的变化情况。4、5、6 号房间通向客厅的门都为全开，但它们的大小不同。由图 8-15a 可见，体积最小的 6 号房间内烟气层增厚的最快。3 号与 4 号房间的大小相同，但前者通向客厅的门为半开，其中的烟气层增厚明显比 4 号房间慢。这体现了不同房间状况对烟气流动速率的影响。

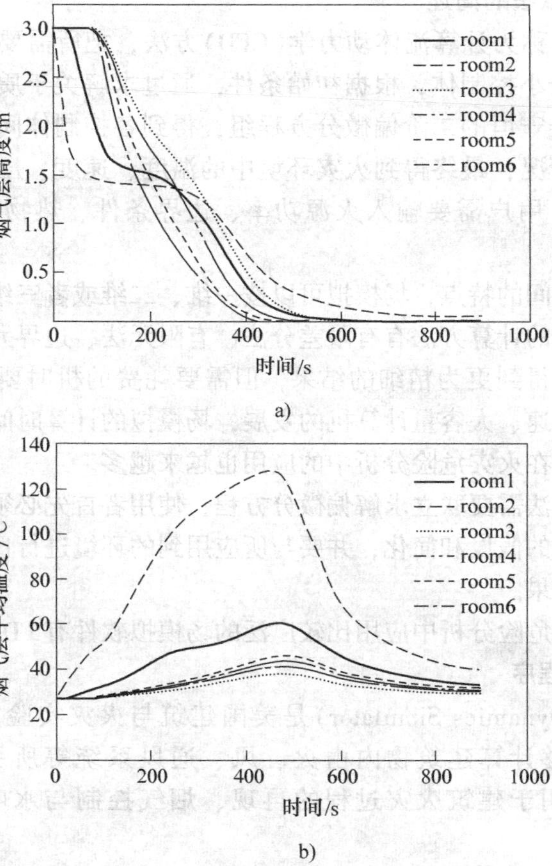


图 8-15　某住宅火灾算例的部分结果显示图

一般认为，当烟气层界面降至 1.5m 后便可直接对人员构成危害。起火房间内的烟气层约在着火 60s 后便超过 1.5m。显而易见，此房间的火灾危险性最大。与起火房间相通的客厅次之。而与客厅相通的其他房间中，体积较大且门部分关闭的房间危险性较小。

由图 8-15b 可见，起火房间的温度上升得最快、最高，在 220s 左右时便超过100℃。这样高的温度也可直接对人构成危害。客厅内的烟气温度便低多了，而其他房间内的温度基本上没有超过45℃。这表明在这种火灾场合下，烟气是危害人员的主要因素。当烟气温度与空气温度相差不大时，烟气层可很快沉降到房间的下部，一般说，在离起火房间较远的区域，这种趋势更为明显。图8-15a亦清楚反映了这一点。

## 8.5.3 火灾发展过程的场模拟

### 8.5.3.1 场模拟法的简述

场模拟法又称为计算流体动力学(CFD)方法，把所需要计算的空间划为几千甚至上万个小控制体，根据初始条件，通过求解关于质量、动量、能量和代表化学组分守恒的二阶偏微分方程组，得到各控制体间的质量、动量和能量等的交换情况，最终得到火灾环境中的温度、速度、压力和代表化学组分的空间分布。用户需要输入火源功率、边界条件、热物性参数及通风状况等。

根据计算空间的特点，场模拟可以按一维、二维或者三维的方式划分控制体。通常所使用的计算方法有有限差分法、有限元法、边界元法等。

场模拟可以得到更为精细的结果，但需要耗费的机时要比区域模拟方法多。不过随着高速、大容量计算机的发展，场模拟的计算时间长的问题已得到很大改善，因而在火灾危险分析中的应用也越来越多。

由于场模拟法需要联立求解偏微分方程，使用者首先必须了解场模型的基础理论、所用到的假设和简化，并要与所应用到的环境进行比较，盲目使用很难得到正确的结果。

目前在火灾危险分析中应用比较广泛的场模拟软件有FDS和fluent等。

### 8.5.3.2 FDS程序

FDS(Fire Dynamics Simulator)是美国建筑与火灾实验室开发的一种场模拟程序，能够计算建筑物内由火、风、通风系统等所引起的烟气与空气的运动，可用于建筑火灾过程的再现、烟气控制与水喷淋系统的设计计算等。

FDS是一种采用了大涡模拟方法的场模型。大涡模拟是近年发展起来的一种很有应用前景的研究紊流的数值计算方法，其基本思想是湍流流动是由许多大小不同的旋涡组成，大涡对平均流动有比较明显的影响，各种变量的紊流扩散、热量、质量、动量和能量的交换以及雷诺应力的产生都是通过大涡来实现的；而小涡主要对耗散起作用，通过耗散脉动来影响各种变量。大涡模拟把湍流中大涡和小涡分开处理。FDS采用数值方法求解一组描述热驱动的低速流动的偏微分方程，重点计算火灾中的烟气流动和热传递过程。

该程序中包括两大部分。第一部分简称为 FDS，是求解微分方程的主程序，它所需要的描述火灾场景的参数需要用户创建的文本文件提供；第二部分称 SMOKEVIEW，是一种绘图程序，人们可用它查看计算结果。

图 8-16 为使用 FDS 计算的某建筑火灾发展的部分结果。该建筑物为多层建筑，其右侧为楼梯间。火灾发生在建筑物的一层，烟气有门口蔓延出来进入走廊，然后沿楼梯上升，并进入二层。图 a 和图 b 给出了不同时刻房间与走廊的温度分布。

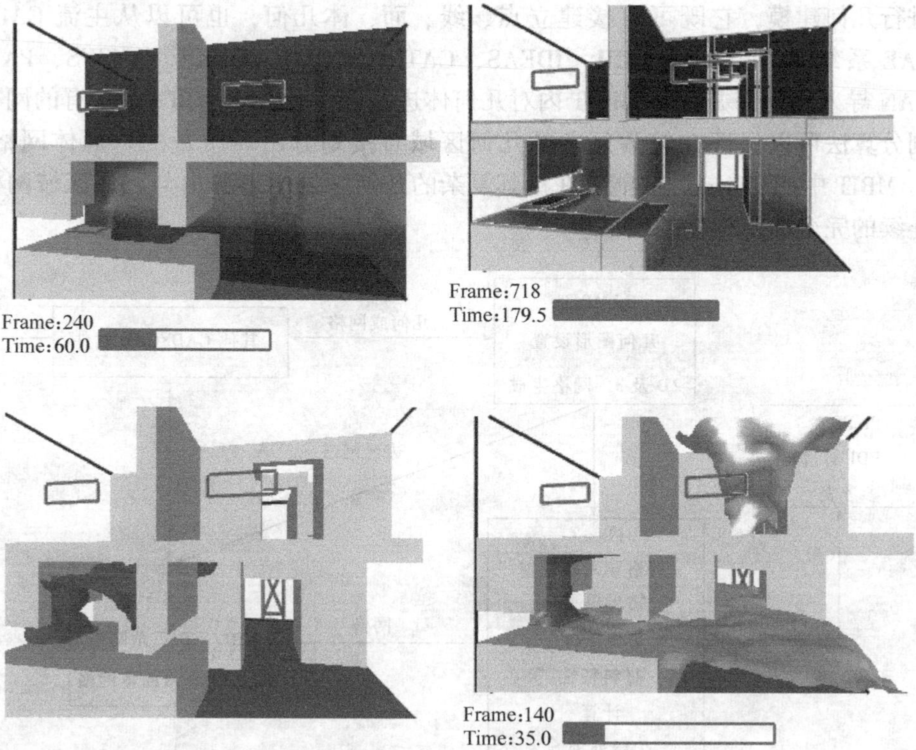


a) b)

图 8-16 使用 FDS 程序计算某建筑火灾发展的结果

### 8.5.3.3 Fluent 程序

Fluent 程序是一种通用的 CFD 程序开发环境软件，可针对每一种物理问题的流动特点，采用合适的数值解法，从而在计算速度、稳定性和精度方面达到最佳选择。由于该软件可以将数值模拟计算结果清晰地可视化，而且提供了与 $VC^{++}$ 程序十分良好的数据接口，其迭代计算过程的参数调节亦较方便。

Fluent 程序的求解器采用完全的非结构化网格（如三角形、四边形、四面体、六面体及其混合网格)计算二维和三维的流动问题。在计算过程中，网格可以自适应调整，这对求解有较大梯度的流场很实用。由于网格自适应和调整只是在需要加密的流体区域里实施，因此可以节约计算时间。

Fluent 程序具有多种优化的物理模型，如定常和非定常流动、层流(包括各种非牛顿流模型)、湍流(包括先进的紊流模型)、不可压缩和可压缩流动、传热、化学反应等。作为通用求解器，适用于低速不可压流动、跨音速流动乃至可压缩性强的超音速和高超音速流动等各种复杂的流场。

图 8-17 是 Fluent 软件包的结构。针对现场的实际状况，可使用 GAMBIT 进行几何建模，它既可直接建立点、线、面、体几何，也可以从主流 CAD/CAE 系统如 PRO/E、UGII、IDEAS、CATIA、SOLIDWORKS、ANSYS、PATRAN 导入几何，并在 GAMBIT 内对几何体进行网格化。GAMBIT 中专有的网格划分算法可以保证在较为复杂的几何区域直接划分出高质量的六面体网格。GAMBIT 中的 TGrid 方法能够在极其复杂的几何区域中划分出与相邻区域网格连续的完全非结构化的网格。

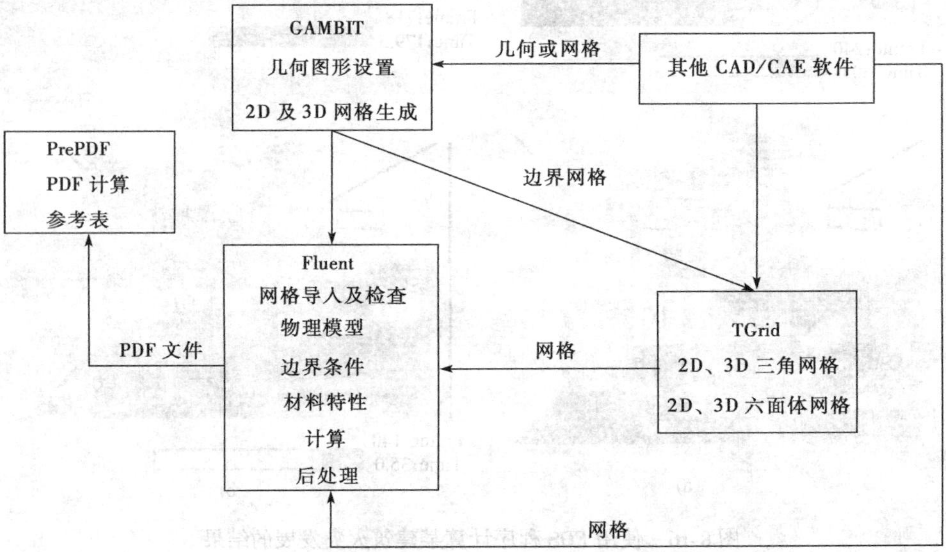


图 8-17 Fluent 软件包的结构

在 Fluent 中导入经过 GAMBIT 网格化后的算例，它不仅支持二维三角形或四边形网格以及三维四面体、六面体金字塔形网格来解决具有复杂外形的流动，甚至可以用混合形非结构网格。经过计算后，结果可以直接在 Fluent 内进行直观显示，并可以导出到其他软件中进行后处理。图 8-18 为使用 Fluent 模拟的某建筑低层的设备起火后，烟气向上层流动的过程。

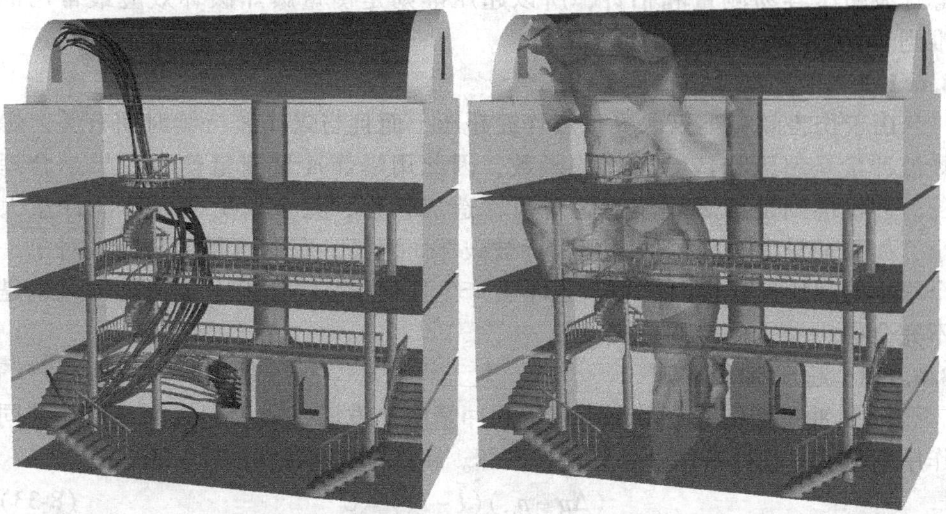

图 8-18　Fluent 模拟的烟气流动过程

# 8.6　爆炸后果的分析与计算

爆炸可在很短的时间内释放出大量能量，并伴有强烈的机械功，具有很高的功率密度。当爆炸发生在容器、建筑物、洞穴等空间内时，首先将会对限制物体本身造成严重破坏，产生的爆裂碎片往往会飞出很远的距离，对附近的物品造成进一步的破坏。此外，爆炸通常会产生强烈的冲击波和地震波，都能够对周围人员、建筑物、储罐等造成严重伤害或破坏。

在生产、储存与使用爆炸性物品的场合，应当客观估计自身的火灾爆炸危险程度，并采取相应的预防措施，以有效保护人员和建筑物的安全性。

## 8.6.1　爆炸破坏力的伤害准则

为了合理地评价爆炸后果，以便为采取适当的防护措施提供依据，应当正确确定爆炸产生的破坏力。爆炸破坏力的伤害准则主要有超压准则、冲量准则、超压-冲量准则。

### 8.6.1.1　超压准则

超压准则认为，爆炸波是否对目标造成伤害是由爆炸波超压唯一决定的，只有当爆炸波超压大于某一临界值时，才会对目标造成一定伤害。很明显，超压准则没有考虑正相持续时间。理论和试验都表明，爆炸破坏效应不仅与爆炸超压有关，也与超压持续时间有关，持续时间长则破坏更大。尽管如此，由于爆炸波超压容易测量和估计，所以超压准则是衡量爆炸破坏效应最常用的准则。

#### 8.6.1.2 冲量准则

由于伤害效应不仅取决于爆炸波超压，而且与爆炸波持续时间有关。爆炸波冲量是超压和持续时间的函数，因此用爆炸冲量衡量伤害后果是合理的。冲量准则是指爆炸波能否对目标造成伤害，完全取决于爆炸波冲量大小，如果冲量大于临界值，则目标被破坏。但是，有一点是明显的，对于一个很小的超压，作用时间再长也不会产生任何伤害。因此，仅考虑冲量也是不完全的。

#### 8.6.1.3 超压-冲量准则

超压-冲量准则综合考虑了超压和冲量两个方面，如果超压和冲量的共同作用满足某一临界条件，目标就被破坏。超压-冲量准则可以用下式表示。

$$(\Delta p - p_{cr})(I - I_{cr}) = C \tag{8-33}$$

式中，$\Delta p$ 为爆炸波的超压(kPa)；$p_{cr}$为临界超压(kPa)；$I$ 为爆炸波爆炸波的冲量；$I_{cr}$为临界冲量；$C$ 为与目标性质和破坏等级有关的常数。

图 8-19 表示产生伤害和不产生伤害的区间，超压准则和冲量准则可以视为超压-冲量准则的两个极限情况。当冲量小时，伤害主要由超压决定；当超压小时，伤害主要由冲量决定。

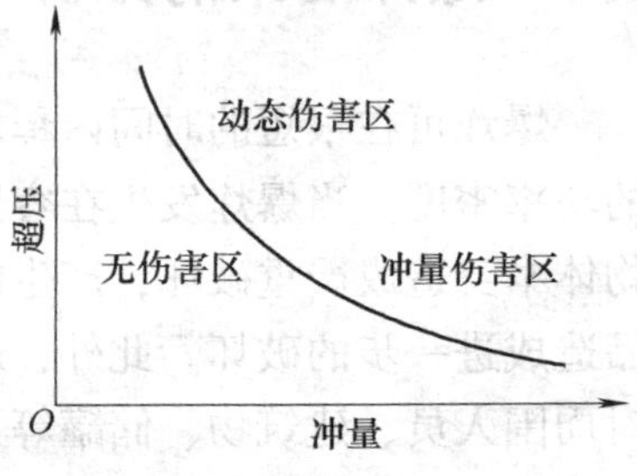

图 8-19 超压-冲量准则伤害区图

### 8.6.2 蒸气云爆炸破坏力的计算

计算蒸气云爆炸的破坏力有多种方法，目前使用较多的是一些当量相关模型，如 TNT 当量模型、TNO 模型。当量相关模型是依靠试验结果而建立起来的。

#### 8.6.2.1 TNT 当量模型

TNT 当量模型的实质是把可燃气云爆炸的破坏作用与能释放相同能量的 TNT 爆炸的破坏作用相当，从而把蒸气云的量转化成 TNT 当量。

可燃气体的 TNT 当量 $W_{TNT}$按下式计算：

$$W_{TNT} = \frac{\alpha W_f Q_f}{Q_{TNT}} \tag{8-34}$$

式中，$W_{TNT}$为蒸气云的 TNT 当量(kg)；$W_f$ 为蒸气云中燃料的总质量(kg)；$\alpha$ 为蒸气云爆炸的效率因子，表明参与爆炸的可燃气体的分数(一般取 0.03 ~ 0.05)；$Q_f$ 为蒸气云的燃烧热(MJ/kg)；$Q_{TNT}$为 TNT 的爆炸热，一般取 4.52MJ/kg。

对于地面爆炸，由于地面反射作用使爆炸威力几乎加倍，一般应乘以地面爆炸系数1.8。

TNT当量法简单易行，但也存在一些缺陷，主要有：

（1）TNT是凝聚相高爆炸药，爆炸时其爆源体积可忽略，而蒸气云体积较大，不能忽略，且随着爆炸的进行，爆源的体积在增大，不能用点源描述。

（2）TNT爆炸时能量是瞬间释放的，而蒸气云爆炸过程中能量的释放速率是有限的。

（3）TNT当量法的当量系数难以确定，可变性大(0.02%~15.9%)。

### 8.6.2.2 TNO当量模型

荷兰应用科学院(TNO)提出了一种复合能量(Multi-Energy)模型。该模型把蒸气云中的爆炸性势能与相应数量的燃料-空气混合物等价。模型还假定气云为半球形，中心点火，火焰以恒定的速度传播，进而以数值方法计算不同燃烧速度下的气云爆炸强度，获得一组爆炸强度曲线。

TNO模型使用的主要公式有：

$$\Delta p = \Delta p_s / p_0 \tag{8-35}$$

$$R = R / (E_c / P_0)^{1/3} \tag{8-36}$$

$$E_c = 3.5V \tag{8-37}$$

$$r_0 = R_0 / (E_c / P_0)^{1/3} \tag{8-38}$$

式中，$R$为离开爆炸点的距离(m)；$\Delta p_s$为目标$R$处的爆炸超压值(Pa)；$E_c$为对爆炸有贡献的燃烧反应能(J)；为了便于使用，一般将它们作归一化处理。

根据可燃气云的体积$V$就可以由式8-37计算出对爆炸有贡献的燃烧反应能，由式(8-36)计算出目标$R$处的$R$，然后就可以从图8-20查得$\Delta p_s$，再由式(8-35)计算出目标$R$处的爆炸超压值。图中的10条曲线代表不同的爆源强度，其中曲线10代表爆轰情况，曲线6~7代表爆源强度居中的情况，用于一般气云爆炸时，模拟远场超压较合适。

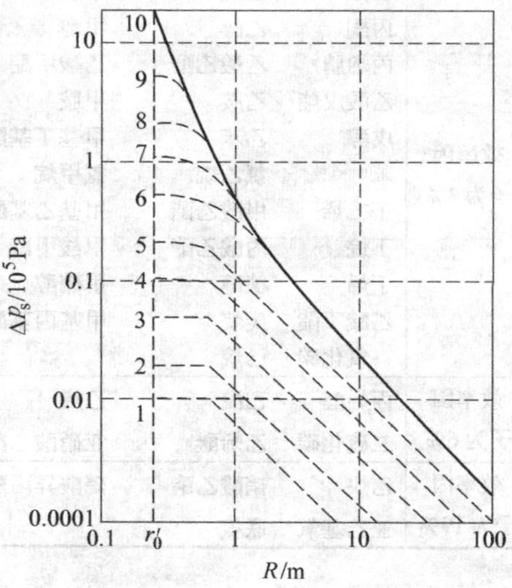

图8-20 爆炸冲击波超压的影响

TNO模型在理论上比较合理，但在具体应用中仍存在一些缺点，主要有：

（1）难以确定受限区域的尺寸。

（2）忽略了处于开敞空间的气云对爆炸强度的贡献。在实际中，若气云形成时间较长，会在开敞空间形成了均匀混合物，这将对蒸气云爆炸强度有很大影响。

(3) 如果将整个气云分成几个爆炸源，它们的爆炸强度如何叠加。

(4) 爆炸强度图中的10个级别如何选取。

#### 8.6.2.3 蒸气云爆炸超压距离的计算

针对可燃性气体或后发性可燃液体，其形成的云团处于爆炸界限内，假设最坏的情况是10%的可燃性蒸气参与爆炸过程(即爆炸效用系数为0.1)，则从爆炸处到压力级别为6.9kPa(1psi)的位置的距离可以用下式表示：

$$x = 17 \times \left(0.1 W_f \frac{H_f}{H_{TNT}}\right)^{1/3} \tag{8-39}$$

式中，$x$为从爆炸处到压力级别为6.9kPa的位置的距离；$W_f$为可燃物质的质量(kg)；$H_f$为可燃物质的燃烧热(kJ/kg)；$H_{TNT}$为TNT的爆炸热，4680kJ/kg；系数17是与6.9kPa过压的破坏类型相关的参数。

#### 8.6.2.4 蒸气云的爆炸效率

爆炸涉及的总能量中只有一小部分真正对爆炸有贡献，这一分数称为效率因子。效率因子是爆炸后果分析中最重要也是最难准确知道的参数，其范围为2%~20%。对于多数脂肪烃，通常推荐值是3%；对于某些烯烃，观察到大约是6%。含氧燃料趋向于高的效率因子，可以达到16%~18%。表8-18列出了一些化学物质的效率因子。

**表8-18 一些化学物质的效率因子**

| 效率因子 | 物质名称 | | | | | |
|---|---|---|---|---|---|---|
| 效率因子为3% | 乙醛 | 乙烷 | 甲烷 | 乙酸丙酯 | 氰 | 异辛烷 |
| | 丙酮 | 乙醇 | 甲醇 | 丙烯 | 甲基异丙基苯 | 戊烷 |
| | 丙烯腈 | 乙酸乙酯 | 乙酸甲酯 | 二氯丙烷 | 癸烷 | 石油醚 |
| | 乙酸戊酯 | 乙胺 | 甲胺 | 苯乙烯 | 二氯苯 | 邻苯二甲酸酐 |
| | 戊醇 | 乙苯 | 甲基丁基酮 | 四氟乙烯 | 二氯乙烷 | 丙烷 |
| | 苯 | 氯乙烷 | 氯甲烷 | 甲苯 | 二甲醚 | 丙醇 |
| | 丁二烯 | 甲酸乙酯 | 甲基乙基酮 | 乙酸乙烯酯 | 氢氰酸 | 异丙醇 |
| | 丁烷 | 丙酸乙酯 | 甲酸甲酯 | 氯乙烯 | 氢 | 异丁烯 |
| | 丁烯 | 糠醇 | 甲硫醇 | 偏氯乙烯 | 硫化氢 | 二甲苯 |
| | 乙酸丁酯 | 庚烷 | 甲基丙基酮 | 水煤气 | 异丁醇 | 萘 |
| | 一氧化碳 | 己烷 | | | | |
| 效率因子为6% | 丙烯醛 | 乙醚 | 乙烯 | 甲基乙烯酯 | 环己烷 | 环氧丙烷 |
| | 二硫化碳 | 乙烯醚 | 亚硝酸乙酯 | | | |
| 效率因子为19% | 乙炔 | 硝酸乙酯 | 硝酸异丙酯 | 硝基甲烷 | 丙炔 | 乙烯基乙炔 |
| | 亚乙基氧 | 联氨 | | | | |

### 8.6.3 爆炸冲击波的影响

爆炸发生后，冲击波将从爆炸中心向外传播，其波阵面的最大正压力称为超压。随着传播距离的增加，冲击波超压逐渐衰减。冲击波超压大于某种破坏压力的范围称为冲击波影响范围，一般以冲击波影响半径来量度。

#### 8.6.3.1 压力容器爆炸的冲击波影响半径

对物理过程的压力容器爆炸，其冲击波影响半径 $R$ 可以按下式计算：

$$R = 0.022 r_1 E_1 + D/2 \tag{8-40}$$

式中，$r_1$ 为冲击波影响半径的变化率；$E_1$ 为冲击波的能量(J)；$D$ 为压力容器的直径(m)。

#### 8.6.3.2 蒸气云团爆炸的冲击波影响半径

蒸气云团爆炸的冲击波影响半径可按下式估算：

$$R = C_S (NE)^{1/3} \tag{8-41}$$

式中，$E$ 为爆炸能量(J)；$N$ 为效率因子，指冲击波能量与总能量的比率，一般 $N=10\%$；$C_S$ 为经验常数，取决于损坏等级，查表8-19。

表 8-19 爆炸冲击波的损坏等级

| 损坏等级 | $C_S$ 值/mJ | 设备损坏 | 人员伤害 |
|---|---|---|---|
| 1 | 0.03 | 重创建筑物和加工设备 | 1%死亡于肺部伤害 >50%耳膜破裂 |
| 2 | 0.06 | 建筑物物外表可修复性破坏 | >50%被碎片击伤 1%耳膜破裂 |
| 3 | 0.15 | 玻璃破裂 | 1%被碎片击伤 |
| 4 | 0.4 | 10%玻璃破碎 | 被碎玻璃击伤 |

#### 8.6.3.3 爆炸冲击波对人的危害

爆炸冲击波对人和建筑物的伤害主要由峰值压力决定，表8-20给出了爆炸效果对人和建筑物的影响。图8-21则给出了冲击波影响范围的变化。

表 8-20 爆炸冲击波的峰值压力对人和建筑物的影响效应

| 峰值压力/kPa | 对人员的伤害效应 | 峰值压力/kPa | 对建筑物的破坏效应 |
|---|---|---|---|
| 6.9 | 冲击跌倒 | 3.5~6.9 | 窗户玻璃破碎 |
| 34.5 | 耳膜破碎 | 6.9~13.8 | 普通墙损坏 |
| 100 | 肺部损伤 | 13.8~19.7 | 无钢筋型混凝土或灰渣砖墙失效 |
| 240 | 死亡阀值 | 19.7~27.6 | 钢构筑物坍塌或油储罐破裂 |
| 345 | 50%致死率 | 34.5 | 载重铁路机车倾翻 |
| 448 | 99%致死率 | 48.2以上 | 建筑物严重损坏 |

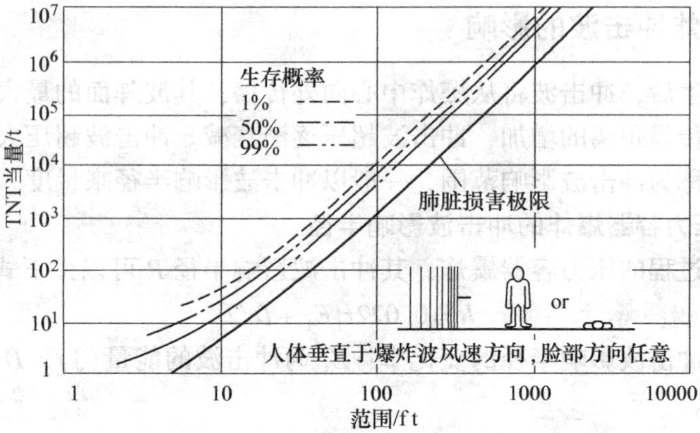


图 8-21　蒸气云冲击波超压对人的损害

### 8.6.3.4　爆炸伤害概率模型

对于冲击波的超压造成的轻伤、重伤以及死亡情况，可以用下述概率模型描述：

$$P_r = 2.47 - 1.37\ln(\Delta p/6.9) \quad (8\text{-}42)$$

式中，$\Delta p$ 为冲击波的超压(kPa)；$P_r$ 为伤亡概率。

人员的伤亡概率与死亡率的关系见表 8-21，该表可以查找死亡率从 0、1%、2%…10%、11%、12%…99%、99.1%、99.2%…99.9% 所对应的死亡概率，如 15%、59%、87%、99%、99.3%、99.8% 死亡率对应的死亡概率分别为 3.96%、5.23%、6.13%、7.33%、7.46%、7.88%。当死亡率为 50% 时，查表可得伤亡概率 $P_r = 5$，根据上式可求出相应的超压是 90.4kPa。

**表 8-21　与死亡率对应的伤亡概率表**

| 死亡率/% | 0 | 1 | 2 | 3 | 4 | 5 | 6 | 7 | 8 | 9 |
|---|---|---|---|---|---|---|---|---|---|---|
| 0 | — | 2.67 | 2.95 | 3.12 | 3.25 | 3.36 | 3.45 | 3.52 | 3.59 | 3.66 |
| 10 | 3.72 | 3.77 | 3.82 | 3.87 | 3.92 | 3.96 | 4.01 | 4.05 | 4.08 | 4.12 |
| 20 | 4.16 | 4.19 | 4.23 | 4.26 | 4.29 | 4.33 | 4.36 | 4.39 | 4.42 | 4.45 |
| 30 | 4.48 | 4.50 | 4.53 | 4.56 | 4.59 | 4.61 | 4.64 | 4.67 | 4.69 | 4.72 |
| 40 | 4.75 | 4.77 | 4.80 | 4.82 | 4.85 | 4.87 | 4.90 | 4.92 | 4.95 | 4.97 |
| 50 | 5.00 | 5.03 | 5.05 | 5.08 | 5.10 | 5.13 | 5.15 | 5.18 | 5.2 | 5.23 |
| 60 | 5.25 | 5.28 | 5.31 | 5.33 | 5.36 | 5.39 | 5.41 | 5.44 | 5.47 | 5.50 |
| 70 | 5.52 | 5.55 | 5.58 | 5.61 | 5.64 | 5.67 | 5.71 | 5.74 | 5.77 | 5.81 |
| 80 | 5.84 | 5.88 | 5.92 | 5.95 | 5.99 | 6.04 | 6.08 | 6.13 | 6.18 | 6.23 |
| 90 | 6.28 | 6.34 | 6.41 | 6.48 | 6.55 | 6.64 | 6.75 | 6.88 | 7.05 | 7.33 |
| 90以上百分率 | 0.0 | 0.1 | 0.2 | 0.3 | 0.4 | 0.5 | 0.5 | 0.7 | 0.8 | 0.9 |
| 99 | 7.33 | 7.37 | 7.41 | 7.46 | 7.51 | 7.58 | 7.65 | 7.75 | 7.88 | 8.09 |

根据超压—冲量准则和概率模型，可得到如下的死亡半径公式：

$$R_{0.5} = 13.6\left(\frac{W_{TNT}}{1000}\right)^{0.37} \tag{8-43}$$

式中，$W_{TNT}$蒸气云的 TNT 当量(kg)。

当死亡率取 50%，可以认为此半径内的人员全部死亡，半径以外无一人死亡，这样可以使问题简化。

财产损失半径可按下式计算。

$$R = \frac{4.6W_{TNT}^{1/3}}{\left[1 + \left(\frac{3175}{W_{TNT}}\right)^2\right]^{1/6}} \tag{8-44}$$

## 8.6.4　爆炸碎片速度的计算

压力容器、机械设备、反应装置及建筑物爆炸后，可产生许多不同质量、不同形状的碎片。碎片飞出后，可在相当大的范围内造成破坏。碎片的质量越大、速度越快，造成的危害越大。由于爆炸容器材料的复杂性，生成碎片的质量难以合理确定。但碎片的速度可以根据爆炸前后的能量守恒定律得出。

### 8.6.4.1　碎片初速度的计算

假设爆炸容器为长柱体，容器内的爆轰是瞬时的，爆轰产物仅沿径向飞散，根据能量守恒定律得：

$$E_0 = E_f + E_g + E_e \tag{8-45}$$

式中，$E_0$ 为爆炸物品在的爆炸过程中释放的总能量(kW)；$E_f$ 为碎片的动能，$E_g$ 为爆轰产物的动能，$E_e$ 为爆轰产物的内能。由于此处主要考虑碎片的危害，故只分析碎片动能。

设沿容器的轴线取单位长度，若壳体质量为 $M_0$，则碎片动能为：

$$E_f = M_0 v_0^2/2 \tag{8-46}$$

$$v_0 = \sqrt{\frac{2}{M_0}E_f} = \sqrt{\frac{2}{M_0}F\frac{\Delta p}{\gamma - 1}V} \tag{8-47}$$

式中，$M_0$ 为压力容器本体质量(kg)；$v_0$ 为碎片的初始速度(m/s)；$F$ 为碎片破裂能屈服系数；$\Delta p$ 为爆炸前后的压力差(Pa)；$\gamma$ 为热容比；$V$ 为压力容器内气体体积($m^3$)。

### 8.6.4.2　碎片的运动方程

碎片获得初速后便在空气中飞行，而在空气阻力的作用下，其速度将不断变小。根据空气动力学原理，碎片的运动方程可写为：

$$m_f \frac{dv}{dt} = -\frac{1}{2} c_x \rho S v^2 \tag{8-48}$$

式中，$m_f$ 为碎片的质量；$c_x$ 为空气阻力系数；$S$ 为碎片飞行的迎风面积；$\rho$ 为碎片飞行处的空气密度；$v$ 为碎片瞬时飞行速度。

上式可写为：

$$m_f \frac{dv}{dx}\frac{dx}{dt} = m_f v \frac{dv}{dx} = -\frac{1}{2} c_x \rho S v^2$$

积分得：

$$\int_{v_0}^{v_x} \frac{dv}{v} = \frac{c_x \rho S}{2m_f} \int_0^x dx$$

得：$$\ln\left(\frac{v_x}{v_0}\right) = -\frac{c_x \rho S}{2m_f} x = -\alpha x \tag{8-49}$$

$$v_x = v_0 \exp(-\alpha x) \tag{8-50}$$

式中，$\alpha$ 称为碎片的衰减系数；$x$ 为碎片在某瞬间离开爆炸点的距离(m)；$v_x$ 为碎片在距离 $x$ 的速度(m/s)。

#### 8.6.4.3 碎片迎面阻力系数的估算

阻力系数与碎片速度和形状有关，不同形状的碎片在同一马赫数 $M$ 下的 $c_x$ 是不同的，对于形状确定的碎片，$c_x$ 是 $M$ 的函数，一般在 $M=1.5$ 时达到最大值；$M>1.5$ 时，$c_x$ 随着 $M$ 的增大而减小。在工程计算中，$M$ 皆在 3 以上。

通常可将 $c_x$ 作为常数处理，不同形状碎片的 $c_x$ 取值如下：

球形碎片：$c_x = 0.97$

矩形和菱形碎片：$c_x = 1.24$

圆柱形碎片：$c_x = 1.1708$

不规则碎片：$c_x = 1.5$

#### 8.6.4.4 碎片迎风面积的估算

碎片在飞行过程中一般伴随着无规则的旋转，因此其迎风面积 $S$ 为随机变量，它对阻力的影响可以假设为一个等效面积。该面积为碎片做三自由度旋转时，三对表面在碎片前进方向投影面积的数学期望值。根据大量试验结果，通常将真实碎片近似等价为某种标准长方形碎片对待。设长方形各边的边长分别为 $l_1$、$l_2$、$l_3$，于是有：

$$S = 4(l_1 l_2 + l_2 l_3 + l_1 l_3)/\pi^2 \tag{8-51}$$

若令 $x = l_1/l_3$，$y = l_2/l_3$，则：

$$S = 4(x + y + xy) l_3^2/\pi^2$$

而矩形碎片的质量为：$m_f = l_1 l_2 l_3 \rho_m$

故：

$$l_3 = \left( \frac{m_f}{xy\rho_m} \right)^{1/3} \tag{8-52}$$

式中，$\rho_m$ 为碎片的密度。定义碎片的形状系数为：

$$\varphi = \frac{4}{\pi^2 \rho_m^{2/3}} \frac{x + y + xy}{(xy)^{2/3}}$$

最后可得：

$$S = \varphi m_f^{2/3} \tag{8-53}$$

#### 8.6.4.5　碎片的破坏作用

爆炸碎片对目标的作用是一种机械破坏效果。衡量碎片破坏作用的性能参数主要有碎片的质量、碎片动能和碎片比动能损失。

将碎片的质量作为衡量是否具有杀伤力的标准。例如，破坏飞机部件所要求的碎片质量应为4～8g；破坏飞机油箱以及毁伤火炮、装甲运输车的碎片质量应大于10g；杀伤人员的碎片质量应大于1g。把碎片质量作为杀伤标准，实质上反映了对动能的要求。随着高能炸药的采用，碎片速度有所提高，作为杀伤标准的碎片质量也随之有所改变。例如，杀伤有生力量的碎片质量可要求为0.5g，对飞机可要求为2g。

碎片动能作为杀伤标准则包含了碎片质量与存速两个因素。动能杀伤标准见表8-22。

碎片飞行中的旋转运动对于目标的遭遇面积有很大影响。研究表明，用碎片比动能作为杀伤力标准更为合理。碎片比动能为单位迎风面积上的碎片动能。比动能杀伤标准见表8-23。

**表8-22　动能杀伤标准**

| 目　标 | 杀伤标准/J | 目　标 | 杀伤标准/J |
|---|---|---|---|
| 人员轻伤 | 21 | 人员轻伤 | 21 |
| 人员致命伤 | 98 | 人员致命伤 | 98 |
| 飞机 | 981～1962 | 飞机 | 981～1962 |
| 车辆 | 1766～2551 | 车辆 | 1766～2551 |

**表8-23　比动能杀伤标准**

| 目　标 | 杀伤标准/J |
|---|---|
| 人员轻伤 | 21 |
| 人员致命伤 | 98 |
| 飞机 | 981～1962 |
| 车辆 | 1766～2551 |

### 8.6.5　爆炸后果的数值模拟

对于爆炸波的传播及其危害也可用基于CFD(Computational Fluid Dynamics)方法的计算机模型进行计算。除了使用通用软件外，人们还针对一些特定场合或对象，发展一些专用的计算软件。AutoReaGas就是其中应用较广的一种，它由美国 Century Dynamics 公司和荷兰 TNO 公司联合开发，用于模拟气体爆炸，以及由此引发的冲击波效应。

AutoReaGas 软件包含一个集成实体模型对象数据库（即简化的三维 CAD 系统），可以方便地表现现场模型的细节。现场用到的几何模型可以从基于工业设计系统的第三方 CAD 软件中输入或者使用集成的功能生成。软件可以通过定义实心墙（即封闭的）、部分通风（如爆裂的平板）和充分通风（即敞开）来模拟当管道工程被结构（如防爆墙和建筑）所限制时或敞开时的环境，因此 AutoReaGas 可用于研究非常拥塞（如管道工程管和设备）和限制（由于建筑物或结构的限制，包括通风口等）的场所对燃烧加速的影响，以及由此引起的超压。因此该软件可以用于具有相似环境条件的海上和陆地设施。

在三维几何模型（包括子网格几何模型）中，软件的气体爆炸求解器可展示了含有层流和湍流燃烧模型的燃烧加速效应、烟气的位置和选择点火点，气体爆炸后产生的冲击波向远场传播并进而同其他结构的相互作用。这样的远场冲击波受诸如管道类的小尺寸物体影响不大。而 AutoReaGas有一个冲击波求解器（基于欧拉算法），用来快速且准确地计算这样的冲击波传播现象。气体爆炸求解器的计算结果可以自动传递到冲击波求解器，进而使冲击波传播的计算可以从一个典型的冲击波场开始。爆炸冲击波在较大的区域传播可对结构产生冲击或反射性冲击影响，研究爆炸的这种坏作用极其重要。AutoReaGas 计算的爆炸结果可以导入基于欧拉算法的 AUTODYN 软件来分析冲击波对钢结构的破坏性影响。

AutoReaGas 软件本身或使用其他后处理软件都可以较好地显示模拟的结果。计算的数据按照变量的时间历史在 AutoReaGas 的用户界面里绘制，也可以作为 ASCII 文件输出。计算结果数据可以很容易地输出到结构分析软件进行分析，如 ANSYS AUTODYN（显式）和 ASAS（隐式）等软件。

AutoReaGas 还可以对狭小环境内由爆炸气云产生的过压和流场进行预测。图 8-22 与图 8-23 展示了某海上钻井平台起火爆炸的发展过程，前者为爆炸过压传播，后者为火焰前锋的传播。

图 8-22　海上石油平台爆炸压力波的传播

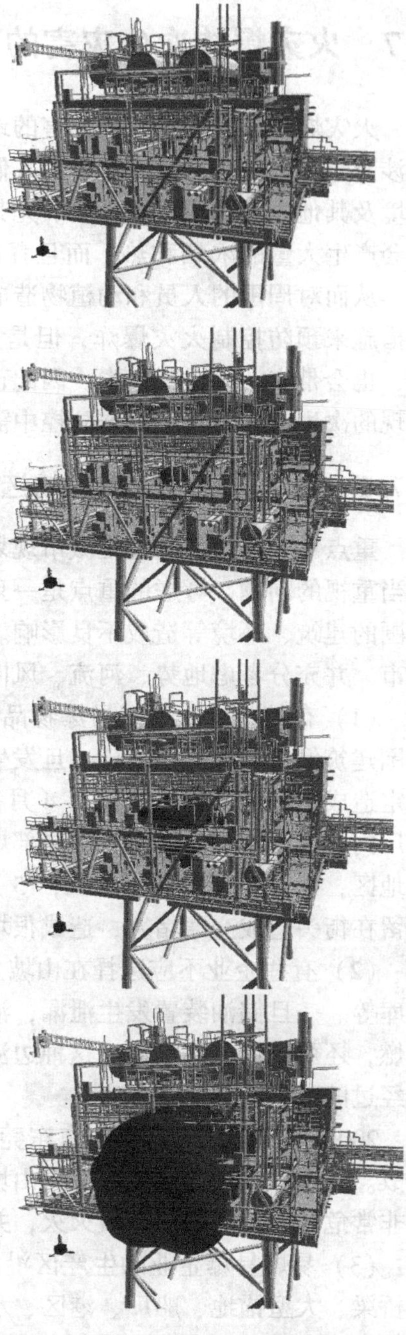

图 8-23　钻井平台爆炸时火焰前峰的传播

## 8.7 火灾爆炸次生灾害的防控分析

火灾爆炸首先会对发生灾害的地点造成严重破坏和人员伤亡。由于这一方面涉及直接损失，因此一直受到人们的密切关注。但是，火灾爆炸还会对周围环境及其他方面造成不良影响。尤其是有机化合物或其他化工产品燃烧时，不仅会产生大量的浓烟和热，而且释放出的气体中往往含有许多有毒、有害物质，从而对周围的人员和动植物造成很大的危害。此外，人们总会采取一系列的措施来预防控制火灾爆炸，但是如果扑救方式不当，或某些问题处理不合理，也会带来一些次生损失。因此正确运用系统安全的观点和方法处理好可能出现的次生灾害是火灾爆炸防控中需要重视的问题。

### 8.7.1 做好重点危险单位的选址

重点危险单位的选址是城市规划的一个重要方面，更是安全工程技术人员应当重视的问题。考虑的重点是一旦有关企业发生了火灾爆炸事故时，不会对周围的建筑、环境等造成不良影响。一般说，重点危险性企业在选址时应远离城市，并充分考虑地势、河流、风向等方面的影响。

（1）存储与生产易燃易爆物品的企业必须远离人口稠密的城市，且应与周围建筑保持足够的距离。一旦发生火灾爆炸事故将会对人民正常生活和社会稳定造成不好的影响。2004 年 4 月 16 日，位于重庆市江北区的重庆天原化工总厂内冷凝管破裂，两次发生局部爆炸，导致氯气外泄。由于该厂位于人口稠密地区，氯气的毒性又比较强，15 万名群众被疏散，大批被疏散撤离的民众滞留在街头造成交通堵塞，造成很坏的影响。

（2）有些企业不应选择在山坡上修建，例如存储或生产油类产品的企业、油库等。一旦储油装置发生泄漏，油品可以顺坡而下；如果油在流动过程中被点燃，还可以形成流淌火，这种边流动、边燃烧的火灾能放出大量的热，可对所经过的区域造成严重危害。

2006 年 11 月 14 日，广东东莞市虎门镇新湾渔港附近发生起火油罐爆炸事故。发生事故的油罐建在一个山坡上。爆炸发生后，油品顺着山坡蔓延，情况非常危机，消防部门积极灭火，并疏散了几百米远处的 3000 余居民。

（3）易燃易爆企业的生产区沿江河岸边布置时，必须位于邻近城镇、重要桥梁、大型锚地、船厂、港区、水源等重要建筑物或构筑物的下游，并采取防止可燃液体流入江河的有效措施。事实表明，选址设计不好很可能带来许多负面影响。例如有些企业已成为河流污染的主要源头，同时一旦发生火灾爆炸事故，还可能造成更严重的危害。2005 年 11 月 13 日发生的中国石油吉林石化公司双苯厂发生着火爆炸事故是一个典型案例。该企业位于吉林市松花江北的化工区，离松花江较近。化工装置的爆炸导致大量含苯的物质流入松花江中，造成了重大的河水污染，给松花江沿岸带来严重影响，甚至影响到哈尔滨等大中城市的人民生活和经济发展。同时，这场水污染事件还引起国际社会的关注，造成了不良的国际影响。

（4）重点危险企业要布置在城市常年主风向的下游，避免在发生火灾爆炸时飞火和烟气影响城市。同理，危险性大的工厂企业应位于危险性小的工厂企业常年主导风向的下风侧。

### 8.7.2　正确使用特殊的防护器材

为了有效地进行火灾探测与某些危险检测，现在有些仪器设备还采用了若干特殊材料，例如放射性材料。目前广泛安装的离子型感烟探测器中就使用了放射性元素镅 $Am^{241}$。这种物质可放射 α 射线，其辐射强度为 2 ~ 3Ci。在探测器中镅材料是固定在密封良好的迷宫式结构内，在正常使用条件下不会对人造成危害。不过如果其保护结构受到破坏，例如私自拆卸，也会造成有害影响。$Am^{241}$ 的半衰期为 458 年，造成危害的时间相当长，因此对于已经损坏或淘汰的探测器应当妥善处理，并建立合适的回收机制。

有些企业在监测工艺过程或检查产品质量时也开始使用放射性材料制成的仪器。同样，在正常运行的情况，它们是没有什么危险的。一旦发生火灾爆炸事故，这些物质可能被暴露出来。因此需要重视对含有辐射性材料的保护，如加上更醒目的标识，或制成更特别的外形等。

灭火剂的选择也存在类似的问题。例如常用的卤代烷灭火剂。这种灭火剂主要是通过中断燃烧的链反应而达到灭火效果的。当其受热分解，可生成一些卤素活性基团，它们可阻止了羟基直接参加燃烧化学反应，灭火效果好，且灭火后对现场的影响很小。但用其灭火后，残余的灭火剂及其分解产物全部进入大气。研究发现，这对大气臭氧层具有很大的破坏作用，因此应当逐渐淘汰卤代烷灭火剂。

### 8.7.3　选择合理的扑救方式

对于一些特定的火灾爆炸场合，应当认真选择最适当的扑救方式，处理不好可能造成更严重的危害。例如水是最常用、最有效的灭火剂，但在扑灭电子设备、古建筑、文物或资料库等场合的火灾时，就不能过度使用，尤其要避免用高压水枪灭火。电子设备的器件是非常怕水浸的，若使用大量的水灭火可能会导致全部设备完全损毁。又如不少文物、图书、档案是纸质的，其上面的文字或图案是用墨汁写的，一旦受到水的冲击后便可造成不可修复的破坏。对于比水轻的可燃液体(如石油、汽油、苯等)和遇水能发生燃烧和爆炸的物质，使用水灭火时会增加破坏的程度。

在灭火过程中，还需要认真考虑灭火对环境的影响。在没有弄清楚燃烧物的基本燃烧性质前，盲目仓促的采取灭火行动可能造成巨大危害。例如1986年11月1日，瑞士巴塞尔市一家化学危险品仓库发生火灾，消防人员向火场喷入约450t水灭火，结果这些水与约30t农药和化工原料流入莱茵河中，使超过240km的河道受到严重污染，沿岸的法国、德国、荷兰等5个国家都深受其害。

如何在迅速灭火和环境保护中寻求最佳的平衡点也有一些成功的案例。例如美国俄亥俄州一个汽车喷漆厂发生火灾，由于该厂位于市政供水系统的分水岭上，灭火指挥员指示只用少量的水灭火，后来命令停止灭火，而让大火继续燃烧，直至自然熄灭。虽然该厂损失较大，但却保证了城市水源免遭污染。

### 8.7.4 防止有害物质的扩散

在油罐的四周设置围堰和防油堤是控制泄漏或溢出的油料扩散的必要设施，可以有效阻止可燃液体任意流动扩散，或流入排水系统。对于避免发生火灾、减少潜在危害具有重要作用。

罐区的消防通道成环形，并应在两个以上方向与厂区内附近的道路连接。若受到地形限制可设置具有回车场的尽头式通道。罐区道路应根据储罐的容量和一个拦油堤的容量确定，可以沿着所有储罐的1个方向或者沿着2个方向铺设必要的道路。

对于海洋中油轮泄漏而引发的火灾，在进行灭火的同时，还要进行必要的海面飘浮油的围堵，并且在煤火灭火后，剩余的漂浮原油要进行清理。

### 8.7.5 重视扑救人员的自身防护

保证参加扑救的人员安全是灭火、抢险战斗中必须重视的问题。对于消防队员或其他相关人员，提倡勇敢灭火的精神是必要的，人们应当充分尊重其献身精神。然而采取科学的扑救策略和方法则可以大大减少伤亡。

在扑救过程中，需要确定火灾爆炸现场的有害物质的含量，对于具有很强的毒性物质的场合，必须配备防毒装备。例如，2005年8月7日，汕头市珠池路一家储存化工原料的门市部突发大火，当地消防部门接到报警后赶赴现场，消防官兵起初使用干粉灭火，但由于只有两辆干粉灭火车，等干粉用完依然不能控制火势。消防官兵当时只能采用水枪灭火，而水柱刚刚射入火区，仓库里的化工原料便与水产生了作用，刺鼻的黄烟猛然蹿出，致使6名没戴防毒面罩的消防官兵中毒入院，其中1人经抢救无效死亡。

对于大火燃烧时间可能很长的建筑，需要合理估计建筑物的损坏程度，谨慎进入其中灭火或抢救，否则可能危及扑救人员。例如 2003 年 11 月 3 日湖南衡阳的衡州大厦火灾。该建筑的质量存在若干严重缺陷，使用过程中又违反安全规定，造成火灾荷载大大增加。当大火持续了约 4 个小时后，楼房便发生部分倒塌，造成正在救火的 20 名消防队员死亡。又如 2005 年 8 月 2 日，安徽马鞍山蒙牛乳业有限公司冰淇淋厂北冷库发生火灾，该建筑为钢结构的大型屋顶结构，在消防队员搜救火场被困人员时，冷库钢结构屋顶突然坍塌，导致 3 名消防战士牺牲。

在扑救具有爆炸危险的油、气罐区及化工企业的火灾时，这种问题更为突出。需要充分估计发生爆炸危险的可能性，准确抉择是继续扑救还是及时撤退，否则容易造成意外损失。例如 1998 年 3 月 5 日，西安市煤气公司液化气管理所发生液化气泄漏，随后发生爆炸，事故共造成 7 名消防官兵和 4 名职工死亡，11 名消防官兵和 20 名职工受伤。其原因主要是现场人员对液化气的燃烧特性认识不深刻，进入泄漏区人员过多，在煤气泄漏后 2 个小时还有人进入配电房。

### 8.7.6　加强城市生命线系统的防护

在现代化城市中存在多种被称为城市生命线的系统，例如电力系统、电信系统、计算网络系统、煤气供应系统、供水系统、交通系统等，它们直接关系到人们生产、生活的正常进行。这些系统一旦发生故障将会造成很大范围的影响。火灾爆炸是可能对各种生命线系统造成危害的重要因素。

近年来我国已有不少可引以为戒的案例。例如 1995 年 1 月 3 日 17 时 53 分，济南市和平路附近的地下电缆沟突然发生爆炸，以致 2.2km 路段的人行道和部分路面不同程度的破坏，电缆沟内有 6 路出线、1 路音频共 7 台 10kV 开关同时跳闸停电。这次爆炸还造成人员伤亡 61 人，其中死亡 13 人，直接经济损失 429.1 万元。

因此对于重要的城市生命线系统，除了需要防止自身发生事故外，还应当加强其抗御外部灾害影响的能力，采取有效的防火防爆隔离措施，防止外部灾害对这些系统造成破坏。

## 复　习　题

1. 火灾爆炸危险分析一般包括哪些基本步骤，简述各个步骤的主要工作。
2. 简述安全检查表和危险与可操作性分析法的主要特点和适用场合。
3. 在火灾爆炸危险分析中，为什么半定量分析法发展得较快？目前，有哪些常用的半定量分析法？简要说明它们的分析方式。

4. 道化学公司火灾爆炸危险指数法的评价过程包括哪些步骤？哪几步是关键步骤？对此应注意哪些问题？

5. 简述事故树分析法的结构特点，试结合某油罐火灾爆炸事故，分析其形成因素，并绘制事故树枝状图。

6. 事故树法是怎样分析问题的？系统各单元的可靠度应如何确定？

7. 简要说明火灾模拟中的区域模型的基本思想。构建模型时作了哪些简化？试运用CFAST程序计算某建筑单元内的火灾发展过程。

8. 爆炸后果模拟的 AutoReaGas 软件的功能有哪些？

9. 火灾爆炸可能出现哪些次生灾害？为了避免出现这些次生灾害，应注意哪些问题？

# 附 录

## 附录 A 典型火灾爆炸案例分析

### A.1 新疆克拉玛依友谊馆火灾

1994 年 12 月 8 日，新疆克拉玛依市友谊馆在进行文艺演出时发生火灾。火灾始于舞台处，在这场火灾中，共死亡 325 人，其中小学生 288 人；烧伤 130 人，其中重伤 68 人；直接经济损失约 100 万元。

#### A.1.1 友谊馆概况

友谊馆位于克拉玛依市人民公园南侧，始建于 1958 年，是前苏联派专家协助我国开发克拉玛依油田时共同建造的一座中西合璧式的中型剧场。1991 年重新装修后投入使用。友谊馆系文化事业单位，隶属于市工会下的文化艺术中心。该馆建筑为砖混结构，设有前厅、观众厅、南北过厅和舞台，建筑面积 $3556m^2$。友谊馆共有 8 个对外安全出口，西侧正门有 3 个出口，安装有铝合金卷帘门，它们的开启与闭合均用电动控制；南北两侧过厅的出口全部加装了防盗栅栏门，并上了锁。

#### A.1.2 事故概况

1994 年 12 月 7 日，新疆自治区教委组织义务教育和扫盲教育检查验收团一行 25 人，到克拉玛依市检查工作。12 月 8 日，克拉玛依市组织 15 所中小学的 15 个规范班及教师、家长等 796 人，在友谊馆进行文艺汇报演出。

演出和观看演出的 700 多名孩子的年龄均在 8～14 岁之间。演到一半时，即 18 点 20 分左右，舞台纱幕上方一排光柱灯处，突然有火花飘落。开始大家都以为是用来渲染演出气氛的焰火，但待一块如同桌布大小的幕布卷着火团掉下来时，大家才意识到起火了。

由于舞台的 13 道幕布都是高分子化纤织物，火势迅速扩大，形成立体燃烧，火场温度内迅速上升，并生产大量有毒烟气。伴随悬吊在舞台上空 15m 处的银幕、配重钢管及大量可燃物、高温灯具从空中坠落，瞬时产生了强大灼热的气浪，使火势由舞台以极快的速度向观众厅蔓延。现场灯光因电线短路而全部熄灭，近 800 人只能从仅有的一个开启着的出口疏散。然而正当人们从这唯一敞开出口涌出时，该处的卷帘门也因为停电而自动下落，将 300 多名师生关在里面，从而导致重大人员伤亡。

### A.1.3 事故原因

事故的直接原因是舞台上方的照明灯温度过高，引燃了幕布。剧场舞台的照明灯距幕布20~30cm，不符合安全规定。消防部门检查时已发现幕布被烤变颜色，要求立即整改。该馆负责人虽然在检查意见书上签字认可，却没有采取整改措施。

造成重大人员伤亡的主要原因是疏散出口被堵，致使人员无法逃生。发生火灾时，由观众厅通往过厅的6个门有2个被锁；而剧场通往室外的8个出口，只有前厅的1个外门开启，但由于该处卷帘门采取了不合理的动作程序，在人员逃生的关键时刻却自动关闭了。

疏散指挥的不当也是造成人员、尤其是儿童伤亡的重要因素。由于某些负责人盲目地指示让领导先走，造成许多孩子未能及时疏散。

### A.1.4 主要教训

（1）对于大型公共活动场所，保证人员疏散安全具有十分重要的意义，有关的安全出口必须畅通。克拉玛依友谊馆的安全出口却大部分上锁关闭，并安装防盗铁栅栏，严重妨碍了人员通行。友谊馆正面和南、北两侧共有8个出口，而平常和火灾发生时通往室外的出口，仅前厅一个外门开启，且南、北两侧疏散出口均加装了栅栏门并上锁。

（2）公共活动场所的装修必须控制火灾载荷，有些物品应用阻燃材料。但友谊馆的内部装饰装修及舞台用品大量采用有机高分子可燃材料，导致火灾增长迅速，并产生大量含有有毒气体的烟气，使现场人员短时间内便中毒窒息，丧失逃生能力。

（3）对初起火灾应当采取有效的处置措施。而友谊馆的工作人员缺乏应有的消防安全基本常识和技能，未能迅速采取有效措施，扑灭初起火灾。

（4）火灾隐患久拖不改是个突出问题。友谊馆负责人及上级主管部门对于火灾隐患缺乏认识，失职渎职。友谊馆改建未经消防设计审核和消防验收即投入使用；明知友谊馆存在火灾隐患且多次发生火险，但无人过问和解决，最终导致悲剧发生。

（5）需要加强市政消防基础设置建设。克拉玛依市的公共消防设施没有纳入城市建筑总体规划，市区只有5个消火栓，还有2处被埋压。这次救火，消防车要到5km外去加水，影响了灭火战斗。

## A.2 河南洛阳东都商厦火灾

2000年12月25日，河南省洛阳市东都商厦发生特大火灾事故。火灾是由地下二层开始的，并迅速蔓延开来，大量有毒高温烟雾通过楼梯间迅速扩散到第四层娱乐城，使其中的309人中毒窒息死亡，直接经济损失275万元。

### A.2.1　商厦概况

东都商厦位于洛阳市老城区中州东路，始建于1988年12月，1990年12月4日开业。该商厦为6层建筑，地上4层、地下2层，占地3200m²，总建筑面积17900m²，东北、西北、东南、西南角共有4部楼梯。2000年11月前，商厦的地下一、二层经营家具，地上一层经营百货、家电等，二层经营床上用品、内衣、鞋帽等，三层经营服装，四层为东都商厦的办公区及东都娱乐城。

自1996年起，东都商厦实行承包经营。1997年6月，将东都娱乐城承包给某个体业主，东都娱乐城舞厅面积460m²，定员200人。其西侧以一走道相隔，另有7间KTV包房，面积100m²；2000年11月，东都商厦又与洛阳丹尼斯量贩有限公司合作成立该公司的东都分店，以东都商厦的地下一层和地上一层为经营场所。

12月初，东都分店在装修时已将地下一层大厅中间通往地下二层的楼梯通道用钢板焊封，但在楼梯两侧扶手穿过钢板处留有两个小方孔。地下二层大厅的西南角、东北角和西北角的门为铁栅栏门，东南角为实门，当时处于关闭状态。

### A.2.2　事故基本过程

12月25日19时许，东都分店负责人为封闭楼梯扶手处的小方孔，安排无焊工资质的王某进行电焊作业。在施焊过程中没有采取任何防护措施，电焊火花由方孔溅入地下二层，引燃了绒布、海绵床垫、沙发和木制家具等物品。王某等人发现后，用室内消火栓的水枪从方孔向地下二层射水灭火。在未能扑灭的情况下，既未报警也没有通知楼上人员便逃离现场。在现场的商厦负责人及为开业准备商品的员工也见势迅速撤离，同样未及时报警和通知四层的人员。

着火时，大厅西南角的门进风，大量烟气顺着东北、西北楼梯间向楼上蔓延。而在这两处的楼梯间，自地下一层至地上三层均采用防火门、防火墙与商场分隔，于是高温烟气迅速扩散到四层的娱乐城。由于东北角的楼梯被烟气封堵，其余的3部楼梯均上锁，人员无法通行，仅有少数人员逃到靠外墙的窗户处才得获救。

21时35分、21时38分，洛阳市消防支队119和公安局110相继接到报警，立即调集800余名消防官兵和公安民警、30余台消防车辆进行扑救。22时50分，火势得到有效控制；26日零时37分，大火被完全扑灭。

### A.2.3　事故原因

事故的直接原因是东都分店安排无证人员进行非法施焊。施焊人员明知商厦地下二层存有大量可燃家具，却未采取任何防护措施。发生火灾后，肇事人员和在现场的领导、职工既不报警，也不通知四层东都娱乐城人员撤离，使其中的许多人员丧失及时逃生的机会。

事故的基础原因是商厦存在的重大火灾隐患。商厦的地下二层和地上第四层没有防火分隔，地下二层没有自动喷水灭火系统，火灾自动报警系统已被损坏。东都商厦还沿其西墙兴建了南北长约60m、宽2.4~2.6m、总面积约150m² 的门面房，占用了商厦唯一的消防车通道，严重妨碍了灭火救援工作的开展。

商厦的娱乐城无照经营、超员纳客是造成众多人员死亡的重要原因。该娱乐城2年未参加年检，故自1998年2月28日后属无照经营。该娱乐城纳客定额为200人，但在2000年12月25日圣诞节之夜，娱乐城无限制出售门票及赠送招待票，致使参加娱乐人员高达350多人。娱乐城的4个疏散通道中有3个被铁栅栏封堵，导致人员无路逃生。

### A.2.4 主要教训

（1）东都商厦被多个单位分别承包使用，但承包单位对大厦的消防安全工作的职责不清，消防安全管理制度不健全、不落实。原本为一个整体的建筑却缺乏统一的、系统的安全管理，出现了一些消防安全管理的空白区，为事故的发生埋下重大隐患。

（2）东都商厦领导和管理人员的消防法制观念和消防安全意识也极为淡薄，对于严重的火灾隐患久拖不改，对于消防安全主管部门提出的多次整改要求，均以经济困难或影响经营为由拒不整改。商厦对职工没有进行有效的安全教育，使得相当多的人消防安全意识淡漠。

（3）事故还反映出该商厦员工缺乏火灾安全知识，在没有任何保护的情况下轻易的进行动火作业，发生事故后又处理失当，光顾自己逃离，不进行必要的报警。因此需要大力加强对企事业单位的法人、防火安全管理人员、易燃易爆等特定岗位和工种人员的消防安全培训，增强其自防自救能力。

## A.3 深圳清水河仓库火灾爆炸事故

1993年8月5日，深圳市安贸危险品储运公司清水河仓库的4号库首先发生火灾。火灾的扩大引起连续爆炸，而爆炸的发生又使火灾大范围蔓延。前后共发生2次大爆炸和7次小爆炸，18处起火燃烧，在这起事故中共死亡15人，受伤873人，其中重伤136人，烧毁、炸毁建筑物面积39000m² 和大量化学物品，直接经济损失约2.5亿元。

### A.3.1 仓库概况

清水河危险品仓库位于深圳市的北部，共有7幢库房，见图A-1。主要用于存储硝酸铵、碳酸钡、高锰酸钾、过硫酸钠、漂白粉、染料、甲苯、乙醇、二甲苯、火柴、打火机、双氧水等。最先发生爆炸的 4 号库内当时存有高锰酸钾 10t、硫化碱 60t、过硫酸铵 20t、多孔颗粒状硝酸铵 50t、普通硝酸铵 15.7t、碳酸钡 60t、火柴 3000 箱。4 号库的北面有 34 幢食品干货仓，东面 100m 处露天堆放着 1000 多 $m^3$ 的木材，西面 30m 处是装满液化石油气的 18 节槽罐车，南面约 20m 的 2 号库内是装有 120t 双氧水的储罐，西南角约 200m 处是深圳市储量最大的液化石油气罐区。

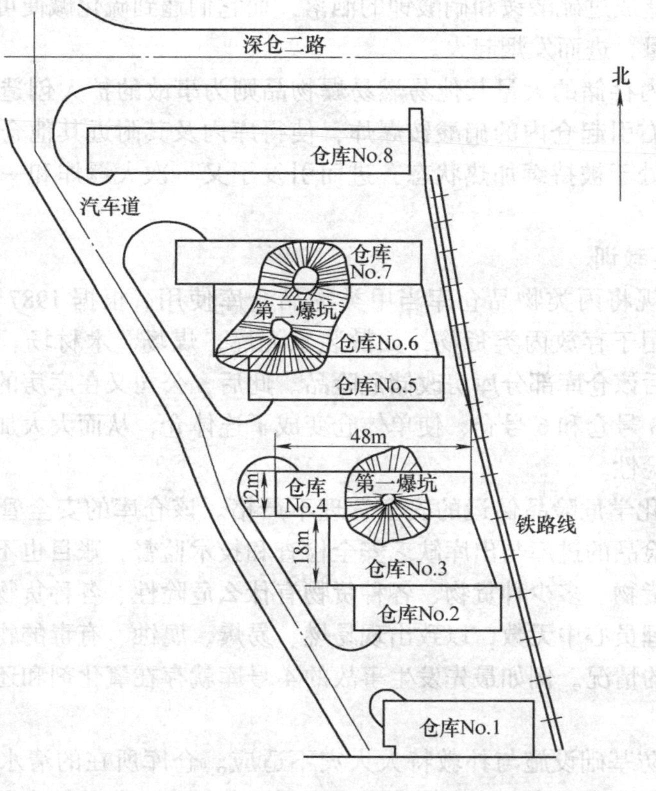


图 A-1　清水河仓库事故现场的平面图

### A. 3. 2　事故基本过程

8 月 5 日 13 时 10 分左右，4 号库内的东北角冒烟、起火，引燃仓内堆放的可燃物；13 时 26 分发生第一次爆炸，彻底摧毁了 2、3、4 号连体仓；强大的冲击波还严重破坏了附近货仓，致使多种化学危险品暴露出来；约 1h 后，即 14 时 27 分，5、6、7 号连体仓发生第二次爆炸；爆炸又将带火飞散物抛洒到数百米之外，引燃了距爆炸中心 250m 处木材堆场约 3000$m^3$ 的木质地板块、300m 处 6 个四层楼高的干货仓、400 ~ 500m 处 3 个山头上的树木等。为扑救这起火灾，广东省共调动 9 个市的各种消防车 132 辆、1100 多名消防指战员投入灭火战斗，至 8 月 6 日 16 时左右将大火基本扑灭，8 月 8 日 22 时完全扑灭残火。大火持续了约16h。

### A.3.3 事故原因

据调查分析，事故的直接原因是4号库内混存的氧化剂与还原剂接触引发的。该库房中的货物堆放密集，周转频繁。8月5日上午，库内东北角处的“过硫酸铵”有20t经仓库中间通道运走，且尚存20t；中午又加班装运硝酸钾，尚未装完就发生了事故。在装运过程中，发生过坠袋、翻袋现象，这种撞击过程可能造成过硫酸铵和硝酸钾的洒落，而它们遇到硫化碱便可迅速发生反应，放出热量，进而发烟起火。

该库房内存储的大量其他易燃易爆物品则为事故的扩大创造了条件。起火20min左右引起仓内的硝酸铵爆炸，使得库内及其附近其他仓库内多种易燃易爆物质处于被持续加热状态，进而引发了又一次大爆炸和一连串的其他事故。

### A.3.4 主要教训

(1) 违规将丙类物品仓库当甲类物品仓库使用。根据1987年的建设规划，该仓库用于存放丙类货物，如散装水泥库、煤场、木材场、其他丙类干货，但2年后该仓库部分库房改储危险品。此后，公司又在库房的防火间距中私自搭建了3号仓和6号仓，使单体仓变成了连体仓，从而大大加剧了仓库的火灾爆炸危险性。

(2) 对化学危险品储运的安全管理不严格。该仓库的安全管理制度不健全，化学危险品的进库与出库缺乏安全检查和技术监督，账目也不清。故在仓库存放什么货物、多少种货物、各种货物有什么危险性、各种货物有多少数量等，仓库管理员心中无数，以致出现易燃、易爆、腐蚀、有毒的物品同库堆放或毗邻储存的情况。例如最先发生事故的4号库就存在氧化剂和还原剂的混储问题。

(3) 消防基础设施与扑救特大火灾不适应。仓库所在的清水河地区是缺水区，库区内虽然有消火栓，但水压达不到设备正常工作的标准要求。仓库改为危险品仓库后，没有改善消防供水设施，消防水池没水，同时还缺乏必要的灭火器材，致使发生火灾后无法扑救初期火灾，只靠消防车运水，无法适应扑灭大火的需要。

(4) 对火灾危险缺乏认识，且缺乏应急准备。该仓库是大型的危险物品储运场所，但对火灾爆炸危险性的认识严重不足，对于已查出的重大火险隐患没有及时整改，且没有消防应急预案。对于发生火灾没有自救能力，且在消防队赶到现场时，仓库竟没有人能为消防队提供可靠的现场情况，致使灭火工作进展不力。

## A.4 北京东方化工厂火灾爆炸事故

1997 年 6 月 27 日，北京东方化工厂储罐区发生爆炸火灾，这是一起由易燃易爆物品泄漏引发的特大事故，不仅彻底摧毁了泄漏油品的储罐，而且对周围的设施造成严重破坏。事故中 9 人死亡，39 人受伤，直接经济损失 1.2 亿元。

### A.4.1 储罐区概况

东方化工厂油品罐区的平面布置如图 A-2 所示，区内共有 31 台储罐，分三部分区域。东部为原料油储罐，包括 2 台轻装柴油罐和 4 台石脑油罐，每台的容量为 10000$m^3$；中部为 12 台产品和中间产物储罐，每台容量为 1000～2000$m^3$，装有氢油气、裂解汽油、调质汽油、C9、燃料油、乙二醇等；西部为 13 台主要盛装产品的储罐，每台容量为 650～1000$m^3$。

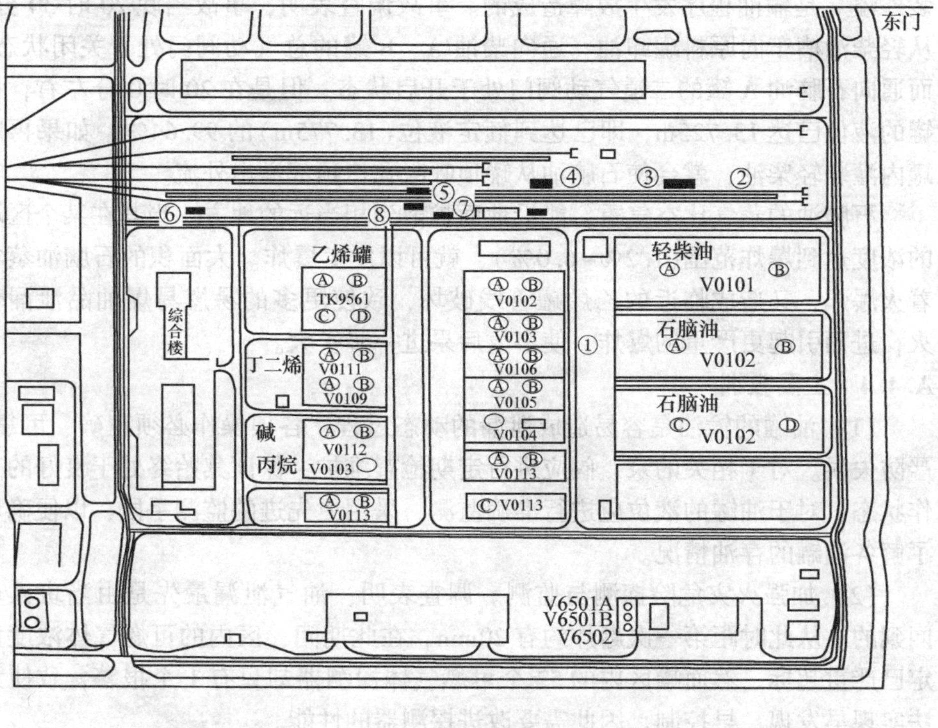


图 A-2 东方化工厂油品罐区的平面布置示意图

### A.4.2 事故过程

6 月 27 日 21 时 05 分左右，在罐区当班的卸车人员闻到异味。21 时 10 分左右，罐区操作室的仪表盘显示可燃气体报警信号。21 时 26 分左右，石脑油 A 罐区附近可燃物发生燃烧爆炸，其中卸油泵房爆炸破坏最严重。

这次爆炸对周围环境产生了巨大冲击和震动破坏，引起新的可燃物泄漏并被引燃，火势迅速扩展，乙烯 B 罐因被烧烤出现塑性变形开裂。21 时 42 分左右，该罐中的液态乙烯突沸爆炸(BLEVE)。此次爆炸的破坏强度更大，该罐体被炸成 7 块，向四外飞散，打坏管网，并引起新的火源；与乙烯 B 罐相邻的 A 罐被爆炸冲击波向西推倒，罐底部的进出料管线断裂，大量液态乙烯从管口喷出后遇火燃烧；乙烯 B 罐东北角 80m 的油泵房、东南角 350m 的油水分离站均被掀翻。爆炸冲击波还对其他管网、建筑物和铁道上油罐车等造成破坏。

北京市 1000 余名消防官兵参加了扑救，经过 40 多小时的战斗，至 1997 年 6 月 30 日 4 时 55 分大火才被扑灭。

### A. 4. 3 事故原因

事故的直接原因是石脑油 A 罐的“满装外溢”引起的，而造成该罐“满装外溢”是输油程序发生故障造成的。事故调查表明，事故当晚 20 时 30 分，从轻柴油槽车向原料罐卸油。通向柴油 A、B 罐的总气动阀门处于关闭状态，而通向石脑油 A 罐的二道气动阀门处于开启状态。但是在 20 时 0 分左右，该罐的液位已达 13. 725m，即已达到额定液位(13. 775m)的 99. 64%，如果再向罐内灌装轻柴油，就会使石脑油从罐顶呼吸孔口顶部溢出外流。

石脑油的蒸气比空气重，能沿地面扩散到相当远的地方。当其在某个区域的浓度达到爆炸范围(1. 2%~6. 0%)，就可以发生爆炸。大面积的石脑油蒸气着火爆炸，又造成临近的乙烯罐管线破坏，致使更多的易燃易爆油品泄漏着火，进而引起更严重的爆炸，使事故后果进一步扩大。

### A. 4. 4 主要教训

(1) 油罐的输油是容易造成泄漏的动态过程，各项操作必须正确、可靠，严防失误。对于相关的泵、阀应进行定期检查维护，保证其始终处于良好的工作状态；对于油罐的液位应进行准确监测，采用更先进的监测手段，以便确切了解各油罐的存油情况。

(2) 加强火灾危险探测与监测。调查表明，油气泄漏最先是由当班人员闻到的。从此时距第一次爆炸约有 20min，在此期间，区内的可燃气体浓度肯定已严重超标。然而罐区内的 52 个可燃气体探测器却只有 1 个报警，致使无法实现早发现、早控制。因此需要改进探测器的性能。

(3) 石油产品储罐区为甲类防火区，必须格外注意防火防爆安全，严禁火源。引发可燃物着火肯定是出现了某种火源，需要更细致的检查。同时使用的仪表应为本质安全型。

(4) 乙烯的火灾危险性大，属于甲类危险品。其储罐应当单独布置，不应与常压油罐建在一起。且球形罐和常压罐亦应分开设置。

## A.5　珠海市裕新织染厂火灾事故

2004年6月16日下午，珠海市前山裕新织染厂发生特大火灾事故。在火灾中死亡93人，其中工人90人、香港员工2人、消防队员1人；受伤156人，其中重伤48人；毁坏厂房18135$m^2$及大量的原材料、设备等，直接经济损失9515万元。

### A.5.1　工厂概况

裕新织染厂位于珠海市前山工业片区内，为中外合作企业。起火的A座厂房是1991年12月报审的，1992年6月开始动工兴建。该建筑物长100.75m，宽30m，总高29.7m，建筑面积1.8万余$m^2$，在纵向中轴处设有变形伸缩缝，耐火等级为一级(耐火极限3h)。该项工程于1994年1月26日通过土建验收，钢筋、水泥等原材料及混凝土强度均符合有关标准和设计要求，但消防设施等尚未完工。

由于厂房的土建工期延误了半年，而外商急于投产，前山工业集团公司未征求消防部门意见就批准投产。并将厂房的一楼生产车间不作改造就改为棉花仓库，存放了棉花1750t，又将10多桶易燃的柴油与棉花混放在一起。厂房的自动喷淋设施和消火栓也未能按报审时的设计施工图安装。

### A.5.2　事故概况

2004年6月16日下午，珠海市天安消防工程安装公司6名工人在该厂的A厂房一楼棉仓安装消防自动喷淋系统，使用冲击钻钻孔装角码。16时30分左右，在移动钻孔位置用手拉夹在棉堆缝中的电源线时，造成电线短路，造成棉堆冒烟起火。在场的工人不会使用灭火器，致使火势迅速蔓延。在二至六楼上班的工人，见到有烟上楼，即自动跑出厂房。

16时45分，珠海拱北消防中队接报后，立即出动赶到火场灭火。市消防局先后调集4个消防中队24台消防车参加灭火。16日19时至17日凌晨1时，省消防局又先后调集了中山、佛山、广州市的消防支队28台消防车、222名消防人员到场灭火。由于棉花燃烧速度快，风大火猛，厂区无消防栓，消防车要到3km以外取水，给扑救工作增加了很大困难。经过奋勇扑救，到17日凌晨3时，大火基本扑灭。

17日凌晨3时30分，中山、佛山、广州市消防支队相继撤离，珠海市留下一个中队40多人、4台消防车继续扑灭余火。由于紧扎的棉包仍在阴燃，为有效地消灭火种，灭火指挥部先后调来8台挖掘机和推土机进入厂房将阴燃的棉包铲出。8时左右，厂方先后2次共派出50多名工人到三楼协助消防人员清理火种。13时左右，厂方又自动组织400多名工人进入火场搬运残存的棉包。14时10分，A厂房西半部突然发生倒塌，造成大量人员伤亡。

厂房倒塌后，珠海市立即成立了现场抢救指挥部，动员16000多人和大批车辆、机械参加抢救工作，千方百计抢救被埋在废墟中的人员和遗体，先后抢救出6位工人。为清除隐患，于20日17时21分，用定向爆破法将东半部危楼炸毁。

### A.5.3 事故原因

起火的直接原因是在棉花仓库用冲击钻打孔时，电线短路引燃了仓库的棉花，这是引起火灾的直接原因。该厂房消防设施尚未竣工验收，但建设方就提前将其交付给织染厂使用，造成边施工、边生产。而厂方将纺织车间作为棉仓，堆放大量的棉花，并在库内存放柴油、氧气瓶等，当电线短路引燃棉花时，氧气瓶发生爆炸，加剧了火势的发展。

在场的安装工人和厂方职工缺乏灭火常识，自救能力差，未能有效控制火灾蔓延。加上厂内缺乏消防用水，消防队要到离火场3km以外的地方取水，未能将初始火灾扑灭，从而造成火灾迅速扩大。

A厂房的土建工程验收合格。但被大火持续焚烧10多个小时后，厂房结构已严重受损，加之扑救大火时向二、三楼喷射了大量的水，使二楼以上的荷载大大增加。在大火基本扑灭后使用多台履带式的推土机、挖掘机在厂房内搬运棉花，又产生较强的震动，在这些因素的综合作用下致使厂房倒塌。楼房的倒塌是造成重大人员伤亡的主要原因。

### A.5.4 主要教训

（1）必须坚决执行生产性项目的安全卫生设施建设与主体工程建设“三同时”的规定。裕新厂A厂房边建设、边生产，存在大量火灾隐患。在消防系统未安装好的情况下就发生火灾，自然无法迅速控制火灾。

（2）必须狠抓重大火险隐患的整改。裕新厂存在消防水源不足等问题，当地消防部门早已发现，并2次下达整改通知书。但整改一直没有落实，火灾发生时，消防水池没有水。

（3）必须加强消防基础设施的配套建设，尤其是对先天不足的工业区必须下决心进行改造。这次火灾开始时火势不大，市消防队在十几分钟后就赶到现场，但由于厂区水源严重不足，要到3km外的地方去取水，以致大火越烧越旺。

（4）当地的专职消防队伍不足，远远不能适应经济发展的需要。在裕新厂大火得到控制、外地消防队撤离之后，珠海市的消防队伍已经奋战了十几个小时，精疲力竭，不得不组织部分工人灭火。而厂方则组织了过多的工人进场，却没有采取有效的防险应急措施，以致厂房倒塌时造成大量人员伤亡。

(5) 棉花包着火后不易迅速扑灭，仍可持续较长时间的阴燃。余火清理是一项繁重的工作。现场指挥对经过长时间燃烧后厂房的受损的严重程度估计不足，因而对厂房的倒塌没有防备。需要提高灭火的科学性，并采取有效的防险措施。

## A.6　孙家湾煤矿海州立井瓦斯爆炸事故

2005 年 2 月 14 日 15 时 01 分，辽宁省阜新矿业(集团)有限责任公司孙家湾煤矿海州立井发生特大瓦斯爆炸事故。事故发生地点为该井的 3316 准备工作面的架子道，殃及相邻的其他工作面。此次事故共造成 214 人死亡，30 人受伤，直接经济损失 4968.9 万元。

### A.6.1　煤井概况

阜矿集团公司于 2002 年 6 月 13 日组建，为省管国有企业。其所属的孙家湾煤矿海州立井位于辽宁省阜新市南 10km。2004 年 12 月 29 日，国土资源部对海州立井核发了采矿许可证，生产规模为 150 万 t/年。

海州立井井田的工业储量 6656 万 t，可采储量 3222 万 t，可采煤层 4 组。现有 2 个生产采区，即 331 采区和 242 采区，共有 2 个采煤工作面和 3 个掘进工作面。该立井属高瓦斯矿井，其绝对瓦斯涌出量为 $23.01m^3/min$。立井通风方式为中央并列抽出式，总入风量为 $4705m^3/min$，总回风量为 $4957m^3/min$。井下有移动抽放泵 3 台，瓦斯传感器 26 台，多功能断电仪 15 台，对井下采掘工作面及硐室进行监测监控。

3316 准备工作面的架子道是 3316 掘进工作面的回风道，平巷 15m，斜巷 50m，于 2004 年 9 月 23 日开始施工，2004 年 11 月 4 日与 3316 风道贯通。事故地点为平巷段，设计断面为 $10.2m^2$，采用锚杆、锚网锚索联合支护。

### A.6.2　事故过程及抢救经过

2 月 14 日上午，孙家湾海州立井正常作业。14 时 49 分，3316 外风道掘进工作面突然发生矿震，地面瓦斯通风检测突然没有显示。当时，有一包工队在 3316 工作面作业，他们有 1 台 40T 型刮板输送机、1 台 JH—8 型回转绞车、3 台正在运行的开关和 1 台照明信号综合保护装置。事故应当是由该处的违章作业引起的。

15 时 03 分，孙家湾煤矿调度室接到海州立井调度室汇报井下发生事故。15 时 25 分，矿调度室向局调度室汇报，请求救护队救援，同时向井下另一个采区即 242 采区发出紧急撤离人员的通知，并组织各区队做好抢险救灾准备。

15 时 50 分，阜矿集团公司救护大队的 5 个救护小队赶赴事故矿井，随即又组织 3 个备班小队相继到达事故现场。21 日 23 时 55 分，抢险救灾工作基本结束。

### A.6.3 事故原因

事故的直接原因是工人违章带电操作引发的。当时，冲击地压造成矿井的3316风道外段大量瓦斯异常涌出，而3316风道里段的掘进工作面局部停风，造成瓦斯积聚，瓦斯浓度达到爆炸界限。恰在此时，工人却违章带电检修该处临时配电点的照明信号综合保护装置，产生电火花引起瓦斯爆炸。

事故的间接原因主要有改扩建工程违反规定，机电管理、安全管理都较混乱。

海州立井改扩建时，擅自修改设计，增加在3315皮带道与3316风道之间的联络巷，使3315工作面与3316风道掘进面没有形成独立的通风系统，为灾害扩大创造了条件。而有关部门对此问题安全监察不到位。

海州立井的外包工队井下特殊工种长期无证上岗，瓦斯监控系统维护与检修制度不落实。如地面瓦斯监控系统声音报警功能出现故障长达4个月没有进行维修，致使事故当天不能发出声音报警。该起事故中产生火源的照明综合保护装置入井前未进行检验，致使假冒MA标志的机电设备下井运行。

海州立井的安全管理也比较混乱。例如海州立井配备有自救器和便携式甲烷监测仪，但基本无人佩带；担任矿生产值班任务的安监科科长擅自离开工作岗位，直至发生事故才回到工作岗位；瓦斯监控值班室值班人员及有关负责人，在瓦斯监控系统报警后长达11min时间内，没有按规定实施停电撤人措施；防治冲击地压部门没有严格执行有关定期做好冲击地压的预测预报工作。

### A.6.4 主要教训

（1）必须严格按照矿井核定的生产能力组织生产，加强生产技术和改扩建工程管理，防止超能力生产、采掘接替严重失调的情况；同时要规范采区设计，使不同的工作面形成独立的通风系统，并严格按照作业规程施工。

（2）要确保矿井的瓦斯监控系统完好运行，做到瓦斯监控系统准确、可靠，并在瓦斯超限时能及时有效断电。建立健全机电设备的进货、入井检查和检修制度，严防假冒伪劣机电产品下井运行。

（3）加强劳动组织管理，制订并严格执行好对外包工队的承包、管理制度，尤其要加强对机电安装等特殊工种的培训，做到持证上岗；严格落实煤矿井下作业的有关规定，控制入井人员数量，杜绝多工种交叉作业。

（4）建立健全各种安全管理制度，并采取有效措施保证制度严格落实，加强对各工种人员的安全技术培训，增强职工的安全意识和处理险情的能力，杜绝井下不携带自救器和便携甲烷检测仪等安全装备的现象。

# 附录 B　108 种物质的燃烧爆炸安全参数

表 B-1　108 种物质的燃烧爆炸参数

| 名　称 | 燃爆危险度 | 最大爆炸压力/$10^5$ Pa | 燃爆下限(%) | 燃爆上限(%) | 蒸气相对密度(空气为1) | 闪点/℃ | 自燃点/℃ |
|---|---|---|---|---|---|---|---|
| 氢 | 17.9 | 7.4 | 4 | 75.6 | 0.07 | 气态 | 560 |
| 一氧化碳 | 4.9 | 7.3 | 12.57 | 74.2 | 0.97 | 气态 | 605 |
| 二硫化碳 | 59 | 7.8 | 1 | 60 | 2.64 | < -20 | 102 |
| 硫化氢 | 9.9 | 5 | 4.3 | 45.5 | 1.19 | 气态 | 270 |
| 呋喃 | 5.2 | — | 2.3 | 14.3 | 2.35 | < -20 | 390 |
| 噻吩 | 7.3 | — | 1.5 | 12.5 | 2.9 | -9 | 395 |
| 吡啶 | 5.2 | — | 1.7 | 10.6 | 2.73 | 17 | 550 |
| 尼古丁 | 4.7 | — | 0.7 | 4 | 5.6 | — | 240 |
| 萘 | 5.5 | — | 0.9 | 5.9 | 4.42 | 80 | 540 |
| 顺萘 | 6 | — | 0.7 | 4.9 | 4.77 | 61 | 260 |
| 四乙基铅 | — | — | 1.6 | — | 11.1 | 80 | — |
| 城市煤气 | 6.5 | 7 | 1 | 30 | 0.5 | 气态 | 560 |
| 标准汽油 | 5.4 | 8.5 | 1.1 | 7 | 3.2 | < -20 | 260 |
| 照明煤油 | 12.3 | 8 | 0.6 | 8 | — | ≥40 | 220 |
| 喷气机燃料 | 10.7 | 8 | 0.6 | 7 | 5 | <0 | 220 |
| 柴油 | 9.8 | 7.5 | 0.6 | 5 | 7 | — | — |
| 甲烷 | 2 | 7.2 | 5 | 15 | 0.55 | 气态 | 595 |
| 乙烷 | 3.2 | — | 3 | 12.5 | 1.04 | 气态 | 515 |
| 丙烷 | 3.5 | 8.6 | 2.1 | 9.5 | 1.56 | 气态 | 470 |
| 丁烷 | 4.7 | 8.6 | 1.5 | 8.5 | 2.05 | 气态 | 365 |
| 戊烷 | 4.6 | 8.7 | 1.4 | 7.8 | 2.49 | < -20 | 285 |
| 己烷 | 4.8 | 8.7 | 1.2 | 6.9 | 2.79 | < -20 | 240 |
| 庚烷 | 2.1 | 8.6 | 1.1 | 6.7 | 3.46 | -4 | 215 |
| 辛烷 | 5 | — | 0.8 | 6.5 | 3.94 | 12 | 210 |
| 壬烷 | 7 | — | 0.7 | 5.6 | 3.43 | 31 | 205 |
| 癸烷 | 6.7 | 7.5 | 0.7 | 5.4 | 4.9 | 46 | 205 |
| 硝基甲烷 | 7.9 | — | 7.1 | 63 | 2.11 | 36 | 415 |
| 氯甲烷 | 1.6 | — | 7.1 | 18.5 | 1.78 | 气态 | 625 |
| 二氯甲烷 | 0.7 | 5 | 13 | 22 | 2.93 | — | 605 |
| 氯乙烷 | 3.1 | — | 3.6 | 14.8 | 2.22 | 气态 | 510 |
| 二氯乙烷 | 1.6 | — | 6.2 | 16 | 3.42 | 13 | 440 |
| 正氯丁烷 | 4.5 | 8.8 | 1.8 | 10.1 | 3.2 | -12 | 245 |

（续）

| 名　称 | 燃爆危险度 | 最大爆炸压力/$10^5$Pa | 燃爆下限(%) | 燃爆上限(%) | 蒸气相对密度(空气为1) | 闪点/℃ | 自燃点/℃ |
|---|---|---|---|---|---|---|---|
| 甲基戊烷 | 4.8 | — | 1.2 | 7 | 2.97 | < -20 | 300 |
| 二乙基戊烷 | 7.1 | — | 0.7 | 5.7 | 4.43 | — | 290 |
| 环丙烷 | 3.3 | — | 2.4 | 10.4 | 1.45 | 气态 | 495 |
| 环丁烷 | — | — | 1.8 | — | 1.93 | 气态 | — |
| 环已烷 | 5.9 | 8.6 | 1.2 | 8.3 | 2.9 | -18 | 260 |
| 环氧乙烷 | 37.5 | 8.9 | 2.6 | 100 | 1.52 | 气态 | 440 |
| 乙烯 | 9.6 | 8.9 | 2.7 | 28.5 | 0.97 | 气态 | 425 |
| 丙烯 | 4.9 | 8.6 | 2 | 11.7 | 1.49 | 气态 | 455 |
| 丁烯 | 4.8 | — | 1.6 | 9.3 | 1.94 | 气态 | 440 |
| 戊烯 | 5.2 | — | 1.4 | 8.7 | 2.42 | < -20 | 290 |
| 丁二烯 | 8.1 | 7 | 1.1 | 10 | 1.87 | 气态 | 415 |
| 苯乙烯 | 4.5 | 6.6 | 1.1 | 6.1 | 3.59 | 32 | 490 |
| 氯丙烯 | 2.6 | — | 4.5 | 16 | 2.63 | < -20 | — |
| 顺式二丁烯 | 4.7 | — | 1.7 | 9.7 | 1.94 | 气态 | — |
| 乙炔 | 53.7 | 103 | 1.5 | 82 | 0.9 | 气态 | 335 |
| 丙炔 | — | — | 1.7 | — | 1.38 | 气态 | — |
| 丁炔 | — | — | 1.4 | — | 1.86 | < -20 | — |
| 苯 | 57 | 9 | 1.2 | 8 | 2.7 | -11 | 555 |
| 甲苯 | 4.8 | 6.8 | 1.2 | 7 | 3.18 | 6 | 535 |
| 乙苯 | 6.8 | — | 1 | 7.8 | 3.66 | 15 | 430 |
| 丙苯 | 6.5 | — | 0.8 | 6 | 4.15 | 39 | 450 |
| 丁苯 | 6.3 | — | 0.8 | 5.8 | 4.62 | — | 410 |
| 二甲苯 | 5.4 | 7.8 | 1.1 | 7 | 3.66 | 25 | 525 |
| 三甲苯 | 5.4 | — | 1.1 | 7 | 4.15 | 50 | 485 |
| 三联苯 | 3.9 | — | 0.7 | 3.4 | 5.31 | 113 | 570 |
| 甲醇 | 7 | 7.4 | 5.5 | 44 | 1.1 | 11 | 455 |
| 乙醇 | 3.3 | 7.5 | 3.5 | 15 | 1.59 | 12 | 425 |
| 丙醇 | 5.4 | — | 2.1 | 13.5 | 2.07 | 15 | 405 |
| 丁醇 | 6.1 | 7.5 | 1.4 | 10 | 2.55 | 29 | 340 |
| 异戊醇 | 5.7 | — | 1.2 | 8 | 3.04 | -30 | — |
| 乙二醇 | 15.6 | — | 3.2 | 53 | 2.14 | 111 | 410 |
| 氯乙醇 | 2.2 | — | 5 | 16 | 2.78 | 55 | 425 |
| 甲基丁醇 | 4.5 | — | 1.2 | 8 | 3.04 | 34 | 340 |
| 甲醛 | 9.4 | — | 7 | 73 | 1.03 | 气态 | — |
| 乙醛 | 13.3 | 7.3 | 4 | 57 | 1.52 | < -20 | 140 |
| 丙醛 | 8.1 | — | 2.3 | 21 | 2 | < -20 | — |
| 丁醛 | 7.9 | 6.6 | 1.4 | 12.5 | 2.48 | < -5 | 230 |
| 苯甲醛 | — | — | 1.4 | — | 3.66 | 64 | 190 |
| 丁烯醛 | 6.4 | — | 2.1 | 15.5 | 2.41 | 13 | 230 |

（续）

| 名　　称 | 燃爆危险度 | 最大爆炸压力/$10^5$Pa | 燃爆下限（%） | 燃爆上限（%） | 蒸气相对密度（空气为1） | 闪点/℃ | 自燃点/℃ |
|---|---|---|---|---|---|---|---|
| 糠醛 | 8.2 | — | 2.1 | 19.3 | 3.31 | 60 | 315 |
| 甲酸甲酯 | 3 | — | 5 | 20 | 2.07 | < -20 | 450 |
| 甲酸乙酯 | 4 | — | 2.7 | 13.5 | 2.55 | 20 | 440 |
| 甲酸丁酯 | 3.7 | — | 1.7 | 8 | 3.52 | 18 | 320 |
| 甲酸异戊酯 | 4.9 | — | 1.7 | 10 | 4.01 | 22 | 320 |
| 乙酸甲酯 | 4.2 | 8.8 | 3.1 | 16 | 2.56 | -10 | 475 |
| 乙酸乙酯 | 4.5 | 8.7 | 2.1 | 11.5 | 3.04 | 4 | 460 |
| 乙酸丙酯 | 3.7 | — | 1.7 | 8 | 3.52 | 10 | — |
| 乙酸丁酯 | 5.3 | 7.7 | 1.2 | 7.5 | 4.01 | 25 | 370 |
| 乙酸异戊酯 | 9 | — | 1 | 10 | 4.49 | 25 | 380 |
| 丙酸甲酯 | 4.4 | — | 2.4 | 13 | 3.3 | -2 | 465 |
| 异丁烯酸甲酯 | 5 | 7.7 | 2.1 | 12.5 | 3.45 | 10 | 430 |
| 硝酸乙酯 | — | >10.5 | 3.8 | — | 3.14 | 10 | — |
| 二甲醚 | 5.2 | — | 3 | 18.6 | 1.59 | 气态 | 240 |
| 甲乙醚 | 4.1 | 8.5 | 2 | 10.1 | 2.07 | 气态 | 190 |
| 乙醚 | 20 | 9.2 | 1.7 | 36 | 2.55 | < -20 | 170 |
| 二乙烯醚 | 14.9 | — | 1.7 | 27 | 2.41 | < -20 | 360 |
| 二异丙醚 | 20 | 8.5 | 1 | 21 | 3.53 | < -20 | 405 |
| 二正丁基醚 | 8.4 | — | 0.9 | 8.5 | 4.48 | 25 | 175 |
| 丙酮 | 4.2 | 5.5 | 2.5 | 13 | 2 | < -20 | 540 |
| 丁酮 | 4.3 | 8.5 | 1.8 | 9.5 | 2.48 | -1 | 5.5 |
| 环己酮 | 4.2 | — | 1.3 | 9.4 | 3.38 | 43 | 430 |
| 氯 | 43 | — | 6 | 32 | 1.8 | 气态 | — |
| 氰氢酸 | 7.6 | 9.4 | 5.4 | 46.6 | 0.93 | < -20 | 535 |
| 乙腈 | — | — | 3 | — | 1.42 | 2 | 525 |
| 丙腈 | — | — | 3.1 | — | 1.9 | 2 | — |
| 丙烯腈 | 9 | — | 2.8 | 28 | 1.94 | < -20 | — |
| 氨 | 0.9 | 6 | 15 | 28 | 0.59 | 气态 | 630 |
| 甲胺 | 3.1 | — | 5 | 2.07 | 1.07 | 气态 | 475 |
| 二甲胺 | 4.1 | — | 2.8 | 14.4 | 1.55 | 气态 | 400 |
| 三甲胺 | 4.8 | — | 2 | 11.6 | 2.04 | 气态 | 190 |
| 乙胺 | 3 | — | 3.5 | 14 | 1.55 | 气态 | — |
| 二乙胺 | 4.9 | — | 1.7 | 10.1 | 2.53 | < -20 | 310 |
| 丙胺 | 4.2 | — | 2 | 10.4 | 2.04 | < -20 | 320 |
| 二甲基联胺 | 7.3 | — | 2.4 | 20 | 2.07 | -18 | 240 |
| 乙酸 | 3.3 | 54 | 4 | 17 | 2.07 | 40 | 485 |
| 樟脑 | 6.5 | — | 0.6 | 4.5 | 5.24 | 66 | 250 |

# 附录C 生产与储存物品火灾危险性的分类

表C-1 生产的危险性分类

| 生产类别 | 火灾危险性特征 |
|---|---|
| 甲 | 使用或产生下例物质的生产：<br>（1）闪点<28℃的液体<br>（2）爆炸下限<10%的气体<br>（3）常温下能自行分解或在空气中氧化即能导致自燃或爆炸的物质<br>（4）常温下受到水或空气中水蒸气的作用，能产生可燃气体并引起燃烧或爆炸的物质<br>（5）遇酸、受热、撞击、摩擦、催化以及遇有机物或硫磺等易燃的无机物，极易引起燃烧或爆炸的强氧化剂<br>（6）受撞击、摩擦或与氧化剂、有机物接触时能引起燃烧或爆炸的物质<br>（7）在密闭容器内操作温度等于或超过物质本身燃点的生产 |
| 乙 | 使用或产生下列物质的生产：<br>（1）闪点≥28℃至<60℃的液体<br>（2）爆炸下限≥10%的气体<br>（3）不属于甲类的氧化剂<br>（4）不属于甲类的化学易燃危险固体<br>（5）助燃气体<br>（6）能与空气形成爆炸性混合物的浮游状态的粉尘、纤维以及闪点<60℃的液态雾滴 |
| 丙 | 使用或产生下列物质的生产：<br>（1）闪点≥60℃的液体<br>（2）可燃固体 |
| 丁 | 具有下列情况的生产：<br>（1）对非燃烧物质进行加工，并在高热或熔化状态下经常产生辐射热、火花或火焰的生产<br>（2）利用气体、液体、固体作为燃料或将气体、液体进行燃烧作其他用途的各种生产<br>（3）常温下使用或加工难燃烧物质的生产 |
| 戊 | 常温下使用或加工非燃烧物质的生产 |

注：1. 在生产过程中，如使用或产生易燃、可燃物质的量较少，不足以构成爆炸或火灾危险时，可以按实际情况确定其存在危险性的类别。

2. 一座厂房的防火分区内有不同性质的生产时，其分类应按火灾危险性较大的部分确定，但火灾危险性较大的部分占本层或本防火分区面积的比例小于5%（丁、戊类生产厂房的油漆工段小于10%），且发生事故时不足以蔓延到其他部位，或采取防火设施能防止火灾蔓延时，可按存在危险性较小的确定。

3. 生产的火灾危险性分类举例见附表C-2。

表 C-2　生产的火灾危险性分类举例

| 生产类别 | 举　例 |
| --- | --- |
| 甲 | (1) 闪点<28℃的油品和有机溶剂的提炼、回收或洗涤工段及其泵房，橡胶制品的涂胶和胶浆部位，二硫化碳的粗馏、精馏工段及其应用部位，青霉素提炼部位，原料药厂的非纳西汀车间的烃化、回收及电感精馏部位，皂素车间的抽提，结晶及过滤部位，冰片精制部位，农药厂乐果厂房，敌敌畏的合成厂房，磺化法糖精厂房，氯乙醇厂房，环氧乙烷、环氧丙烷的工段，苯酚厂房的磺化、蒸馏部位、焦化厂吡啶工段，胶片厂片基厂房，汽油加铅室，甲醇、乙醇、丙酮、丁酮、异丙醇、醋酸乙酯、苯等的合成或精制厂房，集成电路工厂的化学清洗间(使用闪点<28℃的液体)，植物油加工厂的浸出厂房<br>(2) 乙炔站，氢气站，石油气体分馏(或分离)厂房，氯乙烯厂房，乙烯聚合厂房，天然气、石油伴生气、矿井气、水煤气或焦炉煤气的净化(如脱硫)厂房压缩机室及鼓风机室，液化石油气灌瓶间，丁二烯及其聚合厂房，醋酸乙烯厂房，电解水或电解食盐厂房，环己酮厂房，乙基苯和苯乙烯厂房，化肥厂的氢氮气压缩厂房，半导体材料厂使用氢气的拉晶间，硅烷热分解室<br>(3) 硝化棉厂房及其应用部位，赛璐珞厂房，黄磷制备厂房及其应用部位，三乙基铝厂房，染化厂某些能自动分解的重氮化合物生产厂房，甲胺厂房，丙烯腈厂房<br>(4) 金属钠、钾加工厂房及其应用部位，聚乙烯厂房的一氯二乙基铝部位，三氯化磷厂房，多晶硅车间三氯氢硅部位，五氯化磷厂房<br>(5) 氯酸钠、氯酸钾厂房及其应用部位，过氧化氢厂房，过氧化钠、过氧化钾厂房，次氯酸钙厂房<br>(6) 赤磷制备厂房及其应用部位，五硫化二磷厂房及其应用部位<br>(7) 洗涤剂厂房石蜡裂解部位，冰醋酸裂解厂房 |
| 乙 | (1) 闪点≤28℃至<60℃的油品和有机溶剂的提炼、回收、洗涤部位及其泵房，松节油或松香蒸馏厂房及其应用部位，醋酸酐精馏厂房，己内酰胺厂房，甲酚厂房，氯丙醇厂房；樟脑油提取部位，环氧丙烷厂房，松针油精制部位，煤油灌桶间<br>(2) 一氧化碳压缩机室及净化部位，发生炉煤气或鼓风炉煤气净化部位，氨压缩机房<br>(3) 发烟硫酸或发烟硝酸浓缩部位，高锰酸钾厂房，重铬酸钠(红钡钠)厂房<br>(4) 樟脑或松香提炼厂房，硫磺回收厂房，焦化厂精萘厂房<br>(5) 氧气站，空分厂房<br>(6) 铝粉或镁粉厂房，金属制品抛光部位，煤粉厂房，面粉厂房的碾磨部位，活性炭制造及再生厂房，谷物筒仓工作塔，亚麻厂的除尘器和过滤器室 |
| 丙 | (1) 闪点≥60℃的油品和有机液体的提炼、回收工段及其抽送泵房，香料厂的松油醇部位和乙酸松油酯部位，苯甲酸厂房，苯乙酮厂房，焦化厂焦油厂房，甘油、桐油的制备厂房，油浸变压器，机器油或变压油灌桶间，柴油灌桶间，润滑油再生部位，配电室(每台装油量>60kg 的设备)，沥青加工厂房，植物油加工厂的精炼部位<br>(2) 煤、焦炭、油母页岩的筛分，转运工段和栈桥或储仓，木工厂房，竹、藤加工厂房，橡胶制品的压延，成型和硫化厂房，针织品厂房，纺织、印染、化纤生产的干燥部位，服装加工厂房，棉花加工和打包厂房，造纸厂备料、干燥厂房，印染厂成品厂房，麻纺厂粗加工厂房，谷物加工厂房，卷烟厂的切丝、卷制、包装厂房，印刷厂的印刷厂房，毛涤厂选毛厂房，电视机、收音机装配厂房，显像管厂装配工段烧枪间，磁带装配 |

（续）

| 生产类别 | 举　　例 |
|---|---|
| 丙 | 厂房，集成电路工厂的氧化扩散间、光刻间，泡沫塑料厂的发泡、成型、印片压花部位，饲料加工厂房 |
| 丁 | （1）金属冶炼、锻造、铆焊、热轧、铸造、热处理厂房<br>（2）锅炉房，玻璃原料熔化厂房，灯丝烧拉部位，保温瓶胆厂房，陶瓷制品的烘干、烧成厂房，蒸汽机车库，石灰焙烧厂房，电石炉部位，耐火材料烧成部位，转炉厂房，硫酸车间焙烧部位，电极锻烧工段配电室（每台装油量≤60kg 的设备）<br>（3）铝塑材料的加工厂房，酚醛泡沫的加工厂房，印染厂的漂洗部位，化纤厂后加工润湿部位 |
| 戊 | 制砖车间，石棉加工车间，卷扬机室，非燃液体的泵房和阀门室，非燃液体的净化处理工段，金属（镁合金除外）冷加工车间，电动车库，钙镁磷肥车间（焙烧炉除外），造纸厂或化学纤维厂的浆粕蒸煮工段，仪表、器械或车辆装配车间，氟里昂厂房，水泥厂的轮窑厂房，加气混凝土厂的材料准备、构件制作厂房 |

**表 C-3　储存物品的火灾危险性分类**

| 储存类别 | 火灾危险性特征 |
|---|---|
| 甲 | （1）闪点＜28℃的液体<br>（2）爆炸下限＜10%的气体，以及受到水和空气中水蒸气的作用，能产生爆炸下限＜10%的可燃气体的固体物质<br>（3）常温下能自行分解或在空气中氧化即能导致迅速自燃或爆炸的物质<br>（4）常温下受到水或空气中水蒸气的作用能产生可燃气体并引起燃烧或爆炸的物质<br>（5）当遇酸、受热、撞击、摩擦、催化及遇有机物或硫磺等极易分解引起燃烧爆炸的强氧化剂<br>（6）受撞击、摩擦或与氧化剂、有机物接触时能引起燃烧或爆炸的物质 |
| 乙 | （1）闪点≥28℃至＜60℃的液体<br>（2）爆炸下限≥10%的气体<br>（3）不属于甲类的氧化剂<br>（4）不属于甲类的化学易燃危险固体<br>（5）助燃气体<br>（6）常温下与空气接触能缓慢氧化，积热不散引起自燃的危险物品 |
| 丙 | （1）闪点≥60℃的可燃液体<br>（2）可燃固体 |
| 丁 | 难燃烧物品 |
| 戊 | 非燃烧物品 |

注：难燃物品、非燃物品的可燃包装重量超过物品本身重量 1/4 时，其火灾危险性应为丙类。

**表 C-4 储存物品的火灾危险性分类举例**

| 储存物品类别 | 举 例 |
|---|---|
| 甲 | (1) 乙烷、戊烷、石脑油、环戊烷、二硫化碳、苯、甲苯、甲醇、乙醇、乙醚、蚁酸甲酯、磷酸甲酯、醋酸甲酯、汽油、丙酮、丙烯、乙醛、60 度以上白酒<br>(2) 乙炔、氢、甲烷、乙烯、丙烯、丁二烯、环氧乙烷、水煤气、硫化氢、氯乙烯、液化石油气、电石、碳化铝<br>(3) 硝化棉、硝化纤维胶片、喷漆棉、火胶棉、赛璐珞棉、黄磷<br>(4) 金属钾、钠、锂、钙、氢化钾、四氢化锂铝、氢化钠<br>(5) 氯酸钾、氯酸钠、过氧化钾、过氧化纳、硝酸钠<br>(6) 赤磷、五硫化磷、三硫化磷 |
| 乙 | (1) 煤油、松节油、丁烯醇、异戊醇、丁醚、醋酸丁酯、硝酸戊酯、乙酰丙酮、环乙胺、溶剂油、冰醋酸、蚁酸<br>(2) 氨气、液氯<br>(3) 硝酸铜、铬酸、亚硝酸钾、重铬酸钠、铬酸钾、硝酸、硝酸汞、硝酸钴、发烟硫酸、漂白粉<br>(4) 硫磺、镁粉、铝粉、赛璐珞板(片)、樟脑、萘、生松香、硝化纤维漆片、硝化纤维色片<br>(5) 氧气、氟气<br>(6) 漆布及其制品、油布及其制品、油纸及其制品、油绸及其制品 |
| 丙 | (1) 动物油、植物油、沥青、蜡、润滑油、机油、重油、闪点≥60℃的柴油、糠醛、>50 度且<60 度的白酒<br>(2) 化学、人造纤维及其织物、纸张、棉、毛、丝、麻及其织物，谷物，面粉，天然橡胶、及其制品、竹、木及其制品、中药材、电视机、收录机等电子产品，计算机房已录数据的磁盘、冷库中的鱼、肉间 |
| 丁 | 自熄性塑料及其制品、酚醛泡沫塑料及其制品、水泥刨花板 |
| 戊 | 钢材、铝材、玻璃及其制品、搪瓷制品、陶瓷制品、不燃气体、玻璃棉、岩棉、陶瓷棉、硅酸铝纤维、矿棉、石膏及其无纸制品、水泥、石、膨胀珍珠岩 |

# 附录 D 若干物质的热物性参数

**表 D-1 常用气体的热物性参数**

| 气体种类 | 温度 $T$/K | 密度 $\rho$/($kg/m^3$) | 比定压热容 $c_p$/[kJ/(kg·K)] | 动力粘度 $\mu\times10^{-6}$/(Pa·s) | 运动粘度 $v\times10^{-6}$/($m^2$/s) | 热导率 $\kappa\times10^{-6}$/[kW/(m·K)] | 热扩散率 $\alpha\times10^{-6}$/($m^2$/s) | 普朗特数 $Pr$ |
|---|---|---|---|---|---|---|---|---|
| 空气 Air | 300 | 1.1763 | 1.007 | 18.62 | 15.83 | 26.14 | 22.07 | 0.717 |
| | 400 | 0.8818 | 1.015 | 23.27 | 26.39 | 33.05 | 36.93 | 0.715 |
| | 500 | 0.7053 | 1.031 | 27.21 | 38.58 | 39.51 | 54.33 | 0.710 |
| | 600 | 0.5878 | 1.052 | 30.78 | 52.36 | 45.6 | 73.7 | 0.710 |
| | 800 | 0.4408 | 1.099 | 37023 | 84.5 | 56.9 | 117 | 0.719 |
| | 1000 | 0.3527 | 1.142 | 43.08 | 122.1 | 67.2 | 167 | 0.732 |

（续）

| 气体种类 | 温度 $T$/K | 密度 $\rho$/($kg/m^3$) | 比定压热容 $c_p$/[kJ/(kg·K)] | 动力粘度 $\mu\times10^{-6}$/(Pa·s) | 运动粘度 $v\times10^{-6}$/($m^2$/s) | 热导率 $\kappa\times10^{-6}$/[kW/(m·K)] | 热扩散率 $\alpha\times10^{-6}$/($m^2$/s) | 普朗特数 $Pr$ |
|---|---|---|---|---|---|---|---|---|
| 氮气 $N_2$ | 300 | 1.1382 | 1.041 | 17.87 | 15.70 | 25.98 | 21.93 | 0.716 |
| | 400 | 0.8533 | 1.044 | 22.17 | 25.98 | 32.52 | 36.51 | 0.712 |
| | 500 | 0.6825 | 1.055 | 26.02 | 38.12 | 38.64 | 53.66 | 0.711 |
| | 600 | 0.5688 | 1.074 | 29.55 | 51.96 | 44.1 | 72.2 | 0.719 |
| | 800 | 0.4266 | 1.120 | 35.93 | 84.23 | 54.1 | 113 | 0.744 |
| | 1000 | 0.3413 | 1.165 | 41065 | 122.0 | 63.1 | 159 | 0.769 |
| 氧气 $O_2$ | 300 | 1.3007 | 0.920 | 20.72 | 15.93 | 26.29 | 22.0 | 0.725 |
| | 400 | 0.9752 | 0.942 | 25.82 | 26.48 | 34.07 | 37.1 | 0.714 |
| | 500 | 0.7800 | 0.972 | 30.33 | 38.88 | 41.54 | 52.4 | 0.710 |
| | 600 | 0.6499 | 1.003 | 34.37 | 52.89 | 48.62 | 71.6 | 0.709 |
| | 800 | 0.4874 | 1.054 | 41.52 | 85.2 | 61.59 | 119.9 | 0.711 |
| | 1000 | 0.3899 | 1.090 | 47.70 | 122.3 | 73.11 | 172 | 0.711 |
| 一氧化碳 CO | 300 | 1.1381 | 1.042 | 17.80 | 15.64 | 24.87 | 20.97 | 0.746 |
| | 400 | 0.8532 | 1.048 | 22.09 | 25.89 | 31.58 | 35.32 | 0.733 |
| | 500 | 0.6824 | 1.064 | 25.95 | 38.03 | 38.03 | 52.4 | 0.726 |
| | 600 | 0.5687 | 1.087 | 29.49 | 51.86 | 44.24 | 71.6 | 0.725 |
| 二氧化碳 $CO_2$ | 300 | 1.7965 | 0.8518 | 14.91 | 8.30 | 16.55 | 10.82 | 0.767 |
| | 400 | 1.3434 | 0.9471 | 19.39 | 14.43 | 24.3 | 19.2 | 0.75 |
| | 500 | 1.0736 | 1.0152 | 23.4 | 21.8 | 32.5 | 29.8 | 0.73 |
| | 600 | 0.8943 | 1.0761 | 27.1 | 30.3 | 40.7 | 42.3 | 0.72 |
| | 800 | 0.6705 | 1.1692 | 33.7 | 50 | 55.1 | 70.3 | 0.72 |
| | 1000 | 0.5365 | 1.2342 | 36.4 | 73 | 68.1 | 103 | 0.71 |
| 水 $H_2O$ | 400 | 0.5550 | 2.000 | 13.29 | 24.0 | 26.84 | 24.18 | 0.990 |
| | 500 | 0.4410 | 1.983 | 17.27 | 39.2 | 35.97 | 41.13 | 0.952 |
| | 600 | 0.3667 | 2.024 | 21.41 | 58.4 | 46.40 | 62.5 | 0.934 |
| | 800 | 0.2747 | 2.151 | 29.67 | 108.0 | 70.31 | 119.0 | 0.908 |
| | 1000 | 0.2197 | 2.285 | 37.59 | 171.1 | 97.32 | 193.9 | 0.883 |

**表 D-2　常用建材的热物性参数**

| 材料名称 | | 热导率 $\kappa$/[W/(m·K)] | 密度 $\rho$/($kg/m^3$) | 比热容 $c$/[kJ/(kg·K)] | 热扩散率 $\alpha=\kappa/c\rho$ /$10^6$($m^2$/s) | 热惯性 $\alpha=\kappa\rho c$ /[$kW^2\cdot s/(m^4\cdot K^2)$] |
|---|---|---|---|---|---|---|
| 各种混凝土 | 普通混凝土 | 1.51 | 2200 | 0.88 | 0.78 | 2.93 |
| | 轻质混凝土(瓦碎片) | 0.80 | 1980 | 0.84 | 0.48 | 1.33 |
| | 轻质混凝土(抗火石) | 0.66 | 1720 | 1.01 | 0.38 | 1.15 |
| | 气泡混凝土 | 0.12 | 500 | 1.12 | 0.21 | 0.07 |

（续）

| 材料名称 | | 热导率 κ /[W/(m·K)] | 密度 ρ/(kg/m³) | 比热容 c/[kJ/(kg·K)] | 热扩散率 $\alpha=\kappa/c\rho$ $/10^6(m^2/s)$ | 热惯性 $\alpha=\kappa\rho c$ $/[kW^2\cdot s/(m^4\cdot K^2)]$ |
| --- | --- | --- | --- | --- | --- | --- |
| 涂层 | 灰泥 | 1.40 | 2110 | 0.80 | 0.83 | 2.35 |
| | 珍珠岩 | 0.21 | 918 | 0.79 | 0.29 | 0.15 |
| | 土墙 | 0.07 | 901 | 0.84 | 0.10 | 0.06 |
| | 土壁 | 0.58 | 1280 | 0.88 | 0.52 | 0.66 |
| | 漆饰壁 | 0.62 | 1320 | 0.84 | 0.56 | 0.68 |
| | 石膏 | 0.51 | 1940 | 0.84 | 0.32 | 0.83 |
| 建筑砖材等 | 砖 | 0.55 | 1660 | 0.84 | 0.39 | 0.76 |
| | $Al_2O_3$ 砖(600K) | 9.4 | 3470 | 0.89 | 3.0 | 29 |
| | 轻量水泥砖 | 0.69 | 1380 | 0.83 | 0.60 | 0.79 |
| | 重量水泥砖 | 1.02 | 2400 | 0.84 | 0.51 | 2.05 |
| | 瓷砖 | 1.28 | 2400 | 0.84 | 0.64 | 2.57 |
| | 大理石 | 2.80 | 2600 | 0.81 | 1.33 | 5.90 |
| 板类 | 石板 | 1.28 | 2240 | 0.75 | 0.76 | 2.16 |
| | 石棉板 | 0.04 | 300 | 1.63 | 0.08 | 0.02 |
| | 玻璃棉板 | 0.04 | 300 | 0.84 | 0.16 | 0.01 |
| | 珍珠岩板 | 0.14 | 750 | 0.86 | 0.22 | 0.09 |
| | 石膏板 | 0.16 | 863 | 1.13 | 0.17 | 0.16 |
| | 碳酸板 | 0.13 | 622 | 0.92 | 0.23 | 0.07 |
| | 混合石棉板 | 0.15 | 1150 | 0.80 | 0.17 | 0.14 |
| | 木毛水泥板 | 0.10 | 420 | 1.26 | 0.19 | 0.05 |
| | 软质纤维板 | 0.06 | 239 | 0.84 | 0.30 | 0.01 |
| | 半硬质纤维板 | 0.12 | 494 | 0.82 | 0.29 | 0.05 |
| | 硬质纤维板 | 0.10 | 494 | 0.81 | 0.24 | 0.04 |
| 木材 | 木柴(松) | 0.15 | 480 | 1.26 | 0.25 | 0.09 |
| | 木柴(杉) | 0.11 | 330 | 1.26 | 0.26 | 0.04 |
| | 木材(桦) | 0.09 | 344 | 1.26 | 0.21 | 0.04 |
| | 木炭 | 0.07 | 191 | 1.0 | 0.38 | 0.013 |
| 金属材料 | 铝 | 237 | 2688 | 0.91 | 97.43 | 577 |
| | 铜 | 398 | 8880 | 0.39 | 116.11 | 1364 |
| | 铁 | 80 | 7870 | 0.44 | 23.08 | 279 |
| | 钢(SUS304) | 19 | 7810 | 0.56 | 4.39 | 82.5 |
| 玻璃 | 玻璃板 | 0.79 | 2540 | 0.75 | 0.41 | 1.52 |
| | 石英玻璃板(500K) | 1.64 | 2190 | 0.94 | 0.78 | 3.4 |
| | 耐热玻璃板(500K) | 1.37 | 2220 | 1.02 | 0.61 | 3.1 |

# 参 考 文 献


[1] 李采芹．中国消防通史[M]．北京：群众出版社，2002．

[2] 冯肇瑞，杨有启．化工安全技术手册[M]．北京：化学工业出版社，1993．

[3] 白尚显，唐文俊．燃料手册[M]．北京：冶金工业出版社，1994．

[4] 傅维镳，张永廉，王清安．燃烧学[M]．北京：高等教育出版社，1989．

[5] 韩昭沧．燃料与燃烧[M]．3 版．北京：冶金工业出版社，1999．

[6] 霍然．工程燃烧概论[M]．合肥：中国科学技术大学出版社，2001．

[7] 范维澄，王清安，张人杰，等．火灾科学导论[M]．武汉：湖北科学技术出版社，1994．

[8] 范维澄，王清安，姜冯辉，等．火灾学简明教程[M]．合肥：中国科学技术大学出版社，1995．

[9] 韩占先，徐宝林，霍然．降伏火魔之术——火灾科学与消防工程[M]．济南：山东科学技术出版社，2001．

[10] 周听清．爆炸动力学及其应用[M]．合肥：中国科学技术大学出版社，2001．

[11] 王海福，冯顺山．防爆学原理[M]．北京：北京理工大学出版社，2004．

[12] 张国伟．爆炸作用原理[M]．北京：国防工业出版社，2006．

[13] 伍作鹏．消防燃烧学[M]．北京：中国建筑工业出版社，1994．

[14] 陈莹．工业防火与防爆[M]．北京：中国劳动保障出版社，1994．

[15] 张国顺．燃烧爆炸危险与安全技术[M]．北京：中国电力出版社，2003．

[16] 杨泗霖．防火与防爆[M]．北京：首都经济贸易大学出版社，2000．

[17] 魏伴云．火灾爆炸危险安全工程学[M]．武汉：中国地质大学出版社，2004．

[18] 徐厚生，赵双其．防火防爆[M]．北京：化学工业出版社，2004．

[19] 王学谦．建筑防火安全技术[M]．北京：化学工业出版社，2006．

[20] 郑瑞文．生产工艺防火[M]．北京：化学工业出版社，1999．

[21] 中国火灾统计年鉴[M]．北京：群众出版社，1999，2000，2001．

[22] 消防技术规范汇编[G]．北京：中国计划出版社，1999．

[23] 消防技术规范汇编条文说明[M]．北京：中国计划出版社，1999．

[24] 蒋永琨．中国消防工程手册[M]．北京：中国建筑工业出版社，2002．

[25] 李引擎，边久荣，等．建筑安全防火设计手册[M]．郑州：河南科学技术出版社，1998．

[26] 日本建筑省．建筑物综合防火设计[M]．孙金香，高伟，译．天津：天津科技翻译出版公司，1994．

[27] 蒋永琨．高层建筑防火设计手册[M]．北京：中国建筑工业出版社，2000．

[28] 霍然，胡源，李元洲．建筑火灾安全工程导论[M]．合肥：中国科学技术大学出版社，1999．

[29] 张树平．建筑防火设计[M]．北京：中国建筑工业出版社，2001．

[30] 吴龙标，袁宏永. 火灾探测与控制工程[M]. 合肥：中国科学技术大学出版社，1999.

[31] 李国强，蒋首超，林桂祥. 钢结构抗火计算与设计[M]. 北京：中国建筑工业出版社，1999.

[32] 董毓利. 混凝土结构的防火安全设计[M]. 北京：科学出版社，2001.

[33] 李引擎，马道贞，徐坚. 建筑结构防火设计计算和构造处理[M]. 北京：中国建筑工业出版社，1991.

[34] 霍然，袁宏永. 性能化建筑防火分析与设计[M]. 合肥：安徽科学技术出版社，2003.

[35] 李引擎. 建筑防火性能化设计[M]. 北京：化学工业出版社，2005.

[36] 冯肇瑞，等. 安全系统工程[M]. 北京：冶金工业出版社，1993.

[37] 何学秋，等. 安全工程学[M]. 徐州：中国矿业大学出版社，2000.

[38] 王述洋. 系统安全性评价原理和方法[M]. 哈尔滨：黑龙江科学技术出版社，1994.

[39] 陈宝智. 危险源辨识控制及评价[M]. 成都：四川科学技术出版社，1996.

[40] Drysdale D. An Introduction to Fire Dynamics[M]. 2nd ed. New York：John Wiley & Sons LTD，UK，1999.

[41] Quentiere J G. Fundamentals of Fire Phenomena[M]. New York：John Wiley & Sons LTD，UK，2005.

[42] 田中哮義. 建筑火災安全工学入门[M]. 改訂版. 东京：日本建筑中心，2002.

[43] Meacham B J. Performance-Based Codes and Fire Safety Design Methods[C]//Perspectives and Projects of the SFPE，Proceedings of International'96. London：Inter-science Communication Ltd，1996.

[44] Bukowski R W. Fire Hazard Analysis[C]//chapter 7-11，SFPE Handbook of Fire Protection Engineering. 2nd ed. Boston：Society of Fire Protection Engineers and National Fire Protection Association，1995.

[45] Hall J R. Fire Risk Analysis //SFPE Handbook of Fire Protection Engineering[M]. 2nd ed. Boston：Society of Fire Protection Engineers and National Fire Protection Association，1995.

[46] Buchanan A H. Structural Design for Fire Safety[M]. New York：John Wiley & Sons，LTD，2001.

[47] Purkiss J A. Fire Safety Engineering Design of Structures [M]. [S. L.]：Butterworth-Heinemann，1996.

[48] Custer R L P，Meacham B J. Introdction to Performance-Based Fire Safety[M]. Quincy：National Fire Protection Association，1997.

